# FAUNE
DES
# COLONIES FRANÇAISES

TOME PREMIER

# FAUNE

DES

# COLONIES FRANÇAISES

publiée sous la direction de

A. GRUVEL

*Professeur au Muséum National d'histoire naturelle*
*Conseiller technique du Ministère des Colonies*

TOME PREMIER

DIRECTION ET SECRÉTARIAT
57, rue Cuvier, PARIS (V^e^)

ADMINISTRATION
Société d'Éditions Géographiques, Maritimes et Coloniales
17, Rue Jacob, PARIS (VI^e^)

1927

# AVANT-PROPOS

*Nous présentons au public le premier fascicule d'une publication nouvelle : la* Faune des Colonies Françaises.

*Ce n'est pas un périodique, ce n'est pas non plus une série de monographies, comme pour la « Faune de France ». La faune de nos Colonies est encore trop peu connue, scientifiquement, pour qu'il soit possible de songer à ce dernier mode de publication.*

*Grâce à l'appui moral de hautes personnalités du monde scientifique et du monde colonial, grâce aux nombreuses et magnifiques collections qui, incessamment, sont apportées dans les divers services zoologiques du Muséum, grâce aussi, à l'activité d'un assez grand nombre de spécialistes, nous espérons pouvoir publier une quantité variable de mémoires, plus ou moins importants, ayant trait à la faune de nos Colonies et des pays de protectorat, ainsi que de l'Algérie, dont l'ensemble formera, annuellement, un volume d'environ 720 pages in-8° raisin, orné de nombreuses planches en noir et en couleurs et de figures au trait aussi nombreuses qu'il sera désirable pour l'intelligence du texte.*

*Nous espérons grouper dans cette publication, sinon tous, du moins une bonne partie, des travaux en langue française sur la faune de nos possessions lointaines, travaux fatalement dispersés aujourd'hui dans des publications très diverses, souvent peu connues et difficiles à consulter.*

*Il est bien évident que si tous les mémoires publiés dans la* Faune

DES COLONIES FRANÇAISES *doivent présenter un caractère scientifique absolu, ils devront aussi, toutes les fois que les animaux étudiés s'y prêteront, en montrer les applications* pratiques, *au point de vue de leur exploitation économique.*

*Nous pensons, de cette façon, rendre service, à la fois, à la Science en général, aux industriels, aux commerçants, aux colons et, aussi, aux Gouvernements locaux.*

*Au moment où notre pays fait les plus grands et les plus louables efforts pour obtenir, dans le plus court délai possible, une mise en valeur rationnelle de notre Domaine colonial, un* inventaire scientifique *de la faune générale de nos Possessions, s'impose.*

*Avant d'exploiter leurs richesses, il faut, d'abord, les connaître, et c'est là le but essentiel de nos persévérants efforts.*

*Cette Publication est placée sous le Haut Patronage de M. le Ministre des Colonies et de quelques Associations puissantes.*

*Le Comité de Direction est composé d'un certain nombre de personnalités scientifiques ou coloniales éminentes que nous tenons à remercier, ici, bien vivement, du précieux concours qu'elles veulent bien apporter à l'œuvre nationale que nous entreprenons et pour laquelle nous sentons l'impérieux besoin d'être soutenu par leur haute autorité morale.*

*L'appel que nous avons adressé aux spécialistes a été entendu et déjà nous pouvons dire que de très importants et intéressants mémoires d'Entomologie, d'Ichthyologie, de Mammalogie, d'Ornithologie, de Zoologie marine, etc., nous sont promis, qui formeront la substance principale des trois premiers volumes.*

*Notre Éditeur, dont la réputation n'est plus à faire puisqu'il a nom :* SOCIÉTÉ D'ÉDITIONS GÉOGRAPHIQUES, MARITIMES ET COLONIALES *(Ancienne Maison Challamel), a droit à tous nos remerciements, car nous savons qu'il apportera à la* FAUNE DES COLONIES FRANÇAISES *tous les soins dont il est susceptible, de façon à donner à cette publication, déjà de première valeur scientifique, une présentation générale de premier ordre.*

*La plupart des Gouvernements généraux et locaux des Colonies ont répondu à notre appel en souscrivant, chacun, à un certain nombre d'abonnements : enfin, l'Académie des Sciences, l'Académie des*

*Sciences Coloniales, la Société de Géographie et quelques amis personnels ont tenu à soutenir, financièrement, les premiers pas de notre Publication. Nous ne saurions trop remercier ici tous ceux qui, d'une façon quelconque, auront contribué au succès de l'œuvre que nous poursuivons tous de la façon la plus désintéressée, avec le seul souci de contribuer, dans la mesure de nos moyens, à une meilleure et plus rapide connaissance scientifique de la faune générale de notre Empire colonial, afin d'en assurer, toutes les fois que la chose sera possible, une exploitation* rationnelle *et* méthodique, *résultat que, seules, des études scientifiques préalables suffisantes sont susceptibles d'obtenir.*

*L'artiste qu'est* M. A. Gaussen *a bien voulu dessiner le cartouche qui orne la première et la dernière page des fascicules de la* Faune des Colonies Françaises ; *nous tenons à lui adressser, ici, nos sincères remerciements.*

A. Gruvel
*Directeur de la Publication*

# FAUNE DES COLONIES FRANÇAISES

# LE PORT D'AGADIR ET LA RÉGION DU SOUS

## considérés au point de vue de la pêche industrielle

par A. GRUVEL
Professeur au Muséum National d'Histoire Naturelle
Conseiller technique du Ministère des Colonies

*Le Sous n'est pas l'Eden ni la Terre Promise*
H. Dugard

« Le Sous n'est pas l'Éden ni la Terre Promise », affirme Henry Dugard : c'est vrai !

Mais, s'il ne faut pas faire de cette région un Paradis terrestre, il ne faut pas non plus, la sous estimer.

Nous voudrions, au cours de cette étude, et nous plaçant exclusivement sur le terrain de notre spécialité, montrer que la région maritime d'Agadir et la région continentale du Sous voisin forment, en ce qui concerne l'industrie de la pêche, un ensemble remarquable par ses ressources naturelles, dont l'exploitation pourrait avoir des conséquences considérables aux points de vue économique, politique et social, non seulement pour le Sud-ouest marocain, mais pour le Maroc tout entier.

## I. — LE PORT

Le port d'Agadir (Agadir Ighïr = forteresse sur le rocher, des Chleuh), est situé au fond d'une magnifique baie qui, partant du Cap Ghir au Nord, s'étend, en quelque sorte, vers le Sud, jusqu'à l'Oued Massa.

Ce port est dominé par la vieille forteresse portugaise construite sur la table d'un rocher à plus de 200 mètres d'altitude et limité, aux pieds même de la falaise, par une série de maisons bordant une route unique traversant tout le village d'Agadir Founti, ainsi nommé à cause d'une source qui jaillit vers le milieu du village lui-même.

Le port est limité, à l'ouest, par une jetée qui ne mesure à l'état actuel, qu'un peu plus de 100 mètres de long, et n'abrite qu'imparfaitement, pour l'accostage, les barcasses de pêche, des vents de Nord et Nord-ouest, tandis que la haute colline que surmonte la citadelle, les protège du côté du Nord et de l'Est.

A l'Est du port, une sorte d'appontement qui avait été exécuté au début de la guerre, en attendant les premiers travaux de la jetée, est maintenant abandonné.

Bien que de bonne tenue, il est impossible aux bateaux de séjourner dans la rade par les forts vents d'Ouest et de Sud.

Les navires d'un certain tonnage, comme les chalutiers, sont, même, obligés, par fort vent de Nord-Ouest et de Nord d'aller chercher un abri plus efficace au sud de la pointe du Cap Ghir et le plus près de la terre possible.

C'est dire, en un mot, qu'Agadir en tant que *port*, n'existe pas et, de fait, il est encore actuellement *fermé au commerce*.

Il ne nous appartient pas de discuter, ici, les raisons diverses, importantes sans doute, qui ont fait ajourner l'ouverture de ce port au commerce général, mais nous voudrions exposer, en quelques mots, celles qui, à notre humble avis, militent formellement en faveur de l'organisation, en ce point particulier de la côte, d'un *centre de pêche industrielle*, avec utilisation de tous les produits naturels de la région qui peuvent se rattacher à cette industrie ou à des industries connexes.

Photo A. Gruvel.

Fig. 1. — Agadir. — Vue d'ensemble du large.

Photo A. Gruvel.

Fig. 2. — Sur la route de Taroudant. Région d'Arganiers.

## II. — LA RÉGION MARITIME D'AGADIR

*a)* **Les fonds.** — Les fonds marins, entre le Nord du Cap Ghir et le Sud de l'O. Sous, jusqu'à la hauteur de l'O. Massa, par exemple, sont particulièrement intéressant, aussi bien au point de vue de leur constitution que de leur faune générale qui est l'une des plus riches de la côte occidentale du Maroc.

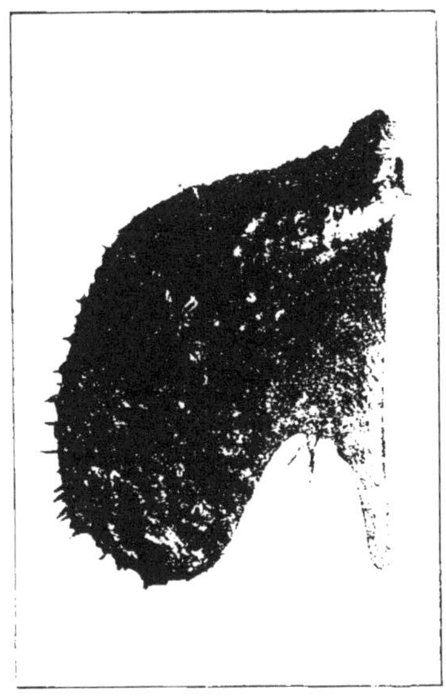

FIG. 1. — *Avicula hirundo*, L.

Les récents travaux effectués, à bord du « Vanneau », d'abord par nous-même, puis, sous notre direction, par l'un de nos collaborateurs, M. R. DOLLFUS, avec le concours du Dr LIOUVILLE, Directeur de l'Institut Scientifique Chérifien, ont fourni, à cet égard, des indications précises, extrêmement importantes et sur lesquelles nous devons nous attarder un instant.

Tout le long de cette côte, on trouve, d'abord, une zône de sable fin, plus ou moins vaseux, allant en s'élargissant du Nord au Sud ; très étroite à la hauteur du Cap Gihr elle est parsemée de roches jusqu'à des fonds de 18 à 20 mètres. A mi-distance, environ, du Cap Ghir et de la Pointe d'Agadir, on rencontre de nouvelles roches, par des fonds allant de 40 à 75-80 mètres environ. A cette profondeur, la drague a ramené divers échantillons *vivants* de

*Dendrophyllia ramea L.*, fait remarquable à indiquer, car, normalement, la présence de cette espèce n'est signalée qu'à environ 110 mètres de profondeur.

Dans la Baie d'Agadir, elle-même, on aperçoit de distance en distance, des couches parallèles, tres redressées, de schistes marno-calcaires jurassiques, comme ceux qui forment, en grande partie, les fonds rocheux voisins de la côte.

Ces formations marno-calcaires sont noyées, pour la plupart, dans une couche épaisse de sable fin et blanc dans le Nord, mais qui se charge, dans le Sud, d'une plus ou moins grande quantité de vases apportées par le Sous, de façon à constituer, à la hauteur de cette rivière et sur une largeur de 5 à 6 milles, un fond de sable vaseux, parfois coquillier, particulièrement riche en Pleuronectes.

Les coups de chalut que nous avons donnés, en 1922, dans cette région sublittorale, à bord du « Vanneau », malgré une installation très rudimentaire, nous ont rapporté de très nombreuses Soles (*Solea solea* L.), des *Raies* (*R. batis*, L.), beaucoup de Trigles (T. *lyra*, L.), des St Pierres (*Zeus faber*, L.) etc., beaucoup de Crevettes de chalut (*Parapœneus longirostris*, H. Lucas) et un moins grand nombre de crevettes roses (*Palœmon (Leander) serratus*, Pennant), parmi les espèces comestibles.

Rapidement, surtout dans le Sud, le sable vaseux passe à la vase molle, de coloration plus ou moins foncée, d'abord très chargée de sable puis plus claire et dans laquelle dominent les *Sternaspis scutata*, Ranz., à tel point qu'on peut désigner cette formation sous le nom de « vase à *Sternaspis* ». Cette zone de vase s'étend, à la hauteur d'Agadir, en moyenne sur une largeur de 6 à 7 milles et une profondeur allant de 40 mètres, environ, à l'isobathe de 100 mètres à peu près.

A la hauteur du Cap Ghir, elle est beaucoup plus étroite et ne dépasse guère 4 1/2 à 5 milles.

Cette zône vaseuse ou sablo-vaseuse est fort riche en poissons comestibles et on y rencontre à peu près les mêmes espèces que dans la zône précédente, mais elle est caractérisée, en ce qui concerne les Invertébrés, plus spécialement, outre les *Sternaspis*, et parmi les

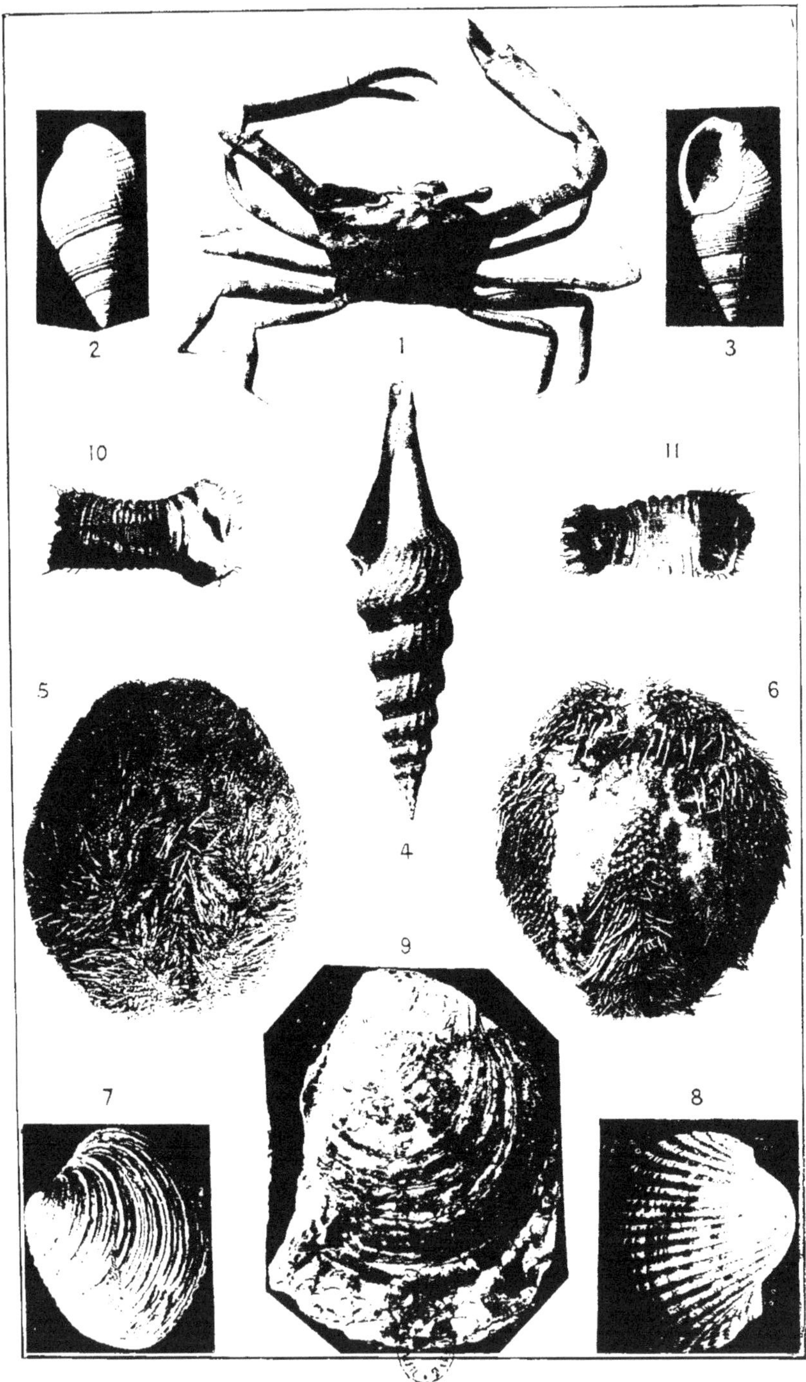


1. *Goneplax rhomboides*, Fabr. — 2 et 3. *Nassa semistriata*, Brocchi. — 4. *Pleurotoma undatiruga*, Bivona. — 5 et 6. *Brissopsis lyrifera*, Forbes. — 7. *Venus nux*, Gmelin. — 8. *Arca (Anadara) antiquata*, L. — 9. *Ostrea edulis*, L. — 10 et 11. *Sternaspis scutata*, Ranzani.

Crustacés, par un petit crabe, extrêmement abondant, à peu près partout, du reste, *Gonoplax rhomboïdes*, Fabr., ainsi qu'un pagure *Pagurus arrosor*, Herbst, à peu près toujours logé dans de vieilles coquilles de *Cassis saburon*, Adans.

Fig. 2. — *Astropecten irregularis*, var : *pentacantus*, Delle Chiaje.

Les Mollusques sont plus spécialement représentés par *Nassa semistrata*, Brocchi et *Pleurotoma undatiruga* Biv. pour les Gastéropodes, *Arca antiquata*, Gm. et *Venus nux*, Gm., pour les Bivalves. Les Échinodermes sont assez nombreux et, parmi eux, on rencontre, plus spécialement : *Brissopsis lyrifera*, Forbe, *Astropecten irregularis pentacanthus*, D. Ch., et, enfin, une petite Synapte : *Labidoplax digitata*, Montagu.

Des échantillons sporadiques d'*Ostrea edulis* L., de très belle taille ont été rencontrés, plus spécialement, à l'abri du Cap Ghir, précisément dans une zone de vase molle, par des fonds variant de 45 à 87 mètres.

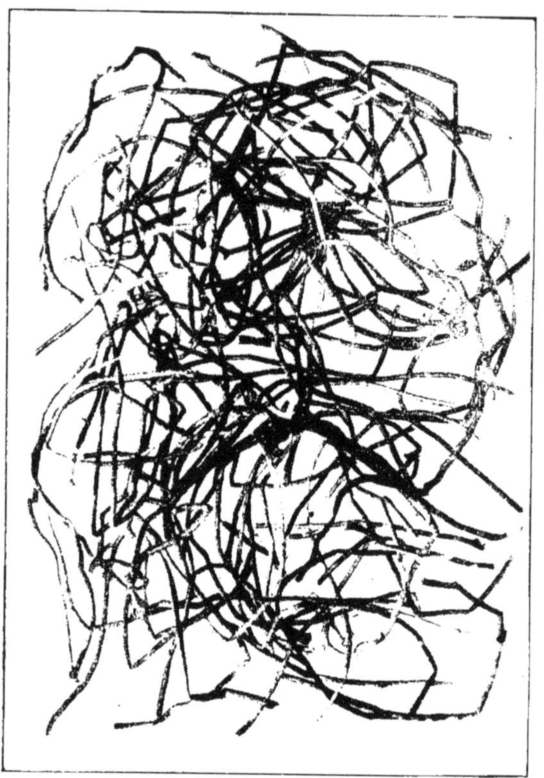

FIG. 3. — *Phyllochœtopterus socialis*, Clap.

Il avait été parlé, un moment, d'un immense banc d'huîtres comestibles qui se serait trouvé à peu près à la hauteur du Sous. Les dragages répétés exécutés dans cette région n'ont, jusqu'ici, révélé aucune trace de ce banc, mais ont ramené, par-ci, par là, quelques huîtres disséminées sur les fonds de sable vaseux ou même de vase.

Au-dessus de la vase, on rencontre, à peu près partout, de très nombreux tubes formant comme une sorte de gazon. de *Phyllochaetopterus socialis*, Clap., portant eux-mêmes, un grand nombre d'échantillons d'*Avicula hirundo*, L.

Au large de cette zone de vase molle, généralement grisâtre, se rencontre une bande rocheuse, à peu près parallèle à la côte, d'une largeur moyenne de 2 à 3 milles, formant, dans le Sud-Ouest du Cap Ghir, une forte saillie de 5 milles environ vers l'Ouest et s'élargissant à la hauteur d'Agadir.

Commençant vers les fonds de 110 mètres, elle se maintient à peu près au même niveau, formant un véritable platier qui s'enfonce, peu à peu, jusqu'à 115-120 mètres. Puis, tout à coup, sur le bord méridional de la saillie occidentale signalée plus haut, la sonde descend brusquement, par 350 mètres environ et même au-delà de 500 mètres, un peu plus à l'Ouest. Il y a là une falaise à pic qui rappelle un peu, mais en plus grand, la falaise du Cap Ghir lui-même. Sur cette bande de platiers rocheux, on rencontre une véritable « floraison » de Dendrophyllies vivantes, formées surtout de *D. ramea* L., mais contenant aussi, d'une façon sporadique, des échantillons, également vivants. de l'espèce *D. cornigera*, Lmk., dont l'habitat normal est plus septentrional, mais qui se poursuit, cependant, un peu, vers le Sud, mélangée à l'autre forme et à d'assez nombreuses Gorgones.

Au milieu de ces bouquets madréporiques, vit une faune variée et fort intéressante où nous retrouvons un certain nombre de formes déjà signalées avec, en plus, quelques espèces caractéristiques, en particulier un Brachiopode (*Mühlfedtia truncata*, L.), un Échinoderme (*Astropartus mediterraneus*, Risso), une huître, très commune sur toute la côte, fixée sur les *Dendrophyllies* (*Ostrea cochlear*, Poli), etc.

C'est au large de cette bande corralligène que, par des fonds de 350 à 500 mètres de sable plus ou moins vaseux ou coquillier, suivant les régions, viennent travailler quelques chalutiers français, un certain nombre de portugais et, surtout, des espagnols.

Au sud de l'Oued Massa, et même dans la partie méridionale de la Baie d'Agadir, les rochers disparaissent en très grande partie et ce ne sont plus alors que des fonds de sable blanc, et, surtout, de sable vaseux, qui se poursuivent à peu près identiques à ceux que nous avons rencontrés au sud du cap Timiris, sur la côte mauritanienne, éminemment favorables, par conséquent, à la capture des poissons de fonds.

Fig. 4. — *Dendrophyllia ramea*, L.

*b)* **La Faune industrielle.** — La faune qui vit dans ces fonds est riche et variée. Elle est constituée, principalement, par des Pleuronectes, parmi lesquels des Soles de trois espèces différentes, au moins : la Sole vulgaire *(Solea solea* L.) que l'on rencontre à peu près sur tous les fonds sablo-vaseux ainsi que dans la région de l'embouchure du Sous, où la vase semble dominer : *Goniosolea azevia*, Steind. et une forme plus petite : *Monochirus variegatus*, Donov.

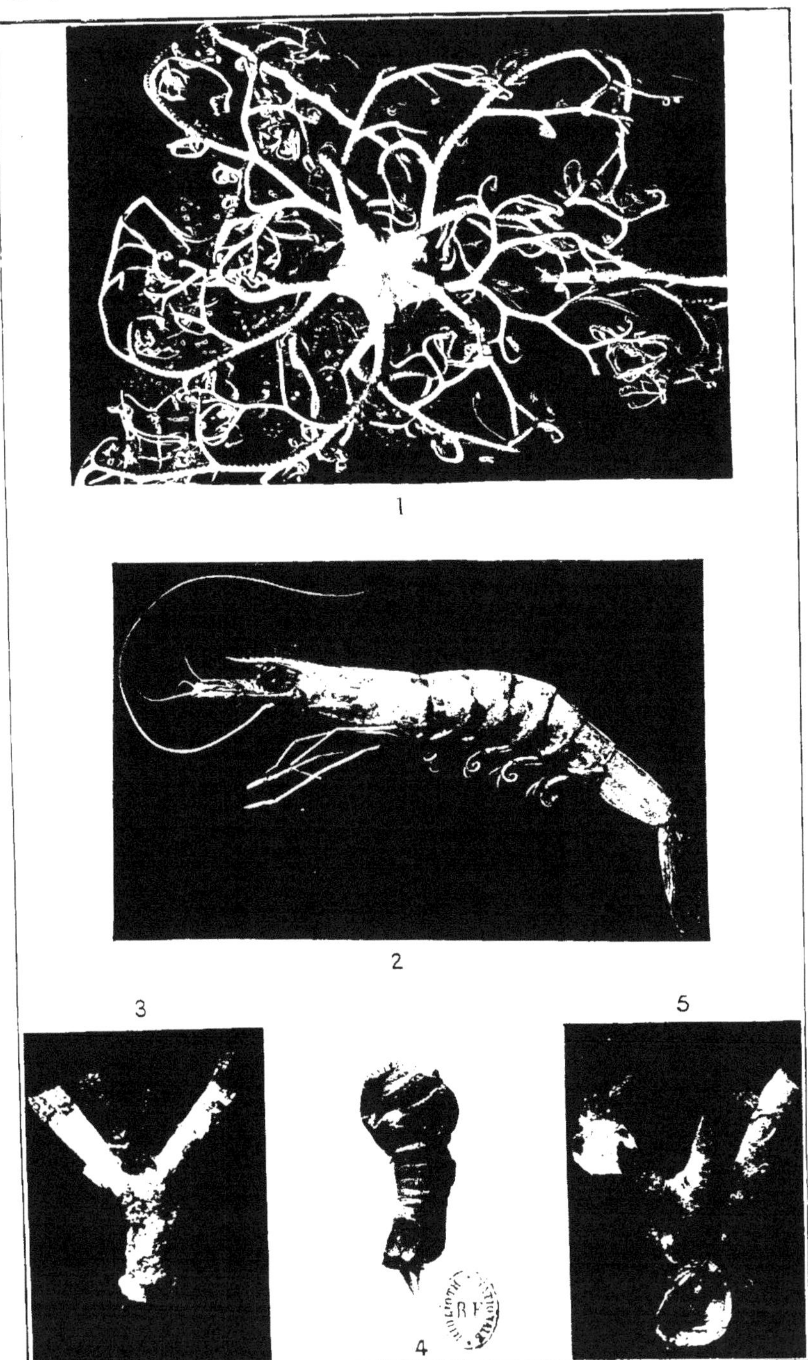

1. *Astrospartus mediterraneus*, Risso. — 2. *Parapenaeus longirostris*, (Lucas). — *P. membranaceus*, Heller (non Risso). — 3. *Dendrophyllia cornigera*, Link. — 4. *Sternaspis scutata*, Ranzani (Profil). — 5. *Dendrophyllia cornigera* supportant des coquilles d'*Ostrea cochlear*, Poli.

Le Turbot lui-même (*Rhombus maximus*, Cuvier) n'est pas absolument rare dans les sables vaseux et les vases de la région d'Agadir.

Dans ces mêmes fonds, le chalut ramène de nombreuses Raies dont deux formes principales : *Raia batis* L, et la Raie bouclée, si commune sur nos côtes atlantiques, *Raia clavata*, Rond.

Les Trigles, circulant au milieu des fonds de sable, sable vaseux et même vase, sont particulièrement bien représentés dans cette faune. Le Trigle lyre (*Trigla lyra* L.) est plus spécialement abondant et constitue même, souvent, le fonds de la pêche au chalut. A côté de lui, mais plus rare, le *Trigla gurnardus* L. ou Grondin gris et le *Trigla cavac*, Bonap. ou Perlon.

Les Rougets, sans être très abondants, existent cependant à certains moments en assez grande quantité.

C'est d'abord la forme européenne, le Rouget barbet ou Barbarin (*Mullus surmuletus* L.), puis une espèce normalement plus méridionale, abondante sur les côtes de Mauritanie et qui commence à faire son apparition dans les sables vaseux de la région d'Agadir. (*Upeneus prayensis*, C. V.).

Une forme assez commune, également, dans les régions de sable vaseux et de vase, c'est le Saint-Pierre ou Poule de mer (*Zeus faber*, L.)

La famille des Sparidés est bien représentée sur les fonds sablo-vaseux et aussi sur les fonds rocheux par : le Pageau (*Pagellus erythrinus*, L.), le Pagre commun (*Pagrus vulgaris*, L.), les Daurades (*Chrysophys aurata*, L.), quelques petits Dentés (*Dentex filosus*, Val.). Le grand denté (*Dentex vulgaris*, C. V.) abondant plus au Sud, sur les platiers rocheux couverts de Gorgones (mariscots), des côtes mauritaniennes, semble assez rare dans les parages d'Agadir.

Mais les Sars ou Sargues (*Sargus vulgaris*, Geoff.) sont presque aussi communs que les Pageaux et sont capturés comme ces derniers, à la ligne de fond, par les indigènes, à la limite des fonds de roches et de sable vaseux.

La famille des Sciænidés est représentée, non seulement par la grande Sciène aigle (*Sciena aquila*, L.), mais aussi par le Corb noir (*Corvina nigra*, Bloch), l'*Umbrina ronchus*, Val., ou Ombrine ronfleuse et, surtout, dans les fonds de sable vaseux littoraux, vers l'embouchure du Sous et des autres petits cours d'eau de la côte, par l'Ombrine commune *(Umbrina cirrhosa*, L.).

Sur les fonds de roches, on rencontre, encore, quelques belles rascasses *(Scorpœna scrofa* L.), ainsi que des Murènes (*Murena helena*, L.) et des Congres (*Conger conger*, L.), assez abondants.

Si nous ajoutons à cela un certain nombre d'espèces de Muges ou Mulets : le Muge céphale *(Mugil cephalus* L.), le Muge sauteur (*M. saliens*, Risso), le Muge doré (*M. auratus*, Risso), etc., qui se rencontrent en abondance, à certains moments, le long de la côte, où ils sont capturés, en grande quantité, à l'aide de mauvaises sennes par les pêcheurs chleuh, nous aurons indiqué les principales espèces alimentaires de la partie littorale et sublittorale de la région d'Agadir (1).

Mais de nombreux chalutiers espagnols, un certain nombre de portugais et, même quelques rares chalutiers rochelais et lorientais, viennent travailler dans cette région, au large des platiers rocheux, par des fonds de 350 à 500 mètres ; ils capturent là, en assez grande abondance, le Merlus ou Colin *(Merlucius merluccius*, L.). Ils mettent le poisson en cale, dans la glace, et rentrent à leur port d'attache sans laisser, au Maroc, ni un centime, ni un poisson. Ils ne sont pas intéressants pour le Protectorat ; ils le sont à peine pour la Métropole ; nous ne nous occuperons donc pas d'eux !

Si la faune des fonds est, certainement, intéressante et pourra le devenir bien davantage encore, par l'emploi des chalutiers marocains, c'est la faune de surface qui constitue, pour le moment,

FIG. 5. — *Orcynopsis unicolor*, Geoff. St-Hil.

(1) Voir pour plus de détails : A. GRUVEL : *L'Industrie des Pêches au Maroc* Paris, 1923.

la *véritable richesse marine industrielle* de la région d'Agadir.

Pendant nos trois séjours successifs dans le Sud marocain, nous avons toujours été frappé, non pas de l'abondance des espèces, qui sont, en réalité, en petit nombre, mais de celle des individus qui les représentent et qui viennent, à certains moments, dans la Baie, en bancs si compacts que, même avec les engins primitifs et véritablement réduits dont ils disposent, les pêcheurs locaux en remplissent des barques entières. S'ils n'en capturent pas davantage, le plus souvent, c'est que les débouchés font véritablement défaut dans ce coin perdu de la côte et, comme la température y est, généralement, assez élevée, tout ce poisson serait rapidement et irrémédiablement perdu. Les espèces qui constituent le fonds de la pêche des indigènes sont celles que nous allons, maintenant, indiquer.

Le poisson appelé localement « thon » qui est, en réalité l'*Orcynopsis unicolor*, Geoff. Saint-Hilaire, apparaît en avril-mai et disparaît vers le mois d'octobre, passant par un maximum en juin-juillet. Le poids de ce poisson est, en moyenne, de 6 à 7 kilos : il peut atteindre et même dépasser 12 kilos. Le chair en est rouge, mais, mis en conserves, il donne un excellent produit ressemblant à la bonite.

La Bonite à dos rayé (*Pelamys sarda*, Bl.), se rencontre, en réalité, pendant toute l'année, dans la Baie, mais elle est capturée, au maximum, d'avril-mai à septembre-octobre. On sait que ce poisson est abondant sur toute la côte du Maroc occidental et donne lieu, actuellement, à une fabrication importante de conserves et de salaisons, surtout à Fedhala et à Casablanca.

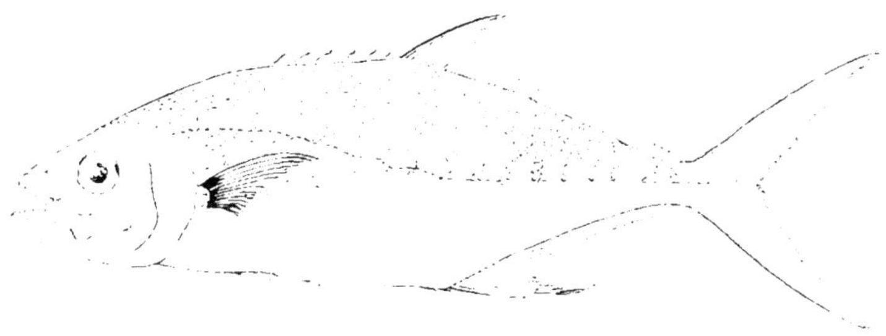

FIG. 6. — *Lichia vadigo*, Risso.

Le « poisson limon » de Casablanca, « Lirio » des Espagnols (*Lichia vadigo*, Risso), est capturé en abondance, dans la Baie, en même temps que les Bonites. Il donne un intéressant produit en conserves. Le « Tassargal » ou « Tessargal », des pêcheurs Chleuh, (*Temnodon saltator*, L.) est une espèce qui vient dans la Baie d'Agadir en très grande quantité, en février et mars ; mais on la rencontre pendant toute l'année. Ce poisson est commun sur toute la côte occidentale d'Afrique et nous l'avons retrouvé, aussi bien sur les côtes de Mauritanie et du Sénégal, que sur celles du Maroc et même d'Algérie où il est, cependant, beaucoup plus rare. Il est particulièrement apprécié des indigènes et, au moment où il abonde, les pêcheurs chleuh le font cuire et fumer dans des fours spéciaux que nous avons décrits ailleurs et le transportent, ainsi préparé, dans leur « chouaris », à dos d'ânes et de chameaux, jusqu'à Taroudant et Aoulouz, dans la haute vallée du Sous.

FIG. 7. — *Temnodon saltator*, L.

C'est le moins intéressant pour la conserverie ; il donne un produit fin, mais un peu mou, qui ne sera peut-être pas très apprécié de la clientèle européenne.

Les « Chinchards » (*Trachurus trachurus*, L.) sont aussi extrêmement abondants pendant la belle saison. On pourrait les capturer par milliers à l'aide d'engins de surface modernes et ils pourraient être utilisés pour la conserverie, tout entiers, comme on le fait avec les petits maquereaux.

Enfin, les bancs de Sardines (*Clupea pilchardus*, Walb.) et d'anchois (*Engraulis enchrasicolus*, L.) arrivent, parfois, dans la Baie d'Agadir, en si grande quantité, qu'ils viennent s'échouer presque sur le rivage où les pêcheurs les capturent avec leurs mauvaises sennes. M. JOLY, chef de la station des lignes Latécoère à Agadir qui,

Photo A. Gruvel.

Fig. 3. — Agadir. - Le Port et la Jetée.

Photo A. Gruvel

Fig. 4. — Agadir. - Partie de la ville et Citadelle, vues de la Jetée

par devoir professionnel, survole, à peu près tous les jours, la totalité de la baie, pour l'essai des moteurs de ses avions et qui, d'origine bretonne, connaît bien les bancs de sardines et d'anchois, nous disait qu'il apercevait, presqu'à chaque vol, pendant la belle saison, d'énormes bancs, tantôt de sardines, tantôt d'anchois, qui pénétraient jusque dans la Baie et que personne, faute d'engins appropriés, ne capturait.

Bien qu'il n'existe pas de statistiques officielles se rapportant à la pêche, à Agadir, le chef du service de l'aconage, M. Léca, qui s'intéresse tout particulièrement à ces questions, a bien voulu nous fournir les chiffres suivants pour 1925 et 1926. Ces chiffres sont, *tous*, très au-dessous de la réalité, car les pêcheurs craignent qu'on leur impose des taxes et n'indiquent, par conséquent, que le *minimum* de leurs captures.

### Tableau statistique de la pêche pour 1925 (par tête)

| MOIS | TASSARGAL | THONS (Orcynopsis) | BONITES | COURBINES |
|---|---|---|---|---|
| Janvier | 4.200 | | » | » |
| Février | 1.620 | | » | » |
| Mars | 700 | 300 | » | » |
| Avril | 200 | 1.100 | | » |
| Mai | 80 | » | 4.800 | 154 |
| Juin | » | » | 5.000 | 2000 daurades |
| Juillet | » | » | 5.000 | » |
| Août | » | 20.000 | 15.000 | |
| Septembre | 11.000 | 17.000 | » | » |
| Octobre | 12.000 | 3.000 | » | » |
| Novembre | 6.300 | » | » | » |
| Décembre | 8.000 | » | » | 400 |

### Tableau pour 1926

| MOIS | TASSARGAL | THONS (Orcynopsis) | BONITES | COURBINES |
|---|---|---|---|---|
| Janvier | 7.500 | » | » | 30 |
| Février | 6.500 | » | » | » |
| Mars | 5.000 | 500 | » | » |
| Avril | 3.000 | » | » | 40 |
| Mai | 3.000 | 1.800 | 600 | 30 |
| Juin | | » | 1.000 (environ) | » |

On remarquera que ces résultats tout à fait incomplets, du reste, sont obtenus à l'aide de barcasses à rames, une ou deux mauvaises sennes, tout au plus, et quelques lignes à main.

A cause de ce défaut d'outillage, les indigènes pêchent les poissons qui les intéressent le plus et abandonnent la pêche des autres. C'est ainsi, par exemple, qu'à la saison du Tassargal *(Temnodon saltator)* dont tous les indigènes sont particulièrement friands, ils se livrent *tous*, sans exception, à la capture de cette espèce et négligent celle des autres, au moins aussi abondantes.

La Courbine (*Sciaena aquila*, L.), signalée dans la précédente statistique pour quelques individus par mois, est un poisson très friand de Mulets ou Muges (*Mugil* de diverses espèces). Il vient jusque dans la Baie au moment où ces derniers poissons y font leur apparition, c'est-à-dire de février-mars à mai-juin. C'est un excellent poisson, connu en France sous le nom de « maigre », très abondant sur toute la côte occidentale d'Afrique, surtout dans la région de Port-Étienne, et qui peut atteindre un poids de 40 à 45 kilos et une longueur de plus de $1^{m}$ 50.

On rencontre, enfin, dans les rochers qui émaillent la côte, surtout dans la partie qui s'étend de Tamerart au Cap Ghir, un assez grand nombre de *langoustes* et de *homards*, qui ne sont guère consommés à Agadir que par la population européenne, l'indigène dédaignant ces Crustacés.

Certains industriels ont manifesté, en notre présence, le désir de fabriquer des *conserves* de homards et de langoustes. Nous les en avons dissuadés de notre mieux parce que ces Crustacés ne sont pas assez abondants sur la côte pour résister à une pêche intensive et qu'il est beaucoup plus sage de réserver cette industrie, assez productive, aux pêcheurs indigènes.

La quantité de poissons pouvant être utilisés pour la conserverie est suffisamment considérable pour qu'il ne soit pas utile d'y ajouter quelques malheureux crustacés qui auraient, rapidement, disparu, au grand détriment des pêcheurs locaux.

*c)* **L'exploitation.** — Les emplacements nécessaires à l'établissement des usines paraissent faciles à trouver à Agadir.

1° *Emplacement.* — L'installation, en quelque point convenablement choisi de la falaise, permettrait l'évacuation des produits usés à la mer, avec la plus grande facilité et, en prenant l'eau à une certaine distance au large, on pourrait, aussi, avoir, dans l'usine, toute l'eau de mer nécessaire aux besoins industriels. La proximité du port de pêche et de la jetée de débarquement des produits, faciliterait singulièrement les moyens de travail.

2° *Eau douce.* — La quantité d'eau douce dont on dispose, actuellement, à Agadir pour les besoins de la population générale, paraît *suffisante.* Si l'on autorise l'installation d'usines de conserves, si, mieux encore, on ouvre le port au commerce d'une façon plus large, la question « eau douce » se posera alors avec une certaine acuité. Elle n'est, du reste, pas insoluble, loin de là.

Il existe, en effet, dans la montagne voisine, un certain nombre de sources qui n'ont pas été utilisées et qu'il serait politique et économique de capter le *plus tôt possible,* si l'on ne veut pas se trouver, à un moment donné, en face de grosses difficultés et de dépenses peut-être excessives.

Actuellement, on aurait les terrains qui contiennent ces sources à très bon marché ; la main-d'œuvre serait facile et abondante, par conséquent d'un prix minime ; le moment paraît donc propice. Il se pourrait qu'il n'en fût pas de même d'ici quelques années. C'est, à notre avis, le premier travail par lequel on devrait commencer.

3° *Éclairage et force motrice.* — L'électricité n'existe pas, en principe, à Agadir ; le Service des Renseignements a, en ce qui concerne l'éclairage, résolu la question pour son propre compte et celui des services militaires, ainsi que pour quelques commerçants assez voisins du centre de la ville, mais c'est tout.

Les usines qui viendraient s'installer devraient s'organiser, elles-mêmes, pour la force motrice et l'éclairage. C'est assez normal, du reste !

4° *Pêcheurs.* — Le recrutement des pêcheurs serait très facile. Dans les petits ports de pêche voisins d'Agadir, tels que : Aoughir, Tamerekhe, Taghazout, Tizert, Imsouane, Imerditzen, Tafelneh, Sidi-Ahmed Saïd, Sidi M'Barec, Tagrioult, Cap Sim, etc., on trouverait tous les pêcheurs nécessaires à une industrie importante.

Ils sont travailleurs, sobres, intelligents et ne craignent pas la mer. En leur fournissant les embarcations et les engins nécessaires, et sous la direction générale d'un pêcheur européen, qui montrerait à leurs « reiss » le maniement des bateaux et des engins modernes, on obtiendrait, rapidement, des résultats remarquables.

5° *Personnel d'usine.* — Pour le personnel d'usine, on pourrait recruter, entre Agadir et Insgane qui en est distant de 12 kilomètres, de nombreuses femmes et jeunes filles berbères qui s'habitueraient très vite au travail d'usine, car elles sont intelligentes et adroites et ne tarderaient pas à devenir de très bonnes ouvrières.

On trouverait, encore, pour les travaux de force, tous les jeunes gens nécessaires, dans la vallée du Sous. Actuellement, ces jeunes gens, ne trouvant pas à gagner leur vie chez eux, s'expatrient sur les villes de la côte : Mogador, Safi, Casablanca et Rabat ; certains même vont travailler dans les usines d'Europe, mais reviennent, de temps en temps, dans leur pays natal auquel ils restent toujours fermement attachés.

Comme ils sont également travailleurs, intelligents et adroits, ils s'adapteraient, très rapidement, à la conduite des moteurs placés sur les embarcations et dans les usines, au maniement des machines-outils, etc.

On voit donc, en résumé, que toutes les conditions matérielles indispensables à la bonne marche de l'industrie des conserves se trouvent largement réalisées à Agadir et dans le Sous, aussi bien pour la matière première que pour la fabrication.

. . . . . . . . . . . . . . . . . . . . . . . . . . . .

Mais la région du Sous dispose encore de ressources considérables dont il nous reste à dire un mot maintenant, ressources qui faciliteraient grandement le développement des industries dont nous venons de parler.

Photo A. Gruvel.

Fig. 5. — Dans les Chtouka. - Sur la route de Tiznit. - Un puits.

Photo A. Gruvel

Fig. 6. — Photo sur la route de Tiznit. - Champ d'euphorbes.

IMP. CATALA FRÈRES, PARIS

## III. — LA RÉGION DU SOUS
## SES RESSOURCES AGRICOLES

Bien que les questions d'agriculture ne soient pas, à proprement parler, de notre ressort, il nous est impossible de les passer ici sous silence, parce que leur exploitation bien comprise doit amener un élément considérable de prospérité pour les usines de conserves de poissons.

La mer nous fournit bien la matière première indispensable, mais pour la fabrication des conserves, il faut des boîtes... et de l'huile !

Pour les boîtes, il faudra, de toute nécessité faire venir de France, soit les boîtes toutes prêtes, soit des lames de fer blanc que des machines outils transformeront rapidement en boîtes de tous calibres, et de toutes tailles. C'est ce qui se passe à Fedhala et Casablanca : c'est le moyen le plus pratique et, croyons-nous, le plus économique N'insistons pas !

Mais l'huile ! Nous allons essayer de montrer qu'elle existe dans la région du Sous et dans tout le Sud-Ouest marocain sous deux formes distinctes : l'huile d'olive et l'huile d'argan, également utilisables pour la fabrication des conserves de poissons.

*a)* **L'olivier.** — D'après les renseignements officiels qui nous ont été aimablement fournis à Rabat, au Service de l'Agriculture, le nombre total des oliviers indigènes ou de plantations européennes, dénombrées en 1925 pour l'établissement du « tertib », dans le Maroc occidental, est de *3.188.235*. Ce chiffre est certainement au-dessous de la vérité et augmente, à peu près, tous les ans, à mesure que notre contrôle s'étend et se perfectionne. Prenons-le tel qu'il est et disons, en chiffres ronds, que ce nombre est de *trois millions*. Si, maintenant, nous adoptons, pour la production de chaque arbre, le chiffre de *deux litres* d'huile, c'est donc un total de *six millions*, au minimum, de litres d'huile d'olive qui devrait se fabriquer annuellement au Maroc.

Tous ceux qui ont vu fonctionner les moulins indigènes ont pu se rendre compte de la perte considérable en huile qui en résulte. Si les olives étaient traitées comme elles commencent à l'être, du reste, par des procédés modernes, le rendement en huile augmenterait d'un bon tiers.

Il devrait y avoir, dès maintenant, au Maroc, une production suffisante pour la consommation locale, y compris, bien entendu, les fabriques de conserves de poissons.

Or, ces dernières font, toutes, venir l'huile qui leur est nécessaire, selon l'origine de leurs propriétaires, d'Espagne, d'Italie, de Tunisie, etc. Aucune n'utilise actuellement l'huile marocaine qui, paraît-il, n'est pas encore assez bien raffinée. Est-il donc si difficile de préparer de l'huile convenablement, et le Maroc qui est en train de devenir un pays d'assez grosse production, n'est-il donc pas capable de se fournir à lui-même, sans être obligé d'importer, de pays voisins et même de l'Étranger, les huiles dont il a besoin ?

Il y a là une lacune à combler le plus rapidement possible dans l'intérêt même de ce pays !

Mais revenons au Sous qui, seul, nous intéresse ici. Lorsque, comme nous l'avons fait, plus ou moins complétement, à diverses reprises, on remonte la vallée du Fleuve, jusqu'à Taroudant, Freija, et Aoulouz qui marque son point de sortie de l'Atlas, on remarque que, dans toutes les parties de la plaine qui peuvent être atteintes par l'irrigation, on trouve des quantités considérables de figuiers et surtout d'oliviers. Taroudant elle-même, se trouve en quelque sorte, noyée dans une véritable oasis d'oliviers comprenant environ *280.000* pieds. La vallée, toute entière, de l'embouchure à Aoulouz, renferme un minimum de *380* à *400.000* pieds. Nous disons un minimum, pour la même raison que précédemment.

La production indigène devrait donc être d'environ 800.000 litres d'huile, et si les olives étaient traitées par des méthodes modernes, de *un million* de litres, en chiffres ronds.

L'indigène soussi ne consomme pas d'huile d'olive ; il la vend, réservant, pour sa propre consommation, l'huile d'argan.

Dans ces conditions, la presque totalité de cette production, si elle était préparée convenablement, pourrait être livrée aux usines d'Agadir, sans être grevée de frais de transport importants, c'est-à-dire dans les meilleures conditions économiques possibles.

Il suffirait, pour cela, d'installer dans un centre assez important, soit à Agadir, soit mieux, peut-être, à Taroudant, au centre même de la principale production, une huilerie moderne qui fournirait aux usines de conserves installées, celles-ci, sans aucun doute possible, à Agadir, toute l'huile qui leur serait nécessaire. Ce sont les usiniers eux-mêmes qui devraient s'entendre pour l'installation d'une huilerie commune, de façon à posséder sur place, à la fois, la matière première, qui est le poisson, et l'huile d'olive nécessaire à la fabrication de leurs conserves.

*b)* **L'arganier.** — Nous n'insterons pas davantage sur l'olivier qui est une essence bien connue et nous passerons à l'arganier qui l'est beaucoup moins, en général.

L'arganier (*Argania sideroxylon*, Roemer et Schut.), a tiré son nom du mot chleuh « ardjan » ou « argan ». C'est un arbre très répandu dans le Sud-Ouest du Maroc, ayant à peu près le port et la taille de l'olivier, couvert de nombreuses épines et dont le tronc est, généralement divisé en deux, trois ou quatre parties divergeant obliquement par rapport à la verticale, en sorte que les chèvres, qui sont très friandes de ses jeunes pousses arrivent à grimper jusque dans l'arbre, tandis que les chameaux broutent, avec délices, les mêmes pousses vers l'extérieur.

L'arganier donne un fruit plus gros qu'une olive, que l'on appelle « noix d'argan » ou encore « amande berbère », dont les chèvres et les chameaux sont particulièrement friands. Ils mangent la pulpe qui entoure le fruit et rejettent la noix, soit par la bouche, après mastication, soit par l'orifice opposé, après la digestion.

En dehors du Sud-Ouest marocain, cet arbre est complètement inconnu. On peut donc dire qu'il caractérise absolument cette région, que l'on pourrait appeler « région de l'Arganier ». Il n'existe qu'une autre espèce : *Sideroxylon marmulano*, Lowe, localisée à l'Ile Madère, qui, probablement de même origine que la précédente, s'est modifiée profondément en changeant de milieu, mais montre, indubitablement, les relations territoriales étroites qui ont dû exister entre Madère et le Sud du Maroc.

Nous avons traversé, à diverses reprises, en toute sa longueur, la « région de l'Arganier » et nous avons été frappé, comme tous ceux qui l'ont parcourue, de la vaste répartition de cette espèce et de la possibilité d'en augmenter le nombre, pour ainsi dire, à volonté, à condition que l'indigène, qui est le plus grand ennemi de l'arbre, en ces régions, ne mette pas un obstacle absolu à la reconstitution intensive de la forêt d'arganiers.

Cette forêt, si l'on peut employer ce terme pour une essence qui se trouve rarement en masses considérables mais plutôt en pieds isolés et largement distribués, cette forêt, disons-nous, commence dans les Chiadma, un peu au Nord de l'Oued Tensift et s'étend, à certains endroits, depuis la zone littorale jusqu'à près de 40 kilomètres à l'intérieur du Pays.

Au sud de Mogador, il forme de vastes plages dans les Haha, les M'Touga et les Ida ou Tanan ; il est particulièrement abondant dans la vallée du Sous, jusqu'à Taroudant et même Aoulouz et, enfin, nous l'avons retrouvé, assez disséminé, au Sud du Sous, dans la partie littorale des Chiouka et dans la plaine de Haouara.

Mais il diminue rapidement à mesure que l'on s'avance vers la région de Tiznit et devient tout à fait sporadique, pour disparaître complètement, paraît-il, sur les pentes de l'Anti-Atlas.

Cet arbre a la remarquable propriété de se développer dans presque tous les terrains, aussi bien dans les dunes de la zone littorale que dans les schistes, les calcaires et les grès et, s'il demande une atmosphère un peu humide, il se contente d'une très faible quantité de pluie. C'est l'essence rêvée de cette région sud-ouest du Maroc.

Il est, pour l'indigène, d'un précieux secours, puisque ce dernier se chauffe, un peu trop, peut-être, avec son bois, se nourrit de l'huile produite par son fruit et nourrit ses chèvres et ses chameaux de la pulpe de son fruit et de ses feuilles. Il est peu employé pour la construction à cause de son tronc multiple et très tortueux, auquel on préfère avec raison, une essence plus droite, poussant largement dans la région, le thuya. L'huile d'argan est de *fabrication* exclusivement indigène, et on peut dire, à quelques exceptions près, qu'elle est aussi de *consommation* indigène. L'huile indigène est de couleur plus ou moins foncée suivant que sa préparation a été plus ou moins heureuse, sa saveur âcre et irritante. Les indigènes la consomment de préférence à l'huile d'olive, à tel point qu'à Mogador, par exemple, son prix était, il y a quelques mois, un peu supérieur à celui de cette dernière.

Quand, par hasard, les Européens sont obligés de l'utiliser, à défaut d'huile d'olive, par exemple, ils la font bouillir avec un gros morceau de mie de pain qui absorbe la plus grande quantité du principe amer et la rend, ainsi, d'une absorption possible, sinon facile. L'huile n'étant produite que par la noix, il faut donc, d'abord, débarrasser le fruit de sa pulpe. Deux procédés sont mis en usage par les indigènes. Dans le premier cas, ils donnent les fruits à manger aux chèvres, moutons, chameaux et bœufs qui en sont très friands, tandis que les ânes, les chevaux et les mulets les dédaignent. Ces animaux mangent la pulpe du fruit : tandis que les moutons et les chèvres rejettent ensuite la noix qui tombe à terre, les ruminants ne la rendent qu'un certain temps après, quand l'acte de la rumination commence. Certaines, même, traversent l'estomac et sont rejetées par l'anus.

En tout cas, ces noix sont soigneusement ramassées, soit par les bergers, soit par les femmes et les enfants, pour la fabrication de l'huile.

Dans d'autres cas, les fruits tout entiers sont également ramassés, épulpés par les femmes et les enfants qui les font sécher et les donnent aux animaux, en nourriture, pendant l'hiver. Toujours, le noyau est conservé pour extraire l'huile, par un procédé assez primitif, mais, cependant, assez délicat !

On casse les noyaux entre deux pierres et on en retire des amandes blanches que l'on fait torréfier sur des ustensiles en fer ou en terre cuite, jusqu'à ce qu'elles aient atteint une couleur foncée, sans brûler. On broie ces amandes dans une sorte de mortier quelconque, de façon à obtenir une pâte de couleur brune sur laquelle no verse de l'eau bouillante, en même temps qu'on la malaxe soigneusement, entre les mains, pour en faire sortir le maximum d'huile. La pâte durcit peu à peu, en abandonnant son huile qui est recueillie dans un vase. Elle est lavée plusieurs fois à l'eau fraîche, puis on la laisse reposer et on la décante pour l'obtenir à son maximum de pureté.

Cette huile est soigneusement conservée dans les familles et utilisée pour les besoins de la cuisine.

Quelle quantité d'huile d'argan est fabriquée ainsi au Maroc ? Il est à peu près impossible de fixer un chiffre, même approximatif. Ce que l'on peut affirmer, c'est qu'une bonne partie en est perdue, d'abord parce que beaucoup de fruits ne sont pas ramassés et se perdent dans la brousse et, ensuite, que le procédé indigène de préparation est tout à fait rudimentaire et laisse dans les tourteaux près d'un tiers de l'huile totale qu'ils contiennent.

Étant donné la vaste surface couverte par les arganiers, nous ne serions pas éloigné de croire que si la récolte de fruits en était faite soigneusement et la préparation de l'huile industrialisée, le sud-ouest marocain pourrait produire à peu près autant d'huile d'argan que d'huile d'olives. Ce serait tout bénéfice pour les indigènes qui vendraient les noix d'argan et paieraient l'huile beaucoup moins cher qu'ils ne le font actuellement. D'autre part, ce serait une nouvelle et intéressante ressource pour les usines de conserves de la côte. On sait que depuis notre installation au Maroc, les indigènes consomment un certain nombre de produits qu'ils négligeaient autrefois. Les conserves de poissons en général, et celles de sardines, en particulier, sont spécialement recherchées par les indigènes et le seront de plus en plus.

Comme ils préfèrent l'huile d'argan à l'huile d'olives et que la présentation des poissons leur est assez indifférente, les industriels ne pourraient-ils pas préparer, avec l'huile d'argan et les poissons un peu abîmés, des conserves de 2e ou 3e choix qui obtiendraient, dans le bled, un véritable succès ? Ils économiseraient, en même temps, leur huile d'olives réservée à la fabrication de premier choix, pour la consommation européenne locale et, surtout, pour l'exportation.

. . . . . . . . . . . . . . . . . . . . . . . .

Photo A. Gruvel.

FIG. 7. — Pont métallique sur l'Oued Massa.

Photo A. Gruvel.

FIG. 8. — La Fontaine de Tiznit.

IMP. CATALA FRÈRES, PARIS

Nous pensons avoir montré, ainsi, que les fabricants de conserves de poissons pourront trouver à Agadir et dans la région du Sous, tout ce qui, hormis le fer-blanc, est nécessaire à leur industrie.

c) **Légumes frais.** — Mais, pour autant que le poisson soit abondant dans la Baie et au large, comme on a surtout affaire à des poissons de surface, qu'on désignait autrefois sous le nom de « migrateurs », que nous appelons aujourd'hui, plus exactement « saisonniers », il y aura, certainement, au cours de l'année, des « mois creux », c'est-à-dire au cours desquels le poisson viendra à manquer plus ou moins totalement.

Les usiniers pourront encore trouver sur place, s'ils savent s'entendre avec la population agricole des environs de l'embouchure du Sous, plus spécialement de la région d'Insgane, qui n'est qu'à 10 kilomètres d'Agadir, *pendant toute l'année*, à des conditions économiques remarquables, des petits pois, des haricots verts, des tomates, etc., tous légumes qui, dans ces terres alluvionnaires riches, des bords du Sous, ne demandent qu'à pousser.

Les « séguias » qui, à l'heure actuelle, partent du fleuve et viennent irriguer la plaine, sont destinées, surtout à arroser les champs de blé, d'orge, de maïs, etc., suivant les époques, ainsi que les nombreux arbres : figuiers, oliviers et quelques champs de légumes.

Si les Soussi ne produisent pas davantage de légumes frais, c'est que leur consommation, qui est l'apanage des Européens seulement, est extrêmement restreinte. Mais que des usines s'installent, qu'elles paient à ces populations rurales, travailleuses et intelligentes un prix rémunérateur et elles auront tous les légumes frais dont elles auront besoin pour remplir les « mois creux » de l'année industrielle.

La condition essentielle à remplir vis-à-vis des indigènes c'est d'assurer l'écoulement de leur production à des prix intéressants pour eux, car le Chleuh, s'il est travailleur, est aussi âpre au gain, et c'est une des raisons pour lesquelles il s'expatrie aussi facilement.

## IV. — INSTALLATIONS ADMINISTRATIVES

Mais l'organisation de la pêche industrielle intensive ne peut pas aller sans un certain nombre de dépenses de « souveraineté », en quelque sorte.

*a)* **Adduction d'eau douce.**— Nous avons déjà indiqué plus haut que l'un des premiers soins de l'Administration devait être de procéder au captage des sources libres de façon à donner à la ville le maximum d'eau possible en raison des futurs besoins industriels. Mais ce n'est pas tout !

*b)* **Jetée abri.** — La jetée actuelle est notoirement insuffisante et incapable de protéger, comme cela est indispensable, toute une flottille de pêche. Cette jetée devrait être prolongée de quelques centaines de mètres et former un ou deux redans de façon à mettre les embarcations, petites ou grosses, à l'abri des gros temps du large ; mais cela est l'affaire des Ingénieurs du Service des Travaux Publics.

On devrait prévoir, sur cette jetée, des cales d'accostage pour le débarquement facile des poissons qui, par voie Decauville, pourront être *aisément* et *rapidement* — deux conditions essentielles dans ce pays de soleil — transportés aux usines pour y être traités *immédiatement*.

Ces quelques travaux suffiraient, provisoirement tout au moins, pour permettre l'installation à Agadir de quelques usines de conserves de poissons et l'organisation, par conséquent, d'une industrie de la pêche d'une certaine importance. Ce sont, tous les ans, des millions de produits fabriqués qui se perdent à Agadir, au grand détriment, non seulement de cette intéressante région, mais du pays tout entier.

*c)* **Ouverture du port.** — Avons-nous, dans les circonstances présentes, le droit de négliger de telles ressources ? Nous ne le pensons pas. Nous le pensons d'autant moins que divers industriels, et des meilleurs, n'attendent que l'ouverture du port pour aller s'y installer.

Il ne nous appartient pas de rechercher si le port d'Agadir doit, ou non, être ouvert au *commerce général*. C'est une mesure extrêmement sérieuse qui mérite un examen approfondi, mais nous pensons qu'il n'y aurait que des avantages *économiques* et *politiques*, en même temps, à ouvrir tout au moins ce port à la *pêche industrielle* et à tout ce qui touche à la préparation des produits de la pêche : usines de conserves de poissons et de légumes frais, huileries d'huile d'olives et d'huile d'argan, usines pour la fabrication des sous-produits de la pêche : guano, huile, vessies natatoires, huile de foies, etc.

La construction de la jetée, d'abord, puis celle des usines, commenceraient par utiliser une main-d'œuvre importante que l'on trouverait, en grande partie, sur place.

Ensuite, le personnel nécessaire aux bateaux de pêche, à la manutention du poisson, à la préparation et à l'emboîtage des conserves tout ce qui, en un mot, consitue une industrie importante serait, pour la plupart, recruté dans la région et gagnerait, à ce travail, largement sa vie.

Occupés comme ils le seraient à la pêche et aux usines, les fameux dissidents Ida ou Tanan, descendus de leur montagne, ne songeraient guère à faire la guerre et nous les verrions, de plus en plus nombreux, embauchés par nos industriels qui les retiendraient ainsi, dans leur pays.

Trois usines de conserves à Agadir vaudraient mieux, pour la pacification complète, qu'un régiment et rapporteraient au Protectorat au lieu de lui coûter !

. . . . . . . . . . . . . . . . . . . . . . . .

# CONCLUSIONS

—

Comme conclusion de cette étude, nous disons, nous plaçant exclusivement sur le terrain de la pêche industrielle et des industries connexes :

1° Agadir et la région du Sous possèdent des richesses naturelles *maritimes* et *agricoles*, *considérables*, dont dans les circonstances actuelles, nous n'avons pas le droit de négliger l'exploitation.

2° Cette exploitation est rendue possible, nous dirons même facile, par tout un ensemble de conditions matérielles et, même morales, qui se trouvent réunies dans cette région.

3° La création d'une industrie nouvelle et importante à Agadir amènerait avec elle le travail et l'aisance dans une partie de la population indigène, aujourd'hui misérable, à certains moments. Elle ne pourrait avoir, pour cette région, en particulier, et le Maroc, en général, que des conséquences *économiques*, *sociales* et *politiques* d'une telle importance qu'il est impossible de n'en pas tenir compte, étant donné surtout la modicité de l'effort financier que cette création entraînerait pour le Budget du Protectorat.

# INDEX BIBLIOGRAPHIQUE


BERNARD (Augustin) : *Le Maroc* (Félix Alcan, éditeur, Paris, 1921).

CASTONNET DES FOSSES (H.) : *Les Portugais au Maroc* (*Annales de l'Extrême-Orient et de l'Afrique*, Challamel, éditeur, Paris, 1886).

DUGARD (Henry) : *La Colonne du Sous* (Perrin et Cie, éditeur, Paris, 1918).

FAUCHERAND (Dr) : *Les pêches et industries maritimes au Maroc* (VIe Congrès des Pêches Maritimes, Tunis, 1914).

FLEURY (E.) : *Journal de Pharmacie et de Chimie*, T. XII, 7e série, 1920.

FOUCAULD (de) : *Reconnaissances au Maroc* (Paris, Challamel, 1888).

GENTIL (L.). *Explorations au Maroc* (1 vol. in-8°, Masson, éditeur, Paris, 1906).

GENTIL (L.) : *Le Maroc physique* (Alcan et Cie, éditeur, Paris, 1912.)

GENTIL (L.) : *Carte géologique du Maroc à 1/1.500.000* (Paris, Larose, éditeur.)

GRUVEL (A.) : *L'Industrie de la Pêche au Maroc* (*Revue Générale des Sciences*, 15 avril 1911).

GRUVEL (A.) : *L'Industrie des Pêches au Maroc. Son état actuel. Son avenir.* (*Mém. Soc. Sciences Naturelles du Maroc*, t. III, n° 2, 1923).

MAIN (F) : *Les Ports du Maroc Français.* (*La Géographie*, n°s 3 et 4, 1922).

MONTAGNE (Lt de vaisseau) : *Les Marins indigènes de la zone française du Maroc* (Hespéris, 1923, p. 175).

— *Coutumes et légendes de la côte du Maroc* (Hespéris, 1921, p. 101).

MOUVEAUX (Général) : *Le Territoire d'Agadir* (Renseignements coloniaux, n° 10 Comité de l'Afrique française et Comité du Maroc, octobre 1926).

PELLEGRIN (J.) : *Les Vertébrés des Eaux douces du Maroc* (C. T. Assoc. franç. Avanc. Sciences, Nîmes, 1912).

PERROT (E.) : *Les Végétaux de l'Afrique tropicale française* : fasc. II. Challamel, éditeur, Paris, 1907.

RÉSIDENCE GÉNÉRALE : Documents divers, surtout statistiques.

TARDIEU (A.) : *Le mystère d'Agadir*. Calmann-Lévy, édit. Paris, 1912.

THOMAS (L.) : *Voyage au Goundafa et au Sous* (Payot, Paris, 1919).

X. *Les Ports du Maroc.* (*Revue Générale des Sciences*, 15 avril 1914).

## TABLE DES MATIÈRES

I. — Le port . . . . . . . . . . . . . . . . . . . . . 1

II. — La région maritime d'Agadir.

*a)* Les fonds. . . . . . . . . . . . . . . . . . . . . 3
*b)* La faune industrielle . . . . . . . . . . . . . . . 8
*c)* L'exploitation . . . . . . . . . . . . . . . . . . 11

III. — La région du Sous. Les ressources agricoles

*a)* L'olivier . . . . . . . . . . . . . . . . . . . . 17
*b)* L'arganier . . . . . . . . . . . . . . . . . . . . 19
*c)* Légumes frais . . . . . . . . . . . . . . . . . . 23

IV. — Installations administratives.

*a)* Adduction d'eau douce . . . . . . . . . . . . . . 24
*b)* Jetée abri . . . . . . . . . . . . . . . . . . . . 24
*c)* Ouverture du port . . . . . . . . . . . . . . . . 24

Conclusions . . . . . . . . . . . . . . . . . . . . . 26

Index bibliographique . . . . . . . . . . . . . . . . 27

DIJON — DARANTIERE

# FAUNE DES COLONIES FRANÇAISES

# THERMOSBÆNA MIRABILIS MONOD

Remarques sur sa morphologie et sa position systématique

par Th. MONOD
Docteur ès-sciences
Museum d'histoire naturelle Paris.

## I. — INTRODUCTION

Sur des exemplaires recueillis dans la piscine romaine d'El Hamma (route de Gabès à Kebili, Tunisie) par M. le Prof. L. G. SEURAT, j'ai décrit sommairement il y a quelques années (MONOD, 1924 *a*) un très curieux Malacostracé thermophile (température de l'eau : 44-45°) et obscuricole que ses caractères morphologiques empêchaient de placer dans l'un ou l'autre des ordres du groupe des Péracarides et qui semblait devoir nécessiter dans l'avenir, pour sa réception, la création d'une coupure systématique nouvelle.

L'hypothèse très naturelle selon laquelle *Thermosbæna* eut été une larve, ou tout au moins la forme juvénile, d'un adulte encore à découvrir avait été énoncée par moi-même (MONOD, 1924 *a*, pp. 66-67), tout en signalant que je la tenais pour peu vraisemblable, comme contraire à tout ce que l'on sait, quant à leur développement normal, du comportement général des Péracarides.

L'adoption de conclusions définitives concernant les affinités taxonomiques de *Thermosbæna* était donc subordonnée à la découverte d'exemplaires certainement adultes : or dans un nouveau lot de *Thermosbæna mirabilis*, provenant de la même localité que le type et communiqués comme ce dernier par M. le Prof. L. G. SEURAT (1), j'ai découvert des individus pourvus d'organes génitaux

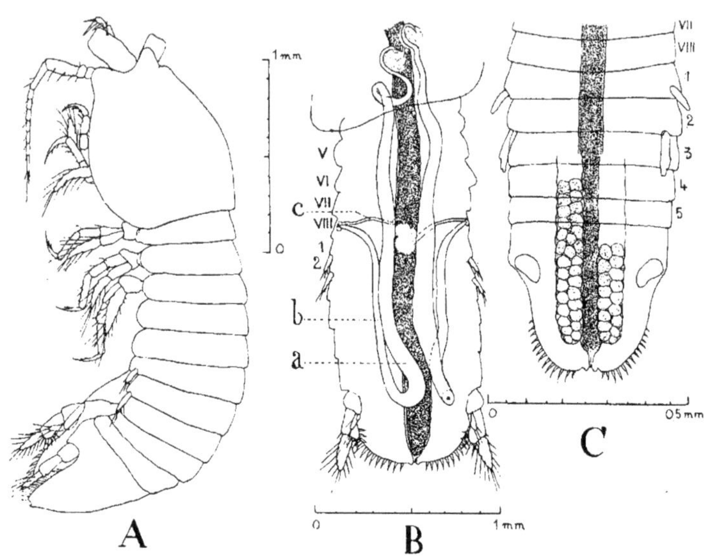


FIGURE 1.

A. — ♂ 1925 α, aspect latéral, partie postérieure du corps légèrement tordue.
B. — ♂ 1925 α, partie postérieure du corps en vue dorsale, montrant le tube digestif, les canaux déférents (*a*, branche directe ; *b*, branche réfléchie), les canaux accessoires (*c*).
C. — ♀ 1925 β, partie postérieure du corps, en vue dorsale, montrant le tube digestif et la région postérieure des cordons ovariens.

internes parfaitement développés : ces exemplaires sont d'ailleurs de taille identique à celle des spécimens décrits en 1924. La preuve

(1) Je tiens à exprimer ici ma très vive et respectueuse gratitude à M. le Prof. L. G. SEURAT pour la grande amabilité avec laquelle il a bien voulu me confier pour l'étude un matériel d'un aussi exceptionnel intérêt.

est donc établie que *Thermosbæna mirabilis* est un organisme adulte et mérite pleinement par conséquent de prendre, dans la systématique des Malacostracés, la place qui doit lui revenir.

Profitant de l'occasion, j'ai jugé utile de reprendre avec plus de détails l'étude morphologique de l'animal ébauchée en 1921 et de compléter ma première description (1).

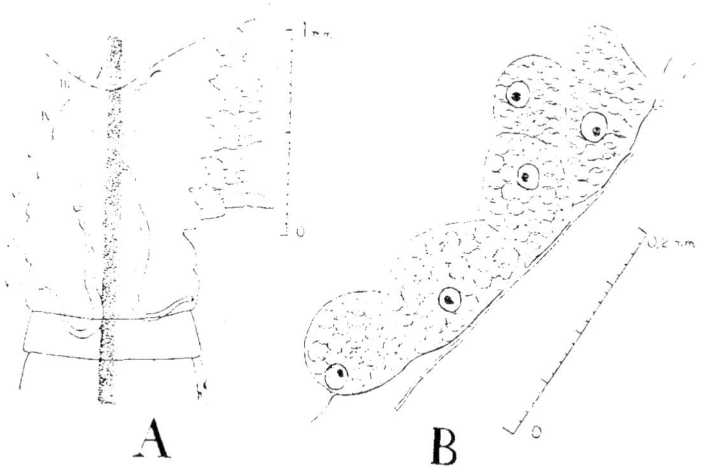


FIGURE 2.

A. — ♂ 1925 δ, parties moyenne et postérieure du corps, en vue dorsale, montrant le tube digestif et les canaux déférents.

B. — ♀ 1923 α, oocytes dans l'ovaire.

(1) Les exemplaires m'ayant servi à la rédaction du présent travail sont les suivants :

I. Lot 1923 :
- α : ♀ : 2.3 mm. (exemplaire figuré 1921. fig. 1 B)
- β : ♀ : 2.7 mm.
- γ : ? 2.6 mm.

II. Lot 1925.
- α : ♂ : 2.95 mm.
- β : ♀ : 1.7 mm.
- γ : ♀ : 1.3 mm.
- δ : ♂ : 3.2 mm.
- ε : ? : 3 mm. (exemplaire en bien mauvais état).

## II. — MORPHOLOGIE EXTERNE

**Taille.** — Les exemplaires étudiés par moi (lot 1923 et lot 1925) atteignent des longueurs échelonnées entre 1,3 millimètres et 3,2 millimètres. Les exemplaires femelles, que la présence d'organes génitaux internes ont permis de reconnaître comme tels, ont de 1,3 millimètres à 2,7 millimètres, les deux spécimens mâles 2,95 et 3,2 millimètres. Il n'est pas impossible que le mâle soit légèrement plus grand que la femelle ; il faut cependant remarquer que les exemplaires femelles, bien que pourvues de cordons ovariens, sont encore vierges et qu'il faut attendre la découverte d'exemplaires gravides et embryophores pour connaître la taille maxima que peut atteindre la femelle...

*Thermosbæna* est, avec quelques Tanaidacés, quelques Isopodes et les *Bathynellidæ*, parmi les plus petits d'entre les Malacostracés.

**Coloration.** — L'animal, dépourvu de pigment, est d'un blanc mat ; le tube digestif rempli de détritus variés, est le plus souvent visible sur toute sa longueur sous la forme d'un tractus sombre, brun-noir.

**Corps.** — Le corps est subcylindrique, notablement vermiforme mais court et trapu, la partie postérieure, pléale, étant un peu plus dilatée que l'antérieure.

Une carapace parfaitement normale est présente, laissant exposés et visibles les somites peréiaux IV *(pro parte)* à VIII et ne paraissant soudée qu'aux somites I et II, laissant libres par conséquent tous les suivants, III à VIII. Cette carapace a ses angles postéro-inférieurs largement arrondis ; à sa partie antérieure elle se divise en trois lobes sensiblement égaux en longueur, les deux latéraux étant largement arrondis, le médian un peu plus triangulaire et représentant peut-être une formation rostrale. Il n'est pas sans intérêt de signaler ici une certaine ressemblance entre la carapace antérieurement trilobée de *Thermosbæna* et celle des Cumacés, munie d'un processus rostral médian et de deux lobes latéraux, souvent réunis en avant du bord frontal vrai (lobes pseudo-rostraux) mais parfois aussi très peu saillants et alors assez comparables, comme aspect, aux lobes latéraux de la carapace de *Thermosbæna*.

La partie du péréion visible en arrière de la carapace se compose de cinq somites (IV-VIII), de forme identique mais de hauteurs croissantes d'avant en arrière. Les somites VII et VIII dont les lobes pleuraux semblent particulièrement développés sont entièrement apodes, tous les autres étant pédigères.

Le pléon qui fait suite sans constriction au péréion se compose de cinq somites semblables et d'un pléotelson (somite pléal VI auquel est soudé le telson) : les somites I et II portent des pléopodes réduits, les somites III à V sont entièrement dépourvus d'appendices, le somite VI est muni d'uropodes.

**Yeux.** — Entièrement absents : aucune trace de pédoncules ou de lobes oculaires.

**Telson.** — Le telson, qui est un pléotelson *(vide supra)*, est représenté par une vaste structure semicirculaire : à la partie distale, postérieure se trouve l'orifice anal, médian, limité de chaque coté par un petit tubercule conique ; la moitié distale de chaque bord latéral est occupée par 13 aiguillons robustes et courts.

**Antennule.** — L'antennule est biramée et comprend un pédoncule et deux flagellums. Pédoncule : tri-articulé : I très développé, très légèrement plus long que la somme des deux articles suivants : deux soies jumelées implantées sur une base commune à l'angle antéro-externe (1), deux soies simplement voisines à l'angle antéro-interne : — II sensiblement aussi large que long avec une soie à l'angle antéro-interne : — III légèrement plus long que II et un peu plus long que large, avec une soie antéro-interne et une saillie distale médiane sur laquelle sont implantées 4 tiges sensorielles : ce tubercule est à comparer avec l'organe qui chez le mâle des *Mysidæ* occupe une situation identique. Flagellums pauci-articulés, l'externe composé de 7 à 10 l'interne de 5 à 7 articles : chez l'un et l'autre flagellum on a, quant aux longueurs : $1 > 2 < 3 \leq 4 \leq 5$, etc. Angles antéro-internes de l'article pénultième, de l'antépénultième

(1) Topographiquement tel.

et du précédent (ou du pénultième seul) du flagellum externe munis chacun d'une tige sensorielle.

**Antenne.** — Uniramée, composé d'un pédoncule tri-articulé et d'un flagellum pauci-articulé. En 1924 (MONOD, 1924 *a*, p. 61, fig. 2/1) j'ai décrit et figuré le pédoncule antennaire de *Thermosbæna* comme tri-articulé mais je désire signaler ici que des trois articles alors assignés au pédoncule les deux proximaux seuls sont morpho-

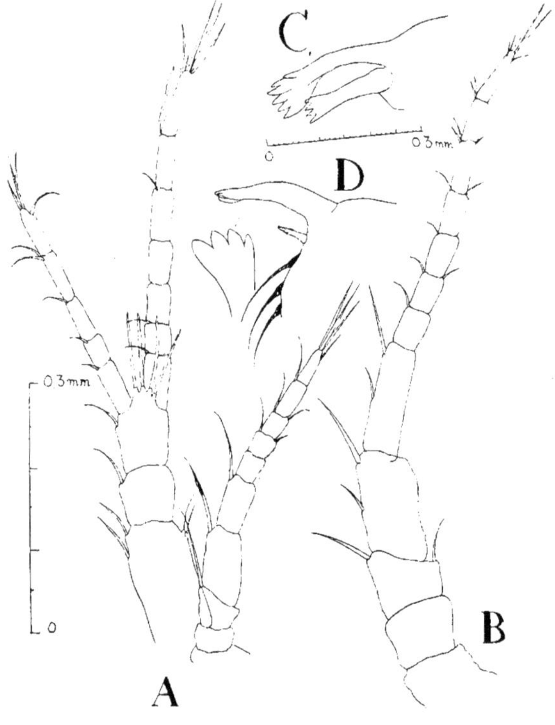


FIGURE 3.

A. — ♀ 1925 β, antennule et antenne.
B. — ♂ 1925 α, antenne droite.
C. — ♀ 1925 β, mandibule gauche : *pars incisiva* et *lacinia mobilis*.
D. — ♀ 1925 β, idem, mandibule droite (à côté, l'extrémité, vue de face de la *pars incisiva* de la mandibule droite de l'exemplaire ♀ 1923 β).

logiquement pédonculaires, le troisième ne devant être considéré que comme le premier article, particulièrement développé, du flagellum : par contre le véritable premier article pédonculaire avait été omis dans ma description de 1924.

Un examen plus détaillé du pédoncule antennaire me permet aujourd'hui de le décrire comme formé des trois articles suivants :

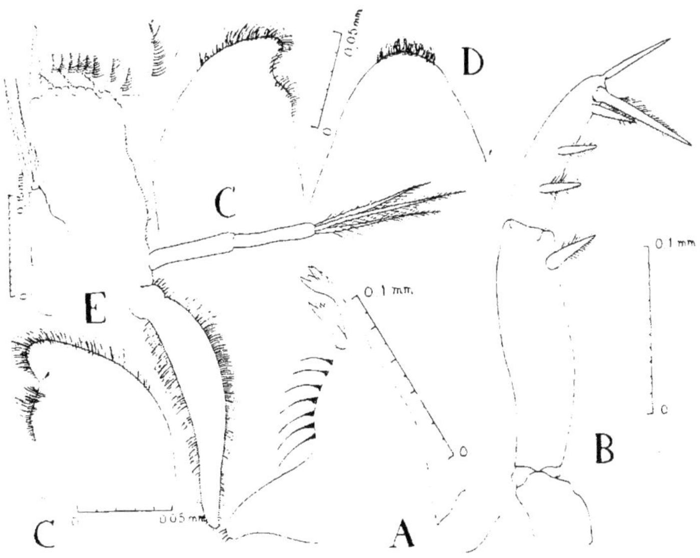


FIGURE 4. — ♂ 1925 α.
A. — mandibule gauche.
B. — palpe mandibulaire.
C. — lobes latéraux du métastome.
D. — lobe médian du métastome.
E. — maxillipède.

I (non reconnu en 1924) sensiblement aussi large que long, sans soies, — II (=I MONOD, 1924) à extrémité distale un peu élargie et obliquement tronquée, le bord interne étant notablement plus long que l'externe, chacun des deux angles intérieurs étant muni d'une soie : — III (=II MONOD, 1924) sub-rectangulaire à peu près égal à la somme des articles I et II, avec une sétule sur le bord interne et une soie sur l'angle antéro-interne. Flagellum composé de 6 à 8 articles, devenant distalement de plus en plus grêles et allongés : 1>(2+3)>2<3<4, etc.

**Mandibule.** — La mandibule appartient au type péracaridien normal dont elle présente tous les caractères.

*Pars incisiva* réduite, formée d'un long pédoncule grêle dilaté à son extrémité distale en un bouquet de fortes dents gladiiformes dont l'inférieure est plus dilatée que les autres : ces dents semblent un peu plus nombreuses à gauche (6) qu'à droite (4) ; *lacinia mobilis* ressemblant par sa forme générale à la *pars incisiva*, de tailles très inégales suivant le côté auquel elle appartient, cas tout à fait normal chez les Péracarides : à gauche la *lacinia mobilis* est presque aussi développée que la *pars incisiva* et porte quatre dents terminales, l'inférieure étant la plus forte ; à droite au contraire la *lacinia mobilis* est considérablement plus réduite que la *pars incisiva* (environ 4 fois plus courte), rudimentaire, et munie de quelques dents microscopiques; « spine-row » composée d'environ 7 soies; *pars molaris* saillante, transverse, conique, à extrémité arrondie munie, de quelques sétules. Palpe très développé, tri-articulé : I très court, inerme ; II environ 3 fois plus long que I, portant une épine distale-externe ; III faisant les 2/3 de II, muni de trois épines latérales externes, d'un puissant aiguillon sur l'angle distal-externe et d'une épine terminale.

**Paragnathes** (labium). — Le métastome est trilobé, composé d'un lobe médian triangulaire, à sommet arrondi et sétigère et de deux lobes latéraux à bord externe incurvé, à bord interne sensiblement rectiligne, avec un sinus peu marqué immédiatement au-dessous de l'apex, arrondi et sétigère.

**Maxillule.** — La maxillule est d'une interprétation facile ; en 1924 (Monod *a*, 1924, p. 61) je n'attribuais à cet appendice qu'un seul endite, alors que deux endites sont présents, erreur que j'ai corrigée peu de temps après, sur les conseils de mon maître M. le Dr W. T. Calman (Monod, 1924 *b*, pp. 1-2).

La maxillule se compose donc de deux endites, le proximal muni d'épines plumeuses, le distal d'aiguillons barbelés, et d'un palpe dressé (1) de deux articles; le premier article du palpe, de 2 à 3 fois

(1) Non réfléchi comme celui des Cumacés, des Tanaidacés, de *Gnathophausia*.

plus long que l'article II, est légèrement arqué et muni d'un robuste aiguillon distal interne : article II avec 2 aiguillons, inégaux, l'interne beaucoup plus développé que l'externe.

**Maxille.** — L'interprétation morphologique de la maxille est plus délicate que celle de la maxillule. Cet appendice se compose de trois endites, d'un palpe, et d'un rudiment énigmatique. Il faut probable-

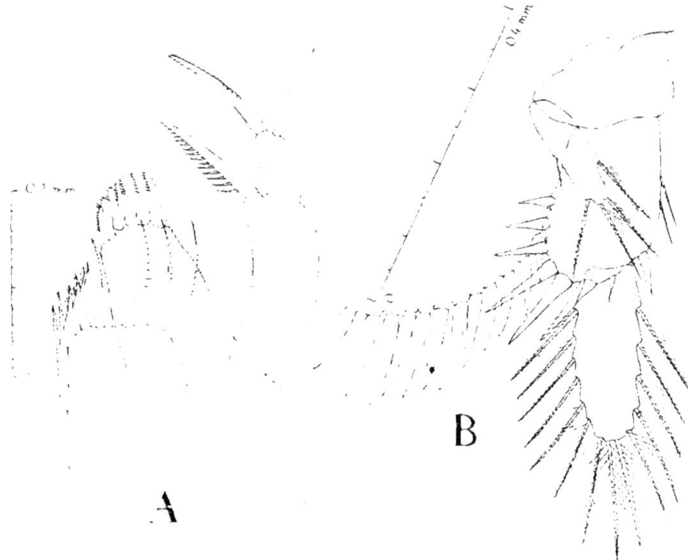


FIGURE 5. — ♂ 1925 a.
A. — maxillule.
B. — bord latéral droit du pléotelson et uropode droit.

ment regarder l'endite proximal comme appartenant au premier segment, les deux distaux comme le résultat d'une bipartition de l'endite du deuxième segment. L'endite proximal porte à son bord interne plusieurs rangées de fortes épines plumeuses, formant une fourrure très dense, et à son bord distal une seule rangée, de quatre épines : cet endite paraît, de plus, muni d'un lobe arrondi externe, peut-être l'indication d'une tendance à la bipartition : l'endite distal interne (endite I du deuxième segment) porte sur son bord distal transverse 17-18 aiguillons courbes munis d'une surface distale latéro-interne légèrement concave et microscopiquement pectinée ; l'endite distal externe (endite II du deuxième segment) porte environ 6 aiguillons droits, de tailles inégales, à apex incurvé vers l'intérieur et microscopiquement pectiné au bord interne ; le palpe (endopodite) est bi-articulé, l'article II étant plus long que l'article I et surmonté de cinq soies terminales. Enfin il existe à la base du palpe un rudiment de signification énigmatique, tubercule piriforme terminé par une très robuste soie apicale. Une comparaison avec la maxille des Mysidacés porte à croire que ce rudiment pourrait peut-être représenter au exopodite.

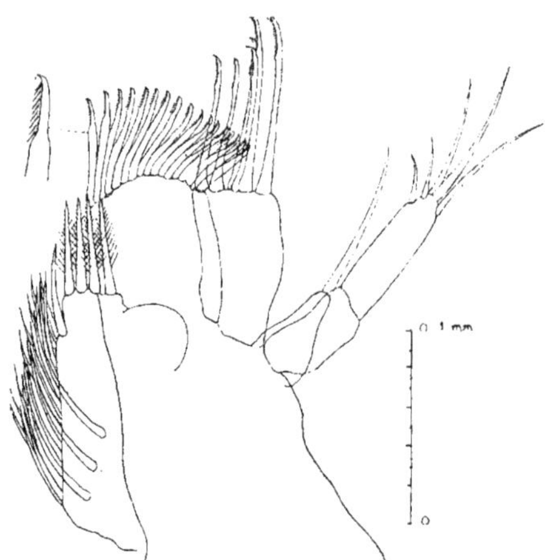

FIGURE 6. — ♂ 1925 *a*, maxille.

**Maxillipède.** — Le maxillipède est, semble-t-il, l'appendice le plus surprenant de *Thermosbæna*. Il comprend : *a)* un premier endite réduit, plus ou moins conique, logé dans un infléchissement du bord interne du deuxième endite et surmonté de trois longues soies plumeuses, l'externe plus courte que les deux internes ; — *b)* un deuxième endite formé d'une vaste lame à peu près rectangulaire, à bord interne (entre le sommet du premier endite et le bord antérieur) rectiligne, à bord externe légèrement sinueux, à bord antérieur transverse muni d'un robuste aiguillon sur l'angle interne et de deux rangées d'épines plumeuses (8+3) ; — *c)* un palpe grêle, formé de deux articles très allongés, le distal couronné de quelques longues soies plumeuses ; — *d)* un épipodite réfléchi, branchial, linguiforme, à bords ciliés.

J'ai supposé (MONOD 1924 *a*, p. 61) que le palpe représentait un endopodite rejeté à la face externe de l'appendice par l'immense développement de l'un des endites et que par conséquent l'appendice était privé d'exopodite, et j'ai écarté (*ibidem*, p. 61, note 2) l'hypothèse suivant laquelle, le palpe étant considéré comme un exopodite, l'endopodite eut été représenté par la lame interne. Une comparaison attentive avec le maxillipède des *Mysidæ* pourrait conduire à adopter des vues différentes : si l'on considère le palpe comme un exopodite il resterait à expliquer les deux structures internes : le premier endite serait attribué au basipodite, le deuxième à l'ischiopodite, mais il faudrait alors admettre la disparition totale de la partie distale de l'endopodite ce qui semble bien extraordinaire. Il ne paraît pas possible, pour le moment, d'adopter une conclusion définitive concernant l'interprétation morphologique du maxillipède.

**Péréiopodes.** — Les somites péréiaux II à IV portent des péréiopodes, les deux derniers somites (VII et VIII en étant totalement dépourvus. Chaque péréiopode est biramé et comporte un sympode uniarticulé, un endopodite quadri-articulé, et un exopodite divisé en un pédoncule et un flagellum (II-V) ou uni-articulé (VI). Le pédoncule se compose d'un article allongé, le flagellum de cinq « articles » ou plus exactement de cinq indications d'articles car les limites articulaires, sauf aux points des bords latéraux échancrés pour l'insertion des soies, sont ou inexistantes ou excessivement indistinctes, si bien que l'ensemble du flagellum doit plutôt être considéré comme une rame uniarticulée. Chaque « article » du flagellum porte une longue soie plumeuse à chacun de ses angles distaux, externe et interne : l'« article » apical, obsolète, est muni de deux soies. L'exopodite du péréiopode V est plus complétement transformé encore puisqu'il se compose d'un seul article squamiforme, bordé de nombreuses soies marginales qui, ici, ne correspondent pas — au moins dans la partie proximale — à des limites d'articles fusionnés.

Le dactylopodite de l'endopodite porte deux épines au bord inférieur et une épine terminale grêle (*ungulus*), à extrémité inférieurement pectinée, qui confère à l'ensemble l'aspect d'une griffe très aiguë. Le péréiopode I est un peu différent des trois suivants, semblables entre eux, par plusieurs détails : *a)* le sympode (constitué, ici comme pour les autres péréiopodes, par le basipodite, le coxopodite n'ayant pas été observé) est très allongé dans la direction de l'endopodite si bien que j'ai considéré (MONOD, 1924 *a*, p. 62, fig. 2/6) cette saillie du sympode comme le premier article de l'endopodite ; *b)* les articles de l'endopodite sont plus courts et plus trapus, l'*ungulus* moins aigu. Le péréiopode V se distingue, on l'a vu, par la morphologie de son exopodite réduit, uni-articulé, squamiforme.

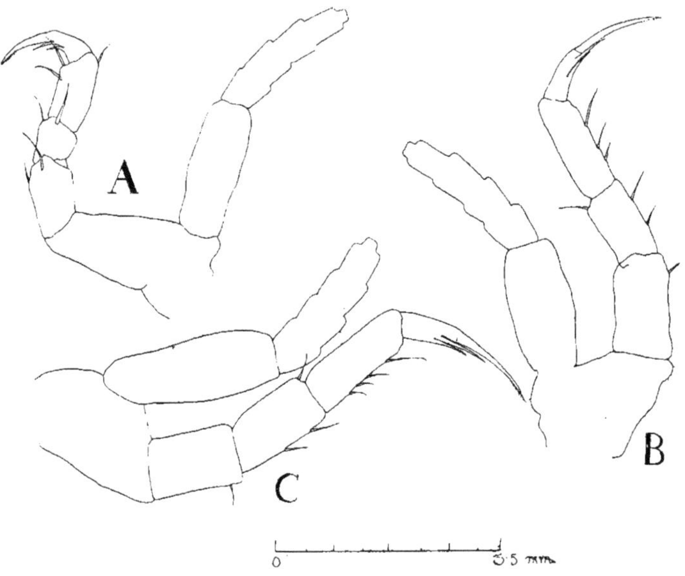


FIGURE 7. — ♂ 1925 α.

A. — péréiopode I.
B. — péréiopode II gauche.
C. — péréiopode II gauche.

La présence d'un nombre réduit, atypique, d'articles aux péréiopodes est importante à signaler : j'y reviendrai à propos de la dégénérescence de *Thermosbæna*.

Pas trace de structures épipodiales.

**Pléopodes.** — Deux paires seulement sont présentes sur les somites I et II ; ce sont des structures très réduites, rudimentaires, uniramées, formées d'une petite lame allongée ornée de quatre soies latéro-distales et apicales : les pléopodes du somite II sont légèrement plus développés que ceux du somite I.

**Uropodes.** — Les uropodes sont biramés et comprennent : *a)* un sympode court, grossièrement triangulaire, *b)* un endopodite uni-articulé, allongé, muni de deux soies latérales et de trois distales. *c)* un exopodite développé, bi-articulé, dépassant légèrement en arrière l'extrémité telsonique : article I portant à son angle distal-interne largement arrondi six aiguillons robustes et un septième très petit, sur son angle distal-externe une épine, sur son bord externe deux soies : article II ovale-allongé, squamiforme, muni de 14 soies marginales.

## III. — ORGANES GÉNITAUX : THERMOSBÆNA EST UN ADULTE

Comme on l'a vu plus haut l'hypothèse avait été émise suivant laquelle le genre *Thermosbæna* eut été fondé sur une forme larvaire ou tout au moins juvénile, en tous cas sur un stade non adulte : l'énoncé de conclusions précises concernant la position taxonomique du genre restait surbordonné à la découverte de l'adulte.

Or l'examen attentif d'échantillons récoltés en 1925 m'a permis de découvrir, chez des spécimens absolument identiques à ceux de 1923, des organes génitaux internes (2 ♂, 2 ♀) ; bien plus, chez les mêmes spécimens qui avaient servi à ma première description (Monod, 1924 *a)* j'ai pu observer également des glandes génitales chez deux d'entre eux (♀).

Je n'ai pu découvrir aussi bien chez le mâle que chez la femelle que des organes génitaux internes : je n'ai observé chez le mâle aucune structure copulatrice (pénis, péréiopodes ou pléopodes transformés) et chez la femelle aucune trace de lames incubatrices.

Il n'est nullement impossible que chez un animal aussi dégradé que *Thermosbæna* le mâle soit dépourvu — même pleinement adulte — d'appareils copulateurs et je n'ai absolument aucune raison de douter que les mâles étudiés, pourvus d'organes internes si développés, n'aient atteint leur pleine maturité sexuelle.

En ce qui concerne les femelles il est quelque peu décevant de n'y avoir pu découvrir de marsupium, cet appareil si typiquement péracaridien. Les exemplaires que j'ai étudiés étaient sans doute des femelles juvéniles, vierges, non encore parvenues au stade pourvu d'oostégites. Comment se fait la ponte et l'incubation ? Il y a là un problème extrêmement important à résoudre puisqu'il s'agit de savoir si, là encore, *Thermosbæna*, comme par ses autres caractères s'avère un Péracaride normal. Il faut en tous cas, sur ce point, attendre des observations ultérieures (1).

La partie la plus apparente des organes génitaux internes mâles est constituée par les canaux déférents : on voit ceux-ci partir, en avant, d'un point situé aux environs du bord postérieur de la carapace se diriger, parallèles, vers l'arrière pour atteindre le pléon (somite I [♂ 1925 δ], voire somite VI [♂ 1925 α]), puis s'infléchir vers l'avant en formant une boucle, et venir déboucher à l'exté-

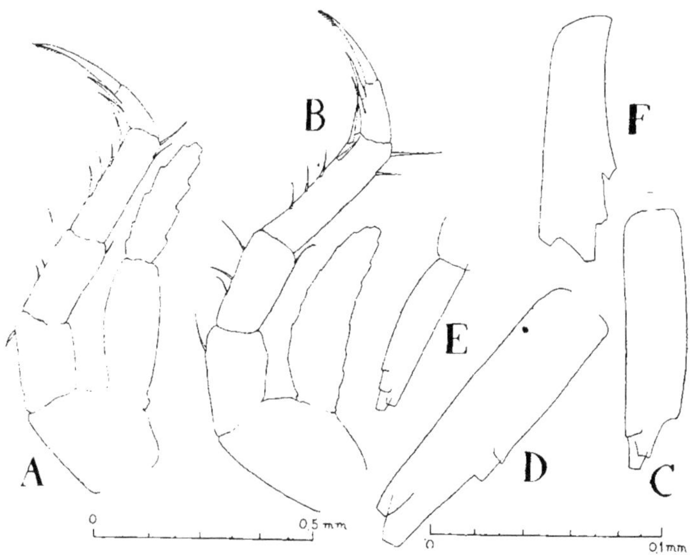


FIGURE 8.

A. — ♂ 1925 α. péréiopode IV droit.
B. — *idem*. péréiopode V gauche.
C. — *idem* pléopode I gauche.
D. — *idem*. pléopode II gauche.
E. — ♂ 1925 β. pléopode I droit.
F. — *idem*, pléopode II gauche.

(1) Pour la solution de toutes les questions concernant l'anatomie interne, le développement et l'éthologie de *Thermosbæna* on devra attendre qu'un carcinologiste ait pu séjourner et travailler sur place, puis compléter les observations *ad vivum* par l'étude histologique d'un matériel fixé.

rieur au bord latéral du somite péréial VIII, apode. Le diamètre du canal augmente d'avant en arrière et atteint son maximum d'épaisseur dans la région qui précède la boucle. La terminaison antérieure des canaux [♂ 1925 α] semble consituée par deux testicules globuleux, nettement séparés.

Un caractère très surprenant de cet appareil génital mâle est la présence de canaux accessoires qui, de chaque côté, débouchent à l'extérieur au même point que les canaux déférents (somite péréial VIII); ces canaux accessoires plongent *sous* le tube digestif (les canaux déférents sont dorsaux au tube digestif) et semblent provenir d'un amas glandulaire situé sur la ligne médiane, ventralement au tube digestif : il ne m'a pas été possible de décider si les deux canaux accessoires servent d'efférents à une glande unique ou si chaque canal avait sa glande particulière ce que je serais plutôt porté à admettre. En tous cas la présence d'une glande accessoire à l'appareil mâle est fort intéressante à signaler, les cas analogues étant très rares (*Branchiura, Stomatopoda, Brachyura* pro parte ) (1).

Sur plusieurs exemplaires j'ai observé des amas de grosses cellules, groupées en 2 cordons parallèles au tube digestif et que leurs caractères cytologiques font reconnaître sans doute possible (2) pour oocytes : protoplasme rempli de sphères vitellines, présence d'une vésicule germinative munie d'un nucléole très apparent.

Je n'ai pas pu reconnaître l'orifice femelle et, comme je l'ai déjà signalé, aucun de mes échantillons, problalement trop jeunes, ne portait d'oostégites.

(1) L'hypothèse suivant laquelle mon canal déférent serait en réalité un canal accessoire (on connaît des canaux accessoires très longs, chez les Stomatopodes) et *vice-versa* est tout à fait invraisemblable puisqu'elle impliquerait des testicules ventraux au tube digestif ce qui constituerait une exception à un des caractères les plus fondamentaux de la classe des Crustacés.

(2) Au moins dans un cas (♀ 1923 β) ; chez les autres spécimens considérés par moi comme des femelles, la certitude est moins grande, les cellules groupées en cordons étant jeunes, ne présentant pas encore de façon manifeste les caractères de l'oocyte et pouvant être confondues avec des amas cellulaires, probablement glandulaires qui existent, précisément dans la même région, postérieure, du pléon chez le mâle 1925 δ.

## IV. — LA DÉGÉNÉRESCENCE CHEZ THERMOSBÆNA

Comme on l'a dit excellemment (Anonyme, 1924 *a*, p. 171) : « In many of its features, *Thermosbæna* shows that simplification of structure which often goes with reduction in size and a subterranean habitat (1). »

Il est évident que bien des caractères morphologiques des *Thermosbæna* témoignent d'une simplification de structure corrélative de sa taille exiguë et de son habitat souterrain ; citons par exemple : l'absence d'yeux et de lobes oculaires, l'absence de pigmentation, la pauci-articulation des flagellums antennulo-antennaires, le nombre réduit des articles des péréiopodes, l'absence des deux paires postérieures de péréiopodes et de pléopodes sur les somites pléaux III à V, l'absence de diverticules caecaux au tube digestif.

(1) Des remarques analogues, concernant les caractères de dégénérescence d'une autre forme cavernicole et naine, *Bathynella*, ont été développées par W. T. Calman (1917, pp. 508-509).

## V. — LA POSITION SYSTÉMATIQUE DE THERMOSBÆNA

Tant que l'on pouvait douter du caractère adulte de *Thermosbæna* il était nécessaire de réserver un jugement définitif sur la position taxonomique de l'animal et l'on devait se contenter d'en signaler les affinités avec plusieurs ordres de Péracarides, en particulier avec les Mysidacés et les Tanaïdacés ; c'est en ce sens qu'on a pu dire : « ...it seems to form a very satisfactory link between the Mysidacea and the Tanaidacea. There are few, if any, groups of arthropods in which it is possible, on morphological grounds alone, to construct so reasonably probable a phylogenetic series as that which leads from the Mysidacea throught the Tanaidacea to the Isopoda. In this series there is a place ready for *Thermosbæna,* either as an outlying member of one of the existing orders or, more probably, as the solitary representative of a new order to be established for its reception when we have fuller knowledge of its structure » (Anonyme, 1924 *a*, p. 171).

Aujourd'hui que la morphologie de *Thermosbæna* est mieux connue, et surtout depuis que l'on est certain d'avoir affaire à un organisme *adulte*, il ne semblera pas inopportun d'enlever à *Thermosbæna* son étiquette de *genus incertæ sedis*, pour lui assigner une position systématique mieux définie.

J'ai montré déjà (Monod, 1924 *a, passim*) que le genre *Thermosbæna* ne pouvait entrer dans aucun des ordres actuellement définis de Péracarides.

Les affinités de *Thermosbæna* paraissent être au voisinage des Mysidacés dont le rapprochent un certain nombre de caractères : présence d'une carapace — antennules biramées (également Tanaidacés *pro parte*) — tri-articulation du pédoncule antennaire — présence d'un palpe maxillulaire bi-articulé (également *Gnathophausia*, Cumacés, Tanaidacés) — présence d'un palpe maxillaire bi-articulé et probablement d'un exopodite rudimentaire — épipodite branchial au maxillipède (également Tanaidacés et Cumacés) — exopodites sétigères aux péréiopodes — division de l'exopodite des péréiopodes (excl. péréiopode V) en un pédoncule et un flagellum — uropodes lamellaires — exopodites des uropodes bi-articulé (*Lophogastridæ*, *Eucopiidæ*, *Petalophthalmidæ*, *Mysidæ* pro parte.)

Il est également intéressant de signaler que le raccourcissement du pléon par rapport au péréion — disposition caractéristique chez les Péracarides ayant perdu le faciès caricoïde, en particulier chez les Tanaidacés et les Isopodes — n'existe pas chez *Thermosbæna*, plus voisin, à ce point de vue, des Mysidacés (1).

Par contre *Thermosbæna* se sépare des *Mysidacés* par un ensemble de caractères suffisamment important pour qu'il soit impossible de considérer *Thermosbæna* comme un Mysidacé, même aberrant et dégradé par l'adaptation au milieu souterrain : les principaux seraient : réduction accusée de la carapace qui laisse exposés cinq somites péréiaux — forme du pléon qui, faisant suite sans constriction au péréion confère à l'animal un aspect excessivement distant du « faciès caridoïde » qui caractérise les Mysidacés — absence d'exopodite à l'antenne — maxillipède non pédiforme — absence d'appendices aux somites péréiaux VII et VIII et pléaux II à V — réduction de l'endopodite des uropodes — non individualisation du telson, etc.

Les rapports avec les Tanaidacés sont plus lointains encore qu'avec les Mysidacés : on citerait cependant quelques caractères communs ; réduction de la carapace, — antennules biramées (*Apseudidæ*) — palpe maxillulaire — épipodite branchial au maxillipède — telson soudé au somite pléal VI.

Quant aux ressemblances avec les Syncarides elles sont toutes superficielles et n'impliquent en rien un rapprochement phyloge-

(1) Je tiens à remercier ici M. le Dr W. T. CALMAN d'avoir bien voulu relire mon manuscrit et en particulier d'avoir attiré mon attention sur le fait ici mentionné : « You might possibly think it worth while to mention that the shortening of the pleon compared with the thorax is a characteristic feature of the Tanaidacea and Isopoda which has not begun to show itself in *Thermosbæna*. » (W. T. CALMAN, *in litt.*, 3 décembre 1926).

nétique, *Thermosbæna* étant un Péracaride typique ; elles se réduisent d'ailleurs à peu de chose : antennules biramées, — palpe maxillulaire — exopodites setigères aux péréiopodes — pauci-articulation de l'endopodite des péréiopodes *(Bathynellidæ)* — disposition en boucle des canaux déférents *(Anaspides, Koonunga)*.

Des ordres de Péracarides autres que les Mysidacés et les Tanaidacés, *Thermosbæna* demeure extrêmement éloigné et aucun rapprochement ne pourrait être soutenu entre *Thermosbæna* d'une part et, d'autre part, les Cumacés ou moins encore les Péracarides sans carapace, Isopodes et Amphipodes.

S'il semble donc bien que *Thermosbæna* ne puisse être incorporé à l'ordre des Mysidacés — les Tanaidacés étant hors de cause — une conclusion s'impose, déjà pressentie d'ailleurs dès la découverte de l'animal (MONOD, 1924 *a*, p. 67, Anonyme 1924 *a*, p. 171), à savoir la nécessité de créer pour le genre *Thermosbæna* un ordre nouveau, *Thermosbænacea* nov, ord., à intercaler dans la série péracaridienne, entre les Mysidacés et les Tanaidacés, les Péracarides se composant donc actuellement des ordres suivants :

PERACARIDA CALMAN 1904

I. MYSIDACEA BOAS, 1883.
II. THERMOSBÆNACEA *nov. ord.*
*Fam. unica :* THERMOSBÆNIDÆ *nov. fam.*
*Sp. unica :* Thermosbæna mirabilis MONOD 1924.
III. TANAIDACEA HANSEN, 1895.
IV. ISOPODA LATREILLE, 1817.
V. CUMACEA KRÖYER, 1846 ( = SYMPODA STEBBING, 1900) (1).
VI. AMPHIPODA LATREILLE, 1816.

(1) Il est excessivement délicat de ranger sur une seule colonne les différents ordres péracaridiens ! Il en faudrait au moins deux pour pouvoir placer les *Cumacea* au voisinage des ordres à carapace. Cependant je ne puis me résoudre à interrompre par l'intercalation des *Cumacea* la série qui conduit des *Mysidacea* aux *Isopoda* par les *Thermosbænacea* et les *Tanaidacea* et qui doit absolument rester intacte.

Bien que sa position systématique puisse être actuellement précisée, il reste encore beaucoup à découvrir concernant le genre *Thermosbæna*, sa morphologie, son anatomie, son éthologie. J'espère tout spécialement pouvoir un jour fournir quelques renseignements sur la ponte et le développement de ce très curieux animal.

*Laboratoire de M. le Prof.* A. GRUVEL.
*Museum National d'histoire naturelle.*

## VI. — BIBLIOGRAPHIE


1924 *a.* — Anonyme [W. T. CALMAN]. A new Crustacean (*Nature*, vol. 114 n° 2857, august 2, 1924, p. 171).

1924 *b.* — Anonyme. Compte-rendu de : Th. MONOD (1924 *a*) *Bull. Soc. Sc. Nat. Afr. Nord*, XV, n° 7, 1924, p. 324 [paru en Septembre]).

1917. — CALMAN (W. T.). Notes on the Morphology of Bathynella and some Allied Crustacea (*The Quart Journ. of Microsc. Sc.*, vol. 62 pt. 4, (*n. s.*), déc. 1917, pp. 489-511, fig. 1-14).

1924 *a.* — MONOD (Th.). Sur un type nouveau de Malacostracé : Thermosbæna mirabilis, nov. gen., nov. sp. (*Bull. Soc. Zool. Fr.*, XLIX, 1924, pp. 58-68, fig. 1-2).

1924 *b.* — MONOD (Th.). Exhibition of a new and remarquable type of Crustacea [cf. *Linn. Soc. London*, n° 433, 22[nd] May 1924, p. 24] (*Linn. Soc. London*, n° 434, 5[th] June 1924, pp. 1-2).

1924 *c.* — MONOD (Th.). A remarquable new type of Crustacea (The Royal Society, Conversazione, June 18[th] 1924, *Descriptive Catalogue*, p. 16).

1926. — SPANDL (H.). Die Tierwelt der unterirdischen Gewässer. Wien, pp. I-X, 1-235. (*Thermosbæna mirabilis*, pp. 87-88, figs. 58a-58b).

## TABLE DES MATIÈRES

I. Introduction . . . . . . . . . . . . . . . . . . . . . 29

II. Morphologie externe . . . . . . . . . . . . . . . . . . 32

III. Organes génitaux : *Thermosbæna* est un adulte . . . . . . . . . 42

IV. La dégénérescence de *Thermosbæna* . . . . . . . . . . . . 45

V. La position systématique de *Thermosbæna* . . . . . . . . . 46

VI. Bibliographie . . . . . . . . . . . . . . . . . . . . 50

DIJON — DARANTIERE

# LES ÉLATÉRIDES

## DE

# L'INDO-CHINE FRANÇAISE

Catalogue raisonné

par E. FLEUTIAUX

Correspondant du Muséum national d'Histoire naturelle

## PREMIÈRE PARTIE

Les Coléoptères de l'Indo-Chine française ont déjà fait l'objet de bien des mémoires et d'un certain nombre de descriptions isolées, disséminées un peu partout dans les publications périodiques. Il devient maintenant intéressant de rassembler ces renseignements épars, afin de faciliter les recherches et surtout de permettre l'identification rapide des Insectes qui nous parviennent journellement de notre vaste et riche domaine colonial d'Extrême-Orient.

Je ne m'occuperai ici que de la seule famille des Élatérides, dont j'étudierai successivement les sous-familles. Leur classification générale me semble susceptible d'un remaniement profond : elle est à refaire complètement. Je n'ai pas l'intention d'entreprendre un pareil travail dans le cadre restreint de ce mémoire, qui n'a d'autre but, que de faciliter la détermination des espèces ; je me contenterai de suivre l'ordre adopté par Candèze, dans son Catalogue Méthodique de 1891.

C'est sous la forme de tableaux de détermination pour les genres et pour les espèces, accompagnés du catalogue et de la bibliographie, ainsi que de la description des espèces nouvelles, que je présente ce travail, dans l'espoir qu'il rendra quelques services.

La faune indo-chinoise fait partie intégrante de la faune indo-malaise ; cependant quelques formes lui sont propres. D'autres se retrouvent dans les régions avoisinantes de la Chine méridionale, le Yunnan notamment, et jusqu'au Japon. Au surplus chaque espèce citée portera l'indication de ses habitats signalés ou connus, ce qui permettra, chemin faisant, d'opérer des rapprochements avec les faunes environnantes.

Je me suis trouvé souvent dans le plus grand embarras quand il a fallu appliquer les anciens noms de Candèze. Celui-ci n'ayant pas formé de collection au temps de sa Monographie, a attribué postérieurement ses noms primitifs à des insectes différents. De là une confusion qu'il n'est possible de démêler que par l'examen et la comparaison de ses divers types [1] A ce sujet, je remercie M. Séverin, du Musée de Bruxelles, et M. Blair, du British Museum, pour l'obligeance avec laquelle ils ont bien voulu, quand ils l'ont pu, me fournir des renseignements précieux et me faire quelques communications des plus utiles.

(1) M. Séverin m'a autrefois communiqué des notes manuscrites de Candèze, qu'il n'est pas sans intérêt de faire connaître dans leurs grandes lignes :

Candèze a fait sa Monographie des Élatérides à l'aide des importantes collections des principaux entomologistes de l'époque. Mais il n'a pas formé lui-même de collection ; c est à peine s'il a conservé un petit nombre de doubles.

Après la publication du premier fascicule de ses « Élatérides Nouveaux », en 1865, il négocia avec E. W. Janson un échange des quelques types qu'il avait gardés (ils sont à présent au British Museum) contre des Lamellicornes qu'il affectionnait particulièrement. Janson de son côté, avait une telle passion pour les Élatérides, qu'il lui permit de puiser largement dans la collection Dejean et dans ses riches magasins de marchand naturaliste.

Plus tard, sur les conseils et l'insistance de ses amis et notamment de Schaum, il recommença à réunir des Élatérides. Ceci se passait vers 1870.

Successivement il groupa les collections suivantes : Lacordaire, 1870 ; Castelnau, 1872 ; Reiche (Buquet) 1873 ; Lansberge (Dupont 1848 ; Gebler ; Faldermann ; H. Deyrolle), 1881 ; Fairmaire, 1894. De cette façon, il rentra en possession d'une partie de ses anciens types. Autour de ce noyau sont venus s'accumuler les insectes obtenus des principaux Musées et de nombreux voyageurs ou résidents, ses contemporains. Cette dernière collection est maintenant au Musée de Bruxelles.

(Voir Fleutiaux, *Bull. Soc. Ent. France*, 1911, p. 58.)

## Fam. *ELATERIDÆ*[1]

### Subfam. ADELOCERINÆ

*Agrypnides*, Candèze, Mon. Élat., I, 1857, pp. 15 et 17.

Front déprimé au milieu en avant. Antennes serriformes, ou exceptionnellement pectinées (*Lacon* [ante *Adelocera*] *sanguineus*). Yeux en partie ou complétement cachés sous le bord du pronotum. Prosternum normal ou comprimé et saillant. Sutures prosternales ouvertes entièrement, ou en avant seulement, pour recevoir les antennes ; ou fortement sillonnées (*Alaotypus*), souvent avec des sillons pour les tarses antérieurs sur les propleures, et aussi sur le métasternum pour les intermédiaires. Tarses simples[2].

TABLEAU DES GENRES

1. — Prosternum normal ........................... 2.

— Prosternum comprimé, saillant et caréné sublatéralement en arrière. Sutures prosternales largement et profondément ouvertes en avant. Sillons tarsaux des propleures rapprochés de la suture prosternale rarement très faibles[3] ; ceux du métasternum courbes et transversaux, dirigés vers la moitié des épisternes ou un peu au-dessous ........................... 6.

2. — Sutures prosternales ouvertes au moins dans la partie antérieure ........................... 3.

— Sutures prosternales simplement canaliculées en avant et sillonnées en arrière........ **Alaotypus**

(1) Il faut entendre ici la dénomination de *Famille* dans un sens restreint, et non dans le sens étendu à un groupement de *Serricornia* comme l'ont compris Leconte et G. Horn, dans la Classification of the Coleoptera of North America, 1883, p. 177. *Eucneminæ*, *Elaterinæ*, *Cebrioninæ*, *Perothopinæ*, *Cerophytinæ*.

(2) Certains genres d'*Adelocerinæ*, n'ayant pas de représentants en Indo-chine, ont le 4e et parfois le 3e article des tarses dilatés.

(3) *Brachylacon dilatatus* et *B. Beauchenei*.

3. — Sutures prosternales ouvertes dans toute leur longueur, ou seulement en avant (quelques *Lacon*, ante *Adelocera*)[1] 4.

— Sutures prosternales fermées en arrière ............. 5.

4. — Pubescence capillaire. Pas de sillons tarsaux. Taille grande .............................. **Agrypnus**

— Pubescence squamiforme ................... **Lacon**

*a*) Pas de sillons tarsaux sur les propleures, mais seulement des dépressions mal limitées, quelquefois très faibles ou nulles. — subgen. *Lacon*.

*b*) Sillons tarsaux sur les propleures pour les tarses antérieures. Sutures prosternales profondément ouvertes dans toute leur longueur. — subgen. *Sulcilacon*.

5. — Écusson normal........................ **Adelocera**[2]

*a*) Des sillons tarsaux sur les propleures, presque transversaux ; et sur le métasternum, obliques et dirigés vers l'angle postérieur, ou un peu au-dessus. — subgen. *Adelocera*.

*b*) Pas de sillons tarsaux, ou de simples impressions :

*a'*) Corps convexe. Pubescence abondante. — subgen. *Archontas*.

*b'*) Corps déprimé ou peu convexe. Pubescence courte et clairsemée. — subgen. *Compsolacon*.

— Écusson caréniforme ou caréné. Sillons tarsaux sur les propleures : ceux du métasternum peu marqués ou nuls ............................ **Meristhus**

6. — Bords latéraux du pronotum tranchants, mais non dilatés et débordants ................ **Brachylacon**

— Bords latéraux du pronotum dilatés................ 7.

7. — Bords latéraux du pronotum dilatés horizontalement.. **Trachylacon**

— Bords latéraux du pronotum relevés en forme d'aileron ................................ **Agræus**

(1) Notamment *Lacon robustus* et *Lacon recticollis*.
(2) Ante *Lacon*.

## AGRYPNUS

Eschscholtz, *in* Thon, *Ent. Arch.*, 1829, II, 1, p. 32. — Latreille, *Ann. Soc. Ent. France*, 1834, p. 143. — Germar, *Zeitschr. Ent.*, I, 1839, p. 197. — Idem, l. c., II, 1840, pp. 251, 252, 276. — Lacordaire, Gen. Col., IV, 1857, pp. 138 et 139. - Candèze, Mon. Élat., I, 1857, pp. 19 et 20 (1). — Idem, Révis. Mon. Élat., 1874, p. 1 (2). — Idem, Catal. Méthod. Élat., 1891, p. 9. — O. Schwarz, *in* Wytsman, Gen. Ins., Elat., 1906, pp. 5 et 7.

Génotype : *Elater fuscipes* Fabricius.

### Tableau des espèces (3)

1. — Noir brillant, Pubescence presque nulle, extrêmement courte et clairsemée. Pronotum déprimé latéralement sinué sur les côtés, peu rétréci en avant. Stries des élytres bien marquées sur le dos. Saillie prosternale brièvement sillonnée entre les branches antérieures — 32 m/m environ .......................... **fuscipes**

— Noir mat ou brunâtre. Pubescence plus apparente. Stries des élytres très fines sur le dos, plus distinctes sur les côtés. Saillie prosternale fortement et longuement sillonnée entre les hanches antérieures.............. 2.

2. — Septième et huitième stries des élytres fortement incisées en échelons au-dessous de l'épaule. Pubescence fauve. Ponctuation du pronotum grosse, profonde, irrégulière dans la région avoisinant le bord antérieur, très fine et très serrée en arrière, un peu moins sur le dos et laissant une étroite ligne médiane et deux espaces lisses de chaque côté : carène des angles postérieurs prolongée

(1) *Mém. Soc. Sc. Liège*, XII.

(2) Id., 2e série, IV.

(3) La taille des Élatérides étant très variable, les mensurations données dans les tableaux ne représentent que des moyennes,

jusque près du bord antérieur. Extrémité des élytres assez notablement tronquée. Epipleures des élytres profondément canaliculées — 33 m/m .... **mucronatus**
(variété *incisus*)

— Septième et huitième stries des élytres normales, ou seulement plus fortement ponctuées au-dessous de l'épaule. Carène des angles postérieurs du pronotum ne dépassant guère la moitié. Épipleures des élytres non ou faiblement sillonnés .......................... 3.

3. — Fusiforme. Pronotum très nettement plus long que large et rétréci en avant; sa ponctuation également dense sur toute la surface, un peu moins grosse en arrière, rugueuse sur les côtés. Stries des élytres distinctes. Couleur brune ou noirâtre — 26 à 38 m/m ........ **fusiformis**

— Oblong, moins atténué. Pronotum sinué latéralement, à peine rétréci en avant ; ponctuation moins serrée, beaucoup plus fine et écartée en arrière. Stries des élytres extrêmement légères ...................... 4.

4. — Pubescence grise. Pronotum légèrement luisant ; ponctuation fine et assez dense en arrière — 26 à 33 m/m **punctatus**

— Pubescence fauve. Pronotum tout à fait mat ; ponctuation très fine, presque effacée et très écartée en arrière. — 32 à 35 m/m ........................ **robustus**

**A. fuscipes**

*Elater fuscipes* Fabricius, Syst. Ent., 1775, p. 211. — Idem, Sp. Ins., I, 1781, p. 226. — Herbst, *in* Fuessly, *Arch. Ins.*, V, 1784, p. 110, t. 27, f. 4. — Fabricius, Mant. Ins., I, 1787, p. 172. — Idem, Ent. Syst., I, 2, 1792, p. 218. — Idem, Syst. Eleuth., II, 1801, p. 224. — Herbst, Nat. Ins. Kaf., IX, 1801, p. 342, t. 158, f. 11.

*Amaurus fuscipes* Castelnau, Hist. Nat., Col., I, 1840, p. 237.

*Agrypnus fuscipes* Germar, *Zeitschr. Ent.*, II, 1840, p. 253. — Candèze, Mon. Élat., I, 1857, pp. 23 et 24. — Idem, Révis, Mon. Élat., 1874, pp. 3 et 7. — Idem, *C. R. Soc. Ent. Belg.*, 1890, p. 148.

— Fairmaire, *Bull. Soc. Ent. France*, 1893, p. 323. — Fleutiaux, *Bull. Soc. Ent. France*, 1893, p. 329. — Candèze, *Ann. Soc. Ent. Belg.*, 1895, p. 52. — Alluaud, *in* Grandidier, Hist. Madagascar, XXI, 1900, p. 204. — Fleutiaux, *Bull. Soc. Ent. France*, 1903, p. 13. — Idem, *Ann. Soc. Ent. France*, 1905, p. 319. — Heyne, Exot. Kaf., 1908, p. 151, t. 25, f. 1. — Kolbe, *Mitt. Zool. Mus. Berlin*, V, 1910, p. 25. — Fleutiaux, *Ann. Soc. Ent. France*, 1911, p. 474. — Idem, *loc. cit.*, 1918, p. 182. — Idem, *Trans. Ent. Soc. Lond.*, 1922, p. 108.

Biologie : Lequien, Mag. Zool., 1831, t. 41 (non *Anthia sexguttata* Fab.) — Audouin et Brullé, Hist. Nat. Col., I, 1834, p. 268, t. 9, f. 2[b]. — Westwood, Introd. Classif. Ins., I, 1839, p. 67, f. 2. — Chapuis et Candèze, Catal. Larv. Col, 1853, p. 482 (1). — Xambeu, *Ann. Soc. Linn. Lyon*, 1912, p. 120.

Biologie : Selon Fletcher, la larve vit au pied de la canne-à-sucre; la durée de son évolution serait de trois ou quatre années.

Cochinchine (Roussel).

Hindoustan - Ceylan - Bengale - Séchelles - Mascareignes - Comores - Madagascar. — Forme typique : Indes Orientales.

Sa présence en Indochine a besoin d'être confirmée.

## A. mucronatus

*Agrypnus mucronatus* Candèze, Mon. Élat., I, 1857, pp. 24 et 42. — Idem, Révis. Mon. Élat., 1874, pp. 3 et 12.

Variété : **incisus**.

Diffère de la forme typique, de Bornéo, par la ponctuation du pronotum beaucoup plus fine et plus serrée surtout latéralement et postérieurement. Incision de la 7e et celle de la 8e strie des élytres, près de l'épaule, plus profondes ; pointe terminale externe de l'échancrure apicale moins épineuse.

Laos : province de Luang-Prabang (Vitalis de Salvaza).

Forme typique : Bornéo.

(1) *Mém. Soc. Sc. Liège*, VIII.

**A. fusiformis** — Pl. I, fig. 8.

*Agrypnus fusiformis* Candèze, Mon. Élat., I, 1857, pp. 22 et 39. — Idem. Révis. Mon. Élat., 1874, pp. 3 et 11. — Fleutiaux, *Ann. Soc. Ent. France*, 1889, p. 139. — Idem, *Ann. Soc. Ent. France*, 1902, p. 571. — Idem, *Ann. Soc. Ent. France*, 1918, p. 183. — Idem, *Bull. Mus. Paris*, 1918, p. 205.

Cochinchine. - Annam. - Tonkin.

Forme typique : Chine méridionale.

**A. punctatus**

*Agrypnus punctatus* Candèze, Mon. Élat., I, 1857, pp. 22 et 26. — Idem, Révis. Mon. Élat., 1874, pp. 3 et 10. — Idem, *C. R. Soc. Ent. Belg.*, 1890, p. 148. — Idem, *Ann. Soc. Ent. Belg.*, 1892, p. 483. — Idem, *Ann. Mus. Civ. Gen.*, 1892, p. 801. — Fleutiaux, *Ann. Soc. Ent. France*, 1894, p. 684. — Alluaud, *in* Grandidier, Hist. Madagascar, XXI, 1900, p. 204. — Fleutiaux, *in* Pavie, Miss. Pavie, III, Hist. Nat. Indo-ch. orient., 1904, p. 94.

*Agrypnus sondaicus* Candèze, Mon. Élat., I, 1857, pp. 23 et 33. — Idem, Catal. Méthod. Élat., 1891, p. 10.

*Agrypnus æqualis* Candèze, Mon. Élat., I, 1857, pp. 23 et 25. — Idem, Révis. Mon. Élat., 1874, pp. 3 et 9. — Idem, *Ann. Mus. Civ. Gen.*, 1878, p. 99. — Fleutiaux, *Ann. Soc. Ent. France*, 1889, p. 138. — Idem, *Ann. Soc. Ent. France*, 1902, p. 571. — Idem, *Bull. Soc. Ent. France*, 1903, p. 13. — Idem, *Ann. Soc. Ent. France*, 1905, p. 319. — Kolbe, *Mitt. Zool. Mus. Berlin*, V, 1910, p. 25. — Fleutiaux, *Ann. Soc. Ent. France*, 1918, p. 182. — Idem, *Bull. Mus. Paris*, 1918, p. 205. — Idem, *Trans. Ent. Soc. Lond.*, 1922, p. 408.

*Agrypnus insularis* Fairmaire, *Bull. Soc. Ent. France*, 1891, p. 70. — Fleutiaux, *Bull. Soc. Ent. France*, 1894, p. 252. — Linell, *Proc. U. S. Nat. Mus.*, XIX, 1897, p. 696.

Très commun dans toute l'Indo-chine.

Hindoustan - Bengale - Birmanie - Séchelles - Malacca - Archipel asiatique - Moluques. — Forme typique : Java.

**A. robustus** — Pl. I, fig. 15.

*Agrypnus robustus* Fleutiaux, *Bull. Soc. Ent. France*, 1902, p. 163. — Idem, *Ann. Soc. Ent. France*, 1918, p. 183.

Tonkin : Lac-Thô, Hoa-Binh (A. de Cooman) : Tuyen-Quang. — Laos : Luang-Prabang : Xieng-Khouang (Vitalis de Salvaza). — Annam : Hué.

Ceylan - Malacca - Java - Bornéo. — Forme typique : Java.

NOTA

En décrivant *Agrypnus gilvus*, Candèze (Élat. Nouv., I, 1864, p. 5) le cite du Siam et du Cambodge. Il l'a ensuite (Révis. Mon. Élat., 1874, p. 10) rapporté à *A. funestus* Candèze, Mon Élat., 1, 1857, pp. 22 et 35, et *A. mœstus* Candèze, l. c., pp. 22 et 34. Je ne l'ai jamais vu de l'Indochine française : il est plutôt indien.

Il diffère de *A. punctatus* (*sondaicus*, *æqualis*) par sa forme moins large : le pronotum légèrement rétréci en avant et presque uniformément ponctué sur toute sa surface.

## ALAOTYPUS

O. Schwarz, *Deutsche Ent. Zeitschr.*, 1902, p. 307. — Idem, *in* Wytsman, Gen. Ins., Élat., 1906, pp. 6 et 30.

Génotype : *subpectinatus* O. Schwarz.

TABLEAU DES ESPÈCES

1. — Antennes non comprimées, dent des articles épaissie vers le sommet. Pronotum pas plus long que large, notablement sillonné au milieu, et portant une fossette profonde de chaque côté, vers la moitié de sa longueur. Stries des élytres bien marquées. — 22 mm..... **tonkinensis**
— Antennes comprimées. Pronotum plus long que large, moins fortement sillonné, et portant deux légères fossettes de chaque côté. Stries des élytres moins marquées. 2.

2. — Antennes serriformes, dépassant de peu la moitié du pronotum. Pubescence brun-noirâtre, entremêlée de poils jaunes — 19 à 22 m/m .................... **aspersus**

— Antennes subpectinées, atteignant la base du pronotum. Pubescence noirâtre — 16 à 19 m/m .... **subpectinatus**

### A. aspersus

*Alaotypus aspersus* O. Schwarz, *Deutsche Ent. Zeitschr.*, 1902, p. 309.

*Adelocera adspersa* Fleutiaux, *Ann. Soc. Ent. France*, 1918, p. 186.

*Adelocera brevicornis* Fleutiaux, *Bull. Soc. Ent. France*, 1906, p. 211

Tonkin : Mau-Son.

### A. subpectinatus

*Alaotypus subpectinatus* O. Schwarz, *Deutsche Ent. Zeitschr.*, 1902, p. 308.

*Adelocera subpectinata* Fleutiaux, *Ann. Soc. Ent. France*, 1918, p. 186.

*Adelocera denticornis* Fleutiaux, *Bull. Soc. Ent. France*, 1906, p. 212

Tonkin : Mau-Son.

### A. tonkinensis nov. sp. — Pl. II, fig. 39.

22 millim. — Allongé, assez épais ; noir, peu brillant, couvert de squamules brunes peu serrées, parsemées et quelques squamules blanchâtres. Tête fortement et densément ponctuée, impressionnée au milieu. Antennes noires, courtes ; 2e article très petit ; suivants dentés, épaissis vers le sommet des dents. Pronotum aussi long que large, peu rétréci en avant, sinué sur les côtés, convexe, ortement sillonné au milieu dans toute sa longueur, marqué de deux fossettes notables ; ponctuation profonde et serrée ; angles postérieurs courts, divergents, obtusément carénés. Écussons subquadrangulaire, plan, ponctué. Élytres subparallèles, rétrécis dans le quart postérieur, convexes, plus finement et moins densément ponctués que le pronotum, plus légèrement vers le haut ; stries assez

profondes. Dessous noir : ponctuation forte sur le prosternum, moins grosse en avant, fine et serrée sur les propleures et sur le métasternum, plus fine et moins dense sur l'adbomen. Pattes noires.

Tonkin : Chapa.

Ressemble à *A. subpectinatus* Schwarz : forme plus épaisse ; antennes moins longues, dent des articles épaissie au sommet ; pronotum plus court, plus fortement ponctué, sillonné au milieu dans toute sa longueur, et marqué de deux fossettes seulement assez profondes ; stries des élytres plus marquées.

## LACON

Castelnau, *in* Silbermann, *Rev. Ent.*, IV, 1836, p. 11. — Gozis, Rech. esp. typ., 1886, p. 23. — Fleutiaux, *Bull. Soc. Ent. France*, 1925, p. 205.

*Adelocera* Latreille, *Ann. Soc. Ent. France*, 1834, p. 144 (non 1829).

*Adelocera* des auteurs subséquents.

Génotypes : *Elater atomarius* Fabricius ; *T. fasciatus* Linné ; *E. varius* Olivier ; d'Europe.

### Subgen. **Lacon** *s. str.*

#### Tableau des espèces

1. — Sutures prosternales ouvertes dans toute leur longueur. 2.
— Sutures prosternales ouvertes en avant, simplement sillonnées ou fermées en arrière ........................ 5.

2. — Corps déprimé. Pronotum long, dilaté latéralement près de la base, largement impressionné en avant. Tête fortement impressionnée au milieu en avant. Élytres avec une crête de poils roux subtransversale à la base, très apparente. — 13 mm 5 .............. **expansus**
— Corps convexe. Tête moins fortement impressionnée au milieu en avant. Pubescence des élytres formant à la

base une étroite bande subtransversale, brunâtre à peine distincte ........................................ 3.

3. — Pubescence des élytres formant des marbrures....... 4.

— Pubescence des élytres ne formant pas de marbrures. 12 à 16 m/m ............................ **cristatus**

4. — Forme oblongue. Pubescence jaune. Impressions tarsales des propleures assez profondes. — 11 à 12 m/m **modestus**

— Forme plus allongée. Pubescence rousse. Impressions tarsales des propleures moins profondes. — 12 à 13 m/m **Coomani**

5. — Forme ovalaire. Pubescence des élytres formant à la base une étroite bande oblique subtransversale rougeâtre ou brunâtre, à peine distincte ................... 6.

— Forme subparallèle. Pubescence des élytres ne formant pas de bande transversale de couleur différente à la base ........................................ 7.

6. — Pubescence uniformément jaune, sauf l'étroite bande transversale de la base des élytres. Ponctuation du pronotum espacée. — 16 à 17 m/m 5. .......... **orientalis**

— Pubescence brune, piquetée et jaune. Ponctuation du pronotum plus serrée. — 15 m/m .......... **distinctus**

7. — Corps étroit et allongé ; brun jaune en dessus, noir ou noirâtre en dessous. — 14 à 17 m/m ......... **Vitalisi**

— Corps large ; entièrement brun-noirâtre ............. 8.

8. — Sutures prosternales ouvertes jusque près des hanches antérieures .............................. 9.

— Sutures prosternales ouvertes jusqu'à la moitié de leur longueur .................................. 10.

9. — Sutures prosternales obliques, largement ouvertes. Prosternum rétréci en arrière. — 15 à 20 m/m ... **Salvazai**

— Sutures prosternales droites, étroitement ouvertes. Prosternum subparallèle. — 17 m/m 5 ........... **lacticus**

10. — Angles postérieurs du pronotum divergents — 22 m/m **robustus**

— Angles postérieurs du pronotum non divergents. — 11 à 13 m/m ......................... **recticollis**

### Subgen. **Sulcilacon**

Subgénotype : *Adelocera geographica* Candèze.

TABLEAU DES ESPÈCES

1. — Corps oblong, subparallèle, aplati : noir, couvert en-dessus d'une épaisse pubescence écailleuse d'un rouge vif, plus fine et moins dense en dessus. Antennes pectinées. Sillons tarsaux des propleures assez profonds, ponctués, à rebords arrondis. — 18 m m ............ **sanguineus**

— Corps massif, convexe : brun noirâtre, revêtu de squamules brunes et grises formant des marbrures. Antennes à peine comprimées et dentées, sillons tarsaux des propleures très profonds et lisses, à arêtes vives..... 2.

2. — Pronotum régulièrement convexe. — 18 à 24 m m **spurcus**

— Pronotum inégal et tuberculé. — 25 à 27 m m **geographicus**

### L. modestus

*Elater modestus* Boisduval, Voy. Astrolabe, Col., 1835, p. 108. *Adelocera modesta* Candèze, Mon. Élat., I, 1857, pp. 51 et 71. — Idem, Révis. Mon. Élat., 1874, pp. 6 et 27. — Idem, C. R. Soc. Ent. Belg. 1875, p. 119. — G. Horn, *Proc. Amer. Ent. Soc.*, VII, 1878-1879, p. 14. — C. O. Waterhouse, *Phil. Trans. Soc. London*, CLXVIII, 1879, p. 525. — Blackburn et Sharp, *Trans. Roy. Dublin Soc.*, 2, III, 1885, p. 240. — Fleutiaux, *Ann. Soc. Ent. France*, 1889, p. 139. — Idem, *l. c.*, 1891, p. 387. — Candèze, *Ann. Mus. Civ. Gen.*, 1892, p. 796. — Champion, Biol. Centr. Am., Col., III, 1, 1894, p. 250, note. — Alluaud, *in* Grandidier, Hist. Madagascar, XXI, 1900, p. 205. — Fauvel, *Rev. d'Ent.*, 1904, p. 124. — Fleutiaux, *Ann. Soc. Ent. France*, 1905, p. 319. — Kolbe, *Mitt. Zool. Mus. Berlin*, V, 1910, p. 26. — Fleutiaux, *Ann. Soc. Ent. France*, 1911, p. 216. — Stebbing, Ind. For. Ins., 1914, p. 224, f. 145 (1). — Fleutiaux, *Ann. Soc.*

(1) London.

*Ent. France*, 1918, p. 185. — Idem, *Bull. Mus. Paris*, 1918, p. 207. — Idem, *Bull. soc. Ent. France*, 1920, pp. 112, et 113. — Idem, *Trans. Ent. Soc. London*, 1922, p. 410.

*Agrypnus pruinosus* Fairmaire, *in* Guérin, *Rev. Mag. Zool.*, 1849, p. 35. — *Adelocera pruinosa* Fairmaire, *l. c.*, p. 359. — Lacordaire, Gen. Col., IV, 1857, p. 141, note 1.

*Agrypnus squalidus* Fairmaire, *in* Guérin, *Rev. Mag. Zool.*, 1849, p. 35. — *Adelocera squalida* Fairmaire, *l. c.*, p. 359. — Lacordaire, Gen. Col., IV, 1857, p. 141, note 1. — Candèze, Mon. Élat., I, 1857, pp. 51 et 72. — Idem., Révis. Mon. Élat., 1874, p. 27.

*Agrypnus nigroplagiatus* E. Blanchard, Voy. Pôle Sud, Zool., IV, Ins., 1853, p. 85, t. 6. f. 7. — *Adolecera nigroplagiata* Candèze, Mon. Élat., I, 1857, p. 71. — Idem, Révis. Mon. Élat., 1874, p. 27.

Variété : *guadulpensis* Candèze, Mon. Élat., I, 1857, p. 72. — Fleutiaux et Sallé, *Ann. Soc. Ent. France*, 1889, p. 407. — Fleutiaux, *Ann. Soc. Ent. France*, 1911, p. 246.

Variété : *vicina* Candèze, *Ann. Mus. Civ. Gênes*, 2, X, 1891, p. 772.

Variété : *tessellata* Candèze, Élat. nouv., V, 1893, p. 6 (1).

Biologie : Stebbing, Ind. For. Ins., 1914, p. 224.

Annam : Hué (Delauney). — Laos : Lakhon (Harmand).

D'après Stebbing cette espèce se développe dans les troncs de Teck.

Cosmopolite tropicale. — Forme typique : Nouvelle-Hollande.

### L. **Coomani** nov. sp.

12 à 13 millim. — Allongé, convexe ; brun-brillant, pubescence rousse formant des marbrures. Tête fortement ponctuée, impressionnée en avant. Antennes ferrugineuses, légèrement comprimées et dentées. Pronotum plus long que large, arrondi sur les côtés et peu rétréci en avant, convexe au milieu, fortement ponctué ; angles postérieurs aigus, à peine divergents. Écusson oblong, arrondi en arrière. Élytres arrondis et rétrécis, striés de rangées de gros points entre lesquels de plus petits ; ponctuation plus dense, plus rugueuse

(1) *Mém. Soc. Sc. Liége*, 2e série, XVIII.

et confuse à la base : pubescence formant à la base une crête oblique transversale sur un léger bourrelet. Dessous également brun ; pubescence semblable : ponctuation plus forte sur les côtés. Sutures prosternales ouvertes dans toute leur longueur. Impressions tarsales des propleures subtransversales, peu profondes. Saillie prosternale prolongée par une carène sur la base du prosternum. Pattes brunes : tarses plus clairs.

Tonkin : Lac Thô, Hoa-Binh (A. de Cooman).

Ressemble à *L. modestus* Boisduval : forme plus allongée ; pubescence rousse ; ponctuation des élytres moins régulière ; interstries légèrement convexes ; pointe prosternale prolongée sur la base du prosternum.

### L. cristatus

*Adelocera cristata* Fleutiaux. *Bull. Mus. Paris*, 1918, p. 206. — Idem, *Bull. Soc. Ent. France*. 1920. pp. 112 et 113.

Cochinchine. — Laos : Luang-Prabang, mars, avril : Haut-Mékong, mai, juin (Vitalis de Salvaza). — Annam : province de Phanrang (Poilane).

Sumatra. -- Birmanie. -- Formes typiques : Cochinchine, Sumatra.

### L. recticollis nov. sp.

11 à 13 millim. — Allongé, convexe : brun. pubescence jaune, courte et peu serrée. Tête aplatie en avant, fortement ponctuée. Antennes ferrugineuses ou brunes, légèrement comprimées, à peine dentées. Pronotum un peu plus long que large, arrondi sur les côtés, très rétréci en avant. très convexe sur le dos : ponctuation serrée, plus forte sur les côtés : angles postérieurs obtus, non divergents. Écusson oblong, arrondi postérieurement. Élytres graduellement arrondis et rétrécis en arrière, ponctués sans ordre à la base, en rangées irrégulières au delà, indistinctement striés. Dessous de même couleur, même pubescence. Ponctuation fine et serrée, sauf sur le prosternum, où elle est plus grosse et écartée. Sutures prosternales ouvertes en avant jusqu'à la moitié. Propleures sans trace d'impression tarsale. Pattes ferrugineuses ou brunes.

Tonkin : Lac Thô, Hoa-Binh (A. de Cooman).

Voisin de *L. robustus* Fleutiaux : de taille beaucoup moindre ; ponctuation moins grosse ; pronotum plus rétréci et moins bombé en avant, ses angles postérieurs obtus, nullement divergents, indistinctement carénés.

### L. robustus — Pl. I, fig. 7.

*Adelocera robusta* Fleutiaux, *Bull. Soc. Ent. France*, 1902, p. 213. — Idem, *l. c.*, 1920, pp. 113 et 114.

Laos : Luang-Prabang, avril ; Xieng-Khouang, avril, mai (Vitalis de Salvaza).

Forme typique : Himalaya.

### L. Salvazai — Pl. II, fig. 42.

*Adelocera Salvazai* Fleutiaux, *Ann. Soc. Ent. France*, 1918, p. 184. — Idem, *Bull. Mus. Paris*, 1918, p. 206. — Idem, *Bull. Soc. Ent. France*, 1920, pp. 111 et 114.

Laos : Luang-Prabang, mars, avril ; Xieng-Khouang, mars ; Haut-Mékong, mars à juin (Vitalis de Salvaza). — Siam : Bangkok (Harmand).

### L. laoticus nov. sp.

17 millim. 5. — Allongée, convexe ; noir mat avec la base des élytres rougeâtre, pubescence blanche très courte et très clairsemée, mélangée de quelques poils brunâtres. Tête très fortement et densément ponctuée, triangulairement impressionnée au milieu. Antennes ferrugineuses, courtes, minces, à peine comprimées, très légèrement dentées. Pronotum plus long que large, arrondi sur les côtés, peu rétréci en avant, convexe au milieu, densément et fortement ponctué ; angles postérieurs aigus, faiblement divergents, carénés. Écusson oblong. Élytres subparallèles, arrondis au-delà de la moitié, rugueusement ponctués sans ordre à la base, irrégulièrement et superficiellement striés au-delà ; ponctuation plus fine et moins serrée postérieurement. Dessous de même couleur, pubescence très légère ; ponctuation forte sur le propectus, moins grosse sur le métasternum, fine sur l'abdomen. Sutures prosternales paral-

lèles, ouvertes jusque près des hanches antérieures. Impressions propleurales pour les tarses très légères. Pattes ferrugineuses ou brunes : tarses plus clairs.

Laos : Haut-Mékong, mars (Vitalis de Salvaza).

Siam.

Voisin de *L. Salvazai* Fleutiaux : pronotum arrondi et non sinué latéralement, angles postérieurs beaucoup moins divergents, ponctuation moins serrée ; prosternum non rétréci en arrière, sutures moins largement ouvertes.

**L. Vitalisi** — Pl. II, fig. 41.

*Adelocera Vitalisi* Fleutiaux, *Ann. Soc. Ent. France*, 1918, p. 184. — Idem, *Bull. Soc. Ent. France*, 1920, p. 113.

Laos : Xieng-Khouang, mars, décembre ; Haut-Mékong, janvier, mars (Vitalis de Salvaza) ; Lakhon (Harmand).

**L. orientalis** — Pl. II, fig. 43.

*Adelocera orientalis* Fleutiaux, *Ann. Soc. Ent. France*, 1918, p. 185. — Idem, *Bull. Soc. Ent. France*, 1920, p. 113.

Tonkin : Chapa.

**L. distinctus**

*Adelocera distincta* Fleutiaux, *Bull. Soc. Ent. France*, 1920, pp. 113 et 114.

Laos : Xieng-Khouang, mai (Vitalis de Salvaza). — Tonkin : Lac-Thô, Hoa-Binh (A. de Cooman).

**L. expansus** — Pl. II, fig. 41.

*Adelocera expansa* Fleutiaux, *Bull. Soc. Ent. France*, 1920, pp. 112 et 114.

Tonkin : Lac Thô, Hoa-Binh (A. de Cooman).

**L. sanguineus** - Pl. II, fig. 38.

*Adelocera sanguinea* Fleutiaux, *Bull. Soc. Ent. France*, 1908, p. 164. — Idem, *Ann. Soc. Ent. France*, 1918, p. 187. — Idem, *Bull. Soc. Ent. France*, 1920, pp. 112 et 113.

Tonkin : Mau-Son, avril, mai ; Chapa, mai.

### L. spurcus

*Adelocera spurca* Candèze, Révis. Mon. Élat., 1874, pp. 16 et 25. — Fleutiaux, *Ann. Soc. Ent. France*, 1918, p. 183. — Idem, *Bull. Mus. Paris*, 1918, p. 206. — Idem, *Bull. Soc. Ent. France*, 1920, pp. 112 et 113.

Toute l'Indochine. — Forme typique : Laos.

### L. geographicus

*Adelocera geographica* Candèze, Élat. Nouv., I, 1864, p. 7 (1). — Idem, Révis. Mon. Élat., 1874, pp. 16 et 24. — O. Schwarz, *in* Wystman, Gen. Ins., Elat., 1906, t. I, f. 3. — Candèze, *Ann. Mus. Civ. Gen.*, 2, XIV, 1894, p. 485. — Fleutiaux, *Bull. Soc. Ent. France*, 1920, p. 187.

Laos : environs de Vientiane (Vitalis de Salvaza).

Malacca. — Bornéo. — Sumatra. — Nouvelle-Guinée. — Forme typique : Bornéo.

La forme laotienne constitue une race locale chez laquelle les tubercules antérieurs du pronotum sont moins saillants et les postérieurs au contraire plus élevés (Fleutiaux, 1920). Je propose de la désigner sous le nom de : *inversus*.

## ADELOCERA

Latreille, *in* Cuvier, Règne Anim., 2e éd., IV, 1824, p. 451 (non Latreille, *Ann. Soc. Ent. France*, 1834, p. 144). — Fleutiaux, *Bull. Soc. Ent. France*, 1925, p. 205.

*Lacon* des auteurs.

Génotype : *Elater ovalis* Germar, de Perse.

### Subgen. **Adelocera** s. str.

TABLEAU DES ESPÈCES

1. — Corps allongé ........................................ 2.
— Corps court, ovale ........................................ 11.

(1) *Mem. Acad. Belg.*, XVII.

2. — Des poils hérissés au-dessus de la vestiture couchée des élytres .......... 3.
— Pas de poils hérissés au-dessus de la vestiture couchée des élytres .......... 5.
3. — Poils hérissés visibles sur toute la surface des élytres.... 4.
— Poils hérissés visibles seulement vers le sommet des élytres. Taille moindre. Pronotum plus convexe transversalement sur le dos. — 8 à 12 m m ....... **hispidula**
4. — Côtés du pronotum très sinués. — 17 m m ....... **judex**
— Pronotum subdéprimé, peu sinué sur les côtés. — 14 à 19 m m .......... **setigera**
5. — Pubescence claire dominant sur les élytres.......... 6.
— Pubescence brune dominant sur les élytres.......... 9.
6. — Pubescence unicolore, légère et uniforme. Pronotum ample en avant. — 9 m m .......... **incerta**
— Pubescence formant des taches ou marbrures........ 7.
7. — Taille grande. — 13 à 17 m m 5 .......... **modesta**
— Taille moyenne.......... 8.
8. — Pubescence serrée sur les élytres. Pronotum un peu plus long que large, sinué latéralement, convexe en avant ; angles postérieurs divergents et arrondis au sommet. — 11 m m 5 .......... **squalida**
— Forme plus courte. Pubescence peu serrée sur les élytres. Pronotum pas plus long que large, peu convexe, peu sinué latéralement, subquadriforme : angles postérieurs larges, non divergents, tronqués. — 9 m m 5 à 10 m m 5 .......... **Blairi**
9. — Pronotum bombé et fortement ponctué.......... 10.
— Pronotum peu convexe, moins fortement ponctué — 12 à 18 m m .......... **taciturna**
10. — Pubescence claire du pronotum courte comme sur les élytres et formant sur les uns et sur l'autre, de petites mouchetures. — 12 m m .......... **colonica**
— Pubescence claire du pronotum plus longue; celle des élytres formant des plaques plus grandes et moins nombreuses. — 10 m m .......... **compta**

11. — Élytres tachetées de rouge ........................ 12.
— Élytres sans taches ................................ 15.
12. — Pronotum avec une crête saillante sublatérale de chaque côté dans sa partie antérieure. — 6 m/m 5 à 7 m/m 5 ................................ **tosta**
— Pronotum normal ................................ 13.
13. — Pronotum peu convexe au milieu, subdéprimé. — 6 à 7 m/m ................................ **inops**
— Pronotum convexe au milieu ...................... 14.
14. — Pronotum aussi long que large. Ponctuation des élytres très nette. — 8 à 10 m/m .................... **lupinosa**
— Pronotum plus court et plus ample en avant. Ponctuationdes élytres plus légère. — 8 m/m ........... **tacta**
15. — Bords latéraux du pronotum tranchants............. 16.
— Bords latéraux du pronotum crénelés............... 18.
16. — Pronotum convexe, en crête transversale obtuse. Stries externes des élytres très fortement ponctuées. Pubescence clairsemée. — 5 à 7 m/m 5.......... **Candezei**
— Pronotum moins convexe. Stries externes des élytres relativement moins fortement ponctués ........... 17.
17. — Brun rougeâtre. Angles postérieurs du pronotum très légèrement divergentset arrondis au sommet. — 11 m/m 5 **Vitalisi**
— Brun obscur. Angles postérieurs du pronotum presque droits, tronqués au sommet. — 8 à 10 m/m **transversicollis**
18. — Noir. Corps subdéprimé. Pronotum aussi long que large; angles postérieurs droits. — 7 à 8 m/m ........ **afflicta**
— Brun. Corps convexe. Pronotum moins long que large ........................................ 19.
19. — Bords latéraux du pronotum droits en arrière ; angles postérieurs arrondis au sommet. — 5 à 6m/m 5 **tonkinensis**
— Bords latéraux du pronotum arrondis et graduellement rétrécis en avant ; angles postérieurs incurvés. — 8 à 9 m/m ............................ **incurvata**

Subgen. **Archontas**

Gozis, Rech. esp. typ., 1886, p. 23 (*murinus L.*).

*Brachylacon* Reitter, *Verh. Ver. Brünn.* XLIII, 1905. Best. Tab. Eur. Col., Heft 56, p. 6 (non Mots., 1858).

*Paralacon* Reitter, *l. c.* (*cinnamomeus* Cand.)

Subgénotype : *Elater murinus* Linné.

TABLEAU DES ESPÈCES

1. — Forme subparallèle. Corps revêtu en-dessus d'une épaisse pubescence d'un beau rouge sanguin. Pronotum largement subsillonné au milieu. — 13 à 18 m m **argillacea** v. *Davidi*

— Forme atténuée. Pubescence brune, blanchâtre, ou rousse ........................................ 2.

2. — Côtés du pronotum coudés près de l'angle antérieur.... 3.

— Côtés du pronotum arrondis près de l'angle antérieur... 4.

3. — Pronotum largement sillonné au milieu, le fond du sillon marqué d'une carène en avant. Élytres très fortement ponctués-striés, sauf près de la suture, grossièrement ridés en travers. — 12 à 15 m m .......... **costicollis**

— Pronotum avec deux tubercules transversaux sur le milieu, alignés au-dessous de la moitié. Élytres unis, légèrement ponctués-striés, un peu plus fortement sur les côtés. — 12 à 16 m m ...................... **scutellata**

4. — Pubescence squamiforme sans poils dressés sur les élytres (1) ........................................ 5.

— Forme plus étroite. Pubescence plus fine, avec des poils courts dressés vers le sommet des élytres. Pronotum sans tubercules. — 10 à 12 m m .............. **longa**

5. — Pronotum fortement ponctué sur le dos, portant deux tubercules transversaux au milieu et sur le même alignement. — 12 à 13 m m .................... **gypsata**

(1) *Lacon birmanicus* Candèze et *Lacon mustelinus* Germar, signalés du Siam se placent dans ce groupe.

— Pronotum beaucoup moins fortement ponctué sur le dos : tubercules à peine apparents. — 12 m/m 5 à 15 m/m **subtuberculata**

## Subg. **Compsolacon**

Reitter, *Verh. Ver. Brünn.* XLIII, 1905, Best. Tab. Eur. Col., Heft 56, p. 6.

Génotype : *Agrypnus crenicollis* Ménétriès, du Caucase.

### Tableau des espèces

1. — Pronotum rétréci à la base ; bords latéraux crénelés et dédoublés dans presque toute leur longueur........... 2.
— Pronotum non rétréci à la base ; bords latéraux crénelés et non dédoublés ............................ 4.
2. — Ponctuation du pronotum fine et serrée. — 8 m/m 5 à 12 m/m ............................... **sinensis**
— Ponctuation du pronotum grosse et écartée........... 3.
3. — Pubescence très courte, à peine visible. Pronotum très déprimé ; angles postérieurs très petits. — 11 à 13 m/m **lapidea**
— Pubescence plus apparente. Pronotum légèrement bombé ; angles postérieurs plus grands et plus largement tronqués. — 11 m/m ...................... **serrula**
4. — Forme courte. Pronotum bombé au milieu. — 7 à 8 m/m ................................... **Lameyi**
— Forme plus allongée et moins convexe. — 10 m/m **indosinensis**

### A. setigera

*Lacon setiger* H. W. Bates, *Proc. Zool. Soc. Lond.*, 1866, p. 348. — Candèze, Révis. Mon. Élat., 1874, pp. 45 et 61.

*Lacon fibrinus* (pars) Fleutiaux, 1918 (non Candèze).

Tonkin : Ban-Nam-Coun, août (Vitalis de Salvaza) ; Ha-Giang (Vitalis de Salvaza) (de Broissia) (Rau) ; Bao-Lac (Péan-Andréa) ;

Lac-Thô, Hoa-Binh (A. de Cooman) : Hanoï. — Laos : Tranninh, juin (Vitalis de Salvaza).

A été rencontré dans le Yunnan central par Gervais. — Forme typique : Formose.

**A. judex** — Pl. II. fig. 35 (1)

*Lacon judex* Candèze, Révis. Mon. Élat., 1874, pp. 45 et 62.

Laos : Muong-Yen, mai (Vitalis de Salvaza). — Tonkin : Than — Moï, juillet (Vitalis de Salvaza) : Haut-Cong-Chai (Rabier) ; Lac-Thô, Hoa-Binh (A. de Caoman).

Forme typique : Shang-Haï.

**A. hispidula**

*Lacon hispidulus* Candèze, Mon. Élat., I, 1857, pp. 96 et 125. — Idem, Révis. Mon. Élat., 1874, pp. 46 et 61. — Fleutiaux, *Ann. Soc. Ent. France*, 1889, p. 139. — Idem, *l. c.*, 1894, p. 685. — Candèze, *Ann. Mus. Civ. Gen.*, 1894, p. 485. — Fleutiaux, *in* Pavie, Miss. Pavie, III. Hist. Nat. Indoch. órient., 1904, p. 94. — Idem, *Ann. Soc. Ent. France*, 1918, p. 191. — Idem, *Bull. Mus. Nat. Paris*, 1918, p. 208.

Cochinchine. — Cambodge. — Laos. — Tonkin : environs de Luc-Nam (Blaise).

Java. — Malacca. — Birmanie. — Archipel asiatique. — Forme typique : Java.

**A. incerta** nov. sp.

9 millim. — Allongé, peu convexe : brun-rougeâtre ; pubescence grise fine et uniforme. Tête peu convexe, impressionnée au milieu, grossièrement ponctuée. Antennes ferrugineux pâle. Pronotum aussi long que large, sinué sur les côtés, amplement arrondi en avant : bords latéraux tranchants ; ponctuation plus grosse au milieu ; angles postérieurs aigus. Élytres parallèles jusqu'au de là de la moi-

(1) Dans cette figure l'extrémité des cuisses antérieures est visible au côté extérieur des angles postérieurs et les fait paraître comme tronqués.

tié, rétrécis ensuite, arrondis au sommet, presque lisses, striés de points légers sur le dos, plus forts sur les côtés. Dessous de même couleur. Prospectus à ponctuation assez grosse, peu serrée, irrégulièrement espacée ; plus légère et plus dense sur le métasternum et sur l'abdomen. Pattes ferrugineux pâle.

Cochinchine.

Voisin de *A. hispidula* Candèze ; mais plus étroit, plus parallèle ; pronotum plus ample en avant. Ressemble à *A. longa* Fleutiaux ; mais avec des sillons tarsaux sur les propleures et sur le métasternum ; ponctuation du pronotum plus dense ; celle des stries des élytres plus fine sur le dos.

Je l'ai vu aussi du Tenasserim.

### A. modesta

*Lacon modestus* Candèze, Mon. Élat., I, 1857, pp. 93 et 118. — Idem, Révis. Mon. Élat., 1874, pp. 46 et 63. — Idem, *Ann. Mus. Civ. Gen.*, 1888, p. 669. — Fleutiaux, *Ann. Soc. Ent. France*, 1889, p. 139 (var. *major*). — Candèze, *l. c.*, 1891, p. 773. — Idem, *l. c.*, 1892, p. 796.

*Lacon taciturnus* (pars) Fleutiaux, 1918 (non Candèze).

Cochinchine : (Lemesle) ; Chaudoc (Harmand). — Annam : Tourane (Perraudière). — Laos : Muong-Yen, mai (Vitalis de Slavaza) ; Haut-Mékong, Houei-Sai, juin (Vitalis de Salvaza).

Décrit de Java, puis cité de l'Inde, de Birmanie, de Sumatra, de Bornéo, de Célèbes.

L'insecte que j'ai cité : *Ann. Soc. Ent. France*, 1905, p. 320, provenant des chasses de Maindron dans l'Hindoustan méridional, appartient sans doute à la forme signalée par Candèze dans sa Révision ; je la crois rapprochée de *Lacon molestus* Candèze, décrit à la p. 120 de la Monographie.

### A. squalida nov. sp.

11 millim. 5. — Allongé, convexe ; brun, couvert d'une pubescence squamiforme grise avec de petites taches plus foncées. Tête plate, impressionnée au milieu, grossièrement ponctuée. Antennes

ferrugineux clair. Pronotum un peu plus long que large, sinué sur les côtés, rétréci seulement aux angles antérieurs, convexe, fortement et densément ponctué : angles postérieurs divergents et arrondis. Élytres insensiblement arrondis et rétrécis en arrière, convexes, striés-ponctués. Dessous brun : pubescence plus égale, ponctuation grosse et peu serrée sur le prospectus, plus dense sur le métasternum, plus fine sur l'abdomen. Pattes brunes : tarses ferrugineux.

Cambodge : Kompong-Thom (Vitalis de Salvaza).

Voisin de *A. Blairi* : plus allongé, plus convexe : pubescence plus serrée, formant des marbrures : dernier arceau ventral uniformément ponctué et pubescent.

### A. Blairi nov. sp.

9 millim. 5 à 10 millim. 5. — Allongé, subparallèle : brun rougeâtre : pubescence squamiforme jaune peu serrée, mélangée de brun sur les élytres. Tête fortement ponctuée. Antennes ferrugineux clair, brunes à la base. Pronotum aussi long que large, subparallèle, faiblement sinué latéralement, peu convexe au milieu : bord antérieur échancré : angles antérieurs larges et arrondis : les postérieurs tronqués : ponctuations forte et peu serrée. Élytres arrondis sur les côtés, rétrécis au-delà de la moitié, profondément ponctués en rangées régulières, mais non striés : intervalles plans avec, dans la partie antérieure, des points fins espacés. Dessous de même couleur, densément et assez fortement ponctué ; pubescence jaune, courte et uniforme. Dernier arceau ventral marqué au milieu de la base, d'un espace arrondi dénudé, très finement rugueux (♀). Pattes du même brun rougeâtre : tarses plus clairs.

Tonkin : Lac-Thô, Hoa-Binh (A. de Cooman). — Laos : Haut-Mékong, Pou-Lan, mai (Vitalis de Salvaza).

Je l'ai vu également du Tenasserim.

Diffère de *A. compta* Candèze, par le pronotum moins convexe : les élytres de la même largeur que le pronotum et moins arrondis vers le milieu : la pubescence ne formant pas de plaques denses sur les élytres.

### A. compta

*Lacon comptus* Candèze, Révis. Mon. Élat., 1874, pp. 46 et 65.

Cet insecte a été pris autrefois par Mouhot et par Castelnau ; il n'est pas revenu depuis. — Formes typiques : Siam et Cambodge.

### A. colonica — Pl. I fig 16.

*Lacon colonicus* Candèze, Élat. Nouv., III, 1881, p. 8 (1). — Fleutiaux, *Ann. Soc. Ent. France*, 1891, p. 681. — Idem, *l.c.*, 1902, p. 571.

*Lacon modestus* (pars) Fleutiaux, 1889 (non Candèze).

*Lacon taciturnus* (pars) Fleutiaux, 1918 (non Candèze).

Cochinchine. — Cambodge. — Laos. — Tonkin. — Forme typique : Cochinchine.

### A. taciturna

*Lacon taciturnus* Candèze, Révis. Mon. Élat., 1874, pp. 45 et 60. — Fleutiaux, *Ann. Soc. Ent. France*, 1918, p. 190. — Idem, *Bull. Mus. Nat. Paris*, 1918, p. 208.

Cochinchine : Pnom-Bachey (Beauchêne). — Cambodge : Kompong-Thom (Vitalis de Salvaza). — Laos. — Forme typique : Laos.

### A. tosta — Pl. II, fig. 24.

*Lacon tostus* Candèze, Mon. Élat., I, 1857, pp. 94 et 129. — Idem, Révis. Mon. Élat., 1874, pp. 46 et 67. — Idem, *Ann. Mus. Civ. Gen.*, 1878, p. 100. — Idem, *C. R. Soc. Ent. Belg.*, 1885, p. 130. — Idem, *Ann. Mus. Civ. Gen.*, 1888, p. 669. — Idem, *l. c.*, 1890, p. 149. — Idem. *Ann. Mus. Civ. Gen.*, 1891, p. 773. — Idem, *Ann. Soc. Ent. Belg.*, 1892, p. 484. — Idem, *l. c.*, 1893, p. 169. — Idem, *Ann, Mus. Civ. Gen.*, 1894, p. 485. — Fleutiaux, *Ann. Soc. Ent. France*, 1891, p. 684. — Idem, *l. c.*, 1918, p. 192. — Idem, *Bull. Mus. Nat. Paris*, 1918, p. 209. — Pl. II, fig. 24.

*Adelocera tosta*

(1) *Mém. Soc. Sc. Liége* (2) IX.

Tonkin. — Laos. — Annam. — Cambodge.

Toute la région indo-malaise, de l'Inde à Bornéo. — Forme typique : Indes orientales.

### A. inops — Pl. II, fig. 21.

*Lacon inops* Candèze, Révis. Mon. Élat., 1874, pp. 46 et 67. — Fleutiaux, *Ann. Soc. Ent. France*, 1894, p. 684. — Idem, *l. c.*, 1918, p. 193.

Cochinchine. — Annam. — Cambodge. — Tonkin.

Formes typiques : Malacca, Siam, Bornéo.

### A. lupinosa

*Lacon lupinosus* Candèze, Mon. Élat., I, 1857, pp. 95 et 130. — Idem, Révis. Mon. Élat., 1874, pp. 46 et 67. — Idem, *Ann. Mus. Civ. Gen.*, 1878, p. 100. — Fleutiaux, *Ann. Soc. Ent. France*, 1894, p. 685. — Idem, *l. c.*, 1918, p. 193.

Cochinchine : Long-Xuyen (Dorr) ; environs de Ha-Giang (de Broissia). — Annam : Thuan-An (Dorr). — Tonkin : Lac-Thô, Hoa-Binh (A. de Cooman). — Signalé aussi du Cambodge.

Birmanie. — Siam. — Bornéo. — Forme typique : Indes orientales.

### A. tacta

*Lacon tactus* Candèze, Révis. Mon. Élat., 1874, pp. 46 et 67. — Fleutiaux, *Ann. Soc. Ent. France*, 1918, p. 193.

Cambodge : Kompong-Thom (Vitalis de Salvaza). — Laos : Tathom (Vitalis de Salvaza).

Forme typique : Siam.

### A. Candezei

*Lacon Candezei* Fleutiaux, *Ann. Soc. Ent. France*, 1894, p. 685. — Idem, *l. c.*, 1902, p. 572. — Idem, *l. c.*, 1918, p. 194. — Idem, *Bull. Mus. Nat. Paris*, 1918, p. 209.

Tonkin : environs de Lang-Son (Florentin) ; Ha-Lang (Lamey) ; Lao-Kay ; Chapa ;Tam-Dao, 1100 à 1300 m. ; environs de Tuyen-Quan (Weiss).

### A. Vitalisi

*Lacon Vitalisi* Fleutiaux, *Ann. Soc. Ent. France*, 1918, p. 190.

Tonkin : région d'Hanoï (Vitalis de Salvaza).

### A. transversicollis nov. sp.

8 à 9 millim. 5. — Court, large, atténué en arrière ; brun foncé ; pubescence grisâtre peu serrée. Tête plate, impressionnée au milieu, fortement ponctuée. Antennes brun rougeâtre. Pronotum moins long que large, transversal, parallèle, brusquement rétréci en avant aux angles antérieurs, peu convexe, fortement ponctué, surtout au milieu ; bords latéraux tranchants ; angles postérieurs non divergents, arrondis au sommet. Élytres convexes, atténués dans la seconde moitié, striés de rangées de points, fins dans la région suturale, gros sur les côtés ; intervalles sur le dos avec des points aussi fins mais moins rapprochés. Dessous de même couleur, criblé de points assez serrés, sauf sur le prosternum ; pubescence plus courte. Pattes brun rougeâtre.

Laos : Xieng-Khouang, avril, mai. — Tranninh, juin (Vitalis de Salvaza). — Annam : Keng-Trap, mai (Vitalis de Salvaza).

Se rapproche de *A. Vitalisi* Fleutiaux ; mais de taille moindre ; plus foncé ; pronotum transversal, angles postérieurs non divergents.

### A. afflicta

*Lacon afflictus* Candèze, Révis. Mon. État., 1874, pp. 46 et 68. — Idem, *Ann. Soc. Ent. Belg.*, 1893, p. 179. — Fleutiaux, *Ann. Soc. Ent. France*. 1918, p. 193. — Idem, *Bull. Mus. Nat. Paris*, 1918, p. 209

Cochinchine (Amiral Vignes) ; Long-Xuyen (Dorr). — Annam : Thuan-An (Dorr). — Cambodge (Vitalis de Salvaza).

Aussi au Siam, dans la presqu'île de Malacca, et aux Indes anglaises. — Formes typiques : Malacca et Siam.

### A. tonkinensis nov. sp.

5 à 6 millim. 5. — Court, subparallèle : brun : pubescence grise peu serrée. Tête plate, légèrement impressionnée au milieu, fortement ponctuée. Antennes brun ferrugineux. Pronotum transversal, parallèle, rétréci près des angles antérieurs, convexe au milieu ; bords latéraux faiblement crénelés : ponctuation forte, moins serrée sur le dos : angles postérieurs droits. Élytres ovales, convexes, striés-ponctués, confusément sur le dessus, plus fortement sur les côtés : intervalles finement ponctués. Dessous de même couleur : ponctuation forte et serrée. Propleures, épipleures des élytres et abdomen plus ou moins ferrugineux. Pattes brunâtres.

Tonkin : Lac-Thô, Hoa-Binh (A. de Cooman); Hoa-Binh (L. Duport.)

Très voisin de A. *Candezei* Fleutiaux : s'en distingue pour l'aspect moins brillant : le pronotum moins convexe : les points des rangées des élytres moins gros et plus rapprochés.

### A. incurvata nov. sp.

8 à 9 millim. — Court, ovale, convexe : brun foncé un peu rougeâtre sur les bords du pronotum et des élytres ; pubescence courte, brune. Tête plate, très faiblement impressionnée, très grossièrement ponctuée. Antennes ferrugineuses. Pronotum moins long que large, convexe, fortement ponctué : côtés crénelés, notablement arrondis et graduellement rétrécis en avant, légèrement en arrière ; angles postérieurs incurvés. Élytres rétrécis au delà de la moitié ; striés de lignes de points, fins sur le dessus, gros sur les côtés ; les premiers intervalles avec deux rangées de points plus fins. Dessous de même couleur : épipleures des élytres et pattes ferrugineux

Tonkin : Lac-Thô, Hoa-Binh (A. de Cooman).

Très curieux par la forme de son pronotum arrondi sur les côtés, très rétréci en avant et un peu en arrière, ses angles postérieurs légèrement incurvés. Voisin de A. *tonkinensis*.

### A. argillacea — Pl. II, fig. 20.

*Lacon argilaceus* Solsky, *Hor. Ent. Ross.*, VII, 1870, p. 360 (Sibérie orientale). — Idem, *in* Marseul, *l'Abeille*, IX, 1872, p. 342. — Candèze, Révis. Mon. Élat., 1874, p. 209. — Schwarz, *in* Wystman, Gen. Ins. Élat., 1906, t. I, f. 8. Fleutiaux, *Ann. Soc. Ent. France*, 1918, p. 191. — Idem, *Bull. Mus. Nat. Paris*, 1918, p. 208.

*Lacon cinnamomeus* Candèze, Révis. Mon. Élat., 1874, pp. 48 et 76.

Variété : *Davidi* Fairmaire, *Ann. Soc. Ent. France*, 1878, p. 109. — Sp. ? près *cinnamomeus* Candèze, *l. c.*, p. 76.

Biologie : Stebbing, Ind. For. Ins., 1914, p. 225. Dans les troncs de pin.

La pubescence du dessus est d'un brun jaunâtre *(argillaceus-cinnamomeus)*, ou d'un beau rouge sanguin *(Davidi)*.

Tonkin : Ha-Giang (Bonifacy) ; environs de Lao-Kay (Dupont) ; Chapa. — Cambodge : Pnom-Penh (Vitalis de Salvaza).

La provenance de Cambodge est selon moi incertaine.

Amour. — Corée. — Yunnan. — Thibet. — Forme typique : Chine centrale.

### A. costicollis — Pl. II, fig. 45.

*Lacon costicollis* Candèze, Mon. Élat., I, 1857, pp. 93 et 116, t. 2, f. 28. — Idem, Révis. Mon. Élat., 1874, pp. 47 et 69. — Fleutiaux *Ann. Soc. Ent. France*, 1918, p. 189. -

*Lacon acuminipennis* Fairmaire, *Ann. Soc. Ent. France*, 1878, p. 109.

Cambodge (Vitalis de Salvaza). — Tonkin : Chapa.

Hindoustan. — Assam. — Bengale. — Yunnan. — Forme typique : Indes orientales.

### A. scutellata — Pl. II, fig. 31.

*Lacon scutellatus* Candèze, Mon. Élat., I, 1857, pp. 94 et 111. — Idem, Révis. Mon. Élat., 1874, pp. 47 et 72.

*Lacon coarctatus* Fleutiaux, 1918 (non Candèze, 1874).

Tonkin : Hanoï et Lao-Kay (Vitalis de Salvaza) : N'gan San ; Chapa. — Laos. : Xieng-Khouang, mai : et Haut-Mékong. Tong-La. mai (Vitalis de Salvaza).

Hindoustan. — Java. — Chine. — Forme typique : Indes orientales.

**A. gypsata** — Pl. II, fig. 33.

*Lacon gypsatus* Candèze, *Ann. Mus. Civ. Gen.*, 1891, p. 773. — Fleutiaux, *Ann. Soc. Ent. France*, 1918, p. 189. — *Bull. Mus. Nat.*, *Paris*, 1918, p. 208.

Tonkin : Lac-Thô, Hoa-Binh (A. de Cooman) : Ha-Giang (Vitalis de Salvaza) : Ha-Lang (Mollard) ; Lao-Kay (Dupont) : Lao-Kay, vallée du Nam-Ti (Gervais) : Lao-Kay et Ban-Nam-Coun (Lecourt). — Laos : Xieng-Khouang, mai et août (Vitalis de Salvaza).

Birmanie. — Yunnan. — Forme typique : Birmanie.

**A. subtuberculata** nov. sp. — Pl. I, fig. 2.

12,5 à 15 millim. — Allongé, convexe, atténué : brun noirâtre : pubescence jaune serrée. Tête largement impressionnée au milieu : ponctuation écartée. Antennes ferrugineuses. Pronotum un peu plus long que large, arrondi sur les côtés, peu rétréci en avant, convexe, très légèrement et densément ponctué sur le dessus, avec des points plus gros espacés : grosse ponctuation plus serrée latéralement ; deux tubercules légers sur le milieu : angles postérieurs à peine divergents. Élytres atténués, finement ponctués-striés sur le dos, fortement sur les côtés. Dessous de même couleur ; pubescence semblable ; ponctuation peu serrée. Pattes ferrugineuses.

Laos (Vitalis) ; Lakhon (Harmand).

Voisin de *A. gypsata* Candèze ; forme plus étroite ; pronotum plus long, sa ponctuation double sur le milieu, les gros points moins forts et moins serrés, les deux tubercules peu apparents.

Je l'ai vu aussi du Tenasserim.

### A. longa — Pl. I, fig 9.

*Lacon longus* Fleutiaux. *Ann. Soc. Ent. France*, 1902, p. 571. — Idem, *l. c.*, 1918, p. 191. — Idem, *Bull. Mus. Nat. Paris*, 1918, p. 208.

Cochinchine. — Cambodge (Harmand) ; Kompong-Thom (Vitalis de Salvaza). — Laos : Savanna-Khet, Keng-Kabao, juillet et Vientiane, février (Vitalis de Salvaza). — Forme typique : Cochinchine.

### A. sinensis

*Lacon sinensis* Candèze, Mon. Élat., I, 1857, pp. 98 et 139. — Idem, Révis. Mon. Élat., 1874, pp. 49 et 82. — Idem, *Ann. Mus. Civ. Gen.*, 1888, p. 671. — Idem, *C. R. Soc. Ent. Belg.*, 1890, p. 149. — Idem, *Ann. Mus. Civ. Gen.*, 1891, p. 774. — Fleutiaux, *Ann. Soc. Ent. France*, 1918, p. 192. — Idem, *Bull. Mus. Nat. Paris*, 1918, p. 209.

*Lacon Massiei* Fleutiaux, *Ann. Soc. Ent. France*, 1894, p. 685.

Tonkin. — Laos. — Cambodge. — Annam.

Chine méridionale. — Birmanie. — Siam. — Malacca. — Bengale. — Sumatra. — Forme typique : Chine.

### A. serrula

*Lacon serrula* Candèze, Mon. Élat., I, 1857, pp. 96 et 122. — Idem, Révis. Mon. Élat., 1874, pp. 49 et 82. — Candèze, *Ann. Soc. Ent. Belg.*, 1892, p. 484.

Tonkin : Chapa ; Tam-Dao, 1100 à 1300 mètres.

Le type, des Indes orientales (collection Laferté), est passé au British Museum avec la collection E. W. Janson ; M. Blair qui a bien voulu examiner comparativement un de mes exemplaires, l'a trouvé conforme excepté dans la couleur ; le type de Candèze est rougeâtre, alors que mon insecte est noir, c'est là une différence négligeable.

Plus récemment, j'ai vu dans la collection Candèze (Musée de Bruxelles), un individu sans indication de provenance, qui se rapporte au même exemplaire, et un autre de forme plus étroite dont le prothorax est moins sinué près de la base et ses angles postérieurs plus petits ; les stries des élytres, comme il est dit dans la description, sont larges et fortement ponctuées sur toute la surface ; alors que dans l'individu comparé au type par M. Blair, elles sont finement ponctuées près de la suture et plus fortement sur les côtés.

Les insectes du Bengale cités par Candèze dans les Ann. Soc. Ent. Belg., de 1892, appartiennent à la forme plus étroite, avec des stries souvent légères près de la suture.

### A. lapidea — Pl. I, fig. 14.

*Lacon lapideus* Candèze, Mon. Élat., I, 1857, pp. 98 et 141. — Idem, Révis. Mon. Élat., 1871, pp. 49 et 82. — Fleutiaux, *Ann. Soc. Ent. France*, 1918, p. 192. — Idem, *Bull. Mus. Nat. Paris*, 1918, p. 209.

*Lacon serrula* Fleutiaux, *Bull. Mus. Nat. Paris*, 1918, p. 209 (non Candèze, 1857).

*Lacon sinensis* Fleutiaux, *in* Pavie, Miss. Pavie, III, Hist. Nat. Indoch. orient., 1904, p. 94 (non Candèze, 1857).

Tonkin : Tuyen-Quan (Weiss) ; Ha-Giang (Siebens d'Olivier) ; environs de Bao-Lac (Péan et de Pélacot) ; Haute-Rivière-Claire (de Retz) ; Lac-Thò, Hoa-Binh (A. de Cooman). — Laos : Luang-Prabang (Pavie) ; haute vallée du Mékong (Vitalis de Salvaza).

Yunnan. — Forme typique : Indes orientales.

M. Blair ne l'a pas trouvé absolument conforme à un exemplaire typique du British Museum, en ce qui concerne la ponctuation du pronotum et celle des stries élytrales ; mais il a remarqué les mêmes légères différences chez un autre individu de la même série.

Ressemble beaucoup à *L. serricollis* Candèze, de Java ; mais la carène latérale du pronotum est plus voisine du bord crénelé et moins nette, les angles postérieurs courts et divergents.

### A. Lameyi nov. sp.

*Lacon muticus* Fleutiaux, *Ann. Soc. Ent. France*, 1918, p. 194 (non Herbst, 1806).

7 à 8 millim. — Ovale, convexe ; noir brillant ; pubescence brune et blanchâtre, courte et clairsemée. Tête plate, déprimée au milieu, fortement ponctuée. Pronotum aussi long que large, droit sur les côtés en arrière, arrondi et rétréci en avant, convexe au milieu, légèrement sillonné en arrière ; ponctuation grosse peu serrée sur le dos, davantage sur les côtés ; bords latéraux crénelés ; angles postérieurs presque droits. Élytres aussi larges que le pronotum à la base, légèrement dilatés dans le premier tiers, arrondis et rétrécis au-delà ; conjointement arrondis au sommet ; striés-ponctués, finement dans la région suturale, fortement sur les côtés ; chaque rangée striale de points accompagnée de chaque côté de points fins et moins serrés. Dessous de même couleur ; ponctuation assez grosse. Hanches postérieures brusquement élargies en dedans et dentées. Pattes noirâtres ; extrémité des fémurs et des tibias et tarses ferrugineux.

Tonkin : Lac-Thô, Hoa-Binh (A. de Cooman) ; Ha-Giang (Vitalis de Salvaza) ; Ha-Lang (Lamey).

Doit être séparé de *L. muticus* Herbst, des Indes orientales, avec lequel je l'ai d'abord confondu, sur un individu nommé par Candèze. Sa forme est plus large, nullement parallèle, mais ovale ; son aspect plus brillant ; les côtés du pronotum notablement crénelés. L'absence de sillons tarsaux le place dans les parages de *L. musculus* Candèze, de Chine ; il en diffère par la forme ovale ; la ponctuation du pronotum moins serrée ; les stries des élytres plus légères près de la suture.

### **A. indosinensis** nov. sp.

10 millim. — Oblong, peu convexe ; brun rougeâtre foncé ; pubescence plus claire et peu serrée. Tête aplatie, grossièrement ponctuée. Antennes brun rougeâtre. Pronotum aussi long que large, arrondi sur les côtés, rétréci en avant, peu convexe, fortement et densément ponctué, déclive à la base, sillonné au milieu en arrière ; angles postérieurs petits, légèrement divergents, tronqués. Élytres un peu plus larges que le pronotum, subparallèles, arrondis au-delà de la moitié ; ponctués-striés, légèrement dans la région suturale, fortement sur les côtés ; interstries finement ponctués sur le dos seulement, légèrement convexes latéralement et au sommet. Des-

sous de même couleur, assez fortement ponctué. Hanches postérieures faiblement mais brusquement élargies en dedans, dentées, pattes également brunes.

Laos : province de Luang-Prabang. Muong-Nga, avril (Vitalis de Salvaza). — Tonkin : environs de Lam (Blaise).

Voisin de *A. Lameyi* ; plus allongé, moins convexe : pronotum relativement moins grand ; interstries des élytres légèrement convexes sur les côtés et au sommet.

## MERISTHUS

Candèze, Mon. Élat., I, 1857, pp. 19 et 162. — Idem, Révis. Mon. Élat., 1874, p. 102. — Idem, Catal. Méthod. Élat., 1891, p. 26. — O. Schwarz, *in* Wytsman, Gen. Ins., Elat., 1906, pp. 6 et 26.

Génotype : *Elater lepidotus* Palisot de Beauvois, d'Afrique occidentale.

### TABLEAU DES ESPÈCES

1. — Bord antérieur du pronotum notablement échancré. Surface râpeuse. — 4 à 5 m/m ....... **quadripunctatus**
 — Bord antérieur du pronotum non échancré. Surface simplement ponctuée ............................ 2.
2. — Carène de l'écusson très saillante, apparaissant de profil sous la forme d'une dent. — 3 m/m .. **Perraudierei**
 — Carène de l'écusson fine, presque indistincte. — 3 m/m **biguttatus**

### M. quadripunctatus — Pl. II, fig. 23.

*Meristhus quadripunctatus* Candèze, Mon. Élat., I, 1857, pp. 162 et 163. — Fleutiaux, *Ann. Soc. Ent. France*, 1918, p. 189. — Idem, *Bull. Mus. Nat. Paris*, 1918, p. 207.

Tonkin : Hanoï (Demange).

Assam - Birmanie. — Forme typique : Assam.

### M. Perraudierei

*Meristhus Perraudierei* Fleutiaux, *Ann. Soc. Ent. France*, 1889, p. 139. — Idem, *Bull. Mus. Nat. Paris*, 1918, p. 207.

Annam : Qui-Nhon (Perraudière). — Tonkin : environs de Tuyen-Quang (Weiss).

**M. biguttatus** — Pl. II, fig. 32 et 31.

*Meristhus biguttatus* Candèze, Élat. Nouv., V, 1893, p. 10.

Tonkin : Lac-Thô, Hoa-Binh, dans le sable humide, au bord d'un torrent en montagne (A. de Cooman).

Malacca. — Forme typique : Pérak.

### TRACHYLACON

Motschulsky, Ét. Ent., VII, 1858, p. 61.

Génotype : *fulvicollis* Motschulsky.

Tête encastrée : yeux cachés. Antennes à articles 2 et 3 petits, globuleux ; suivants comprimés et dentés. Pronotum sans protubérances, ni excavations, simplement convexe au milieu ; bords latéraux minces, tranchants, dilatés horizontalement : angles postérieurs aplatis, non carénés. Élytres atténués, non striés, normalement convexes, tronqués au sommet. Mentonnière du prosternum assez développée. Saillie effilée au-delà des hanches antérieures ; ses bords prolongés en carène sur le prosternum assez loin en avant. Sutures prosternales très sinueuses, ouvertes en avant à la façon des *Lissomus*. Base des propleures fortement creusée pour les fémurs antérieurs. Sillons tarsaux de la première paire subparallèles à la suture prosternale ; les intermédiaires arqués, subtransversaux. Mésosternum et base des épipleures des élytres creusés pour les fémurs intermédiaires. Épisternes métathoraciques beaucoup plus étroits que les épipleures des élytres. Hanches postérieures brusquement élargis au milieu.

Se distingue du genre *Agræus* par son pronotum simplement et horizontalement dilaté sur les côtés, sans protubérances, ni excavations en dessus ; ses élytres atténués et normalement convexes.

Plusieurs espèces, actuellement rangées parmi les *Agræus*, devront sans doute entrer dans ce genre, ce sont : *Trachylacon fulvicollis* Motschulsky, de l'Inde ; *Agræus catulus*, *A. Lucasseni* et *A. maculosus* Candèze, de Java.

**T. variegatus**

*Pericus variegatus* O. Schwarz, *Stett. Ent. Zeit.*, 1902, p. 203. — Idem, *in* Wytsman, Gen. Insect., Elat., 1906, pl. 1, fig. 11. — Fleutiaux, *Ann. Soc. Ent. France*, 1918, p. 188. — Idem, *Bull. Mus. Paris*, 1968, p. 207. — 5 m/m

? *Trachylacon fulvicollis* Motschulsky, Ét. Ent., VII, 1858, p. 61.

Tonkin : environs de Tuyen-Quang (Weiss) ; Cho-Ganh (Duport) ; Lac Thô, Hoa-Binh (A. de Cooman) ; Région de Luc-Nam (Blaise). — Laos : Lakhon (Harmand).

Forme typique : Birmanie.

## BRACHYLACON

Motschulsky, Ét. Ent., VII, 1858, p. 60.

Génotype : *microcephalus* Motschulsky.

### Tableau des espèces

1. — Sillons tarsaux des propleures nets et profonds....... 2.
— Sillons tarsaux des propleures presque nuls ; ceux du métasternum en forme d'épaulement, rebordés seulement en arrière ........................................ 5.

2. — Brun. Points des élytres en rangées à peu près régulières. 3.
— Ovale. Noir. Ponctuation des élytres irrégulière....... 4.

3. — Oblong ; peu convexe. Pubescence unicolore, peu serrée, ne formant pas de taches. Interstries des élytres larges, avec une rangée de points plus petits et moins serrés que ceux des stries. Sillons tarsaux du métasternum nettement rebordés. — 4 m/m 5 ......... **Perraudierei**
— Court ; convexe. Pubescence bicolore, formant sur les élytres de vagues bandes transversales. Stries des élytres plus rapprochées, interstries non ponctués. Sillons tarsaux du métasternum en forme d'épaulement, rebordés seulement en arrière. — 5 m/m 5 à 6 m/m 5 .....
**microcephalus**

4. — Légèrement brillant. Élytres non striés ; ponctuation peu serrée, sans ordre à la base et sur les côtés, en séries très irrégulières sur la partie postérieure. Pubescence blanchâtre formant deux taches sur chaque élytre ; au premier tiers et au milieu, et avant l'extrémité près du bord. — 6 m/m 5 à 7 m/m ... **cambodiensis**

— Complétement mat. Ponctuation du pronotum et des élytres plus grosse et plus serrée. Pubescence presque nulle. Élytress ubstriés à la base. — 6 à 7 m/m **turgescens**

5. — Noir. Pubescence squamiforme courte et peu serrée. Pronotum arrondi graduellement en avant. Ponctuation des élytres disposée en rangées striales, avec dans les interstries des points moins rapprochés et moins gros. — 7 m/m 5 à 8 m/m...................... **dilatatus**

— Brun. Pubescence squamiforme plus longue. Pronotum sinué latéralement. Points des élytres à peu près égaux et en rangées, stries moins distinctes. — 4 à 5 m/m **Beauchenei**

### B. dilatatus

*Lacon dilatatus* Fleutiaux, *Ann. Soc. Ent. France*, 1902, p. 572. — Idem, *Bull. Mus. Nat. Paris*, 1918, p. 209.

Tonkin : Lac-Thô, Hoa-Binh (A. de Cooman) ; vallées de la Haute-Rivière-Claire, entre Hagianh et Vinh-Tuy (J. de Retz) ; Lao-Kay.

*Brachylacon Beauchenie*

### B. Beauchenei

*Lacon Beauchenei* Fleutiaux, *Ann. Soc. Ent. France*, 1918, p. 195.

Tonkin : Bao-Lac (Beauchêne) ; Lac-Thô, Hoa-Binh (A. de Cooman).

### B. Perraudierei nov. sp.

*Lacon nebulosus* Fleutiaux, *Ann. Soc. Ent. France*, 1889, p. 139. — Idem, *l. c.*, 1894, p. 685 (non Candèze, 1857).

4 millim. 5. — Oblong : peu convexe ; brun : pubescence grise peu abondante. Tête peu convexe, subdéprimée en avant, assez grossièrement ponctuée : bord antérieur arrondi. Antennes courtes, ferrugineux-jaunâtre ; 2e et 3e articles égaux, globuleux ; les autres dentés. Pronotum aussi long que large, subparallèle, arrondi en avant, convexe sur le dos, déclive postérieurement : ponctuation grosse et écartée surtout au milieu, moins forte et plus dense sur la partie déclive ; bords latéraux tranchants ; angles postérieurs courts, aigus, non divergents. Écusson oblong. Élytres à peine dilatés en arrière, peu convexes, ponctués en rangées striales ; interstries plans, avec une rangée de points moins gros et moins serrés. Dessous de même couleur, assez fortement et densément ponctué. Sillons tarsaux du métasternum aboutissant en dehors à une distance des hanches postérieures à peu près égale à la largeur des épipleures des élytres. Épisternes métathoraciques très étroits et parallèles. Hanches postérieures brusquement élargies en dedans, très étroites en dehors. Pattes brun jaune.

Cambodge : Pnomh-Penh (Perraudière). — Cochinchine : Cap-Saint-Jacques.

Ressemble à *B. (Lacon) pygmæus* Baudi, de Chypre : en diffère par la pubescence unicolore, et par les rangées de points des élytres alternées ; l'une des points gros et rapprochés, l'autre de points plus fins et écartés.

### B. microcephalus — Pl. II, fig. 30.

*Brachylacon microcephalus* Motschulsky, Ét. Ent., VII, 1878, p. 60 (Ceylan). — Idem, *Bull. Nat. Moscou*, 1861, I, p. 118, t. 9. f. 9. — *Lacon microcephalus* Fleutiaux, *Ann. Soc. Ent. France*, 1918, p. 194.

*Lacon trifasciatus* Candèze, Élat. Nouv., I, 1864, p. 10. — Idem, *Mém. Sc. Liège* (2), 1873, p. 1. — Idem, Révis. Mon. Élat., 1874 pp. 49 et 85. — Idem, *Ann. Mus. Civ. Gen.*, 1888, p. 671. — Idem, *l. c.*, 1891, p. 774. — Idem, *Ann. Soc. Ent. Belg.*, 1892, p. 485. — Idem, *Ann. Mus. Civ. Gen.*, 1894, p. 486.

*Brachylacon microcephalus*

*Lacon difficilis* Lewis, *Ann. Mag. Nat. Hist.*, (6) XIII, 1894, p. 29.

Cambodge, mars (Vitalis de Salvaza). — Tonkin : Lac Thô, Hoa-Binh (A. de Cooman) ; région de Luc-Nam (Blaise).

Habite toute la région indo-malaise : Ceylan. — Inde méridionale. — Bengale. — Sikkim. — Birmanie. — Malacca. — Sumatra. — Bornéo. — Philippines (1). — Japon. — Forme typique : Ceylan.

### B. cambodiensis nov. sp.

*Lacon tumens* Fleutiaux, *Ann. Soc. Ent. France*, 1918, p. 195 (non Candèze, 1873).

6 millim. 5. — Oblong, convexe : noir, peu brillant : pubescence brune et peu serrée, ou grise et plus dense sur la partie postérieure du pronotum et la base des élytres et formant en outre deux petites taches sur chaque élytre ; l'une au tiers antérieur et au milieu, l'autre près du bord avant l'extrémité. Tête triangulairement impressionnée au milieu, à ponctuation grosse et peu serrée. Pronotum aussi long que large à la base, arrondi sur les côtés et rétréci en avant, convexe, fortement déclive à la base, ponctué comme la tête ; angles postérieurs aplatis, aigus, presque droits. Écusson plan, oblong rétréci en arrière, ponctué. Élytres arrondis latéralement, convexes, ponctués sans ordre à la base et sur les côtés, en séries irrégulières postérieurement, mais non striés. Dessous noir, assez fortement ponctué. Pattes ferrugineux obscur.

Cambodge : Kompong-Thom (Vitalis de Salvaza). — Laos : Vientiane (Vitalis de Salvaza) (2).

Ressemble à *B. (Lacon) tumens* Candèze, du Japon ; s'en distingue par sa couleur noire ; les mouchetures pubescentes des élytres sont moins apparentes, à part les deux taches du tiers antérieur et les deux près de l'extrémité, qui sont bien visibles : ponctuation du pronotum un peu moins grosse et moins serrée sur le milieu ; élytres moins densément ponctués et en rangées irrégulières sur la partie postérieure.

(1) Fleutiaux, *Philipp. Journ. Sc.*, 1916, p. 220.
(2) British Museum.

**B. turgescens** — Pl. II, fig. 25.

*Lacon turgescens* Candèze, Révis. Mon. Élat., 1874, pp. 49 et 84. — Fleutiaux, *Ann. Soc. Ent. France*, 1918, p. 195.

Cambodge : Kompong-Thom (Vitalis de Salvaza). — Laos : Keng-Kabao, Savanna-Ket, juillet (Vitalis de Salvaza).

Birmanie. — Forme typique : Poulo-Pinang. Comparé au type par M. Blair, au British-Museum. Je l'ai revu dans les récoltes de Helfer au Tenasserim. (Musée de Prague).

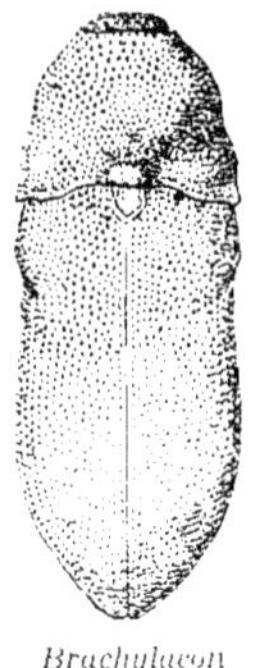

*Brachylacon turgescens*

## AGRÆUS

Candèze, Mon. Élat., I, 1857, pp. 19 et 165. — Idem, Révis. Mon. Élat., 1874, p. 105. — Idem, Catal. Méthod. Élat., 1891, p. 26 O. Schwarz, *in* Wytsman, Gen. Ins., Élat., 1906, pp. 6 et 27.

Génotype : *Mannerheimi* Candèze.

### Tableau des espèces

1. — Partie antérieure du pronotum profondément excavée en demi-cercle. Ailerons latéraux très développés.... 2.
— Partie antérieure du pronotum non excavée, ailerons latéraux beaucoup moins saillants .................... 3.
2. — Ailerons latéraux du pronotum anguleux au sommet, ne présentant pas de bourrelet lisse sur la face latérale. — 4 mm 5.............................. **excavatus**
— Ailerons latéraux du pronotum bi-anguleux au sommet, présentant un bourrelet lisse en saillie sur la face latérale — 5 à 5 mm 5 .................... **tonkinensis**
3. — Pronotum avec deux touffes de poils de couleur claire au milieu, et partout sur la partie antérieure, au milieu, une forte corne fourchue au sommet. — 6 mm **plumatus**
— Pronotum sans corne en avant...................... 4.

4. — Ailerons du pronotum minces et très saillants en avant. 5.
— Ailerons du pronotum épais, peu saillants en avant.... 6.
5. — Ensemble du pronotum indistinctement rétréci en avant; sinué sur les côtés; bord des ailerons subanguleux au sommet et présentant une dent vers la moitié. — 5 à 6 m/m .................................. **Mouhoti**
— Pronotum notablement et graduellement rétréci en avant; bord des ailerons anguleux au sommet et non denté au milieu. — 5 à 5 m/m 5 ........... **Coomani**
6. — Pronotum sinué latéralement, insensiblement plus étroit en avant. Élytres hérissés de longs poils noirs peu serrés. — 6 à 6 m/m 5 ......................... **falsus**
— Pronotum graduellement et fortement rétréci en avant; ailerons plus épais, moins saillants. Élytres dépourvus de longs poils noirs dressés. — 5 m/m 5 **tripartitus**

**A. excavatus** — Pl. II, fig. 29.

*Agræus excavatus* Fleutiaux, *Bull. Mus. Nat. Paris*. 1918, p. 207.

Cochinchine : province de Thudaumot, forêt de bambous (Capus).

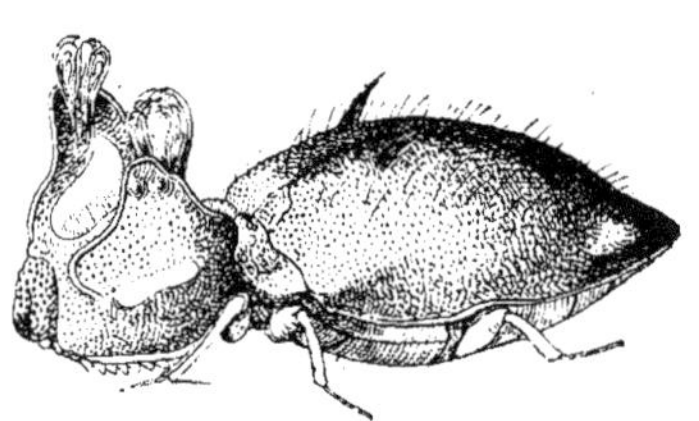

*Agræus excavatus*

**A. tonkinensis** nov. sp. — Pl. II, fig. 26.

5 à 5 1/3 millimètres. — Oblong, court; pronotum peu brillant, brun foncé en avant, noirâtre en arrière; élytres noirs, ternes. Tête enchâssée, déprimée au milieu; bord antérieur abaissé au niveau du labre; crêtes surantennaires saillantes; yeux cachés. Antennes jaune pâle; premier article brunâtre; 2e et 3e petits, égaux, globuleux; suivants plus longs, comprimés et dentés; derniers

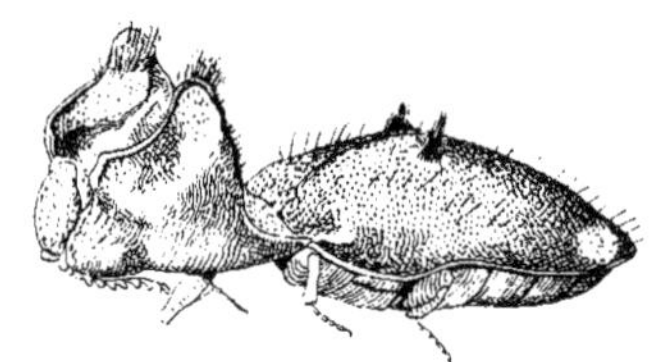

*Agræus tonkinensis*

un peu plus larges. Pronotum aussi long que large, élargi aux angles antérieurs par ses lobes débordants, déprimé à la base, sauf en face de l'écusson, fortement excavé en demi-cercle en avant, à peine convexe, sillonné au milieu, portant quelques poils roussâtres en avant ; ponctuation nulle dans la région du bord antérieur, écartée dans la région médiane, serrée le long de la base ; lobes antérieurs fortement relevés verticalement et roulés, minces et tranchants, bianguleux au sommet, fortement incisés en dedans, fortement ponctués sur la face antérieure en dehors, plus légèrement en dessous, traversés par un bourrelet lisse correspondant à l'incision interne ; portant au sommet une frange de poils bruns ; angles postérieurs aplatis et aigus. Écusson grand, triangulaire, aigu au sommet, ponctué. Élytres convexes, très brusquement déprimés à la base, non striés, sillonnés le long du bord externe, finement ponctués, hérissés de longs poils noirs très espacés, et d'une touffe plus serrée avant le milieu, de chaque côté ; ornés près du bord, avant l'extrémité, d'une fascie de poils blancs courts et couchés. Dessous de même couleur, un peu rougeâtre. Pattes rougeâtres.

Tonkin : Cho-Ganh (Duport) ; région de Luc-Nam (Blaise) ; Hoa-Binh (Vitalis de Salvaza) (1).

Le bord des incisions latérales du pronotum est garni d'une brosse dense de poils bruns ; le fond de l'incision est transparent.

Très voisin de *A. excavatus*, plus grand, noir. Lobes antérieurs du pronotum moins débordants, leur bord supérieur bidenté. Pronotum plus brillant, moins ponctué dans sa partie médiane ; excavation antérieure plus rapprochée du bord.

**A. plumatus** nov. sp. — Pl. II, fig. 28.

*Agræus ferocculus* Fleutiaux, *Ann. Soc. Ent. France*, 1918, p. 188 (non Candèze).

6 millimètres. — Oblong, court : brun noirâtre, bords latéraux du pronotum ferrugineux ; pronotum orné sur le milieu, de deux touffes de poils d'un brun très clair ; élytres couverts d'une pubescence courte, peu serrée, formant de vagues mouchetures grises en arrière, et hérissés de poils noirs, raides, plus longs, très clairsemés,

(1) British Museum.

et d'une petite touffe au premier tiers. Tête encastrée, déprimée en avant, criblée de points profonds ; yeux cachés. Pronotum moins long que large à la base, sinué sur les côtés ; angles antérieurs arrondis, amincis et relevés en aileron ; angles postérieurs aplatis, aigus ; base sinueuse, tuberculée au milieu ; surface déprimée en arrière, relevée au milieu près du bord antérieur en une corne épaisse, bifurquée au sommet ; densément ponctuée. Écusson grand, oblong, plan, rétréci en arrière, ponctué. Élytres subparallèles convexes, rétrécis dans le dernier tiers et arrondis à l'extrémité, non striés, criblés de points profonds et serrés. Dessous un peu rougeâtre ;

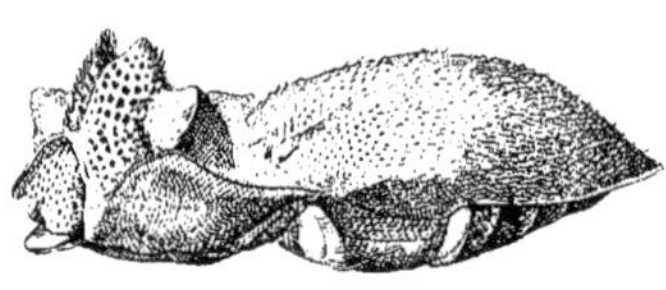

*Agræus plumatus*

Laos : Tathom, septembre (Vitalis de Salvaza).

Le rebord de la pointe prosternale est prolongée en carène sur le prosternum jusqu'à la base de la mentonnière.

Se distingue de *A. Mannerheimi* Candèze, de Java, Singapour, par sa forme moins courte ; son pronotum sinueux sur les côtés ; la corne médiane du pronotum notablement bidentée au sommet ; les touffes de poils du milieu, plus larges ; l'absence de petits tubercules lisses ombiliqués près de la base ; la pubescence claire des élytres forment des mouchetures peu apparentes.

### A. **Mouhoti** — Pl. II, fig. 40.

*Agræus Mouhoti* Candèze, Révis. Mon. Élat., 1874, pp. 105 et 106.

*Agræus Duporti* Fleutiaux, *Ann. Soc. Ent. France*, 1918, p. 187.

? *Trachylacon lobicollis* Motschulsky, Ét. Ent. VII, 1858, p. 61 (1).

M. Blair, du British Museum, a bien voulu comparer *A. Duporti* au type de Candèze, et l'a trouvé semblable.

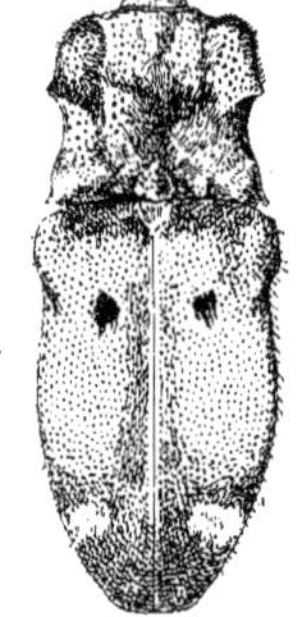

*Agræus Mouhoti*

(1) Helsingfors.

Tonkin : Cho-Ganh, juin (Duport) ; Lac Thô, Hoa-Binh (A. de Cooman). — Laos : Lakhon (Harmand). — Cambodge (*sec.* Candèze).

Siam. — Birmanie. — Forme typique : Siam.

**A. Coomani** nov. sp.

5 millim. — Ovale : entièrement noir, angles postérieurs du pronotum rougeâtres : élytres hérissés de longs poils noirs clairsemés, inclinés en arrière, ces poils groupés en touffe à l'angle antérieur de l'aileron du pronotum et au milieu de chaque élytre vers le tiers : un petit amas de squamules argentées forme une tache près du bord latéral des élytres avant le sommet. Tête enfoncée, aplatie en avant, fortement ponctuée : crêtes surantennaires saillantes ; yeux cachés. Pronotum graduellement rétréci en avant, déprimé au milieu, relevé latéralement en aileron anguleux : ponctuation forte et écartée, plus serrée en arrière : partie médiane beaucoup plus large que les ailerons. Écusson oblong, aplati, fortement rugueux. Élytres plus larges que le pronotum à la base, ovales, très convexes, finement et irrégulièrement ponctués, nullement striés. Dessus noir, fortement ponctué. Pattes noires : tarses jaunâtres.

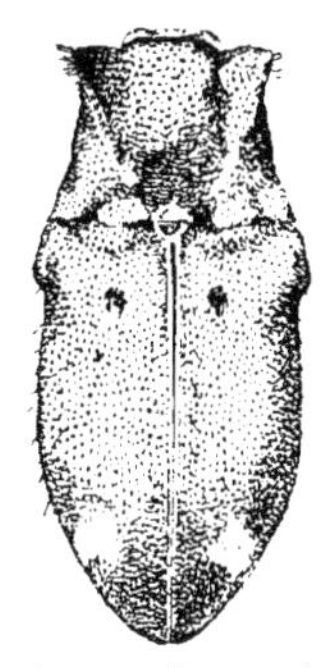

*Agræus Coomani*

Tonkin : Lac-Thô, Hoa-Binh (A. de Cooman).

Ressemble beaucoup à *A. Mouhoti* Candèze : pronotum rétréci en avant ; ailerons anguleux et même pointus, ne présentant pas de dent vers la moitié.

**A. falsus** nov. sp. — Pl. II, fig. 27.

*Agræus Mouhoti* Fleutiaux, *Ann. Soc. Ent. France*, 1918, p. 188 (*non* Candèze, 1874).

6 millim. — Ovale : noir peu luisant. Tête enfoncée, déprimée au milieu en avant, fortement ponctuée : squamules brunes et blanches mélangées : crêtes surantennaires carénées parallèlement au bord; yeux cachés. Antennes jaune-clair : premier article brun ; 2e et 3e

petits égaux, subglobuleux, 4e et suivants comprimés et dentés. Pronotum aussi long que large, très sinué sur les côtés, peu convexe au milieu, impressionné en avant de l'écusson, dilaté et relevé latéralement en avant ; ponctuation forte et peu serrée : squamules brunes et blanches peu abondantes ; poils noirs dressés sur le dos en arrière et sur le bord des ailerons latéraux ; ceux-ci subanguleux au sommet ; angles postérieurs plats et divergents, aigus au sommet ou subtronqués. Écusson triangulaire, plan, très incliné, fortement ponctué en arrière. Elytres ovales, gibbeux, plus larges que le pronotum, fortement ponctués sans ordre, non striés : squamules brunes et blanches peu abondantes ; ces dernières en amas formant tache près du bord latéral avant l'extrémité : longs poils noirs hérissés inclinés en arrière, peu serrés, mais réunis en touffe au tiers antérieur, de chaque côté de la suture. Dessous noir, squamule grises petites. Propleures fortement ponctués ; sillons tarsaux obliques et profonds. Prosternum moins fortement ponctué ; saillie bicarénée. Sutures prosternales sinueuses, largement ouvertes en avant. Épipleures des élytres parallèles. Épisternes métathoraciques nuls en arrière, élargis en avant. Métasternum fortement ponctué ; sillons tarsaux courbes, transversaux, profonds. Hanches postérieures sinueuses, très étroites au dehors. Ponctuation de l'abdomen moins grosse et plus serrée. Pattes brunes ; tarses jaunes.

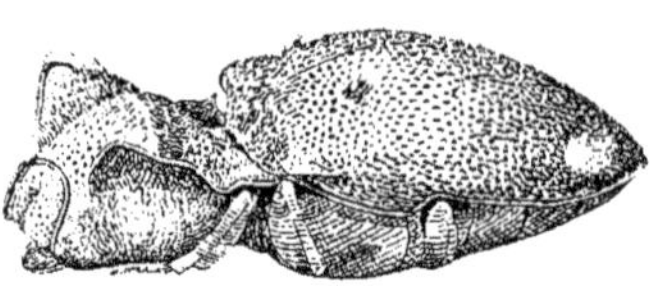
*Agræus falsus*

Cochinchine : Tayninh (Fouquet) ; Cap-Saint-Jacques ; Mont de Chaudoc (Harmand).

Très voisin de *A. Mouhoti* Candèze : ailerons du pronotum moins saillants, arrondis au sommet, non denté sur le bord, légèrement sinués ; élytres plus courts et plus larges.

### A. **tripartitus** nov. sp. — Pl. II, fig. 36.

5 millim. 5. — Ovale ; entièrement noir, couvert de quelques squamules espacées noirâtres sur presque toute la surface, grisâ-

tres à la base du pronotum, jaunes et blanches sur le dos des élytres, ces dernières squamules groupées près du bord, avant l'extrémité en une petite tache dense : de plus, sur le milieu des élytres, avant la moitié, une touffe de poils noirs dressés, plus longs et serrés. Tête enfoncée, aplatie en avant, déprimée près du bord antérieur, fortement ponctuée ; crêtes surantennaires saillantes ; yeux cachés. Pronotum graduellement et sinueusement rétréci en avant, fortement et peu densément ponctué ; ailerons épais, peu saillants, en bourrelet, presque aussi larges que la partie médiane ; angles postérieurs aigus et aplatis. Écusson triangulaire, très fortement ponctué. Élytres un peu plus larges que le pronotum à la base, arrondis au-dessous des épaules, très convexes, fortement ponctués à la base, plus finement en arrière, nullement striés ; leur bord latéral anguleux à hauteur des hanches postérieures. Dessous également noir, fortement ponctué. Pattes noires ; tarses jaunâtres.

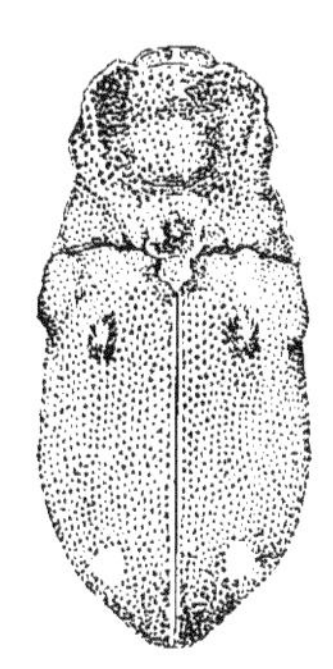
*Agræus tripartitus*

Tonkin : Lac-Thô, Hoa-Binh (A. de Cooman).

Voisin de *A. falsus* Fleutiaux ; dépourvu de longs poils hérissés ; pronotum beaucoup plus rétréci en avant, moins sinué sur les côtés, notamment près des angles postérieurs ; ces derniers moins divergents ; ailerons moins saillants, presque aussi larges que la partie médiane ; angle latéral des élytres moins accentué.

## Subfam. **OCTOCRYTINÆ**

*Octocryptites* Candèze, *Ann. Soc. Ent. Belg.*, 1892, p. 486.

Antennes courtes : 3e et 4e articles égaux, suivants transversaux et graduellement plus larges que longs. Yeux cachés. Sutures prosternales ouvertes en arrière pour recevoir les tarses antérieurs. Sillons nets et profonds sur les propleures pour les antennes. Sillons sur le métasternum et sur l'abdomen pour les tarses intermédiaires et les postérieurs. Tarses simples.

## OCTOCRYPTUS

Candèze, *Ann. Soc. Ent. Belg.*, 1892, p. 486. — O. Schwarz, *in* Wytsman, Gen. Ins., Elat., 1906, p. 31.

Génotype : *Cardoni* Candèze.

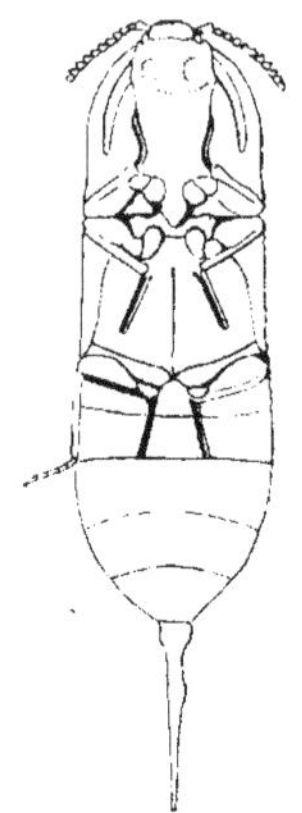

*Octocryptus Cardoni* Cand.

### O. Cardoni

*Octocryptus Cardoni* Candèze, *Ann. Soc. Ent. Belg.*, 1892, p. 487. — 5 m/m

Tonkin : Lac-Thô, Hoa-Binh (A. de Cooman).

Forme typique : Bengale.

## Subfam. HEMIRHIPINÆ

*Hémirhipides* Candèze, Mon. Élat., I, 1857, pp. 15 et 199. — *Alaites* Candèze, Révis. Mon. Élat., 1874, p. 112.

Front traversé par un bourrelet au-dessus du labre (faible et rapproché du labre : *Anthracalaus*). Mandibules petites. Antennes courtes, de 11 articles serriformes (1). Sutures prosternales canaliculées en avant (légèrement : *Anthracalaus*). Métasternum et mésosternum non proéminents entre les hanches intermédiaires. Hanches postérieures peu élargies en dedans. Tarses simples ; griffes normales.

Cette sous-famille doit porter le premier nom que lui a donné Candèze dans la Monographie, c'est-à-dire celui de *Hémirhipides*. La raison qu'il donne ensuite dans la Révision pour le changer en *Alaites*, n'est pas en désaccord formel avec la lettre des Règles internationales de la nomenclature zoologique ; mais pour assurer une fixité désirable dans l'emploi des noms, il est je pense préférable d'appliquer à la famille et à la sous-famille, la loi de priorité en usage

(1) Pectinées, de 12 articles : *Hemirhipus*, genre américain.

pour le genre et pour l'espèce. C'est selon toute apparence l'esprit même de ces Règles internationales.

TABLEAU DES GENRES

— Corps glabre, noir brillant. Front abaissé presque au niveau du labre au milieu. Élytres entiers au sommet. Sutures prosternales faiblement canaliculées en avant. **Anthracalaus**

— Corps revêtu d'un pelage épais de couleurs variées. Front transversalement élevé en bourrelet au-dessus du labre. Pronotum parfois caréné sur la ligne médiane, et portant le plus souvent une courte crête transversale au milieu en arrière, près du bord postérieur. Élytres plus ou moins tronqués ou échancrés au sommet. Sutures prosternales largement canaliculées en avant . . . **Alaus**

## ANTHRACALAUS

Fairmaire, *Ann. Soc. Ent. France*, 1888, p. 349. — Candèze, Catal. Méthod. Élat., 1891, p. 30. — Schwarz, *in* Wytsman, Gen. Ins., Elat., 1906, pp. 32 et 34.

Génotype : *Alaus Westermanni* Candèze, de Java.

Ce genre se rapproche beaucoup des *Corymbitinæ*.

### A. Moricei — Pl. II, fig. 37.

*Anthracalaus Moricei* Fairmaire, *Ann. Soc. Ent. France*, 1888, p. 349. — Fleutiaux, *Ann. Soc. Ent. France*, 1918, p. 196. — 20 à 29 m/m.

Cochinchine. — Laos : Vientiane, novembre ; Song-Khon (Vitalis de Salvaza). — Annam : environs de Tourane, 1000 mètres (Mme Poilane). — Tonkin : Lac-Thô, Hoa-Binh (A. de Cooman) ; Tien-Yen ; Chapa. — Forme typique : Cochinchine.

Yunnan.

Variable pour la taille de 21 à 30 millimètres. Chez les petits exemplaires, qui sont probablement des ♂, les antennes sont plus longues et plus largement dentées. Contrairement à ce qui est dit dans la description, les angles postérieurs du pronotum, aigus et divergents, sont longuement carénés près du bord latéral.

## ALAUS

Eschscholtz, *in* Thon, Ent. Archiv., II, 1, 1829, p. 33. — Latreille, *Ann. Soc. Ent. France*, 1834, p. 141. — Germar, *Zeitschr. Ent.*, I, 1839, p. 197. — Idem, *l. c.*, II, 1840, pp. 275 et 277. — Castelnau, Hist. Nat. Col., I, 1840, p. 236. — Lacordaire, Gen. Col., IV, 1857, pp. 148 et 151. — Candèze, Mon. Élat., I, 1857, pp. 201 et 211. — — J. Duval, Gen. Col. Eur., III, 1860, pp. 126 et 142. — Candèze, Révis., Mon. Élat., 1874, p. 117. — Idem, Catal. Méthod. Élat., 1891, pp. 30, 31 et 32. — Schwarz, *in* Wytsman, Gen. Ins., Elat., 1906, pp. 32 et 35.

Génotypes : *Elater oculatus* Linné et *E. myops* Fabricius, de l'Amérique septentrionale.

### TABLEAU DES ESPÈCES

1. — Métasternum non sillonné au milieu ................ 2.
— Métasternum sillonné au milieu .................... 3.

2. — Forme étroite, cylindrique. Pronotum beaucoup plus long que large, régulièrement convexe. Prothorax rouge. Élytres entiers au sommet ; noirs, traversés par deux bandes de pubescence grise : la première réunie à l'écusson par une tache suturale ; la seconde suivie d'une tache apicale semblable. Pubescence du dessous également et uniformément grise. — 11 m/m 5 à 13 m/m ............................ **Beauchenei**
— Forme épaisse, courte, convexe. Pronotum aussi long que large, sinué latéralement. Élytres atténués, marqués près de la base et au milieu, d'une crête courbe oblique ; échancrés et bidentés au sommet. Pubescence jaune d'ocre et blanchâtre, formant de petites marbrures. Pubescence du dessous uniformément blanchâtre. — 23 à 31 m/m .................... **lophura**

3. — Pronotum subparallèle, presque droit latéralement, caréné sur la ligne médiane, déclive de chaque côté ; avec

une crête transversale postérieure au milieu, bien apparente ; bord antérieur bicornu ................ 4.

— Pronotum sinué latéralement, plus convexe ; crête transversale postérieure parfois rudimentaire ou nulle ; bord antérieur simplement sinué .................. 5.

4. — Tache noire postéro-latérale des élytres longue, arquée, reliée au bord externe par une autre tache jaune d'ocre tranchant sur le fond gris. Dessous uniformément couvert d'une pubescence jaune d'ocre. Sillon du métasternum profond. — 23 à 32 m/m ........... **larvatus**

— Tache noire postéro-latérale des élytres courte, oblongue, moins grande, non reliée au bord externe. Dessous largement couvert d'une pubescence blanchâtre sur le milieu. Sillon du métasternum moins profond. — 21 m/m ................................ **haje ?**

5. — Pronotum plus convexe sur la ligne médiane, quelquefois avec une très légère carène au milieu................ 6.

— Pronotum régulièrement convexe .................. 8.

6. — Tache noire postéro-latérale des élytres tranchant sur le fond clair .................................. 7.

— Tache noire postéro-latérale des élytres peu apparente, se confondant dans l'ensemble avec d'autres taches noires plus petites réparties sur toute la surface. — 16 à 26 m/m ................................ **berus**

7. — Pubescence brun-clair plus ou moins mélangée de plaques blanches. Tache noire postéro-latérale des élytres bien nette, arquée, ne touchant pas le bord externe. — 20 à 28 m/m ............................ **eryx**

— Pubescence jaune ou blanche, mouchetée de points noirs. Tache noire postéro-latérale des élytres déchiquetée, touchant le bord externe. — 22 à 29 m/m .. **cenchris**

8. — Sommet des élytres simplement tronqué............. 9.

— Sommet des élytres échancré et bidenté............. 10.

9. — Pubescence grise mouchetée de petits carrés noirs, avec quelques taches plus grandes. Tache noire postéro-latérale des élytres déchiquetée. Crête transversale

postérieure de pronotum presque nulle. — 25 m/m **Coomani**

— Pubescence plus claire, sans mouchetures ; milieu du pronotum plus foncé. Tache latérale des élytres plus étendue, formée d'un trait noir sur le quatrième interstrie, relié postérieurement au bord externe par une tache brune assez large nettement limitée en arrière. Crête transversale postérieure du pronotum notable. — 18 à 25 m/m .................................. **anguis**

10. — Pronotum corrodé : ponctuation groupée par plaques irrégulières ; crête transversale postérieure bituberculiforme. Écusson saillant, perpendiculaire. Pubescence blanchâtre, compacte, avec des marbrures noires et quelques taches plus grandes. — 21 à 29 m/m **sculptus**

— Pronotum irrégulièrement et inégalement ponctué ; crête transversale postérieure notable. Écusson plan et incliné .......................................... 11.

11. — Taille grande (jusqu'à 34 millimètres environ). Pubescence grise, mouchetée de petits carrés noirs, avec parfois des taches plus grandes, notamment sur le bord latéral au-delà de la moitié et avant l'extrémité. Pubescence du dessous entièrement grise, sauf des cercles noirs sur le bord latéral des arceaux ventraux. — 29 à 35 m/m ......................... **sordidus**

— Taille moindre. Pubescence jaune d'ocre avec des taches blanchâtres de peu d'étendue. Deux taches noires oblongues sur le milieu du pronotum ; deux autres près de l'écusson et une tache déchiquetée au-delà de la moitié des élytres. Pubescence du dessous grise, avec une large bande jaune sur la moitié externe des propleures et les bords de l'abdomen. — 17 à 22 m/m ...... **elaps**

### **A. larvatus** — Pl. I, fig. 3.

*Alaus larvatus* Candèze, Révis. Mon. Élat., 1874, pp. 121 et 141. — Fleutiaux, *Ann. Soc. Ent. France*, 1918, p. 197. — Idem, *Bull. Mus. Nat. Paris*, 1918, p. 210.

*Alaus putridus* Fleutiaux, 1918 (non Candèze, 1857).

Tonkin. — Laos, haute vallée du Mékong, mai et août (Vitalis de Salvaza).

Hindoustan méridional. — Chine orientale. — Forme typique : Shang-Haï ?

**A. haje ?**

*Alaus haje* Candèze, Révis. Mon. Élat., 1874, pp. 121 et 143.

Laos : Haut-Mékong, Vien-Poukha, mai, (Vitalis de Salvaza) : Lakhon (Harmand). — Cambodge. — Forme typique : Cambodge.

**A. cenchris** — Pl. I, fig. 1.

*Alaus cenchris* Candèze, Mon. Élat., I, 1857, pp. 214 et 231. — Idem, Révis. Mon. Élat., 1874, pp. 120 et 131.

Laos : province de Luang-Prabang, Muong-Sai, mars : Haut-Mékong, Vien-Poukha, mai et Vieng-Vai, juin (Vitalis de Salvaza). — Tonkin : Lac Thò, Hoa-Binh (A. de Cooman) : Chapa.

Birmanie. — Forme typique : Indes orientales.

**A. eryx** — Pl. I, fig. 5.

*Alaus eryx* Candèze, Révis. Mon. Élat., 1874, pp. 121 et 140. — Idem, *Ann. Mus. Civ. Gen.*, 1888, p. 672. — Idem, *l. c.*, 1891, p. 175. — Fleutiaux, *in* Pavie, Miss. Pavie, III, Hist. Nat. Indo-Ch., 1904, p. 91. — Idem, *Ann. Soc. Ent. France*, 1918, p. 197.

Laos : de Luang-Prabang à Theng (Pavie) ; haute vallée du Mékong, janvier, mars, mai, juin, novembre (Vitalis de Salvaza). — Annam : Muong-Sen, juin (Vitalis de Salvaza). — Tonkin : Ban-Nam-Coun, août (Vitalis de Salvaza) ; Lac-Thò, Hoa-Binh (A. de Cooman). — Forme typique : Laos.

Tenasserim. — Darjeeling.

**A. anguis** Pl. I. fig. 6.

*Alaus anguis* Candèze, Élat. Nouv., 1864, p. 15. — Idem, Révis. Mon. Élat., 1874, pp. 119 et 132. — Idem, *Ann. Mus. Civ. Gen.*, 1888, p. 672. — Fleutiaux, *Ann. Soc. Ent. France*, 1894, p. 685. — Idem, *l. c.*, 1902, p. 572. — Idem, *in* Pavie, Miss. Pavie, III, Hist.

Nat. Indo-Ch., 1904, p. 94. — Idem, *Ann. Soc. Ent. France*, 1918, p. 197.

Tonkin : Lac-Thô, Hoa-Binh (A. de Cooman) ; région de Luc-Nam (Blaise) ; Son-Tai ; Ha-Giang. — Annam : Muong-Sen, juin (Vitalis de Salvaza). Laos (Harmand) : Luang-Prabang (Massie) ; province de Luang-Prabang, Ban-Na-Lane, février (Vitalis de Salvaza). — Forme typique : Laos.

Birmanie. — Tenasserim. — Hindoustan oriental.

**A. elaps** — Pl. I, fig. 17.

*Alaus elaps* Candèze, Révis. Mon. Élat., 1874, pp. 121 et 132. — Idem, *Ann. Mus. Civ. Gen.*, 1878, p. 105. — Fleutiaux, *Ann. Soc. Ent. France*, 1918, p. 197. — Idem. *Bull. Mus. Nat. Paris*, 1918, p. 210.

Laos : de Luang-Prabang, à Theng (Pavie) ; haute vallée du Mékong, avril, mai (Vitalis de Salvaza). — Annam : Muong-Sen (Vitalis de Salvaza). — Tonkin : Région de Lao-Kay (Dupont) ; Pho-Vi (Fouquet) ; Ha-Giang (Vitalis de Salvaza) ; Lac-Thô, Hoa-Binh (A. de Cooman) ; Hanoï (U. Laboissière).

Bornéo. — Java. — Sumatra. — Birmanie. — Ceylan. — Formes typiques : Laos. — Bornéo. — Java.

**A. sordidus**

*Alaus sordidus* Westwood, Cab. Orient, Ent., 1848, p. 72, t. 35, f. 9. — Candèze, Mon. Élat., I, 1857, pp. 214 et 231. — Idem, Révis. Mon. Élat., 1874, pp. 120 et 129. — Idem, *Ann. Mus. Civ. Gen.*, 1891, p. 775. — Fleutiaux, *Ann. Soc. Ent. France*, 1902, p. 572. — Idem, *l. c.*, 1918, p. 196. — Idem, *Bull. Mus., Nat. Paris*, 1918, p. 209.

Tonkin : Ha-Giang (Broissia) ; Pho-Vi (Fouquet) ; Lac-Thô, Hoa-Binh (A. de Cooman) ; Lao-Kay. — Laos : Xieng-Khouang, mai, août et province de Luang-Prabang, Pak-Vet, novembre (Vitalis de Salvaza).

Hindoustan méridional. — Ceylan. — Sikkim. — Assam. — Birmanie. — Yunnan. — Forme typique : Ceylan.

### A. sculptus

*Alaus sculptus* Westwood, Cab. Orient. Ent., 1848, p. 72, t. 35, f. 8. — Candèze, Mon. Élat., I, 1857, pp. 213 et 219. — Idem, Révis. Mon. Élat., 1874, pp. 119 et 127. — Fleutiaux, *Ann. Soc. Ent. France*, 1918, p. 197.

Biologie : Stebbing, Ind. For. Ins., 1914, p. 225 Dans les troncs de *Shorea robusta*.

Tonkin : Chapa, mai. — Annam : Keng-Trap (Vitalis de Salvaza). — Laos : haute vallée du Mékong, mars, avril, octobre, décembre (Vitalis de Salvaza).

Assam. — Sikkim. — Yunnan. — Thibet. — Forme typique : Assam.

### A. Coomani nov. sp. — Pl. I, fig. 13.

25 millim. — Oblong, convexe ; pubescence grise parsemée de nombreuses taches noires généralement petites, quelques-unes plus grandes groupées sans ordre vers la moitié des élytres et avant leur extrémité. Tête légèrement creusée entre les yeux, fortement ponctuée. Antennes brunes. Pronotum un peu plus long que large, très sinué sur les côtés, convexe au milieu, côtelé en arrière sur la ligne médiane, tuberculé en avant de l'écusson ; crête transversale postérieure presque nulle ; ponctuation inégale, rassemblée par plaques ; bord antérieur sinué ; angles postérieurs longs, aigus, divergents, carénés. Écusson plan, élargi et arrondi en arrière. Élytres arrondis sur les côtés, rétrécis en arrière, tronqués au sommet, convexes, ponctués-striés. Dessous et pattes entièrement couverts d'une pubescence grise très dense.

Tonkin : Lac-Thô, Hoa-Binh (A. de Cooman) ; Mau-Son.

Aspect de *A. sordidus* ; mais d'une forme moins atténuée ; élytres simplement tronqués au sommet. Ressemble aussi à *A. sculptus* ; mais de forme moins large ; pubescence grise et non blanche, moins épaisse et non disposée en larges marbrures ; écusson plan, élargi en arrière, arrondi postérieurement.

**A. berus** — Pl. I, fig. 11.

*Alaus berus* Candèze, Élat. Nouv., 1864, p. 15. — Idem, *Mém. Soc. Sc. Liège*, 2, V, 1873, p. 5. — Idem, Révis. Mon. Élat., 1874, pp. 119 et 129. — Idem, Élat. Nouv., IV, 1889, p. 11 (1).

Laos : province de Xieng-Khouang, Muong-Pek, décembre ; Lat-Boua, décembre : Xieng-Khouang, mai (Vitalis de Salvaza).

Japon. — Yunnan. — Forme typique : Japon.

**A. lophura** — Pl. I, fig. 4.

*Alaus lophura* Candèze, Élat. Nouv., 1864, p. 15. — Idem, Révis. Mon. Élat., 1874, pp. 119 et 126.

Cambodge.

Malacca. — Bornéo. — Forme typique : Cambodge, Malaisie.

**A. Beauchenei** — Pl. I, fig. 18.

*Agonischius Beauchenei* Fleutiaux, *Bull. Soc. Ent. France*, 1903, p. 228. — *Alaus Beauchenei* Fleutiaux, *Ann. Soc. Ent., France*, 1918, p. 198.

Cambodge : Pnomh-Penh (Beauchêne).

Malacca. — Forme typique : Cambodge.

## Subfam. **CAMPSOSTERNINÆ**

*Phyllophoridæ* (pars). Hope, *Proc. Zool. Soc. Lond.*, X, 1842, p. 73.

*Chalcolépidiides* (pars) Candèze, Mon. Élat., I, 1857, pp. 16 et 257.

*Oxynoptérides* Candèze, *l. c.*, pp. 16 et 355.

Tête petite, déprimée ou concave, abaissée au niveau du labre ; épistome nul au milieu ; yeux globuleux ; mandibules saillantes, arquées ou coudées ; labre petit. Antennes comprimées, serriformes, pectinées ou flabellées. Élytres épineux au sommet (sauf *Cerolep-tus*). Sutures prosternales fermées, brièvement entr'ouvertes en avant. Épimères métathoraciques visibles. Hanches postérieures

(1) Ann. Soc. Ent. Belg., XXXIII.

peu élargies en dedans. Pattes minces ; tarses simples, ou avec les 3e et 4e articles légèrement dilatés *(Ceroleptus)* ; griffes normales.

Malgré mon intention première de suivre la classification adoptée par E. Candèze dans son Catalogue Méthodique, je me résous à démembrer sa sous-famille des *Chalcolépidiites*. D'abord parce que les *Chalcolepidius* ont plus d'un rapport étroit avec les *Alaus* ; ensuite parce que les *Campsosternus* me paraissent devoir être rapprochés des *Oxynopterus* et *Pectocera*. Quant aux *Semiotus*, dont les élytres sont aussi terminés en pointe aiguë, j'incline à les laisser à part, en raison de leur facies tout à fait spécial et de leur tête souvent armée d'épines développées.

## Tableau des genres

1\. — Métasternum et mésosternum apparemment soudés entre les hanches intermédiaires ..................... 2.

— Métasternum et mésosternum distinctement séparés par une suture entre les hanches intermédiaires. Yeux gros. Prosternum comprimé en arrière. Métasternum au niveau des hanches intermédiaires. Élytres striés..... 4.

2\. — Mandibules coudées [1]. Antennes pectinées ou flabellées (♂), ou serriformes (♀) ...................... 3.

— Corps généralement métallique, (sauf : *C. Vitalisianus* et *C. auratus*, var. *niger*). Carène interoculaire arrondie en avant, effacée au milieu, contiguë au labre. Mandibules arquées [1]. Antennes serriformes n'atteignant pas ou dépassant peu la base du pronotum. Prosternum saillant. Métasternum proéminent entre les hanches intermédiaires. ............. **Campsosternus**

3\. — Noir. Pubescence blanchâtre ou rousse, épaisse, formant en-dessus des taches irrégulières au fond de faibles dépressions. Antennes longuement flabellées (♂), ou serriformes (♀). Élytres jaune rougeâtre, très légèrement

(1) Exceptionnellement les mandibules sont un peu coudées chez *Campsosternus Dohrni* et *C. argentipilis*.

ponctués-striés. Prosternum comprimé. Métasternum proéminent entre les hanches intermédiaires. **Ceropectus**

— Taille très grande. Brun noirâtre, absolument glabre [1]; très finement et très légèrement chagriné. Antennes pectinées (♂), ou serriformes (♀). Élytres non striés, faiblement côtelés : sommet échancré en dehors de l'épine terminale. Prosternum saillant entre les hanches antérieures. Métasternum à peine proéminent entre les hanches intermédiaires ..... **Oxynopterus**

4. — Antennes longues et flabellées ou comprimées et dentées (♂) ; moins longues, comprimées et légèrement serriformes (♀). Mandibules coudées. Élytres longs, atténués, épineux au sommet. Prosternum très comprimé.... ............................ **Pectocera**

— Antennes longues, comprimées subserriformes (♂); plus courtes (♀). Mandibules arquées. Pronotum court Élytres courts, nullement atténués, conjointement arrondis au sommet. Prosternum peu comprimé. Troisième et quatrième articles des tarses légèrement dilatés.. ............................ **Ceroleptus**

## CAMPSOSTERNUS

Latreille, *Ann. Soc. Ent. France*, 1834, p. 141. — Germar, *Zeitschr. Ent.*, II, 1840, p. 276. — Hope, *Ann. Mag. Nat. Hist.*, VIII, 1842, p. 453. — Idem, *Trans. Ent. Soc. Lond.*, III, 1843, p. 286. — Germar, *l. c.*, IV, 1843, p. 99. — Lacordaire, Gen. Col., IV, 1857, pp. 154 et 157. — Candèze, Mon. Élat., I, 1857, pp. 258 et 340. — Idem, Révis. Mon. Élat., 1874, p. 189. — Idem. Catal. Méthod. Élat., 1981, p. 44. — Schwarz, *in* Wytsman, Gen. Ins., Elat., 1906, pp. 43 et 50.

Génotype : *Elater fulgens* Olivier.

(1) Je rappelle qu'il n'est question ici que la faune indo-chinoise.

TABLEAU DES ESPÈCES

1. — Entièrement métallique [1] ou avec des bandes latérales rouges ou jaunes sur le prothorax, en-dessus et en dessous .......................................... 2.

— Jaune, glabre, brillant : avec les antennes, le pourtour du pronotum, une large tache sur le disque, l'écusson, le milieu du prosternum et du métasternum et pattes noir brillant ou légèrement submétallique. — 35 m/m **Vitalisianus**

2. — Entièrement glabre en-dessus ...................... 3.

— Pubescence blanchâtre, au moins sur la base du pronotum ........................................ 7.

3. — Des bandes latérales en dessus et en dessous du prothorax, jaunes ou rouge violacé ......................... 4.

— Pas de bandes latérales jaunes ou rouges sur le prothorax ........................................ 5.

4. — Taille grande. Bandes du prothorax mates : rebord latéral et angles postérieurs vert métallique comme le milieu. — 28 à 42 m/m ................. **Fruhstorferi**

— Taille petite. Bandes jaunes brillantes, souvent larges, comprenant le rebord latéral :

*a*) Élytres verts (Forme typique). — 16 à 19 m/m **Dohrni**

*b*) Élytres violets ou bleus .... **Dohrni** v. *Mouhoti*.

5. — Taille petite (18 à 20). Couleur bleue, verdâtre ou cuivreuse ....................... **Dohrni** v. *Fairmairei*.

— Taille moyenne (23) ou grande (43).................. 6.

6. — Vert olive plus ou moins foncé avec un léger reflet cuivreux sur les côtés du pronotum et des élytres ; ou bleuâtres, ou bronzé obscur. Élytres longs, non striés. Forme typique. — 29 à 43 m/m ........... **auratus**

*a*) Entièrement noir brillant ...... **auratus** v. *niger*.

(1) Ou noir brillant : *auratus* var. *niger*.

— Toute la surface cuivreuse ou dorée. Élytres courts, atténués, avec des rangées striales de points fins. — 23 m/m **flammeus**

7. — Vert. Pubescence extrêmement légère sur le pronotum, rare ou nulle sur les élytres........................ 8.

— Pubescence plus abondante sur toute la surface....... 12.

8. — Rebords latéraux du pronotum et des élytres rouge cuivreux. Pubescence plus apparente en dessous....... 9.

— Rebords latéraux du pronotum et des élytres verts comme le reste du corps .......................... 10.

9. — Taille très grande (jusqu'à 58). Ponctuation des élytres fine, profonde, irrégulièrement serrée. — 48 à 58 m/m **regalis**

— Taille moindre. Ponctuation des élytres plus légère et moins serrée. — 35 à 48 m/m ............... **Moricei**

10. — Pronotum assez convexe sur le dos................. 11.

— Pronotum subdéprimé, très légèrement cuivreux latéralement. Pubescence plus abondante en dessous. Pattes complètement métalliques. — 32 m/m ........ **Apollo**

11. — Très brillant. Pronotum largement cuivreux latéralement. Pubescence plus abondante en-dessous. Pattes ferrugineuses à reflet métallique. — 29 à 34 m/m ... **malaisianus**

— Moins brillant. Pronotum plus rétréci en avant, plus fortement rebordé sur les côtés, faiblement cuivreux latéralement ; angles postérieurs plus divergents. Pubescence légère en dessous. Pattes métalliques. — 30 à 38 m/m ................................. **Delesserti**

12. — Cuivreux rougeâtre ou verdâtre. Pubescence soyeuse. Élytres indistinctement striés. Pattes métalliques, partiellement ferrugineuses. — 30 à 40 m/m. **sobrinus**

— Bronzé obscur à peine métallique. Pubescence plus longue, laineuse. Élytres substriés .................. 3.

13. — Bord antérieur du pronotum peu sinué et peu avancé au milieu — 38 m/m.................. **argentipilis**

— Forme générale plus parallèle. Bord antérieur du pronotum notablement sinué et avancé au milieu. — 30 à 35 m/m .............................. **Saundersi**

**C. Vitalisianus** — Pl. I, fig. 19.

*Campsosternus Vitalisianus* Schenkling, *in* Junk, Col. Catal., Elat., 1925, p. 66. — *Campsosternus Vitalisi* Fleutiaux, *Ann. Soc. Ent. France*, 1918, p. 199 (non : *l. c.*, p. 198). — Idem, *Bull. Mus. Nat. Paris*, 1918, p. 210.

Tonkin : Ha-Giang (Vitalis de Salvaza) (Siebens Olivier) : région de Ha-Giang (F. de Broissia).

**C. Fruhstorferi**

*Campsosternus Fruhstorferi*, Schwarz, *Deustche Ent. Zeitschr.*, 1902, p. 218. — Idem, *in* Wytsman, Gen. Ins., Elat., 1906, t. 2, f. 12. — Fleutiaux, *Ann. Soc. Ent. France*, 1918, p. 198. — Idem, *Bull. Mus. Nat. Paris*, 1918, p. 210.

Tonkin : Mau-Son : Tam-Dao : Chapa. — Cambodge : Pnomh-Penh (Vitalis de Salvaza). — Laos : Xieng-Khouang, avril (Vitalis de Salvaza). — Forme typique : Tonkin.

**C. Dohrni**

*Campsosternus Dohrni* Westwood, Cab. Orient. Ent., 1848, p. 71, t. 35, f. 2. — Candèze, Mon. Élat., I, 1857, pp. 341 et 343. — Idem, Révis. Mon. Élat., 1874, pp. 189 et 191.

*Campsosternus Mouhoti* Fleutiaux, *Ann. Soc. Ent. France*, 1902, p. 572 (non Candèze, 1874). — Idem, *l. c.*, 1918, p. 198. — Idem, *Bull. Mus. Nat. Paris*, 1918, p. 210.

Tonkin : Ha-Lang (Lamey) (Mollard) ; Bao-Lac (Rouget) (de Pélacot) ; Ha-Giang (Siebens Olivier) : Cao-Bang. — Laos : haute vallée du Mékong, janvier, mars, mai, juin (Vitalis de Salvaza). — Annam : Keng - Trap, mai (Vitalis de Salvaza).

Assam. — Birmanie. — Forme typique : Assam.

var. **Mouhoti**

*Campsosternus Mouhoti* Candèze, Révis. Mon. Élat., 1874, pp. 189 et 191.

*Campsosternus Mouhoti* var. *Vitalisi* Fleutiaux, *Ann. Soc. Ent. France*, 1918, p. 198. — Idem, *Bull. Mus. Nat., Paris*, 1918, p. 210.

Laos : haute vallée du Mékong, mai, juin (Vitalis de Salvaza) ; Lakhon (Harmand). — Cochinchine : Chaudoc (Harmand). — Tonkin : Thuong-Lam. — Forme typique : Laos.

var. **Fairmairei**

*Campsosternus Mouhoti* var. *Fairmairei* Fleutiaux, *Ann. Soc. Ent. France*, 1918, p. 199. — Idem. *Bull. Mus. Nat. Paris*, 1918, p. 210.

Tonkin : Ha-Lang (Lamey) ; Yen-Tinh (Roget) ; Than-Moi, juin (Vitalis de Salvaza) ; Dong-Dang (Vauloger).

**C. flammeus**

*Campsosternus flammeus* Candèze, Élat. Nouv., VI, 1896, p. 18 (1).

Cochinchine (type : coll. Candèze > Musée de Bruxelles.)

Pronotum plus long que large, peu rétréci en avant. Élytres courts et atténués.

**C. auratus**

*Elater auratus* Drury, Ill. exot. Ins., II, 1773, p. 65, t. 55, f. 3. — *Chalcolepidius auratus* Castelnau, Hist. Nat. Col., I, 1840, p. 238.— *Campsosternus auratus* Westwood, *in* Drury, Ill. exot. Ins., 2e éd., II, 1837-1842, t. 35, f. 3. — Fleutiaux, *Ann. Soc. Ent. France*, 1902 p. 573. — Idem, *l. c.*, 1918, p. 200. — Idem, *Bull. Mus. Nat. Paris*, 1918, p. 211.

*Elater fulgens* Olivier, Ent. II,, 1790, no 31, p. 12, t. 4, f. 43. — Fabricius, Ent. Syst., I, 2, 1792, p. 220. — Idem, Syst. El., II, 1801, p. 226. — Herbst, Kaf., IX, 1801, p. 18, t. 158, f. 12. — *Campsosternus fulgens* Latreille, *Ann. Soc. Ent. France*, 1834, p. 141. — Hope, *Ann. Mag. Nat. Hist.*, VIII, 1842, p. 453. — Idem, *Trans. Ent. Soc. Lond.*, III, 1843, p. 287. — Germar, *Zeitschr. Ent.*, IV, 1843, p. 99. — Candèze, Mon. Élat., I, 1857, pp. 342 et 345. — Idem, Révis. Mon. Élat., 1874, pp. 190 et 193.

Commun dans toute l'Indochine (Cochinchine, *sec.* Castelnau). Chine. — Formose. — Forme typique : Chine.

(1) *Mém. Soc. Sc. Liège*, (2), XIX.

var. **niger**

*Campsosternus auratus* var. *niger* Fleutiaux, *Ann. Soc. Ent. France*, 1918, p. 200.

Tonkin : Lac-Thô, Hoa-Binh (A. de Cooman) : Bao-Lac.

Chine.

**C. regalis**

*Campsosternus regalis* Fleutiaux, *Ann. Soc. Ent. France*, 1918, p. 201.

Cochinchine : Saïgon (Bousigon) : Tay-Ninh. — Laos : Tranninh, Muong-Borikan, juin : Haut-Mékong, Houei-Sai, mai, juin (Vitalis de Salvaza).

**C. Moricei**

*Campsosternus Moricei* Fairmaire, *Ann. Soc. Ent. France*, 1878, p. 270.

*Campsosternus sobrinus ?* Fleutiaux, *Ann. Soc. Ent. France*, 1918, p. 199.

Cochinchine. — Laos : haute vallée du Mékong, janvier, mai (Vitalis de Salvaza).

Yunnan occidental. — Forme typique : Cochinchine.

**C. Apollo**

*Campsosternus Apollo* Candèze, Révis. Mon. Élat., 1874, pp. 191 et 199.

*Campsosternus sobrinus* var. ? Fleutiaux, *Ann. Soc. Ent. France*, 1918, p. 199.

Laos (Mouhot) co-type : coll. Castelnau > Candèze > Musée de Bruxelles.

Ressemble beaucoup à *C. rutilans* Chevrolat (1841), des Philippines, dont je possède le type qui a été communiqué à Candèze pour sa Monographie (1857). Celui-ci est absolument glabre, plus brillant, tandis que *C. Apollo* est légèrement pubescent à la base du pronotum, tout à fait comme *C. Delesserti* Guérin (1840). Très voisin aussi de *C. malaisianus*, mais pronotum moins convexe.

## C. Delesserti

*Elater (Ludius) Delesserti* Guérin, *Rev. Zool.* 1840,. p. 38. — *Campsosternus Delesserti* Hope. *Ann. Mag. Nat. Hist.*, VIII, 1842, p. 453. — Germar, *Zeitschr. Ent.*, IV, 1843, p. 102. — Candèze, Mon. Élat., I, 1857, pp. 342 et 352. — Idem. Révis. Mon. Élat., 1874, pp. 191 et 200.

*Campsosternus Guerini* Hope, *Trans. Ent. Soc. Lond.*, III, 1843, p. 290.

*Campsosternus Latreillei* Hope, *Ann. Mag. Nat. Hist.*, VIII, 1842. p. 453. — Idem, *Trans. Ent. Soc. Lond.*, III, 1843, p. 289. — Germar, *Zeitsch. Ent.*, IV, 1843, p. 101.

Cette espèce a été citée de Cochinchine, mais je ne l'ai jamais vue de cette provenance. Le type de Guérin, que je possède, est de Nilghiri.

## C. malaisianus

*Campsosternus malaisianus* Candèze, Élat. nouv., I, 1864, p. 19. — Idem, Révis. Mon. Élat., 1874, pp. 191 et 197.

*Campsosternus sobrinus* var. ? Fleutiaux, *Ann. Soc. Ent. France*, 1918, p. 199.

Cochinchine : (Germain) ; Baria (Vauthier). — Annam : Phanthiet (Vitalis de Salvaza). — Cambodge (Vitalis de Salvaza). — Laos : Lakhon (Harmand).

Malacca. — Siam. — Chine. — Forme typique : Poulo-Pinang.

## C. sobrinus

*Campsosdernus sobrinus* Candèze, Révis. Mon. Élat., 1874, pp. 191 et 201. — Idem, *Ann. Mus. Civ. Gen.*, 1888, p. 672. — Fleutiaux, *Ann. Soc. Ent. France*, 1889, p. 140. — Idem, *l. c.*, 1902, p. 573. — Idem, *l. c.*, 1918, p. 199. — Idem, *Bull. Mus. Nat. Paris*, 1918, p. 211.

Cochinchine. — Cambodge (Pavie). — Annam : Kon-Toum (Chanel) ; Attapen (Bel). — Laos : Lakhon (Harmand) ; Haut-Laos (Vitalis de Salvaza).

Siam. — Birmanie.

### C. argentipilis

*Campsosternus argentipilis* Candèze, Révis. Mon. Élat., 1874, pp. 191 et 202. — Fleutiaux, *Ann. Soc. Ent. France*, 1902, p. 573. — Idem, *l. c.*, 1918, p. 200. — Idem, *Bull. Mus. Nat. Paris*, 1918, p. 211.

Annam : Bahnar (Bel). — Cambodge : Pnom-Penh (Vitalis de Salvaza). —

Forme typique : Siam.

### C. Saundersi

*Campsosternus Saundersi* Candèze, Révis. Mon. Élat., 1874, pp. 191 et 203.

Laos : vallée du Mékong, mars, mai (Vitalis de Salvaza).

Yunnan occidental. — Forme typique : Laos.

### C. Davidi

*Campsosternus Davidi* Fairmaire, *Ann. Soc. Ent. Belg.*, 1877, p. 120.

Décrit de Chine et cité du Tonkin par Schwarz, *in* Wytsman, Gen. Ins., Elat., 1906, p. 51. Je ne connais pas cette espèce.

## CEROPECTUS nov. gen.

Mandibules coudées. Antennes longuement flabellées à partir du 3e article (♂), ou serriformes (♀). Prosternum comprimé. Métasternum et mésosternum apparemment soudés. Métasternum proéminent entre les hanches intermédiaires. Élytres ponctués-striés légèrement, terminés par une épine. Pattes minces ; tarses simples ; griffes normales.

Diffère de *Pectocera* Hope par le mésosternum et le métasternum soudés et par le métasternum proéminent entre les hanches intermédiaires. Il est plus proche de *Oxynopterus* Hope, au point que Schwarz l'a transporté dans ce genre. Cependant il y détonne et il me semble préférable de l'en tenir séparé en raison de son aspect spécial, des antennes du mâle longuement flabellées, comme dans le genre *Leptophyllus* Hope, et aussi de son métasternum proéminent entre les hanches intermédiaires et du prosternum comprimé.

**C. Messi**

*Pectocera Messi* Candèze, Révis. Mon. Élat., 1874, p. 207. — Fleutiaux, *Ann. Soc. Ent. France*, 1918, p. 202. — Idem. *Bull. Mus. Nat. Paris*, 1918, p. 212. — 27 à 36 m/m

*Oxynopterus Messi* Schwarz, *in* Wytsman, Gen. Ins., Elat., 1906, p. 55, note, t. 3, f. 1.

Tonkin : Ha-Giang (Siebens Olivier) (Vitalis de Salvaza) ; Lac-Thô, Hoa-Binh (A. de Cooman).

Forme typique : Chine méridionale.

## PECTOCERA

Hope, *Proc. Zool. Soc. Lond.*, 1842, X, p. 79. — Idem, *Ann. Mag. Nat. Hist.*, 1843, XI, p. 400 Lacordaire, Gen. Col., IV, 1857, pp. 159 et 161. — Candèze, Mon. Élat., I, 1857, pp. 357 et 361. — Idem, Révis. Mon. Élat., 1874, p. 207. — Idem, Catal. Méthod. Élat., 1891, p. 47. — Schwarz, *in* Wytsman, Gen. Ins., Élat., 1906, pp. 54 et 56.

Génotype : *Pectocera Cantori* Hope, Assam.

TABLEAU DES ESPÈCES

— Étroit et allongé. Antennes longuement flabellées à partir du 3e article (♂), plus courtes et légèrement serriformes (♀). Pronotum convexe. Élytres atténués. Pubescence formant des marbrures. — 24 à 30 m/m **tonkinensis**

— Plus large, moins convexe. Antennes longues, comprimées et dentées (♂ ?). Pronotum subdéprimé. Élytres largement arrondis en arrière. Pubescence fine et également répartie. — 28 m/m ................. **farinosa**

**P. tonkinensis**

*Pectocera tonkinensis* Fleutiaux, *Ann. Soc. Ent. France*, 1918, 202.

*Pectocera Cantori* ♀ Fleutiaux. *Ann. Soc. Ent. France*, 1902, p. 573 (non Hope. 1842). — Idem. *in* Pavie. Miss. Pavie. III, Hist. Nat. Indo-Ch. orient., 1904, p. 94. — Idem. *Ann. Soc. Ent. France*, 1918, p. 201.

Tonkin : Mau-Son ; Chapa : Lao-Kay ; Ha-Giang : Than-Moï, juin (Vitalis de Salvaza). — Laos : de Luang-Prabang à Theng (Pavie). — Annam : Quang-Tri (Poilane).

Yunnan.

Sur une détermination de Candèze (Mission Pavie), j'ai autrefois rapporté à *P. Cantori* Hope, une forme ♀ qui diffère en ce sens que le pronotum est moins rétréci en avant, non ou très faiblement sillonné au milieu. Je n'ai pas vu la forme ♂ similaire : toutefois, l'examen tout récent de la vraie ♀ de *P. Cantori* Hope, reçue du Musée de Dehra-Dun, m'a convaincu que mon insecte se rapproche davantage de *P. tonkinensis*. L'espèce de Hope, d'après Stebbing, se développe dans le Fromager.

### P. farinosa — Pl. I, fig. 10.

*Pectocera farinosa* Fleutiaux. *Bull. Mus. Nat. Paris*, 1918, p. 212.

Annam : Nha-Trang, avril (Barthélemy).

Ressemble étonnamment à *Campsosternus Corbetti* Candèze, de Birmanie. Mais sa forme plus allongée : les antennes longues ; le prosternum comprimé et creusé en cuvette de chaque côté : les hanches intermédiaires assez rapprochées : le mésosternum et le métasternum non distinctement soudés : le métasternum non proéminent entre les hanches intermédiaires, sont autant de caractères qui lui sont communs avec les *Pectocera*.

## OXYNOPTERUS

Hope, *Proc. Zool. Soc. Lond.*, 1842, X, p. 77. — Idem, *Ann. Mag. Nat. Hist.*, 1843, XI, p. 394. — Lacordaire. Gen. Col., IV, 1857, p. 159. — Candèze, Mon. Élat., I, 1857, p. 357. — Idem, Révis. Mon. Élat., 1871, p. 205. — Idem, *Notes Leyd. Mus.*, XII, 1885, p. 121. — Idem. Catal. Méthod. Élat., 1891, p. 16. — Idem. Élat. Nouv., VI, 1896, p. 19. — Schwarz, *in* Wytsman. Gen. Ins., Elat., 1906, pp. 51 et 55.

Génotype : *Elater mucronatus* Olivier, de Java.

Lacordaire et Candèze ont pensé que les deux genres de Hope : *Oxynopterus*, décrit le premier, et *Leptophyllus* pourraient être réunis. Voici les différences qui les séparent :

| *Oxynopterus.* | *Leptophyllus* Hope, 1842.<br>*Elasmocerus* Boh., 1851.<br>*Megalorhipis* Lac., 1857. |
|---|---|
| Métasternum soudé au mésasternum au milieu, et légèrement saillant entre les hanches intermédiaires. Celles-ci assez éloignées l'une de l'autre.<br>Indo-Malaisie. | Métasternum non soudé au mésosternum au milieu, et non proéminent entre les hanches intermédiaires. Celles-ci plus rapprochées l'une de l'autre.<br>Afrique équatoriale. |

TABLEAU DES ESPÈCES

— ♂. Antennes très longuement flabellées à partir du 3ᵉ article ; 3ᵉ, 4ᵉ et 5ᵉ extrêmement courts, subégaux au 2ᵉ. Pattes noires ; fémurs ferrugineux à la base. — 48 m/m

♀. Inconnue .................... **annamensis**

— ♂. Antennes moins longuement flabellées à partir du 3ᵉ article ; celui-ci environ deux fois plus long que le 2ᵉ ; suivants progresssivement allongés. Pattes entièrement noires. — 58 m/m.

♀. Antennes fortement dentées. — 68 m/m **Harmandi**

## O. Harmandi nov. sp.

♂. 58 millim. — Brun, peu brillant, glabre. Tête petite, creusée au milieu, finement rugueuse. Antennes brunes, dépassant la base du prothorax ; les deux premiers articles brillants, les autres mats et flabellés. Pronotum peu convexe, trapézoïdal, échancré en avant, sinué latéralement, rebordé sur les côtés, très finement et très légèrement pointillé ; angles postérieurs aigus et divergents. Écusson transversal, arrondi, déprimé. Élytres amples, très finement chagrinés, vaguement côtelés, échancrés au bout, terminés par une épine. Dessous brun-noirâtre, très finement et densément pointillé. Pattes noires.

♀, 68 millim. — Antennes dépassant la base du prothorax, fortement dentées.

Cochinchine : Saïgon : Cap-Saint-Jacques.— Laos : Lakhon (Harmand).

Ressemble à *O. Candezei* (1) ; élytres amplement arrondis latéralement, moins atténués vers le bout. C'est probablement *O. Harmandi* qui a été signalé du Cambodge par Candèze, *Notes Leyd. Mus.* 1885, p. 120.

**O. annamensis** — Pl. I, fig. 12.

*Oxynopterus annamensis* Fleutiaux, *Bull. Mus. Nat. Paris*, 1918, p. 212.

Annam : Attopeu (Bel).

Chez le ♂, les antennes sont conformées comme dans le genre *Leptophyllus* Hope, c'est-à-dire que les 3e à 5e articles sont aussi courts que le 2e, et les suivants longuement flabellés.

## CEROLEPTUS nov. gen. (2)

Tête large ; yeux gros ; mandibules arquées. Antennes longues, dépassant la moitié du corps, comprimées, subserriformes (♂) ; plus courtes (♀). Pronotum court, peu rétréci en avant. Élytres largement arrondis sur les côtés, striés. Prosternum peu comprimé. Mésosternum nettement séparé du métasternum. Celui-ci au niveau des hanches intermédiaires. Troisième et quatrième articles des tarses faiblement dilatés.

**C. sulcatus** — Pl. II, fig. 22.

*Pectocera sulcata* Fleutiaux, *Ann. Soc. Ent. France*, 1902, p. 573. — 17 à 20 m/m

(1) *O. Candezei*, nov. nom. pour *O. Audouini* Cand., 1874 (non Hope, 1842). — *O. Audouini* Hope et *O. Cumingi* Hope, des Philippines, doivent être réunis.

(2) *Pectocera brevicollis* Candèze, État. nouv., II, 1878, p 10 (*C. R. Soc. Ent. Belg.*, XXI), de Chine méridionale, doit entrer dans ce genre. Ses antennes sont serriformes et brièvement pectinées. Type : coll. Candèze > Musée de Bruxelles.

Tonkin : Lao-Kay ; Lac-Thô, Hoa-Binh (A. de Cooman).

Décrit sur un individu ♀ ; les antennes dépassent un peu la base du prothorax. Chez le ♂, elles sont beaucoup plus longues et dépassent la moitié du corps.

---

SOUS-FAMILLES étudiées dans le présent mémoire

| | Pages |
|---|---|
| Adelocerinæ | 55 |
| Octocryptinæ | 99 |
| Hemirhipinæ | 100 |
| Campsosterninæ | 108 |

---

DIJON — DARANTIERE

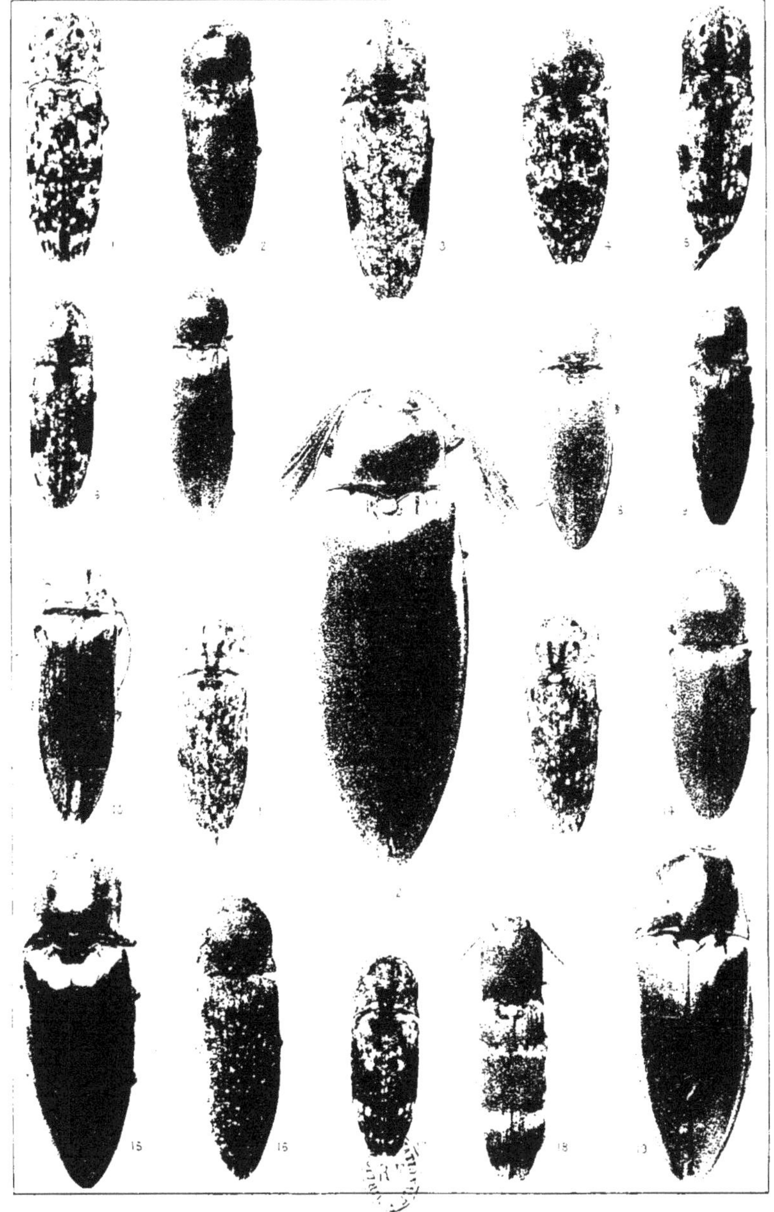

1. *Alaus cenchris* Candeze. — 2. *Adelocera subtuberculata* Fleutiaux. — 3. *Alaus larvatus* Candeze. — 4. *Alaus lepturus* Candeze. — 5. *Alaus crux* Candèze. — 6. *Alaus anguis* Candèze. — 7. *Lacon robustus* Fleutiaux. — 8. *Agrypnus fusiformis* Candeze. — 9. *Adelocera longa* Fleutiaux. — 10. *Pectocera farinosa* Fleutiaux. — 11. *Alaus lerus* Candeze. — 12. *Oxynopterus annamensis* Fleutiaux. — 13. *Acrus Coraceae* Fleutiaux. — 14. *Adelocera lepidea* Candeze. — 15. *Agrypnus robustus* Fleutiaux. — 16. *Adelocera ...* Candeze. — 17. *Alaus elaps* Candeze. — 18. *Alaus Beauchenei* Fleutiaux. — 19. *Campsosternus Vitalisianus* Schenkling.

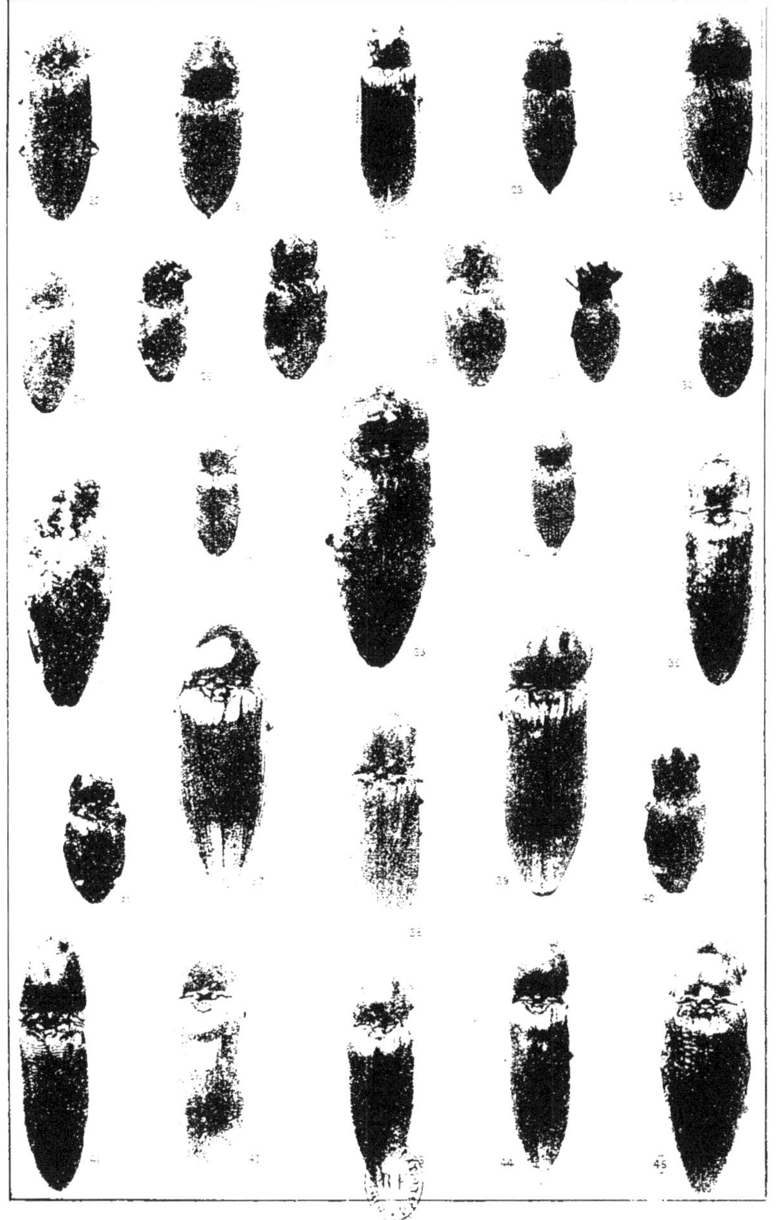

20. *Adelocera argillacea* Solsky, var. *Davidi* Fairmaire. — 21. *Adelocera inops* Candèze. — 22. *[illegible] sulcatus* Fleutiaux. — 23. *Meristhus quadripunctatus* Candèze. — 24. *Adelocera fusca* Candèze. — 25. *Brachylacon [illegible]* Candèze. — 26. *Agraeus tonkinensis* Fleutiaux. — 27. *Agraeus falsus* Fleutiaux. — 28. *Agraeus planatus* Fleutiaux. — 29. *Agraeus excavatus* Fleutiaux. — 30. *Brachylacon microcephalus* Motschulsky. — 31. *Adelocera scutellata* Candèze. — 32. *Meristhus biguttatus* Candèze. — 33. *Adelocera [illegible]* Candèze. — 34. *Meristhus biguttatus* Candèze. — 35. *Adelocera [illegible]* Candèze. — 36. *Agraeus tripartitus* Fleutiaux. — 37. *Anthracalaus Moricei* Fairmaire. — 38. *Lacon [illegible]* Fleutiaux. — 39. *Alaotypus tonkinensis* Fleutiaux. — 40. *Agraeus Mouhoti* Candèze. — 41. *Lacon expansus* Fleutiaux. — 42. *Lacon [illegible]* Fleutiaux. — 43. *Lacon [illegible]* Fleutiaux. — 44. *Lacon Vitalisi* Fleutiaux. — 45. *Adelocera costicollis* Candèze.

# FAUNE DES COLONIES FRANÇAISES

# CONTRIBUTION A L'ÉTUDE SYSTÉMATIQUE ET BIOLOGIQUE DES TERMITES DE L'INDOCHINE

par Jean BATHELLIER

Docteur ès-Sciences, Agrégé de l'Université

## TABLE DES MATIÈRES

### PREMIÈRE PARTIE

### CATALOGUE DES ESPÈCES DE TERMITES OBSERVÉES EN INDOCHINE.

INTRODUCTION . . . . . . . . . . 125

FAMILLE DES MASTOTERMITIDÉS . . . . . . . . . . 126

FAMILLE DES PROTERMITIDÉS . . . . . . . . . . 126

GENRE CALOTERMES . . . . . . . . . . 126

*Calotermes domesticus* . . . . . 128

FAMILLE DES MÉSOTERMITIDÉS . . . . . . . . . . 129

GENRE LEUCOTERMES . . . . . . . . . . 130

*Leucotermes Magdalenæ* . . . . . 132

GENRE COPTOTERMES . . . . . . . . . . 134

*Coptotermes ceylonicus* . . . . . 134

*Coptotermes curvignathus* . . . 136

GENRE RHINOTERMES . . . . . . . . . . 137

*Rhinotermes malaccensis* . . . . 138

FAMILLE DES MÉTATERMITIDÉS . . . . . . . . . . . . . 139
GENRE TERMES . . . . . . . . . . . . . . 140
*Termes gilvus* . . . . . . . . . 141
*Termes malaccensis* . . . . . 145
*Termes carbonarius* . . . . . . 148
GENRE MICROTERMES . . . . . . . . . . . 150
*Microtermes incertoides* . . . . . 152
GENRE ODONTOTERMES . . . . . . . . . . 153
*Odontotermes hainanensis* . . . . 154
*Odontotermes Horni* . . . . . . 158
*Odontotermes obscuriceps* . . . . 160
GENRE HAMITERMES . . . . . . . . . . . 162
*Hamitermes annamensis* . . . . . 164
GENRE MIROTERMES . . . . . . . . . . . 167
*Mirotermes comis* . . . . . . . . 168
*Mirotermes laticornis* . . . . . . 170
GENRE EUTERMES . . . . . . . . . . . . 171
*Eutermes matangensis* . . . . . . 173
*Eutermes disparatus* . . . . . . 175
*Eutermes cuphus* . . . . . . . . 177
GENRE MICROCEROTERMES . . . . . . . . . 179
*Microcerotermes Bugnioni* . . . . 180

# DEUXIÈME PARTIE

## OBSERVATIONS SUR LES MŒURS DES TERMITES INDO-CHINOIS, LEURS HABITATIONS, MOYENS DE DÉFENSE, ETC.

*Calotermes (Cryptotermes) domesticus* . . . . . . . . . . . . 183
*Leucotermes (Reticulitermes) Magdalenæ* . . . . . . . . . . 185
*Coptotermes ceylonicus* . . . . . . . . . . . . . . . . . 185
*Coptotermes curvignathus* . . . . . . . . . . . . . . . . 186
*Rhinotermes (Schedorhinotermes) malaccensis* . . . . . . . . 187
*Termes (Macrotermes) gilvus* . . . . . . . . . . . . . . . 187
Fréquence (p. 187). Aspect de la termitière (p. 188). Mur (p. 189).
Chambres à parois minces (p. 190). Amande centrale (p. 190). Les chambres vides (p. 193).
Nature, origine, rôle des meules à champignons et des mycotêtes (p. 197).
Envol des sexués (p. 206).

*Termes (Macrotermes) malaccensis* . . . . . . . . . . . . . . 209
*Termes (Macrotermes) carbonarius* . . . . . . . . . . . 209
*Macrotermes incertoides* . . . . . . . . . . . . . . . . 210
*Odontotermes (Cyclotermes) hainanensis* . . . . . . . . . . . 213
*Odontotermes Horni* . . . . . . . . . . . . . . . . . . 216
*Odontotermes (Hypotermes) obscuriceps* . . . . . . . . . . . 217
*Hamitermes (Globitermes) annamensis* . . . . . . . . . . . 218
*Microtermes comis* . . . . . . . . . . . . . . . . . . . 220
*Microtermes laticornis* . . . . . . . . . . . . . . . . . 220
*Eutermes matangensis* var. *matangensioides* . . . . . . . . . . 221
Description des nids (p. 221). Le carton de bois (p. 226). Adaptations à l'art de construire chez les termites (p. 227). La reine (p. 231). Moyens de défense (p. 236). Étude de la « glu » (p. 238).
*Eutermes (Trinervitermes) disparatus* . . . . . . . . . . . . 241
*Eutermes (Lacessititermes) euphus* . . . . . . . . . . . . . . 242
*Microcerotermes Bugnioni* . . . . . . . . . . . . . . . . 242

---

# TROISIÈME PARTIE

## ÉTUDE DU DÉVELOPPEMENT DES TERMITES DE L'INDOCHINE. LA DÉTERMINATION DES CASTES.

Position de la question . . . . . . . . . . . . . . . . . . 243
Technique employée . . . . . . . . . . . . . . . . . . . . 246
Notions générales nécessaires à la compréhension du travail. . 247
Étude du développement de *Macrotermes gilvus* . . . . . . . . 258
Développement d'espèces de termites relativement voisines de *Macrotermes gilvus* . . . . . . . . . . . . . . . . . . 269
Détermination de la caste chez *Macrotermes gilvus* . . . . . . 274
Étude du développement d'*Eutermes matangensis* . . . . . . . . 279
Détermination de la caste chez *Eutermes matangensis*. . . . . . 293
Étude microscopique des ébauches génitales larvaires. . . 311
Étude du mécanisme de la détermination des castes chez les Termites . . . . . . . . . . . . . . . . . . . . . . 22

Conclusions . . . . . . . . . . . . . . . . . . . . . . . 330

# QUATRIÈME PARTIE

## LES CULTURES MYCÉLIENNES DES TERMITES DE L'INDOCHINE.

INTRODUCTION . . . . . . . . . . . . . . . . . . . . 333

Essais de conservation, a l'extérieur, de meules de Termites . . 334
Observations correspondantes faites dans la nature . . . . . 336
Développement des Mycotètes, en expérience et dans la nature . 340
Évolution microscopique des Mycotètes . . . . . . . . . . 345
Étude cytologique des Mycotètes . . . . . . . . . . . . 349
Les « méthodes de culture » des Termites . . . . . . . . . 354

CONCLUSIONS . . . . . . . . . . . . . . . . . . . . 360

# PREMIÈRE PARTIE

## CATALOGUE DES ESPÈCES DE TERMITES OBSERVÉES EN INDO-CHINE

**Introduction.**

Les Termites constituent, pour le classificateur, l'ordre des *Isoptères* que l'on peut définir, d'après DESNEUX, par les caractères suivants :

Insectes à métamorphoses incomplètes, sociaux, à polymorphisme très marqué, formant des colonies composées de deux catégories d'individus répartis en trois sortes de castes ; les uns sexués et féconds, formes imaginales ailées dans leur jeune âge, les autres sexués, stériles et aptères toute leur vie : castes des soldats et castes des ouvriers.

Tête libre, les trois segments du thorax entièrement distincts. Imago présentant quatre grandes ailes membraneuses, superposées horizontalement sur le dos au repos, primitivement différentes de forme et de nervation, mais le plus souvent, à peu près semblables par atrophie du champ anal. Pattes toutes semblables disposées pour la course. Tarses de 4 à 5 articles. Cerci toujours présents. Tubes de Malpighi en petit nombre.

Nous suivrons, dans le reste de ce travail, la classification de

Holmgren, tant parce que cet auteur paraît avoir groupé le plus naturellement les divers genres de termites connus, que parce qu'il a fait une étude spéciale de ceux qui habitent la région orientale. Il reconnaît, dans l'ordre des *Isoptera*, quatre familles sur lesquelles nous allons porter notre attention.

### 1° — Famille des MASTOTERMITIDÉS Silvestri

Ce groupe est caractérisé par des sexués possédant des ailes postérieures à grand champ anal, rappelant celui des blattes. Les pattes sont munies d'un tarse, formé de cinq articles et portent un onychium (1).

Il ne comprend qu'un seul genre, réduit lui-même à une seule espèce : le *Mastotermes Darwiniensis* Froggatt de l'Australie. Il n'existe donc pas de *Mastotermitidé* en Indochine.

### 2° — Famille des PROTERMITIDÉS Holmgren

Dans cette catégorie, l'aile des sexués possède un champ anal réduit, le tarse montre 4 articles ou, faussement, 5. Il n'y a pas de fontanelle, les sutures céphaliques sont le plus souvent visibles ; les ailes paraissent réticulées. Les soldats ont des yeux composés et leur pronotum est habituellement plat. Les ouvriers possèdent, comme les sexués, des mandibules du type *Leucotermes* ou *Hodotermes* : ils sont aussi dépourvus de fontanelle. Leur pronotum est plat et leur abdomen muni de styli.

J'ai rencontré, en Indo-Chine, un termite commun de cette famille. Il appartient au genre suivant.

Genre **Calotermes** Hagen que l'on définit ainsi.

Imago. Tête peu bombée, ovale, habituellement à côtés parallèles. Sutures céphaliques nettes. Yeux de taille variables, ronds.

(1) Je désignerai par ce mot, non pas le dernier article du tarse, mais une petite pièce supplémentaire insérée entre les deux griffes terminales.

Ocelles rapprochés des yeux. Clypeus petit, plat. Labre assez petit. Mandibules variant du type *Leucotermes* au type *Hodotermes*. Antennes de 13 à 23 articles. Pronotum grand, large, plat, à bord antérieur concave. Écailles alaires antérieures grandes, membrane alaire toujours réticulée, champ anal de l'aile postérieure pourvu de veines nettes en dehors de l'écaille. Pattes courtes, tibias pourvus de 3 ou 4 épines pointues, aiguillons latéraux manquant le plus souvent.

Tarses à 4 articles, onychium habituellement présent. Cerci courts, à deux articles. Styli présents chez le mâle.

Soldat. Yeux composés très faiblement développés. Lèvre supérieure courte. Mandibules variables, habituellement puissantes, du type *Hodotermes*. Antennes de 10 à 20 articles. Pronotum grand. plat, large, concave en avant. Pattes courtes. Tibias avec 2 à 4 aiguillons apicaux. Cerci courts à deux articles. Styli le plus souvent présents.

Ouvrier. Tête arrondie, avec des yeux à facettes rudimentaires. Mandibules variant du type *Leucotermes* au type *Hodotermes*. Antennes à nombre d'articles variable. Pronotum large, plat. Pattes, cerci, styli comme chez les soldats.

Holmgren a divisé ce genre en sous-genres, qui sont :

| | | |
|---|---|---|
| Calotermes s., str. | Rugitermes | Eucryptotermes |
| Proneotermes | Cryptotermes | Glyptotermes |
| Neotermes | Procryptotermes | Lobitermes |

Nous retiendrons le sous-genre *Cryptotermes* Banks dont voici les caractères.

Sexué. Ailes irisées. La médiane s'unit pour la première fois, au secteur radial au delà du milieu de l'aile. Antennes de 14 à 16 articles.

Soldat. Tête courte, très épaisse, fortement bilobée en avant. La partie frontale est verticale. Mandibules courtes, non dentées. Antennes à 13 articles, le troisième n'étant pas spécialement long.

Pronotum fortement concave en avant, à bords antérieurs non dentés. Styli réduits.

J'ai rencontré fréquemment, le *Cryptotermes domesticus* Haviland dont Holmgren donne la diagnose suivante :

Imago. Brun jaunâtre. Face inférieure plus claire. Ailes hyalines, irisées avec des veines antérieures brunes. Poils clairsemés. Tête allongée, rectangulaire-ovale, à peine rétrécie en avant. Yeux composés petits, peu saillants. Ocelles petits touchant les yeux. Sutures céphaliques invisibles. Bande frontale (1) pourvue d'une tache claire en forme de V. Clypeobasal très petit. Labre fortement incliné. Antennes assez longues, de 15 ou 16 articles, le deuxième article étant aussi long ou un peu moins long que le troisième, le quatrième un peu plus court que le troisième.

Pronotum transversal, rectangulaire, à coins arrondis, un peu concave en avant, bombé transversalement. Méso et métanotum découpés droit, larges en arrière. Membrane alaire fortement noduleuse. Subcosta rudimentaire. Radius s'étendant sur le premier quart de l'aile antérieure. Secteur radial pourvu de 7 ou 8 branches, desquelles la première commence dans le quart interne de l'aile. Médiane et cubitale très faiblement marquées. La médiane s'unit habituellement au secteur radial au niveau de l'insertion de la troisième branche de ce secteur, c'est-à-dire au milieu, ou un peu au delà du milieu de l'aile. Cubitale ayant à peu près 12 ou 13 branches. Cerci courts. Styli chez le mâle.

| | |
|---|---|
| Longueur avec les ailes .................. | $7^{mm}$ 50 (2) |
| Longueur sans les ailes .................... | $5^{mm}$ |
| Longueur de l'aile antérieure ............... | $6^{mm}$ 00 |
| Largeur de la tête ........................ | $0^{mm}$ 79 |
| Largeur du pronotum ...................... | $0^{mm}$ 17 |
| Longueur du pronotum .................... | $0^{mm}$ 47 |

(1) Holmgren désigne sous ce nom l'espace compris, sur la tête des termites, en arrière du clypeus et en avant de la suture en Y.

(2) Ces dimensions ont des valeurs d'échantillons. Pour les adultes, sexués ou neutres, elles se rapportent à un animal complètement développé. J'indiquerai, par la suite, des mesures de larves. Elles sont, alors, relatives à des insectes éloignés des mues, car la taille varie un peu avant et surtout après chaque hypnose.

Soldat. Tête presque noire, rougeâtre en arrière. Antennes blanches ou blanc jaunâtre. Mandibules brun rouge, les autres parties buccales blanchâtres. Corps blanchâtre ou jaunâtre. Poils clairsemés. Tête courte, très épaisse, paraissant, vue par en-dessus, presque aussi longue que large, avec des angles arrondis. Front très inégal, plus que vertical, formant ainsi un angle aigu avec les mandibules. Bord antérieur de la surface horizontale de la tête très nettement échancré au milieu. Celle-ci est donc un peu bilobée. Angles antérieurs de la tête tuberculeux, fortement saillants. Mandibules courtes, larges, non dentées. Bord externe de celles-ci courbé angulairement, muni d'une petite protubérance, au point de courbure. Antennes courtes, à 12 articles, le troisième un peu plus court et plus étroit que le deuxième, le quatrième plus court que le troisième.

Pronotum plus étroit que la tête, fortement relevé en avant, bombé au milieu. Bord antérieur profondément échancré, avec une petite proéminence angulaire en avant des angles antérieurs arrondis. Bords latéraux très fortement rétrécis vers l'arrière. Plaques jugulaires de la peau du cou très fortes. Cerci courts. Styli rudimentaires.

| | |
|---|---|
| Longueur du corps ...................... | 4mm |
| Longueur de la tête (depuis le bord occipital jusqu'à la pointe du bord antérieur de la surface horizontale) ...................... | 1mm25 à 1mm53 |
| Largeur de la tête ...................... | 1mm14 à 1mm28 |
| Largeur du pronotum ...................... | 1mm03 |
| Longueur du pronotum ...................... | 0mm53 à 0mm61 |

Dans cette espèce, comme dans tout le groupe, il n'y a pas de caste ouvrière ; on ne trouve, en dehors des soldats, que des nymphes plus ou moins développées.

### 3° — Famille des MÉSOTERMITIDÉS Holmgren

On la caractérise par les traits suivants :

Imago. Ailes à champ anal réduit. Tarses faussement à 5 articles ou pourvu de 4 articles. Fontanelle (1) et glande frontale. Mandibules du type *Leucotermes* ou *Serritermes*. Écailles alaires antérieures grandes ; ailes souvent réticulées. Pas d'onychium.

Soldat. Tarse à 4 articles ou faussement à 5 articles. Glande frontale et fontanelle. Pronotum plat, sans lobes antérieurs nettement délimités. Styli le plus souvent présents.

Ouvrier. Tarse à 4 articles ou faussement à 5 articles. Fontanelle et plaque frontale glandulaire. Pronotum plat. Mandibules du type *Leucotermes* ou *Serritermes*. Styli le plus souvent présents.

Plusieurs genres de cette famille nous intéresseront.

## Genre **Leucotermes** Silvestri.

Imago. Tête ovale, peu bombée, Clypeus plat, court, et large avec une petite partie apicale. Labre large et convexe. Taches antennales placées assez loin en arrière. Ocelles petits, manquant très rarement. Yeux composés petits, proéminents. Fontanelle punctiforme, reculée en arrière. Glande frontale grande, tubuleuse. Sutures céphaliques plus ou moins visibles. La bande frontale présente le maximum de longueur en son milieu. Antennes de 15 à 17 articles. Mandibules présentant l'armature *Leucotermes* typique.

Pronotum plat, concave en avant et en arrière. Écailles alaires antérieures plus grandes que les postérieures ; membrane alaire réticulée, habituellement poilue. La subcostale de l'aile antérieure ne sort pas de l'écaille ; le radius s'approche, dans son parcours, du bord antérieur de l'aile, avec lequel il se fusionne très rapidemment. Secteur radial simple, parallèle au bord antérieur auquel il est relié apicalement par de courts rameaux transverses. Médiane le plus souvent simple, placée plus près du cubitus que du secteur

(1) La fontanelle des termites — comme celle des autres insectes — est une surface où la chitine se trouve plus mince, plus claire et souvent déprimée.

L'hypoderme est souvent épaissi à son voisinage, transformé en une couche glandulaire monocellulaire, couche dépourvue d'appareil excréteur. Il se forme, ainsi, une « plaque frontale ». Cette couche peut se développer beaucoup, s'enfoncer dans la tête, en même temps que la chitine mince qui la recouvre. Elle constitue alors une poche close, munie d'un canal excréteur plus ou moins large : c'est une « glande frontale ».

radial. Cubitus muni au bord postérieur de l'aile, de 8 à 12 rameaux. Champ anal rudimentaire. La subcostale de l'aile postérieure est rudimentaire ; radius séparé du bord antérieur seulement à l'intérieur de l'écaille. Secteur radial, médiane et cubitus comme dans l'aile antérieure. Tibias avec trois aiguillons apicaux. Cerci à deux articles. Styli seulement chez le mâle.

Soldat. Tète rectangulaire, front assez fortement incliné, nettement déprimé en gouttière au milieu. Clypeus court, Labre assez long, en forme de langue, avec une pointe hyaline courte. Pas d'yeux. Fontanelle assez antérieure, placée sur la partie horizontale de la tète. Glande frontale grande. Antennes de 12 à 17 articles. Mandibules en forme de sabre, étroites : la gauche avec une grande dent basale et parfois, de plus, 3 ou 4 saillies en forme de crochet, la droite avec une petite dent basale et parfois l'indication d'au moins deux autres.

Pronotum plat, concave en avant et en arrière, assez petit. Tibias et tarses comme chez l'imago. Cerci présents.

Ouvrier. Tète arrondie, ovale, un peu plus grosse que chez l'imago. Clypeus comme chez ce dernier. Yeux composés fortement rudimentaires, à peine visibles extérieurement. Labre grand, large. Fontanelle et plaque glandulaire frontale. Sutures céphaliques invisibles. Antennes de 13 à 15 articles. Mandibules comme chez l'imago.

Pronotum plat, plus ou moins concave en avant. Tibias, tarses et cerci comme chez l'imago. Styli présents.

Holmgren a divisé ce genre en deux sous-genres, de la façon suivante :

Imago.

Ailes fortement réticulées, peu poilues, pas ponctuées......... Ss. G. *Reticulitermes.*

Ailes peu nettement réticulées, fortement poilues et ponctuées .................................... Ss. G. *Leucotermes* s. str.

Soldat.

Labre en forme de langue, parfois terminé en pointe, mais celle-ci n'est pas très aiguë. Point hyaline à peine indiquée. Mandibules plus courtes et plus puissantes ............... Ss. G. *Reticulitermes.*

Labre terminé en pointe très aiguë. Pointe hyaline étroite....
.................................. Ss. G. *Leucotermes* s. str.

J'ai trouvé une forme de termite qui, d'après l'aspect du soldat, se rapporte au sous-genre *Reticulitermes*. C'est le *Leucotermes (Reticulitermes) Magdalenae* SILVESTRI, espèce nouvelle dédiée, par l'auteur, à la mémoire d'un de mes enfants mort au Tonkin. En attendant la description qu'il en publiera bientôt, je vais en tracer ici une courte diagnose.

Imago. Inconnu.

Soldat. Tête jaune passant au brun sur la partie latérale antérieure et la crête sus-antennaire. Mandibules brunes, corps jaune-blanchâtre.

Quelques soies éparses sur la tête : on en remarque sgécialement quatre paires, aux environs de la glande frontale. L'une de ces paires est un peu en arrière de l'orifice glandulaire, les trois autres sont en avant ; les deux soies de la plus antérieure sont insérées sur le tubercule, qui, de chaque côté, paraît faire légèrement saillie quand on regarde l'animal de profil.

Soies plus serrées sur les bords latéraux de la tête, entre le plan d'insertion des antennes et la base des mandibules.

Pro, méso et métanotum bordés de soies raides. Les premiers tergites abdominaux sont bordés, de même, d'une simple rangée de poils. Ceux-ci deviennent ensuite plus nombreux ; à partir du troisième, chaque tergite porte sur sa moitié postérieure, des soies non disposées en rangées nettes.

L'extrémité de chaque tibia montre, en dessous, deux aiguillons disposés à l'extrémité d'un paquet de soies épaisses.

Tête cylindrique, aplatie dans l'ensemble. Glande frontale placée dans le tiers antérieur de la capsule céphalique. En avant de cet organe, le front, vu de profil, est légèrement saillant et forme, de chaque côté, un bombement portant un poil à son sommet. Le profil se raccorde assez doucement à celui du labre.

Clypeobasal très court. Labre en forme de langue orné, près de son extrémité, de deux fortes soies dirigées en avant.

Mandibules relativement fortes et larges, peu recourbées. La droite présente, à sa base, une partie renflée montrant une indication de dent. La partie moyenne et terminale possède un bord interne rectiligne qui dessine une concavité en se raccordant à la partie basale. Au sommet de celle-ci se trouve une très légère indication de protubérance ; on est alors à peu près à égale distance du tiers et de la moitié de la mandibule.

La mandibule gauche possède une partie basale munie d'une forte dent conique, émoussée, dirigée vers l'intérieur et l'avant. En avant de celle-ci, le bord interne montre une saillie extrêmement basse, puis deux autres plus brusques, un peu plus hautes, occupant, réunies, la même longueur que la première sur le bord mandibulaire. La dernière se termine presque à la moitié de la mandibule. Au-delà, le bord interne forme une courbe très régulière.

Antennes à 16 articles, le troisième bien plus petit que le deuxième, le quatrième égal au deuxième.

Pronotum plus étroit que la tête, trapézoïdal, légèrement échancré en avant et en arrière.

Cerci nets, Styli bien développés.

| | |
|---|---|
| Longueur totale .......................... | 6mm 93 |
| Longueur de la tête, avec les mandibules..... | 3mm 36 |
| Longueur de la tête sans les mandibules...... | 2mm 81 |
| Largeur de la tête ........................ | 1mm 37 |
| Largeur du pronotum ..................... | 0mm 97 |
| Longueur du pronotum .................... | 0mm 56 |

Ouvrier. Blanc jaunâtre.

Pilosité du corps plus forte que chez le soldat, mais disposée de même. Tête et segments thoraciques fortement poilus.

Tête arrondie en arrière, angles antérieurs nettement marqués. Modérément bombée. Clypeus très peu saillant ; le clypeobasal est court.

Antennes à 16 articles, le deuxième assez long, équivalent sensiblement au troisième et quatrième réunis. Le quatrième est très court, le cinquième presque égal au troisième.

Pronotum moins large que la tête, échancré faiblement en avant et en arrière, tendant vers le contour de celui des *Métatermitidés*.

Le troisième article du tarse porte inférieurement un assez long prolongement, arrondi à son extrémité, qui est munie de deux soies.

| | |
|---|---|
| Longueur du corps (abdomen et thorax)..... | 4mm 08 |
| Largeur de la tête ........................ | 1mm 21 |
| Largeur du pronotum .................... | 1mm 00 |

Genre **Coptotermes** WASMANN.

Imago. Tête large, oviforme. Clypeus habituellement très petit, plat. Antennes de 18 à 23 articles. Pronotum un peu moins large que la tête. Membrane alaire poilue, très faiblement réticulée. La médiane de l'aile antérieure provient de l'écaille, celle de l'aile postérieure de la base du secteur radial.

Soldat. Tète nettement rétrécie vers l'avant. Pas d'yeux composés. Fontanelle reportée en avant, à l'extrémité d'un tube frontal. La glande frontale est énorme et s'étend jusque dans l'abdomen. Mandibule avec ou sans indication de dents aiguës.

Ouvrier. Clypeus petit. Pas d'yeux composés.

HOLMGREN a séparé dans ce genre, de nombreuses espèces orientales, difficiles à distinguer, voisines du *Coptotermes travians* HAVILAND. Je me demande parfois, si ce ne sont pas là seulement des variations géographiques.

J'ai trouvé souvent le *Coptotermes ceylonicus* HOLMGREN qui serait identique au *Coptotermes travians* HAVILAND tel que l'entendent BUGNION et POPOFF.

Voici la description de la première forme par son auteur.

Imago. Semblable à ceux de *Coptotermes Heimi* et *Coptotermes travians*, n'en différant guère que par de plus grandes dimensions. Articles des antennes sphériques à partir du neuvième. Ailes blanchâtres, transparentes, nullement brunâtres. Médiane fourchue à la pointe. Cubitus pourvu d'environ dix rameaux.

| | | |
|---|---|---|
| Longueur, avec les ailes ....... | 13mm | à 14mm |
| Longueur sans les ailes ....... | 7mm | |

| | |
|---|---|
| Longueur de l'aile antérieure .. | 10 mm |
| Longueur de la tête .......... | 1mm 52 à 1mm 57 |
| Largeur de la tête ............. | 1mm 44 à 1mm 53 |
| Largeur du pronotum ......... | 1mm 33 à 1mm 44 |
| Longueur du pronotum........ | 0mm 81 |

Soldat. Très semblable aux soldats des *Coptotermes Heimi* et *travians*. Antennes à 14 articles. Tergites abdominaux garnis de deux rangées de petits poils, desquelles l'antérieure est très faible et ne se compose que de quelques éléments.

| | |
|---|---|
| Longueur du corps ........... | 4mm 50 |
| Tête avec les mandibules ..... | 1mm 91 |
| Tête sans les mandibules ...... | 1mm 11 à 1mm 33 |
| Largeur de la tête .......... | 1mm 06 à 1mm 19 |
| Largeur du pronotum ........ | 0mm 68 à 0mm 91 |
| Longueur du pronotum ....... | 0mm 37 |

Ouvrier. Très semblable aux ouvriers des *Coptotermes Heimi* et *travians*, mais avec des tergites abdominaux garnis de poils clairsemés. Antennes à 13 ou 14 articles, dont le troisième est à peu près égal au second et plus long que le quatrième.

| | |
|---|---|
| Longueur du corps .............. | 4mm à 4mm 50 |
| Largeur de la tête .............. | 1mm 25 |
| Largeur du pronotum ........... | 0mm 68 |

Voici, en outre, la description de *Coptotermes travians* HAVILAND qui est le type de ce groupe d'espèces.

Imago. Brun jaunâtre, tête jaunâtre en avant. Clypeobasal blanc-jaunâtre. Antennes, pattes, face inférieure du corps jaune rougeâtre. Ailes blanchâtres avec une très légère teinte jaune. Poils assez serrés.

Tête presque circulaire. Fontanelle petite, cernée d'une teinte claire, placée relativement un peu en arrière. Bande frontale plus longue au milieu que sur les côtés. Yeux composés de taille moyenne, quelque peu proéminents. Ocelles moyens, presque au contact des yeux. Antennes à 19 articles, les troisième et quatrième courts.

Pronotum plus long que sa demi-largeur, un peu concave en avant, non échancré en arrière. Méso et métanotum extrêmement peu échancrés en arrière. Écaille alaire antérieure grande. Membrane alaire faiblement réticulée, couverte de poils serrés. Médiane proche du cubitus, simple. Cubitus pourvu de 8 branches très peu marquées, se prolongeant fort loin.

Soldat. Tête jaune passant au brun en avant. Mandibules brunes. Corps blanchâtre. Tête munie de poils très rares, ovale, faiblement bombée, rétrécie et quelque peu comprimée en avant. Fontanelle grande, ronde, tubulaire, dirigée en avant. Clypeobasal très court. Labre dépassant la moitié des mandibules, rétréci en triangle et muni d'une petite pointe hyaline. Antennes à 13 ou 14 articles, le second étant égal au quatrième et, le plus souvent, un peu plus long que le troisième. Sixième article sphérique.

Pronotum un peu plus court que sa demi-largeur, faiblement échancré en avant et en arrière.

Ouvrier. Tête jaunâtre clair. Corps blanchâtre, laissant apercevoir le contenu intestinal. Tête assez poilue. Tergites abdominaux recouverts de poils répartis uniformément. Tête rectangulaire-ovale un peu plus longue que large. Pas d'yeux composés. Sutures céphaliques et fontanelle invisibles. Clypeobasal court, quelque peu saillant. Antennes à 13 ou 14 articles, les troisième et quatrième sensiblement égaux, sphériques, un peu plus courts que le deuxième.

Pronotum petit, plat, un peu échancré en avant.

J'ai rencontré, en outre, une forme du même genre complètement différente : c'est le *Coptotermes curvignathus* Holmgren identique au *Coptotermes Gestroi* Haviland. En voici la diagnose.

Imago. Inconnu.

Soldat. Tête jaune clair. Mandibules brunes. Corps jaune paille. Tête munie de poils rares. Corps couvert de poils assez serrés. Tête assez plate, ovale, large, un peu plus longue que large. Fontanelle dirigée obliquement vers le haut. Clypeobasal court. Labre dépassant la moitié des mandibules, en forme de langue, rétréci triangulairement, avec une pointe hyaline arrondie. Mandibules relativement fortement recourbées. Antennes de 14 à 16 articles, le troisième plus court que le second.

Pronotum large, très nettement échancré en avant et en arrière. Abdomen muni de deux bandes sombres longitudinales, faiblement visibles.

| | |
|---|---|
| Longueur du corps .............. | 5mm |
| Tête, avec les mandibules........ | 2mm 51 |
| Tête sans les mandibules ........ | 1mm 56 |
| Largeur de la tête .............. | 1mm 14 |
| Largeur du pronotum ............ | 0mm 99 à 1mm 06 |
| Longueur du pronotum........... | 0mm 53 |

Ouvrier. Tête jaunâtre. Corps blanchâtre, laissant apercevoir le contenu intestinal par transparence. Poils assez serrés. Tête épaisse, Antennes à 15 articles, le deuxième aussi long que le troisième et le quatrième réunis ou un peu plus court. Pronotum très nettement échancré en avant et faiblement en arrière. Abdomen épais.

| | |
|---|---|
| Longueur du corps ............. | 5mm à 6mm |
| Largeur de la tête ............. | 1mm 52 |
| Largeur du pronotum .......... | 0mm 95 |

Genre **Rhinotermes** HAGEN.

Imago. Tête à peu près circulaire. Clypeus plus ou moins fortement saillant, avec une gouttière médiane. Fontanelle en forme d'ouverture, placée assez largement en avant. Antennes de 20 à 22 articles, le troisième plus long que le second.

Soldat. Deux catégories séparées par la taille. Mandibules des gros soldats épaisses et très puissantes. La gauche possède deux grosses dents, la droite une seule. Partie basale jamais finement dentée. Chez les petits soldats, les mandibules sont relativement plus longues, plus étroites, moins courbées et les dents plus fines, plus aiguës. Les mandibules peuvent même devenir rudimentaires. Labre relativement court et large chez les grands soldats ; il dépasse les mandibules chez les petits. Il est alors divisé en deux à l'extrémité, déprimé en gouttière, relativement large ou très étroit. Antennes de 14 à 17 articles. Pronotum assez petit, bien plus étroit que la tête. Styli présents.

Ouvrier. Antennes de 16 à 18 articles, le troisième plus long que le deuxième. Pronotum en forme de selle.

Ce genre est divisé par HOLMGREN en deux sous-genres : RHINOTERMES s. str. et SCHEDORHINOTERMES SILVESTRI. Ce dernier groupe possède les caractères suivants :

Imago. Clypeus peu étiré en avant, parfois seulement fortement bombé.

Petit soldat. Labre relativement large, aussi long que les mandibules ou un peu plus court, les dépassant rarement. Mandibules armées de dents.

J'ai trouvé l'espèce *Rhinotermes (Schedorhinotermes) malaccensis*, ainsi définie par HOLMGREN :

Imago. Inconnu.

Grand soldat. Ressemble au grand soldat de *Rh. translucens*, mais est nettement plus grand. Partie postérieure de la tête nettement rétrécie vers l'avant. Glande frontale paraissant sombre par transparence. Antennes à 16 articles, le troisième à peu près double du second.

Pronotum petit, convexe en avant, un peu échancré en arrière. Méso et métanotum à peine plus larges que le pronotum.

| | |
|---|---|
| Longueur du corps ............ | 8mm 00 |
| Tète, avec les mandibules ....... | 3mm 08 |
| Tête, sans les mandibules ...... | 2mm 28 à 2mm 32 |
| Largeur de la tête ............. | 2mm 14 à 2mm 20 |
| Largeur du pronotum .......... | 1mm 22 |
| Longueur du pronotum ......... | 0mm 67 à 0mm 68 |

Petit soldat. Ressemble à celui de *Rhinotermes translucens*, mais est un peu plus gros. Antennes à 16 articles, le troisième à peu près égal au second ou un peu plus long. Le labre n'atteint pas les mandibules jointes. Pronotum fortement convexe en avant, faiblement échancré en arrière.

| | |
|---|---|
| Longueur du corps ............. | 5mm 00 |
| Tête avec les mandibules ....... | 1mm 67 |
| Tête sans les mandibules........ | 1mm 18 à 1mm 26 |
| Largeur de la tête ............. | 0mm 91 à 1mm 02 |
| Largeur du pronotum........... | 0mm 67 à 0mm 73 |
| Longueur du pronotum ......... | 0mm 44 à 0mm 48 |

Ouvrier. Antennes à 15 articles.

| | |
|---|---|
| Longueur du corps............... | 4mm 50 |
| Largeur de la tête.............. | 1mm 52 |
| Longueur du pronotum.......... | 0mm 72 |

### 4° — Famille des MÉTATERMITIDÉS Holmgren

Elle réunit les *Isoptères* présentant les conditions suivantes :

Imago. Aile postérieure dépourvue de champ anal. Tarses à 4 articles ou faussement à 5 articles. Fontanelle munie d'une plaque frontale glandulaire. Mandibules jamais du type *Leucotermes* ou *Serritermes*. Écailles alaires antérieures toujours petites. Pas d'onychium aux griffes. Ailes jamais fortement réticulées.

Soldat. Tarses à 4 articles ou faussement à 5 articles. Fontanelle pourvue d'une glande frontale. Pronotum en forme de selle, avec des lobes antérieurs bien individualisés. Styli seulement dans les formes inférieures.

Ouvrier. Tarses à 4 articles ou faussement à 5 articles. Fontanelle et plaque frontale glandulaire. Pronotum plus ou moins en forme de selle. Mandibules jamais du type *Leucotermes* ou *Serritermes* Styli le plus souvent absents.

Cette famille est très largement représentée en Indochine ; nous allons étudier les genres que j'ai rencontrés, non pas exactement dans l'ordre systématique suivi par Holmgren, mais plutôt dans celui qu'indiquerait la spécialisation progressive de leurs constructions.

Genre **Termes** Smeathman.

Imago. Tête large, en forme d'œuf. Yeux composés de taille variable. Fontanelle nette, un peu relevée. Plaque frontale. Ocelles plus ou moins éloignés des yeux, assez grands, à bord interne un peu relevé, de telle sorte qu'ils semblent regarder un peu latéralement. Clypeus de longueur sensiblement égale à sa demi-largeur. Partie basilaire saillante, convexe en arrière, droite en avant. Partie terminale habituellement relativement petite. Labre plus long que large, muni d'une bande transverse plus chitinisée. Mandibules du type *Termes*. Antennes à 19 articles, le troisième plus long que le second.

Pronotum de largeur variable ; Méso et métanotum assez faiblement découpés, en forme d'arc, en arrière. Le radius s'étend un peu en dehors de l'écaille. La médiane de l'aile antérieure sort de l'écaille, celle de l'aile postérieure provient de la partie basale du secteur radial. Tibias antérieurs avec 3 aiguillons apicaux, les suivants avec seulement 2. Cerci courts. Styli réduits ou nuls. Téguments latéraux de l'abdomen des reines ridés, dépourvus de trichomes à exsudat.

Soldat. Ils montrent deux tailles. Tête plus ou moins rétrécie vers l'avant, quelquefois à bords à peu près parallèles. Fontanelle et glande frontale toujours présentes. Yeux toujours indiqués par des taches plus claires. Front plat. Clypeobasal assez étroit, rectangulaire, peu nettement limité vers l'arrière. Clypeoapical très court, hyalin. Labre présentant sa largeur maxima à sa moitié ou en avant, pourvu d'une pointe hyaline bien développé. Mandibules de longueur un peu variable, courbées, en sabre ; la gauche crénelée trois fois à la base et pourvue d'une dent basale nette, la droite ne possédant que la dent basale. Antennes à 17 articles, le troisième plus long que le deuxième. Submentum étroit, rectangulaire, rétréci à la moitié.

Pronotum de taille variable, relativement étroit ou atteignant la largeur de la tête. Partie antérieure peu fortement courbée, plus ou moins nettement échancrée en avant et en arrière. Tergites du thorax plus fortement chitinisés que ceux de l'abdomen. Pattes relativement longues : tibias antérieurs à 3 aiguillons apicaux, moyens et postérieurs avec 2. Cerci à 2 articles. Styli petits ou rudimentaires.

Ouvrier. Deux tailles. Tête vaguement pentagonale, arrondie. Fontanelle très distincte, circulaire, blanche. Yeux composés présents, en arrière des antennes, sous forme de points clairs distincts. Clypeobasal court, relativement fortement saillant. Clypeoapical grand, hyalin. Labre plus long que large muni d'une bande transversale plus chitinisée. Mandibules du type *Termes*. Antennes de 17 à 20 articles, le troisième de taille variable. Pronotum en forme de selle, bien plus étroit que la tête. Pattes, cerci, styli, comme chez les soldats.

HOLMGREN a divisé ce genre en deux sous-genres, très voisins comme on va le voir.

Imago.

| | |
|---|---|
| Pronotum grand et large... | Sous-genre MACROTERMES. |
| Pronotum plus étroit et plus court .................... | Sous-genre TERMES, s., str. |

Soldat.

| | |
|---|---|
| Tête très nettement rétrécie vers l'avant, pronotum habituellement petit...... | MACROTERMES. |
| Tête à bords latéraux à peu près parallèles, pronotum relativement large... | TERMES, s., str. |

J'ai trouvé avec une extrême abondance, le *Macrotermes gilvus* HAGEN, dont voici la description tirée de HOLMGREN :

Imago. De couleur châtain clair, plus clair à la face inférieure. Clypeobasal jaune. Montrent une couleur variant de jaune rouille à brunâtre : les antennes, une tache peu nette en forme de T et deux taches scapulaires sur le pronotum, les parties antérieures du méso et du métanotum. Ailes faiblement dégradées du jaunâtre au brunâtre, avec un trait subcostal jaunâtre, à pilosité peu dense. Membrane claire revêtue de poils serrés. Tête largement ovale, rétrécie en avant. Yeux composés de taille moyenne, fortement proéminents.

Ocelles grands, séparés des yeux par une distance à peine égale à leur demi-diamètre. Fontanelle entourée d'une partie jaunâtre. Clypeosabal un peu plus court que sa demi-largeur, fortement saillant. Antennes à 19 articles, le troisième égal au deuxième ou légèrement plus long, le quatrième un peu plus court que le troisième.

Pronotum semi-lunaire, très faiblement échancré en arrière. Méso et métanotum nettement et largement échancrés en arrière. Médiane se divisant seulement dans le tiers apical, en 2 ou 3 rameaux. Cubitus pourvu d'environ 12 longues branches.

| | | |
|---|---|---|
| Longueur avec les ailes ............ | 23mm | à 30mm |
| Longueur sans les ailes ............ | 14mm | |
| Longueur de l'aile antérieure ....... | 20mm | à 25mm |
| Longueur de la tête ............... | 2mm 66 | |
| Largeur de la tête ............... | 2mm 28 | |
| Largeur du pronotum ............. | 2mm 36 | |
| Longueur du pronotum ............ | 1mm 33 | |

Grand soldat. Tête rouge brun. Corps jaune brun. Pilosité très rare. Tête faiblement rétrécie en avant. Fontanelle très nette, un peu en avant du milieu de la tête. Clypeobasal court, plat, Labre court, en forme de langue, avec une courte pointe hyaline. Mandibules courtes et épaisses, peu courbes. Antennes plus courtes que la tête, à 17 articles, le deuxième étant égal au quatrième et un peu plus court que le troisième.

Pronotum large, court, très nettement et profondément échancré en avant et en arrière. Méso et métanotum aussi larges que le pronotum, avec des côtés arrondis et un bord postérieur largement échancré. Pattes assez longues.

| | | |
|---|---|---|
| Longueur du corps ................. | 8mm | à 9mm |
| Longueur de la tête avec les mandibules | 5mm | |
| Longueur de la tête sans les mandibules | 3mm 61 | |
| Largeur de la tête .................. | 3mm 04 | |
| Largeur du pronotum .............. | 2mm 43 | |
| Longueur du pronotum .............. | 1mm 01 | |

Petit soldat. Plus clair et beaucoup plus petit que le grand soldat. Tête ovale, rétrécie en avant. Labre long, assez étroit, avec une pointe triangulaire. Mandibules étroites, assez longues et droites. Antennes à 17 articles, le troisième article un peu plus long que le quatrième et égal au deuxième.

Pronotum beaucoup plus étroit que la tête, plus long que sa demi-largeur, échancré en avant et en arrière. Méso et métanotum plus étroits que le pronotum, à côtés anguleux atténués. Pattes longues.

| | | |
|---|---|---|
| Longueur du corps | 5mm | à 6mm |
| Longueur de la tête avec les mandibules | 3mm 12 | |
| Longueur de la tête sans les mandibules | 2mm 01 | |
| Largeur de la tête | 1mm 56 | |
| Largeur du pronotum | 1mm 14 | |
| Longueur de la tête | 0mm 61 | |

Grand ouvrier. Tête brun clair, corps jaune blanchâtre. Pilosité assez rare. Tête pentagonale-arrondie. Fontanelle circulaire. Taches oculaires présentes. Clypeobasal blanchâtre, beaucoup plus long que sa demi-largeur, un peu saillant. Antennes à 18 articles, le troisième un peu plus long que le deuxième, le quatrième très court. Pronotum échancré en avant et en arrière.

| | |
|---|---|
| Longueur du corps | 6mm |
| Largeur de la tête | 1mm 79 |
| Largeur du pronotum | 0mm 95 |

Petit ouvrier. Plus clair que le grand. Antennes à 18 articles, le troisième aussi long que le deuxième et plus long que le quatrième.

| | |
|---|---|
| Longueur du corps | 4mm 50 à 5mm |
| Largeur de la tête | 1mm 25 |
| Largeur du pronotum | 0mm 80 |

Cette forme a été décrite de Singapour, Malacca, Sarawak, Java, Sumatra, Celebes, Timor, les Philippines.

Holmgren ajoute cette remarque :

« *Macrotermes gilvus* est très variable en taille et coloration ; il est possible que cette espèce se compose de plusieurs formes légèrement différentes. Je ne puis, cependant, tracer entre elles de démarcation et suis obligé de les réunir. Je remarque seulement que les formes de Celebes et de Sumatra paraissent plus grandes que celles de Java. Les exemplaires de Sumatra ont des ailes plus fortement teintées de jaune, tandis que les échantillons de Java et de Bornéo seraient peut-être plus brunâtres. Ceux de Timor sont plus petits et ont une tête plus rougeâtre. *Macrotermes gilvus* est donc très variable et il semble que, des îles de l'Inde orientale, proviennent autant d'espèces différentes. »

Je ne partage pas la conception de l'espèce qu'a Holmgren et je dirais seulement que la forme dont il parle est variable. Les types que j'ai recueillis en Indochine, se rapportaient, d'après M. Bugnion, à la sous-espèce *malayanus* de Haviland. Ils correspondaient à peu près aux indications de coloration que donne Holmgren ; j'ai trouvé, le plus souvent, le petit ouvrier muni seulement de 17 articles antennaires.

Voici la description de *Termes malayanus* par son auteur.

« Mâle. 14 millimètres de long. Chatain en dessus, ocreux en dessous. L'épistome, une tache en forme de phalène sur le pronotum, la moitié antérieure du méso et du métanotum, testacés. Pattes ocreuses. Ocelles larges, séparés des yeux par leur demi-diamètre. Fontanelle petite. Antennes à 19 articles, le troisième n'atteignant pas, en longueur, le double du second. Épistome saillant.

Pronotum pourvu d'une marge postérieure légèrement concave, bords latéraux et postérieur légèrement arrondis, les bords latéraux convergents, le bord postérieur bilobé. Écailles alaires antérieures seulement un peu plus grandes que les postérieures. Ailes de 25 millimètres sur 7, fauves. Une ligne de couleur plus foncée est parallèle et contiguë à la subcostale dans la moitié distale de l'aile. La médiane est d'abord à mi-chemin entre la subcostale et la submédiane, mais elle s'approche bientôt de cette dernière, se divise une ou deux fois au milieu de l'aile, ou un peu au-delà. A cet endroit, la submédiane donne naissance à 6 ou 7 veines épaisses et 4 à ou 5 minces, ces dernières étant fourchues. Pattes postérieures dépassant l'abdomen. Styli petits, leurs aires basales sont confluentes.

La septième plaque ventrale de la femelle est longue de 1mm 3 et large de 3mm 2. L'abdomen de la reine atteint 50 millimètres.

Soldats. Le grand a 10 millimètres de long. Sa tête mesure 3mm 3 de longueur totale et 2mm 9 de large, de teinte ferrugineuse. Vague tache plus claire à la place des yeux. Fontanelle en forme d'orifice. Antennes de 17 articles, le troisième n'atteignant pas le double du second. Labre ovale, blanc à l'extrémité, obtus, n'atteignant pas la moitié des mandibules. Celles-ci sont longues, mesurant 1 mm 8, incurvées à l'extrémité, le bord tranchant dépourvu de dents. Gula de 8 millimètres de large, à peu près uniforme. Bords antérieur et postérieur du pronotum lobés : bords latéraux arrondis. Méso et métanotum aussi larges que le pronotum, bords latéraux arrondis formant des lobes dirigés légèrement vers l'arrière. Fémurs postérieurs dépassant la pointe de l'abdomen. Dessus de l'abdomen glabre. Styli petits.

Le petit soldat mesure 5 millimètres de long. Tête de 2 millimètres sur 1mm 7. Mandibules atteignant 1mm 7, pronotum large de 1mm 3.

Ouvrier. Long de 5mm 5, tête de 2 millimètres de large. Antennes à 18 articles. Épistome convexe. Dessus de l'abdomen courbe. Styli bien développés.

Habitat : Péninsule malaise (Singapour), Bornéo (Sarawak).

*Termes gilvus*, espèce représentative javanaise parait différent. »

L'Indochine possède d'autres espèces de *Macrotermes*. J'y ai trouvé le *Macrotermes malaccensis* Haviland. Holmgren en donne la description suivante :

Imago. Brun, plus clair en dessous. Angles antérieurs de la bande frontale, clypeobasal, labre, antennes, une tache en forme de T sur le pronotum, variant du jaune rouille au brun. Ailes brunes. Pilosité rare sur le corps, ailes velues.

Tête largement ovale, rétrécie en avant. Yeux composés moyens, saillants, mais plats. Ocelles médiocres, séparés des yeux par une distance nettement supérieure à leur diamètre transversal. Fontanelle petite, saillante, autour de laquelle le vertex est un peu déprimé.

Partie antérieure de la bande frontale légèrement déprimée. Clypeobasal plus court que sa demi-largeur, mais pas très court, fortement saillant. Antennes à 19 articles, le troisième un peu plus court que le deuxième, le quatrième beaucoup plus court que le troisième, égal au cinquième et sphérique.

Pronotum faiblement ensellé, légèrement plus étroit que la tête. Angles antérieurs fortement enfoncés, découpés en forme d'angle aigu émoussé. Bord extérieur faiblement échancré. Médiane habituellement divisée en 2 ou 3 branches, dans le tiers apical. Cubitus pourvu de 12 à 15 rameaux, souvent fourchus :

| | | |
|---|---|---|
| Longueur avec les ailes ............ | 23mm | |
| Longueur sans les ailes ............ | 10mm | à 12mm |
| Longueur de l'aile antérieure ....... | 19mm | |
| Longueur de la tête ............... | 2mm 89 | |
| Largeur de la tête ................. | 2mm 43 | |
| Largeur du pronotum ............ | 2mm 43 | |
| Longueur du pronotum ............ | 1mm 41 | |

Grand soldat. Tête brun rouge passant au brun ou au noir en avant. Clypeobasal et labre de la même couleur. Mandibules noires, corps jaune paille teinté de brun.

Pilosité très rare sur la tête. Tergites abdominaux garnis de deux rangées postérieures de soies.

Tête ovale, très nettement rétrécie en avant. Yeux à facettes extrêmement faiblement indiqués. Fontanelle un peu en avant du milieu de la tête. Clypeobasal plat. Condyles mandibulaires très grands. Labre largement ovale, avec une partie apicale longue, pointue, hyaline. Mandibules fortement courbées, la gauche montrant quelques crans fins à la base. Antennes à 17 articles, le troisième beaucoup plus long que le deuxième, le quatrième égal ou un peu plus long que le deuxième.

Pronotum petit, nettement échancré en avant et en arrière. Méso et métanotum à angles latéraux prononcés. Pattes assez longues.

| | |
|---|---|
| Longueur du corps ................ | 13mm |
| Longueur de la tête avec les mandibules | 6mm 5 à 7mm 1 |

| | |
|---|---|
| Longueur de la tête sans les mandibules | 4mm 75 |
| Largeur de la tête .................. | 4mm 2 |
| Largeur du pronotum .............. | 2mm 55 |
| Longueur du pronotum ............ | 1mm 33 |

Petit soldat. Couleur et pilosité comme chez le grand soldat. Antennes à 17 articles, le troisième très légèrement plus court que le deuxième, et égal au quatrième. Mandibules un peu plus longues et plus étroites que chez le grand soldat. Pro, méso, métanotum pourvus d'angles latéraux prononcés. Pattes longues.

| | |
|---|---|
| Longueur du corps ................ | 9mm à 10mm |
| Longueur de la tête avec les mandibules. | 4mm 61 |
| Longueur de la tête sans les mandibules. | 3mm 04 |
| Largeur de la tête .................. | 2mm 47 |
| Largeur du pronotum ............... | 1mm 59 |
| Longueur du pronotum ............. | 0mm 95 |

Grand ouvrier. Tête brune, corps jaune paille passant au brun. Pilosité comme chez les soldats.

Tête largement ovale. Fontanelle circulaire, blanche. Rudiments oculaires nets, front déprimé en avant de la fontanelle. Clypeobasal plus court que sa demi-largeur, mais pas très court, un peu bombé. Antennes à 18 ou 19 articles, le troisième beaucoup plus court que le deuxième et égal au quatrième.

Pronotum en forme de selle, à peine échancré en avant.

| | |
|---|---|
| Longueur du corps .................. | 8mm 8 |
| Largeur de la tête .................. | 2mm 13 |
| Largeur du pronotum ................ | 1mm 37 |

Petit ouvrier. Comme le grand, mais plus petit.

| | |
|---|---|
| Longueur du corps ................ | 6mm 5 |
| Largeur de la tête .................. | 2mm 09 |
| Largeur du pronotum ............... | 1mm 13 |

J'ai rencontré aussi le *Macrotermes carbonarius* Hagen. Cette espèce est ainsi caractérisée :

Imago. Noir. Antennes, labre, pattes, jaune-brunâtre. Clypeobasal brun foncé au milieu, jaune-brun en avant et sur les côtés. Les deux premiers sternites abdominaux blancs en leur milieu. Ailes brunâtres. Pilosité extrêmement rare, membrane alaire non velue.

Tête largement ovale, rétrécie en avant. Front déprimé autour de la fontanelle. Celle-ci est saillante. Yeux composés de taille moyenne, fortement proéminents. Ocelles séparés des yeux par une distance égale à leur diamètre longitudinal. Bande frontale déprimée en avant. Clypeobasal grand, fortement saillant, de longueur presque égale à sa demi-largeur. Antennes à 19 articles, le troisième une fois et demi aussi long que le deuxième.

Pronotum sensiblement aussi large que la tête, semi-lunaire, à peu près long de sa demi-largeur. Méso et métanotum faiblement mais largement échancrés en arrière. Écailles alaires antérieures un peu plus grandes que les postérieures. Secteur radial souvent pourvu de rameaux apicaux postérieurs. Médiane divisée à partir de la moitié, pourvue de 3, 4, 5, longues branches. Cubitus avec environ 15 longues subdivisions.

| | |
|---|---|
| Longueur avec les ailes .................. | 30mm |
| Longueur sans les ailes .................... | 17mm |
| Longueur des ailes antérieures ............ | 25mm |
| Longueur de la tête ...................... | 3mm 8 |
| Largeur de la tête ....................... | 3mm 31 |
| Largeur du pronotum .................... | 3mm 31 |
| Longueur du pronotum .................. | 1mm 71 |

Grand soldat. Tête variant du brun foncé au noir, jaune rouille en avant. Antennes et labre jaune rouille. Chitine du corps brune, plus claire en dessous. Pattes jaunâtres. Pilosité extrêmement rare.

Tête largement ovale, fortement rétrécie en avant, légèrement aplatie. Yeux présents sous forme de deux taches claires très nettes. Fontanelle punctiforme, placée antérieurement. Clypeus court, plat, assez nettement séparé du front. Labre légèrement élargi vers l'avant avec une grande pointe hyaline triangulaire, nettement délimitée Mandibules en forme de sabre, assez étroites, fortement courbées. Mandibule gauche portant, à sa base, trois crénelures peu nettes. Antennes à 17 articles, le troisième à peu près double du second.

Pronotum relativement étroit, plus court que sa demi-largeur, très nettement échancré en avant et en arrière. Méso et métanotum à angles latéraux prononcés, faiblement échancrés en arrière. Pattes longues, dernier article du tarse beaucoup plus long que les autres réunis. Cerci bien développé. Styli présents.

| | |
|---|---|
| Longueur du corps ...................... | 16mm |
| Longueur de la tête avec les mandibules .... | 8mm |
| Longueur de la tête sans les mandibules ... | 5mm 60 |
| Largeur de la tête ........................ | 4mm 7 |
| Largeur du pronotum .................... | 3mm 15 |
| Longueur du pronotum .................. | 1mm 33 |

Petit soldat. Couleur et pilosité comme chez le grand soldat, structure du corps semblable, mais bien plus petit. Le troisième article antennaire n'est pas double du deuxième. Pointe hyaline du labre prolongée en une saillie aiguë mais courte. Méso et métanotum pourvus de saillies angulaires latérales légèrement émoussées. Pattes plus longues.

| | |
|---|---|
| Longueur de la tête avec les mandibules .... | 5mm 1 |
| Longueur de la tête sans les mandibules .... | 3mm 27 |
| Largeur de la tête ........................ | 2mm 74 |
| Largeur du pronotum .................... | 2mm 01 |
| Longueur du pronotum .................. | 0mm 95 |

Grand ouvrier. Couleur variant du brunâtre au brun foncé. Tête plus claire en avant. Pilosité rare.

Tête large, presque pentagonale, ovale. Fontanelle circulaire, blanche. Yeux présents sous forme de taches rondes, blanches, nettes. Clypeobasal beaucoup plus court que sa demi-largeur, légèrement saillant. Antennes à 18 articles, le troisième sensiblement égal au deuxième, ou un peu plus court.

Pronotum étroit, très nettement échancré en avant et en arrière.

| | |
|---|---|
| Longueur du corps ............. | 7mm à 8mm |
| Largeur de la tête ............ | 2mm 55 à 2mm 87 |
| Largeur du pronotum ......... | 1mm 52 |

Petit ouvrier. Plus clair que le grand ouvrier, plus petit. Clypeobasal sensiblement aussi long que chez le grand ouvrier. Antennes à 17 articles, le troisième plus court que le deuxième et égal au quatrième.

Genre **Microtermes** Wasmann.

Imago. Tête ovale large. Yeux composés relativement petits, saillants. Ocelles regardant un peu latéralement, presque circulaires, séparés, au plus, des yeux, par leur diamètre transversal. Fontanelle présente, souvent insignifiante. Clypeobasal au moins aussi long que sa demi-largeur, fortement convexe en arrière, droit en avant, fortement saillant, beaucoup plus clair que le front. Condyles mandibulaires apparents mais petits. Clypeoapical assez grand, hyalin. Labre plus long que large, muni d'une bande transversale plus chitinisée. Mandibules du type « *Termes* », première dent un peu plus grande que la deuxième. Antennes de 15 à 18 articles, les troisième et quatrième courts.

Pronotum un peu plus long que sa demi-largeur, relativement plat, avec seulement des angles antérieurs faiblement déprimés, orné d'un dessin clair en forme de T et de taches humérales. Bord antérieur droit, légèrement crénelé au milieu. Angles antérieurs arrondis. Bords latéraux assez convergents vers l'arrière. Bord postérieur droit ou un peu échancré. Méso et métanotum plus ou moins largement découpés en triangle vers l'arrière. Ailes variant de hyalines à jaunâtres. Membrane alaire unie, couverte de poils fins et minces, très finement ponctuée, avec des veines accessoires dans le champ subcostal. Radius des deux paires d'ailes rudimentaire ou nul. Secteur radial nettement marqué, comme le bord costal de l'aile, brun jaunâtre. Médiane et cubitus faiblement marqués. La médiane de l'aile antérieure sort librement de l'écaille, celle de l'aile postérieure se détache de la partie basale du secteur radial. La médiane est équidistante du secteur radial et du cubitus, elle se partage, le plus souvent, en plusieurs rameaux apicaux. Cubitus pourvu de rameaux épaissis internes.

Flancs de l'abdomen pourvus de trichomes à exsudat dans les deux sexes. Chez la femelle, il sont cependant plus serrés. Styli très réduits, manquants parfois, mais très rarement, chez le mâle.

Soldat. Le plus souvent une seule forme. Très petit, souvent plus petit que la forme ouvrière relative. Tête comparativement petite, plus ou moins faiblement bombée, ovale ou ronde, rétrécie en avant. Fontanelle insignifiante, munie d'une glande tubulaire ou d'une plaque frontale glandulaire. Sutures céphaliques invisibles. Clypeus plat, plus ou moins carré, limité par une droite en avant. Condyles mandibulaires petits. Clypeoapical court, hyalin. Labre en forme de lancette, long, pointu, ou bien en forme de langue, plus court, arrondi, sans pointe hyaline. Mandibules à courbure très fortement concave du côté externe de la base, de telle sorte que le bord interne est fortement rapproché de la ligne médiane. Elles sont faibles, plus ou moins fortement courbées en sabre. Bord interne complètement inerme, ou bien, la mandibule gauche pourvue d'une dent médiane rudimentaire. Partie basale très développée. Antennes de 12 à 16 articles, le troisième plus petit que le deuxième, le quatrième souvent plus petit. Submentum court et large, presque carré.

Pronotum petit, faiblement ensellé, lobes antérieurs assez grands. Tibias comprimés latéralement. Cerci petits, styli rudimentaires ou nuls.

Ouvrier. Tête grande et épaisse, plate, carrée avec les angles arrondis, ou ovale. Partie mandibulaire courte, sutures céphaliques invisibles. Fontanelle avec une plaque frontale très difficile à découvrir. Clypeus grand, ovale, transversal, plus ou moins fortement saillant. Clypeoapical légèrement pointu, fortement incliné, avec une bande transversale plus chitinisée. Mandibules du type *Termes*. Antennes de 13 à 16 articles, les troisième et quatrième plus courts que les suivants.

Pronotum en forme de selle, très petit, beaucoup plus étroit que la tête. Tibias non aplatis, cerci courts, styli rudimentaires ou nuls.

Le *Microtermes incertoides* Holmgren existe en Indochine. On le définit ainsi :

Imago. Inconnu.

Soldat. Tête jaune, moitié externe des mandibules brune. Corps blanchâtre. Tête couverte de poils fins, dressés. Tergites abdominaux portant des poils assez serrés.

Tête ovale nettement rétrécie vers l'avant, plaque frontale reportée en arrière du milieu de la tête. Clypeobasal sensiblement rectangulaire, transversal, petit. Labre en forme de lancette, s'étendant sur les deux tiers des mandibules, légèrement aiguisé à son extrémité. Mandibules relativement courtes, faibles, peu incurvées. Antennes à 14 articles, le deuxième aussi long que le troisième et le quatrième réunis, ces deux derniers étant égaux.

Pronotum étroit, faiblement échancré en avant.

| | |
|---|---|
| Longueur du corps .................. | 3mm 40 à 3mm 50 |
| Long. de la tête avec les mandibules... | 1mm 22 |
| Long. de la tête sans les mandibules... | 0mm 84 |
| Largeur de la tête .................. | 0mm 68 |
| Largeur du pronotum ............... | 0mm 46 |

Grand ouvrier. Tête jaunâtre clair. Corps blanchâtre. Pilosité comme chez le soldat. Tête allongée, rectangulaire. Clypeobasal relativement grand. Condyles mandibulaires grands. Antennes à 14 articles, semblables à celles du soldat. Pronotum échancré en avant.

| | |
|---|---|
| Longueur du corps .............. | 3mm 7 |
| Largeur de la tête ................ | 0mm 87 |
| Largeur du pronotum ............ | 0mm 46 |

Petit ouvrier. Couleur, pilosité, antennes comme chez le grand ouvrier. Tête ovale clypeobasal grand.

| | |
|---|---|
| Longueur du corps .............. | 2mm 9 |
| Largeur de la tête ................ | 0mm 68 |
| Largeur du pronotum ............ | 0mm 42 |

Genre **Odontotermes** Holmgren.

On le définit comme il suit :

Imago. Tête largement ovale, presque circulaire. Yeux composés de taille variable, plus ou moins saillants. Ocelles variables en taille et position. Fontanelle accompagnée d'une plaque frontale. Clypeobasal plus ou moins saillant, de taille variable, très court ou atteignant, en longueur, sa demi-largeur. Partie terminale bien développée. Labre plus long que large, muni d'une bande transversale plus chitinisée. Mandibules du type *Termes*. Antennes à 19 articles, le troisième toujours plus court que le deuxième.

Pronotum à bords latéraux fortement convergents vers l'arrière, presque toujours pourvu d'un dessin clair en forme de T et de 2 taches humérales. Méso et métanotum découpés en forme d'arc. Ailes variant de l'absence de coloration au brun foncé. Radius très court, ne dépassant extérieurement l'écaille que d'une longueur insignifiante. La médiane de l'aile antérieure provient de la partie basale du cubitus, celle de l'aile postérieure du secteur radial. Tibias antérieurs avec 3 aiguillons apicaux, moyens et postérieurs avec 2 seulement. Cerci courts. Styli fortement rudimentaires chez le mâle. Bords latéraux de l'abdomen pigmentés, pourvus, chez la reine, de trichomes à exsudat.

Soldat. En général, une seule taille. Tête de forme variable, plus ou moins allongée, le plus souvent rétrécie en avant. Front relativement plat. Fontanelle accompagnée d'une glande ou d'une plaque frontale. Clypeus assez étroit, rectangulaire, transversal, peu nettement limité en arrière. Clypeoapical très court, hyalin. Labre dépourvu de pointe hyaline, possédant des soies marginales antérieures. Mandibules variables, la gauche montrant, le plus souvent, une dent aiguë, rarement crénelée 3 ou 4 fois à la base. Antennes de 15 à 18 articles. Submentum rectangulaire, de largeur maxima au milieu, assez large.

Pronotum fortement ensellé, étroit, de même teinte que le corps, rarement fortement chitinisé. Pattes de longueur normale. Aiguillons tibiaux comme chez l'imago. Cerci courts, styli rudimentaires, souvent absents.

Ouvrier. Deux tailles. Fontanelle rarement circulaire. Le reste comme chez *Termes*.

HOLMGREN divise ce genre en trois sous-genres :

Imago. Clypeus le plus souvent muni d'une courte partie basale, inférieure à sa demi-largeur.

*a*) Fontanelle en relief. Front déprimé.

Ss. G. ODONTOTERMES s. str.

*aa*) Fontanelle ouverte. Front déprimé.

Ss. G. HYPOTERMES.

Clypeoapical, le plus souvent, de longueur égale à sa demi-largeur.

Ss. G. CYCLOTERMES.

Soldat. Mandibules courtes et épaisses, avec une dent médiane grossière, peu saillante, pouvant varier en position. Surtout de grosses espèces. Tête habituellement rectangulaire.

Ss. G. ODONTOTERMES s. str.

Mandibule gauche crénelée 4 fois à la base.

Ss. G. HYPOTERMES.

Mandibule gauche avec une dent saillante, mandibules relativement faibles, étroites, courbées en forme de sabre. Petites espèces. Tête nettement rétrécie en avant.

Ss. G. CYCLOTERMES.

J'ai rencontré trois espèces en Indochine.

*Odontotermes (Cyclotermes) hainanensis* LIGHT.

Voici la description de cette forme par son auteur.

« Espèce nouvelle récoltée à Kachek (Hainan) en 1922. Elle attaquait la face inférieure de planches de bois dur, posées sur le sol.

*Diagnose.*

Imago inconnu.

Soldat. Tête arrondie postérieurement et latéralement. Bords latéraux convergents. $1^{mm}$ 0 de large sur $1^{mm}$ 1 de long, mandibules non comprises. Submentum moitié aussi large que la tête, fortement convexe au centre. Lame de la mandibule droite sensiblement rectiligne, celle de la mandibule gauche légèrement courbée vers l'intérieur, à partir de sa moitié. Dent de la mandibule droite rudimentaire, plus près de la base que celle de la mandibule gauche. Antennes pas plus foncées à leur extrémité qu'à leur origine, 15 ou 16 segments.

Grand ouvrier. Tête beaucoup plus large que celle du soldat, large de 1mm 45, longue de 1mm 62. Antennes à 17 articles, le troisième plus court.

Petit ouvrier. Beaucoup plus petit que le précédent. Tête de 0mm82 de large sur 0mm 96 de long. Antennes à 14 articles, le quatrième plus court.

*Description.*

Imago inconnu.

Soldat. Tête jaune vif teinté de brunâtre. Mandibules brun foncé avec une région basale orangée. Le reste du corps est jaunâtre pâle, taché de livide. Sur l'abdomen, surfaces plus foncées dues aux organes internes, vus à travers la paroi transparente du corps.

Tête largement ovoïde avec les bords postérieurs et latéraux arrondis, convergeant nettement en avant. Surface latérale et postérieure arrondie, la face supérieure peu bombée et le front modérément déclive. Fontanelle extrêmement petite, n'apparaissant qu'avec un fort grossissement. Submentum grand et saillant. Vu de profil, il paraît fortement convexe, plus haut au milieu et s'abaissant, de tous les côtés, vers le bord. Bord postérieur quelque peu concave ; bord antérieur sensiblement droit.

Les lames des mandibules sont courbées en dehors à partir de leur point de jonction avec la base, ce qui leur donne un bord externe nettement concave. Elles sont légèrement déprimées au milieu, au-delà duquel elles se courbent nettement vers le haut. Extrémités nettement et brusquement incurvées. Le bord latéral de la lame de la mandibule gauche est légèrement convexe près de son milieu, au-delà duquel la mandibule est courbée à l'intérieur. La marge interne porte une large projection basale irrégulière, au-delà de laquelle la mandibule se courbe comme il a déjà été dit. Sur le bord tranchant, une saillie importante masque la courbure propre de la mandibule. Ce relief se termine brusquement dans le 1/3 externe de la lame et sa portion supérieure et externe se projette médialement et antérieurement. Son extrémité et sa projection constituent la « dent » de la mandibule gauche, caractéristique de ce groupe d'espèces. Une large et profonde encoche sépare la partie basale de la saillie. La lame de la mandibule droite est à peu près rectiligne, la projection basale est un peu plus petite. La dent est rudimentaire, plus proximale, dépourvue du relief qui accompagne celle de la mandibule gauche. Au-delà de la dent, le bord interne de la mandibule gauche est nettement concave, tandis que le bord tranchant de la droite est sensiblement rectiligne. La mandibule droite est plus étroite que la gauche avant la dent, et plus large au-delà.

Le clypeobasal n'est pas nettement délimité, le clypeoapical court et large, est plus large que le labre. Ce dernier est plutôt long, en forme de langue, les côtés convergeant, à partir de la base, vers le sommet étroit et arrondi. Le bord dorsal de la tache antennale est quelque peu saillant ; il montre une couleur brun rougeâtre ainsi que la carène antennale dorsale et l'articulation mandibulaire interne.

Les antennes sont plus fortes, avec de larges articulations et comprennent 15 ou 16 articles. Quand elles en ont 16, le quatrième segment est le plus petit. Quand elles en ont 15, c'est le troisième ; le quatrième article est alors très grand et montre souvent des signes de division. Le segment terminal est le plus grand de ceux qui restent : il est nettement ovoïde avec un sommet pointu.

Le pronotum est plus large que long, ses côtés passant graduellement à l'étroit bord postérieur concave. La région antérieure, élevée, est large à sa base, mais se rétrécit rapidement vers le petit bord antérieur bilobé. Celui-ci n'est pas encoché, mais la surface du pronotum porte de larges et profonds sillons.

Grand ouvrier. La tête est beaucoup plus large que celle du soldat, mesurant, en moyenne, $1^{mm}$ 45 de large sur $1^{mm}$ 62 de long. Elle est rectangulaire, si on considère la partie située en arrière des articulations mandibulaires. Les bords latéraux sont rectilignes, les angles latéro-postérieurs sont largement arrondis, le bord postérieur, courbe, les continuant naturellement. Léger bombement endessous des antennes, faisant de cette région la partie la plus large de la tête.

Fontanelle très petite, peu visible. Tête jaune clair. Articulations mandibulaires, dorsales et ventrales marquées de rouge ; parties externes des mandibules variant du noir au rouge. Antennes placées haut sur la tête, à 17 articles, le troisième étant le plus court, plus minces et moins lâchement articulées que chez le soldat. Clypeobasal quelque peu saillant, muni d'une suture longitudinale distincte. Il est quelque peu rétréci au milieu, s'atténuant en extrémités latérales étroites. Il mesure 0mm 5 de large, sur 0mm 2 de long. Clypeoapical hyalin, plus long au milieu, s'atténuant en extrémités latérales étroites, moitié aussi long que le clypeobasal. Moins saillant que le clypeobasal, il est cependant légèrement proéminent.

Labre presque aussi long que large, (0mm 18 sur 0mm 48). Submentum bombé. Le pronotum mesure 0mm 6 de large sur 0mm 36 de long. Les angles latéro-antérieurs sont aigus et saillants.

Petit ouvrier. Beaucoup plus petit et plus clair. La tête mesure environ 0mm 82 de large sur 0mm 96 de long. Les antennes ont 16 articles dont le quatrième est le plus court.

Place systématique. Cette espèce rentre dans le groupe des espèces orientales voisines de *formosanus*, espèces caractérisées par la position distale de la dent de la mandibule gauche. On y peut réunir les *Termes formosanus*, *Escherichi* et *sarawakensis*. La séparation établie par HOLMGREN dans sa clef de 1913, entre *sarawakensis* et les autres espèces, semble douteuse, à cause de la variabilité du nombre des segments antennaires. Les espèces que l'on vient de nommer se distinguent des plus voisines, formant le groupe d'*obesus*, par le fait que leurs antennes ne sont pas sensiblement plus foncées vers l'extrémité.

*Termes hainanensis* se distingue nettement de *Termes formosanus* qui habite les mêmes régions, par la taille beaucoup plus petite de toutes ses castes, la plus grande courbure des bords latéraux et postérieurs de la tête du soldat, ses mandibules plus massives, la rectitude de sa mandibule droite, le nombre plus faible des articles antennaires et de nombreux autres détails. Il s'écarte des *Termes Escherichi* et *sarawakensis* en ayant deux castes d'ouvriers. Ces deux dernières espèces n'ont qu'une seule caste ouvrière, intermédiaire, par la taille, entre les deux catégories de *Termes hainanensis*. J'ai pu vérifier la différence de taille avec *T. sarawakensis*, au moyen de matériaux autotypes, compris dans une grande collection d'espèces de termites orientaux, qui m'a été gracieusement donnée par le Dr HOLMGREN. Cette collection ne contient malheureusement pas de soldats de *T. sarawakensis*, mais une comparaison avec la description originale et la figure, fait ressortir plusieurs différences. La dent rudimentaire de la mandibule droite est beaucoup plus basale que la dent de la mandibule gauche dans *T. hainanensis*. Chez *T. sarawakensis*, la mandibule droite est plus courbée, les bords latéraux de la tête sont plus parallèles, moins convergents.

Le vaste intervalle géographique des lieux de trouvaille rendrait presque certain que *T. Escherichi* (de Ceylan) et *T. hainanensis* sont des espèces différentes, même si nous n'avions pas de caractères positifs pour les séparer. Une comparaison entre les soldats de ces deux formes, montre que la tête du premier n'est que peu resserrée antérieurement ; les mandibules, spécialement la droite, sont plus courbées et le pronotum de proportion plus large, avec son bord antérieur moins fortement émarginé.

*Distribution et biologie.* Cette espèce n'a été attrappée qu'à Kachek, dans la région sud-est de Haïnan, mais des récoltes plus nombreuses la montreront, sans aucun doute, largement répandue à Haïnan, sinon sur le continent du Kouang toung. Les espèces de ce genre cultivent des champignons et, parfois, construisent des nids en monticules. On découvrira, sans doute, par la suite, les jardins de champignons de cette espèce ; il me paraît très improbable qu'elle édifie des monticules. Ainsi que *T. formosanus*, elle détruit le bois gisant sur le sol, mais paraît rarement, sinon jamais, attaquer les bâtiments.

On rencontre aussi, en Indochine, *Odontotermes Horni* WASMANN, dont voici les caractères :

Imago. Tête brun foncé, jaune de rouille en avant. Pronotum un peu plus clair que la tête, avec un dessin en forme de T et des taches humérales encore plus claires. Partie antérieure des méso et métanotum jaunes. Tergites abdominaux bruns, sternites montrant une bande médiane, jaune de rouille, assez large. Ailes jaune rouille clair, avec un sillon subcostal qui se sépare du secteur radial avant son milieu. Pattes jaune rouille. Tête, thorax et abdomen garnis de poils forts, dressés. Ailes revêtues de poils minces dans leur quart apical.

Tête oviforme, large, plate. Fontanelle nette, entourée d'une dépression circulaire. Yeux moyens. Ocelles séparés des yeux par une distance égale à leur diamètre transverse. Clypeus sensiblement aussi long que sa demi-largeur, modérément saillant. Antennes longues, à 19 articles, le deuxième très légèrement plus long que le troisième qui est légèrement plus long que le quatrième.

Pronotum un peu plus étroit que la tête, les yeux non compris, atteignant, en longueur, sa demi-largeur, faiblement échancré en avant et en arrière, sillonné longitudinalement en son milieu. Ailes assez longues et étroites. Médiane divisée seulement à son extrémité, en 2 à 5 branches. Cubitus à 18 ou 19 rameaux. Ailes revêtues de poils minces à leur extrémité.

| | | |
|---|---|---|
| Longueur, ailes comprises .... | 30mm | |
| Longueur, sans les ailes ....... | 13mm | à 14 mm |
| Longueur des ailes antérieures . | 23mm | à 24 mm |
| Longueur de la tête .......... | 3mm | |
| Largeur de la tête ............ | 2mm 68 | à 2mm 77 |
| Largeur du pronotum ........ | 2mm 53 | à 2mm 62 |
| Longueur du pronotum ...... | 1mm 41 | |

Soldat. Tête jaune, corps blanchâtre. Tête faiblement poilue, tergites abdominaux portant deux rangées irrégulières de soies.

Tête carrée, plus longue que large, rétrécie vers l'avant à partir de l'insertion des antennes. Fontanelle réduite, munie d'une plaque frontale. Clypeobasal court. Labre relativement court, terminé en pointe mousse. Mandibules assez puissantes, faiblement courbes. Mandibule gauche portant une dent à l'extrémité du tiers basal, la droite portant une dent rudimentaire un peu plus en avant. Antennes à 17 articles, le troisième beaucoup plus court que le deuxième, qui est sensiblement égal au quatrième.

Pronotum à peine incisé en avant, échancré en arrière.

| | | |
|---|---|---|
| Longueur du corps ................. | 7mm | à 7mm5 |
| Long. de la tête avec les mandibules ... | 4mm 07 | |
| Long. de la tête sans les mandibules ... | 2mm 77 | |

| | |
|---|---|
| Largeur de la tête .................. | 2mm 09 |
| Largeur du pronotum .............. | 1mm 71 |

Grand ouvrier. Tête jaune, corps blanchâtre, laissant apercevoir, par transparence, le contenu intestinal. Bord inférieur de la tête et extrémité des antennes bruns. Pilosité comme chez le soldat, mais un peu plus dense.

Tête carrée, arrondie. Fontanelle très nette, un peu brunâtre. Taches oculaires présentes. Clypeobasal beaucoup plus court que sa demi-largeur, fortement bombé. Antennes à 18 articles, le troisième plus court que le deuxième, mais pas très court, le quatrième très court. Pronotum non incisé en avant.

| | |
|---|---|
| Longueur du corps .............. | 5mm à 5mm 5 |
| Largeur de la tête ................ | 1mm 79 |
| Largeur du pronotum ............ | 1mm 06 |

Petit ouvrier. Comme le grand ouvrier, mais un peu plus clair. Antennes à 16 ou 17 articles. Quand elles ont 16 articles, le troisième est plus long que le quatrième, le deuxième égal au troisième et au quatrième réunis. S'il y a 17 articles, le deuxième surpasse le troisième et le quatrième réunis et ceux-ci sont égaux. Fontanelle peu nette. Pronotum non échancré.

| | |
|---|---|
| Longueur du corps ...................... | 3mm 5 |
| Largeur de la tête ......................... | 1mm 14 |
| Largeur du pronotum .................... | 0mm 53 |

*Odontotermes (Hypotermes) obscuriceps* Wasmann est également commun.

Imago. Tête foncée, châtain. Fontanelle, deux taches, les angles et le bord antérieur de la bande frontale, jaune de rouille. Clypeobasal brun sur la ligne médiane. Antennes brunâtres, pièces buccales jaune rouille. Sur le pronotum, deux taches humérales et un dessin en forme de T, jaunes. Parties antérieures du méso et du métanotum plus claires que les postérieures. Face supérieure de l'abdomen brune, face inférieure beaucoup plus claire, surtout au milieu.

Tibias marqués de brun. Ailes brun jaunâtre, avec des veines brunes. Pilosité assez dense. Tête revêtue, en partie, de poils courts, en partie, de longues soies.

Tête largement ovale, rétrécie en avant. Front fortement déprimé autour de la fontanelle. Fontanelle petite, punctiforme, non saillante, ouverte, en avant de laquelle se trouve une petite saillie longitudinale. Yeux composés de taille moyenne, fortement proéminents. Ocelles assez grands, à bord interne convexe, séparés des yeux par une distance égale à leur diamètre longitudinal. Clypeobasal grand, saillant, un peu plus court que sa demi-largeur, arqué en arrière, droit en avant. Antennes à 19 articles, le troisième plus court que le deuxième, le quatrième intermédiaire, par la longueur, entre ceux-ci, le cinquième égal au troisième.

Pronotum assez large, avec des angles antérieurs largement arrondis, quelque peu incisé en avant, faiblement échancré en arrière. Mésonotum plus largement découpé que le métanotum. Ailes assez larges. Membrane alaire couverte d'une ponctuation serrée et de poils extrêmement minces vers son extrémité. Radius court. Secteur radial pourvu, parfois, d'une branche apicale postérieure et de courts rameaux revenant en arrière. Médiane divisée en 8 branches environ, avant même d'atteindre le milieu. Cubitus pourvu de 12 à 16 ramifications, dont les 7 internes sont plus épaisses que les autres.

| | | |
|---|---|---|
| Longueur, ailes comprises ........ | 26mm | à 27mm |
| Longueur, sans les ailes ........... | 10mm | à 12mm |
| Longueur de l'aile antérieure ...... | 22mm | à 21mm |
| Longueur de la tête ............... | 2mm 47 | |
| Largeur de la tête ................. | 2mm 28 | |
| Largeur du pronotum ............ | 2mm 13 | |
| Longueur du pronotum .......... | 1mm 06 | |

Soldat. Tête brun clair, jaune en avant. Antennes brunes aux extrémités. Mandibules brunes. Corps jaune blanchâtre. Pilosité de la tête très rare. Tergites abdominaux revêtus de poils assez serrés.

Tête ovale, rétrécie en avant, peu bombée. Fontanelle invisible. Clypeobasal court. Labre ovale recouvrant la moitié des mandibules rapprochées. Mandibules assez courtes, et relativement puissantes, arquées. Mandibule gauche portant, à sa base, quelques crans faibles. Antennes à 16 articles, le troisième à peine égal à la moitié du deuxième, le quatrième encore plus court que le troisième. Pronotum entier en avant, un peu échancré en arrière.

| | |
|---|---|
| Longueur du corps ..................... | 4mm |
| Longueur de la tête avec les mandibules.... | 1mm 63 |
| Longueur de la tête sans les mandibules .. | 1mm 14 |
| Largeur de la tête ...................... | 0mm 95 |
| Largeur du pronotum .................. | 0mm 73 |

Grand ouvrier. Tête brun-clair, jaune en avant. Antennes brunâtre clair. Corps blanchâtre, laissant apercevoir le contenu intestinal, par transparence. Pilosité de la tête faible, celle des tergites abdominaux plus épaisse.

Tête quadrangulaire, arrondie. Tache oculaires présentes. Front nettement déprimé en avant. Clypeobasal plus court que sa demi-largeur, légèrement saillant. Antennes à 17 articles, le troisième égal à la moitié du deuxième, le quatrième un peu plus long que le deuxième. Pronotum légèrement incisé en avant.

| | | |
|---|---|---|
| Longueur du corps ............ | 4mm | à 4mm 5 |
| Largeur de la tête .............. | 1mm 25 | |
| Largeur du pronotum .......... | 0mm 63 | |

Petit ouvrier. De couleur plus claire. Tête arrondie, plutôt pentagonale. Antennes à 17 articles, le troisième très court et égal au quatrième. Pronotum non échancré en avant.

| | | |
|---|---|---|
| Longueur du corps ............ | 3mm | à 3mm 5 |
| Largeur de la tête .............. | 0mm 8 | |
| Largeur du pronotum .......... | 0mm 46 | |

Genre **Hamitermes** Silvestri.

On le définit ainsi :

Imago. De petite taille, le plus souvent de couleur foncée. Tête circulaire ou largement ovale, assez épaisse, peu bombée. Yeux composés assez petits, saillants. Ocelles moyens, séparés des yeux composés par une distance, au plus, égale à leur diamètre. Fontanelle au milieu de la tête ou en arrière, habituellement très caractérisée. Clypeobasal souvent plus clair que le front, presque aussi long que sa demi-largeur et fortement bombé, ou bien beaucoup plus court et aplati. Dans le premier cas, il est fortement convexe en arrière et droit en avant : dans le second, il est limité par une droite en avant et en arrière. Les angles antérieurs de la bande frontale embrassent, sur les côtés, le clypeobasal. Condyles mandibulaires très petits. Clypeoapical bien développé. Labre plus large que long, sans bandes chitineuses. Mandibule gauche pourvue d'une grosse partie molaire, qui fait fortement saillie en dehors du bord masticateur. Antennes habituellement à 15 articles, le troisième plus court que les voisins. Pronotum plus long que sa demi-largeur, droit antérieurement, souvent presque demi-circulaire en arrière, habituellement de la même teinte foncée que la tête. Méso et métanotum habituellement larges postérieurement, faiblement échancrés, avec des lobes postérieurs arrondis, ou bien longuement étirés en arrière, étroits, profondément échancrés, avec des lobes aigus. Écailles alaires antérieures un peu plus longues que les postérieures. Membrane alaire extrêmement finement et densément aiguillonnée et, de plus, finement poilue. Médiane de l'aile antérieure partant de l'écaille, celle de l'aile postérieure du secteur radial. La médiane s'approche graduellement, dans son parcours, du cubitus. Tibias antérieurs avec 2 ou 3 aiguillons apicaux. Cerci courts. Styli absents.

Soldat. Tête habituellement rétrécie antérieurement, en forme d'œuf ou de boule, parfois plus large que longue. Fontanelle quelquefois déplacée vers l'avant. Glande frontale le plus souvent très grande. Clypeobasal simple, aussi long au milieu que sur les côtés, ou bien bilobé, extrêmement court au milieu. Dans le premier cas, le clypeoapical est en forme de croissant ; dans le second, il est muni d'un prolongement qui s'avance entre les lobes du clypeobasal. Labre ovale, à pointe mousse. Mandibules habituellement étroites, en forme de sabre, courbes, avec une grande partie basale. Bord externe de la base, fortement arqué. Bord interne pourvu, presque au milieu, d'une dent habituellement aiguë, dirigée en avant, en dedans ou en arrière. Antennes de 13 à 17 articles, habituellement 15. Pronotum plus étroit que la tête, en forme de selle. Tibias antérieurs, avec 2 ou 3 aiguillons apicaux, les suivants en ont 2 seulement. Cerci courts. Styli extrêmement rudimentaires ou absents.

Ouvrier. Tête ovale large, plus ou moins claire, rarement foncée. Clypeus habituellement aussi long que sa demi-largeur, fortement saillant, rarement court et plat. Première dent des mandibules souvent un peu plus grande que la deuxième ; troisième dent petite ou nulle. Base de la mandibule munie d'une partie molaire grande, saillante. Antennes de 13 à 18 articles. Pronotum habituellement petit. Cerci courts. Styli extrêmement rudimentaires ou nuls.

Holmgren divise ce genre en six-sous genres, qui sont :

| | | |
|---|---|---|
| Euhamitermes | Drepanotermes | Synhamitermes |
| Monodontermes | Hamitermes s. str. | Globitermes |

Le sous-genre *Globitermes* est caractérisé par le fait que l'imago possède un clypeus petit, beaucoup plus court que sa demi-largeur, plat.

Le soldat montre une tête rétrécie en avant, plus ou moins bombée, jaune, plus large que longue. Antennes, au plus, de 15 articles. Mandibules longues, très fortement recourbées, munies de dents recourbées en arrière. Clypeus simple. Submentum plus ou moins fortement boursouflé en avant du milieu. Corps blanchâtre. Petites espèces.

J'ai trouvé très fréquemment, en Annam, Cochinchine, Cambodge le *Globitermes annamensis* Desneux. Il se rapproche beaucoup de *Globitermes sulphureus* Haviland. Je donne donc la description de ce dernier ; on pourra voir ensuite les caractères spécifiques de G. *annamensis*.

Imago. Brun foncé. Clypeobasal, antennes, une zone en forme de T sur les pro, méso et métanotum, plus clairs ainsi que la face inférieure du corps. Sternites abdominaux largement teintés de jaunâtre au milieu. Tibias un peu plus foncés que le haut de la cuisse. Ailes foncées.

Revêtement pileux moyennement serré. Membrane alaire portant des poils assez rares.

Tête largement ovale, rétrécie en avant. Yeux médiocrement développés, quelque peu proéminents. Ocelles séparés des yeux par une distance à peine égale à leur demi-diamètre. Fontanelle nette, claire, prolongée par une fente. Clypeobasal nettement plus court que sa demi-largeur, mais pas très court, faiblement convexe en arrière, faiblement concave en avant, fortement saillant, avec une ligne médiane. Antennes à 15 articles, le troisième très court, le quatrième à peu près aussi long que le second.

Pronotum plus long que sa demi-largeur, droit en avant, les angles antérieurs à peu près droits, arrondi en arrière, échancré au milieu. Mésonotum plus largement échancré que le métanotum. Écailles alaires antérieures nettement plus grandes que les postérieures. Médiane très rapprochée du cubitus, avec 2 ou 3 rameaux apicaux et de courtes branches antérieures se détachant de toute la longueur. Cubitus émettant 10 à 13 branches, dont quelques-unes fourchues.

| | |
|---|---|
| Longueur avec les ailes ................. | $12^{mm}$ |
| Longueur sans les ailes ................... | $6^{mm}$ |
| Longueur de l'aile antérieure ............. | $9^{mm}$ 5 |
| Longueur de la tête ...................... | $1^{mm}$ 37 |
| Largeur de la tête ....................... | $1^{mm}$ 18 |
| Largeur du pronotum ...................... | $0^{mm}$ 99 |
| Longueur du pronotum ..................... | $0^{mm}$ 65 |

Soldat. Tête jaune brunâtre mandibules brunes. Corps variant du blanc jaunâtre au jaune rougeâtre. Soies éparses sur la tête, tergites de l'abdomen revêtus de poils assez serrés.

Tête circulaire, fortement bombée, à peu près aussi large que longue. Fontanelle très réduite, accompagnée d'une plaque frontale. Clypeobasal médiocrement court, plat. Labre plus long que large, avec une pointe arrondie. Mandibules longues, étroites, droites jusqu'à leur moitié, ensuite fortement courbées, pourvues, au premier tiers, d'une dent dirigée en arrière. Antennes à 14 articles, le deuxième aussi long que le troisième et le quatrième réunis. Submentum semblant « soufflé » au milieu.

Pronotum en forme de selle, faiblement échancré au milieu du bord antérieur. Réservoirs des glandes salivaires très grands.

| | |
|---|---|
| Longueur du corps ................. | 4mm 5 à 5mm |
| Longueur de la tête avec les mandibules | 1mm 82 |
| Longueur de la tête sans les mandibules | 1mm 03 |
| Largeur de la tête .................. | 0mm 99 |
| Largeur du pronotum ............. | 0mm 76 |

Ouvrier. Tête jaune, corps blanchâtre. Tête finement poilue, revêtement pileux plus serré sur les tergites abdominaux. Tête carrée, (tendance vers la forme pentagonale), arrondie. Fontanelle au milieu de la tête. Bande frontale déprimée en avant. Clypeobasal un peu plus court que sa demi-largeur, fortement bombé. Antennes à 14 articles ; le deuxième aussi long que le troisième et le quatrième réunis. Pronotum très peu ou pas échancré.

| | |
|---|---|
| Longueur du corps ..................... | 4mm 5 |
| Largeur de la tête ...................... | 1mm |
| Largeur de l'abdomen .................. | 0mm 61 |

Voici maintenant les caractéristiques de l'*Hamitermes annamensis* Desneux :

Soldat. Différent de *H. sulphureus* par la structure des antennes. Le deuxième article est à peu près aussi long que le troisième. Pronotum faiblement échancré en avant.

| | |
|---|---|
| Longueur du corps ...................... | 5mm 5 |
| Longueur de la tête avec les mandibules...... | 1mm 9 |
| Longueur de la tête sans les mandibules...... | 1mm 1 |
| Largeur de la tête ...................... | 1mm 06 |
| Largeur du pronotum .................... | 0mm 8 |

Ouvrier. A peine différent de *H. sulphureus*. Pronotum, cependant, plus large.

| | |
|---|---|
| Longueur du corps ...................... | 5mm |
| Largeur de la tête ....................... | 1mm 1 |
| Largeur du pronotum ................... | 0mm 76 |

Genre **Mirotermes** WASMANN.

En voici la définition :

Imago. Tête largement ovale, rétrécie en avant. Yeux souvent proéminents, de taille variable. Ocelles variables en position, à bord interne souvent relevé. Fontanelle le plus souvent prolongée en forme de fente.

Clypeobasal à peu près aussi long que sa demi-largeur ou plus court, le plus souvent faiblement bombé, dépassant les condyles mandibulaires, fortement convexe en arrière, droit ou faiblement concave en avant. Front souvent muni d'un champ frontal triangulaire. Mandibules avec une grande dent à l'extrémité. Antennes de 14 à 17 articles ; le troisième habituellement plus court que le deuxième.

Pronotum, le plus souvent, semi-lunaire. Méso et métanotum plus ou moins échancrés en arrière, munis de deux courts appendices. Membrane alaire ponctuée de fins aiguillons, de couleur foncée. La médiane s'approche du cubitus dans son parcours. Tibias antérieurs à 3 aiguillons apicaux, les médians et postérieurs avec 2 seulement. Styli absents. Femelles munies de trichomes à exsudat le long des côtés de l'abdomen.

Soldat. Tête plus ou moins cylindrique, plus ou moins déprimée en avant. Fontanelle grande, couverte de poils, placée verticalement sur la partie déprimée de la tête, au-dessous d'une ride ou d'un éperon frontal plus ou moins fortement développé. Labre plus ou moins en forme de gouttière, bilobé, ou bien muni d'angles antérieurs saillants. Mandibules variables en taille et en forme, parfois un peu asymétriques, souvent allongées en forme de bâtonnet, servant d'appuis pour le saut. La partie basale seule des mandibules est dentée. En plus de la dent basale, variable, il peut y avoir, à gauche, 1 ou 2 petites dents. Antennes à 14 ou 15 articles. Pronotum en forme de selle. Tibias antérieurs munis de 3 aiguillons apicaux, médians et postérieurs avec 2 seulement. Pas de styli.

Ouvrier. Blanchâtre, parfois avec une tête jaunâtre. Tête assez petite, souvent pentagonale arrondie. Clypeobasal grand, arrondi.

Dent extrême des mandibules grande. Antennes de 14 à 15 articles. Pronotum fortement ensellé. Pas de styli.

Holmgren reconnaît dans ce genre, en se basant sur la forme du soldat, six sous-genres :

| | | |
|---|---|---|
| Cubitermes | Mirotermes s. str. | Spinitermes |
| Basidentitermes | Protocapritermes | Tuberculitermes |

Le sous-genre *Mirotermes* s. str. possède un soldat dont le labre est faiblement bifide, avec les pointes des angles antérieurs souvent accentuées. Mandibule gauche avec une partie basale étirée en forme de dent, et, en plus, habituellement, une petite dent. Saillie frontale grande, bombée ou pointue. Fontanelle nette, placée sous la saillie, invisible par en dessus.

J'ai rencontré le *Mirotermes comis* Haviland

Voici sa description.

Imago. Tête châtain clair. Clypeus variant d'une teinte plus claire au jaune rouille. Corps en général brun jaunâtre clair. Face inférieure jaune rouille. Ailes jaunâtres avec des veines brunes.

Revêtement pileux assez serré. Ailes ponctuées d'une façon serrée, portant des poils épars.

Tête ovale, rétrécie en avant. Fontanelle en forme de fente, au milieu de la tête. Yeux composés grands, plats. Ocelles petits, presque au contact des yeux. Clypeobasal grand, aussi long que sa demi-largeur, fortement saillant. Première dent de la mandibule très grande. Antennes assez fortes, à 15 articles, le troisième de même taille que les voisins, le deuxième, aussi long que le quatrième, mais un peu plus étroit.

Pronotum demi-circulaire, non échancré en arrière. Mésonotum plus largement échancré que le métanotum, l'échancrure des deux étant, d'ailleurs, faible. Ailes antérieures un peu plus longues que les postérieures. Médiane simple ou fourchue. Cubitus pourvu de 12 à 14 rameaux simples.

| | |
|---|---|
| Longueur du corps, avec les ailes..... | $8^{mm}$ |
| Longueur du corps, sans les ailes..... | $4^{mm}$ 3 |
| Longueur de l'aile antérieure ....... | $6^{mm}$ 5 à $7^{mm}$ |

| | |
|---|---|
| Longueur de la tête ............... | $0^{mm}$ 99 |
| Largeur de la tête ................. | $0^{mm}$ 87 |
| Largeur du pronotum ............. | $0^{mm}$ 72 |
| Longueur du pronotum ............ | $0^{mm}$ 38 |

Reine : Longue d'environ 18 millimètres. Côtés faiblement pigmentés.

Soldat. Tête jaune, mandibules variant du brun au noir. Corps blanchâtre. Pilosité de la tête peu dense, concentrée sur la corne frontale. Abdomen revêtu de poils courts et minces.

Tête cylindrique dont la partie antérieure est étirée vers l'avant, en forme de corne frontale assez aiguë ; profil de la tête légèrement déprimé en avant du milieu. Pointe de la corne frontale un peu relevée ; bord antérieur de celle-ci un peu convexe. Fontanelle disposée transversalement en-dessous de la corne frontale, entourée de soies. Glande frontale occupant toute la partie basale de la corne frontale qui présente des indications de saillies latérales. Les cavités où sont insérées les antennes sont grandes, leur bord antérieur fort, formant une saillie mousse, de couleur brune. Clypeobasal très petit. Labre blanc, dirigé en haut, profondément incisé en avant, présentant de longues saillies antérieures aiguës. Mandibules en forme de bâtonnets, courbées vers le bas, la pointe étant faiblement tournée vers le dedans. Antennes puissantes à 14 articles, le troisième étant plus court que le deuxième, mais plus long que le quatrième.

Pronotum en forme de selle, pas échancré en avant.

| | |
|---|---|
| Longueur du corps ................ | $4^{mm}$ 5 à $5^{mm}$ |
| Longueur de la tête avec les mandibules | $3^{mm}$ 08 |
| Longueur de la tête sans les mandibules | $1^{mm}$ 67 |
| Largeur de la tête .................. | $0^{mm}$ 96 |
| Largeur du pronotum .............. | $0^{mm}$ 61 |

Ouvrier. Tête jaunâtre. Corps blanchâtre, laissant apparaître le contenu intestinal par transparence. Poils peu serrés, courts.

Tête petite, pentagonale, faiblement ovale. Fontanelle réduite.

Clypeobasal légèrement plus court que sa demi-largeur, fortement saillant. Antennes à 14 articles, le deuxième aussi long que le troisième et le quatrième réunis, le cinquième un peu plus court que le second. Pronotum non échancré en avant.

| | |
|---|---|
| Longueur du corps .................... | 3mm 7 |
| Largeur de la tête ..................... | 0mm 72 |
| Largeur du pronotum ................ | 0mm 46 |

J'ai trouvé aussi, à Saigon, le *Mirotermes laticornis* Haviland. Holmgren lui consacre les lignes suivantes :

Imago. Inconnu.

Couple royal néoténique. Corps brun jaunâtre, luisant. Revêtement pileux très peu dense sur la tête, plus serré sur le corps où il est formé de poils courts.

Tête largement ovale. Fontanelle petite, ovale allongée. Yeux composés, grands, peu saillants. Ocelles presque au contact des yeux. Clypeobasal aussi long que sa demi-largeur, saillant. Antennes à 15 articles, le deuxième étant un peu plus long que le troisième, ce dernier à peu près aussi long que le quatrième, mais plus étroit. Pronotum demi-circulaire, non échancré en arrière.

| | |
|---|---|
| Longueur du corps du mâle ................ | 5mm 5 |
| Longueur du corps de la femelle............. | 10mm |
| Largeur de la tête ......................... | 1mm 06 |
| Largeur du pronotum ..................... | 0mm 87 |
| Longueur du pronotum .................. | 0mm 49 |

Soldat. Tête jaune, mandibules brun foncé, corps blanchâtre. Saillie frontale et tergites abdominaux revêtus de poils rares, les derniers sont courts.

Tête cylindrique, atteignant, en largeur, sa demi-longueur. Dépression de la tête, en arrière de la saillie frontale, à peine visible. Corne frontale courte et large dont le bord antérieur est droit. Tubercules latéraux, à peine indiqués. Fontanelle entourée d'une couronne de soies. Labre plus long que large, blanc, étiré en avant, en deux pointes latérales. Mandibules un peu plus courtes que la tête, en forme de baguettes, avec une pointe un peu rentrante. Antennes à 11 articles, le second aussi long que le troisième, le quatrième un peu plus court. Pronotum non échancré en avant.

| | |
|---|---|
| Longueur du corps ................ | 6mm 5 à 7mm |
| Longueur de la tête avec les mandibules | 3mm 42 |
| Longueur de la tête sans les mandibules | 2mm 28 |
| Largeur de la tête .................. | 1mm 1 |
| Largeur du pronotum .............. | 0mm 65 |

Ouvrier. Tête jaunâtre. Corps blanc jaunâtre, laissant apercevoir le contenu intestinal par transparence.

Poils courts, assez rares.

Tête largement ovale. Fontanelle médiane. Clypeobasal à peu près aussi long que sa demi-largeur, saillant. Antennes à 14 articles, le deuxième aussi long que le troisième et le quatrième réunis. Pronotum non échancré en avant.

| | |
|---|---|
| Longueur du corps .............. | 3mm 5 à 4mm |
| Largeur de la tête ................ | 0mm 87 |
| Largeur du pronotum ............ | 0mm 53 |

Genre **Eutermes** FR. MÜLLER.

Imago. Tête plus ou moins largement ovale, parfois circulaire, habituellement rétrécie en avant. Fontanelle au milieu de la tête. Ocelles variables en taille et position. Yeux composés très variables. Clypeobasal de longueur égale à sa demi-largeur ou beaucoup plus court. Lèvre supérieure de largeur maxima en son milieu. Mandibules du type *Eutermes* ; première dent habituellement aussi longue que la deuxième. Antennes de 14 à 18 articles. Pronotum très faiblement ensellé, habituellement plus étroit que la tête. Méso et métanotum plus ou moins largement échancrés en arrière. Écailles alaires à peu près égales. Ailes plus ou moins foncées, jamais complètement hyalines. Le radius fait défaut. La médiane s'approche beaucoup du cubitus dans son parcours. Toutes les veines sont nettes, mais spécialement les rameaux internes du cubitus et les veines du bord marginal antérieur. Cerci courts. Styli absents. Tibias avec deux aiguillons apicaux. Côtés de l'abdomen de la femelle toujours pourvus de trichomes à exsudat.

Soldat. De la forme « nasutus ». Mandibules avec une partie molaire relativement bien développée, les parties apicale et moyenne réduites, habituellement, à un très petit rudiment pointu ou manquant complètement. Il existe, parfois, une dent médiane rudimentaire. Pronotum toujours en forme de selle. Cerci présents, pas de styli. Pattes de longueur variable. Tibias avec deux aiguillons apicaux.

Ouvrier. Tête largement ovale, ou pentagonale arrondie, relativement plate. Fontanelle au milieu de la tête, plus ou moins nette. Yeux rudimentaires, au plus présents sous forme de taches claires. Clypeobasal, au plus, aussi long que sa demi-largeur. Mandibules du type *Eutermes*, première dent rarement plus longue que la deuxième. Antennes de 12 à 16 articles, habituellement 14 ou 15. Pronotum en forme de selle. Cerci, styli et pattes, en général comme chez les soldats.

HOLMGREN à distingué dans ce genre, de nombreux sous-genres. Nous retiendrons seulement, la division suivante.

Imago.

*a)* Clypeus, en général, bien plus court que sa demi largeur, le plus souvent de couleur claire. Articles antennaires non allongés. Première dent de la mandibule gauche à peu près aussi longue que la deuxième. Ss. G. EUTERMES s. str.

*b)* Clypeus plus court que sa demi-largeur, fortement bombé, ovale, transversal, jaune clair.

Première dent de la mandibule aussi longue que la deuxième. Antennes à articles relativement allongés, 15 à 16 segments. Pronotum clair. Grandes espèces Ss. G. TRINERVITERMES.

*c)* Clypeus plus court que sa demi-largeur, seulement très peu plus clair que le front, ou de même teinte. Front déprimé en triangle derrière le clypeus. Espèces foncées, à ailes sombres.

Troisième article antennaire un peu plus long que le second. Fontanelle réduite, fissiforme. Ss. G. LACESSITITERMES.

Soldat.

*A)* En général, une seule classe de soldats. Antennes le plus souvent peu longues. Tête très rarement serrée comme par un fil, en arrière des antennes. Profil du front le plus souvent droit, ou présentant une petite concavité à la base du rostre. Rudiment pointu de la mandibule, le plus souvent conservé : partie basale sans dents, partie apicale quelquefois munie d'une dent médiane. Clypeobasal de l'ouvrier beaucoup plus court que sa demi-largeur.

Ss. G. EUTERMES s. str.

*B)* En général, 2 ou 3 formes de soldats. Lorsqu'une seule est présente, la tête est plus ou moins fortement déprimée ou resserrée, comme par un lien, en arrière de la base des antennes et les pattes sont longues. Rostre le plus souvent cylindrique. Clypeobasal de l'ouvrier aussi long que sa demi-largeur, ou bien plus court. Antennes presque toujours allongées, composées d'articles allongés eux-mêmes. Couleur de la tête le plus souvent foncée.

*a)* Mandibules sans partie pointue. Deux ou rarement trois formes de soldats. Tête du grand soldat largement ovale ou circulaire : celle du petit plus longitudinalement ovale. Clypeobasal de l'ouvrier un peu plus court que sa demi-largeur.

Ss. G. TRINERVITERMES.

*aa)* Mandibules munies d'une partie pointue. Clypeobasal de l'ouvrier beaucoup plus court que sa demi-largeur. Soldats le plus souvent de couleur foncée. Toujours à longues pattes. Dépression de la tête très peu marquée, toujours nette cependant. Tête souvent resserrée comme par un lien. Antennes toujours longues. Rostre conique relativement étroit. Antennes à 14 articles, le troisième plus court que le quatrième.

Ss. G. LACESSITITERMES.

J'ai rencontré très fréquemment et longuement étudié l'*Eutermes matangensis* HAVILAND variété *matangensioides* HOLMGREN qui a déjà été signalé à Sarawak (Bornéo). Voici ses caractères :

Imago. Tête châtain, clypeobasal et partie antérieure de la bande frontale, jaune de rouille. Pro, méso et métanotum jaune de rouille, faiblement teinté de brun. Abdomen brun en dessus, clair au milieu de la face inférieure, brun clair sur les côtés. Corps jaune rouille par ailleurs, ailes jaunâtres. Tête couverte de poils serrés et dressés. Pilosité dense sur les tergites abdominaux. Ailes portant quelques poils courts, seulement dans la moitié externe.

Tête largement ovale, rétrécie vers l'avant. Yeux à facettes grands, fortement bombés. Ocelles très grands, très peu éloignés des yeux. Fontanelle en forme de fente, autour de laquelle le front est légèrement déprimé. Clypeobasal très court, relativement plat. Antennes à 15 articles, le troisième très peu plus long que le deuxième qui est plus long que le quatrième.

Pronotum trapézoïdal, très peu incisé en arrière. Méso et métanotum élargis postérieurement, faiblement, mais largement, échancrés en arrière. Médiane simple ou pourvue de quelques courts rameaux apicaux. Il existe de courtes branches antérieures de cette veine dans le champ subcostal. Cubitus avec environ 12 branches.

| | | |
|---|---|---|
| Longueur avec les ailes ....... | 15mm | à 16mm |
| Longueur sans les ailes ........ | 9mm | |
| Longueur de l'aile antérieure .. | 13mm | |
| Longueur de la tête .......... | 1mm 79 | |
| Largeur de la tête ............ | 1mm 63 | à 1mm 67 |
| Largeur du pronotum ........ | 1mm 33 | à 1mm 37 |
| Longueur du pronotum ...... | 0mm 77 | |

Soldat. Tête jaune brun. Tergites abdominaux brun de rouille. Corps variant, par ailleurs, du jaune paille au jaune rouille. Tête et tergites abdominaux dépourvus de poils.

Tête épaisse, paraissant, vue d'en dessus, transversalement ovale, avec un rostre court, large, conique. Antennes à 13 articles relativement courts, le troisième presque double du second en longueur, le quatrième un peu plus court que le deuxième. Pronotum en forme de selle, légèrement incisé en avant.

| | | |
|---|---|---|
| Longueur du corps ............ | 4mm | à 4mm 5 |
| Longueur de la tête, avec le rostre . | 1mm 9 | à 1mm 98 |

| | |
|---|---|
| Longueur de la tête, sans le rostre. | 1mm 03 |
| Largeur de la tête .............. | 1mm 33 |
| Largeur du pronotum .......... | 0mm 68 |

Ouvrier. Plaques chitineuses de la tête brun jaune. Bande frontale jaune rouille teinté de brun. Clypeobasal de la même teinte. Tergites abdominaux brun de rouille clair. Reste du corps jaune rouille.

Tête courte, revêtue d'une pilosité très rare, portant quelques soies. Tergites abdominaux à pilosité très rare, courte.

Tête quadrangulaire-ovale, arrondie. Sutures céphaliques bien visibles. Fontanelle ovale, allongée longitudinalement. Bande frontale, déprimée antérieurement. Clypeobasal plus court que sa demi-largeur, mais pas très court. Antennes à 14 articles, le troisième beaucoup plus long que le deuxième, auquel est égal le quatrième.

Pronotum en forme de selle, large et long, très nettement incisé en avant.

| | |
|---|---|
| Longueur du corps ............... | 5mm à 6mm |
| Largeur de la tête ................ | 1mm 44 |
| Largeur du pronotum ............ | 0mm 91 |

J'ai encore trouvé, en Indochine, deux nouvelles espèces du genre *Eutermes*, dont voici une brève diagnose, en attendant la description par l'auteur.

*Eutermes (Trinervitermes) disparatus* Silvestri.

Imago. Inconnu.

Grand soldat. Tête brun rouge ; base du rostre foncée, l'extrémité brun rouge. Pro, méso, métanotum brunâtres, marqués d'une raie longitudinale médiane claire. Tergites abdominaux jaune brunâtre ; sternites incolores, transparents. Flancs blanchâtres, pattes et antennes brunâtre clair.

Pilosité rare, soies éparses. On en trouve une certaine quantité assez rapprochées, sur la partie terminale du rostre ; d'autres, plus rares, sont implantées sur les parties médiane et basale et l'épicrane. Parmi ces dernières, on distingue quelques paires, un peu plus grandes que les autres. Il y en a une bien nette, à la base du rostre ; une autre paire, en arrière de la précédente, est formée de deux soies plus rapprochées de la ligne médiane. Deux autres paires, encore plus postérieures, sont plus écartées. Le submentum porte une paire de grandes soies insérées près de l'articulation basale de la deuxième paire de mâchoires. Le bord postérieur des tergites abdominaux porte quelques petits poils ; il y a une assez grande soie de chaque côté de la ligne médiane.

Tête presque circulaire, avec un rostre presque cylindrique, plutôt court, n'atteignant pas, à beaucoup près, la longueur du reste de la tête. Le profil de raccord du front au rostre forme une lente concavité. Antennes à 12 articles ; le deuxième et le quatrième égaux, le troisième est double du deuxième et paraît résulter de la soudure de deux segments primitivement distincts.

Pronotum fortement ensellé, entier en avant et en arrière.

| | |
|---|---|
| Longueur du corps (thorax et abdomen)..... | 2mm 48 |
| Longueur de la tête avec le rostre........... | 1mm 72 |
| Longueur de la tête sans le rostre........... | 1mm 27 |
| Largeur de la tête ........................ | 1mm 07 |
| Largeur du pronotum .................... | 0mm 51 |

Petit soldat. Couleur et pilosité comme chez le grand soldat. La tête est souvent plus foncée, atteignant la couleur des marrons d'Inde frais. Les soies sont plus rares sur la tête, on n'observe plus que les paires principales.

Tête ovale, allongée dans le sens du corps. Le rostre ne se raccorde pas au front par un profil continu, mais il y a, au milieu de ce profil, une lente saillie dont le sommet paraît marqué par la paire de soies de la base du rostre. Antennes à 12 articles, le deuxième court, le troisième étroit et assez long, le quatrième sensiblement aussi long que le troisième et plus épais.

| | |
|---|---|
| Longueur du corps (tête et abdomen)....... | 2mm 02 |
| Longueur de la tête, avec le rostre.......... | 1mm 15 |
| Longueur de la tête sans le rostre ........... | 0mm 84 |
| Largeur de la tête ........................ | 0mm 55 |
| Largeur du pronotum .................... | 0mm 36 |

Ouvrier. Dessus de la tête brun clair. La suture en Y est très large et paraît blanchâtre, ainsi que les côtés de la tête, le clypeus, le labre, les antennes, les pattes. Pro, méso, métanotum faiblement chitinisés, les parties centrales restant blanchâtres. Le pronotum paraît ainsi marqué d'une croix claire. Une tache blanchâtre à l'extrémité de chaque tergite abdominal. Sternites hyalins, transparents, flancs blanchâtres.

L'insecte est assez fortement poilu. Tête, clypeus, labre, couverts de soies éparses, pas très longues, assez serrées. Sur le labre, une paire dépasse les autres. Submentum portant, à son extrémité antérieure, une paire de soies. Les pièces de la deuxième paire de mâchoires sont revêtues de poils courts, assez serrés : l'insecte paraît barbu. Sternites et tergites abdominaux couverts de poils courts assez serrés. De plus, les uns et les autres portent une assez forte soie au bord postérieur, de chaque côté de la ligne médiane.

Tête subpentagonale, allongée. Suture en Y large, fontanelle peu nette. Clypeobasal un peu plus court que sa demi-largeur, fortement saillant. Antennes à 15 articles, le troisième et le quatrième mal séparés. Ils sont égaux et plus courts que le deuxième.

Pronotum extrêmement ensellé, légèrement incisé en avant et en arrière.

| | |
|---|---|
| Longueur du corps (tête et abdomen)........ | 3mm 32 |
| Longueur de la tête ...................... | 1mm 12 |
| Largeur du pronotum .................... | 0mm 66 |

L'autre espèce nouvelle est l'*Eutermes (Lacessititermes) cuphus* Silvestri.

Imago. Inconnu.

Soldat. Tête brun rouge. Pattes et antennes jaune brunâtre clair. Pro, méso, métanotum brun assez foncé. Tergites abdominaux brun assez foncé, les sternites plus clairs. Flancs blanchâtres. Les pro, méso, métanotum, le premier tergite, portent une ligne médiane, blanche, étroite.

Pilosité très rare. 4 soies courtes à l'extrémité du rostre, entourant l'orifice glandulaire. Une paire de soies occipitales encadrant la partie centrale du sac sécréteur, visible par transparence. Le bord postérieur des tergites abdominaux porte quelques rares soies, devenant plus nombreuses à mesure qu'on va vers l'arrière de l'animal. Le bord postérieur des sternites est un peu plus garni.

La tête est légèrement serrée, comme par un lien, en arrière des antennes. Si on la regarde par en dessus, on aperçoit, dans cette dépression, en arrière des antennes, une légère saillie. La chitine de celle-ci est d'aspect granuleux et souvent plus claire ; c'est un rudiment d'œil composé. En se plaçant dans la direction du rostre, on peut apercevoir un nerf qui s'y rend. Antennes très longues, plus longues que le corps, à 11 articles. Le deuxième est relativement court, le troisième aussi long que le premier, le quatrième plus long. La liaison du troisième au quatrième segment paraît plus étroite que les autres. Mandibules munies d'une assez longue partie pointue, faisant saillie, de chaque côté, comme une petite défense et, vue par en dessus, dépassant nettement le labre en longueur. La partie basale de cette pointe est presque cylindrique, la partie terminale est aiguë : le tout rappelle assez bien, par ses proportions, un crayon taillé.

Pronotum non incisé, à peine échancré en avant et en arrière.

| | |
|---|---|
| Longueur du corps (thorax et abdomen)..... | 3mm 05 |
| Longueur de la tête, avec le rostre.......... | 1mm 88 |
| Longueur de la tête, sans le rostre........... | 1mm 29 |
| Largeur de la tête ........................ | 1mm 07 |
| Largeur du pronotum .................... | 0mm 58 |

Ouvrier. Tête brun rouge assez foncé, passant au brun rouge clair sur les bords et au brun jaunâtre en dessous des antennes, sur le clypeoapical, le labre, la base des mandibules. Antennes et pattes de la même couleur. Pro, méso, métanotum, tergites abdominaux brun assez foncé. Sternites abdominaux plus clairs, flancs blanchâtres.

Pilosité très peu développée, quelques soies au bord postérieur des tergites abdominaux.

Tête de forme subpentagonale. Suture en Y très étroite, de couleur blanchâtre ; les deux branches transversales forment entre elles un angle très ouvert et sont presque perpendiculaires à la branche longitudinale. Dans chacun de ces angles droits, on observe une soie. Il y en a, de chaque côté, une autre, plus latérale et à la même distance de la branche transversale de la suture : on en trouve une troisième en arrière, près du bord occipital de la tête, à la même distance de la suture longitudinale. Ceci fait, de chaque côté, trois soies disposées en triangle rectangle. Clypeobasal fortement saillant ; chacun de ses deux tubercules porte une soie, presque à son sommet, un peu latéralement. Labre portant quelques soies : il y en a 4 plus fortes : 2 près de la base, 2 assez près de l'extrémité. En arrière de l'insertion des antennes on peut observer des traces d'yeux, sous forme de petites zones blanchâtres, saillantes, à chitine mince. Antennes à 15 articles, le deuxième court, le troisième long, le quatrième presque pas plus grand que le troisième, le cinquième plus grand.

Thorax étroit. Les pro, méso, métanotum, le premier tergite abdominal portent, au milieu, une étroite ligne blanchâtre qui paraît continuer, postérieurement, la suture en Y.

| | |
|---|---|
| Longueur du corps (thorax et abdomen)..... | 4mm 00 |
| Longueur de la tête ...................... | 1mm 69 |
| Largeur de la tête ....................... | 1mm 35 |
| Largeur du pronotum .................... | 0mm 82 |

Genre **Microcerotermes** WASMANN. Il est ainsi défini.

Imago. Tête plus ou moins allongée, ovale, à bords parallèles. Yeux composés relativement petits, placés sur les bords latéraux de la tête. Ocelles petits, plus ou moins fortement éloignés des yeux. Fontanelle souvent insignifiante. Clypeobasal en forme d'arc, profondément enfoncé dans la bande frontale, pas plus bombé que le front, à bord antérieur droit. Mandibules relativement courtes et larges. Le profil interne de la denture est à peu près celui des *Leucotermes*, la première dent est égale à la seconde. Antennes de 13 à 14 articles, le troisième plus court que le deuxième.

Pronotum relativement petit, beaucoup plus étroit que la tête.

Mésonotum plus large, en arrière, que le métanotum, plus largement et plus profondément échancré. Écailles alaires antérieures un peu plus longues que les postérieures. La médiane se rapproche quelque peu du cubitus dans son cours. Membrane alaire hyaline ou de couleur foncée, ponctuée. Styli souvent présents chez le mâle. Tibias antérieurs munis de 3 aiguillons apicaux.

Soldat. Tête rectangulaire assez épaisse, tronquée en avant. Fontanelle située un peu en arrière de la partie tronquée du front, petite. Clypeobasal emboîté dans la bande frontale, fortement concave en arrière, droit en avant. Labre en forme de langue plus ou moins large, pointu ou tronqué. Mandibule concave du côté externe de la base ; partie basale variable, mais la dent basale est toujours petite. Bord interne irrégulièrement denté. Antennes de 12 à 13 articles. Pronotum en forme de selle. Rudiments de styli présents.

Ouvrier. Tête ovale. Clypeobasal long, fortement saillant, faiblement mais nettement rebordé en avant. Mandibules comme chez l'imago. Antennes de 13 ou 14 articles. Pronotum en forme de selle. Rudiments de styli présents.

Le *Microcerotermes Bugnioni* Holmgren est assez commun. Voici sa description :

Imago. De couleur brun foncé. Écailles alaires, méso et métanotum plus clairs, ainsi que la face inférieure. Les quatre premiers sternites abdominaux sont blanchâtres. Tibias légèrement teintés de brun. Ailes foncées, revêtues de poils courts et fins. Membrane alaire ponctuée de taches foncées, portant des poils minces.

Tête ovale, plus longue que large, épaisse, avec des côtés presque parallèles. Yeux composés petits, proéminents. Ocelles assez petits mais non punctiformes, séparés des yeux par une distance très légèrement inférieure à leur diamètre transverse. Fontanelle réduite. Clypeobasal grand, presque triangulaire en arrière, droit en avant, un peu saillant. Antennes à 14 articles, le troisième étant très petit.

Pronotum petit, droit en avant, les angles antérieurs émoussés, les bords latéraux fortement convergents, le bord postérieur relativement court, très légèrement échancré au milieu. Mésonotum nettement incisé, le métanotum seulement très faiblement. Écailles alaires antérieures nettement plus longues que les postérieures, mais n'atteignant pas la base de ces dernières. La médiane de l'aile antérieure nait de l'écaille et s'approche plus, dans son cours, du cubitus que du secteur radial. Elle est simple ou fourchue, quelquefois munie de 3 branches. Cubitus pourvu de 8 ou 9 rameaux dont la plupart sont divisés : 6 ou 7 branches internes épaisses.

| | |
|---|---|
| Longueur, ailes comprises ........ | 7mm 50 |
| Longueur, sans les ailes ........... | 4mm |
| Longueur des ailes antérieures .... | 5mm 5 à 6mm |
| Longueur de la tête .............. | 0mm 93 |
| Largeur de la tête ............... | 0mm 86 |
| Largeur du pronotum ........... | 0mm 67 |
| Longueur du pronotum .......... | 0mm 44 |

Soldat. Tête jaune, légèrement brunie en avant. Mandibules brun rouge. Corps blanc jaunâtre. Tête portant des poils très rares. Tergites abdominaux revêtus de poils serrés.

Tête cylindrique, légèrement aplatie, tronquée en avant. Fontanelle extrêmement réduite. Yeux composés visibles sous forme de taches brunâtres faiblement marquées. Clypeus arqué en arrière, droit en avant. Labre court, arrondi, aussi long que large. Mandibules fortement concaves à la base du côté extérieur, puissantes, relativement courtes. Bord interne garni de dents visibles seulement au microscope. Antennes à 13 articles, le deuxième double du troisième, le quatrième plus long que le troisième et égal au cinquième ; les suivants devenant graduellement légèrement plus longs.

Pronotum en forme de selle, assez large, non incisé en avant.

| | |
|---|---|
| Longueur du corps ...................... | 5mm |
| Longueur de la tête, mandibules comprises.. | 2mm 25 |
| Longueur de la tête sans les mandibules ..... | 1mm 63 |
| Largeur de la tête ....................... | 0mm 92 |
| Largeur du pronotum .................... | 0mm 61 |

Ouvrier. Tête jaunâtre, corps blanc. Pilosité rare sur la tête, beaucoup plus dense sur les tergites abdominaux.

Tête quadrangulaire arrondie, un peu plus longue que large, épaisse.

Sutures céphaliques nettes. Fontanelle réduite. Yeux pigmentés, petits. Clypeobasal plus long que sa demi-largeur, droit en avant, fortement convexe en arrière, légèrement saillant. Labre fortement incliné. Antennes à 13 articles, le second dépassant, en longueur, le double du troisième, le quatrième nettement plus long que le troisième. Pronotum très faiblement incisé en avant.

| | |
|---|---|
| Longueur du corps ............ | 3mm à 3 mm 5 |
| Largeur de la tête ............. | 0mm 72 à 0 mm 81 |
| Largeur du pronotum ......... | 0mm 46 |

# DEUXIÈME PARTIE

## OBSERVATION SUR LES MŒURS DES TERMITES INDO-CHINOIS, LEURS HABITATIONS, LEURS MOYENS DE DÉFENSE, ETC.

### Calotermes (Cryptotermes) domesticus, HAVILAND.

Cette forme a été signalée à Singapour, àSarawak, à Bangkok : j'ai pu l'examiner à loisir à Saigon, le 23 septembre 1922. Elle avait envahi des rayonnages en bois de Dau *Dipterocarpus alatus*, ROXB. existant dans une des rares caves de la ville. Les planches apparaissaient piquées de nombreux trous circulaires, d'environ un millimètre de diamètre, qui laissaient échapper une poussière fine de crottes sèches, régulières, ellipsoïdes, semblables à du vermoulu. Des galeries closes, construites en terre, en forme de tubes aplatis, reliaient les divers points d'attaque. En fendant les pièces de bois entamées, on les trouves vidées de leur substance, les faces extérieures subsistant seules, sous l'épaisseur d'une feuille de papier un peu fort. L'intérieur contient une quantité considérable de crottes sèches. La destruction du bois continue par les bords de cette cavité ; les termites rongent ceux-ci en laissant subsister des sortes de piliers, orientés dans le fil du bois, qui disparaissent eux-mêmes peu à peu. Les parties moins détériorées sont creusées de cavités non confluentes ; enfin, loin de la zone centrale où se tiennent les termites, on trouve, partant de celle-ci, des galeries individuelles d'environ un millimètre de diamètre, cylindriques, tout à fait semblables à celles que pourrait creuser une petite larve de coléoptère. Ces insectes, ne montrent, comme il est dit précédemment, que des soldats et des sexués ; il n'y a pas d'ouvriers. Tous ont, à l'état adulte, des yeux composés.

Si on les observe vivants, les catégories et les stades divers étant mélangés, ils rappellent une éclosion d'asticots. Ce sont des insectes allongés, à chitine pâle et brillante, à mouvements lents. Leur couleur, due surtout à leur contenu intestinal, vu par transparence, est celle du bois très clair.

Les ailes sont visibles, à l'état de moignons, au mésothorax, dès que les nymphes ont acquis 12 segments aux antennes. Elles se présentent alors, sous formes d'expansions angulaires du mésonotum : elles possèdent déjà une indication de nervure. Lorsque les antennes montrent 13 articles, on peut reconnaître, sous le même aspect, les ailes métathoraciques ; on voit aussi apparaître les premiers quadrillages de la chitine encore incolore, aux points où se formeront les yeux composés.

Ces termites vivent par groupes de quelques centaines, rassemblés autour du couple progéniteur qui ne se distingue de ses descendants que par une chitinisation un peu plus avancée, l'amputation des ailes et des articles antennaires terminaux. Il ne montre pas de tendance à la physogastrie qui est la règle chez les *Isoptères*. Les colonies familiales se tiennent à proximité les unes des autres ; on peut en récolter plusieurs dans une planche assez grosse, fortement attaquée.

Cette espèce cause, en Cochinchine, beaucoup de dommages aux meubles de bois ordinaire et aux poutres, qu'elle attaque spécialement par les parties en contact avec la maçonnerie ; elle paraît aussi très fréquente au Tonkin. Elle se reconnaît facilement à sa façon de travailler le bois et à la présence de la poussière formée par ses crottes. Toutes les autres espèces que j'ai rencontrées jusqu'ici en Indochine, émettent des excréments pâteux.

**Leucotermes (Reticulitermes) Magdalenæ.** SILVESTRI.

J'ai rencontré cette espèce, inconnue jusqu'ici, à Chapa, dans les montagnes de la frontière tonkino-chinoises, à 1400 mètres d'altitude. Elle avait creusé ses galeries dans une souche d'arbre coupé à environ un mètre de hauteur, laquelle paraissait en partie encore vivante. Il subsistait, à l'intérieur, des sortes de piliers encore imbibés de sève : on y trouvait aussi quelques cloisons en « carton de bois ». Les parois des cavités apparaissaient, en maints endroits, couvertes d'un mycélium blanc qui portait, directement sur le bois, de nombreuses petites sphères blanches semblables extérieurement aux « mycotêtes » que l'on trouve sur les meules des termites dits champignonistes. Cependant la structure histologique de ces deux sortes de formations n'est pas comparable : elles ne sont pas équivalentes.

**Coptotermes ceylonicus.** HOLMGREN.

Il était très abondant dans une maison située à Chutt, près de Nhatrang, dont il détruisait la charpente et les planchers. Je n'ai pas observé la partie centrale du nid qui me parut installé dans les cavités des poutres les plus attaquées. Des galeries descendaient à terre : elles servaient de chemin couvert aux insectes allant humer l'humidité du sol. Elles étaient faites de terre et de particules minérales empruntées aux matériaux de la construction.

Comme toutes les autres espèces du même genre, ces termites se défendaient contre leurs ennemis, au moyen de la sécrétion blanchâtre, laiteuse, produite par la glande frontale hypertrophique du soldat, glande pourvue d'un large orifice céphalique. A la moindre alerte, on voit les guerriers sortir en masse de la partie de termitière attaquée, décrire à partir de leur point d'irruption, des trajectoires circulaires vaguement concentriques et sans cesse élargies. Allant et venant ainsi, ils ne laissent inexplorée aucune zone de terrain et doivent obligatoirement rencontrer l'ennemi s'il se tient au contact du support de la région lésée. En même temps, ils font sourdre par leur pore frontal, une grosse goutte de liquide qu'ils sont prêts à déposer sur l'envahisseur. S'ils ne trouvent pas d'adversaire, cette sécrétion est résorbée. Abandonnée à l'air, ou coagulée par un réactif chimique comme sont tous les fixateurs, elle se transforme en une masse d'aspect gommeux, insoluble dans l'eau et tout à fait semblable à du caoutchouc. C'est un puissant moyen de défense : les *Coptotermes* paraissent peu redouter les autres insectes et, en particulier, les fourmis.

J'ai pu observer la même espèce à Hanoï. Elle était abondante dans les planches d'un poulailler, établi au voisinage d'une maison d'habitation. Elle avait aussi envahi la construction principale au moyen de longues galeries, partant du sol et creusées d'une manière invisible, dans l'épaisseur du mortier revêtant les briques, du côté intérieur du mur. Cet animal est très capable de traverser les mortiers de chaux les plus durs. J'ai pu voir qu'il passait à l'intérieur même des briques, par des interstices qu'il avait au moins régularisés et agrandis à sa taille : il agit donc de la même façon que *Coptotermes formosanus* Holmgren espèce d'ailleurs voisine, qui cause, à Formose, les pires dégats. Il avait, ainsi, atteint le plancher et le plafond du premier étage de la maison qui menaçaient ruine : on se trouvait forcé de les renouveler. Plusieurs écroulements ont été causés, à Hanoï, par ce termite qui nuit gravement aux charpentes.

Il édifie à l'intérieur des cavités qu'il creuse dans le bois, des sortes de réseaux, faits au moyen de ses déjections et qui ressemblent un peu à des éponges, ou à certains Coralliaires voisins des Gorgones. Ces constructions sont appuyées à de minces piliers réservés dans la matière ligneuse; ils sont analogues, par leur forme, aux « meules à champignons » des termites supérieurs. Cependant, ils ne sont pas faits de la même matière et sont toujours secs et exempts de mycéliums. Les termitologues appellent souvent « carton de bois » la masse constituée par l'accumulation des excréments des *Isoptères*.

**Coptotermes curvignathus.** Holmgren.

Cette espèce a été trouvée à Singapour, à Sarawak et en Birmanie. On me l'a apportée de Bencat (Cochinchine), où elle dévastait une plantation d'Hévéas. Les ouvriers perçaient l'écorce de l'arbre, sans être arrêtés par l'abondante exsudation de latex qu'ils provoquaient, puis s'attaquaient au jeune bois de la tige et de la racine principale, amenant ainsi la mort de la plante. La plantation où prospéraient ces termites, n'avait pas été dessouchée lors de son établissement ; les racines mortes subsistant dans le sol, constituaient un excellent milieu de culture pour toutes sortes d'insectes nuisibles qui s'attaquaient ensuite aux plantes cultivées. Dans des cas semblables, la première chose à faire est, évidemment, de débarrasser le terrain de tous les bois morts pouvant servir de lieu de retraite et de reproduction à de nombreux parasites.

**Rhinotermes (Schedorhinotermes) malaccensis.** HOLMGREN

Cette espèce a été rencontrée à Malacca. Je l'ai trouvée à Saigon, même ; on me l'a envoyée de Cana en Annam.

Dans la première localité, elle était fréquente dans un chantier de construction, où elle partageait l'exploitation des bois de rebut avec *Eutermes matangensis* et *Hamitermes annamensis*. J'ai pu observer le nid, installé dans la cavité d'une grosse poutre, presque complétement remplie de cloisons d'un carton de bois très fin, assez résistant, qui englobait, de distance en distance, de petit grains de quartz d'environ 3 millimètres de diamètre. Il y avait, avec les neutres, des nymphes qui m'ont paru au dernier stade avant l'état adulte ; elles montraient 20 articles aux antennes.

**Termes (Macrotermes) gilvus.** HAGEN.

*Macrotermes gilvus* est, par le nombre, le volume de ses constructions, le roi des termites de la Cochinchine, et, je pense, de la moitié méridionale de l'Annam. Il me parait manquer au Tonkin. Dans la région de Saigon, toutes les grandes termitières que j'ai remarquées lui appartenaient. Il en est de même, en Annam, dans la région intérieure de Nhatrang.

La fréquence de ses habitations est en rapport avec la quantité de matières alimentaires qu'il trouve à sa disposition. A Saigon même, la surface de l'ancienne citadelle, limitée par les rues Chasseloup-Laubat, Rousseau, Richaud, de Massiges, en contenait une trentaine, soit environ deux par hectare. Ce terrain est ras, couvert d'herbe, avec, de distance en distance, un arbre isolé. Il y subsiste, aussi de notables portions de la double allée de manguiers qui bordait les remparts du roi Tuduc. Les conditions sont à peu près les mêmes dans les plantations d'hévéas de la région de Nhatrang, autant, du moins, qu'on n'a pas fait disparaître systématiquement les termitières.

Dans la région de Bienhoa où la grande forêt cochinchinoise est très luxuriante, je crois, bien que je n'aie pu vérifier le fait, que le *Macrotermes gilvus* est encore plus abondant. J'ai pu voir, de la ligne du chemin de fer, des surfaces très étendues, où sont réparties, avec des distances entre elles de 10 à 15 mètres, des constructions identiques par leur forme, à celles de cette espèce ; dans le sud du Cambodge, je l'ai rencontré moins fréquemment qu'*Odontotermes Horni* ou même l'énorme *Macrotermes carbonarius*. Procédons à une étude détaillée.

*Aspect et accroissement de la termitière.*

Elle est plutôt basse, atteignant communément 0m 80 de hauteur. La base est irrégulière, le contour sur le sol est, en général, ovale, avec, comme dimensions, 2 à 3 mètres sur 1 à 2 mètres. Certaines sont beaucoup plus hautes, allant jusqu'à 1m 50 de hauteur (fig. 1 pl. II et fig. 1 pl. IX). Il s'agit, sans doute là, d'édifices plus anciens ; il me semble que ceux qui s'élèvent sur des souches d'arbres morts, gagnent plus vite en hauteur. L'aspect général est subconique, irrégulièrement mamelonné. Les adjonctions successives sont longtemps visibles, sous forme de masses hémisphériques, saillantes, mais très inégalement, eu égard à l'empiètement de ces masses les unes sur les autres ; la sphère supposée complète, pourrait avoir environ 40 centimètres de diamètre. La terre qui les compose semble battue en mortier ; elle est nue ; seules, les vieilles termitières sont envahies par la végétation. Ces masses s'organisent très rapidement. Au lendemain d'un jour de pluie, dans la saison humide, on voit fréquemment de ces volumes d'accroissement, dont rien n'existait la veille, qui tranchent sur sur le reste de la maçonnerie, par un teinte plus foncée due à une

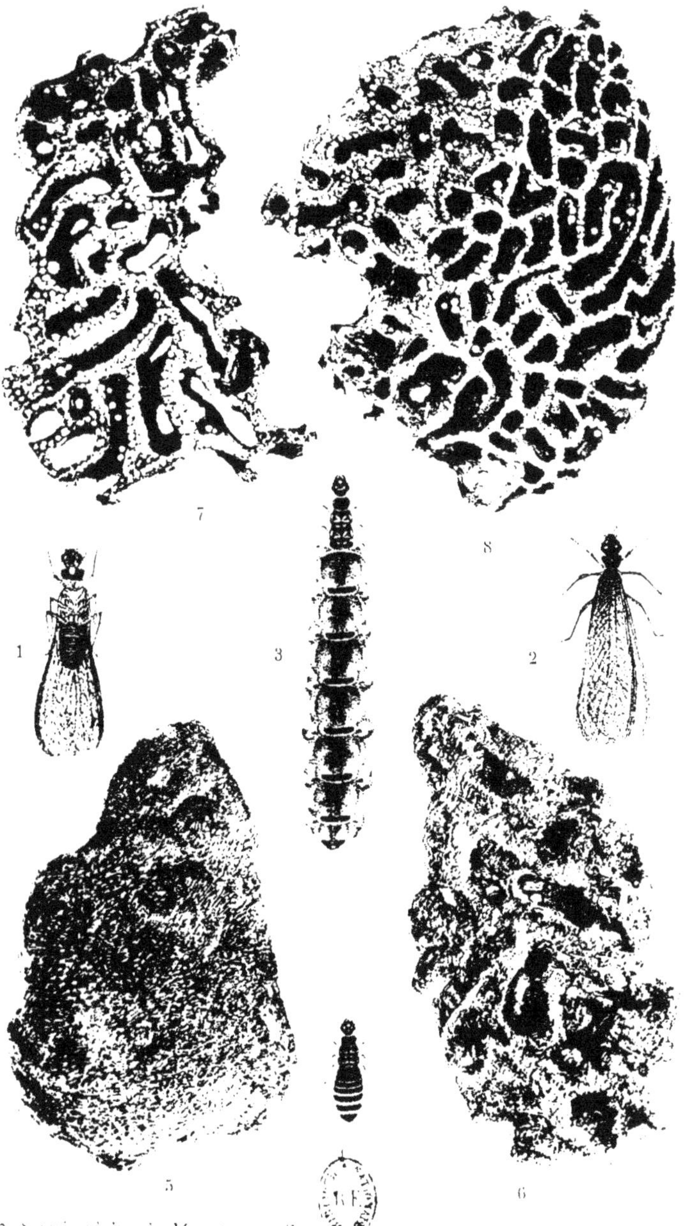




1 et 2. Sexués adultes de *Macrotermes gilvus*. Vue en dessous et en dessus. — 3. « Reine » adulte de *Macrotermes gilvus*. — 4. « Roi » adulte de *Macrotermes gilvus*. — 5. Fragment d'une adjonction récente de termitière de *Macrotermes gilvus*, montrant la croûte continue externe. — 6. Même échantillon montrant la structure alvéolaire interne. — 7. Petite meule jeune de *Macrotermes gilvus*, montrant les « mycotètes ». — 8. Meule plus âgée de la même espèce.

NOTA : Toutes les figures de cette planche sont de grandeur naturelle.

plus grande humidité. Si l'on examine alors l'un d'eux, on s'aperçoit qu'il est formé d'une mince pellicule de terre recouvrant une structure réticulaire, analogue à une éponge. La paroi n'a donc pas de résistance à cet endroit. Mais, en quelques jours, les ouvriers aveuglent les cavités de cette éponge avec de la terre mastiquée, et le « mur » de la termitière se trouve constitué avec son épaisseur et sa solidité normales. Ce procédé a déjà été décrit en détail par ESCHERICH. Les figures 5 et 6 de la planche I représentent un petit morceau d'adjonction récente, vu extérieurement et intérieurement. — La seconde montre les alvéoles primitives, non encore remplies de terre.

La termitière sort initialement du sol sous la forme d'un de ces mamelons. L'une d'elles apparut le 5 mai dans le jardin d'essai du Laboratoire ; en une vingtaine de jours, elle atteignit un volume d'environ 30 décimètres cubes. Je l'étudiai alors : elle avait déjà une abondante population et de nombreuses « meules à champignons » réparties dans les chambres souterraines. Il est donc hors de doute que, chez cette espèce comme chez beaucoup d'autres, le premier développement des colonies s'accomplit sous le sol. Celles-ci ne se manifestent au dehors, que lorsqu'elles ont acquis une certaine puissance.

*Mur.* — La termitière est protégée contre les attaques venant de l'extérieur par l'épaisseur de sa paroi, (Fig. 1 et Pl. II fig. 2). Celle-ci atteint, en moyenne, 20 à 30 centimètres et constitue un véritable mur très résistant. Construit par les ouvriers au moyen de terre argileuse fine, imbibée de salive, transportée dans leur gueule et disposée au moyen de leurs mandibules, il est percé, par endroits, de très petits conduits disposés en un réseau compliqué : ainsi, l'intérieur de la termitière est mis en rapport avec l'extérieur, par des ouvertures que les soldats peuvent facilement défendre. La solidité du mur du nid de *Macrotermes gilvus*, permet de l'employer comme four de campagne. Si les indigènes, étant dans la brousse, ont à faire rôtir une pièce de gibier, ils ouvrent un de ces édifices, en extraient la cellule royale et les cloisons, ménageant ainsi un large espace sous le mur. Ceci constitue une cavité à voûte surbaissée, fort propre à l'usage auquel ils la destinent.

*Chambres à parois minces.* — Le mur est doublé intérieurement par une couche de chambres à parois argileuses minces, renfermant les « meules à champignons » sur lesquelles nous reviendrons. Elles ont des formes irrégulières, compliquées, et communiquent entre elles par des passages étroits. Elles sont munies de piliers, de rampes, supportant les meules. Elles peuvent mesurer, en moyenne, 12 centimètres de long sur 6 à 10 de large. Les meules y sont très adaptées par leur forme, les remplissent presque, mais ne touchent pas les parois. Les cloisons séparant ces chambres ont 3 à 4 millimètres d'épaisseur. La partie centrale de la construction est occupée par une quantité de loges semblables, mais plus petites, vides, et dont les parois sont encore plus minces et cassantes ; un coup de pic lancé dans la masse en brise beaucoup.

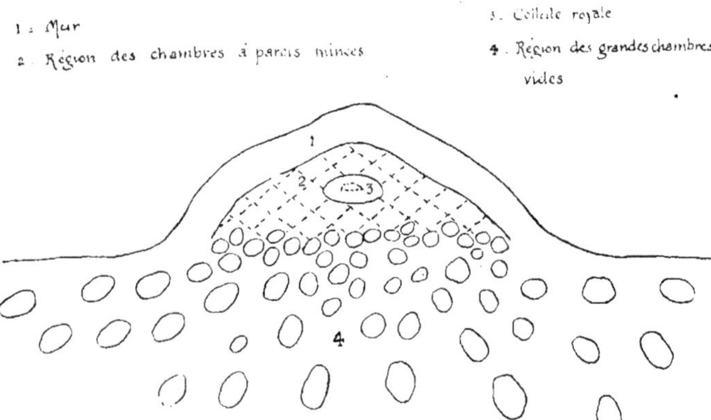


Fig. 1 — Schéma de l'organisation d'une termitière de *Macrotermes gilvus*.

*Amande centrale.* — Au milieu de celles-ci, à une faible hauteur au-dessus du niveau du sol, se trouve une sorte d'amande de terre fine et très dure (fig. 2 pl. II). Elle a une forme ovale, aplatie verticalement, et mesure, environ, 16 centimètres, dans sa plus grande largeur sur 28 dans sa plus grande longueur. Cette amande forme bloc : elle n'est creusée que de cavités ou de couloirs aplatis, relativement bas et étroits qui se trouvent, ainsi, avoir une épaisseur de paroi considérable : les cloisons des chambres à parois minces se raccordent à sa masse. La communication entre l'intérieur de l'amande et les autres parties de l'habitation ne peut se faire que par des canaux très étroits. En cas d'attaque par les fourmis, à la suite de la destruction accidentelle du mur, les soldats défendent autant que possible. les chambres à champignons. Mais s'ils sont forcés de céder du terrain. ils ont une forteresse solide dans l'amande centrale. En effet, la méthode de combat des fourmis est la suivante : elles attaquent les défenseurs en grand nombre, par derrière, et leur mordent l'abdomen. Si les soldats, qui ne peuvent absolument pas se retourner pour protéger leur partie vulnérable, faiblement chitinisée, peuvent l'enfoncer dans un conduit étroit, ils présentent leurs pinces à l'orifice et cisaillent tout ce qui passe à portée. Les gros soldats ont des mandibules courtes, larges, tranchantes, assez fortes pour entamer la peau calleuse de l'intérieur des mains de l'homme et y faire apparaître le sang.

J'assistai, un jour, à une de ces bataille. J'avais ouvert un nid de *Macrotermes gilvus*, fait une large brèche dans le mur et détruit une notable quantité de jardins de champignons . Il était plus de dix heures du matin et le soleil était déjà très haut. Les soldats, gros et petits, étaient sortis par la brèche et faisaient des croisières de quelques décimètres devant celle-ci. Bientôt, les fourmis du voisinage s'aperçurent de ce qui s'était passé, et une espèce de *Pheidologeton* très commune partit à l'assaut de la termitière dévastée. Elles envahirent le tas de débris que j'avais accumulé : en un instant, tout y fut en leur pouvoir. Elles enlevèrent les larves qui gisaient çà et là, les ouvriers et les petites productions mycéliennes connues sous le nom de mycotètes. Les soldats de garde combattaient vaillamment. Ils se précipitaient sur une des fourmis qui les entouraient et la maintenait serrée dans leurs pinces. Mais ils étaient immédiatement saisis par une nuée d'ennemis qui, les tenaillant au ventre, s'accrochaient à eux et ne lâchaient pas prise, malgré leurs sauts et contractions suivis de détentes brusques. Empoisonnés, sans doute, par les morsures des fourmis, ils retombaient paralysés puis mouraient.

Cependant, depuis longtemps déjà, les ouvriers travaillaient avec ardeur sur la surface de section de la termitière. Ils recouvraient, en hâte, les meules à champignons d'une couche de terre mastiquée, tout en ménageant dans celle-ci, de distance en distance, de petites ouvertures. Dans chacune d'elles, on voyait aussitôt apparaître les cisailles noires et les antennes vibrantes, tendues en avant, d'un soldat. En d'autres endroits, les ouvriers, peut-être pressés par le temps, abandonnaient les meules à champignons et se bornaient à boucher les étroits passages conduisant des alvéoles de ceux-ci à l'intérieur du nid. Bientôt, les fourmis se répandirent sur ce qu'on pourrait appeler la « blessure » de l'édifice. Des renforts leur arrivaient constamment, sous forme d'une colonne dont l'extrémité se perdait dans la prairie environnante et dont la largeur variait de 2 à 3 centimètres. Elles trainaient avec elles ces énormes neutres, longs d'environ 2 centimètres, très fortement chitinisés, munis de puissantes mandibules, qui leur servent, selon le cas, de bouchers ou de machines de guerre. Ces sortes de monstres cheminaient dans la masse des fourmis ordinaires, à distance régulière et semblaient des « chars d'assaut » dans une colonne d'infanterie. Mais cette redoutable formation rencontrait sur toute la surface en réparation des guerriers vigilants et bien protégés. A l'approche de l'ennemi, leurs antennes dirigées en avant, devenaient plus rigides, plus vibrantes ; les muscles fléchisseurs de leur cou, tétanisés, faisaient frapper rapidement leur tête sur le sol en produisant le bruit d'alarme observé chez beaucoup de termites. Dès qu'une fourmi passait à portée, ils s'élançaient sur elle, les mandibules ouvertes, lui envoyaient un coup de cisaille, puis, reculant aussitôt, reprenaient leur faction à l'entrée de l'orifice qu'ils étaient chargés de défendre. Un de ces combattants occupait, avec d'autres, l'ouverture d'une galerie de plusieurs centimètres, aveuglée hâtivement par une mince pellicule de terre. Les fourmis envahissant cette région, amenaient avec elles une des « machines de guerre » dont j'ai parlé plus haut ; elle était deux fois plus grosse que son adversaire. Celui-ci, bondissant sur elle, la coupa net en deux tronçons, comme aurait pu le faire un ciseau à disséquer. Les deux débris, encore agités de mouvements, glissant le long de la pente, tombèrent au pied de la termitière. Percevant l'inutilité de leur tentative, les fourmis se retirèrent enfin.

On connaît maintenant le mode de combat des *Macrotermes* et l'on comprend que l'amande centrale de leur nid constitue pour eux, un véritable donjon. En fait, nous trouvons que lorsqu'elle subsiste, même si la termitière est largement ouverte, les brèches en seront réparées. Cela tient à ce qu'alors, la reine est conservée et continue à peupler la communauté. Les ouvriers reprennent le travail, aveuglent les surfaces de section et ce qui reste sert, ensuite, de point de départ à un nouveau développement de la colonie.

Dans l'amande centrale est creusée la cellule royale, habitation du couple progéniteur, (fig. 3 pl. II). Celle-ci a un plan ovale et mesure environ 12 centimètres sur 8. Elle possède un sol légèrement déclive vers le centre et une voûte surbaissée dont la hauteur maxima est de 15 millimètres environ. La ligne de raccord avec la surface inférieure figure une ellipse approximative. Sur cette ligne s'ouvrent une vingtaine de conduits de faible diamètre, rayonnant dans toutes les directions et par où les termites ont accès dans la cellule royale. Le couple royal y est prisonnier : cela ressort de ses dimensions. (fig. 3 et 4 pl. I) La reine est comprimée par les parois dès qu'elle n'occupe pas le milieu du logement.

Elle pond continuellement des œufs qui sont transportés par les ouvriers, dans les chambres creusées dans l'amande centrale ; la fig. 3 pl. II en montre quelques-unes. Puis ils sont emportés sur les jardins à champignons où a lieu l'éclosion.

*Les chambres vides.* — Au-dessous des chambres contenant les meules, on en trouve d'assez semblables mais vides. Celles qui touchent de plus près aux premières, renferment souvent des débris ligneux d'environ un millimètre, taillés et accumulés là par les termites.

A mesure qu'on s'enfonce dans le sol, on passe des loges nettement édifiées, à celles qui sont seulement creusées. La transition des unes aux autres est graduelle, mais les chambres construites semblent cesser avec les cavités contenant des débris ligneux. En dessous et même bien en dehors du plan de la termitière, se trouvent de grandes cavités (20 centimètres de diamètre et plus) reliées les unes aux autres par de larges couloirs (10 centimètres de diamètre). D'abord rapprochées, elles s'espacent à mesure qu'on s'enfonce et qu'on s'éloigne. On passe ainsi, peu à peu, à la terre compacte. On peut trouver des chambres et de larges canaux, jusqu'à plus de 80 centimètres au-dessous du niveau du sol et 1 mètre en dehors du périmètre du nid. Puis les conduits deviennent plus petits, se ramifient et se perdent dans la terre.

La paroi des cavités et des canaux inférieurs a ceci de particulier qu'elle est toujours plus humide que le reste de l'édifice. Elle ressemble à de l'argile déposée qui prend consistance par le retrait de l'eau. Je crois que c'est à ce système qu'il faut rapporter une particularité des constructions de ce genre : elles sont irremplissables. Petch a essayé de noyer des habitations d'*Odontotermes Redemanni* en y déversant, par un trou fait au mur, 8 mètres cubes d'eau en deux heures. Il ne réussit pas à mouiller les chambres à meules et, après l'opération, il trouva la termitière sensiblement intacte. Je crois que le liquide gagnait le système des grandes cavités inférieures et des canaux. Là, à cause de la division et de l'importance de l'ensemble, il se trouvait en contact avec une large étendue de terrain qui l'absorbait instantanément. Toutes proportions gardées, il y a ici, une augmentation de la surface de contact entre le liquide et le sol, qui est comparable à l'augmentation de la surface de contact entre l'air et le sang, dans notre arbre pulmonaire.

Ceci n'est pas une pure hypothèse : j'ai eu l'occasion d'observer un fait qui me paraît bien venir à l'appui de ce que j'avance. Le 2 février 1923, je démolis un nid de *Macrotermes gilvus*, situé dans la plantation d'hévéas de l'Institut Pasteur de Nhatrang, à Suidau. Il était élevé au flanc d'une pente assez vive et appuyé à un gros bloc arrondi de pegmatite (fig. 2). Il était parfaitement normal. Au-dessous des chambres à meules, il y avait des chambres à débris ligneux, puis de grandes cavités vides en communication avec quelques canaux simples, de section normale. Ceux-ci ne s'écartaient pas en rayonnant dans la terre, mais, restant à peu près parallèles, ils gagnaient obliquement la surface inférieure du bloc de roche. C'était là un chemin tout indiqué pour un drainage ; l'eau glissant entre la pierre et le sol sous-jacent, arrivait ensuite à la surface de la pente et coulait librement au dehors. Je crois que le réseau des grandes cavités et galeries inférieures de la termitière sert à l'évacuation de l'eau et à son absorption par la terre et qu'ici, il était modifié pour atteindre le même but, mais en s'adaptant aux circonstances particulières.

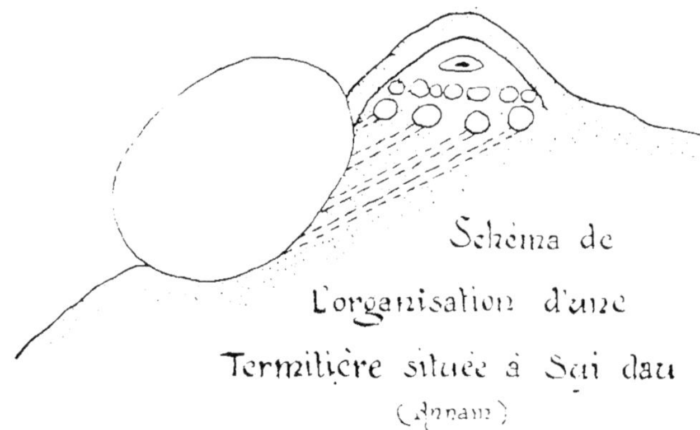


FIG. 2.

Ce système sert aussi de chemin aux termites qui vont chercher leur nourriture. Il est sans cesse parcouru par des insectes qui forment parfois des files serrées. Par les ramifications des conduits, ils vont au contact des débris végétaux qu'ils utilisent. Certaines branches mènent à la surface du sol ; ce sont celles qui partent des chambres les plus externes et les plus superficielles. Les termites peuvent sortir par là pour aller récolter les fragments de graminées qu'ils emmagasinent.

Enfin, tout au long des larges canaux, les ouvriers et soldats abandonnent les matières de rebut de la colonie : insectes morts, ennemis tués aux orifices de la termitière (fourmis en particulier), débris végétaux inutilisables. On y trouve aussi leurs excréments sous forme de petits amas de substance brun-sépia.

La structure générale de la termitière est schématisée par la figure 1. Les photographies 1 et 2 de la planche II donnent une idée de la façon dont les choses se présentent. L'image supérieure représente une termitière intacte : on voit qu'elle est assez basse et allongée. L'outil qui y est appuyé est une pelle-bêche de l'armée (outil de campagne individuel). La photographie inférieure représente une coupe du même nid. On distingue nettement, sous le mur, les meules à champignons en place dans leurs alvéoles. Le centre. est occupé par des cellules à parois minces dépourvues de meules; au milieu de celles-ci est l'amande centrale qui, faisant saillie, est plus éclairée. En dessous se trouve le système des grandes chambres et des larges canaux. L'outil placé dans le champ visuel donne l'échelle : c'est un grand pic à roc, modèle du génie militaire.

Nous pouvons aborder, à présent, l'étude des « meules » sur lesquelles les termites « cultivent » les champignons Nous savons déjà où elles sont placées. Leurs dimensions sont en rapport avec celles des chambres, dont elles reproduisent exactement la forme. Elles peuvent atteindre une douzaine de centimètres de long sur environ sept de large. Le plus souvent elles sont plus petites. Leur épaisseur varie beaucoup ; les jeunes ne sont pas hautes et ressemblent à une grille. Les plus âgées ont environ cinq centimètres et demi d'épaisseur ; elles sont d'un jaune ocre clair en dessous, brunâtre en dessus. Le contour général est une demi-ellipsoïde aplati. Les fig. 7 et 8 de la planche I reproduisent des meules à champignons, l'échantillon du bas est plus jeune. Elles sont faites d'une substance homogène, qui ressemble par sa couleur et ses autres caractères, à du bois extrêmement mastiqué, accumulé par petites quantités, à un état encore fluide. Chaque petit apport élémentaire forme, en se solidifiant, une sorte d'ellipsoïde aplati, d'environ un millimètre de diamètre. L'architecture générale est représentée par une série de cloisons irrégulièrement enchevêtrées ; les angles des conduits grossiers qu'elles délimitent sont arrondis. Ceux-ci sont quelque peu pyramidaux, allant en s'évasant de la base de la meule à son sommet. L'aspect rappelle une éponge ou certains polypiers. La surface présente une « fleur » analogue à celle des pastels ou des fruits. C'est un reflet particulier, dû à la présence d'un très fin velours de filaments mycéliens, résoluble seulement par l'emploi d'une forte loupe. De distance en distance, elles présentent de petites sphères blanches de moins de 1 millimètre de diamètre, formées par un faux-tissu mycélien. C'est ce qu'on appelle les « mycotêtes ».

On peut voir, par la comparaison des figures des planches I et III, que les meules de chaque espèce de termite, présentent une physionomie particulière qui permet de les reconnaître, au moins approximativement. Les meules de *Macrotermes malaccensis* ressemblent à celles de *Macrotermes gilvus* (fig. 3 pl. I), mais le grain en est plus gros, elles sont plus massives, plus épaisses. Les cavités et les cloisons y ont de plus grandes dimensions. Celles de *Macrotermes carbonarius* sont beaucoup plus grandes et la matière fondamentale y paraît disposée en lames anastomosées plutôt qu'en un réseau polygonal. Les meules de *Microtermes incertoides* (fig. 2 pl. IV) sont toutes petites, de grain fin, compactes et régulières, avec des cavités très réduitesLes meules d'*Odontotermes* sont d'un type différent (fig. 1 pl. III) Les cloisons n'y délimitent pas des sortes de tuyaux comme dans les précédentes, mais elles reproduisent, en plus gros, la structure d'une éponge en caoutchouc ordinaire. Les meules d'*Odontotermes obscuriceps* sont les plus grosses, les plus sphériques, les plus régulières. Celles d'*Odontotermes Horni* rappellent extérieurement les constructions de *Macrotermes gilvus* : ce sont les plus friables. Celles d'*Odontotermes hainanensis* sont très semblables à celles d'*obscuriceps*, mais sont souvent plus petites.

*Nature, origine, rôle des meules à champignons : rôle des mycotêtes.*— Beaucoup d'auteurs semblent admettre que la meule des termites dits champignonnistes, est faite d'une matière excrémentielle particulière résultant de la digestion rapide de substances ligneuses. L'observation que j'ai pratiquée de ces insectes, m'a conduit à une manière de voir différente.

Les déjections de tous les termites, à la seule exception connue de moi du *Cryptotermes domesticus*, se présentent d'une façon constante. C'est une matière brun noirâtre, fluide, dont l'accumulation constitue, en séchant, un corps très cassant lorsqu'il est en minces pellicules, mais fort dur et solide lorsqu'il possède une épaisseur suffisante. Il présente alors des qualités semblables à celles de la colle forte, ou des autres matières albuminoïdes desséchées. Un bon exemple nous en est fourni par le « carton de bois » pur avec lequel *Eutermes matangensis* et *Hamitermes annamensis* édifient le centre de leur termitière. Celui-ci apparaît brun foncé, vitreux sous le binoculaire, spécialement à la cassure. Mis à tremper dans l'eau, il y diffuse une substance colorante brune. Le liquide teinté mais liquide, séparé par décantation, laissé sur des verres de montre, y abandonne, par dessiccation, un dépôt brunâtre transparent qui se montre, au microscope, formé de particules cristallines, disposées suivant les branches d'une étoile irrégulière. C'est donc là quelque-chose qui ressemble à une cristallisation. Cette étude a été faite avec du carton de bois provenant d'*Eutermes matangensis*. Si on examine des crottes fraîches de cette espèce, on constate qu'elles sont identiques, quelle que soit la caste qui les fournit. Plus claires lorsqu'elles viennent d'être déposées, elles foncent très rapidement, passant à la couleur qu'on vient d'indiquer.

La substance du carton de bois est exactement la même que celle des crottes. C'est, en dehors du colorant, un mélange de bactéries, en très grande abondance et de matières végétales extrêmement digérées. La teinture au « carmin-vert d'iode » de cette substance, préalablement débarrassée, par l'eau, de la matière colorante, m'a montré que la cellulose y prédomine de beaucoup sur la lignine. Les parois cellulaires sont réduites à un état très fragmentaire et très vague de contour. L'identité du carton de bois et des déjections des termites ne saurait être contestée ; d'ailleurs j'ai assisté à l'édification de galeries et constructions diverses par *Eutermes matangensis* et ne puis conserver aucun doute à cet égard. D'où vient la matière colorante brune de ces déjections ? On sait depuis longtemps qu'elle est sécrétée, en arrière des tubes de Malpighi, par l'intestin de l'insecte lequel est fortement dilaté. On peut très bien vérifier ce détail en examinant au binoculaire le contenu intestinal à différents niveaux. Cette sécrétion est générale, elle existe chez les termites champignonnistes comme dans les autres espèces. Or, elle manque absolument dans les diverses meules que j'ai examinées. Il me paraît donc peu vraisemblable que la substance dont l'accumulation forme les meules à champignons, ait traversé l'intestin de l'animal ; il me semble bien plus probable qu'elle est constituée par du bois simplement mâché puis dégorgé.

D'autres faits corroborent cette opinion. Il est très facile de se procurer des crottes de *Macrotermes gilvus* ; il suffit de garder quelques individus dans une boîte, pendant un certain temps. Ils évacuent des sortes de petites boulettes ovoïdes, pâteuses, semi-liquides, de couleur sépia, dont la grande dimension est, à peu près, un demi-millimètre. Ce corps, mis à dissoudre dans l'eau, y abandonne un fluide brun sépia semblable à celui qui est élaboré par *Eutermes matangensis*. Au microscope, on le trouve constitué par des débris végétaux plus petits que ceux qui forment la meule, plus triturés, plus digérés, rarement reconnaissables. On observe aussi des débris de champignons très attaqués par les sucs digestifs, et une grande q antité de bactéries. Enfin on reconnaît des cristaux produits par les tubes de Malpighi. Cette même matière, avec le même aspect extérieur et la même composition microscopique, se retrouve dans l'ampoule rectale des diverses catégories de *Macrotermes gilvus* : ouvriers, soldats, sexués : on peut l'obtenir facilement en comprimant avec une aiguille courbe, l'abdomen des insectes maintenus sur une lame de verre. On l'observe encore tout au long des dépotoirs, dans les grands conduits inférieurs de la termitière.

Ainsi, la meule n'est pas de la matière excrémentitielle. Elle en diffère :

1° Par une trituration moins complète. Les éléments histologiques y demeurent très reconnaissables.

2° Parce qu'elle n'a pas subi de digestion : les membranes cellulaires, en particulier, apparaissent nettes comme dans une plante vivante et se sont pas brisées et corrodées comme dans le contenu intestinal.

3° Parce qu'elle ne contient pas le fluide rectal brun des termites.

Je ne puis donc admettre que la pâte constitutive de la meule ait traversé l'intestin de l'insecte et je pense qu'elle est seulement faite de substances ligneuses machées, puis rejetées.

Ne peut-on avoir d'autres renseignements sur la façon dont les termites contruisent leurs jardins de champignons. ?

Un fait me paraît particulièrement frappant : c'est qu'au voisinags immédiate des chambres à meules, on en trouve presque toujours d'absolument semblables, avec piliers, rampes de circulation, etc... Ainsi que je l'ai déjà dit, chacune d'elles contient une couche de petits fragments végétaux, disposés exactement comme le serait une meule sur une surface identique. Examinant à la loupe les éléments de cette couche, nous voyons qu'ils sont formés :

1° De petits fragments de tiges de graminées, reconnaissables à leurs nœuds et à l'absence de moëlle, d'environ 1 à 3 millimètres de long sur, au moins, 1 millimètre de diamètre.

2° De débris de feuilles d'environ un millimètre de large sur 1 à 2 de long. Ceux-ci ont des nervures parallèles saillantes et semblent également rapportables à des graminées.

3° De débris de feuilles de même dimension, mais peu déterminables. Cependant, quelques-uns sont remarquables par la présence de nervures très fortes, claires, dans un parenchyme brun épais. Or, il pousse des manguiers au voisinage des termitières dont j'ai étudié le contenu, et les feuilles sèches de cet arbre présentent un aspect et une couleur identique à ceux des débris dont je parle.

J'ai pu vérifier, par la méthode des coupes, la structure intime des feuilles de graminées. J'ai trouvé les cordons libéro-ligneux avec fibres, caractéristiques de cette famille. J'ai, aussi, comparé l'ensemble des fragments ligneux à celui de la meule délayée dans l'eau. Pour cela, j'ai amené les premiers au même état de division en les broyant légèrement dans un mortier. J'ai fait macérer ce produit dans de la liqueur de Labarraque étendue, et ai comparé à de la meule traitée de la même façon. Une longue série d'expériences m'a fait constamment trouver, de part et d'autre, les mêmes éléments histologiques. Dans les deux substances, j'ai observé les mêmes vaisseaux du bois particulièrement ponctués et réticulés, les mêmes vaisseaux cellulosiques fermés, les mêmes cellules stomatiques à contours ondulés ou plus compliqués. Je suis donc persuadé que *Macrotermes gilvus* édifie ses meules à champignons avec des débris végétaux qu'il récolte aux environs de son habitation, et accumule ensuite à la place même où ils seront élaborés et employés.

Quand se fait la récolte ? Il est certain qu'on n'aperçoit pas d'insectes de cette espèce à la surface du sol. Mais, dans des expériences prolongées de conservation en captivité de cette forme, j'ai appris que les *Macrotermes* circulent isolément, en plein jour, sous le couvert des touffes d'herbe. Ils contournent les irrégularités de terrain et marchent à demi enfouis dans le sol, pourrait-on dire, prêts à s'y cacher à la moindre alerte. Dissimulés, à la fois, par ces accidents et par la végétation, ils sont invisibles. D'ailleurs, les

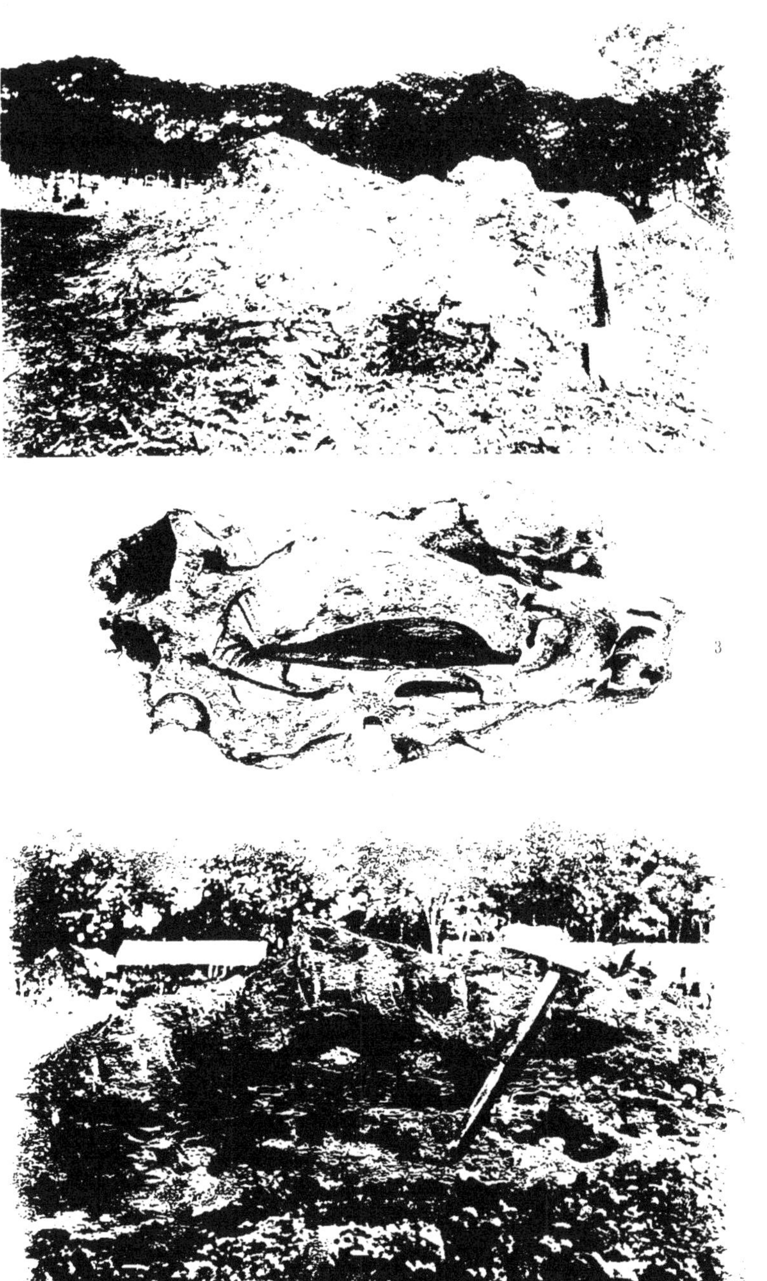

1. Une termitière de *Macrotermes gilvus*, entière. L'échelle est donnée par l'outil de campement individuel appuyé au « mur ». — 2. Coupe du même nid. Noter l'épaisseur du mur. Sous celui-ci, meules à champignons bien visibles à droite. Au milieu, loge royale se détachant, en clair, sur les chambres à parois minces. — 3. Coupe d'une loge royale de la même espèce.

environs de la termitière sont criblés de minces galeries de circulation ressemblant à celles des vers de terre. J'en ai rencontré à une distance de plus de 1m 60 du centre de la construction : j'ai vu les termites les édifier. Ainsi, ils peuvent cheminer, à l'abri de leurs ennemis, jusque dans le gazon où ils recueillent ce qui leur convient.

Examinons, maintenant, l'utilité réelle de la meule pour les insectes. Laissons de côté, provisoirement, ce qui a trait à l'emploi du champignon qui y pousse. C'est là une notion qu'il faut serrer de près, nous y reviendrons par la suite.

On admet souvent, que la substance des meules peut servir de nourriture exclusive aux termites. Ceci ne me paraît pas exact, du moins à l'égard de *Macrotermes gilvus*, ni d'*Odontotermes hainanensis*. J'ai essayé, souvent, de garder le premier en captivité en profitant de son inaptitude à traverser la moindre étendue d'eau. Je plaçais les termites dans un large plateau, reposant sur des briques dont le pied baignait dans un bassin contenant du liquide. Je mettais de la terre à la disposition des insectes et je leur fournissais de l'humidité en imbibant périodiquement un petit bloc d'argile ou de terre cuite. Il est impossible de conserver les *Macrotermes* dans ces conditions, quel que soit le genre de bois qu'on leur donne pour se nourrir. Dans de pareilles conditions, *Eutermes matangensis* subsiste des années, développe ses formes larvaires et ronge peu à peu sa provende. Les *Macrotermes* meurent de faim au bout de quelques jours : ils ne touchent pas à la matière ligneuse et leur intestin se vide. La partie renflée en est toujours remplie par le fluide brun habituel, dans lequel s'agite une prodigieuse quantité de bactéries. Si, au lieu de bois, on leur offre de la meule retirée de leur propre termitière, les choses se passent exactement de la même façon, quel que soit l'état frais, desséché, détérioré par les champignons de cette dernière production. Elle est légèrement entamée par le dessous, mais ce début d'utilisation cesse aussitôt. J'ai répété l'expérience bien souvent sans succès.

Par contre, on peut garder les mêmes termites vivants pendant plusieurs mois, en mettant à leur disposition une plaque de gazon assez épaisse que l'on arrose périodiquement, de façon à maintenir l'herbe en bonne santé. L'examen du tube digestif montre qu'alors ces animaux s'alimentent : il semble que ce soit avec les feuilles mortes et altérées que l'on peut trouver à la base de chaque touffe de graminée. Jamais, dans la nature, cette forme n'attaque le bois conservant une composition voisine de la normale : j'ai seulement observé, très rarement, quelques galeries souterraines creusées jusqu'au contact de pièces ligneuses pourries, enfouies dans le sol. Je suis donc porté à penser que les termites n'utilisent pas habituellement la substance des meules pour leur alimentation.

Cependant, elle paraît représenter pour eux, quelque chose d'agréable, de précieux même, pourrait-on dire par un audacieux anthropomorphisme. Si nous entamons le mur d'un nid de *Macrotermes gilvus*, les soldats viennent monter la garde à la brèche que les ouvriers commencent à aveugler. A proximité de cette ouverture, disposons un amas de meules broyées, provenant d'autres habitations et conservées intactes par dessiccation. Par les galeries souterraines, des équipes de travailleurs débouchent sous l'accumulation, elle est bientôt encerclée d'un mince mur d'argile qui sert de barrière contre les fourmis, puis, par les galeries, élargies pour la circonstance, la substance utile est, jusqu'au plus petit fragment, transportée à l'intérieur. Des morceaux d'herbes et feuillages bien secs, ressemblant aux débris que j'ai précédemment décrits, sont traités de la même façon ; par contre, les termites négligent toutes les parties de végétaux tant soit peu vertes ou humides.

A quoi donc sert la meule dans ces conditions ? L'observation et l'expérience vont nous éclairer et nous expliquer comment l'habitude d'en édifier a pu se développer chez les termites.

Si l'on ouvre avec précaution une habitation de *Macrotermes gilvus*, il est facile de voir que les œufs, pondus sans interruption par la reine, sont, aussitôt, saisis par les ouvriers et emmagasinés quelque temps dans une des chambres vides qui avoisinent la loge royale. Ils sont ensuite repris et apportés sur les meules les plus proches, où a lieu l'éclosion. Les larves se tiennent sur ce substratum comme des moutons dans un champ, sans presque remuer. Elles affectionnent, spécialement, le séjour dans les sortes de canaux délimités par les cloisons de la meule. Jamais je ne les ai vues faire la moindre tentative sur les mycotêtes ou sur le velours mycélien. Les ouvriers circulent constamment parmi elles, les caressent avec leurs antennes, les lèchent en leur appliquant très exactement les parties charnues de leur gueule, lesquelles sont très développées comme on sait. Ils leur dégorgent aussi de la nourriture. Si on écarte les larves de leur support, les travailleurs viennent les chercher, les saisissent par le cou, entre leurs mandibules, et les rapportent à leur place, à peu près comme les chats font avec leurs petits. Les insectes les plus jeunes sont rassemblés sur les meules situées le plus profondément dans la termitière. A mesure qu'on examine des meules prises de plus en plus près du mur, on y trouve des larves de plus en plus avancées et de jeunes adultes venant d'éclore. Les mues qui séparent les divers stades larvaires, se rencontrent exclusivement sur les meules et aussi dans le même ordre.

L'idée que font naître ces faits est sigulièrement renforcée par la constatation suivante. Laissons dans une boîte de fer-blanc, dans un cristallisoir, une partie notable de la population d'un nid : ouvriers, soldats, larves, avec de la terre et de la meule. Humectons régulièrement le tout pour permettre aux travailleurs de remuer le sol. Les champignons présents sur la meule, vont subir, comme nous le verrons, une évolution qui rend celle-ci inutilisable pour les insectes : ils la fuient dès qu'elle se modifie. Mais, aussitôt qu'ils le peuvent, ils se mettent à tarauder un petit bloc de terre : ils y creusent des conduits semblables à ceux de la meule et les complètent par un réseau de cloisons argileuses. Ils accumulent leurs larves dans les cavités confinées ainsi délimitées ; elles peuvent y vivre longtemps : j'en ai conservé plus de trois semaines. L'aspect de la « meule » de terre ainsi réalisée est frappant, par son architecture et son aspect granuleux, elle rappelle exactement les véritables.

On peut relier logiquement ces divers faits. La meule est édifiée avec des particules ligneuses mastiquées par les ouvriers, comme tout le reste de la termitière est construit avec de la terre mastiquée, mise en place avec les mandibules. Il y a substitution d'une matière première à une autre, mais le procédé de travail demeure le même. La meule constitue un support particulier réunissant des conditions spéciales et bien définies d'humidité, de chaleur, de consistance. Le reflexe qui substitue les débris végétaux à la terre, comme élément de construction, me paraît être déclanché par l'apparition, dans la termitière à son début, d'une certaine quantité de larves. Le même facteur conditionne la forme particulière donnée à la meule et, aussi, l'accumulation des larves sur celle-ci. De la même façon, l'augmentation de la population jeune entraine la fabrication de nouvelles meules, édifiées dans les nouveaux espaces successivement enclos par le mur.

On peut opposer à ceci une autre conception, admettre que les termites font les meules pour se nourrir des mycotêtes qu'elles produisent. J'avoue qu'une pareille prévoyance me paraît bien hors des possibilités de leurs ganglions céphaliques. Et puis, cette théorie n'explique pas la construction des meules argileuses que j'ai observées. Il me semble plus simple d'admettre que la production, dans la termitière, d'un grand nombre d'œufs et de larves, réalise un encombrement plus grand, modifie les conditions d'aération et d'humidité, change la nourriture des ouvriers puisque ceux-ci lèchent les jeunes et absorbent leur excreta. Elle entraînerait par une réaction immédiate, l'adoption d'une matière et d'un plan de construction particuliers ; ces deux choses pouvant d'ailleurs être séparées comme nous l'avons vu.

Les faits m'ont montré que le rôle nutritif des mycotêtes est limité, et ceci concorde assez avec mon raisonnement. J'ai étudié méthodiquement le contenu intestinal de diverses espèces de termites champignonnistes : *Macrotermes gilvus, Odontotermes Horni, Odontotermes hainanensis.* J'ai pris soin d'examiner des individus de toutes les castes, à tous les états de développement. J'ai trouvé que les neutres adultes, les sexués adultes, les nymphes aux trois derniers stades larvaires ont dans leur tube digestif, avec des matières ligneuses, des fragments de mycotêtes profondément altérés par la digestion qu'ils ont subie. J'ai fait cette remarque bien des fois, après un grand nombre d'auteurs ; ainsi, il n'est pas douteux que les termites pourvus d'une chitine résistante consomment des « cellules mycéliennes ».

Par contre, j'ai toujours trouvé vide l'intestin des larves blanches et des jeunes nymphes que j'ai examinées, même si les larves étaient assez avancées pour montrer les caractères d'une catégorie déter-

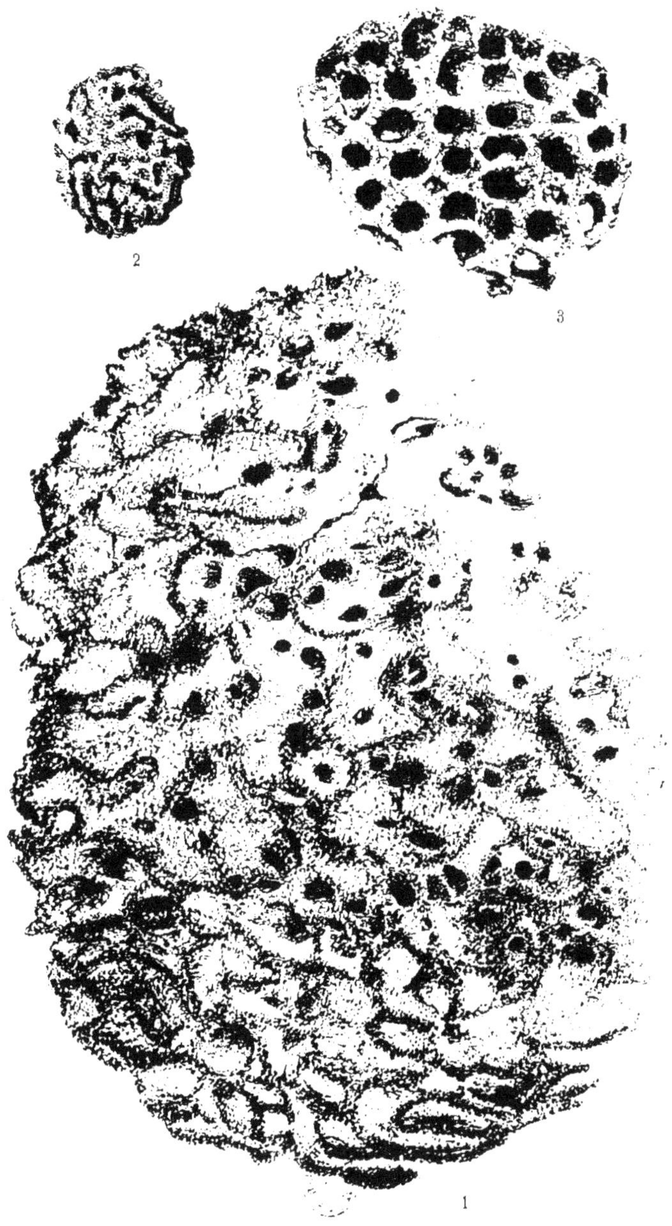


1. Meule d'*Odontotermes obscuriceps* (grandeur naturelle). — 2. Meule de *Microtermes incertoides* (grandeur naturelle). — 3. Fragment de meule de *Macrotermes malaccensis* (grandeur naturelle).

minée ; ce qui, d'après mes observations et celles de beaucoup d'autres, ne se produit que lorsque le développement individuel est relativement avancé. J'ai pu vérifier un grand nombre de fois ce fait important : les castes, chez *Macrotermes gilvus* et les autres espèces, apparaissent différenciées alors que les larves n'ont encore été nourries que des sécrétions des adultes. Sans être absolument démonstrative, cette constatation parle très fortement contre la théorie de la détermination de la caste par le genre de nourriture.

Les champignons, en particulier, n'entrent pas dans l'alimentation des jeunes. J'ai été abusé, au commencement de mon investigation, par une curieuse analogie de forme : les cellules de l'épithélium interne du tube digestif des larves de termites, sont, à divers niveaux, arrondies et semblables à certaines « cellules » mycéliennes de mycotètes. Je me suis rapidemmemt aperçu de mon erreur. Les diverses observations sont, a cet égard, bien concordantes. Les mycotètes, telles qu'on les trouve dans les « cultures » des insectes, sont constituées par un faux-tissu compact. Placées entre lame et lamelle, elles résistent à l'écrasement et ne se laissent pas disloquer. Il faut, pour les entamer, les mandibules fortement chitinisées des termites complètement développés.

Remarquons encore, qu'à leur origine, les termitières ne comprennent qu'un petit nombre d'individus ; il est certain que les premiers neutres produits par le couple fondateur, après le vol nuptial, se développent sans être placés sur des meules à champignons. Pour qu'il en fut autrement, il faudrait que le couple fondateur édifiât d'abord, à lui seul, une meule, ce qui semble impossible et est contredit par les observations faites jusqu'ici sur le début des termitières (1).

Ainsi donc, les mycotètes ne servent pas à la nourriture des larves de termites, elles ne sont consommées que par les adultes, en proportion relativement restreinte et ne leur paraissent en aucune façon, indispensables. Il est donc probable que le rôle essentiel de la « meule à champignons » est de fournir un support convenable à la population larvaire du nid.

(1) L. B. Uichanco, *General facts in the biology of Philippine moundbuilding termites*. Philipp. Journ. of Sc. T. xv, 1919, p. 59.

Je ne puis pas abandonner l'étude de *Macrotermes gilvus* sans décrire un phénomène déjà maintes fois rapporté, mais qui est extrêmement intéressant au point de vue biologique : je veux parler de l'envol des sexués. Il y avait, à l'Institut Scientifique de l'Indochine, près de la porte principale, un bâtiment destiné à servir de logement à un concierge. Il était surélevé par un soubassement en roche granitoïde de $0^{m}45$ et mesurait 9 mètres de long sur $6^{m}75$ de large. Une partie de la largeur était occupée par une véranda, à laquelle on accédait, du dehors, par deux petits perrons et de laquelle on pouvait entrer dans le pavillon proprement dit, par deux portes placées symétriquement (fig. 3).

Le 26 juillet 1923, à cinq heures du soir, on vint me prévenir qu'une grande quantité de termites paraissait l'avoir envahi. J'y fus une demi-heure après et constatai, avec stupéfaction, que tout l'espace compris sous le pavillon devait être occupé par un énorme nid de *Macrotermes gilvus*, que rien, depuis un an, ne m'avait permis de déceler. Les ouvriers avaient dégagé l'ouverture de nombreuses galeries débouchant dans le sol du pavillon, ou, à hauteur, dans les interstices des murs, ou dans l'herbe et la terre des allées environnantes.

Il y avait trente-trois orifices placés comme on peut le voir sur le plan ci-joint. Sur plusieurs, les ouvriers avaient construit des tubes de terre parfois ramifiés, d'environ 3 à 4 centimètres de diamètre extérieur et 5 de haut. Ces tubes étaient plus élevés lorsqu'ils se trouvaient appuyés à un mur ; beaucoup d'orifices n'en présentaient pas, mais étaient munis d'un palier en terre battue. Toutes les ouvertures, garnies ou non de tubes, étaient gardées par des soldats formant, autour de l'issue comme centre, une tache circulaire de 5 à 10 centimètres de rayon. Chacune d'elles comprenait des postes de gros combattants reliés par des cordons de petits. Si l'on agaçait l'un quelconque de ces animaux, tout le poste se massait autour du point menacé. Le milieu de chaque tache était occupé par des ouvriers nombreux, paraissant, comme les soldats, très excités, sortant et rentrant sans cesse dans les galeries. Vers six heures et quart, l'obscurité s'accentuant, les taches s'élargirent tandis que le va-et-vient se faisait plus intense.

Par les orifices, sort, de temps en temps, un sexué qui parcourt au dehors une boucle de quelques centimètres, puis rentre. Il faut

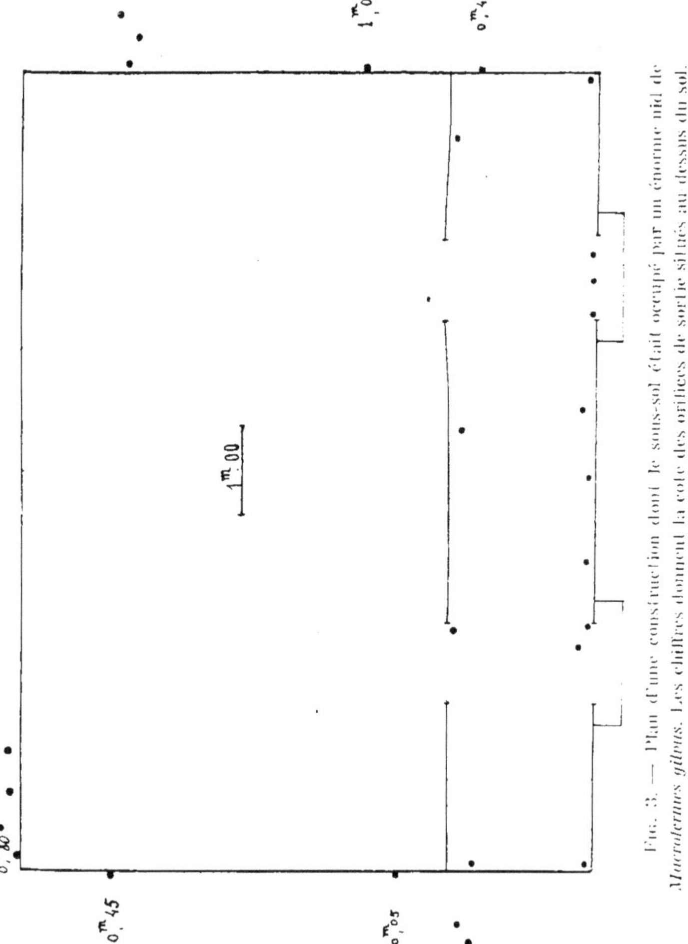


Fig. 3. — Plan d'une construction dont le sous-sol était occupé par un énorme nid de *Macrotermes gilvus*. Les chiffres donnent la cote des orifices de sortie situés au dessus du sol.

noter que les fourmis, très nombreuses aux environs et marchant en colonne, n'attaquent pas les troupes de garde. Une fourmillière est à proximité et les batteuses d'estrade surveillent ce qui se passe. Sur mon ordre, un préparateur verse quelques gouttes d'essence sur une des ouvertures. Aussitôt que le liquide s'est évaporé, les fourmis viennent enlever les termites atteints par l'aspersion, tués ou mourants. A sept heures moins un quart, l'obscurité est complète. J'ai fait allumer une puissante lampe à vapeur d'essence et quelques sexués viennent voltiger autour de celle-ci. Puis, brusquement, la sortie se précipite et ils s'échappent, par torrents, de chacun des orifices. Ils forment tout autour du pavillon, un essaim plus compact que celui des abeilles; la figure, les mains, sont frôlées ou heurtées par eux. Ils voltigent en nombre énorme autour de la lumière. J'observe les issues : la ligne des soldats a élargi son périmètre. Aussitôt sorti du trou, chaque insecte ailé fait en voletant un bond d'une dizaine de centimètres, touche terre, fait un bond plus long, puis repart définitivement et vient voler autour de la lampe. C'est une aubaine inespérée pour les crapauds, les rainettes, les lézards connus ici sous le nom de margouillats et de tokkais. Ils happent sans interruption les insectes qui les frôlent et en avalent des quantités. Bientôt, pleins de nourriture, à peine capables de faire un mouvement, ils se retirent pesamment. Tout-à l'heure, lorsque la lampe sera écartée, les chauve-souris viendront prendre leur part du festin. Les insectes qui ont échappé à la destruction, tombent sur le sol et s'apparient. Ils ont, en général, perdu leurs ailes, mais pas toujours. Femelle devant, mâle derrière, ils fuient, maintenant, cette lumière qui les attirait il n'y a qu'un instant et gagnent l'ombre des pelouses.

Je recueillis quelques-uns de ces couples et les plaçai dans de petits flacons à large ouverture, ou dans des cristallisoirs contenant de la terre. Après quelques temps, les femelles s'arrêtent dans leur course et creusent le sol. Elles font un trou vertical, du diamètre d'un crayon. Les mâles les aident ensuite, le conduit est approfondi et voûté par en haut; en quelques heures, on ne voit plus rien du dehors. Les insectes déblaient alors une chambre à une profondeur de 3 à 5 centimètres. Ceci est fait en moins d'un jour. Je n'ai pas pu observer l'accouplement, mais une de ces cultures que j'avais pu conserver, me montra le 3 août suivant, soit donc après une semaine, que le couple avait produit une première ponte de quelques œufs. Il me semble que les nids doivent habituellement se fonder d'une manière analogue et sans l'aide de neutres échappés de la termitière-mère.

Une autre observation complète un peu la précédente. Le 30 juillet 1924, je constatai la présence sur un filao, dans une cicatrice de branche coupée remplie de bois pourri et humide, de deux couples de sexués normaux, appartenant à une espèce de termite que je ne pus déterminer. Ils s'étaient construit des chambres d'habitation en carton de bois et n'étaient pas accompagnés de neutres. Les termitières semblent donc s'établir, habituellement, sans le secours de ceux-ci.

**Termes (Macrotermes) malaccensis** HAVILAND.

Cette forme a été recueillie à Malacca, Johore, Banca. Je l'ai trouvée à Yabac, dans le Langbian (Annam). Les termitières ressemblent à celles de *Macrotermes gilvus*, mais sont plus grandes. Elles contiennent des meules à champignons de même type, mais de grain plus gros. Les cloisons sont plus épaisses et, de plus, les tubes qu'elles forment ont une section plus ronde, moins polygonale que chez *Macrotermes gilvus* (fig. 3, pl. III).

**Termes (Macrotermes) carbonarius** HAGEN.

On a trouvé ce grand termite à Bornéo, Poulo-Pinang, Malacca, Singapour et au Siam. Je l'ai, moi-même, observé au Cambodge méridional où il est fréquent. Il est particulièrement abondant aux environs de Kompongspeu. Les termitières sont énormes, en forme de monticule conique, dépassant quatre mètres de hauteur et cinq mètres de diamètre de la base. Les insectes sont aussi très gros, comme on peut s'en rendre compte par les mesures précédentes : ils sont les plus grands que je connaisse. Les soldats sont agiles, pourvus de pattes relativement longues, fort beaux à voir avec leur armure de chitine tachée de noir et d'un orangé-rouge.

Je n'ai, malheureusement, fait qu'entrevoir cette forme, au cours d'une mission agricole au Cambodge ; ses mœurs m'ont paru être sensiblement les mêmes que celles de *Macrotermes gilvus*. Les meules sont très grandes, atteignant facilement 15 à 20 centimètres, elles ne paraissent pas formées de tubes accolés. Les cloisons se rattachent les unes aux autres en décrivant des tracés sinueux, allongés. Le grain est très gros ; cela se conçoit facilement, puisque chaque apport élémentaire représente le contenu de la gueule d'un insecte et que ceux-ci sont, eux-mêmes, de forte taille. C'est la seule espèce que j'aie remarquée jusqu'ici, qui puisse être comparée aux termites africains pour la puissance des constructions.

**Microtermes incertoides** Holmgren.

Cette espèce a été rencontrée à Wallon ; elle est très fréquente en Cochinchine et dans le Sud-Annam. Je l'ai trouvée à Saigon et dans la plantation de l'Institut Pasteur de Nhatrang, à Suidau. La termitière était toujours invisible extérieurement : elle possède la structure d'un jeune nid de *Macrotermes gilvus* non encore sorti du sol. Elle se compose d'une couche plus ou moins épaisse de meules à champignons, recouvrant une zone où est creusée la loge royale et des chambres de dégagement. Des conduits partant de cette organisation, se ramifient dans la terre et permettent d'atteindre des jardins mycéliens, parfois situés à plus d'un mètre du centre de l'habitation.

*Microtermes incertoides* est fort petit comme on l'a pu voir par les mesures précédentes, ses travaux sont en rapport avec sa taille : chambres, galeries, meules sont les plus petites que j'aie jamais observées. Les loges à champignons peuvent être au nombre d'une quinzaine par nid ; leur profondeur varie de 3 à 4 à 20 centimètres, la loge royale est légèrement plus enfoncée. Les conduits, ainsi que toutes les chambres, sont parfaitement polis ; ces dernières sont irrégulièrement ellipsoïdes, parfois en forme de rein, parfois encore plus contournées. Elles ne présentent aucun angle et sont soigneusement arrondies. A leur base, on distingue les très petits orifices de circulation des insectes ; il y en a souvent 2 ou 3, ils ont le diamètre d'une grosse épingle. Les cavités mesurent jusqu'à 5 centimètres de longueur, les autres diamètres ne dépassent jamais 3 centimètres et demi.

Il est très intéressant d'observer les *Microtermes* occupés à édifier leurs habitations : leur mode de travail nous fournira un bon exemple de l'activité des termites « champignonnistes ».

Voici ce que je notais, à la date du 14 mai 1922 :

J'ai observé, depuis quatre jours, des centaines de *Microtermes* à tous les stades. Ces animaux sont des fouisseurs distingués, ils s'enfoncent très rapidement dans la terre à tous les degrés d'humidité. Ils savent très bien enlever des grains de sable, des particules argileuses, d'un endroit pour les porter à un autre et creuser, ainsi, des tunnels et des chambres. Mis dans une boîte de Petri avec de la terre, leur premier soin est de s'abriter de la lumière en fouillant des galeries. Il est probable que, ce faisant, ils humectent les parois avec de la salive, car celles-ci conservent leur forme et restent adhérentes au verre, si on enlève la terre.

Dans les blocs assez gros, ils creusent des chambres peu à peu agrandies : j'ai remarqué l'achèvement des parois. Ils les lissent avec des parcelles argileuses de plus en plus fines, mouillées de salive et obtiennent, ainsi, un beau poli : les cavités creusées, sont reliées, à travers les aires découvertes, par des constructions : j'ai vu le procédé d'édification de celles-ci. Chaque ouvrier apporte dans ses mandibules une petite « bouchée » de terre, la met en place, puis se retire. Ces apports sont trempés de salive : on n'observe pas d'émission rectale.

J'écrivais encore, le 17 mai :

« J'observe des *Microtermes* contenus dans une boîte de Petri. Ils ont, avec eux, un petit bloc de terre creusé d'une cavité qui s'est trouvée ouverte : elle contenait des œufs. Les termites vont et viennent, ils creusent pour l'agrandir. A mesure qu'elle s'étend, ils y cachent les œufs qui adhèrent les uns aux autres, par dessiccation du fluide les recouvrant habituellement. Les adultes seuls prennent part au travail. Ils mouillent de salive leurs matériaux : les petites pierres qu'ils apportent sont bien plus humides que la terre environnante. Ils savent décoller les œufs adhérents à leur support par dessiccation : ils les imbibent de salive et les enlèvent lorsqu'ils sont suffisamment détrempés. Il y a de longues séances d'amitié : ils se lèchent entre eux et se brossent réciproquement, avec leurs mandibules, le crâne et les antennes. Les jeunes ont droit aux mêmes faveurs, les œufs sont traités de façon semblable. On peut les voir buvant : il y a un va-et-vient constant entre les endroits que j'ai arrosés d'eau et le chantier ; les ouvriers vont sucer la terre mouillée, puis reviennent au travail de maçonnerie. »

Bien que le soldat de cette espèce soit rare et petit, il ne le cède pas à ceux des plus grosses formes, pour l'ardeur combative. J'en observe un, en faction au bord du chantier ; il a pris l'attitude habituelle, antennes parallèles et dirigées en avant. Je l'agace avec la pointe d'une aiguille courbe : il recule, dresse la tête, ouvre largement ses mandibules et, bondissant en avant, essaie de saisir l'ennemi. Je constate ensuite qu'il a déposé sur l'aiguille, deux minuscules gouttes d'un liquide visqueux, opalescent. »

Ce termite édifie des meules à champignons plus ou moins ellipsoïdales, les plus grosses ayant environ 4 centimètres sur 3, et les plus petites 1 centimètre dans tous les sens, (fig. 2 pl. III). Leur forme correspond à celle de la chambre qui les contient. Elles sont faites d'une matière jaunâtre, ocreuse, disposée en travées, laissant entre elles des vides irréguliers et étroits. Le modelé général rappelle celui de l'amande des noix. On peut aussi penser à certains madrépores, et même, pour les parties les plus compactes, à un cerveau de mammifère. Elles sont couvertes de très petites mycotêtes blanches. La substance élémentaire se présente sous forme de grains sphériques, juxtaposés, d'environ un demi-millimètre de diamètre, rappelant tout-à-fait les œufs de poissons. Ces grains devaient posséder une consistance assez ferme lorsqu'ils ont été accumulés ; ils ont conservé leur aspect arrondi. Ils adhèrent peu les uns aux autres, la meule de *Microtermes* se pulvérise facilement. Chez les autres termites que j'ai pu étudier, ils avaient du être déposés à un état semi-liquide et ainsi, la forme individuelle ne se retrouvait pas aussi bien, mais l'ensemble était beaucoup plus cohérent.

L'examen microscopique m'a montré que les meules sont, ici, formées de débris ligneux peu digérés et tels que l'ornementation des cellules et des vaisseaux du bois est encore très reconnaissable. Les tissus sont peu dilacérés, il subsiste des fragments comprenant de nombreux éléments cellulaires. Un pareil état de la nourriture des termites, ne se trouve que dans la partie la plus antérieure de leur tube digestif.

La biologie de cette espèce présente plusieurs particularités remarquables. Les insectes sont toujours très peu chitinisés, même à l'état adulte. L'aspect de la population totale est blanchâtre. Les soldats y sont très peu nombreux et paraissent même manquer dans les termitières jeunes ; ils peuvent facilement passer inaperçus. Cette forme vit volontiers au voisinage immédiat des nids d'autres termites, peut-être y a-t-il communication entre les deux habitations. Je l'ai trouvée, assez fréquemment, établie dans l'épaisseur du mur de la termitière de *Macrotermes gilvus*. Celui-ci était creusé de toutes petites galeries et de chambres à meules entremêlées avec les tunnels propres de l'hôte. On conçoit qu'il soit difficile d'observer la communication des deux systèmes dans une paroi que l'on démolit à coups de pioches. Je ne l'ai jamais saisie, mais la proximité des conduits, leur intrication, me fait considérer son existence comme très probable. Elle ne peut être qu'à l'usage du *Microtermes*, car aucun *Macrotermes* ne saurait passer dans les couloirs de la petite espèce. *Microtermes incertoides* s'établit aussi aux points du sol où *Eutermes matangensis* a fouillé ses cavités irrégulières. Ici encore, il y a probablement communication des deux réseaux. Je n'ai d'abord rencontré le *Microtermes* que dans ces conditions ; les populations auxquelles j'avais eu affaire étaient encore jeunes : j'ai commis l'erreur de les confondre avec des larves d'*Eutermes matangensis* et d'attribuer à cette dernière espèce, les meules à champignons de l'autre forme. Je me suis détrompé en trouvant, par la suite, des *Microtermes incertoides* isolés et plus caractérisés spécifiquement. Il faut noter que ces termites mis dans une boîte avec des insectes des nids dont ils hantent le voisinage, ne sont pas molestés. Au contraire, des *Isoptères* d'habitations différentes se battent, en général, férocement. On peut donc penser que *Microtermes incertoides* entretient avec d'autres formes, des relations particulières.

**Odontotermes (Cyclotermes) hainanensis** Light.

Je recueillis cette espèce le 28 mai 1925, à Hanoï, dans le jardin de la maison que j'habitais. Elle est fort commune. Rien ne manifestait sa présence au dehors, si ce n'est de petites saillies verruqueuses de terre, percées d'ouvertures pour l'envol des sexués. Malheureusement, lorsque je fouillai le nid, ils avaient complétement disparu. Je fus plus heureux le 5 avril 1926 ; sous une averse formidable, à la suite d'un orage, je pus recueillir quelques sexués de cette espèce, qui s'envolaient, en masse, d'une termitière.

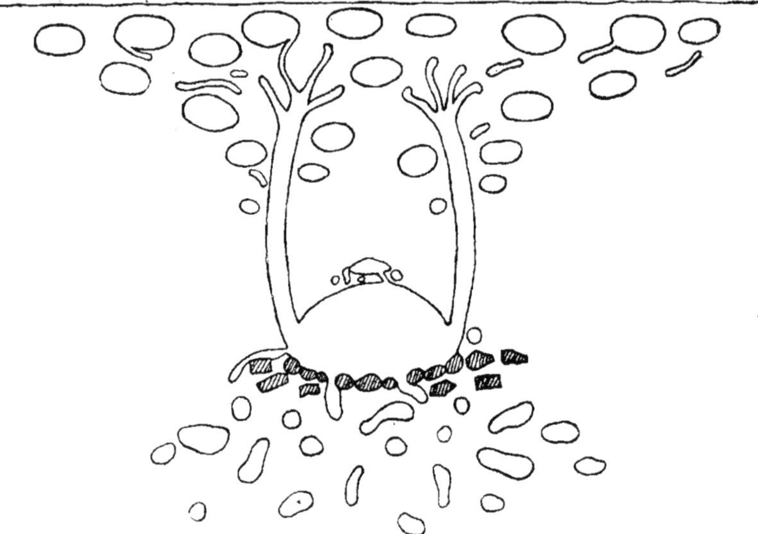

FIG. 4. — Schéma de l'organisation d'une termitière d'*Odontotermes hainanensis*.

L'habitation se composait principalement d'une chambre de plan sensiblement circulaire, et de section verticale lenticulaire (fig. 4). Sa voûte était à environ 0m 60 au-dessous du niveau du terrain, son sol à 0m 85. Le diamètre horizontal dépassait 40 centimètres. De la voûte, pendaient des sortes de stalactites en terre soigneusement polies et des rampes de même nature faisaient, çà et là, saillie dans la cavité, en se détachant de la paroi générale. L'intérieur était occupé par trois très larges meules à champignons, irrégulièrement superposées, et séparées, par endroits, par des lames argileuses plus ou moins horizontales, reliées aux « stalactites » et « rampes » de la paroi. Ainsi, les termites peuvent gagner rapidement n'importe quel point de la masse des meules. Le sol qui supportait ces dernières, était constitué par un niveau de briques cassées, formant une sorte de filtre. La terre intercalaire avait été enlevée jusqu'aux moindres particules, et les angles de tous les fragments étaient arrondis, comme usés par un frottement prolongé. Faut-il rapporter cet aspect à l'action des petites pattes des habitants ?

Les meules, très aqueuses, étaient friables et à grain fin comme celles des autres *Odontotermes* que je connais. Elles se montraient brun clair, un peu plus rouge que « café au lait » avec, par endroit, des surfaces grisâtres dues, sans doute, à la prolifération des champignons qu'elles nourrissent. De quelle substance étaient-elles faites ? Jamais je n'ai vu ce termite attaquer sérieusement le bois mort ou vivant, dans mon jardin. Les observations que j'ai faites sur *Macrotermes gilvus* indiquent qu'il se nourrit de feuilles sèches et de bois très altéré et qu'il fabrique ses meules avec les mêmes substances. Je suis porté à penser qu'*Odontotermes hainanensis* agit de même, qu'il se nourrit et fait ses meules avec des débris de feuilles récoltés à fleur de sol et, peut-être, la matière végétale morte qui constitue la couche externe des racines des arbres. Il se comporte aussi comme les *Odontotermes Horni* et *obscuriceps* : il construit, à la surface des arbres, des placards de terre sous lesquels il circule et enlève les cellules mortes superficielles, sans jamais aller jusqu'aux tissus vivants.

En dessous de la chambre principale, se développait un réseau de canaux de section circulaire, mesurant environ 5 centimètres de diamètre, qui s'enfonçait fort loin dans le sol, tout en s'écartant. Nous retrouvons là, le « système des larges conduits » rencontré chez les *Macrotermes*.

Des « reins » de la voûte naissaient cinq ou six cheminées, larges d'environ 5 centimètres, verticales, qui se terminaient à 15 centimètres du sol, par un ensemble de conduits très étroits, presque imperceptibles. Autour des cheminées et au-dessus du niveau de la voûte principale, se trouvaient des chambres à meules à champignons, d'à peu près 15 centimètres de longueur sur 11 de large et

10 de hauteur. Elles augmentaient en nombre en se rapprochant de la surface ; la couche superficielle formait un réseau circulaire d'environ 1m 50 de diamètre.

Au-dessus de la chambre centrale, entre les bases des cheminées, se trouvait la loge royale. Elle était creusée dans un bloc de terre épais et solide, percé seulement de petits orifices externes et relié par quelques logettes à la grande cavité principale. Elle était circulaire, de 7 à 8 centimètres de diamètre, avec un sol légèrement déclive vers le centre, et une voûte dont le sommet atteignait deux centimètres. Les ouvriers prenaient là les œufs pondus par la reine, et les transportaient sur les meules contenues dans la grande chambre. J'en ai recueilli un grand nombre et toute la population des meules. Je n'ai pas capturé le couple royal. Dès les premières atteintes que je portai au nid, les ouvriers durent le faire enfuir par les larges canaux. Le sol étant fort humide et lourd à travailler, je ne pouvais tenter de déblayer, à la bêche, les 7 ou 8 mètres cubes qui représentaient le volume dans lequel les fugitifs pouvaient être réfugiés. La seule méthode ayant des chances de succès, aurait été de chercher immédiatement la loge royale en négligeant l'étude du reste de la termitière, mais j'ignorais, alors, le plan général de la construction, car c'était la première fois que j'examinai une habitation de cette espèce.

**Odontotermes Horni** Wasmann.

On a trouvé cette forme à Ceylan, je l'ai recueillie au Cambodge et dans la partis de la Cochinchine constituée par les bouches du Mékong. Elle existe aussi dans le Sud-Annam. Dans toute cette dernière région, *Odontotermes Horni* se comporte exactement comme *Odontotermes obscuriceps* et exploite les hévéas de la même façon. Les nids étaient purement souterrains ; par des galeries creusées dans la terre, ces termites atteignaient les troncs d'arbres à la surface desquels ils construisaient des placards de terre. Circulant sous cette protection, ils rongeaient la couche superficielle de l'écorce, sans mettre jamais à nu les parties vivantes. Ils ne nuisaient pas aux végétaux.

Au Cambodge, *Odontotermes Horni* est extrêmement répandu, je l'ai trouvé à Pnom-Penh et dans tout le pays qui s'étend de cette ville à la mer. Il est particulièrement abondant aux environs de Kompongspeu, où il tient la même place que *Macrotermes gilvus* à Saigon. Ses nids se présentent alors, sous forme de dômes plus ou moins irréguliers, d'environ 1 mètre de haut et 1 m 20 de diamètre à la base. Il y en a même de plus grands. Dans ce cas, les meules ne sont plus superficielles, mais abritées sous un « mur », c'est-à-dire une couche compacte, résistante, formée de terre gachée avec de la salive, dans laquelle les cavités deviennent très rares et très réduites. Ainsi se trouve atteinte la structure qui est la règle chez les *Macrotermes*. Saillie de l'habitation au dehors, protection de celle-ci par différenciation du mur, tels paraissent être les éléments du progrès de la construction de la termitière chez les *Isoptères* qui vivent en symbiose avec des champignons. Le premier caractère se retrouve chez des insectes non associés à ces végétaux : par exemple, chez *Hamitermes annamensis*, et la structure du nid, même, est analogue, bien que réalisée avec du carton de bois au lieu de terre mastiquée. Le mur est cependant assez différent : c'est le développement au-dessus du sol qui entraine son individualisation et non la « culture » des champignons.

**Odontotermes (Hypotermes) obscuriceps** WASMANN.

Cette espèce a été signalée à Ceylan ; je l'ai trouvée à Saigon, dans le jardin d'une maison d'habitation. Je découvris son nid tout à fait par hasard, car rien ne le manifestait extérieurement. La structure était assez semblable à celle de la termitière d'*Odontotermes hainanensis*. Ces insectes ne faisaient pas de galeries apparentes, mais ils en creusaient de souterraines et, par ce moyen, atteignaient tous les débris végétaux abandonnés sur le sol : feuilles, branches mortes, planches, etc. Dans un jardin voisin, où la végétation était extrêmement serrée, ils s'attaquaient aux plantes vivantes et, spécialement, aux palmiers peu vigoureux.

Je l'ai rencontrée, aussi, dans le Sud-Annam, elle y traitait les hévéas comme *Odontotermes Horni*. Dans une plantation voisine de

Nhatrang, je découvris une termitière de cette espèce, dont la couche contenant les meules, faisait légèrement saillie en dehors et constituait un dôme bas. Elle établissait une transition entre les habitations d'*Odontotermes Horni* et *O. hainanensis*. Installée au pied d'un arbre, elle donnait origine à plusieurs galeries verticales de terre, accolées à l'écorce. Les meules qu'elle contenait étaient énormes, atteignant le volume de la tête d'un enfant de six ans. On les trouvait sub-sphériques, ellipsoïdales, de couleur ocreuse foncée, presque brunes. Les cloisons constituantes étaient minces, très friables, à grains apparents. Elles paraissaient très riches en eau et portaient de petites mycotêtes (fig. 1, pl. III).

**Hamitermes (Globitermes) annamensis** Desneux.

Cette espèce se reconnaît facilement par l'aspect jaune, presque verdâtre, du corps du soldat, dû à une coloration particulière du contenu des réservoirs salivaires. Elle est très intéressante parce qu'elle emploie pour ses constructions, de la terre imbibée de salive comme les *Macrotermes*, les *Odontotermes* et autres termites constructeurs de monticules et aussi, sur une grande échelle, du « carton de bois » ce qui la rapproche des *Eutermes*. L'organisation de la termitière est comparable à celle que j'ai pu observer chez les *Macrotermes*. Elle se présente communément (fig. 5) comme un dôme presque ogival, circulaire, de $0^m$ 80 de haut sur $0^m$ 60 de diamètre à la base. Elle est revêtue d'une enveloppe de terre durcie par mastication avec de la salive, finement mamelonnée, de 1 centimètre environ d'épaisseur. Celle-ci est reliée par de nombreux piliers, à la couche sous-jacente, épaisse, de terre très dure, dans laquelle sont creusées de grandes cellules. A mesure que l'on s'enfonce, les cloisons qui séparent les cavités, d'abord épaisses d'environ 5 centimètres, deviennent de plus en plus minces. En même temps, les chambres elles-mêmes deviennent de plus en plus petites, tandis que la substance qui a servi à les édifier, passe graduellement au carton de bois.

Le centre de la termitière, à peu près dans le plan du sol, est occupé par une quantité de petites loges de quelques centimètres, orientées dans tous les sens, extrêmement irrégulières, à parois minces et presque souples, en carton de bois pur. (Zone représentée schématiquement, sur la figure, par un quadrillé losangique.) C'est là que se tient la population des jeunes et que sont incubés les œufs. Au milieu de cette région se trouve la loge royale, lenticulaire, ayant environ 6 centimètres de diamètre et une hauteur, au centre, de 1 à 2 centimètres. Au-dessous de la termitière, la terre a été déblayée et la masse des petites cellules s'enfonce inférieurement au niveau du sol. Elles se continuent par des chambres de plus en plus grandes, dont la paroi est de plus en plus riche en terre, et enfin par des galeries simplement creusées qui amènent les termites au contact des racines des arbres environnants. *Hamitermes annamensis* est une espèce très commune, très active ; elle détruit de grandes quantités de bois mort et paraît même, parfois, s'attaquer aux écorces des arbres vivants. Elle se défend bien contre ses ennemis et ses combats contre une autre sorte de termite ou contre les fourmis, offrent, sous le binoculaire, un spectacle fantastique. J'ai eu l'occasion de l'observer aux prises avec *Eutermes matangensis*. On sait, que ce dernier genre possède des soldats à tête pyriforme, dont la partie effilée est une sorte de canule. Ils peuvent projeter par là, à distance, un liquide visqueux qui englue leurs ennemis. C'est donc un *Isoptère* particulièrement bien armé ; cependant, *Hamitermes annamensis* lutte contre lui sans désavantage. Ses soldats ont toujours les mandibules écartées ; lorsqu'ils sont excités, ils ne font que les écarter plus encore, se tenant ainsi prêts à saisir tout adversaire

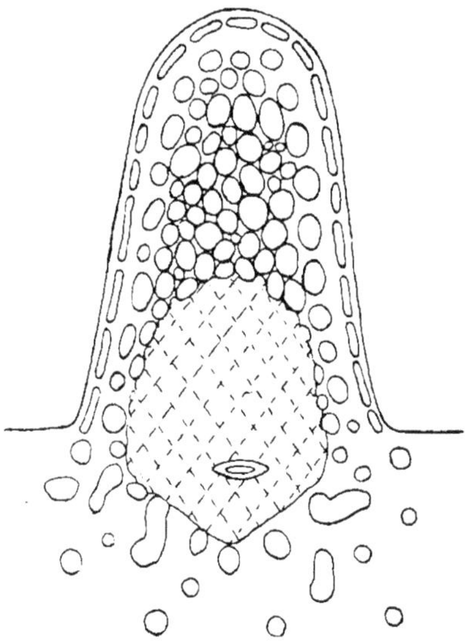

FIG. 5. — Schéma de la disposition d'une termitière d'*Hamitermes annamensis*.

avec lequel ils viendront en contact. Si cette circonstance se produit, ils serrent obstinément l'ennemi qu'ils ont saisi et laissent écouler sur lui un peu de la salive jaunâtre qui remplit leur corps. J'ai pu observer que ce liquide est une émulsion, qu'il donne, en séchant, une sorte de vernis transparent, jaune-verdâtre, qui peut être repris par l'eau. Le plus souvent, l'animal ainsi serré se débat violemment ; *Hamitermes annamensis* resserre son étreinte et contracte fortement tout son corps. Sa peau et la paroi du sac salivaire éclatent alors, en un point situé, en général, près de la base des pattes ; le contenu du réservoir s'écoule abondamment, inonde les deux combattants, les soude en une seule masse visqueuse : le soldat d'*Hamitermes annamensis* meurt enseveli dans son triomphe. Les ouvriers de la même espèce ne restent d'ailleurs pas inactifs ; pendant que les soldats maintiennent les envahisseurs dans leurs pinces, ils cisaillent à coups de mandibules tous les appendices (antennes, pattes) de l'ennemi immobilisé. Je les ai vus appliquer ce traitement à des soldats-nasuti de l'*Eutermes matangensis*. Fixés par le corps, ces derniers avaient encore la tête libre ; ils en profitaient pour la mouvoir circulairement à droite et à gauche, projetant sur leurs ennemis situés à quelque distance, le contenu de leur ampoule à résine. L'animal réduit à son tronc est ensuite abandonné sur place.

**Mirotermes comis** Haviland.

Il a été signalé par l'auteur à Sarawak et Singapour ; je l'ai trouvé sur le terrain de l'ancienne citadelle de Saigon. Il édifie une petite termitière dont les parties externes sont en terre, tandis que l'intérieur passe au carton de bois.

**Mirotermes laticornis** Haviland.

Cette forme est connue à Sarawak, je l'ai souvent trouvée, à Saigon, dans l'épaisseur du « mur » de la termitière de *Macrotermes gilvus*, où elle creuse des galeries fort étroites. Celles-ci sont intriquées avec les conduits pratiqués par l'hôte lui-même, sans que j'ai pu saisir, avec certitude, de communication entre les deux systèmes.

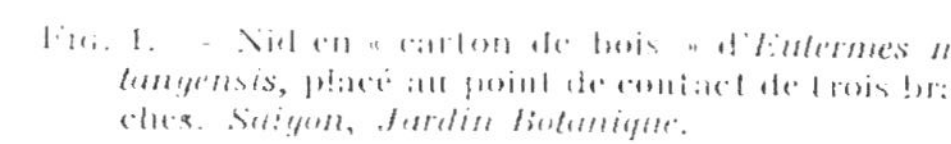

FIG. 1. — Nid en « carton de bois » d'*Eutermes matangensis*, placé au point de contact de trois branches. *Saigon, Jardin Botanique.*

FIG. 2. — Galeries en « carton de bois » longeant des branches et reliant un nid d'*Eutermes matangensis* à la terre et au bois mort. *Saigon, Jardin Botanique.*

Je suis porté à penser que cette espèce peut se comporter comme un véritable commensal de *Macrotermes gilvus*.

**Eutermes matangensis**, var. **matangensioides** Holmgren.

Cette espèce, plus petite encore que ne l'indiquent les mesures précédentes, est extrêmement commune à Saigon et dans toute la région environnante. On la trouve partout. Dans la nature, elle s'établit, de préférence, sur les arbres situés en terrain humide : les bosquets qui bordent l'arroyo du Jardin Botanique de Saigon en portent de nombreux nids. Elle est, peut-être, encore plus fréquente dans les habitations de l'homme. Les charpentes, les menuiseries des maisons indigènes et européennes, sont infestées par ce termite qui les fait complètement disparaître. Une observation donnera une idée de sa puissance destructrice. Du 31 octobre au 28 novembre 1924, 2395 animaux de cette espèce, captifs, ont consommé 3 gr. 5 de bois de flamboyant *(Poinciana regia)*. Une termitière pouvant compter quelque 2 millions d'habitants, on voit que, dans la même temps, elle aurait détruit environ 3 kilos de bois. La population mise en expérience comprenait des larves et des neutres adultes : ainsi, sa composition était à peu près semblable à celle d'une termitière complète. Cependant, elle n'avait pas à nourrir le couple royal. D'autres observations que j'ai pu faire, me portent à considérer comme faible le chiffre mesurant la consommation dans l'observation précédente : il correspond à une destruction d'environ 100 grammes de bois par jour pour une colonie bien développée, c'est, je crois, un minimum.

Ce qui rend difficile la description du nid de cette espèce, c'est qu'il n'a pas de forme déterminée. Il consiste en une agglomération de petites loges irrégulières, en carton de bois (fig. 6, pl. VI), de laquelle partent des galeries qui conduisent les insectes jusqu'aux lieux de pâturage. Ces chambrettes mesurent 2 à 3 centimètres dans leur plus grande dimension, les conduits sont aplatis sur le substratum et varient, en largeur, de moins d'un centimètre à plus de trois. Toute sorte d'objets peut être utilisée pour abriter la termitière. Elle est, souvent, placée dans un tronc ou une grosse branche d'arbre creux et ne se signale que par des placards extérieurs de carton de bois et les galeries qui en partent. Elle peut, aussi, être installée au point de contact de deux branches, ou autour d'une assez grosse ramification. Les figures 1 de la pl. IV, 1 et 2 de la pl. V donnent des exemples de ces divers cas. Elle est aussi fréquemment établie dans les maçonneries : *Eutermes matangensis* utilise alors comme chambres, les interstices qui séparent les matériaux de construction. Dans ce dernier cas, on ne peut détruire les insectes sans entamer le bâtiment qui leur sert d'abri.

Au milieu des petites cavités qui constituent la termitière, il semble qu'il en existe régulièrement une un peu plus grande, servant de loge royale ; cependant, on est souvent bien embarrassé pour la trouver. Ceci me paraît être en relation avec la taille de la reine qui est fort petite. Les cavités environnantes servent au dépôt des œufs et à l'incubation des larves. La partie moyenne du nid n'est guère fréquentée que par les adultes ; enfin la zône extérieure est presque déserte et paraît, surtout, remplir un rôle protecteur. Une sorte de pellicule de carton de bois, mince et continue, recouvre le tout (fig. 5, pl. VI).

L'Institut Scientifique lui-même et ses abords immédiats renfermaient un grand nombre de nids de cette forme : voici ce que j'ai pu observer sur quelques-uns d'entre-eux. Les terrains appartenant à l'établissement en question, sont entourés d'un mur se composant d'un soubassement de maçonnerie, couronné à environ un mètre du sol, par un rebord de briques. Ce dernier supporte des panneaux, hauts de 1m 50, édifiés avec les mêmes matériaux, recouverts de mortier et de badigeon, séparés, tous les quatre mètres, par des piles saillantes coiffées de tuiles. Un angle de l'enclos sert de jardin d'essai au Laboratoire de Phythopathologie ; il était isolé par un mur bas surmonté d'une balustrade de bois, qui se détache du mur extérieur et lui est perpendiculaire (fig 6). C'est la maçonnerie du mur d'enceinte qui abritait plusieurs des termitières dont j'ai parlé. Celle que j'ai pu étudier le plus complètement se trouvait située dans une pile de ce mur extérieur, près de la séparation du terrain d'essai. Il y avait quatre mètres entre cette dernière et la pile habitée. A l'intérieur du champ d'expérience, et à une distance égale, le mur d'enceinte servait d'appui à un petit hangar de huit mètres de long et 1m 20 de large, sous lequel se trouvaient de nombreux troncs d'arbres morts et, en particulier, d'hévéas, offrant une nourriture abondante aux *Eutermes*. La pile

Fig. 6. — Disposition des environs d'un nid d'*Eutermes matangensis*, abrité dans le mur d'enceinte de l'Institut Scientifique de Saigon. La croix marque l'emplacement d'une pile qui contenait la termitière elle-même.

envahie était signalée aux regards par deux placards triangulaires de carton de bois, qui la flanquaient de chaque côté, en étant appliqués sur le mur (fig. 7, en haut). Ils pouvaient mesurer 25 centimètres sur leur côté vertical et 15 sur leur côté horizontal.

On apercevait, au-dessous, deux galeries verticales logées, de chaque côté de la pile, dans l'angle formé par le retrait du mur sur celle-ci. Elles y pénétraient chacune par un étroit orifice, en des points où le mortier de recouvrement, appliqué à la truelle, avait laissé un petit vide. C'est par là que les termites pouvaient passer, des placards situés au-dessus et des galeries situées au-dessous, dans l'intérieur de la maçonnerie. Ces conduits verticaux, sans cesse parcourus par de nombreux insectes, descendaient jusqu'au dessous du

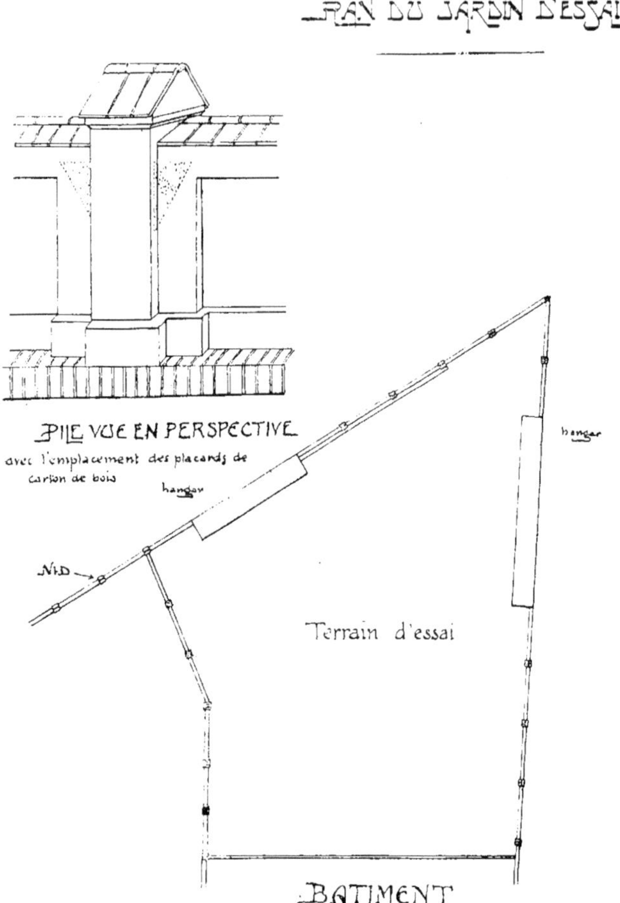


Fig. 7. — Disposition d'un nid d'*Entermes matangensis.*

couronnement du soubassement ; celui-ci formant saillie, protégeait un couloir horizontal, courant à sa face inférieure, dans lequel se terminaient les galeries précédentes. Il s'étendait sur une grande longueur, atteignant une dizaine de mètres vers la gauche. Vers la droite, il dépassait l'extrémité droite du hangar et était visible sur plus de vingt mètres. Il servait aux insectes de chemin principal.

Une dizaine de conduits verticaux descendants, partaient de divers points. Certains se terminaient au niveau du sol. Les termites sortent par là pour explorer les environs et y chercher de la nourriture. Je les ai vus, en particulier, se servir de ces portes pour aller pâturer sur un flamboyant *(Poinciana regia)*. végétal dont ils apprécient beaucoup le bois mort. Ils parcouraient à découvert environ deux mètres ; ils avaient construit sur l'écorce de l'arbre, de nouveaux tunnels et ceux-ci les protégeaient jusqu'à l'extrémité des ramures, toujours pourvues de branches sèches qu'ils dévorent. D'autres couloirs aboutissaient, dans la terre même, à des chambres irrégulières, aplaties, le plus souvent tapissées, partiellement, de carton de bois. Elles se prolongeaient par des sortes de canaux tortueux, descendant jusqu'à environ 30 centimètres au-dessous du sol. On trouve des termites répartis dans toutes ces cavités : elles leur servent d'abreuvoir : ils viennent y aspirer l'humidité retenue entre les éléments du terrain.

Quatre conduits verticaux étaient en rapport, par leur extrémité inférieure, avec des galeries et des chambres creusées par *Microtermes incertoides*. Près du hangar, d'autres voies couvertes permettaient aux *Eutermes* d'atteindre les morceaux de bois dont ils se nourrissent.

Les galeries, la surface des placards paraissaient d'un gris noirâtre. Les conduits (fig. 2, pl. IV) avaient une section elliptique, irrégulière, mesurant environ un centimètre en travers et un demi-centimètre d'épaisseur. Ils étaient rugueux et quelque peu sinueux. Les placards, dont l'épaisseur atteignait 5 centimètres se composaient de petites chambres très irrégulières, séparées par des cloisons faites également de carton de bois. Mais, celles-ci, de couleur sépia, d'aspect presque vitreux, étaient notablement plus solides que le revêtement superficiel. La même matière vitreuse, résistante, forme une doublure continue, polie, brillante, à l'intérieur de la substance plus terreuse des conduits : les deux couches différentes étant facilement séparables.

On peut aisément se rendre compte de la façon dont sont édifiées les parties extérieures de la termitière ; il suffit de détruire l'une d'elles. Quelle que soit l'heure du jour, et même en plein midi, on voit sortir, par la brèche, une grande quantité de soldats qui se disposent à l'extérieur de l'ancien contour et forment une barrière vivante en se plaçant régulièrement l'un contre l'autre. Ils se plantent solidement sur leurs pattes écartées, le corps est courbé en arc avec l'extrémité postérieure et le cou relevé, la tête est bien horizontale, le rostre frontal braqué à l'extérieur. Les fourmis, toujours nombreuses et avides, essaient bien, quelquefois, de forcer le barrage et de fondre sur les neutres sans défense, mais elles brisent leur élan et reculent bien avant de toucher la ligne redoutable. A l'abri du cordon de protection, les ouvriers travaillent en sécurité. Ils apportent chacun, dans leur gueule, un minuscule caillou et le disposent, mouillé de salive, sur la brèche ouverte dans la paroi. Ils l'assurent par quelques petits mouvements de pression, puis, se tournant, le cimentent en vidant dessus une partie du contenu de leur ampoule rectale.

Si l'on étudie les diverses variétés de carton de bois dont j'ai eu l'occasion de parler, on trouve dans chacune d'elles la matière colorante brune sécrétée par l'intestin de l'insecte. Ce qui sert à édifier les parties extérieures, d'aspect terreux, est un mélange de particules solides et d'excréments, employésc omme mortier. Les premières comprennent de petits corps variés : menus fragments de bois, grains de sable, fragment de chaux ou de ciment. On y rencontre aussi de petites boulettes ovoïdes, bien individualisées, de teinte relativement plus claire, qui paraissent être des déjections solides du même termite. Quant à la substance qui réunit ces matériaux, elle se montre absolument identique au contenu de l'intestin postérieur de l'*Eutermes*. Elle diffuse dans l'eau la matière colorante brune sécrétée par la paroi intestinale. Les résidus digestifs en constituent la plus grande partie : débris de membranes et de fibres cellulosiques. Il y a aussi des restes de champignons à divers états : filaments mycéliens, spores, parois de sporanges. On y trouve enfin une très grande quantité de bactéries, comme dans l'intestin de l'*Eutermes*.

La substance d'aspect plus vitreux, qui constitue les cloisons internes et double intérieurement les conduits de circulation, est de la matière excrémentitielle pure, pauvre en débris cellulaires et constituée presque uniquement par des bactéries accumulées. On s'explique ainsi sa plus grande cohésion, son élasticité et la difficulté qu'on éprouve à la désagréger par l'action de l'eau.

Nous pouvons, à présent, comparer d'une façon générale les divers modes de construction employés par les termites.

Les formes les moins élevées que j'ai rencontrées jusqu'ici en Indochine, appartiennent aux genres *Cryptotermes*, *Leucotermes*, *Coptotermes*. La première catégorie émet des crottes consistantes qui s'accumulent, sous forme d'une poussière sèche et ne servent pas à la construction. Il n'y a donc rien qui ressemble au carton de bois. Les galeries de circulation sont faites de terre ordinaire, apportée et triturée par les mandibules de l'insecte. Dans le second et le troisième genre, les cloisons protectrices et les couloirs de circulation sont encore faits de terre relativement grossière, travaillée de la même façon. Les excréments sont accumulés à l'intérieur des cavités creusées dans le bois. Déposés à l'état liquide, ils forment une sorte de réseau ; il y a déjà, ici, du carton de bois, mais il n'est pas utilisé systématiquement.

Ce sont là des adaptations rudimentaires à la construction, nous allons en trouver de plus complètes, développées dans deux sens différents.

Les genres *Macrotermes* et *Odontotermes* nous montrent un emploi exclusif de la terre élaborée par les mandibules, comme matériel de construction et un haut développement de l'art de bâtir. Les murs et cloisons, disposés suivant un plan spécialement adapté, sont faits de terre argileuse très fine rendue spécialement solide par l'imbibition de salive. L'édification des meules introduit une complication supplémentaire : pour les fabriquer, les termites substituent une pâte de débris foliaires à la terre battue, mais cette nouvelle matière est encore élaborée au moyen des mandibules et disposée de la même façon. Ils n'utilisent jamais leurs excréments comme matériaux. C'est là le terme de l'adaptation à l'emploi de la terre : la plus grande puissance étant manifestée dans la grosse termitière de *Macrotermes carbonarius*, les nids des

*Odontotermes*, moins grands, réalisant une structure encore plus différenciée.

Voici, maintenant, l'autre série. Le genre *Hamitermes* nous montre beaucoup moins d'habileté que les précédents dans l'emploi des mandibules comme truelle. La partie de ses demeures qui est faite de terre est beaucoup moins importante et moins différenciée. Mais une nouvelle aptitude s'est développée chez lui : il utilise ses excréments à la construction de toute la partie intérieure de son habitation. Le plan qu'il réalise au centre de son nid, malgré d'importantes différences, n'est pas sans analogie avec celui que suivent les *Macrotermes* : c'est là, sans doute, une convergence de forme imposée par des nécessités biologiques communes à tous les termites, nécessités tenant à leur mode de respiration, d'alimentation, de reproduction.

Dans le genre *Eutermes*, et spécialement chez *Eutermes matangensis*, l'emploi de la terre comme substance de construction est réduit au minimum ; il est presque nul dans la dernière espèce et chez quelques autres. Il n'est plus représenté que par l'apport des minuscules particules minérales ou autres,que ces termites disposent, avec leurs mandibules, dans la maçonnerie externe de leurs galeries de circulation. Par contre, la part prépondérante, dans le nid, passe au carton de bois, à la matière rectale de l'animal déposée immédiatement à sa place définitive. C'est l'accumulation des déjections individuelles, disposées suivant un certain plan, qui réalise la forme de la termitière. Tout est fait de cette substance, y compris les galeries de circulation que les espèces moins spécialisées dans ce sens, font régulièrement en terre.

Il y a donc bien, chez les termites, à partir des formes inférieures deux adaptations divergentes à l'art de construire : on trouve l'ébauche de ces deux procédés chez les insectes archaïques, mais ils s'excluent l'un l'autre là où ils sont le plus hautement développés. D'ailleurs, les formes qui montrent, dans chaque série, la différenciation maximum, sont précisément celles que leurs autres caractères ont fait considérer comme les plus évoluées.

On sait comment les termites minent le bois : un conduit les amène à proximité de l'objet attaqué ; ils en détruisent l'intérieur

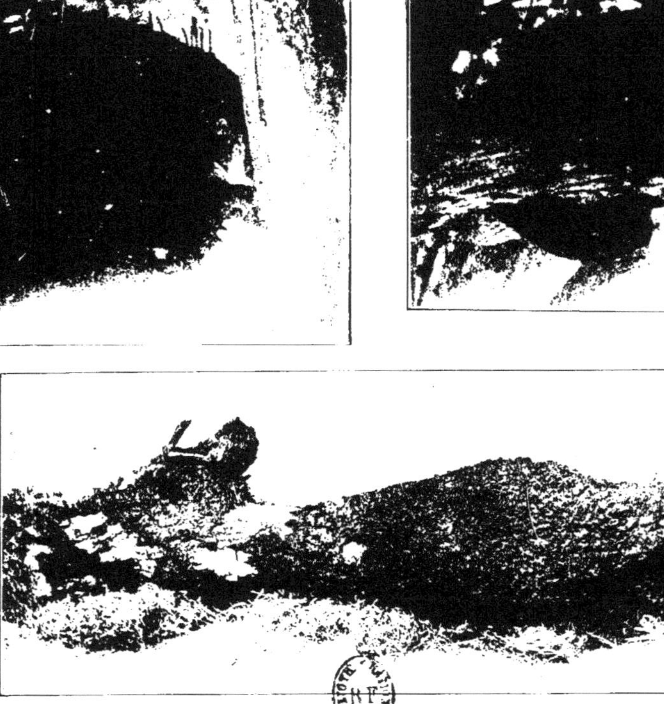

FIG. 1. — Termitière d'*Eutermes matangensis* installée à la fourche de deux branches, vue par devant.

FIG. 2. — La même, vue par derrière.

FIG. 3. — Fragment d'une termitière d'*Eutermes matangensis* établie sur un arbre à bois dur.

mais respectent la surface. Si on entame celle-ci, l'*Eutermes matangensis* aveugle immédiatement l'ouverture avec du carton de bois. A mesure qu'il creuse, il remblaie la cavité avec des cloisons faites de même substance, ce qui le rapproche absolument des *Coptotermes* par exemple. Un réseau friable se substitue ainsi, peu à peu, au bois solide. Si on examine les points par où l'animal travaille cette matière, la surface d'attaque frappe à première vue. Elle est bien unie, raccordée d'un endroit à l'autre par des courbes. Observée à la loupe, elle montre une saillie de certains éléments cellulaires ; on pense à une attaque chimique bien plutôt que physique. Il semble que le bois ait été dissous par un réactif qui agissait plus lentement sur certaines parties. Je suis porté à penser que les termites ont une salive particulièrement active qui digère les matières ternaires. Ils imbiberaient leurs aliments de cette sécrétion, puis aspireraient la bouillie nutritive ainsi formée. Ce n'est là, sans doute, qu'une hypotèse, mais il est intéressant de constater que certains bois durs ne résistent pas aux attaques des termites. C'est le cas de notre chêne d'Europe et des plantes indochinoises voisines. D'après Oshima, le *Coptotermes formosanus* serait même capable, par la voie physique, de faire son chemin dans le mortier de chaux et les briques. Je l'admets facilement car les *Coptotermes* que j'ai rencontrés à Hanoï me paraissent en faire autant. Inversement, les bois qui ne conviennent à aucun *Isoptère* sont souvent pourvus d'une odeur essentielle particulière, sans être toujours très durs. Tel est le cas du bois de Jacquier qui paraît résister à tous ces insectes.

S'ils agissaient physiquement, en rabotant le bois avec leurs mandibules, la question du mode de nourriture des soldats se poserait. Comment les nasuti d'*Eutermes matangensis* pourraient-ils se servir de leurs mandibules qui sont réduites à un très faible rudiment ? Et comment feraient les soldats des *Macrotermes* et autres genres, dont les mandibules sont en forme de stylets ou de lames tranchantes et atteignent une longueur supérieure à celle de la tête? Il faudrait que les ouvriers les nourrissent complètement, ce qui, jusqu'ici, est au moins douteux. Par contre, ouvriers et soldats ont de volumineuses glandes salivaires pourvues de grands réservoirs de sécrétion ; ainsi se trouve suggérée l'idée que les mandibules des ouvriers de termites fonctionnent plutôt comme mains que comme mâchoires (1).

Le 27 octobre 1922, j'entrepris la démolition de la pile de maçonnerie renfermant le nid que j'ai décrit précédemment. La partie qui dépassait le mur (fig. 7), ne renfermait rien de spécial. Mais, au-dessous, je la trouvai habitée par les insectes. Elle était faite de briques peu serrées, réunies par un mortier friable. Seul, le mortier de recouvrement était un peu dur. Les termites avaient pénétré par les interstices de celui-ci et agrandi les espaces vides rencontrés à l'intérieur. La figure 8 indique qu'ils disposaient ainsi d'une certaine place. On y voit d'assez larges espaces entre la partie extérieure de la pile et le noyau central, composé de briques irrégulièrement cassées.

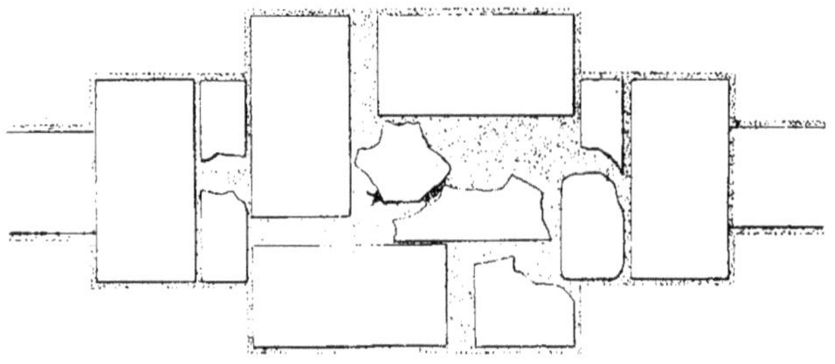

Fig. 8. — Plan de la pile renfermant le nid d'*Eutermes matangensis.*

Les cavités avaient été tapissées d'une couche d'excréments et servaient de logements. C'étaient surtout des fentes, orientées suivant les trois directions principales de la construction ; elles communiquaient entre elles, formant un réseau compliqué. Les vides plus larges étaient cloisonnés avec un carton de bois résistant. Les chambres s'étendaient, dans la pile, sur une hauteur d'environ 40 centimètres. Celles que je trouvai en-dessus, ne renfermaient guère que des ouvriers et des soldats ; sans doute, étaient-ils concentrés là par la violence de mon procédé et se préparaient-ils à essayer de défendre

(1) Les théories qui font jouer aux *Trichonymphides* un rôle important dans la digestion du bois par les termites ne peuvent avoir de valeur générale ; en effet, les infusoires intestinaux manquent chez les formes supérieures.

le nid. En dessous je trouvai des larves et des nymphes. Plus bas encore, je rencontrai dans une chambre latérale, la reine qui tentait de s'échapper et n'était pas accompagnée du mâle. Elle n'était plus dans son appartement, elle paraît très mobile. Il y avait sur le même plan, des loges où des œufs étaient disposés en amas ; d'autres, divisées par des cloisons, avaient reçu de jeunes larves. Enfin, à la base même de la termitière, se trouvait un réduit horizontal, établi dans une fissure du noyau de la pile.

Examinons, maintenant les objets intéressants rencontrés.

1° La reine. (fig. 1 et 2, pl. VI). Elle mesure 21 millimètres de long sur 4 de large. On distingue nettement, sur son abdomen, 7 petites plaques chitineuses. En arrière, il y a un ensemble confus qui se termine par le tube de ponte. Elle peut se déplacer assez rapidement et franchir des dénivellations relativement considérables. Elle est sans cesse agitée de contractions et pond sans interruption. Les ouvriers lui enlèvent les œufs au fur et à mesure qu'elle les évacue. Laissée sans soins, elle les englue sur elle-même en revenant traîner son abdomen aux endroits où elle en a déjà déposé.

J'ai remarqué un ouvrier absorbant une goutte de liquide opalescent, grosse comme sa propre tête, qui sortait des flancs de la mère. Cette goutte était obtenue par morsure. Cela semble être une sorte de soin, car le neutre procéda à cette opération en retrouvant la reine, jusque là abandonnée. Les antennes de cette dernière étaient tronquées, l'une conservant 10 articles, l'autre 13 (le nombre normal est 15).

2° Les œufs. Ils sont déposés en tas dans certaines chambres. Ils apparaissent blancs, hyalins, légèrement jaunâtres. L'ensemble fait penser à du sucre cristallisé fin et pas très pur. Vus à la loupe, ils se montrent cylindriques, légèrement arqués, avec les extrémités atténuées en hémisphères. Ils ont la forme de minuscules saucisses et mesurent, environ, $0^{mm}7$ de long sur $0^{mm}4$ de large. Ceux que je trouvai étaient presque au terme de leur évolution : de nombreux petits faisaient leur éclosion.

Rentré au laboratoire, je les disposai sur une brique ; les ouvriers les prirent et les cachèrent sous un morceau de cloison en carton de bois. J'écartai cet objet et le plaçai à 5 centimètres de sa première position ; j'observai alors, le déménagement des œufs. Les ouvriers les saisissent par paquets d'une quinzaine, collés les uns aux autres et vont les mettre à l'abri de la lumière. Les petits soldats porte-ampoules sont au comble de l'excitation ; ils secouent nerveusement leur tête et guident les files de travailleurs. Les jeunes venant d'éclore sont traités comme les œufs et pris, avec les mandibules, par le pronotum.

Ayant démoli le nid, j'essayai d'en conserver les débris au laboratoire dans une caisse de zinc, et de garder, aussi longtemps que possible, la reine et la population captives. La chose alla d'abord très bien. Je mis dans la caisse les morceaux de maçonnerie les mieux garnis de carton de bois que je pus trouver, avec, environ, la moitié de la population totale. J'ajoutai deux morceaux de bois pris au fond du jardin d'essai, et déjà entamés par les insectes maintenant captifs. En même temps, j'imbibai d'eau une brique et un petit bloc de mortier. Je pus constater un mouvement de circulation extrêmement actif : les insectes d'abord occupés uniquement à cacher les œufs et les jeunes et à se construire des retraites, se précipitaient en grand nombre pour boire et manger. Un véritable ruisseau de termites passait sur les parties humides et sur la provende.

J'ajoutai alors la reine, contenue dans une boîte de Petri et amenai en contact avec le fond de celle-ci, une extrémité du morceau de bois le plus visité. Au bout d'une dizaine de minutes, les ouvriers commençaient à découvrir leur mère. Il faisait très sombre et, cependant, je pouvais les distinguer, enlevant les paquets d'œufs collés à sa peau. Ils étaient tous tournés vers elle, la léchant, lui dégorgeant des aliments. Autant que je pus m'en apercevoir, les soldats essaient de soigner la reine lorsqu'il n'y a pas d'ouvriers. Ceux-ci survenant, les nasuti paraissent les guider, les exciter au travail, allant sans cesse de l'un à l'autre.

L'expérience fut arrêtée le lendemain dans l'après-midi, de la façon suivante. Je voulais faire peindre la femelle vivante. En effet, son aspect n'est plus le même lorsqu'elle a été fixée. Son abdomen paraît alors blanc et opaque, tandis que, vivant, il est translucide, d'aspect cireux et teinté par les reflets brunâtres de la peau. Il me fallait donc, aux heures de travail, la remettre à un dessinateur. Je l'avais laissée dans une boîte de Petri, au milieu de la termitière captive, le soir du 27 octobre 1923. Le matin suivant, elle avait disparu.

Elle était cachée sur une brique, sous un fragment de carton de bois, près de sa première place. Elle avait donc affectué un trajet vertical de plusieurs centimètres, en utilisant probablement le morceau de bois qui touchait à la boîte de Petri. Je la pris et on commença de la peindre. L'isolement, la station dans un milieu non confiné, paraissaient la fatiguer beaucoup. Les œufs se collaient par paquets sur son corps, puis n'étaient plus évacués. Elle semblait perdre de l'embonpoint, ses mouvements se faisaient de plus en plus rares. A deux heures, je revins à l'Institut, et voulus la reprendre pour faire continuer le travail entrepris. Il me fut impossible de la découvrir. J'étalai sur le carreau tous les objets contenus dans la caisse de zinc et n'obtins aucun avantage ; elle était donc cachée dans les morceaux de bois déjà taraudés, que j'avais donnés, comme nourriture, aux captifs. Je me mis à fendre ceux-ci avec le plus de précautions possible. Les secousses imprimées par cette opération la firent tomber d'un morceau fendu. Elle était inerte, ne portait pas trace de blessure et conservait les apparences de la vie. Les chocs de la hache sur le bois avaient dû la tuer. Le dessinateur en prit possession et travailla d'urgence pour fixer l'aspect reproduit par les figures 1 et 2 de la planche VI.

Comparant la structure de la termitière que je viens de décrire avec celle d'autres habitations de la même espèce, nous pourrons arriver à une image générale. Il semble que le couple progéniteur préfère, pour établir le nid, les fissures de maçonnerie à tout autre milieu. Il faut, naturellement, que celles-ci soient situées à proximité de matières ligneuses susceptibles de nourrir la colonie. Aussi, est-il fréquent de trouver les placards de l'*Eutermes matangensis* sur les murs de hangars ou de vieilles habitations indigènes. Ils dévorent les poutres et la partie essentielle de la communauté est bien protégée. Les crevasses rocheuses naturelles doivent pouvoir jouer le même rôle.

Ces insectes élèvent aussi, au moyen de leurs déjections, de véritables édifices sur certains points du bois qui les nourrit.

Un nid que j'ai pu observer à Saigon, (fig. 9) était installé sur un arbre à bois dur, croissant au revers d'un fossé faisant le tour d'une maison. A 1$^{m}$ 20 de hauteur, environ, se trouvait plaqué une sorte de dôme en carton de bois de 40 centimètres de diamètre. Après en avoir desserti le bord appliqué sur l'écorce, je l'arrachai ; seule la couche superficielle se détacha, formant une sorte de calotte de 10 centimètres d'épaisseur. Il restait une partie semblable, massive, adhérente à l'arbre. Avec une tige métallique, je la détachai et pus l'enlever d'un seul bloc. Elle était constituée par une agglomération de petites chambres construites en carton de bois très dur ; elle renfermait une quantité considérable d'œufs près d'éclore, de jeunes larves, des nymphes presque adultes. J'avais donc en ma possession le centre de la termitière et, probablement, la loge royale. Je n'ai pas capturé cette fois, le couple royal. Il avait dû s'enfuir par un tunnel occupant le milieu de la cicatrice et le cœur du tronc. Ce tunnel se prolongeait dans l'axe de la partie supérieure de l'arbre (fig. 9 ). Il s'étendait à l'intérieur d'une branche tronquée située à 2$^{m}$ 60 du sol. Celle-ci mesurait environ 1$^{m}$ 20 de long et 0$^{m}$ 20 de diamètre. Elle était, en partie, enveloppée d'une construction de carton de bois (fig. 3, pl. V) en forme de fuseau, atteignant 0$^{m}$ 70 de long et 0$^{m}$ 35 de diamètre. A l'intérieur, le bois était presque entièrement rongé et remplacé par du carton de bois très

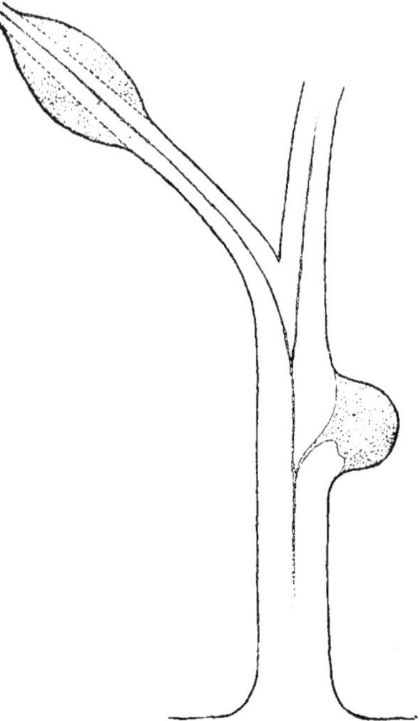

FIG. 9. — Schéma de la disposition d'un nid d'*Eutermes matangensis*.

solide. Je trouvai, dans cette partie, des larves avancées et des adultes. Ce devait être surtout un lieu de pâture.

Les figures 1 de la planche IV et 1 et 2 de la planche V, représentent des termitières typiques d'*Eutermes matangensis*, observées dans les arbres du Jardin botanique de Saigon.

Nous pouvons synthétiser les résultats précédents en disant que le nid d'*Eutermes matangensis* peut être logé dans des anfractuosités solides ou, en partie, édifié en carton de bois. Il n'a pas de forme définie, est composé de petites chambres irrégulières. La partie extérieure est friable et peu habitée : le centre est beaucoup plus solide et reçoit les œufs et les jeunes. On peut quelquefois reconnaître une loge royale, plus grande que les autres.

Si nous examinons, d'une façon générale, le système des galeries, nous trouvons des conduits mettant l'habitation en rapport avec les endroits où les termites se nourrrissent. Ils peuvent n'être pas continus, ce qui s'explique en songeant que les insectes envoyés par un nid, dans un amas de substance exploitable sont bien défendus et ne craignent pas d'adversaires. Il suffit donc de fortifications défendant l'entrée de l'édifice principal, d'une part, et celle du nouveau séjour, d'autre part.

Le couloir de circulation horizontal reliant entre elles les galeries descendant dans le sol et celles qui mènent aux endroits de pâture est sensiblement constant, les nids d'une certaine étendue le montrent presque toujours. Il est parallèle à la surface du terrain et placé à une distance de celui-ci, qui varie de 10 centimètres à 1 mètre. En général, il est protégé par une saillie, en dessous ou en dessus de laquelle il est établi.

Quant aux galeries verticales atteignant le sol, elles sont absolument constantes. Il n'est pas de termitière qui en soit dépourvue. On a vu qu'elles aboutissaient à des chambres et à des tunnels s'enfonçant plus ou moins profondément dans la terre ; je pense que ce système est purement et simplement l'abreuvoir des *Eutermes*.

J'ai rapporté que les ouvriers et les soldats captifs viennent aspirer avec beaucoup d'avidité, l'eau humectant un peu de mortier mis à leur disposition ; ceci indique comment ils se procurent ce liquide. Il n'y a pas de raison pour que la terre ne leur livre pas son eau d'imbibition, comme une brique ou un peu de ciment. Les galeries verticales sont seulement une protection dans le trajet à effectuer entre le nid et le sol humide. A l'appui de cette manière de voir, vient la constatation suivante. J'ai souvent gardé en captivité des portions considérables de termitière d'*Eutermes matangensis*. Je les plaçais dans une caisse de zinc, reposant sur des briques isolées par de l'eau. Les insectes construisaient aussitôt un chemin couvert qui, montant à l'intérieur de la caisse, redescendait à l'extérieur, passait dessous et venait se terminer sur une brique, au contact même de l'eau, par un placard large d'environ 5 centimètres. Une quantité considérable d'animaux le parcourait sans cesse ; en détruisant la partie terminale on les voyait occupés, sans aucun doute possible, à boire. A la différence des fourmis, les termites ne peuvent d'ailleurs pas grimper sur des parois verticales métalliques ou vitreuses, mais ils tournent la difficulté. Ils recouvrent celle-ci d'une couche d'excrément sans cesse étendue ; les parties anciennement tapissées fournissent un appui pour garnir celles qui sont au-dessus. C'est ainsi que s'amorce la construction de tous les conduits de circulation.

D'autres observations s'accordent encore avec la précédente. Dans un nid d'une certaine étendue, les conduits verticaux descendent, de préférence, vers les points où le sol est le plus humide. Ils sont plus fréquentés dans la saison sèche que dans le temps des pluies. C'est pendant les mois privés d'averses qu'on observe les *Eutermes* enfoncés le plus profondément dans le sol. Nous connaissons donc la raison d'une des particularités les plus nettes de ces termitières

*Moyens de défense d'Eutermes matangensis.* — J'ai dit avoir observé la circulation d'insectes de cette espèce, sur le sol nu où ils effectuaient un trajet de plusieurs mètres. Ceci ne saurait être considéré comme exceptionnel ; ils ne craignent pas de sortir de leurs fortifications, même au milieu du jour. En général, lorsque des termites se déplacent, il y a circulation simultanée dans le sens de la sortie et du retour. Il n'en est pas autrement ici, les ouvriers vont et viennent par petits groupes, séparés, de temps en temps, par quelques soldats. Ceux-ci sont puissamment armés, leurs ennemis les redoutent beaucoup ; les fourmis, en particulier, fuient devant ces guerriers bien équipés. J'ai pu observer, à Saigon, en plein midi,

1, 2. Reine d'*Eutermes matangensis*. Vue par en dessous et de profil. — 3 et 4. Sexué d'*Eutermes matangensis*. Vue par dessus et dessous. — 5. « Carton de bois » d'*Eutermes matangensis*. Échantillon montrant la couche continue superficielle. — 6. « Carton de bois » de la même espèce, échantillon pris dans la masse.
NOTA : Toutes les figures de cette planche sont de grandeur naturelle.

IMP. CATALA FRÈRES, PARIS

une forte colonne d'*Eutermes matangensis*, qui, marchant le long d'un mur et à terre, effectuait tranquillement une migration entre deux points distants de plus de 30 mètres. La même immunité est bien mise en évidence par ce qui se passe, lorsqu'on détruit, comme je l'ai fait souvent, une galerie couverte fréquentée par ces insectes ; j'ai déjà décrit le cordon de protection formé par les nasuti, le long de la partie à reconstruire.

On pense bien que ce n'est pas la manœuvre correcte des soldats d'*Eutermes* qui suffit à impressionner les fourmis et les force à reculer. En réalité, la tête du nasutus renferme une poche sécrétrice (fig. 56) dont la description a déjà été donnée par maints auteurs. Elle est en forme de demi-tore et occupe la partie postérieure, arrondie, de la capsule céphalique. Elle produit une matière visqueuse, évacuée au-dehors par un conduit occupant l'axe du prolongement frontal caractéristique de la caste. J'ai pu apercevoir que la sorte de glu ainsi produite est projetée à distance sur les assaillants.

On peut le démontrer de la façon suivante. Plaçons sur une lame de verre bien propre, un soldat d'*Eutermes matangensis* et agaçons-le avec la pointe d'une aiguille. Il prend l'attitude habituelle de la défense : corps courbé en arc, avec l'extrémité postérieure relevée, tête dressée, rostre braqué dans la direction de l'aiguille. Si on laisse celle-ci près de l'insecte, elle est bientôt couverte de minuscules gouttelettes visqueuses qu'on détaille parfaitement au binoculaire. Mais, si on a soin de la retirer rapidement après avoir mis le petit animal en fureur, on voit que la plaque de verre reçoit de petites taches de « glu » projetées à plusieurs centimètres de distance. J'ai fait plusieurs autres expériences concluantes à ce sujet. Voici l'une des plus nettes. Ayant pris trois boîtes de Petri, je plaçai dans la première une cinquantaine de soldats d'*Eutermes matangensis*. La seconde reçut une quantité égale d'ouvriers de la même espèce, et la troisième un nombre égal de nymphes. Je capturai alors une dizaine d'*Oecophylla smaragdina*, j'en mis six dans la boîte n° 1, deux dans la boîte n° 2, deux dans la boîte n° 3 et je recouvris les récipients. Au bout de quelques minutes, j'enlevai les trois couvercles. Une fourmi de la boîte n° 3 se sauva très vite, l'autre resta quelques temps puis s'en alla, enlevant deux nymphes dans ses mandibules. Les deux fourmis de la boîte n° 2 prirent aussi le temps de chasser et partirent en emportant chacune un ouvrier.

Quant aux fourmis de la boîte n° 1, je les voyais s'épuiser en efforts désésperés pour quitter la place. Chaque fois qu'elles frôlaient un soldat, celui-ci s'arrêtait et tournait son rostre vers la fourmi. L'une d'elles étant passée sur un amas de termites, j'en vis un s'y attacher obstinément et diriger son rostre à la face inférieure du corselet. Il n'y avait, d'ailleurs, pas contact et la tête ne gardait son orientation en avant que pendant un très court instant.

Trois des fourmis ne quittèrent la boîte n° 1 qu'avec mon aide. Elles avaient les mandibules engluées ; de petits grains de sable, de menus fragments de bois adhéraient à leur corps et surtout à leurs pattes. Les trois autres restèrent fixées à des objets contenus dans le récipient. Peu à peu et d'autant plus vite qu'elles se débattaient davantage, leurs membres se collaient entre eux, puis au long du corps. Enfin de compte, elles moururent là, complétement immobilisées. J'essayai de les dégager avec de l'eau : la substance qui les encollait ne me parut pas soluble dans ce liquide.

Observées au microscope, toutes les fourmis mises en contact avec des nasuti se sont montrées couvertes de petites taches rondes, transparentes, ayant l'aspect de gouttelettes de sirop très épais. Ces petites taches, très nombreuses sur les fourmis mortes, avaient retenu de nombreux corps étrangers. Elles étaient confluentes aux points sur lesquels les soldats s'étaient particulièrement acharnés.

Ainsi donc, les nasuti d'*Eutermes* possèdent une arme très efficace contre leurs ennemis.

J'ai fait quelques essais en vue de déterminer la nature chimique de ce que j'ai appelé jusqu'ici la « glu » d'*Eutermes matangensis*, Étant données les faibles dimensions de l'animal, il est clair que je ne pouvais me procurer de grandes quantités du liquide à étudier ; la longueur de la tête est voisine de 1mm 80. je ne crois pas qu'elle contienne un millimètre cube de liquide visqueux.

J'ai eu recours aux procédés de la microchimie : par compression, je forçais les soldats à déposer une partie de leur sécrétion sur des lames de verre bien propres, lames du modèle habituellement employé pour les préparations microscopiques. Je faisais, ensuite, subir à celle-ci divers traitements et je contrôlais les transformations qu'elle subissait, avec une loupe binoculaire grossissant 20 fois.

*Aspect physique.* — La glu d'*Eutermes matangensis* se présente comme un liquide incolore, transparent, parfaitement limpide, même au microscope. Il est très visqueux, très réfringent, dégage une odeur aromatique très semblable à celle de l'essence de cèdre. Abandonné à l'air, il devient de plus en plus visqueux. Au bout de peu de temps, on peut déjà le toucher avec une aiguille sans qu'il s'y attache sensiblement. En moins d'une semaine, il a acquis une consistance vitreuse et se détache en éclats, sous le choc de la pointe d'acier. En même temps, l'odeur devient plus franchement résineuse.

*Solubilité.* — La glu d'*Eutermes matangensis* est insoluble dans l'eau. Si on écrase, dans ce liquide, une tête de soldat, la matière visqueuse qu'elle contient vient s'étaler à la surface de l'eau. Elle a donc une densité moindre que l'unité. Elle forme une sorte de pellicule qu'on peut, après quelques heures, retirer avec la pointe d'une aiguille. Elle y adhère, se plisse tandis qu'on l'enlève et forme enfin un petit amas visqueux à l'extrémité de l'aiguille.

Si on met de l'eau sur une lame de verre ayant déjà reçu des gouttelettes de sécrétion et qu'on chauffe le tout, la sécrétion abandonne totalement le support et vient s'étaler en disques, à la surface de l'eau. Elle est parfaitement soluble dans l'alcool à 95°, le xylol, l'éther, le chloroforme, l'essence de térébentine. On la retrouve ensuite par évaporation de ces différents solvants.

*Action de la chaleur.* — Si fort qu'on la chauffe, la glu d'*Eutermes matangensis* ne se coagule pas. Elle reste absolument limpide tant qu'elle n'est pas détruite. Voici ce qu'on remarque en faisant agir graduellement la chaleur. Tout d'abord, le produit devient de plus en plus liquide. Vers 70 ° il coule comme de l'eau. Alors, les gouttelettes, les taches irrégulières déposées sur le verre, se rassemblent en gouttes. A une température voisine de 100°, il laisse échapper des vapeurs aromatiques qui se condensent rapidement. Le résidu hyalin devient, à ce moment, bien plus visqueux. Refroidi à la température ordinaire, il se brise en éclats sous le choc de l'aiguille. Chauffé de nouveau, il fond. La chaleur augmentant, il y a encore émission de vapeur et, enfin, on observe un très faible résidu carbonisé.

J'ai étudié plus exactement l'action de la chaleur au-dessous de 100° par le procédé suivant. Ayant étiré un tube capillaire fin, j'en perçai successivement la tête de deux soldats et aspirai une partie du contenu visqueux. Je fermai, ensuite, le tube à la lampe par l'extrémité fine.

Ce tube fut placé dans un vase contenant de l'eau chauffée peu à peu ; un thermomètre indiquait la température à chaque instant. Chaque fois que la température montait d'un degré environ, j'observais le tube capillaire à la loupe binoculaire. Par suite du mode de remplissage, la glu contenue dans le tube était divisée en plusieurs index, séparés par des bulles d'air. La longueur totale occupée par ces bulles et le liquide était d'environ 8 millimètres, celle du liquide supposé continu, 6 millimètres.

Vers 83°, il y a sans doute, un premier départ de vapeur. La glu est fluidifiée, et les bulles d'air séparant les index ont disparu. Dès lors, le liquide forme une seule colonne. A 95°, il apparaît des bulles de vapeur qui divisent de nouveau cette colonne en trois fragments ; à 100° elles ont disparu et l'index est redevenu unique. Il semble donc, que lorsqu'on chauffe, il y a émission de plusieurs produits volatils, dont le plus volatil paraît abandonné vers 85°.

Tout ce qui précède indique que le liquide visqueux des *Eutermes* est une matière aromatique, une résine ; cela ressort encore plus nettement de ce qui va suivre.

*Combustibilité.* — La glu des soldats d'*Eutermes matangensis* est combustible. Prenons un de ces animaux avec une pince fine et présentons sa tête à la base d'une flamme d'alcool, là où elle est presque incolore : la tête émet de petites flammes courtes, éclairantes, un peu fuligineuses, très semblables à celles que donnerait un mince éclat de sapin placé dans les mêmes conditions. L'émission de flammes éclairantes est instantanée si on a fait sourdre une goutte de glu à l'extrémité du rostre du soldat. Une tête d'ouvrier de la même espèce, traitée de la même façon, se carbonise mais n'émet pas de flammes.

*Action des alcalis.* — Cette action a été étudiée avec de la soude, de la potasse, de l'ammoniaque. Au contact de l'alcali, la tension superficielle de la glu se rapproche de celle de l'eau ; elle se laisse étirer en longs filaments. Il devient facile, par agitation, d'y faire pénétrer du liquide aqueux : on obtient une émulsion blanchâtre. On peut rouler cette émulsion en boules, la séparer de l'aiguille et la disposer sur le verre. Par le repos, elle se défait.

L'action prolongée de l'alcali est un peu différente. Abandonnons trois jours des gouttelettes de glu dans une solution concentrée de soude. Elles restent ellipsoïdales, mais deviennent dures. Elles sont, à présent, nettement mouillées par l'eau. Si, dans ce liquide, nous les triturons à l'aiguille, elles se dépriment, s'aplatissent et n'adhèrent plus au support. Si on presse plus fort, elles se rompent en morceaux.

Si nous ajoutons à l'eau qui les contient un peu d'acide sulfurique concentré, la glu retrouve immédiatement sa viscosité première. Elle se sépare de l'eau, redevient fluide, adhère de nouveau à l'aiguille et au verre. Il y a, sans doute, par le traitement alcalin, une sorte de saponification que défait l'acide sulfurique.

*Action de la teinture de Rouge Soudan III.* — Le liquide visqueux d'*Eutermes matangensis* fixe électivement ce colorant. Exprimons sur une lame de verre, des gouttelettes de glu. Ajoutons-y quelques gouttes de solution saturée de Soudan III dans l'alcool à 70°. Le colorant se fixe sur les gouttelettes de glu, celles-ci devenant immédiatement bien plus colorées que l'alcool qui les environne. Elles s'y dissolvent d'ailleurs peu à peu, mais, bientôt, la teneur alcoolique du liquide baissant trop, la résine précipite sous forme de très petites gouttelettes fortement colorées en rouge.

La conclusion de tout ceci me paraît devoir être ainsi formulée : la matière visqueuse secrétée par le soldat d'*Eutermes matangensis* est une substance résineuse ; l'action de la chaleur en extrait des parties volatiles, essences ou huiles aromatiques, il reste un résidu solide, assez comparable à la colophane de la résine de pin.

**Eutermes (Trinervitermes) disparatus** Silvestri.

J'ai rencontré cette espèce sur la colline buissonnante, qui s'élève derrière le Laboratoire du Service Océanographique des pêches, à

Cauda près de Nhatrang. Ce termite édifie une construction qui n'est pas sans analogie avec celle d'*Hamitermes annamensis*, quant aux matériaux employés, du moins. Celle que j'ai rencontrée formait au-dessus du sol, une saillie conique d'environ 30 centimètres de diamètre à la base et de plus de 15 centimètres de haut. Elle avait une sorte de mur extérieur assez mince, riche en particules minérales.

A l'intérieur de celui-ci, la termitière se composait de loges petites, irrégulières, comme celles des autres *Eutermes* et dont les parois étaient faites de carton de bois.

**Eutermes (Lacessititermes) cuphus** Silvestri.

J'ai reçu plusieurs fois cette forme de M. Poilane, récolteur-botaniste de l'Institut Scientifique de l'Indochine, qui l'avait rencontré à Cana, dans la région de Nhatrang. Ce termite est arboricole, il édifie ses habitations aux fourches des petites branches. Les termitières que j'ai eues entre les mains étaient ellipsoïdales, mesuraient environ 10 centimètres dans leur plus grande dimension, sur 5 à 7 de diamètre transverse. Elles étaient uniquement faites de carton de bois et composées de petites chambres juxtaposées. Au milieu, se trouvait la loge royale, sorte de cavité lenticulaire à base horizontale, ayant environ trois centimètres de longueur sur un demi de hauteur. Le couple royal reste à peu près ce qu'il était lors de l'accouplement. L'abdomen de la reine paraît très légèrement distendu, mais ses plaques chitineuses restent au contact. Les neutres sont foncés, ont des pattes noires, longues, sont agiles et rappellent singulièrement des fourmis, tant par leur aspect général que par leur habitation.

**Microcerotermes Bugnioni** Holmgren.

Cette espèce a été rencontrée à Ceylan ; elle est assez commune en Cochinchine : je l'ai trouvée à Saigon et à Caybé, près des bouches du Mékong. Elle détruit les bois morts et pourrissants ; la termitière peut être placée sur un arbre, à faible hauteur, ou au niveau du sol. Elle ressemble beaucoup à celle d'un *Eutermes ;* elle est édifiée en carton de bois ainsi que les galeries de circulation.

# TROISIÈME PARTIE

## ÉTUDE DU DÉVELOPPEMENT DES TERMITES DE L'INDO-CHINE LA DÉTERMINATION DES CASTES

### Position de la question.

Lorsqu'on ouvre une termitière où se rencontrent, en même temps, des sexués et plusieurs catégories de neutres, on ne peut qu'être frappé par les différences morphologiques considérables qui séparent les diverses sortes d'individus. Tous ces insectes ont cependant les mêmes parents, et il semble qu'on ait là un matériel extrêmement favorable à la recherche des causes qui produisent d'aussi grandes dissemblances dans la postérité d'un même couple. Pourquoi et comment les castes se séparent-elles ? Les termites nous feront-ils connaître quelques faits permettant de comprendre mieux le mécanisme de l'hérédité et de la transmission des caractères ?

L'étude du problème de la détermination des castes suppose la connaissance du développement des termites. Y a-t-il au sortir de l'œuf, plusieurs sortes de jeunes ? A quel moment peut-on reconnaître un sexué ? un soldat ? Y a-t-il le même nombre de mues pour chaque caste : telles sont les questions qui se posent d'abord. Si nous savons exactement comment évoluent les termites, nous pourrons, en dehors de toute étude cytologique, obtenir des renseignements sur les causes qui agissent au cours de cette évolution. Certaines hypothèses pourront se trouver éliminées ou renforcées par les faits acquis. Je me suis appliqué, pendant deux ans, à étudier le développement de la population entière de plusieurs espèces de termites ; j'ai examiné des dizaines de milliers d'insectes : c'est le résultat de ce travail que j'expose ici.

La cause même de la détermination des castes est très controversée. On sait que le sexe n'intervient pas puisque, dans beaucoup d'espèces, on peut facilement reconnaître des neutres présentant, respectivement, des traces de l'appareil génital de chacun des deux sexes.

Grassi (1) admet que les différences de caste sont dues à des modifications du régime alimentaire que les ouvriers imposeraient aux jeunes larves. Le développement plus ou moins complet des organes génitaux, serait en rapport inverse avec la quantité de protozoaires contenus dans l'intestin de chaque individu et celle-ci serait, elle-même, conditionnée par le genre de nourriture de l'insecte.

Escherich (2) pense que la différenciation des castes peut tenir à des conditions de température agissant sur la jeune larve.

Enfin, Bugnion soutient (3) que la caste, aussi bien que le sexe, se détermine, chez les termites, dans l'œuf, au moment de la fécondation et non durant la période larvaire. Cet auteur donne, à l'appui de sa théorie, une observation de jeune *Eutermes lacustris* sortant de l'œuf avec la corne céphalique et l'ampoule frontale qui caractérisent les soldats de ce genre.

Sur la question stricte du développement, les termitologues sont aussi peu d'accord. Escherich et la plupart des autres auteurs admettent qu'il y a quatre mues séparant cinq stades différents, pour

(1) Grassi et Sandias : *Constituzione e sviluppo della Societa dei Termitidi.* Atti Accad., Gioen. d. Sc. Nat. d. Catania (1) 6-7, 1893-94.

(2) Escherich : *Die Termiten oder weissen Ameisen*, Leipzig, 1909.

(3) Bugnion : *Observations sur les Termites, Différenciation des castes.* C. R., Séances Soc. Biol., t. 72, p. 1091-1094, 1912, et *La différenciation des castes chez les Termites.* Bull. Soc. Ent. de France, 1913, p. 213-218.

les castes neutres et cinq mues séparant six stades, pour les sexués. Les jeunes seraient tous semblables extérieurement, à l'éclosion. La distinction entre sexués d'une part, soldats et ouvriers de l'autre, serait faisable dès après la première mue. Mes propres recherches m'ont montré l'exactitude de ce dernier point.

En se basant sur le fait indiqué plus haut, BUGNION pense que les castes sont déjà distinguables dès la sortie de l'œuf. Il reconnaît, pour les neutres, une seule mue séparant deux stades, l'un larvaire, d'aspect blanchâtre, l'autre chitinisé. Les sexués subiraient deux mues séparant trois stades.

Je ne saurais oublier les auteurs américains. Depuis longtemps déjà, KNOWER (1) a mentionné qu'il n'avait jamais rencontré chez *Eutermes rippertii (pilifrons)* de larve de soldat de taille sensiblement plus petite que celle de l'adulte. Par contre, il décrivit l'apparition d'une forme « soldat-nasutus » par mue, à partir d'une larve à aspect d'ouvrier.

Miss Caroline Burlin THOMPSON (2) a publié bien plus récemment, une étude sur « l'apparition des castes de neuf genres et treize espèces de Termites ». L'auteur ne donne pas pour chaque espèce, le tableau des stades actifs et des mues. Elle trouve que, dans toutes les espèces examinées, les larves sont, à l'éclosion, semblables extérieurement. Cependant, après coloration, il serait facile de les séparer, au microscope, en sexuées et neutres ; les premières étant caractérisées par un cerveau plus gros, occupant plus de place dans la tête, et des glandes génitales plus apparentes. Dès le deuxième stade, les diverses catégories de neutres se sépareraient visiblement les unes des autres.

On voit que les opinions les plus opposées trouvent des défenseurs ; la connaissance des faits allégués ne pouvait que m'inciter à la prudence.

(1) KNOWER : *Origin of the Nasutus-soldier of Eutermes*. Johns Hopkins Univ. Circ. 13, pp. 58-59, 1894.

(2) THOMPSON : *The Development of the Castes of Nine genera and Thirteen species of Termites*. Biol. Bull. t. 36, p. 379, 1919.

**Technique employée.**

J'ai examiné de grandes quantités de larves de plusieurs espèces. Je recueillai, de préférence, soit des meules à champignons couvertes d'insectes, soit des parties de termitières où les jeunes se trouvaient rassemblés. Je plongeai le tout, tel quel, dans du fixateur : Bouin alcoolique ou Carnoy. Je me suis surtout servi du premier, moins coûteux, et dont j'ai employé, en une seule fois, jusqu'à plus de vingt litres.

Les animaux fixés étaient ensuite séparés des débris de meules ou de « carton de bois », puis rincés à l'alcool à 80°. On les triait ensuite un à un ; les formes intéressantes, individus en cours de mue, larves du stade spécialement en étude, étant mises à part dans des flacons étiquetés. Le matériel était ensuite conservé dans l'alcool à 80°. Pour l'observation, tant des animaux frais que fixés, je disposais d'une loupe binoculaire Spencer à support articulé.

J'ai toujours employé un éclairage intensif : je me suis constamment servi d'un arc électrique pour ultramicroscopie, éclairant latéralement les objets. Ceci est nécessaire, lorsqu'on utilise les forts grossissements du binoculaire et qu'on veut « résoudre » le corps coloré d'une larve placé au sein d'un liquide réfringent.

Pour *Eutermes matangensis*, j'utilisais le plus souvent, dans ce but, un mélange à parties égales, d'acide phénique et de chloroforme. Ce médium gonfle les échantillons de telle sorte que tous les détails en deviennent précis ; sa réfringence est très bonne.

Il faut, pour teindre correctement les organes intérieurs d'un termite, si jeune qu'il soit, des colorants extrêmement pénétrants. J'ai employé d'abord le carmin chlorhydrique alcoolique. J'y plongeais les larves fixées et rincées, et les y laissais deux à trois jours. Je différenciais ensuite, soit par l'alcool chlorhydrique à 0,25 °/₀, soit simplement par un séjour d'environ une semaine dans l'alcool à 80°. Plus tard j'ai substitué au carmin une solution d'hématoxyline que j'imaginai. C'est tout simplement l'hématoxyline chlorhydrique de Weigert, dans laquelle j'ai remplacé l'eau par de l'alcool à 90°. Ce mélange est plus électif et donne une meilleure différenciation que le carmin (1).

J'ai trouvé les jeunes larves de termites très difficiles à monter sous lamelle. La plupart des éclaircissants (toluène, terpinéol, essence de cèdre), les rétractent et les rendent inutilisables. J'ai obtenu d'assez bons résultats avec le baume au chloroforme, à condition d'opérer avec une très grande rapidité le passage de l'éclaircissant au milieu de montage. La difficulté de cette opération me paraît tenir à l'élévation de la température en Cochinchine.

Pour caractériser les catégories, j'ai eu plusieurs fois recours aux méthodes biométriques.

## Notions générales nécessaires à la compréhension du travail.

Il ne sera pas sans intérêt de fixer d'abord les idées, quant au nombre totale des insectes qui peuvent habiter une même termitière. J'ai parlé précédemment des petits nids d'*Eutermes cuphus*. L'un d'eux, ellipsoïdal, dont le grand axe mesurait 8 centimètres, renfermait, en plus du couple royal, 1899 œufs et 1817 insectes. Or, *Eutermes cuphus* est à peu près de la même taille qu'*Eutermes matangensis*. Il n'est pas rare de trouver des habitations de cette dernière espèce, rappelant les premières par leur forme, mais atteignant 80 centimètres de long. Leur volume est à peu près mille fois plus grand que celui de la petite termitière dont j'ai compté les habitants. On peut donc admettre qu'elles renferment aussi mille fois plus d'insectes, ce qui donne le chiffre de 1.800.000.

J'ai essayé avec *Eutermes matangensis* un autre mode d'appréciation. Ayant recueilli la population d'une grosse construction, je la fixai et la répartis en dix flacons. J'admis comme probable que dans l'opération de la capture, un quart des habitants avait disparu,

(1) Pour employer cette méthode, faire deux solutions :

sol. A. Hématoxyline alcoolique à 1 °/o (alcool à 90°) ;

sol. B. Perchlorure de fer officinal ...... 4cc.
Acide chlorhydrique pur.......... 1cc.
Alcool à 80° .................. 95cc.

Mélanger les deux solutions à volumes égaux, quelques instants avant l'usage.

soit parce qu'ils se trouvaient dans des dépendances du nid que je n'avais pas enlevées, soit parce qu'ils avaient été écrasés dans la démolition, par la hache et la scie, du gros tronc d'arbre qui les abritait. Dans chacun des flacons, le volume total occupé par les termites rassemblés au fond et complètement mouillés d'alcool, était de 450 centimètres cubes. Je prélevai un volume d'insectes placés dans les mêmes conditions physiques, égal à 7 centimètres cubes. Comptant ensuite les individus qui formaient cet échantillon, j'en trouvai 606, ce qui donne pour cent centimètres cubes, 8657, et pour les dix flacons, 389.565. Ceci, en admettant que les insectes de la termitière fussent tous semblables à ceux du premier flacon. Or, celui-ci contenait surtout de gros animaux, des neutres adultes. En tenant compte de ce que les larves étaient bien plus nombreuses dans certains bocaux et que les plus petites occupent un volume qui est voisin du trentième de celui d'un gros termite, on peut admettre comme chiffre moyen, pour les insectes contenus dans l'ensemble des récipients, le quadruple du nombre des adultes qui rempliraient ce même espace, soit environ 1.500.000 ; ce qui correspond pour la population entière, à environ 2.000.000. Je pense que le chiffre des habitants d'une grande termitière de *Macrotermes* ou d'*Odontotermes* est du même ordre.

J'ai peu de renseignements sur la durée de l'existence individuelle des termites indochinois. J'ai remarqué que les vieux nids de *Macrotermes gilvus* possèdent souvent plusieurs couples royaux normaux, logés chacun dans une amande différente. On peut admettre que ces reproducteurs ont remplacé fonctionnellement les fondateurs de la termitière. Ainsi, il est logique de prendre pour durée moyenne de la vie des sexués, l'âge des plus grands édifices qu'on trouve communément munis d'un seul couple progéniteur. Mais comment apprécier celui-ci ? A Saïgon, ces termitières s'accroissent chaque année, pendant la saison des pluies, d'un certain volume de constructions. Le travail fait en une fois se reconnaît pendant longtemps, sous forme de saillies qui rompent le contour général extérieur.

On conçoit donc qu'on puisse définir ainsi, au moins approximativement, un volume annuel moyen d'accroissement pour une termitière donnée, et aussi, un âge moyen, obtenable en divisant le volume total par le volume d'accroissement annuel. J'ai vu des constructions de *Macrotermes gilvus* sortir de terre, en une soirée, sous mes yeux. En les démolissant, je pus constater que le volume qu'elles occupaient, dans le sol, paraissait correspondre à quelque deux ou trois volumes d'accroissement annuel. Étendant le procédé aux nids plus âgés, je crois qu'il est prudent d'estimer à une douzaine d'années l'âge de celles qui sont bien développées tout en conservant régulièrement un seul couple royal. Ceci nous donnerait aussi la durée moyenne du fonctionnement de celui-ci.

Nous verrons plus loin que l'évolution larvaire des sexués d'*Eutermes matangensis* paraît s'effectuer en neuf à dix mois au maximum et souvent en moins de temps. Elle comporte six stades différents tandis que celle des neutres demande seulement, en général, trois stades larvaires. Il est donc logique d'admettre que cette dernière s'effectue en quatre à cinq mois, au maximum. J'ai gardé complètement isolés, pendant dix-huit mois, plusieurs nids ou fragments de nids de la même espèce, privés de reine. Durant ce laps de temps, les larves étaient devenues adultes, mais la population totale ne paraissait pas avoir beaucoup diminué. Il faut donc admettre que les neutres d'*Eutermes matangensis* peuvent vivre, devenus adultes, dix-huit mois environ.

En Cochinchine, et spécialement aux environs de Saigon, le rythme de la vie est marqué très fortement par l'alternance des saisons. Celle-ci domine la biologie des animaux et des végétaux ; les termites suivent la loi générale.

Les pluies débutent avec mai, leur effet devenant appréciable à la moitié du mois. A partir de juin, elles tombent tous les jours très abondamment. La température est alors de vingt-cinq à trente degrés ; l'air est complètement saturé d'humidité. En septembre, les précipitations sont à leur maximum, elles restent aussi importantes jusqu'au 15 octobre et décroissent peu à peu jusqu'à la fin de novembre. En décembre, elles sont rares et peu abondantes. Ces deux derniers mois sont les plus agréables pour les Européens. La température descend quelquefois au-dessous de vingt degrés ; l'air est léger et agité par du vent. En janvier la sécheresse est bien établie, elle dure pendant les deux mois suivants. La chaleur augmente jusqu'en avril, où la température dépasse, à l'ombre, trente-cinq degrés. Les pluies suspendues pendant les mois précédents, tombent de nouveau et, avec le mois de mai, le cycle recommence.

La période d'activité des termites est essentiellement représentée par la saison des pluies, de juillet à septembre. Tout d'abord, les sexués devenus adultes s'envolent et vont fonder de nouvelles colonies tandis que les anciennes augmentent leurs constructions. Les remueurs de terre agissent, à cet égard, comme ceux qui élaborent le « carton de bois ». C'est en septembre que la ponte paraît la plus abondante et comporte de grosses quantités de sexués. Les termitières ne renferment plus d'insectes ailés : les derniers se sont déjà envolés ; par contre, il y a de nombreuses petites larves montrant des rudiments d'ailes et se présentant à des stades différents bien que peu avancés. Elles poursuivent leur évolution, tandis que de nouveaux jeunes sont pondus. Cependant la production des sexués se ralentit avec la saison sèche et semble se terminer à peu près complétement en mars. A la fin de février, il est facile de trouver des ailés à tous les stades, sauf à l'état adulte qui est le sixième reconnaissable extérieurement. Les larves les plus avancées l'atteignent à la fin d'avril. Elles sont alors chitinisées, mais leur corps est encore gonflé et les intervalles compris entre les plaques de l'abdomen restent jaunâtres. La ponte des sexués cesse à ce moment; on ne peut plus trouver les premiers stades, seuls les derniers se rencontrent. Le nombre des insectes complètement terminés augmente peu à peu. Le départ des ailés se produit, après les averses, à partir du 15 mai ; certaines termitières conservent les leurs jusqu'à la fin de juillet. En août, la ponte des sexués reprend et on trouve de nouveau les plus jeunes stades tandis que les insectes ailés avancés sont absents.

Il faut remarquer que les sexués emploient un temps variable pour effectuer leur développement, selon l'époque de l'année où ils sont pondus. Ainsi, ceux qui naissent en septembre sont adultes, au plus tôt, en mai suivant, ceux qui naissent en février quittent, au plus tard, la termitière en juillet. Les premiers évoluent en huit mois, les seconds en cinq, au maximum. La différence de ces chiffres s'accentue encore, si l'on admet, ce que je pense moi-même, que l'exode des sexués d'un nid donné se fait, en gros, le même jour, la sortie variant cependant en date d'un nid à un autre.

Les neutres sont produits en toute saison, mais surtout, me semble-t-il, au moment où l'on ne trouve plus de jeunes sexués : avril et mai. Il y aurait, en somme, une certaine alternance dans la production des différentes castes.

J'ai ouvert souvent et à toute époque de l'année des édifices de *Macrotermes gilvus* et d'*Eutermes matangensis* ; j'ai appris ainsi, qu'aussi longtemps que les sexués présentent encore l'aspect larvaire, il n'est pas difficile de les observer, ils sont mêlés à la population des neutres remplissant l'habitation. Mais, après leur dernière mue et lorsqu'ils sont aptes à sortir, on ne peut plus les apercevoir. Ils se rassemblent en troupeau et occupent les parties les plus profondes du nid : ils deviennent extrêmement craintifs et fuient la lumière. Aussi, dès qu'on entame la construction, ils gagnent les galeries les plus lointaines et l'on ne peut que très difficilement parvenir jusqu'à eux. Chez *Macrotermes gilvus*, ils se répandent dans le système de galeries souterraines, que j'ai désigné sous le nom de « système des larges canaux » ; ce dernier s'étale dans un volume de plusieurs dizaines de mètres cubes et il est matériellement impossible d'en saisir une quantité. Au contraire, l'envol des sexués représente ce qu'on pourrait appeler une crise de phototropisme positif, crise qui est bien courte et s'encadre entre la période précédente et la pariade, à la suite de laquelle, comme on l'a vu plus haut, les couples désailés cherchent une retraite obscure.

Dans une station et pour une espèce déterminée, le temps de chacune des mues que traverse, à peu près simultanément, la majorité des sexués varie avec les années. Il en est de même de l'époque de leur sortie. Les Annamites, lorsqu'ils ont l'occasion d'ouvrir une termitière, ne manquent pas d'examiner soigneusement l'état des ailés et d'en tirer des pronostics à l'égard des conditions climatériques imminentes.

Au Tonkin, l'évolution annuelle des termites rappelle tout-à-fait celle de Cochinchine, bien que les climats de ces deux pays soient nettement différents. La fin de janvier, les mois de février et de mars sont marqués, dans le delta du Fleuve Rouge, par une humidité constante, pénétrante, C'est la période des brouillards, des pluies fines, du « crachin ». Le thermomètre descend au-dessous de 10°. Après Pâques, le temps change, se réchauffe, souvent même très rapidement. On subit. alors, un véritable climat chinois : des périodes de chaleur sèche alternent avec des orages qui amènent des pluies et refroidissent un peu la température. En juin, juillet et août, le thermomètre dépasse 40° à l'ombre. A partir d'octobre les orages s'espacent, la température baisse sensiblement ; le Tonkin est agréable à habiter. Le mois de décembre n'y est pas sans rappeler ceux de novembre et décembre en Cochinchine.

L'envol des termites ailés se fait à la période de transition entre le « crachin » et le temps des orages, c'est-à-dire du début d'avril aux premiers jours de juin. Après cette époque, je n'ai rencontré que des neutres dans les quelques nids que j'ai pu fouiller.

Lorsqu'on essaie, pour la première fois, de classer une population de jeunes larves d'*Isoptères*, on se trouve embarrassé par un fait sur lequel nous devons insister.

Au cours de chaque stade, les jeunes termites changent de forme. Chacun d'eux parcourt, entre deux mues consécutives, un cycle qui est le même pour tous les stades et pour toutes les catégories. L'habitude s'acquiert bientôt et il est ensuite facile de reconnaître l'âge relatif d'un individu depuis sa dernière transformation. Le jeune insecte, n'ayant pas encore traversé un stade fortement chitinisé et qui vient de rejeter une exuvie, est parfaitement transparent. On distingue à merveille son tube digestif, son système nerveux, certaines cellules de son hypoderme. Il présente un abdomen court et élargi. Le corps et la tête sont plutôt aplatis, ce qui les fait paraître plus grands ; le cerveau n'occupe dans la tête qu'un volume relativement restreint. A mesure que l'animal vieillit, l'abdomen s'allonge, le volume du cerveau augmente peu à peu. En même temps, la transparence du corps diminue, A la fin d'un stade, alors qu'il est prêt à muer, chaque termite est opaque, son corps paraît rempli d'un fluide laiteux, légèrement jaunâtre. L'abdomen et la tête semblent gonflés et prêts à éclater. Cette tension de la chitine fait prendre à l'animal une section circulaire. La tête est sphérique et presque remplie par le cerveau, qui semble avoir déjà atteint la taille

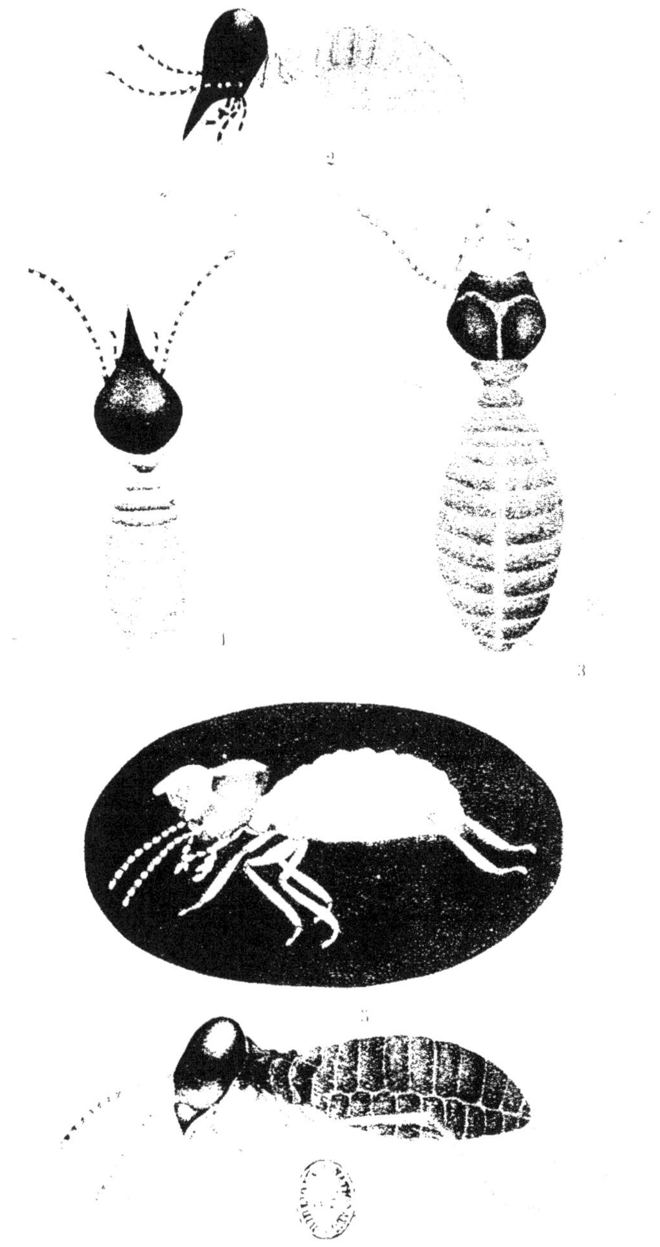


1 et 2. — Soldat nasutus d'*Eutermes matangensis*, vu par dessus et de profil.

3 et 4. — Ouvrier d'*Eutermes matangensis*, vu par dessus et de profil.

5. — Début de la mue faisant apparaître le soldat nasutus d'*Eutermes matangensis*, à partir d'une forme à allure d'ouvrier.

Grossissement : 12, environ.

qu'il devra posséder après la mue. La vieille chitine est d'ailleurs jaunie et contribue à donner la teinte particulière générale. Elle se fend sur la ligne dorsale, depuis la base de la tête jusqu'au milieu de l'abdomen. L'insecte se gonfle alors, probablement en absorbant de l'air. En effet, lorsqu'on plonge une population larvaire dans du fixateur, la plupart des insectes en cours de mue viennent flotter à la surface tandis que les autres tombent au fond. Les premiers contiennent de l'air dans leur tube digestif et non dans leur cavité générale. Si on perce la paroi intestinale avec une aiguille, ce gaz se dégage en petites bulles et l'insecte coule à pic. D'autre part, j'ai assisté, un jour, à l'éclosion d'un jeune *Microtermes incertoides* HOLMGREN. L'animal se dégage de l'œuf par la tête et par le dos, l'abdomen et les pattes y restant engagés. Puis, il avale de l'air : je pus voir et compter les mouvements de déglutition : de dix à vingt bulles gazeuses traversaient le pharynx au cours d'une minute. En une heure, le jeune insecte avait presque doublé. Je pense qu'il doit en être de même au cours d'une mue ; le tube digestif se gonfle d'air, c'est pour cela que l'insecte prend très rapidement la taille du stade suivant. M. SEMICHON m'a appris que les choses se passent ainsi pour les larves de libellules. L'accroissement de volume produit la position courbée, dite « d'hypnose ». Trop à l'étroit dans son enveloppe inextensible, le corps fait saillie par l'ouverture de la vieille chitine : la base de la tête, le thorax, les premiers anneaux de l'abdomen sortent, tandis que la tête se trouve maintenue à une distance fixe de l'extrémité postérieure et paraît repliée sous le corps. Peu à peu la déchirure de l'exuvie s'accentue, celle-ci libère en même temps l'abdomen et la tête avec les antennes. Elle ne tient plus qu'aux pattes qui s'en débarrassent enfin. Dès que l'animal a pris la position courbe, sa taille a crû, de telle sorte que la mue est bien plus semblable au stade suivant qu'au stade précédent : c'est là un fait qu'il ne faut pas perdre de vue lorsqu'on entreprend de classer une population larvaire entière.

Lorsqu'on fixe en même temps tous les habitants d'une termitière, on trouve toujours une catégorie d'insectes en cours de mue bien plus abondante que les autres, catégorie déterminée par la caste et le stade auquel elle appartient. Tous ces individus sont évidemment de même âge et ceci suggère l'idée que les termites sont pondus par paquets d'êtres de même caste.

J'ai cité plus haut un travail de Miss G. B. THOMPSON. Cet auteur a examiné les nouveaux-nés des treize espèces suivantes :

*Protermitidés.*

*Termopsis angusticollis,*
*Calotermes* n. sp.
*Cryptotermes cavifrons,*
*Neotermes castaneus,*

*Mesotermitidés.*

*Arrhinotermes simplex,*
*Reticulitermes flavipes,*
— *virginicus,*
— *n. sp.*

*Metatermitidés.*

*Anoplotermes fumosus,*
*Armitermes tubiformans,*
*Eutermes morio,*
— *sanchezi,*
— *pilifrons.*

Elle est arrivée aux conclusions suivantes :

« The newly hatched nymphs are externally all alike, but they are differentiated by internal structural characters into two clearly defined types : (*a*) the reproductive or fertile forms with large brain and large sex organs and usually a dense opaque body ; and (*b*) the worker-soldier or steril forms with small brain and small sex-organs and usually a clear transparent body. »

L'affirmation est encore plus nette, en ce qui concerne un termite voisin de ceux que j'ai moi-même étudiés, l'*Eutermes pilifrons.* Miss C. B. THOMPSON écrit :

« *Eutermes pilifrons,* like all other termites described in this paper has the two types of newly hatched nymphs which are all alike in external structure : the reproductive nymphs with a large brain and large sex organs and the worker-soldier nymphs with a smaller brain and smaller sex organs. The difference between the bodies of fixed specimens of the two types is more marked in this termite than in any other that I have examined : the body of the steril worker soldier individuals is a very clear and transparent glistening white while that of the reproductive individuals is a dull opaque creamy white. »

J'ai observé bien souvent des jeunes termites sortant de l'œuf, j'en garde encore des quantités, après fixation, dans l'alcool à 80°. J'ai remarqué certains faits intéressants à l'égard des théories de la détermination des castes, je les exposerai plus loin. Jamais je n'ai rencontré — sur des milliers de cas — un seul termite à l'éclosion, qui présentât un corps opaque ou même trouble ; je n'ai jamais vu non plus un insecte du même âge avec un grand cerveau. Tous les *Isoptères* nouveaux-nés que j'ai pu examiner étaient transparents, avec des cerveaux un peu variables, mais trop peu pour que les différences puissent être classées. En tout cas, cet organe occupait, dans la tête, une place relativement petite. Etant donné que j'ai fait ces constatations sur des animaux prélevés parmi des populations comptant de nombreux sexués au deuxième stade, lequel suit, de très peu de temps, l'éclosion, il n'est guère admissible que toutes mes observations aient porté exclusivement sur des neutres.

De même, je n'ai jamais vu un termite prêt à muer qui fut transparent ; dans ce cas, il est toujours du « blanc sale, opaque et crémeux » dont parle Miss Thompson.

J'ai dit plus haut que la taille relative du cerveau croissait au cours de chaque stade et que les insectes prêts à muer, en avaient un qui paraissait occuper toute la tête. J'ai pu, de même, observer après teinture par les procédés indiqués, que toutes les larves de termites au premier stade, ont des rudiments de glande génitale, et que ces rudiments deviennent plus nets à mesure que la petite larve vieillit et s'approche de la première mue.

Pour ces diverses raisons, je suis porté à penser que Miss C. B. Thompson a méconnu l'évolution que subit chaque larve au cours d'un stade donné. Ses « sexués » seraient seulement des larves au premier stade relativement âgées et ses « neutres » des larves au même stade relativement jeunes.

Il faut noter que Miss C. B. THOMPSON paraît avoir travaillé principalement sur du matériel fixé. En particulier, à propos d'*Eutermes pilifrons*, elle écrit : « Dr. KNOWER sent me an abundance of preserved material of *Eutermes pilifrons*, consisting of eggs, young nymphs, winged adult, reproductive forms and adult workers and nasuti... » Pour les autres espèces, nous lisons : « Most of my material was furnished me by the Bureau of Entomology of the U. S. Department of agriculture, and much of it was collected and fixed for me by Mr. T. E. SNYDER to whom my sincere thanks are due ».

Sans doute, elle remarque aussi : « Many of the nymphs have actually been dissected out from their egg shells, so that there is absolutely no uncertainty as to the structure or the size of the newly hatched nymphs », et ceci va directement contre ma supposition, même s'il s'agit là d'œufs fixés. Mais j'ai examiné moi-même des centaines de larves à l'éclosion, tant vivantes que fixées, appartenant à une dizaine d'espèces et je ne puis que répéter ce que j'ai dit de leur aspect extérieur et de leur conformation.

Le naturaliste qui fait, pour la première fois, l'inventaire d'un nid de termites est stupéfait par le nombre prodigieux des habitants, par les différences évidentes que présentent les adultes, par l'abondance des larves et leur similitude. Les larves à ébauches alaires sont faciles à distinguer, mais toutes les larves d'aspect neutre sont d'abord inséparables à l'œil et paraissent former une série continue quant à la taille, série commençant aux jeunes termites venant d'éclore pour se terminer aux ouvriers adultes. Avec un bon binoculaire et en employant l'éclairage spécial que j'ai précédemment décrit, on arrive rapidement à discerner des formes bien nettes et à séparer, sans hésitation, des catégories différentes.

J'ai dit que la forme et la taille du corps varient, pour un même insecte, entre deux mues consécutives ; pour séparer les catégories, il faut se fier surtout à la forme et à la taille de la tête, au développement des organes des sens, au nombre, à la forme des articles des antennes. Les catégories larvaires étant bien établies, il reste à élucider les rapports qu'elles soutiennent, à reconnaître de quelle forme antérieure chacune d'elles tire son origine Il faut passer à l'étude des périodes de mue. Celles-ci, envisagées à divers états, révèlent leur stade initial et leur stade final. Elles fournissent encore un critérium pour l'appréciation du tableau généalogique général, qu'on croit être en droit de dresser pour l'ensemble des castes d'une espèce donnée. En effet, ce tableau permet de prévoir l'existence d'un nombre de mues précis, déterminé par le nombre de castes et par le nombre de stades existant dans chaque caste. Si ce nombre se rencontre réellement, le tableau établi se trouvera confirmé.

L'habitude, l'emploi de méthodes correctes permettent d'éviter les causes d'erreur dont les principales sont les suivantes. Si l'on confond, à un moment quelconque de leur évolution, deux castes différentes, on rapportera à une seule série des êtres appartenant à plusieurs. Si ces formes sont de tailles inégales, on sera porté à faire sortir les plus grosses des petites, alors qu'en réalité, elles représentent des stades équivalents de lignées parallèles. Ainsi ,on accordera plus de stades intermédiaires qu'il n'y en a réellement dans la catégorie d'insectes qu'on envisage. Inversement, si deux stades consécutifs diffèrent peu par l'aspect extérieur et qu'on néglige la recherche et l'étude des individus en cours de mue, on sera porté à confondre ces deux stades et à donner une représentation trop simple du développement de la forme étudiée.

Certains cas difficiles peuvent être résolus par l'emploi de méthodes numériques et biométriques ; on en trouvera des exemples dans la suite de ce travail. Je me suis acharné à l'étude des stades larvaires des termites communs en Cochinchine ; j'en étais arrivé à reconnaître d'un coup d'œil des formes différentes ne présentant extérieurement qu'une variation générale des proportions, dans le rapport de neuf à dix.

Pour fixer définitivement les résultats obtenus, pour permettre aux chercheurs à venir de les contrôler sans peine, j'ai fait reproduire à la chambre claire, à la même échelle, toutes les formes larvaires et adultes de deux espèces convenablement choisies, à savoir *Macrotermes gilvus* et *Eutermes matangensis* ; je les ai groupées en tableaux, qui montrent comment ces espèces paraissent différencier et réaliser leurs diverses castes.

J'ai appris ainsi, que le développement des ouvriers et des sexués est le même des deux côtés ; par contre, le développement des soldats nasuti est bien différent de celui des soldats à grandes mandibules. J'ai étudié d'abord *Macrotermes gilvus* et des espèces relativement voisines ; j'étais alors en possession d'une technique de coloration moins exactement adaptée, j'ai cependant obtenu des résultats nets avec ce premier groupe.

### Étude du développement de Macrotermes gilvus

Les sexués de *Macrotermes gilvus* sont bien connus (fig. 1 et 2, pl. I) La fig. 10 en donne une autre représentation. Elle a été tracée à la chambre claire, en conservant un grossissement égal à celui qui a servi (1) pour toutes les images du même genre. Ces insectes ont des antennes comportant 19 articles et mesurent, en millimètres :

| | |
|---|---|
| Longueur totale (avec les ailes) ................ | 29mm 1 |
| Longueur du corps et de la tête ensemble...... | 14mm 9 |
| Longueur de la tête ......................... | 3mm 1 |
| Long. des ailes, à partir de l'endroit du détachement. | 22mm 0 |
| Largeur de la tête, en arrière des yeux........... | 2mm 1 |
| Diam. transverse, à la plus grande saillie des yeux. | 2mm 7 |
| Largeur du pronotum........................ | 2mm 6 |

Les sexués adultes proviennent d'un stade nymphal (fig. 15) antérieur, de couleur jaunâtre, pourvu d'antennes à 19 articles et dont l'extrémité des fourreaux alaires atteint le 7e anneau abdominal. Les dimensions sont les suivantes :

| | |
|---|---|
| Longueur totale (corps et tête) ................ | 12mm 1 |
| Longueur de la tête ......................... | 2mm 5 |
| Longueur apparente des fourreaux alaires ...... | 5mm 0 |
| Largeur de la tête, en arrière des yeux.......... | 2mm 1 |
| Diam. transverse, à la plus grande saillie des yeux. | 2mm 3 |
| Largeur du pronotum........................ | 2mm 7 |

(1) Ce grossissement est voisin de 6.

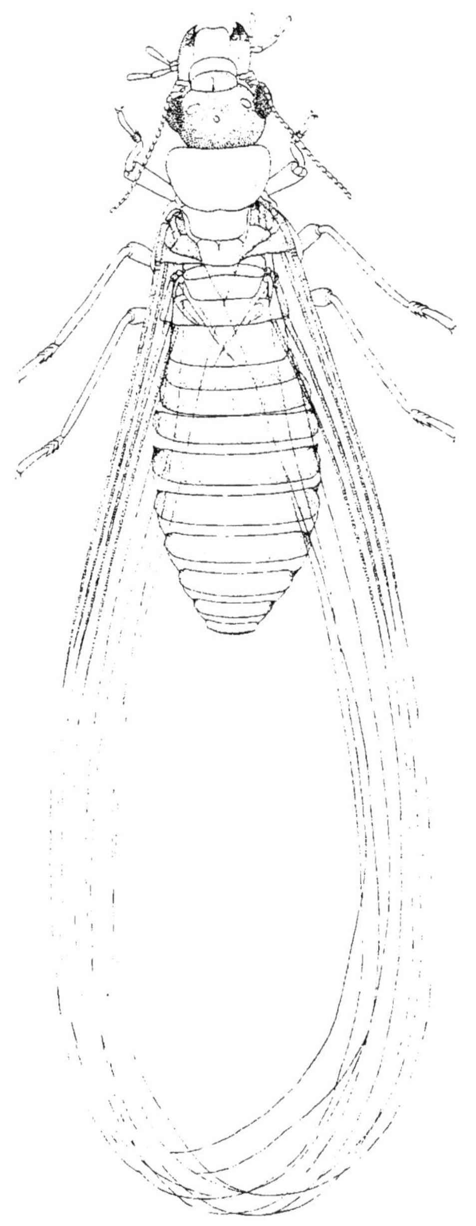

FIG. 10. — Sexué adulte de *Macrotermes gilvus.*

Les nymphes des deux stades antérieurs (fig. 14, 13) ont des fourreaux alaires atteignant respectivement les 3e et 2e anneaux abdominaux, leurs yeux sont déjà bien visibles, leurs antennes possèdent 19 et 18 articles, elles mesurent respectivement :

| | | |
|---|---|---|
| Longueur totale ................ | 8mm 0 | 5mm 9 |
| Longueur de la tête .............. | 1mm 7 | 1mm 5 |
| Longueur de l'abdomen .......... | 3mm 9 | 2mm 7 |
| Largeur de la tête ................. | 1mm 6 | 1mm 2 |
| Largeur du pronotum ............ | 1mm 8 | 1mm 2 |

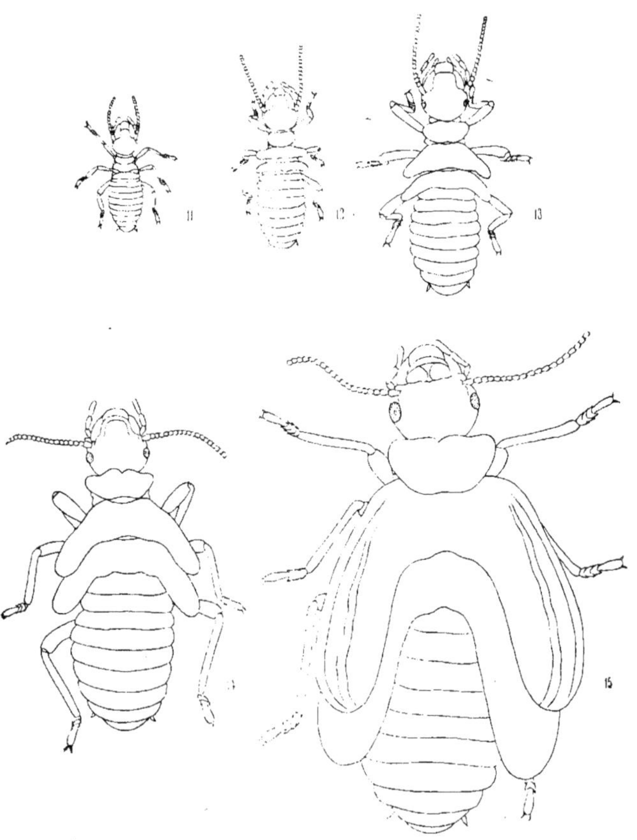


FIG. 11 à 15. — Les divers stades nymphaux de *Macrotermes gilvus*.

Avant les quatre stades sexués qu'on vient de signaler, on peut encore en reconnaître deux autres, chez lesquels les yeux sont bien évidents, dès qu'on colore in toto, au carmin par exemple. Le plus âgé de ces deux derniers (fig. 12) montre des écailles alaires nettes dépassant latéralement le thorax et un peu allongées vers l'arrière; il a des antennes pourvues de 17 articles et mesure :

| | |
|---|---|
| Longueur totale | 4mm 0 |
| Longueur de la tête | 1mm 0 |
| Longueur de l'abdomen | 1mm 9 |
| Largeur de la tête | 0mm 95 |
| Largeur du pronotum | 0mm 73 |

Le stade immédiatement plus jeune (fig. 11) montre des rudiments d'ailes réduits à un prolongement latéral du méso et du métanotum : prolongement de forme triangulaire qui n'est pas dirigé vers l'arrière. Ainsi, l'axe de ces pièces chitineuses reste droit et transversal. Antennes à 15 articles. Les dimensions sont les suivantes :

| | |
|---|---|
| Longueur totale | 2mm 7 |
| Longueur de la tête | 0mm 8 |
| Longueur de l'abdomen | 1mm 5 |
| Largeur de la tête | 0mm 68 |
| Largeur du premier anneau thoracique | 0mm 50 |

Nous avons donc pour l'ensemble de la caste sexuée, six stades distincts, séparables à l'œil nu, de taille croissante, à yeux, antennes, ailes graduellement développés, séparés par cinq mues.

Voyons, maintenant, ce qui concerne les castes neutres. Les adultes en montrent quatre bien différentes, à savoir : un grand et un petit ouvrier, un grand et un petit soldat (fig. 17, 22, 16, 21). On a vu, par la description donnée précédemment, que les antennes du grand ouvrier ont 18 articles, celles de toutes les autres catégories seulement 17.

Voici les dimensions de ces insectes :

| | Grand ouvrier | Petit ouvrier |
|---|---|---|
| Longueur totale ..................... | 7mm 3 | 5mm 9 |
| Longueur de la tête ..................... | 2mm 5 | 1mm 6 |
| Largeur de la tête ..................... | 2mm 4 | 1mm 5 |
| Largeur du pronotum ............... | 1mm 3 | 1mm 1 |

| | Grand soldat | Petit soldat |
|---|---|---|
| Longueur totale ..................... | 9mm 1 | 6mm 8 |
| Long. de la tête, non compris le clypeocapical | 3mm 9 | 2mm 3 |
| Longueur apparente des mandibules..... | 1mm 9 | 1mm 6 |
| Largeur maxima de la tête ............ | 3mm 2 | 2mm 1 |
| Largeur du pronotum ............... | 2mm 6 | 1mm 7 |

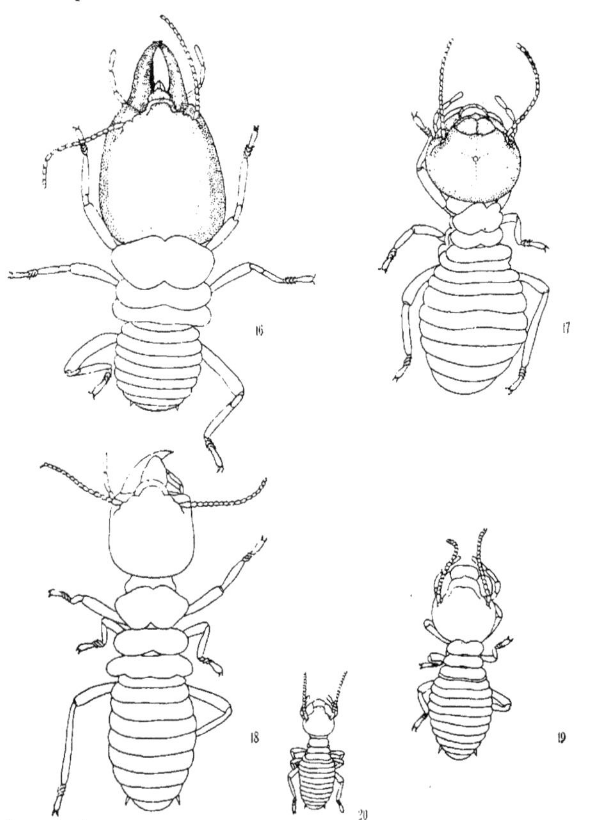


Fig. 16 à 20. — Grands neutres adultes de *Macrotermes gilvus* et leurs larves.

Ces quatre sortes de neutres dérivent directement chacune d'une forme larvaire absolument semblable, jusque par la structure des antennes, mais bien plus petite, blanche et dont la chitine reste molle. On trouve donc ainsi un grand ouvrier blanc (fig. 19) un petit ouvrier blanc, (fig. 24) un grand soldat blanc (fig. 18) et un petit soldat blanc (fig. 23). Ils mesurent respectivement :

| | Grand ouvrier blanc | Petit ouvrier blanc |
|---|---|---|
| Longueur totale .............. | 4mm 9 | 3mm 6 |
| Longueur de la tête ........... | 2mm 0 | 1mm 2 |
| Largeur de la tête ............. | 1mm 6 | 1mm 1 |
| Largeur du pronotum .......... | 0mm 95 | 0mm 76 |

| | Grand soldat blanc | Petit soldat blanc |
|---|---|---|
| Longueur totale .............. | 8mm 9 | 5mm 9 |
| Longueur des mandibules ..... | 1mm 6 | 1mm 3 |
| Long. de la tête avec les mandibules. | 3mm 3 | 2mm 5 |
| Largeur de la tête.............. | 2mm 2 | 1mm 5 |
| Largeur du pronotum .......... | 1mm 9 | 1mm 2 |

Si nous examinons l'ensemble des larves neutres plus jeunes, nous n'y trouvons plus que des insectes à allure d'ouvrier, c'est-à-dire à tête arrondie, mandibules du type broyeur, anneaux thoraciques relativement étroits et abdomen relativement large et épais. Elles sont complétement blanches et revêtues d'une chitine très souple.

Nous distinguons d'abord deux catégories de larves de tailles inégales (fig. 20 et 25) et possédant des antennes à 15 articles. Leurs dimensions sont respectivement :

| | Grandes larves à 15 articles antennaires | Petites larves à 15 articles antennaires |
|---|---|---|
| Longueur totale .... | 2mm 7 | 2mm 4 |
| Longueur de la tête.. | 0mm 90 | 0mm 76 |
| Largeur de la tête .. | 0mm 82 | 0mm 72 |
| Largeur du pronotum | 0mm 55 | 0mm 51 |

On verra plus loin que la plus grande des deux sortes donne

naissance aux grands ouvriers et aux grands soldats blancs, la plus petite produisant, de même, les petits ouvriers blancs et les petits soldats blancs. Toutes deux dérivent par une mue, d'une forme de larves semblable, mais encore plus petite (fig. 27) et pourvue seulement de 12 articles antennaires, dont voici les dimensions :

| | |
|---|---|
| Longueur totale ........................... | 1mm 6 |
| Longueur de la tête ........................ | 0mm 53 |
| Largeur de la tête ........................ | 0mm 48 |
| Largeur du pronotum ...................... | 0mm 32 |

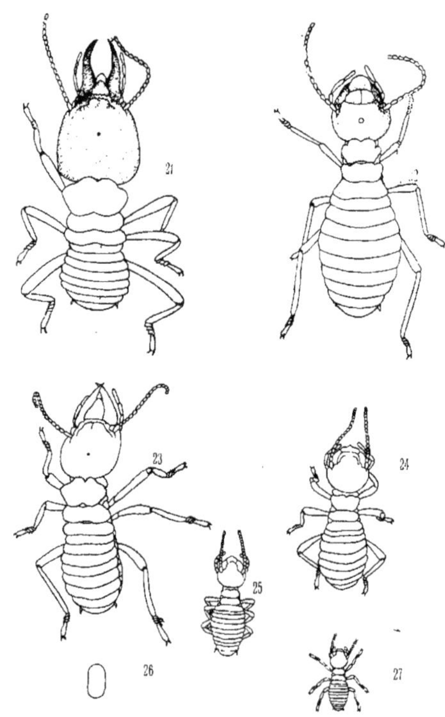


FIG. 21 à 25. — Petits neutres adultes de *Macrotermes gilvus* et leurs larves.
FIG. 26. — Œuf.
FIG. 27. — Jeune larve venant d'éclore, encore indifférenciée extérieurement;

Celles-ci proviennent directement de l'œuf (fig. 26) qui mesure $0^{mm}$ 37 sur $0^{mm}$ 45 : ce sont donc des jeunes termites à l'éclosion. Il est intéressant de savoir quel rapport existe entre la série des nymphes et les diverses formes neutres et d'où vient la plus petite et plus jeune forme sexuée reconnaissable. Sort-elle directement de l'œuf ? Les choses ne se passent pas ainsi. Cette forme provient, par une mue, de larves d'aspect neutre de la plus petite catégorie décrite, c'est-à-dire de jeunes à l'éclosion, à antennes de 12 articles, absolument inséparables des autres sous le binoculaire. Le schéma du développement de *Macrotermes gilvus* peut donc se tracer ainsi, en utilisant les données immédiates de nos sens :

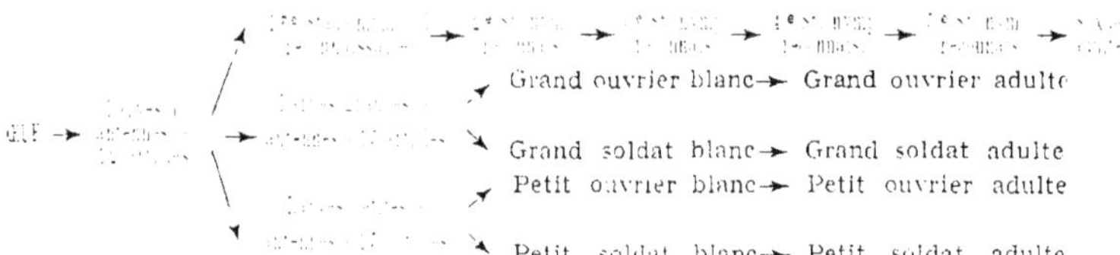


C'est par l'emploi de la méthode statistique que j'ai pu établir les relations existant entre les catégories larvaires. Si la durée des stades correspondants dans les diverses castes, est à peu près la même, ce qu'il est logique de supposer, on voit que, pour une même caste, le nombre des insectes rencontrés aux divers stades sera en raison directe de la durée absolue de chaque stade. De la même façon, si nous considérons des stades correspondants de lignées différentes, le rapport des nombres des insectes à ces divers stades sera constant au cours de l'évolution des lignées et ne dépendra que de l'abondance relative des diverses castes, dans la population totale. On voit tout le parti qu'on pourra tirer de la numération des catégories différentes, pourvu, toutefois, qu'on opère sur une quantité d'individus assez grande et choisie de façon à représenter correctement l'ensemble de la termitière. On peut arriver à ce résultat en prélevant et fixant immédiatement un certain nombre de meules à champignons avec les larves qui les recouvrent. On recueille, en même temps, beaucoup de neutres adultes soignant les larves, ou attirés par la démolition des cloisons. Ces derniers essaient de s'opposer à l'envahisseur et de protéger les larves menacées.

Une prise de *Macrotermes gilvus* faite dans les conditions que je viens de préciser, le 7 mai 1924, soit donc à une époque de l'année où les sexués sont presque tous adultes et où les petites larves sont toutes neutres, m'a donné les chiffres suivants :

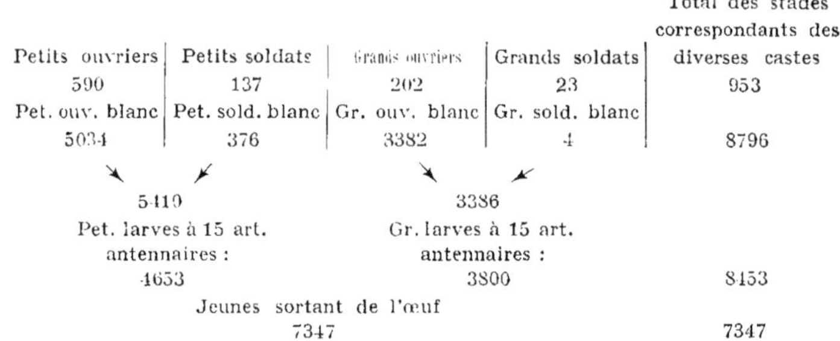

| Petits ouvriers | Petits soldats | Grands ouvriers | Grands soldats | Total des stades correspondants des diverses castes |
|---|---|---|---|---|
| 590 | 137 | 202 | 23 | 953 |
| Pet. ouv. blanc | Pet. sold. blanc | Gr. ouv. blanc | Gr. sold. blanc | |
| 5034 | 376 | 3382 | 4 | 8796 |
| 5410 | | 3386 | | |
| Pet. larves à 15 art. antennaires : | | Gr. larves à 15 art. antennaires : | | |
| 4653 | | 3800 | | 8453 |
| Jeunes sortant de l'œuf | | | | |
| 7347 | | | | 7347 |

Cette analyse montre, d'abord, une énorme prédominance de la population larvaire sur les adultes, s'expliquant par le fait que les meules sont surtout le séjour des jeunes ; les insectes terminés se trouvant répartis plus à l'extérieur de la termitière et dans les chantiers du dehors. La proportion des diverses formes blanches différenciées est bien représentative de la composition de la population, parce qu'il s'agit, ici, d'animaux que l'attaque et la démolition de la termitière n'ont pas émus et qui sont restés sur place. Si on compare ces larves avancées à l'ensemble des adultes récoltés, on trouve que les seconds comprennent, proportionnellement, beaucoup plus de soldats, petits et grands. Ceci est dû aux instincts belliqueux de ces dernières catégories ; les soldats affluent immédiatement aux points menacés de l'habitation. Si nous comparons les nombres des insectes des quatre formes différenciées, encore blanches, à ceux des formes à quinze articles antennaires, nous trouvons qu'il faut considérer comme probable que les 5034 petits ouvriers blancs plus les 376 petits soldats blancs, soit 5410 bêtes, proviennent des petites larves à 15 articles antennaires, desquelles nous rencontrons 4653, tandis que les 3382 grands ouvriers blancs, plus les 4 grands soldats blancs, proviennent des grandes larves à 15 articles antennaires, semblables à celles dont nous trouvons 3800. Il serait, inversement, tout-à-fait déraisonnable de supposer que, des deux catégories de larves à 15 articles aux antennes, qui se rencontrent en nombre presque égal, l'une donne naissance aux deux formes ouvrières dont le total atteint 7146 individus, tandis que l'autre donnerait naissance aux deux sortes de soldats, dont l'ensemble, 380, est inférieur au vingtième de la somme des ouvriers blancs.

Remarquons encore que le total des formes différenciées blanches monte à 8796, celui des stades immédiatement antérieurs à 8453. Ceci donne à penser que la durée de ces deux sortes de stades correspondants est approximativement égale. On pourrait légitimement appliquer le même raisonnement au stade « jeunes sortant de l'œuf » dont il y a, dans notre prise, 7347 exemplaires, si, dans les termitières, ces animaux se trouvaient répartis au hasard parmi les plus âgés. Mais il n'en est pas exactement ainsi ; les jeunes venant d'éclore se trouvent rassemblés pendant un certain temps sur des meules particulières, d'où les ouvriers les transportent ensuite sur des meules recouvertes de larves plus avancées.

Une autre prise d'insectes, faite le 10 juin 1924, parle aussi nettement que la précédente. Elle comprenait :

| Petits ouvriers | Petits soldats | [illegible] | Grands soldats | [illegible] |
|---|---|---|---|---|
| 142 | 193 | 75 | 7 | 417 |
| Pet. ouv. blanc | Pet. sold. blanc | Gr. ouv. blanc | Gr. sold. blanc | |
| 210 | 28 | 192 | 3 | 433 |
| Pet. larves à 15 art. aux antennes. | | Gr. larves à 15 art. aux antennes. | | |
| 208 | | 187 | | 395 |

J'ai fait d'autres prélèvements de neutres de la même espèce, adultes et larves : toutes les numérations suggèrent fortement les mêmes remarques.

L'étude des périodes d'hypnose fournit un bon moyen de contrôle des rapports de descendance des diverses formes larvaires. Tout schéma général de l'évolution des castes d'une espèce, suppose l'existence d'un certain nombre de mues que l'on observera, en effet, si le schéma est exact. On peut prévoir, non seulement leur nombre, mais aussi la taille des insectes qui les subissent et ses variations selon le progrès du phénomène ; elles sont donc déterminées quantitativement et qualitativement.

J'ai rencontré toutes les mues que me faisait prévoir, pour *Macrotermes gilvus*, le schéma de développement que j'ai adopté, à l'exception d'une seule, sur laquelle je reviendrai. Une des plus intéressantes est celle qui fait apparaître la plus petite forme sexuée reconnaissable, à partir d'un jeune stade d'éclosion ne montrant, extérieurement, rien de particulier. On voit se dégager, d'une enveloppe chitineuse à thorax sans expansions, une jeune nymphe dont le méso et le métanotum présentent déjà les accentuations latérales caractéristiques. La mue qui développe le petit soldat blanc à partir d'une forme plus petite, à allure générale d'ouvrier, est aussi bien curieuse. Les mandibules du soldat sont, au début, pliées en zigzag à l'intérieur des mandibules de la forme ouvrière. Puis, la tête de l'insecte sort par l'arrière de l'ancienne chitine et les nouvelles mandibules se déploient peu à peu (fig. 1, 2, 3, 4. de la pl. VIII.)

Je n'ai pas récolté de phase d'hypnose montrant le passage de la grande larve à 15 articles antennaires au grand soldat. Un calcul simple établit que ce n'est pas étonnant. Il y a un rapport assez constant entre le nombre des formes blanches différenciées et le nombre des mues dont elles sortent, que l'on peut rencontrer dans une même prise. Ce n'est, d'ailleurs, que l'expression approximative du rapport de durée existant entre le stade et la mue considérés. Pour le grand ouvrier blanc, le petit ouvrier blanc et le petit soldat blanc, il est voisin de 100. Par les chiffres que j'ai donnés précédemment, on a pu voir que les grands soldats blancs sont relativement très rares et dans l'ensemble des prises que j'ai analysées complètement, je suis loin d'en avoir récolté cent. Si on admet, ce qui est naturel, que le rapport de durée entre le stade « grand soldat blanc » et la mue dont il provient, est sensiblement le même que pour les stades correspondants des autres neutres de la même espèce, on reconnaîtra que j'avais peu de chances de rencontrer la mue, qui donne naissance au grand soldat blanc.

En résumé l'étude minutieuse des formes larvaires de *Macrotermes gilvus* met en évidence les points suivants :

*a)* le développement complet des sexués de cette espèce com-

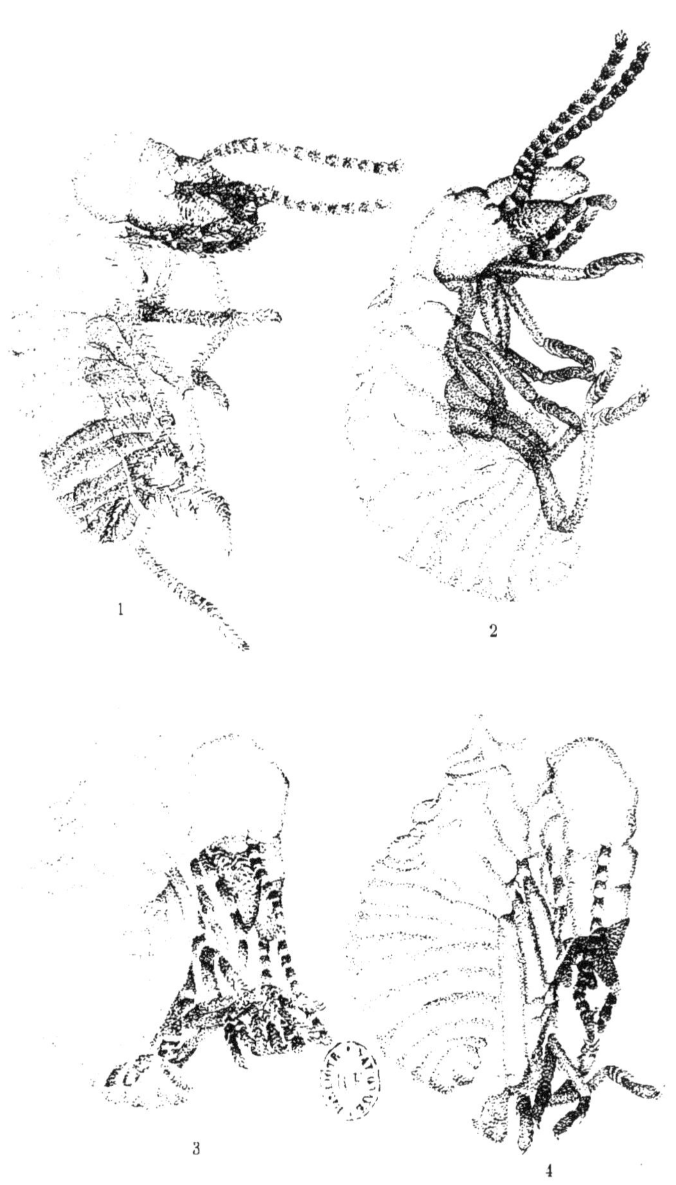


1, 2, 3, 4. Phases successives de la mue de *Macrotermes gilvus*, qui fait apparaître le petit ouvrier blanc à partir d'une petite larve d'aspect commun. Noter le déplissement graduel des longues mandibules enfermées d'abord dans l'exuvie.

IMP. CATALA FRÈRES, PARIS

porte, au total, sept stades séparés par six mues ; celui des neutres comporte quatre stades différents séparés par trois mues.

*b)* tous les jeunes issus de l'œuf sont semblables extérieurement et indiscernables par l'observation simple.

*c)* dès la première mue, les sexués deviennent reconnaissables par de minuscules ébauches alaires. Les neutres sont alors divisibles à l'œil en deux catégories. Après la seconde mue, on peut reconnaître dans les larves neutres, les mêmes catégories que dans les adultes.

## Développement d'espèces de Termites relativement voisines de Macrotermes gilvus

J'ai pu étendre mes observations à d'autres espèces, se rapprochant grossièrement de *Macrotermes gilvus* par divers caractères et, en particulier, par les mandibules de leurs soldats ; le développement des neutres et des sexués y est, de tous points, comparable.

Chez *Hamitermes annamensis*, il existe, outre les sexués adultes, cinq catégories de nymphes à antennes, yeux, ailes, graduellement développés. Les neutres adultes, soldat et ouvrier, proviennent respectivement d'un stade larvaire de même forme et plus petit. Mais tandis que ce dernier est blanc, pourvu d'une chitine molle chez le soldat, chez l'ouvrier il est plus fortement chitinisé, possède des mandibules dures et prend part aux travaux de la communauté. J'ai, pour l'une et l'autre caste, trouvé les mues intermédiaires entre les catégories dont je viens de parler.

Les deux stades consécutifs chitinisés de l'ouvrier sont faciles à séparer, surtout lorsqu'ils sortent de leurs mues d'origine respective, parce qu'à ce moment le premier est relativement très petit ; l'animal accroît ensuite notablement sa taille, se revêt de chitine brune et entre dans la mue suivante avec une tête mesurant 1 millimètre de largeur maxima et 1 millimètre de longueur, depuis le bord occipital jusqu'à la pointe du clypeus. De cette mue, sort un insecte dont la chitine est absolument blanche et souple et dont la tête est plus grande. La chitinisation s'accentue sans que l'animal augmente sensiblement ; sa tête mesure alors 1$^{mm}$ 12 sur 1$^{mm}$ 12 dans les dimensions qu'on vient d'indiquer.

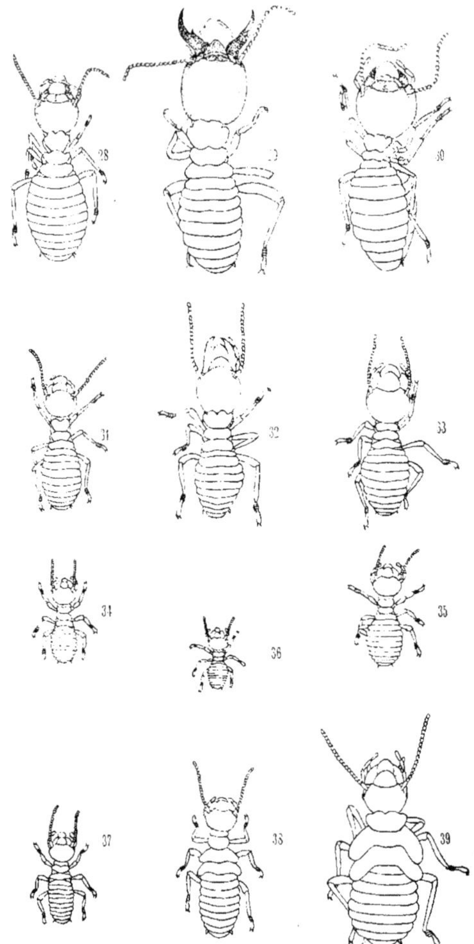


FIG. 28 à 35. — Les neutres adultes d'*Odontotermes Horni* et leurs formes larvaires.

FIG. 36. — Larve venant d'éclore, encore indifférenciée extérieurement.

FIG. 37 à 39. — Les trois premiers stades nymphaux.

Avant les stades où les formes neutres sont déjà différenciées extérieurement, on trouve des petites larves de forme commune, ayant 13 articles à leurs antennes. Si on groupe les insectes de cette catégorie selon leur état de développement dans le stade, un observateur exercé reconnait, dans chacun des groupes, l'existence de deux formes différant légèrement mais nettement par la taille. Il est fort probable que l'une appartient à la caste des soldats et l'autre à celle des ouvriers. Enfin, ces larves proviennent elles-mêmes des jeunes sortant de l'œuf, par une mue que j'ai trouvée. Ces derniers insectes sont nettement plus petits, leurs antennes ont seulement 12 articles, ils sont tous semblables extérieurement et indistinguables à l'œil. Le développement de l'*Hamitermes annamensis* reproduit donc exactement celui de *Macrotermes gilvus*.

J'ai fait dessiner les diverses phases du développement d'*Odontotermes Horni* à la même échelle que pour *Macrotermes gilvus*. Ici encore, l'identité s'avère complète. De l'œuf sortent uniquement des jeunes tous semblables, (fig. 36) pourvus d'antennes à douze articles qui, par le moyen de mues que je possède, donnent soit de petites nymphes (fig. 37) à méso et métanotum accentués, soit des larves de forme ordinaire pourvues d'antennes à 15 articles et répartissables en deux catégories. De la plus petite (fig. 34) sortent de petits ouvriers blancs, (fig. 31) qui en muant eux-mêmes, produisent les petits ouvriers adultes (fig. 28), pourvus d'antennes à 17 articles. La plus grande (fig. 35) fera apparaître, au stade ultérieur, soit des grands ouvriers blancs (fig. 33) pourvus d'antennes à 18 articles, soit des soldats blancs (fig. 32) dont les antennes ont 17 articles et ces deux catégories donnent, en muant, les grands ouvriers (fig. 30) et les soldats (fig. 29) adultes. J'ai observé la mue d'apparition du soldat blanc ; elle montre le développement des grandes mandibules de cette catégorie, enfermées, d'abord, dans les mandibules courtes et larges des grandes larves munies d'antennes à 15 articles.

Le développement de cette espèce peut donc s'écrire ainsi :

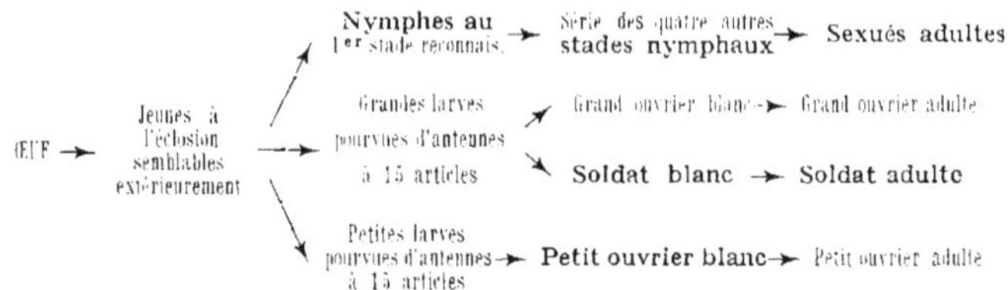


Les sexués montrent exactement les mêmes stades nymphaux que *Macrotermes gilvus* ; le développement des ailes est, en particulier, absolument superposable. Voici les dimensions des divers états :

| | Grand ouvrier | Petit ouvrier |
|---|---|---|
| Longueur totale.................. | 5mm 4 | 4mm 5 |
| Longueur de la tête.............. | 2mm 0 | 1mm 3 |
| Largeur maxima de la tête........ | 1mm 6 | 1mm 1 |
| Largeur du pronotum .......... | 0mm 74 | 0mm 64 |

| | Grand ouvrier blanc | Petit ouvrier blanc |
|---|---|---|
| Longueur totale .............. | 3mm 9 | 3mm 4 |
| Longueur de la tête ............. | 1mm 6 | 1mm 0 |
| Largeur maxima de la tête........ | 1mm 2 | 0mm 87 |
| Largeur du pronotum ........... | 0mm 63 | 0mm 5 |

| | Soldat adulte | Soldat blanc |
|---|---|---|
| Longueur totale ............... | 5mm 9 | 4mm 5 |
| Long. de la tête sans le clypeoapical | 1mm 9 | 1mm 4 |
| Longueur apparente des mandibules | 1mm 2 | 0mm 92 |
| Largeur maxima de la tête ....... | 1mm 7 | 1mm 2 |
| Largeur du pronotum .......... | 1mm 2 | 0mm 83 |

| | Petites larves à antennes de 15 articles | Grandes larves à antennes de 15 articles | Jeunes à l'éclosion |
|---|---|---|---|
| Longueur totale ... | 2mm 2 | 2mm 5 | 1mm 5 |
| Longueur de la tête. | 0mm 71 | 0mm 81 | 0mm 58 |
| Largeur de la tête .. | 0mm 63 | 0mm 76 | 0mm 53 |
| Largeur du pronotum | 0mm 38 | 0mm 41 | 0mm 39 |

| | Nymphes au 1er stade reconnaissable | Nymphes au 2e stade reconnaissable | Nymphes au 3e stade reconnaissable |
|---|---|---|---|
| Longueur totale ..... | 2mm 3 | 3mm 5 | 4mm 8 |
| Longueur de la tête ... | 0mm 74 | 0mm 82 | 1mm 5 |
| Larg. maxima de la tête | 0mm 68 | 0mm 82 | 1mm 2 (yeux saillants) |
| Largeur du pronotum.. | 0mm 43 | 0mm 6 | 1mm 1 |

Le développement de *Microcerotermes Bugnioni* est identique à celui des espèces que nous venons d'étudier. L'ouvrier adulte y est précédé d'un stade correspondant à l' « ouvrier blanc » de *Macrotermes gilvus*, mais qui, comme chez *Hamitermes annamensis*, est assez fortement chitinisé pour prendre part aux travaux de la colonie.

Le stade antérieur au soldat adulte que j'ai appelé « soldat blanc », montre, en général, des mandibules épaisses qui ne présentent pas du tout les caractères spécifiques. Il est très frappant de voir, chez *Microcerotermes Bugnioni*, ces mandibules relativement fortes, porter de petites dents qu'on ne trouve plus sur les mandibules minces du soldat achevé. Il est logique d'admettre que le type original des mandibules de toutes les castes de toutes les espèces de termites est une forme broyeuse, semblable à celle qui se trouve réalisée dans l'ensemble des ouvriers. L'allongement des pièces buccales en tenailles, est alors un fait relativement récent et la disparition des dents accompagnée d'un amincissement des tenailles, chez les soldats de certaines espèces, serait une acquisition encore plus récente. Si l'on applique ces considérations aux deux formes de soldats de *Macrotermes gilvus*, on trouvera raisonnable de considérer la petite forme comme plus évoluée que la grande.

Le développement des diverses espèces de termites que nous venons d'examiner se ramène à un schéma unique qui est le suivant :

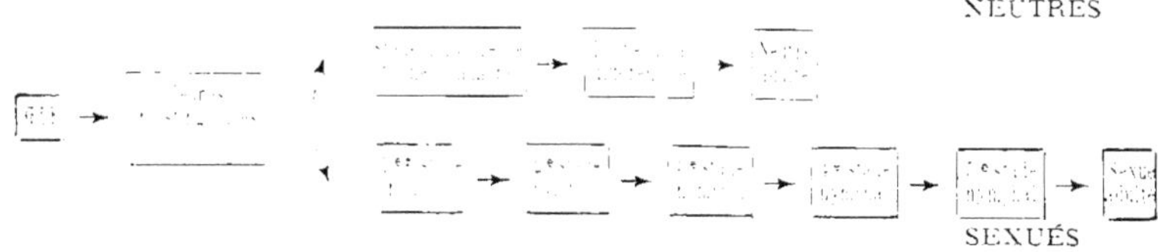

## Détermination de la caste chez Macrotermes gilvus

La séparation des sexués d'avec les neutres se manifeste donc dès la première mue. Une question se pose aussitôt. Les sexués sont-ils différenciés au cours du premier stade, entre l'éclosion et la première mue, ou bien dès l'éclosion même ?

Après la première mue, on peut reconnaître, à l'œil, chez *Macrotermes gilvus*, deux catégories de larves neutres. Chacune de celles-ci donne, au cours de la seconde mue, naissance à une sorte d'ouvrier et à une sorte de soldat. La différenciation entre ouvrier et soldat s'établit-elle au cours du stade qui précède la deuxième mue, ou bien est-elle plus ancienne ? De la même façon la différenciation entre les deux catégories de larves neutres, visibles alors, s'établit-elle juste avant la première mue qui les fait apparaître, ou bien est-elle plus précoce et remonte-t-elle à l'œuf ? Quand se fait la différenciation des diverses castes neutres et sexuées que l'on obseve chez les termites ?

J'ai fait quelques recherches sur *Macrotermes gilvus*, dans le but de résoudre ce problème. Elles nous apporterons d'utiles renseignements et confirmeront le schéma de développement auquel je me suis arrêté.

Si l'on colore par le carmin chlorhydrique et de la façon que j'ai dite, des larves différenciées de *Macrotermes gilvus*, on peut observer chez le petit ouvrier blanc et le petit soldat blanc, des traces évidentes de glande génitale. J'ai pu reconnaître cet organe avec certitude parce qu'on l'observe à la même place et avec un aspect semblable chez les jeunes nymphes de la même espèce. Je l'ai retrouvé absolument identique chez les sexués et les neutres d'*Eutermes matangensis ;* des coupes pratiquées sur toutes les larves neutres et les plus jeunes nymphes de cette dernière forme ne laissent place à aucun doute, comme on le verra par la suite.

Chez le petit ouvrier blanc, (fig. 40) les gonades se présentent, de chaque côté, comme un cordon irrégulier, renflé à la base, s'étendant du 7$^{e}$ au 3$^{e}$ segment abdominal ; il suffit de monter un de ces insectes convenablement coloré, entre lame et lamelle pour les apercevoir. Il est facile de détacher au moyen d'une aiguille plate, la paroi dorsale du corps : on emporte ainsi le tissu génital qui peut être étudié à part. Les petits soldats blancs montrent (fig. 41) des cordons semblables, mais plus grêles. Il est quelquefois difficile de les voir par examen « in toto », mais la dissection de la larve colorée les montre toujours. Ils ont une évolution sensible : plus mince chez la larve jeune, ils sont plus épais et plus renflés chez la larve âgée. Comme chez le petit ouvrier blanc, ils ont une structure pleine, irrégulière : ils sont formés de cellules rondes, ovoïdes, parfois allongées, d'environ 5 μ, pourvues d'un noyau volumineux, renfermant des éléments chromatiques très nets.

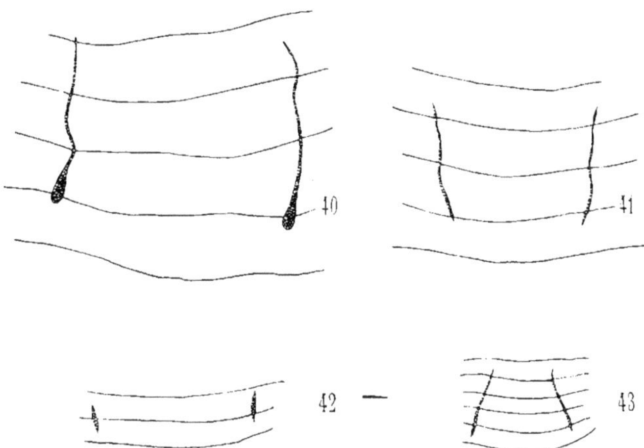


Fig. 40 à 43. — Ebauches génitales des larves de *Macrotermes gilvus*.
40. Petit ouvrier blanc.
41. Petit soldat blanc.
42. Grand ouvrier blanc.
43. Petite larve neutre au 1er stade.

Les choses sont bien différentes pour le grand soldat blanc et le grand ouvrier blanc. Sur ce dernier on ne peut rien voir par transparence, mais la dissection montre, chez les sujets correctement colorés, contre la paroi dorsale, à la limite commune des 6e et 7e segments abdominaux, deux petites masses de tissu adipeux assez mobiles. Elles renferment chacune une agglomération de cellules à gros noyau (fig. 42) tout à fait semblables aux cellules reproductrices jeunes du petit ouvrier. Chez le grand soldat, je n'ai rien pu trouver, même à la dissection, qui rappelle une gonade.

En résumé, les petites formes différenciées blanches de *Macrotermes gilvus* ont des ébauches génitales grêles mais bien nettes, les grandes formes au même stade n'en ont pas.

Si nous colorons et disséquons une certaine quantité de termites neutres au stade antérieur, c'est-à-dire ayant seulement 15 articles aux antennes (mes recherches ont porté sur 80 larves de ce groupe), on trouve que toutes les petites larves montrent (fig. 43) deux cordons génitaux placés sous l'hypoderme du dos. Ceux-ci sont déjà irréguliers, formés de cellules arrondies, à gros noyau renfermant une grande quantité de granulations chromatiques. Rien de semblable ne se rencontre chez les grosses larves à 15 articles antennaires; je n'y ai vu aucune trace de glande sexuelle.

Ceci confirme le schéma de développement que j'ai donné précédemment ; il est logique de faire sortir le petit ouvrier blanc et le petit soldat blanc, pourvus d'ébauches génitales reconnaissables, des petites larves du stade précédent qui ont, elles aussi, des gonades nettes ; inversement, les grands ouvriers blancs et les grands soldats blancs, dépourvus de glandes sexuelles, doivent sortir, par mue, des grandes larves du stade précédent qui n'en ont pas non plus.

Dans chacune des catégories à antennes de 15 articles, serait-il possible d'établir, par l'étude des glandes génitales ou autrement, deux groupes, indiscernables à l'examen simple et desquels l'un correspondrait au futur ouvrier et l'autre au futur soldat ? Jusqu'ici je n'ai pas obtenu de résultat de ce genre. J'ai observé des variations dans l'épaisseur de la glande sexuelle de la petite larve à 15 articles, mais je n'ai pas pu les classer systématiquement, ni les rapporter à une forme donnée. Serait-il possible, du moins, de retrouver dans les larves indistinctes sortant de l'œuf, une séparation en deux catégories, l'une devant donner les petits neutres à glande génitale apparente, l'autre produisant les gros neutres privés de gonades ? Je crois pouvoir apporter une réponse affirmative à cette question.

Je prélevai environ deux cents larves de *Macrotermes gilvus* au stade suivant immédiatement l'éclosion. Je pris soin d'opérer à un moment de l'année où cette espèce ne produit par de sexués ; cette dernière caste se trouvait donc éliminée de l'étude par le fait même. Ces insectes furent colorés au carmin chlorhydrique alcoolique et bien différenciés. Observés ensuite au binoculaire, avec un grossissement d'environ cent diamètres, ils étaient classés selon leur état de développement reconnu par comparaison côte à côte, dans des groupes comptant, chacun, une dizaine d'individus. Cette précaution était absolument indispensable, pour que les comparaisons ultérieures ne portassent que sur des exemplaires rigoureusement comparables et éliminer l'influence obscurcissante des variations possibles de taille de la glande sexuelle, au cours du premier stade.

Chaque groupe fut ensuite examiné sous un éclairage latéral intense, dans un mélange, à parties égales, de chloroforme et d'acide phénique. Cette inspection permettait, régulièrement, d'y reconnaître des insectes un peu plus gros et des insectes un peu plus petits — bien qu'au même état de développement — qui étaient séparés. L'observation au microscope, de ces larves montées individuellement entre lame et lamelle, fit apparaître que, systématiquement, les spécimens classés comme petits présentaient des glandes génitales bien nettes, tandis que les spécimens classés comme gros avaient des glandes génitales très faibles, souvent invisibles.

Voici quelques extraits de mon cahier d'expérience.

TUBE 9. Individus plus gros venant d'éclore.

*a*) Insecte bien transparent, glandes peu visibles.

*b*) Insecte bien transparent, nouveau-né, glandes peu visibles.

*c*) Insecte bien transparent, glandes invisibles.

*d*) Insecte bien transparent, glandes visibles.

*e*) Insecte bien transparent, glandes peu visibles.

TUBE 8. Individus plus gros, déjà éclos depuis quelques temps.

*a*) Insecte transparent, glandes peu visibles.

TUBE 9 *bis*. Individu plus petit, venant d'éclore.

*a*) Insecte transparent, glandes bien visibles.

TUBE 8 *bis*. Individus plus petits, déjà éclos depuis quelques temps.

*a*) Insecte peu transparent, glandes très visibles.

*b*) Insecte transparent, glandes peu visibles.
*c*) Insecte transparent, glandes presque invisibles.
*d*) Insecte très transparent, glandes peu visibles.
*e*) Insecte bien transparent, glandes presque invisibles.

TUBE 4 Individus plus gros, d'âge moyen.
*a*) Insecte transparent, glandes très peu visibles.
*b*) Insecte transparent, glandes peu visibles.
*c*) Insecte assez transparent, glandes peu visibles.
*d*) Insecte transparent, glandes très peu visibles.
*e*) Insecte assez transparent, glandes peu visibles.
*f*) Insecte très transparent, glandes peu visibles.

*b*) Insecte bien transparent, glandes très visibles.
*c*) Insecte assez transparent, glandes visibles.

TUBE 4 *bis*. Individus plus petits d'âge moyen.
*a*) Insecte assez transparent, glandes bien visibles.
*b*) Insecte assez transparent, glandes visibles.

J'ai dit précédemment que l'opacité des larves de termites était une fonction régulière de l'âge des exemplaires dans leur stade et croissait régulièrement avec celui-ci. On pourrait donc s'étonner, à première vue, des variations de transparence que signalent mes notes parmi des insectes qui sont rigoureusement de même âge : elles sont dues aux irrégularités de coloration et de différenciation.

L'ensemble des observations dont je viens de donner une partie est très net ; il faut considérer comme très probable que dès l'éclosion, les jeunes neutres de *Macrotermes gilvus* comprennent deux catégories distinguables par le moyen d'artifices de coloration : des insectes un peu plus gros, ayant des glandes génitales rudimentaires et devant donner par la suite, l'ensemble des grands neutres, ouvriers et soldats et des insectes un peu plus petits, à glandes génitales plus développées qui deviennent des petits neutres, ouvriers et soldats. Après la première mue cette différence dans le développement des gonades s'accentue, et, après la seconde mue, chaque catégorie fait apparaître, à la fois, des ouvriers et des soldats. Il est donc très probable que chacune des castes neutres était différenciée dès l'œuf ; probable, également, que les sexués sont aussi déterminés à ce stade embryonnaire, eux qui deviennent reconnaissables à l'œil, en même temps que les deux grandes catégories de neutres et qui possèdent, à ce moment, des glandes génitales bien plus développées que celles de ces neutres.

**Étude du développement d'Eutermes matangensis.**

Cette hypothèse se trouvera pleinement confirmée par les faits que nous révélera l'étude du développement d'*Eutermes matangensis*.

Si nous prélevons, à un moment quelconque, un assez grand nombre de neutres de cette espèce, nous pouvons distinguer, à première vue, des insectes à chitine jaunâtre ou brune, dont l'intestin contient apparemment de la pâte de bois, et des larves dont la chitine transparente recouvre un corps complètement blanc.

Laissant de côté les jeunes et la série des formes sexuées, nous considérerons seulement, pour le moment, les insectes les plus avancés. Nous y reconnaissons deux catégories principales.

1° Les soldats nasuti. (pl. VII et fig. 49). Ceux-ci, fortement chitinisés, présentent approximativement les caractéristiques suivantes :

| | |
|---|---|
| Longueur totale, de l'extrémité du « rostre » à l'extrémité postérieure | 4mm 1 |
| Longueur de la tête | 1mm 8 |
| Long de l'abdomen et des anneaux thoraciques (1). | 2mm 4 |
| Largeur de la tête | 1mm 1 |
| Largeur du pronotum | 0mm 53 |

Les antennes ont 13 articles, le troisième étant très notablement plus long que le quatrième. Ces soldats nasuti sont armés d'une glande résinifère bien développée. On en trouve fréquemment de presque blancs, dont la chitine présente seulement une légère coloration jaunâtre.

(1) La longueur totale peut ne pas être égale à la somme de la longueur de la tête et de la longueur du corps, si ces deux parties font toujours un certain angle entre elles. Elle peut aussi être plus grande, par exemple, si la chitine joignant la tête au premier anneau thoracique est, normalement, étendue.

Il y a aussi des nasuti tout à fait blancs, (fig. 48) dont le corps est de même taille que celui des précédents, mais dont la tête est moins large, possède une glande résinifère plus petite ; le rostre est moins aigu et semble tronqué à l'extrémité.

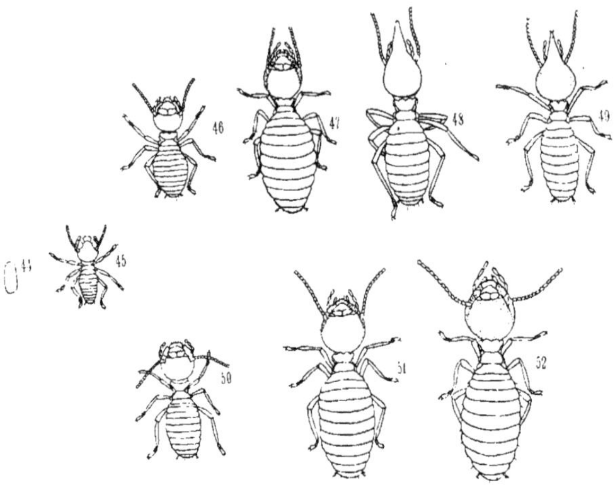


Fig. 44. — Œuf d'*Eutermes matangensis*

Fig. 45. — Jeune larve venant d'éclore, encore indifférenciée extérieurement.

Fig. 46 à 52. — Ouvrier et soldat-nasutus adulte avec leurs diverses formes larvaires.

J'ai cru longtemps que tous ces termites appartenaient à un même stade et que les plus petits donnaient les plus grands simplement par accroissement de taille, changement graduel de forme accompagné d'un épaississement de la chitine. Mais, dans les derniers temps de mes recherches, j'ai découvert tout un lot de nasuti tronqués prêts à muer et même quelques individus en cours de mue. Je suis donc obligé de considérer ces deux formes, bien que très semblables, comme deux stades différents séparés par une mue, au cours de laquelle apparaissent les fortes soies qui décorent l'extrémité du rostre du nasutus adulte.

Voici les mesures du stade larvaire « soldat blanc » d'où sort le soldat terminé.

| | |
|---|---|
| Longueur totale | 4mm 3 |
| Longueur de la tête | 1mm 8 |
| Longueur de l'abdomen et du thorax | 2mm 4 |
| Largeur de la tête | 1mm 0 |
| Largeur du pronotum | 0mm 58 |

2° A côté des soldats, il y a la nombreuse population des ouvriers qui diffèrent par la taille et l'aspect. Ils semblent d'abord former une série continue, mais lorsqu'on les a souvent examinés vivants sous le binoculaire, on arrive à les classer d'un seul coup d'œil, dans l'une des trois catégories suivantes :

*a)* On reconnaît, à première vue, une classe d'insectes plus gros, (fig. de la pl. VII et fig. 52). La chitine de leur abdomen, épaisse, cache le dessin de l'intestin : comme chez les soldats adultes, le vaisseau dorsal apparaît encadré, de chaque côté, d'une ligne noire. La chitine de la tête est brun-marron, la suture en Y où ce revêtement est toujours plus faible, est marquée par une bande jaune quelquefois si étroite qu'on l'aperçoit à peine. Les antennes montrent 14 articles. Voici les caractéristiques moyennes :

| | |
|---|---|
| Longueur totale (de l'extrémité du labre à l'extrémité postérieure) | 5mm 0 |
| Longueur de la tête | 1mm 5 |
| Longueur de l'abdomen et du thorax | 3mm 5 |
| Largeur de la tête | 1mm 3 |
| Largeur du pronotum | 0mm 67 |

*b)* Une seconde catégorie (fig. 51) réunit des animaux à abdomen plus court et plus trapu que celui des précédents. Leur chitine est bien transparente et laisse voir les détails de l'intestin. De même, la tête, plus petite, est aussi plus claire et n'est bien colorée qu'aux centres de chitinisation, au milieu de chacune des moitiés de l'épicrane, en arrière des deux branches de la suture en Y. Celle-ci reste toujours marquée par une large bande blanche. Les pattes et les antennes sont peu chitinisées : les dernières ont 14 articles, le troisième et le quatrième n'étant par toujours très bien séparés. Ces termites mesurent :

| | |
|---|---|
| Longueur totale ............................ | 4mm 3 |
| Longueur de la tête.......................... | 1mm 3 |
| Longueur de l'abdomen et du thorax............ | 3mm 0 |
| Largeur de la tête .......................... | 1mm 1 |
| Largeur du pronotum ........................ | 0mm 58 |

*c)* Enfin, il y a un troisième groupe de formes ouvrières (fig. 47) qui ressemblent aux secondes. Elles en diffèrent par une taille plus réduite, une chitinisation encore moins avancée. On trouve aussi 14 articles aux antennes, le troisième et le quatrième ne sont pas mieux séparés. Les dimensions sont :

| | |
|---|---|
| Longueur totale ............................ | 3mm 9 |
| Longueur de la tête.......................... | 1mm 1 |
| Longueur de l'abdomen et du thorax............ | 2mm 8 |
| Largeur de la tête .......................... | 1mm 0 |
| Largeur du pronotum ........................ | 0mm 51 |

La deuxième catégorie présente une bien plus large variation de taille que les deux autres.

La division que je viens d'indiquer parmi les formes ouvrières chitinisées n'est pas arbitraire, j'ai pu lui donner une expression matérielle par l'emploi d'une méthode biométrique.

Je prélevai, dans un large ensemble de ces insectes, 58 individus représentant toutes les conditions possibles de taille et de chitinisation. Ils furent ensuite décapités et je dessinai, à la chambre claire, avec un grossissement linéaire de 58, les têtes posées bien à plat, dans un verre de montre contenant de l'alcool à 30°. J'obtins ainsi 58 calques. Ils étaient affectés du signe ⨀ lorsqu'il s'agissait d'un individu très chitinisé (chitine brune, suture en Y étroite) et du signe — dans le cas d'une chitinisation remarquablement faible. Le signe ◯ correspondait à une condition moyenne. Sur chacun de ces dessins, j'ai mesuré la largeur maxima de la tête et la longueur comprise entre l'incisure qui sépare les deux tubercules du clypeo-basal et le bord postérieur de la tête.

Voici le relevé de mes mesures :

| Numéros des Insectes | Longueur (1) | Largeur | Indice de chitinisation | Numéros des Insectes | Longueur | Largeur | Indice de chitinisation |
|---|---|---|---|---|---|---|---|
| 1 | 39 mm. | 56 mm. | — | 30 | 57 mm. | 78 mm. | — |
| 2 | 45 | 59,5 | ○ | 31 | 44,5 | 65,5 | — |
| 3 | 43,5 | 58 | × | 32 | 49,5 | 67 | — |
| 4 | 42 | 60 | ○ | 33 | 43,5 | 66 | — |
| 5 | 45,5 | 60 | ⊙ | 34 | 50,5 | 66 | — |
| 6 | 43,5 | 59 | × | 35 | 42,5 | 59,5 | ⊙ |
| 7 | 44 | 62,5 | ⊙ | 36 | 55 | 75,5 | ⊙ |
| 8 | 43 | 60,5 | ○ | 37 | 40 | 58,5 | ○ |
| 9 | 39 | 58,5 | — | 38 | 54 | 69,5 | × |
| 10 | 44 | 59 | — | 39 | 55,5 | 72 | ○ |
| 11 | 40,5 | 60,5 | ⊙ | 40 | 49 | 66 | — |
| 12 | 45 | 62 | × | 41 | 47 | 65 | ○ |
| 13 | 62,5 | 80 | ⊙ | 42 | 54 | 72 | ⊙ |
| 14 | 52,5 | 73 | ○ | 43 | 54 | 73 | × |
| 15 | 57 | 75,5 | — | 44 | 51 | 70 | [illegible] |
| 16 | 60 | 79 | ⊙ | 45 | 50 | 65 | ○ |
| 17 | 41,5 | 63,5 | × | 46 | 45 | 64 | — |
| 18 | 40 | 59 | × | 47 | 50,5 | 69,5 | ○ |
| 19 | 38 | 58 | [illegible] | 48 | 52 | 69 | — |
| 20 | 50 | 67 | [illegible] | 49 | 55,5 | 72 | ○ |
| 21 | 37,5 | 57,5 | ○ | 50 | 51 | 67 | — |
| 22 | 42,5 | 57 | — | 51 | 52,5 | 66 | — |
| 23 | 40 | 60 | [illegible] | 52 | 59 | 77 | ○ |
| 24 | 42 | 58 | × | 53 | 48 | 64 | — |
| 25 | 58 | 72 | ⊙ | 54 | 56 | 75 | ⊙ |
| 26 | 61.5 | 78 | × | 55 | 49 | 70,5 | × |
| 27 | 60 | 78,5 | ⊙ | 56 | 57 | 73 | ⊙ |
| 28 | 41,5 | 61,5 | × | 57 | 46 | 64 | — |
| 29 | 54,5 | 71 | [illegible] | 58 | 38 | 53,5 | — |

La deuxième dimension étant prise en abscisse et la première en ordonnée, on obtient pour chaque calque, un point figuratif particulier : ceux-ci reportés sur un diagramme mettent en évidence l'existence de trois catégories de formes ouvrières, (fig. 53). Chacune d'elles est bien délimitée, en bas, par des insectes de petite taille, peu chitinisés et, en haut, par des individus de grande taille à chitine épaisse. Il n'y a pas d'erreur de classement possible, parce que, dans chaque catégorie, les spécimens peu chitinisés le sont beaucoup moins que les formes les plus chitinisées de la catégorie inférieure, lesquelles sont cependant de taille plus petite. On trouve ici ce fait que l'inspection prolongée m'avait permis de saisir, la première et la troisième classe sont peu variables, la seconde l'est davantage :

(1) Les dimensions indiquées dans ce tableau, sont celles de chaque calque, entre les repères indiqués.

elle représente un stade pendant lequel la taille des insectes s'accroît sensiblement.

Quels rapports peuvent soutenir entre elles, ces trois sortes de termites ? Remarquons que le deuxième et le troisième groupe se

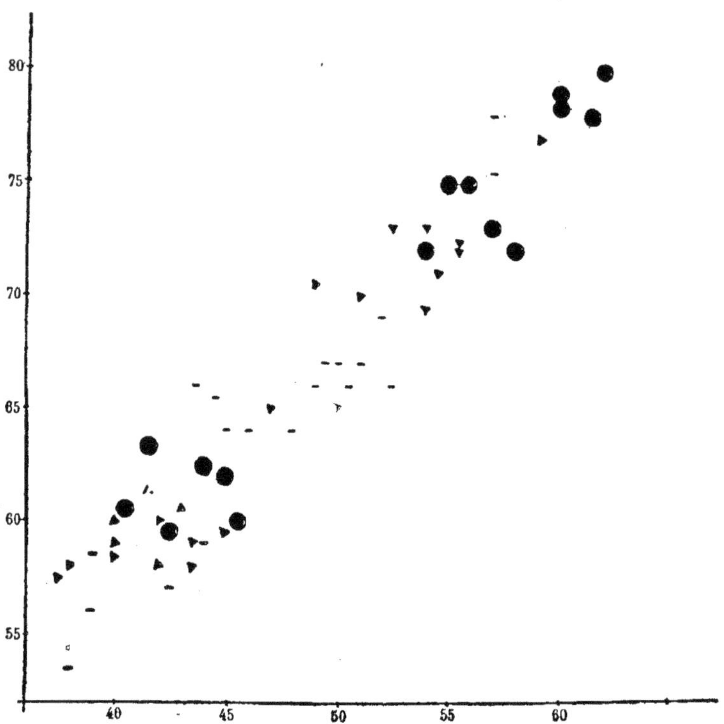


Fig. 53. — Répartition graphique des têtes des formes ouvrières d'*Eutermes matangensis*.
● désigne un insecte fortement chitinisé.
▼ — — moyennement —
– — — faiblement —

ressemblent beaucoup, à la taille près. De plus, les insectes de chacun de ces stades demeurent, après leur apparition, assez longtemps blancs, exactement comme des larves. Les jeunes de ces deux sortes sont alors difficiles à distinguer ; il y a entre eux bien moins de différence dans la taille qu'il n'y en aura plus tard, quand leur chitine

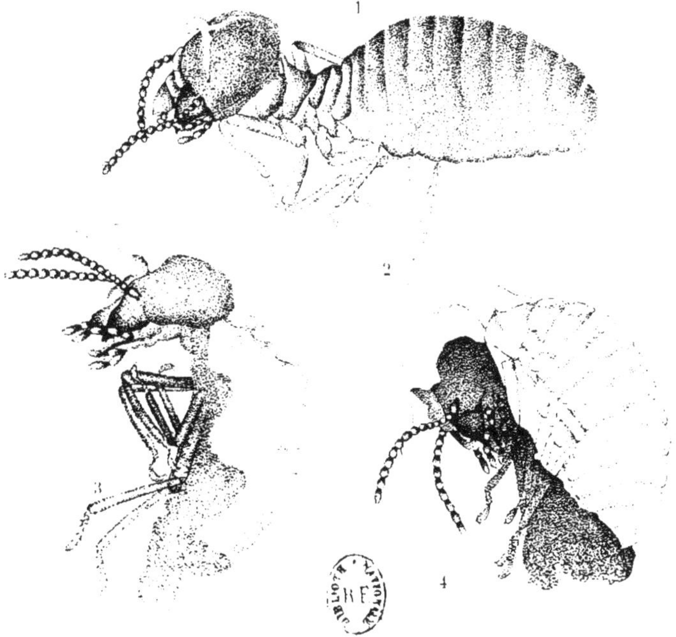


1. Termitière de *Macrotermes gilvus* (hauteur réelle 1m20). — 2, 3, 4. Phases graduelle de la mue d'*Eutermes matangensis* qui fait apparaître le " Soldat nasutus blanc " à partir d'une sorte de petit ouvrier à chitine épaisse.

Remarquer l'extension progressive du tube excréteur de la glande frontale.

IMP. CATALA FRÈRES, PARIS

sera épaissie. Il est donc peu probable que la plus grande de ces deux catégories dérive de la plus petite : ses jeunes sont trop petits pour cela. Il n'y a pas entre elles de différence de degré d'organisation. En fait, je n'ai jamais rencontré de mues qui puissent être intermédiaires entre ces deux formes. Je les considère donc comme constituant chacune un stade équivalent, mais appartenant à une série différente : un fait très important viendra confirmer cette manière de voir.

Il n'en est pas de même pour les plus grands insectes ; il existe des mues établissant le passage entre ce groupe et celui que j'appelle le deuxième. Il y a, de l'un à l'autre, progrès dans la taille et la chitinisation. On observe facilement des insectes de la deuxième forme qui se préparent à l'hypnose, puis la mue elle-même et enfin les insectes de la grande catégorie qui en sortent. Ceux-ci, dès leur éclosion, montrent la chitine épaisse des adultes, ils sont aussitôt jaunâtres et non pas blancs, leur tête se colore très rapidement. Nous pouvons donc relier ces formes par le schéma suivant :

| Formes ouvrières de la 2e catégorie | → MUE → | Ouvriers adultes (Formes de la 1re catég.) |
|---|---|---|

Les « ouvriers » de la deuxième sorte représentent l'avant-dernier stade de la forme « ouvrier » au sens strict. Les formes de la troisième catégorie restent donc, jusqu'ici, isolées.

C'est aussi le cas des soldats nasuti. Je ne les ai jamais rencontrés que presque parfaits quant à la taille et l'organisation. Je n'en ai jamais vu de petits : je n'ai jamais trouvé d'intermédiaire entre eux et les formes ouvrières.

Le 22 mai 1923, examinant des insectes récoltés le 25 octobre 1922, fixés et conservés dans l'alcool à 80°, j'y découvris ce que j'appelai d'abord « un soldat-ouvrier ». C'était un insecte en état d'hypnose. Il présentait tous les caractères de la troisième catégorie établie précédemment. Il avait des antennes à 14 articles et les mandibules ordinaires chez les ouvriers. La chitine de sa tête était fendue et par la suture en Y ouverte, passait une « corne » blanche, tout à fait semblable à celle des soldats les plus jeunes. Dès lors, rappro-

(1) KNOWER, *loc. cit.*

chant ma trouvaille de celle de Knower (1), je pensai qu'il était bien probable que les soldats nasuti apparaissent tardivement, à partir de formes à aspect d'ouvrier.

Le 7 septembre 1923, je récoltai près de l'Institut Scientifique de Saigon, une termitière complète d'*Eutermes matangensis*. J'eus la chance de découvrir parmi les larves, douze mues de la même forme, montrant le passage du petit ouvrier au soldat nasutus. Ici, le doute n'était plus permis ; il y avait tout les degrés depuis le moment où le rostre commence à apparaître par la fente de la capsule céphalique, jusqu'au moment où la chitine de la tête étant ouverte en deux moitiés, la tête du jeune soldat devient complétement visible, (fig. 2, 3, 4, de la pl. IX). Je retrouvai celle-ci telle que je l'avais observée chez les plus jeunes nasuti, c'est-à-dire conservant la forme d'une tête d'ouvrier avec simplement une « corne » plantée sur le vertex. Plus tard, le profil de cette protubérance se raccorde à celui du clypeus par une courbe adoucie ; au début il y a encore un angle (fig. de la pl. VII). Sur l'exuvie, je reconnus les mandibules caractéristiques des ouvriers, les antennes à 14 articles. Le très jeune soldat avait déjà les mandibules réduites de sa catégorie, bien qu'elles fussent proportionnellement plus grandes que chez l'adulte. La fusion des articles 2 et 3 de ses antennes ramenait le nombre total des éléments à 13. Il est, d'ailleurs, facile de trouver des soldats blancs chez lesquels cette coalescence ne s'est pas faite ou bien s'est imparfaitement accomplie ; j'en conserve une quinzaine qui possèdent ainsi 14 articles antennaires comme les ouvriers.

Nous devons donc considérer les soldats nasuti d'*Eutermes matangensis*, comme provenant de la troisième catégorie d' « ouvriers » que j'ai définie plus haut (1). Ceci nous permet de dresser un second schéma de développement parallèle au précédent, mais comportant une mue supplémentaire.

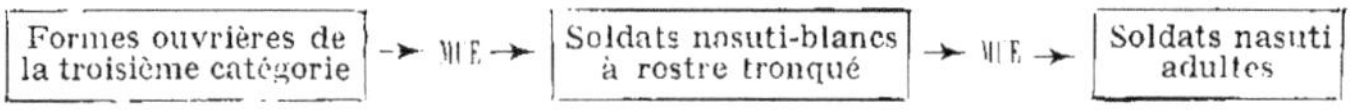

| Formes ouvrières de la troisième catégorie | → MUE → | Soldats nasuti-blancs à rostre tronqué | → MUE → | Soldats nasuti adultes |
|---|---|---|---|---|

(1) J'ai signalé ce fait dans les C. R. A. S. t. 179, 1924. pp. 483-485. Un américain, Emerson, a observé la même chose sur *Eutermes cavifrons* et l'a communiqué en 1926.

Une question accessoire se pose maintenant. On sait la place qu'occupe dans la tête du soldat adulte, la glande résinifère dont il est armé. Comment se forme celle-ci ? Est-elle déjà marquée dans les stades larvaires ? J'ai examiné attentivement, à cet égard des « ouvriers » de la troisième catégorie. Leurs têtes colorées au carmin, étaient différenciées, puis montées au Baume de Canada. Comme chez les autres formes ouvrières de la même espèce, la pointe de la suture en Y présente une dépression occupée par la fontanelle, mais rien de plus. Des coupes pratiquées en long et en travers, dans la tête des larves plus jeunes de cette catégorie, ne font voir aucun détail particulier. Si nous examinons de jeunes soldats blancs sortant de la mue d'origine, nous trouvons (fig. 54) que leur tête n'a pas la

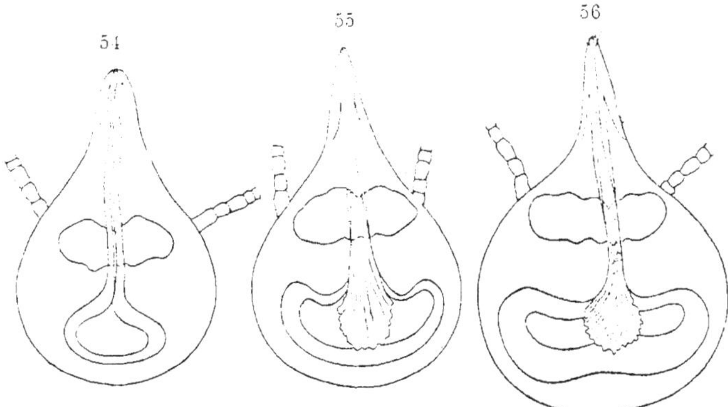


Fig. 54 à 56. — Développement de la poche glandulaire du soldat nasutus d'*Eutermes matangensis*.

On a indiqué, sur ces trois figures, le contour du cerveau.

54 représente un soldat blanc encore très jeune,

55 représente un soldat adulte encore blanchâtre,

56 représente un soldat adulte déjà bien chitinisé.

largeur qu'elle atteindra chez l'adulte. La « corne » est aussi plus courte, beaucoup plus obtuse. Son axe est occupé par un conduit qui se termine en arrière, dans la tête même, par une sorte de sac. Cette formation est en continuité avec l'hypoderme qui double intérieurement la chitine ; son épaisseur est relativement grande le long du conduit. Il n'est pas douteux que ce dernier ne soit formé par l'allongement du col de la poche, allongement conditionné lui-même par le développement de la « corne », d'abord repliée et cachée sous l'exuvie. Ce processus ne peut s'effectuer avant la rupture de la chitine du « petit ouvrier ». A mesure que le soldat blanc vieillit, la tête s'élargit, le rostre croît (fig. 55). La poche terminale s'étend aussi sur les côtés, et passe de la forme d'une poire à celle, approximative, d'une portion de tore, l'épaisseur de sa paroi augmente ; elle devient sécrétrice chez le soldat adulte : la glande céphalique du soldat s'est ainsi constituée graduellement (fig. 56). La paroi du canal excréteur subit une évolution inverse ; d'abord épaisse, elle diminue peu à peu, à mesure qu'elle élabore le revêtement chitineux interne du tube évacuateur. D'abord blanc, puis jaunâtre, puis brun, ce dernier est orné de plis longitudinaux qui mettent en évidence son raccordement avec la poche sécrétrice.

Ainsi, l'ouvrier adulte provient d'une forme active, mangeuse de bois que j'appelle « forme ouvrière de la deuxième catégorie », le soldat à l'avant-dernier stade sort d'une forme plus petite, également active et mangeuse de bois que j'appelle « forme ouvrière de la troisième catégorie ». Toutes deux ont, aux antennes, 14 articles bien individualisés. D'où proviennent, à leur tour, ces insectes ? quels stades les précèdent dans l'évolution ?

Nous trouvons ici le troupeau des larves blanches dont l'intestin ne renferme jamais de pâte ligneuse. Essayons de les classer.

On reconnaît d'abord facilement les jeunes qui sortent de l'œuf, plus petits, (fig.45) ne montrant, à la loupe, que douze articles antennaires. On sépare aussi sans difficulté des larves plus avancées, qui possèdent 13 articles aux antennes. Tous ces jeunes termites présentent l'aspect général d'un petit ouvrier ; les mandibules ont les grosses dents caractéristiques, l'abdomen est relativement réduit et la tête est proportionnellement plus forte que chez l'adulte. On voit aisément le cerveau par transparence ; les organes digestifs sont aussi très apparents dans le temps qui suit la mue. D'une catégorie à l'autre, ils ne diffèrent que par la taille et le nombre des articles antennaires.

Si nous examinons une quantité assez considérable de larves au

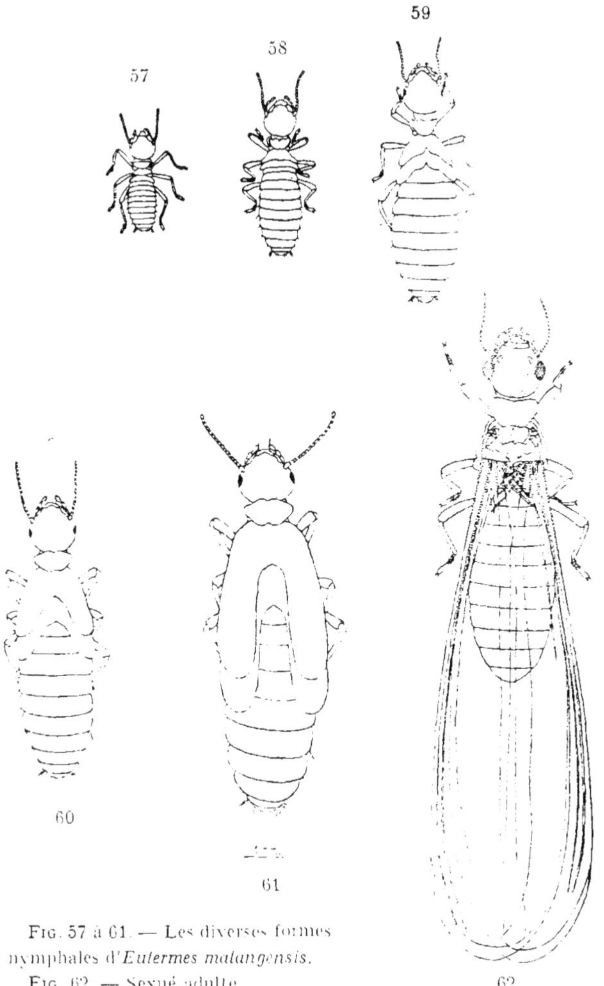


Fig. 57 à 61. — Les diverses formes nymphales d'*Eutermes matangensis*.
Fig. 62. — Sexué adulte.

deuxième stade, nous trouvons que, quel que soit leur âge dans ce stade, ces insectes sont répartissables en deux groupes (fig. 50 et 46). La différence extérieure ne réside, à la vérité, que dans la taille et est peu considérable. Mais elle est parfaitement constante. La tête conserve, dans chaque forme, des dimensions bien fixes, elle n'augmente pas au cours du stade ; il n'y a pas d'intermédiaires entre les deux sortes. Au binoculaire, sous le grossissement 100, n'importe qui les reconnaît sans hésitation ; un observateur entraîné les sépare très bien à l'œil nu. De la plus grande sortent les formes ouvrières de la 2e catégorie, de la plus petite, les formes ouvrières de la 3e catégorie.

Leurs dimensions sont les suivantes :

| | Grandes larves | Petites larves |
|---|---|---|
| Longueur totale ................ | 2mm 7 | 2mm 3 |
| Longueur de la tête................ | 0mm 89 | 0mm 83 |
| Long. du corps (abdomen et thorax). | 1mm 80 | 1mm 56 |
| Largeur de la tête................ | 0mm 83 | 0mm 72 |
| Largeur du pronotum ............ | 0mm 49 | 0mm 46 |

En dehors de ces deux catégories, il n'y a que les jeunes directement sortis de l'œuf (fig. 45) dont voici les mesures :

| | |
|---|---|
| Longueur totale ........................... | 1mm 5 |
| Longueur de la tête ........................... | 0mm 53 |
| Longueur du corps ........................... | 1mm 0 |
| Largeur de la tête ........................... | 0mm 53 |
| Largeur du pronotum ....................... | 0mm 31 |

L'œuf, lui-même, (fig. 44) mesure 0mm 71 de longueur sur 0mm 34 de largeur. Il est cylindrique, arqué en forme de petite saucisse et ses deux extrémités sont arrondies. A la ponte, l'embryon est au stade blastula ; le développement se poursuit dans les chambres d'incubation et on peut l'observer par transparence. L'œuf augmente peu à peu de volume : à l'éclosion, il atteint sa taille maximum, il est comme gonflé par le jeune embryon qui y occupe une position semblable à celle de la mue.

Les sexués adultes de cette espèce sont notablement plus petits que ceux de *Macrotermes gilvus*, (fig. 3, 4, de la pl. VI, et fig. 62). Ils mesurent :

| | |
|---|---|
| Longueur totale (avec les ailes) .................. | $15^{mm}\,5$ |
| Longueur du corps et de la tête .................. | $8^{mm}\,6$ |
| Longueur de la tête .......................... | $1^{mm}\,6$ |
| Long. des ailes, à partir de l'endroit du détachement. | $12^{mm}\,0$ |
| Largeur de la tête, en arrière des yeux ............. | $1^{mm}\,3$ |
| Diamètre transverse, à la plus grande saillie des yeux | $1^{mm}\,7$ |
| Largeur du pronotum ......................... | $1^{mm}\,3$ |

Ce sexué adulte provient d'une grande nymphe (fig. 61) dont les fourreaux alaires ont le même développement que ceux du stade correspondant de *Macrotermes gilvus ;* ils atteignent le cinquième anneau abdominal.

On trouve, auparavant, quatre stades nymphaux reconnaissables, (fig. 60, 59, 58, 57) ; les rudiments d'ailes des plus avancés atteignent respectivement les troisième et premier anneaux abdominaux. Celles des secondes nymphes ne dépassent pas le thorax, mais sont un peu courbées vers l'arrière ; les plus petites ne montrent que des expansions latérales droites du méso et du métanotum. Ces derniers insectes dérivent, par une mue, des jeunes sortant de l'œuf (fig 45) tous semblables extérieurement. Voici les mesures respectives :

| | 5e Nymphe | 4e Nymphe | 3e Nymphe | 2e Nymphe | 1re Nymphe |
|---|---|---|---|---|---|
| Longueur totale . . . | $9^{mm}\,0$ | $6^{mm}\,9$ | $5^{mm}\,9$ | $3^{mm}\,9$ | $2^{mm}\,5$ |
| Long. apparente des fourreaux alaires. | $3^{mm}\,6$ | » | | | » |
| Longueur du corps . | $7^{mm}\,8$ | $5^{mm}\,7$ | $4^{mm}\,6$ | $2^{mm}\,9$ | $1^{mm}\,7$ |
| Long. de la tête . . | $1^{mm}\,4$ | $1^{mm}\,3$ | $1^{mm}\,2$ | $0^{mm}\,96$ | $0^{mm}\,73$ |
| Long. de l'abdomen. | $5^{mm}\,2$ | $3^{mm}\,8$ | $3^{mm}\,1$ | $2^{mm}\,1$ | $1^{mm}\,2$ |
| Larg. de la tête . . | $1^{mm}\,4$ | $1^{mm}\,2$ | $1^{mm}\,0$ | $0^{mm}\,84$ | $0^{mm}\,68$ |
| Larg. du pronot . . | $1^{mm}\,3$ | $1^{mm}\,0$ | $0^{mm}\,73$ | $0^{mm}\,55$ | $0^{mm}\,46$ |
| Nomb. des articles antennaires . . . | $1^{mm}\,5$ | $1^{mm}\,5$ | $1^{mm}\,5$ | $1^{mm}\,4$ | $1^{mm}\,3$ |

Ces nymphes ressemblent, d'une façon générale, à celles de *Macrotermes gilvus ;* elles en diffèrent nettement par la taille.

Le développement d'*Eutermes matangensis* peut se résumer comme il suit :

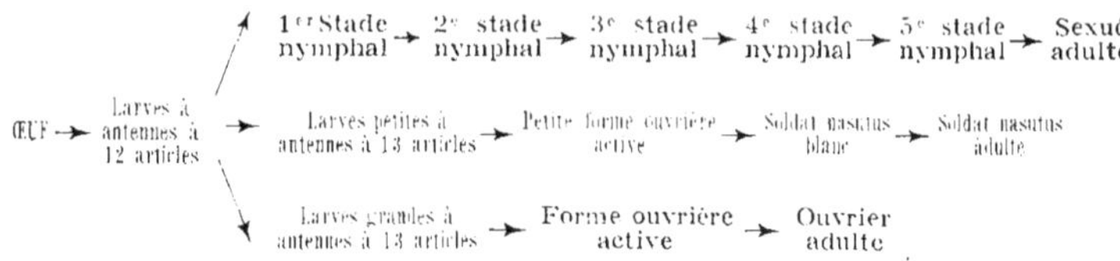


J'ai observé toutes les mues que fait prévoir ce tableau ; j'ai déjà décrit la plus intéressante. La proportion des diverses formes larvaires s'accommode aussi de cette interprétation. Par exemple, une prise faite dans une termitière d'*Eutermes matangensis*, le 7 septembre 1923, me donna :

| | |
|---|---|
| Soldats nasuti-adultes 2.588 | |
| Soldats nasuti blancs 182 | Ouvriers adultes 600 |
| Formes ouvrières de la 3e catégorie 346 | Formes ouvrières de la 2e catégorie 493 |

Il y avait aussi une grande quantité de larves neutres au deuxième stade ; le nombre des grandes y était à celui des petites comme 13 est à 10, ce qui est sensiblement le rapport habituel de ces deux sortes. On voit qu'il est presque le même que celui existant dans notre prise, entre les formes ouvrières de la deuxième catégorie et les formes ouvrières de la troisième catégorie, puisque 493 est à 346 comme 14 à 10. Notons aussi le chiffre très élevé des soldats accourus au point où le nid était attaqué.

Le schéma précédent est exactement superposable à celui du développement de *Macrotermes gilvus*, en ce qui concerne les sexués et les ouvriers. Au contraire, le soldat nasutus diffère du soldat ordinaire, en ce que sa réalisation demande une mue supplémentaire et en ce que son type particulier s'établit à un stade postérieur au stade correspondant à l'apparition du type du soldat ordinaire. Il est logique, après cela, de considérer le soldat nasutus comme une forme bien différente du soldat à grandes mandibules, forme apparue plus tard dans l'évolution des termites et hautement spécialisée. Au contraire, les soldats à grandes mandibules doivent être considérés comme moins distants des ouvriers. Il serait bien intéressant de connaître avec précision le développement des soldats de ces termites américains, les *Armitermes* qui possèdent, à la fois, une grosse glande frontale avec un long tube excréteur et de grandes mandibules en forme de pince.

*Eutermes cuphus* différencie ses castes comme *Eutermes matangensis*. J'ai noté que les larves neutres au deuxième stade, se répartissent en deux catégories de taille très inégale, que la forme ouvrière d'où sort le soldat nasutus blanc, est très petite. De même, les deux derniers stades de l'ouvrier sont très facilement séparables. Les jeunes à l'éclosion ont des antennes pourvues de 12 articles, les deuxièmes stades en possèdent 14 : les trois formes ouvrières en montrent 15 et le soldat nasutus 14.

## Détermination de la caste chez Eutermes matangensis.

L'étude micrographique des larves de cette espèce, m'a conduit à la conclusion que la caste est déterminée dès l'éclosion de l'œuf et se fixe, par conséquent, au plus tard, dans celui-ci. Si l'on colore par l'hématoxyline alcoolique ou par le carmin chlorhydrique les larves au deuxième stade ou les plus jeunes nymphes, et qu'on les monte dans le mélange acide phénique-chloroforme, on obtient en les portant au microscope, des résultats intéressants. Les sexués au premier stade reconnaissable montrent de longues et grosses glandes génitales dont la largeur, dans mes observations, variait de 13 à 20 divisions micrométriques oculaires. Dix divisions micrométriques valant, dans ce cas, 0mm 0377, cela fait une largeur de 0mm 05 à 0mm 075. Chaque gonade a l'aspect d'un corps cylindrique à contenu granuleux, à contour extérieur rectiligne bien net. Elle s'étend du troisième au septième segment abdominal sur une longueur de 0mm 7 environ (fig. 63).

Les gros neutres au deuxième stade contiennent régulièrement des cordons génitaux semblables à ceux des sexués (fig. 64). Ils ont, dans leur partie moyenne, le même aspect cylindrique, le même contenu granuleux, mais leur largeur est plus faible et atteint seulement

4 à 5 divisions micrométriques, c'est-à dire un peu moins de 0mm02. La glande paraît s'étendre dans les 5e, 6e et 7e segments abdo-

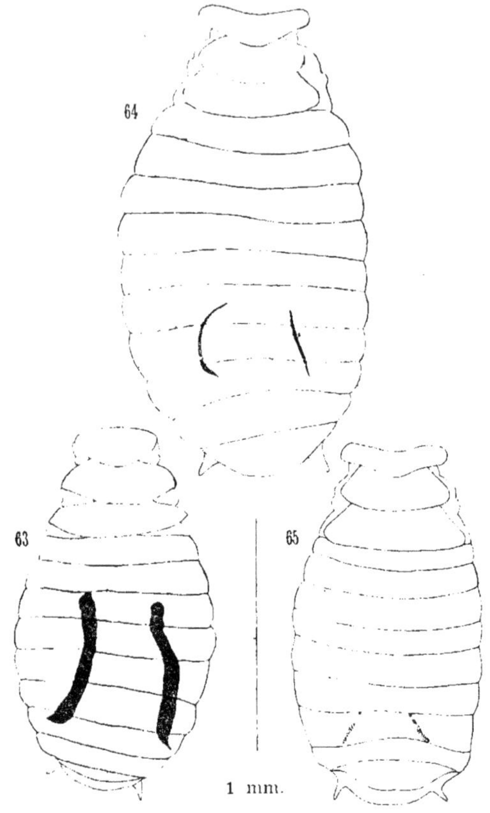


Fig. 63 à 65. — Ébauches génitales des diverses castes d'*Eutermes matangensis*, vues par transparence, après la première mue.

63. Jeune nymphe.
64. Grande larve neutre à antennes de 13 articles (ouvrier).
65. Petite larve neutre à antennes de 13 articles (soldat).

minaux sur une longueur de 0mm 45. Il n'y a pas de variations sensibles d'un animal à un autre, tous sont semblables. Chez les petites larves neutres à 13 articles antennaires, la loupe binoculaire révèle l'existence d'une petite gonade. Au microscope, on trouve que la masse glandulaire ne forme plus, ici, un cordon continu, mais est dissociée (fig. 65) en un certain nombre de petits lobules, quatre à six généralement, disposés dans le 7$^e$ segment sur une longueur de 0$^{mm}$15. Leur diamètre atteint environ deux divisions micrométriques, soit 0$^{mm}$008. Ils présentent à leur intérieur, le même aspect granuleux que la glande plus développée des autres castes, mais paraissent plus colorables ; ils sont disposés en chapelet irrégulier contre la paroi dorsale de l'animal.

Ainsi, le microscope montre dans la structure des larves d'*Eutermes matangensis* au deuxième stade, des différences correspondant à celles que l'on peut saisir à l'œil nu.

L'étude des insectes des mêmes castes aux stades postérieurs fait retrouver les mêmes faits. Chez les secondes nymphes, la glande génitale a pris un grand développement et se présente de chaque côté, comme un gros cordon cylindrique de 0$^{mm}$1 de diamètre et de 1$^{mm}$1 de long, s'étendant du 7$^e$ au 2$^e$ anneau abdominal. Chez l'ouvrier adulte et le stade antérieur (2$^e$ catégorie), on observe une petite ébauche sexuelle placée moitié dans le 7$^e$, moitié dans le 6$^e$ segment abdominal. Sa longueur est d'environ 0$^{mm}$2 et son diamètre voisin de 0$^{mm}$10. C'est à peine les dimensions du même organe dans les larves de cette caste, après la première mue. Chez le soldat adulte, le soldat blanc et la forme ouvrière antérieure (3$^e$ catégorie), l'examen, au microscope, de larves préparées in-toto, ne m'a pas permis de découvrir la moindre trace de gonade. J'apercevais très bien, par contre, les noyaux du tissu adipeux. Ces constatations appuient le schéma de développement que j'ai indiqué pour *Eutermes matangensis*.

Puisque les diverses castes de cette espèce sont et demeurent, à partir de la première mue, bien reconnaissables par les dimensions et la forme de leurs glandes germinales, il était naturel de rechercher si les mêmes différences ne se retrouveraient pas parmi les jeunes au premier stade, immédiatement après l'éclosion. La question à une grosse importance théorique, puisque beaucoup de biologistes considèrent encore comme imprécise l'époque de la détermination des castes chez les termites... S'il se trouvait qu'au sortir de l'œuf le jeune insecte présente, dans son corps, les attributs fixes d'une catégorie déterminée, il faudrait admettre, malgré les faits allégués par ailleurs, que la caste est déterminée dans l'œuf.

J'ai examiné, à cet égard, environ deux cents exemplaires d'*Eutermes mantangensis* au premier stade. Pour éliminer l'influence que la croissance au cours du stade peut avoir sur la taille relative des glandes génitales, j'ai trié attentivement les bêtes en expérience, prenant soin de ne réunir dans chaque lot que des animaux paraissant au même état de développement. J'ai obtenu, ainsi, dix-huit groupes de dix insectes chacun. Les groupes pairs furent colorés au carmin chlorhydrique alcoolique, les groupes impairs à l'hématoxyline alcoolique au fer. Chaque larve, placée sous lamelle, dans le chloroforme phéniqué, était d'abord observée au binoculaire. En regard de son numéro et de sa lettre de groupe, je notais une première observation. Puis le même individu était monté définitivement au baume de Canada et revu au microscope. J'exprimais alors l'état de sa glande génitale et enregistrais la mesure de celle-ci, en divisions micrométriques. Voici ce qu'a donné ce travail ; j'ai commencé l'examen par les termites les plus âgés dans le premier stade et ai poursuivi avec des échantillons de plus en plus jeunes.

| | INDICATION D'IDENTITÉ | OBSERVATION AU BINOCULAIRE | OBSERVATION AU MICROSCOPE | LARGEUR DE LA GONADE | CASTE PRÉSUMÉE |
|---|---|---|---|---|---|
| Groupe 18 Insectes prêts à muer. | 18 a | Abdomen isolé. Très avancé, glandes modérément larges. | Glandes cylindriques. Bon échantillon. | 4, Div. 5 | Ouvrier |
| | 18 b | Peu coloré. Glandes invisibles. | Glandes très minces, moniliformes. | » | Soldat |
| | 18 c | Glandes modérément larges. | » | 4 Div. | Ouvrier |
| | 18 d | Glandes très larges. | Un peu écrasé, glandes bien visibles. | 10 Div. | Sexué |
| | 18 e | Glandes petites. Écrasé. | Glandes visibles, moniliformes. | » | Soldat |
| | 18 f | Glandes modérément larges. | » | 4, D. 5 | Ouvrier |
| | 18 g | Glandes modérément larges. | » | 5, D. 5. | Ouvrier |
| | 18 h | Très peu coloré. Glandes modérément larges. | » | 4, D. 5 | Ouvrier |
| | 18 i | Très peu coloré, glandes peu larges. | Glandes moyennes. | 4 D. | Ouvrier |
| | 17 a | Glandes étroites. | Glandes modérément larges, bien visibles. | 4, D. 5 | Ouvrier |
| | 17 b | Glandes très minces. | Glandes moniliformes. | » | Soldat |
| | 17 c | Peu coloré. Glandes visibles, moyennes. | » | 4 D. | Ouvrier |
| | 17 d | Très coloré. Glandes visibles, étroites. | Glandes moniliformes. | » | Soldat |
| | 17 e | Glandes étroites. | Glandes moniliformes. | » | Soldat |
| | 17 f | Glandes étroites. | Glandes moniliformes. | » | Soldat |
| | 17 g | Peu coloré. Glandes très larges. | • | 10 D. | Sexué |
| | 17 h | Glandes étroites. Peu coloré. | Glandes cylindriques. | 3 D. | Ouvrier |
| | 17 i | Peu coloré. Glandes larges. | » | 9 D. | Sexué |
| | 17 j | Peu coloré. Glandes modérément larges. | • | 3, D. 5 | Ouvrier |

| | INDICATION D'IDENTITÉ | OBSERVATION AU BINOCULAIRE | OBSERVATION AU MICROSCOPE | LARGEUR DE LA GONADE | CASTE PRÉSUMÉE |
|---|---|---|---|---|---|
| Groupe 16 Insectes très avancés | 16 a | Glandes presque invisibles. | Glandes moniliformes. | » | Soldat |
| | 16 b | Très peu coloré. Glandes faibles. | Glandes cylindriques moyennes. | 3, D. 5 | Ouvrier |
| | 16 c | Peu différencié. Glandes bien visibles. | Glandes assez larges. | 4, D. 5 | Ouvrier |
| | 16 d | Glandes très visibles. | Glandes très larges. | 8, D. 5 | Sexué |
| | 16 e | Glandes invisislbes. | Détérioré au montage, inutilisable. | » | » |
| | 16 f | Peu coloré. Glandes moyennes. | » | 4, D. 5 | Ouvrier |
| | 16 g | Glandes très larges, cylindriques. | » | 8, D. | Sexué |
| | 16 h | Peu coloré, glandes peu apparentes. | Glandes larges. | 8, D. | Sexué |
| Groupe 15 Insectes avancés | 15 a | Glandes bien nettes. | Glandes larges. | 8, D. | Sexué |
| | 15 b | Peu coloré. Glandes invisibles. | Rétracté au Xylol. Inutilisable. | » | » |
| | 15 c | Glandes bien visib'es. | Glandes assez larges. | 4, D. 5 | Ouvrier |
| | 15 d | Glandes bien visibles. | » | 4, D. 5 | Ouvrier |
| | 15 e | Très coloré, Glandes bien visibles. | » | 4 D. | Ouvrier |
| | 15 f | Très coloré. Glandes peu visibles. | Glandes assez larges, peu nettes. | 5 D. | Ouvrier |
| | 15 g | Peu coloré, glandes presque invisibles. | Glandes moniliformes. | » | Soldat |
| | 15 h | Très coloré. Glandes invisibles. | Glandes étroites, moniliformes. | » | Soldat |
| | 15 i | Glandes réduites. | Glandes cylindriques. | 3, D. 5 | Ouvrier |
| | 15 j | Peu coloré. Glandes invisibles. | Glandes moniliformes. | » | Solda' |

| | INDICATION D'IDENTITÉ | OBSERVATION AU BINOCULAIRE | OBSERVATION AU MICROSCOPE | LARGEUR DE LA GONADE | CASTE PRÉSUMÉE |
|---|---|---|---|---|---|
| Groupe 11 Insectes avancés | 11 a | Glandes très peu nettes. | Glandes invisibles. Douteux. | » | » |
| | 11 b | Glandes visibles. | Glandes assez larges. | 4 D. | Ouvrier |
| | 11 c | Glandes invisibles. | Glandes visibles, moniliformes. | » | Soldat |
| | 11 d | Très peu coloré. Glandes visibles. | Glandes assez larges. | 4 D. | Ouvrier |
| | 11 e | Disloqué. Grosses glandes bien visibles. | Glandes cylindriques. | 8 D. | Sexué |
| | 11 f | Détérioré. Inutilisable. | » | » | » |
| | 11 g | Très peu coloré. Glandes visibles. | Glandes assez larges. | 4, D. 5 | Ouvrier |
| | 11 h | Peu coloré. Glandes assez étroites. | Glandes cylindriques. | 2, D. 5 | Ouvrier |
| | 11 i | Glandes déviées vers la droite. | Glandes assez larges. | 4, D. 5 | Ouvrier |
| | 11 j | Très peu coloré. Glandes faibles | Trop peu coloré, inutilisable. | » | » |
| Groupe supplémentaire n° 19 | 19 a | Insecte assez avancé. | Glandes assez larges, très visibles. | 4, D. 5 | Ouvrier |
| | 19 b | Insecte assez avancé, bien coloré. | Glandes assez larges. | 4 D. | Ouvrier |
| | 19 c | Insecte assez avancé. | Glandes assez larges. | 4, D. 5 | Ouvrier |
| | 19 d | Insecte assez avancé. | Glandes moniliformes. | » | Soldat |
| Groupe 13 Insectes, d'âge moyen | 13 a | Bien coloré. Glandes très visibles. | Glandes larges. | 6 D. | Sexué |
| | 13 b | Glandes bien visibles, assez larges. | » | 4, D. | Ouvrier |
| | 13 c | Glandes longues. | Glandes bien nettes, assez larges. | 4, D. 5 | Ouvrier |
| | 13 d | Bien coloré. Glandes invisibles. | Glandes moniliformes. | » | Soldat |
| | 13 e | Glandes étroites. | Glandes assez larges. | 4 D. | Ouvrier |
| | 13 f | Glandes réduites, peu visibles. | Glandes moniliformes. | » | Soldat |
| | 13 g | Glandes étroites. | Rétracté au Xylol, inutilisable. | » | » |
| | 13 h | Glandes larges, bien visibles. | » | 6 D. | Sexué |
| | 13 i | Glandes étroites. | Glandes moniliformes. | » | Soldat |
| | 13 j | Peu coloré. Glandes invisibles. | Glandes moniliformes. | » | Soldat |

| | INDCATION D'IDENTITÉ | OBSERVATIOIN AU BINOCULAIRE | OBSERVATION AU MICROSCOPE | LARGEUR DE LA GONADE | CASTE PRÉSUMÉE |
|---|---|---|---|---|---|
| Groupe 12 Insectes d'âge moyen | 12 a | Peu coloré. Glandes visibles. | Glandes assez larges. | 4 D. | Ouvrier |
| | 12 b | Peu coloré. Glandes presque invisibles. | Glandes moniliformes. | » | Soldat |
| | 12 c | Assez avancé. Glandes très minces. | Glandes moniliformes. | » | Soldat |
| | 12 d | Peu coloré. Glandes assez larges. | Rétracté par le Xylol. Inutilisable. | » | » |
| | 12 e | Glandes bien visibles. | » | 7 D. | Sexué |
| | 12 f | Glandes bien visibles. | Glandes un peu floues. | 4, D. 5 | Ouvrier |
| Groupe 11 Insectes d'âge moyen | 11 a | Glandes visibles. | Glandes moniliformes. | » | Soldat |
| | 11 b | Glandes assez visibles. | Rétracté au Xylol. Inutilisable. | » | » |
| | 11 c | Glandes bien visibles. | Rétracté par le Xylol. Inutilisable. | » | » |
| | 11 d | Glandes assez visibles. | Glandes moniliformes. | » | Soldat |
| | 11 e | Glandes visibles. | Rétracté par le Xylol. Inutilisable. | » | » |
| | 11 f | Coloration trop intense. | Rétracté par le Xylol. Inutilisable. | » | » |
| | 11 g | Bonne coloration. Glandes bien visibles. | Glandes larges. | 6 D. | Sexué |
| | 11 h | Coloration peu nettes. Glandes peu visibles. | Glandes développées. | 6, D. 5 | Sexué |
| | 11 i | Coloration peu nette. Glandes peu visibles. | Glandes moniliformes. | » | Soldat |
| | 11 j | Coloration trop forte. | Inutilisable. | » | » |
| | 11 k | Coloration foncée. Glandes étroites, peu visibles. | Glandes moniliformes très nettes. | » | Soldat |
| Groupe 10 Insectes d'âge moyen | 10 a | Coloration peu nette. | Détérioré par le Xylol. Inutilisable. | » | » |
| | 10 b | Glandes visibles. | Glandes moniliformes. | » | Soldat |
| | 10 c | Peu coloré. Glandes bien nettes. | Glandes assez larges, bon exemplaire. | 4 D. | Ouvrier |
| | 10 d | Trop coloré. Glandes peu nettes. | Rétracté par le Xylol. Inutilisable. | » | » |
| | 10 e | Bien coloré. Glandes très réduites. | Rétracté par le Xylol. Inutilisable. | » | » |
| | 10 f | Bonne coloration. Glandes bien vis. | Glandes larges. | 6, D. 5 | Sexué |
| | 10 g | Glandes peu visibles. | Glandes moniliformes. | » | Soldat |
| | 10 h | Glandes bien visibles. | Glandes assez larges. | 4 D. | Ouvrier |
| | 10 i | Très rétracté. Glandes assez larges. | Complètement rétracté, par le Xylol. Inutilisable. | » | » |
| | 10 j | Bonne coloration. Glandes assez visibles. | Glandes assez larges | 3, D. 5 | Ouvrier |

| | INDICATION D'IDENTITÉ | OBSERVATION AU BINOCULAIRE | OBSERVATION AU MICROSCOPE | LARGEUR DE LA GONADE | CASTE PRÉSUMÉE |
|---|---|---|---|---|---|
| Groupe 9 Insectes assez jeunes. | 9 a | Bonne coloration. Glandes bien visibles. | Glandes assez larges. | 4 D. | Ouvrier |
| | 9 b | Glandes peu nettes. | Glandes moniliformes bien visibles. | » | Soldat |
| | 9 c | Peu net. | Glandes moniliformes. | » | Soldat |
| | 9 d | Glandes bien visibles. | Glandes assez larges. | 4 D. | Ouvrier |
| | 9 e | Glandes larges. | Glandes larges, bien visibles. | 7 D. | Sexué |
| | 9 f | Peu coloré. Glandes peu nettes. | Glandes bien nettes et assez larges. Bon échantillon. | 4 D. | Ouvrier |
| | 9 g | Glandes peu visibles. | Glandes peu nettes, mais assez larges. | 4 D. | Ouvrier |
| | 9 h | Glandes invisibles. | Rétracté par le Xylol. Inutilisable. | » | » |
| | 9 i | Glandes invisibles. | Glandes moniliformes. | » | Soldat |
| | 9 j | Glandes peu visibles. | Rétracté par le Xylol. | » | » |
| Groupe 8 Insectes assez jeunes. Groupe mal différencié, beaucoup de pertes. | 8 a | Glandes étroites. | Glandes moniliformes. | » | Soldat |
| | 8 b | Bien coloré. Glandes peu visibles. | Glandes assez larges. | 4 D. | Ouvrier |
| | 8 c | Mal coloré. | Préparation indistincte. | » | » |
| | 8 d | Glandes minces. | Rétracté par le Xylol. Inutilisable. | » | » |
| | 8 e | Peu coloré. Glandes assez larges. | Rétracté par le Xylol. Inutilisable. | » | » |
| | 8 f | Mal coloré. | Rétracté par le Xylol. Inutilisable. | » | » |
| | 8 g | Assez pâle. | Glandes larges. | 6, D 5 | Sexué |
| Groupe 7 Insectes assez jeunes. | 7 a | Peu coloré. Glandes étroites. | Glandes moniliformes. | » | Soldat |
| | 7 b | Peu coloré. Glandes douteuses. | Glandes invisibles. | » | » |
| | 7 c | Peu coloré. Glandes assez fortes. | Glandes assez larges. | 4 D. | Ouvrier |
| | 7 d | Peu coloré. Glandes bien nettes. | Glandes assez larges. | 4 D. | Ouvrier |
| | 7 e | Glandes très minces peu visibles. | Glandes moniliformes. | » | Soldat |
| | 7 f | Glandes assez visibles, bien coloré. | Glandes assez larges. | 4, D. 5 | Ouvrier |
| | 7 g | Glandes visibles. | Glandes bien nettes. | 4 D | Ouvrier |
| | 7 h | Glandes étroites. | Glandes moniliformes. | » | Soldat |
| | 7 i | Peu net. Glandes visibles. | Glandes assez lar., mais peu nettes. | 4 D. | Ouvrier |

| | INDICATION D'IDENTITÉ | OBSERVATION AU BINOCULAIRE | OBSERVATION AU MICROSCOPE | LARGEUR DE LA GONADE | CASTE PRÉSUMÉE |
|---|---|---|---|---|---|
| Groupe 6 Insectes jeunes | 6 a | Glandes assez larges, contour peu net. | Glandes assez larges. | 4 D. | Ouvrier |
| | 6 b | Glandes nettes. | Glandes bien développées. | 6 D. | Sexué |
| | 6 c | Glandes bien visibles. | Glandes moniliformes. | » | Soldat |
| | 6 d | Glandes peu nettes mais distinguables. | Glandes assez larges. | 4 D. | Ouvrier |
| | 6 e | Glandes invisibles. | Glandes moniliformes. | » | Soldat |
| Groupe 5 Insectes jeunes | 5 a | Glandes très peu visibles. | Glandes moniliformes. | » | Soldat |
| | 5 b | Glandes visibles. | Glandes moniliformes. | » | Soldat |
| | 5 c | Glandes bien visibles. | Glandes assez larges. | 3, D. 5 | Ouvrier |
| | 5 d | Peu coloré. Glandes visibles. | Glandes moniliformes. | » | Soldat |
| | 5 e | Peu coloré. Glandes visibles. | Net. Glandes assez larges | 4 D. | Ouvrier |
| | 5 f | Insecte écrasé, peu net. | Glandes moniliformes. | » | Soldat |
| | 5 g | Peu coloré, glandes étroites. | Ecrasé, glandes invisibles. | » | » |
| | 5 h | Mal coloré, glandes invisibles. | Glandes assez larges. | 4 D. | Ouvrier |
| Groupe 4 Insectes jeunes | 4 a | Glandes génitales minces, assez nettes. | Glandes moniliformes. | » | Soldat |
| | 4 b | Glandes peu nettes, mais visibles. | Glandes assez larges, bien dévelop. | 4 D. | Ouvrier |
| | 4 c | Glandes très faibles. | Rétracté par le Xylol. Inutilisable. | » | » |
| | 4 d | Glandes génit. larges, peu nettes. | Glandes très larges, peu nettes. | 7 D | Sexué |
| | 4 e | Glandes étroites, presque invis. | Rétracté par le xylol, Inutilisable. | » | » |
| Groupe 3 Insectes venant d'éclore | 3 a | Glandes peu nettes. | Glandes moniliformes. | » | Soldat |
| | 3 b | Glandes peu visibles. | Glandes moniliformes. | » | Soldat |
| | 3 c | Glandes visibles. | Glandes assez larges. | 3, D. 5 | Ouvrier |
| | 3 d | Glandes visibles. | Glandes assez larges. | 3, D. 5 | Ouvrier |
| | 3 e | Glandes visibles. | Glandes assez larges. | 3, D. 5 | Ouvrier |
| | 3 f | Glandes nettes. | Gandes assez larges. | 3, D. 5 | Ouvrier |
| | 3 g | Glandes à peine visibles. | Glandes moniliformes. | » | Soldat |
| | 3 h | Glandes larges. | Glandes très larges. | 6 D. | Sexué |

| | INDICATION D'IDENTITÉ | OBSERVATION AU BINOCULAIRE | OBSERVATION AU MICROSCOPE | LARGEUR DE LA GONADE | CASTE PRÉSUMÉE |
|---|---|---|---|---|---|
| Groupe 2 Insectes venant d'éclore | 2 a | Glandes bien visibles. | Glandes fortes. | 6 D. | Sexué |
| | 2 b | Glandes peu visibles. | Glandes assez larges. | 3, D. 5 | Ouvrier |
| | 2 c | Glandes peu visibles. | Glandes assez larges. | 3, D. 5 | Ouvrier |
| | 2 d | Insecte détérioré. Inutilisable. | » | » | » |
| | 2 e | Glandes assez visibles. | Glandes assez larges. | 4 D. | Ouvrier |
| | 2 f | Glandes assez visibles. | Glandes assez larges. | 4 D. | Ouvrier |
| Groupe 1 Insectes venant d'éclore | 1 a | Glandes nettes. | Glandes assez larges. | 3 D. | Ouvrier |
| | 1 b | Glandes invisibles. | Glandes moniliformes. | » | Soldat |
| | 1 c | Glandes bien visibles. | Glandes assez larges. | 3, D. 5 | Ouvrier |
| | 1 d | Glandes visibles. | Glandes moniliformes. | » | Soldat |
| | 1 e | Glandes bien visibles. | Glandes larges. | 5, D. 5 | Sexué |
| | 1 f | Insecte détérioré. Inutilisable. | » | » | » |
| | 1 g | Glandes peu visibles. | Glandes moniliformes. | » | Soldat |
| | 1 h | Glandes peu visibles. | Rétracté par le Xylol. Inutilisable. | » | » |
| | 1 i | Insecte spécialement jeune. | Glandes bien marquées, très larges. | 5, D. 5 | Sexué |

Je n'ai pas indiqué, dans ce qui précède, de largeur générale pour les glandes génitales formées d'une traînée de granules, cela se comprend facilement. La largeur des plus gros de ceux-ci était sensiblement constante et voisine de 2 divisions micrométriques.

La largeur des gonades cylindriques était mesurée non pas à la base même qui est un peu renflée, mais à la partie la plus facilement observable sur l'insecte in-toto, c'est-à-dire au-dessous de la projection de l'anse intestinale inférieure.

Les catégories extrêmes étaient évidemment les mieux triées ; elles se composaient de spécimens d'aspect particulièrement frappant : termites prêts à muer ou venant d'éclore, dont la sélection était facile... Or ces groupes sont très démonstratifs. Si on examine le tableau analytique du plus âgé (n° 18), on trouve qu'il ne peut y avoir d'indécision.

Sur 10 insectes, on en rencontre deux dont les glandes sexuelles couvrent, en largeur, dix divisions micrométriques ($0^{mm}$ 04) et ont l'aspect des glandes des sexués au stade suivant (fig. 66). Cinq termites ont des glandes semblables à celles des gros neutres au stade suivant : ce sont des cordons cylindriques réguliers (fig. 67), formés

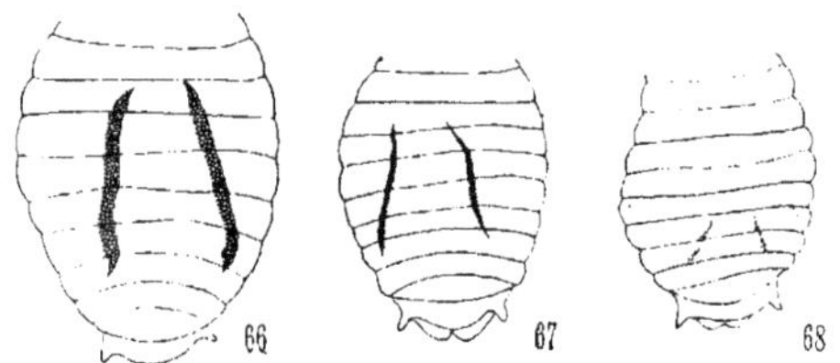


Fig. 66 à 68. — Ébauches génitales des diverses castes d'*Eutermes matangensis* au premier stade larvaire.
66. Futur sexué.
67. Futur ouvrier.
68. Futur soldat.

de cellules granuleuses, allant du 2^e^ au 7^e^ segment abdominal sur une longueur de $0^{mm}$ 45, plus étroits que les précédents puisque leur diamètre est moindre que $0^{mm}$ 02. Deux échantillons, enfin, montrent des glandes en chapelet (fig. 68) rappelant tout à fait celles des petits neutres du second stade. Elles s'étendent dans les

6$^e$ et le 7$^e$ segments abdominaux, sur une longueur apparente de 0$^{mm}$ 1 et paraissent constituées par 6 à 7 granules de 0$^{mm}$ 008 de diamètre.

A mesure que l'on étudie des classes formées de termites plus jeunes, on constate que la largeur des glandes diminue. Cependant, la distinction en trois catégories demeure bien nette. Dans le groupe n° 10, par exemple, on trouve un individu à glandes marquées « bien visibles » dès l'observation au binoculaire, qui possède des gonades larges de 6.5 divisions. Il y a deux insectes à glandes larges de 4 divisions et deux échantillons à glandes moniliformes.

Les plus jeunes séries, celles qui comprennent des insectes éclos depuis un temps très court, que j'estime compris entre une demi-heure et un jour pour la classe n° 1, montrent la même division en trois sortes, avec des largeurs de glande atténuées encore. Deux exemplaires marqués « à glandes bien visibles » dès le binoculaire, ont présenté, sous le microscope, des glandes larges de 5,5 divisions ; deux autres ont des glandes larges de 3 et 3.5 divisions ; un autre jeune termite montre des glandes en chapelet.

En général, les préparations colorées à l'hématoxyline alcoolique ont donné les résultats les plus nets, étant les mieux différenciés et les plus lisibles.

Le lecteur pourra d'ailleurs faire lui-même toutes ces remarques ; voici un tableau de classement des insectes observés, par catégories semblables, avec indication de la largeur respective des gonades exprimée en divisions micrométriques. J'ai noté, pour chaque groupe, la nature de la coloration.

Groupe 18 (Carmin chlorhydrique) :

| Ouvriers présumés | Soldats prés. | Sexués prés. |
|---|---|---|
| a 4.5 | b mon. | d 10 |
| c 4 | e mon. | |
| f 4.5 | | |
| g 5,5 | | |
| h 4,5 | | |
| i 4 | | |

Groupe 17 (Hématoxyline alcoolique) :

| Ouvriers présumés | Soldats prés. | Sexués prés. |
|---|---|---|
| a 4,5 | b mon. | g 10 |
| c 4 | d mon. | i 9 |
| h 3 | e mon. | |
| j 3,5 | f mon. | |

Groupe 16 (Carmin chlorhydrique) :

| Ouvriers présumés | Soldats prés. | Sexués prés |
|---|---|---|
| b 3,5 | a mon. | d 8,5 |
| c 4,5 | | g 8 |
| f 4,5 | | h 8 |

Groupe 15 (Hématoxyline alcoolique) :

| Ouvriers présumés | Soldats prés. | Sexués prés. |
|---|---|---|
| c 4,5 | g mon. | a 8 |
| d 4,5 | h mon. | |
| e 4 | j mon. | |
| f 5 | | |
| i 3,5 | | |

Groupe 14 (Carmin chlorhydrique) :

| Ouvriers présumés | Soldats prés. | Sexués prés. |
|---|---|---|
| b 4 | c mon. | e 8 |
| d 4 | | |
| g 4,5 | | |
| h 2,5 | | |
| i 4,5 | | |

Groupe 19 (Hématoxyline alcoolique) :

| Ouvriers présumés | Soldats prés. | Sexués prés. |
|---|---|---|
| a 4,5 | d mon. | |
| b 4 | | |
| c 4,5 | | |

Groupe 13 (Hématoxyline alcoolique) :

| Ouvriers présumés | Soldats prés. | Sexués prés. |
|---|---|---|
| b 4 | d mon. | a 6 |
| c 4,5 | f mon. | h 6 |
| e 4 | i mon. | |
| | j mon. | |

Groupe 12 (Carmin chlorhydrique).

| Ouvriers présumés | Soldats prés. | Sexués prés. |
|---|---|---|
| a 4 | b mon. | e 7 |
| f 4,5 | c mon. | |

Groupe 11 (Hématoxyline alcoolique) :

| Ouvriers présumés | Soldats prés. | Sexués prés. |
|---|---|---|
| | a mon. | g 6 |
| | d mon. | h 6,5 |
| | i mon. | |
| | k mon. | |

Groupe 10 (Carmin chlorhydrique) :

| Ouvriers présumés | Soldats prés. | Sexués prés. |
|---|---|---|
| c 4 | b mon. | f. 6,5 |
| h 4 | g mon. | |
| j 3,5 | | |

Groupe 9 (Hématoxyline alcoolique) :

| Ouvriers présumés | Soldats prés. | Sexués prés. |
|---|---|---|
| a 4 | b mon. | e 7 |
| d 4 | c mon. | |
| f 4 | i mon. | |
| g 4 | | |

Groupe 8 (Carmin chlorhydrique) :

| Ouvriers présumés | Soldats prés. | Sexués prés. |
|---|---|---|
| b 4 | a mon. | g 6,5 |

GROUPE 7 (Hématoxyline alcoolique) :

| Ouvriers présumés | Soldats prés. | Sexués prés. |
|---|---|---|
| c 4 | a mon. | |
| d 4 | e mon. | |
| f 4,5 | h mon. | |
| g 4 | | |
| i 4 | | |

GROUPE 6 (Carmin chlorhydrique) :

| Ouvriers présumés | Soldats prés. | Sexués prés. |
|---|---|---|
| a 4 | c mon. | b 6 |
| d 4 | e mon. | |

GROUPE 5 (Hématoxyline alcoolique) :

| Ouvriers présumés | Soldats prés. | Sexués prés. |
|---|---|---|
| c 3,5 | a mon. | |
| e 4 | b mon. | |
| h 4 | d mon. | |
| | f mon. | |

GROUPE 4 (Carmin chlorhydrique) :

| Ouvriers présumés | Soldats prés. | Sexués prés. |
|---|---|---|
| b 4 | a mon. | d 7 |

GROUPE 3 (Hématoxyline alcoolique) :

| Ouvriers présumés | Soldats prés. | Sexués prés. |
|---|---|---|
| c 3,5 | a mon. | h 6 |
| d 3,5 | b mon. | |
| e 3,5 | g mon. | |
| f 3,5 | | |

GROUPE 2 (Carmin chlorhydrique) :

| Ouvriers présumés | Soldats prés. | Sexués prés. |
|---|---|---|
| b 3,5 | | a 6 |
| c 3,5 | | |
| e 4 | | |
| f 4 | | |

GROUPE 1 (Hématoxyline alcoolique) :

| Ouvriers présumés | Soldats prés. | Sexués prés. |
|---|---|---|
| a 3 | b mon. | e 5,5 |
| c 3.5 | d mon. | i 5.5 |
| | g mon. | |

Nous avons ici des observations portant effectivement sur un total de 126 insectes, desquels 22 seraient des sexués, 44 des soldats et 60 des ouvriers. 44 est à 60 comme 10 est à 13 environ. Or c'est à peu près le rapport du nombre des petites larves neutres au deuxième stade à celui des grandes larves de même âge. J'ai trouvé dans diverses prises, 10 à 12 sensiblement. L'accord est donc aussi bon que possible.

Il est possible de pousser plus loin l'investigation. Le 5 janvier 1925, je pris une vingtaine d'œufs d'*Eutermes matangensis* en cours d'éclosion et je sortis les jeunes termites de leur coque déjà ouverte, au moyen d'aiguilles : ils étaient donc tous de même âge, à quelques quart d'heures près. Je les traitai ensuite comme les précédents. Je pus faire, au microscope, des observations qui sont résumées ci-dessous.

| | | | | | |
|---|---|---|---|---|---|
| Insecte n° 1 | Mal préparé, douteux. | | | | |
| » n° 2 | Glandes | bien visibles, larges de | 3 | divisions | micrométriques. |
| » n° 3 | » | visibles » | 3 | » | » |
| » n° 4 | » | bien visibles » | 4,5 | » | » |
| » n° 5 | » | bien visibles » | 3 | » | » |
| » n° 6 | » | bien visibles » | 3,5 | | » |
| » d° 7 | » | assez visibles » | 3 | » | » |
| » n° 8 | » | étroites, moniliformes. | | | |
| » n° 9 | » | étroites, moniliformes. | | | |
| » n° 10 | » | étroites, moniliformes. | | | |
| » n° 11 | » | visibles, larges de | 3 | divisions | micrométriques. |
| » n° 12 | » | étroites, moniliformes. | | | |
| » n° 13 | » | bien nettes, larges de | 4,5 | divisions | micrométriques. |
| » n° 14 | » | bien visibles, larges de | 3 | divisions | micrométriques. |
| » n° 15 | » | étroites, moniliformes. | | | |
| » n° 16 | » | étroites, moniliformes. | | | |
| » n° 17 | » | peu nettes, larges de | 3 | divisions | micrométriques. |
| » n° 18 | » | moyennes, » | 3 | » | » |
| » n° 19 | » | bien visibles, » | 3 | » | » |
| » n° 20 | Mal préparé, douteux. | | | | |

| | | | |
|---|---|---|---|
| » | n° 21 | Glandes très visibles, larges de 4,5 divisions micrométriques. | |
| » | n° 22 | » | bien visibles » 3 » » |
| » | n° 23 | » | peu visibles, moniliformes. |
| » | n° 24 | » | très visibles, larges de 4,5 divisions micrométriques. |

On retrouve, ici, les individus à glande très étroite disposée en chapelet, et parmi les termites à glande cylindrique, une catégorie à gonades plus larges (4, d. 5) et une catégorie à gonade plus étroite (3 d.). Il est logique de considérer les premiers insectes comme des sexués et les autres comme des ouvriers. En somme, la distinction entre les ouvriers et les sexués s'atténue à mesure que l'on considère des formes plus jeunes dans le premier stade ; les insectes à glande moniliforme demeurant, par contre, très nettement séparés. La proportion est, dans cette prise, de 4 sexués pour 11 ouvriers et 7 soldats, ce qui est assez normal.

J'ai examiné les jeunes larves de termites dans leurs divers détails pour voir si d'autres organes ne varieraient pas sensiblement comme les glandes sexuelles ; mes recherches sont demeurées négatives. Les ébauches des yeux, en particulier, se présentent de la même façon chez toutes les larves au 1er stade de l'*Eutermes matangensis*.

Ce qui précède peut se résumer ainsi :

Dès que les jeunes *Eutermes matangensis* sont arrivés au milieu du premier stade, on y reconnaît trois catégories d'insectes nettement distinguées par la largeur et l'aspect de leur glande génitale. (Glandes cylindriques larges, Glandes cylindriques étroites, Glandes moniliformes).

L'écart de dimension des glandes des deux premières catégories diminue si on considère des insectes moins âgés ; cependant, les jeunes à l'éclosion, eux-mêmes, ne sont pas semblables entre eux. Ils montrent des différences considérables dans la largeur et l'aspect des ébauches sexuelles, et ces différences permettent encore de les grouper en trois catégories.

L'aspect des glandes génitales dans chacune de celles-ci, correspond à celui qu'on observe dans chacune des sortes observées après la première mue : Sexués, Grands neutres (Ouvriers), Petits neutres (Soldats).

La conclusion logique de tout ceci est que la caste des termites est déjà déterminée lors de leur éclosion.

Je me proposais, en janvier 1925, de compléter cette étude par des coupes pratiquées dans l'abdomen des larves en question, mais ayant du quitter alors, inopinément, l'Institut Scientifique de Saigon, je fus obligé de renoncer à mon projet. Je l'ai exécuté depuis sur les indications de M. Bouvier, et avec l'aide bienveillante de M. Semichon.

J'ai utilisé la méthode de triple coloration (hématoxyline - éosine - aurantia), dans les proportions que cet auteur a préconisées dès longtemps (1) ; elle m'a été fort utile pour tirer parti de matériaux dont la colorabilité se trouvait atténuée, par un séjour d'environ deux ans dans l'alcool à 80°. Les résultats obtenus confirment pleinement ce qui a été dit précédemment.

Les ébauches sexuelles des insectes ayant subi la première mue présentent, sur les coupes, l'aspect que j'ai déjà indiqué ; nous acquérons de nouvelles précisions. En particulier, la base de ces ébauches chez la jeune nymphe et chez le futur ouvrier est nettement renflée. Dans la dernière caste, la gonade est plus longue, en réalité, que ne le montrait l'observation par transparence. Elle est effilée à son extrémité antérieure.

Les coupes longitudinales pratiquées dans les plus jeunes nymphes reconnaissables (fig. 69), montrent une structure histologique de la gonade hautement suggestive. Elle possède déjà une ébauche de canal évacuateur : les éléments histologiques qui la composent sont de deux sortes. Les uns, — évidemment les éléments génitaux proprement dits — possèdent des noyaux très volumineux, presque sphériques, à contenu chromatique abondant, placés au sein d'un protoplasma plus ou moins indivis. Ils sont groupés par quantités variables, jusqu'à une dizaine, en masses allongées, ovoïdes, sphériques : ce sont ces masses qui apparaissent disposées en travées perpendiculaires au conduit génital (fig. 69, haut et bas). La section de celles-ci est de plus en plus circulaire à mesure qu'elle est plus

(1) Semichon. L'emploi des colorants nitrés et les substances neutropilesh, *Bull. Soc. Zool. de Fr.* xxxviii, 1913.

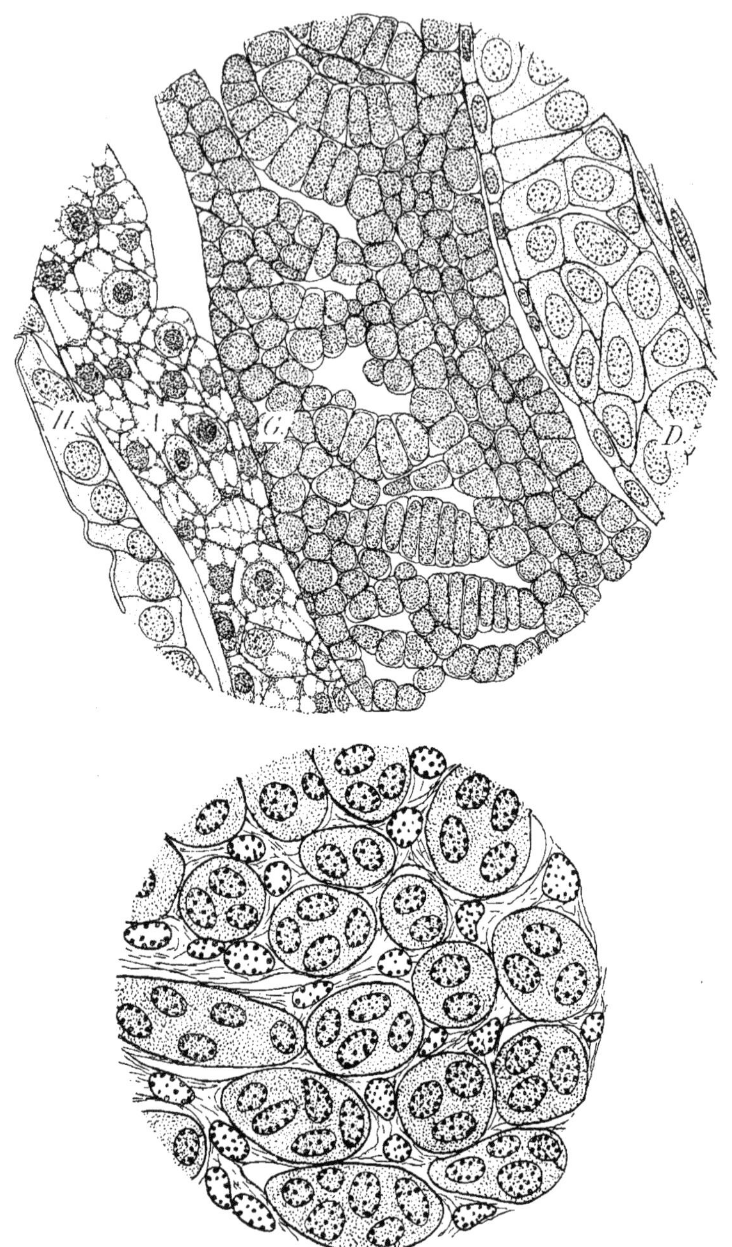


Fig. 69. — Ébauche génitale d'un *Eutermes matangensis* sexué au deuxième stade.

En haut, coupe longitudinale de la partie moyenne de la glande, montrant ses relations avec les organes voisins.

A, tissu adipeux ; G, glande sexuelle ; H, hypoderme ; D, tube digestif.

En bas, coupe représentant les deux sortes d'éléments histologiques de l'ébauche.

voisine de la normale à la direction d'allongement. Les mitoses y sont fréquentes : il n'est pas difficile d'en rencontrer les phases caractéristiques.

Entre ces masses, on aperçoit des noyaux plus petits, à contenu granuleux, inclus dans un protoplasma qui paraît étiré en lamelles et en fibres. Ces éléments revêtent extérieurement la glande ; ils pénètrent aussi dans l'intérieur, séparant les travées précédentes, comblant les intervalles. Ce sont là des cellules mésodermiques moins différenciées. Sur les coupes, elles paraissent souvent comprimées, occupant les espaces anguleux subsistant entre les éléments génitaux proprement dits.

Les coupes des ébauches génitales du futur ouvrier mettent en évidence la même forme cylindrique de la glande (fig. 70), le même aspect des cellules sexuelles. Mais ici, nous ne voyons pas trace du conduit évacuateur des cellules germinales : par rapport à la caste sexuée, la glande reproductrice est arrêtée dans son développement : elle ne le reprendra pas, à moins de circonstances spéciales. L'étude histologique suggère la même idée : les différences sont, ici, beaucoup moins accentuées entre les cellules génitales proprement dites et les éléments mésodermiques.

Les premières sont moins grandes, plus individualisées, moins fondues en travées. Les secondes sont surtout reconnaissables à la surface de la glande : elles y ont une forme allongée.

Le futur soldat (fig. 71) montre la disposition en nodules successifs que j'ai signalée, la longueur de l'ébauche génitale est très faible : elle tient toute entière dans le champ du microscope qui n'embrassait qu'à peine un quart des formations des autres catégories. Un détail anatomique permet de retrouver facilement cet organe, quelque petit qu'il soit : dans toutes les castes, à ce stade et au précédent, la glande sexuelle est située, par sa partie inférieure et moyenne, au milieu d'un cordon longitudinal de tissu adipeux qui la rattache à la paroi dorsale du corps ; ainsi, c'est au sein de ce cordon, facile à découvrir sur les coupes, qu'il faut chercher les cellules sexuelles. La différenciation histologique est plutôt plus faible encore que dans l'ébauche génitale de l'ouvrier au même stade.

J'ai procédé au même examen sur des jeunes *Eutermes matan-*

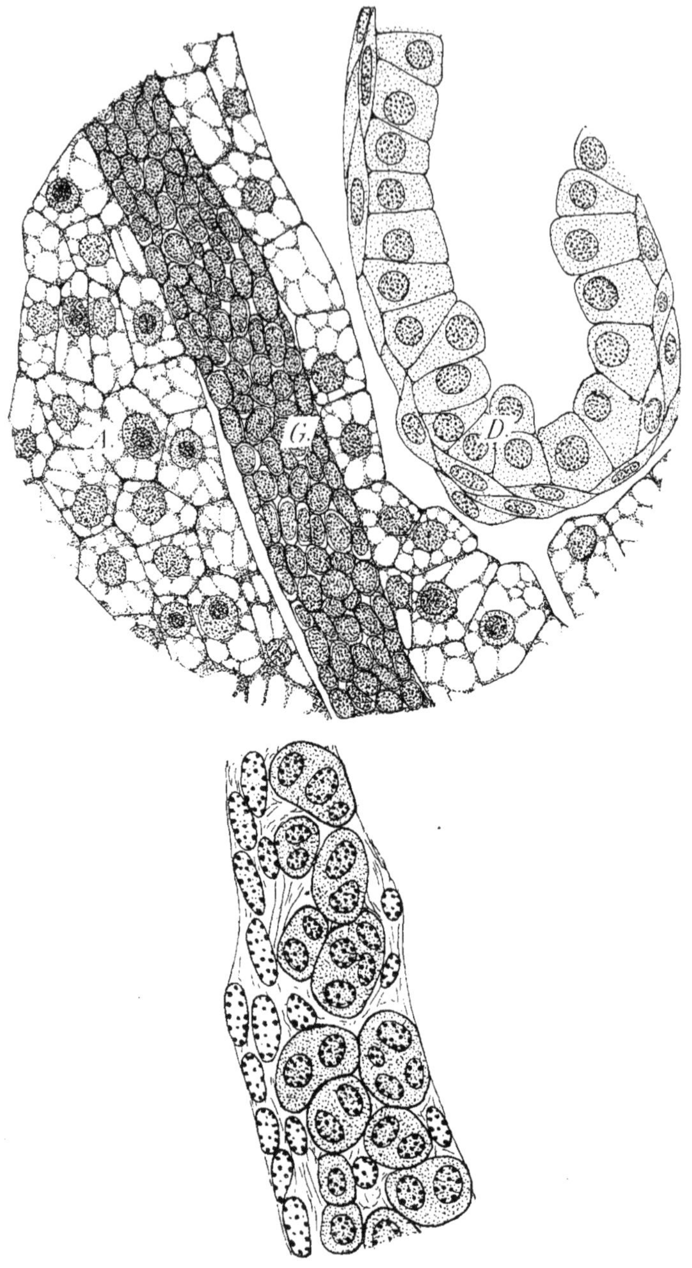


FIG. 70. — Ébauche génitale d'un ouvrier d'*Eutermes matangensis* au deuxième stade larvaire.

En haut, coupe longitudinale de la partie antérieure de la glande ; en bas, détail histologique.

Mêmes échelles, mêmes conventions de lettres que précédemment.

*gensis* à l'éclosion, avant la première mue. Je choisis dans plusieurs centaines de ces larves, une quarantaine d'individus d'âge moyen et sensiblement égal. Les insectes prélevés étaient donc tous semblables extérieurement : je les colorai par l'hématoxyline alcoolique au fer, comme il est dit précédemment. Je pus ainsi, par observation à la loupe et au microscope, séparer les trois castes indiquées.

Des coupes longitudinales pratiquées sur la région droite de divers exemplaires, me montrèrent les aspects reproduits par les figures 72, 73 et 74. Celles-ci diffèrent un peu entre elles par l'orientation et la distance au plan médian du plan de coupe ; elles ont porté sur des insectes inégalement rétractés. On peut, cependant, reconnaître sur toutes le cerveau, les sections du tissu hypodermal (hachures) et du tissu musculaire (hachures pointillées). On voit aussi les sections droites ou obliques des anses du tube digestif. La plus haute se rapporte à une partie voisine du jabot, la section dorsale à l'intestin moyen, la ou les sections ventrales à la partie postérieure du tube digestif. Le rectum a été coupé « en cuiller » sur les trois échantillons choisis. On reconnaît aussi les coupes obliques ou droites de tubes de Malpighi. L'aspect des ébauches génitales allongées sous la partie dorsale, est des plus nets : les trois castes diffèrent évidemment à cet égard.

Il est bon de remarquer que chez le sexué, la gonade s'accroîtra beaucoup en longueur et en diamètre au stade suivant ; l'augmentation sera moins forte pour l'ouvrier et consistera surtout en un allongement. Il y aura, au contraire, chez le soldat, réduction à la partie basale qui s'épaissit un peu.

Les coupes transversales sont aussi instructives (fig. 75, 76, 77). Les ébauches génitales des sexués sont déjà plus épaisses qu'elles ne le seront au stade suivant, chez le jeune ouvrier. On retrouve sur ces figures, les mêmes organes que sur les précédentes : les coupes passent par la partie inférieure de l'une ou des deux anses que forme le tube digestif. Le rectum occupe toujours la partie centrale. En 75 et 77 on aperçoit le vaisseau dorsal. J'ai représenté la section approximative du cordon de tissu adipeux qui contient les glandes sexuelles : on voit que les tubes de Malpighi peuvent y pénétrer. Il se trouve que la coupe du futur soldat (fig. 75) passe par le groupe

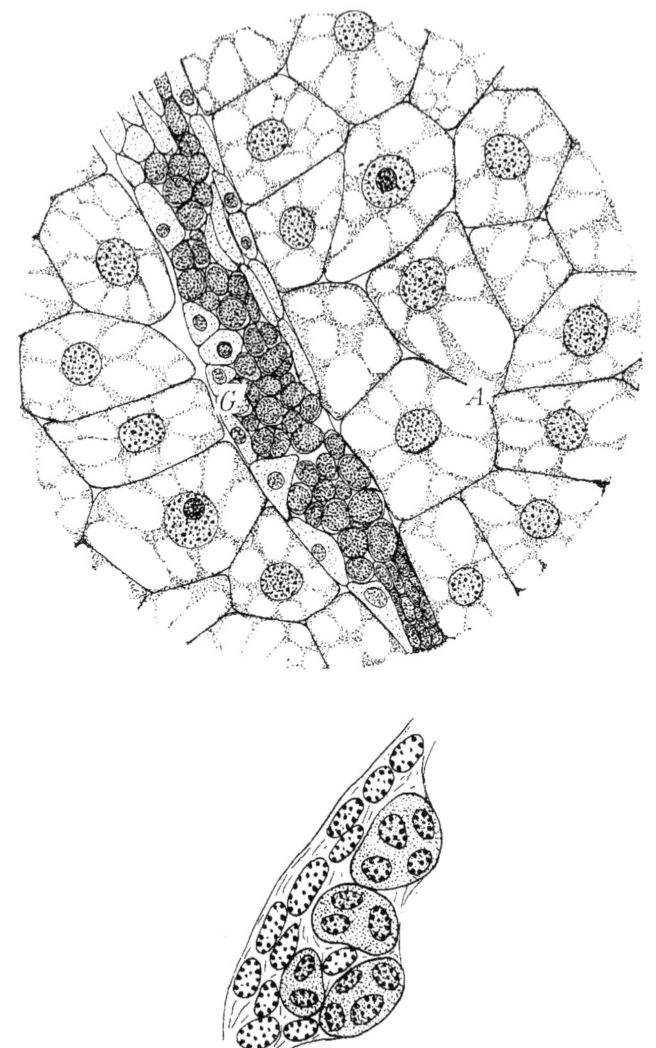


FIG. 71. — Ébauche génitale d'un soldat d'*Eutermes matangensis* au deuxième stade larvaire.

En haut, coupe longitudinale de la glande ; en bas, détail histologique d'un des « nodules » glandulaires. Mêmes échelles, mêmes conventions de lettres que précédemment.

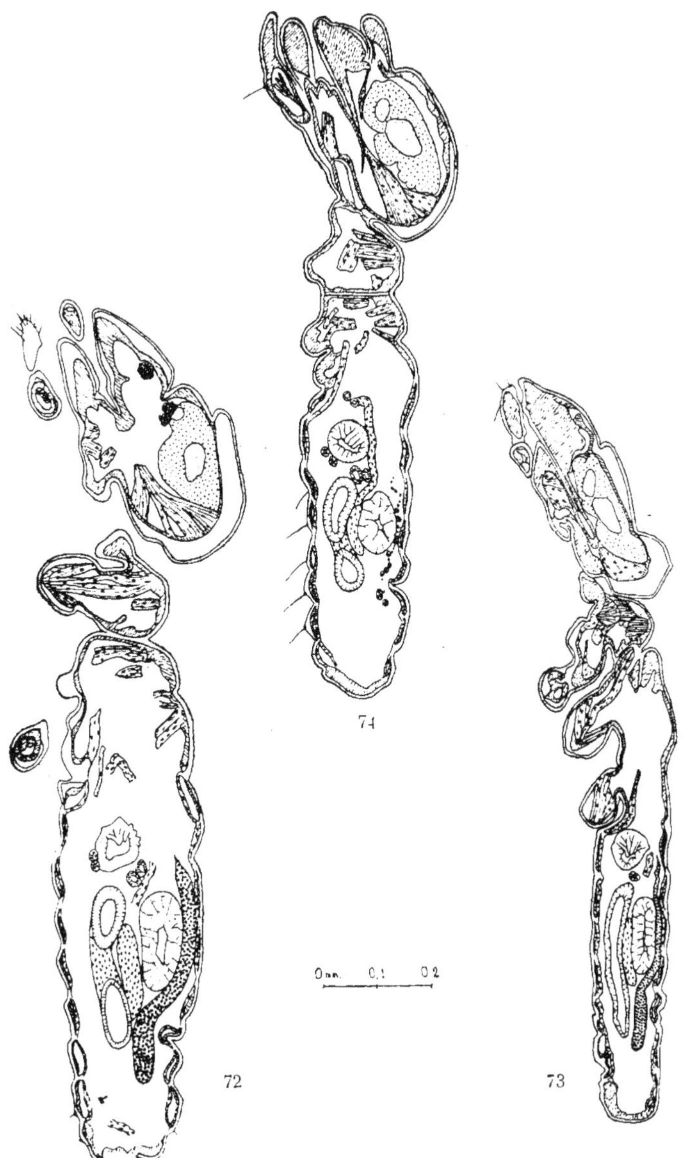


Fig. 72 à 74. — Coupes longitudinales montrant la disposition de l'ébauche génitale droite, dans les larves des trois castes d'*Eutermes matangensis* au premier stade larvaire.

Les hachures indiquent le tissu hypodermal, les hachures pointillées le tissu musculaire. Remarquer les sections du cerveau, des tubes de Malpighi, des diverses anses intestinales, de l'ébauche génitale, contre la paroi dorsale.

72, futur sexué ; 73, futur ouvrier ; 74, futur soldat.

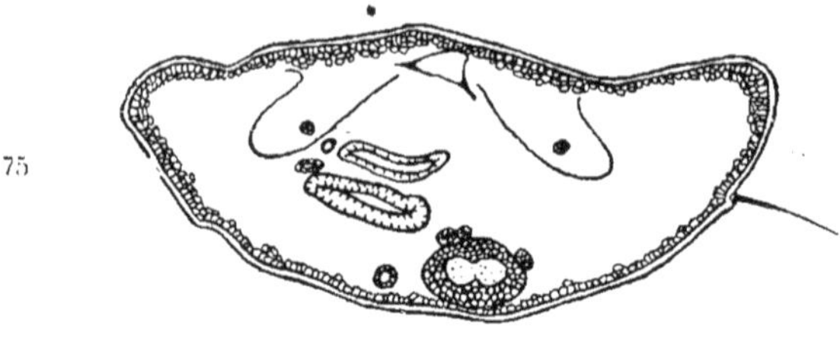


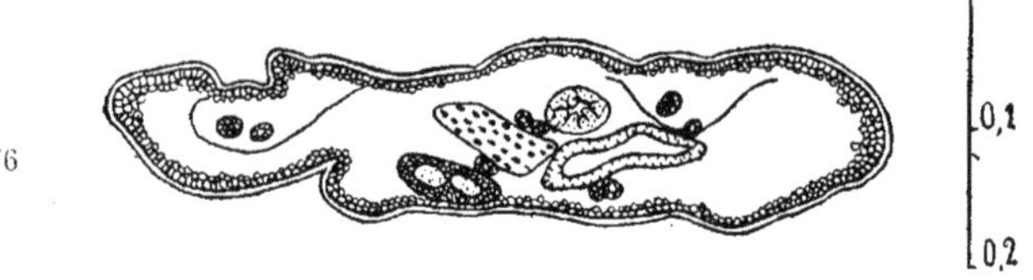


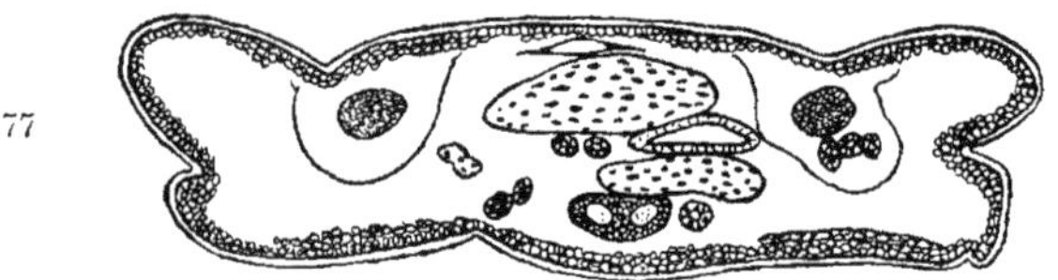


Fig. 75 à 77. — Coupes transversales des larves des trois castes d'*Eutermes matangensis*, au premier stade larvaire.

Chaque ébauche génitale est rattachée à la paroi dorsale, par du tissu adipeux formant un cordon longitudinal dans lequel elle est placée. On a représenté la section de celui-ci ; il peut être traversé par des tubes de Malpighi. En 75 et 77, vaisseau dorsal.

75, futur soldat ; 76, futur ouvrier ; 77, futur sexué.

cellulaire inférieur de chacune des deux glandes... Elle est séparée d'autres coupes semblables par des tranches qui ne contiennent aucune cellule génitale.

L'examen de ces organes à un fort grossissement révèle (fig. 78, 79, 80) une structure tout à fait semblable, respectivement, à ce que nous avons vu pour les mêmes castes au stade suivant ; on reconnaît déjà, sur la section de la gonade du futur sexué, l'indication du conduit génital. La distinction des deux sortes de cellules de l'ébauche génitale est encore faisable (fig 78, 79, 80). Ainsi donc, nous ne pouvons pas douter du fait que les trois castes de l'*Eutermes matangensis* sont très nettement séparées par l'aspect des organes sexuels, bien avant la première mue.

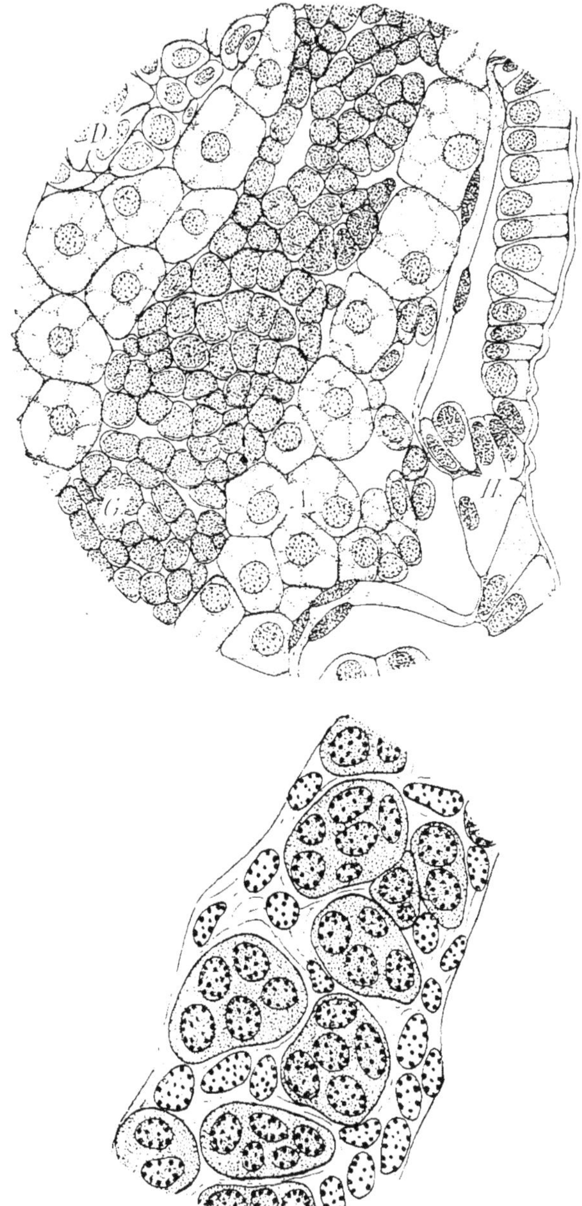


FIG. 78. — Ébauche génitale d'un jeune sexué d'*Eutermes matangensis* au premier stade larvaire.

En haut, coupe longitudinale de la partie moyenne de la glande ; remarquer, à la partie supérieure, la coupe oblique du canal génital ; en bas, détail histologique.

Mêmes échelles, mêmes conventions de lettres que précédemment.

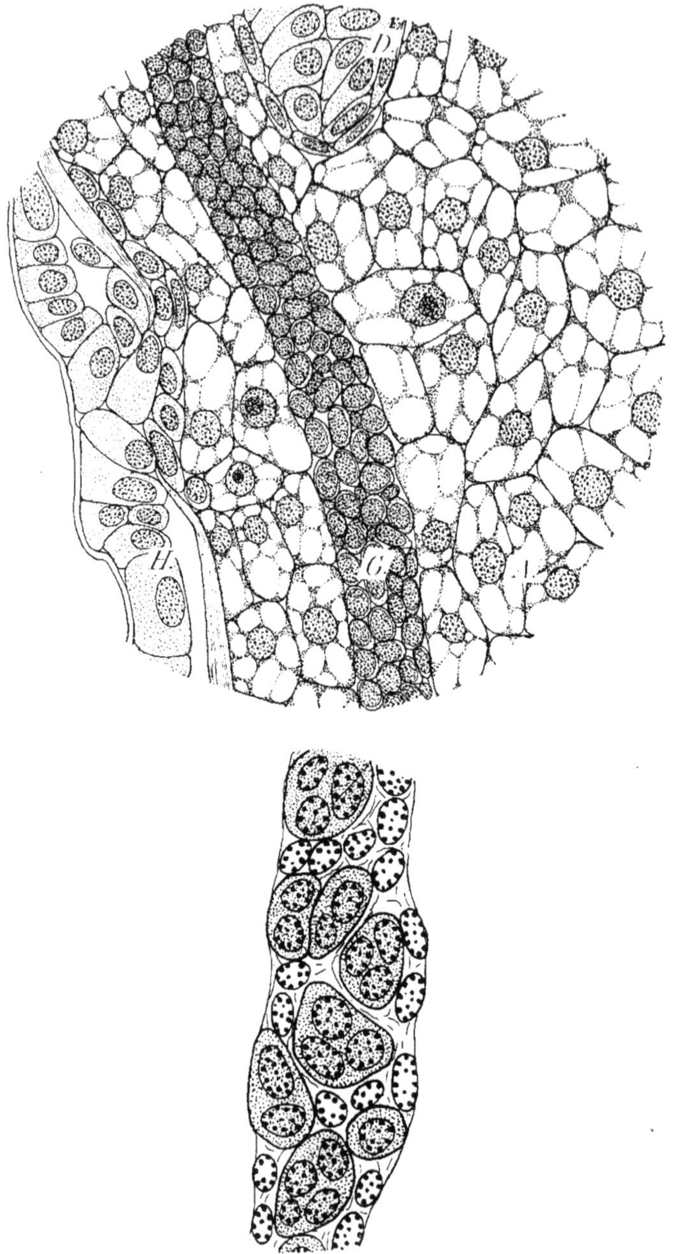

FIG. 79. — Ébauche génitale d'un ouvrier d'*Eutermes malangensis* au premier stade larvaire.

En haut, coupe longitudinale de la partie antérieure de la glande ; en bas, détail histologique.

Mêmes échelles, mêmes conventions de lettres que précédemment.

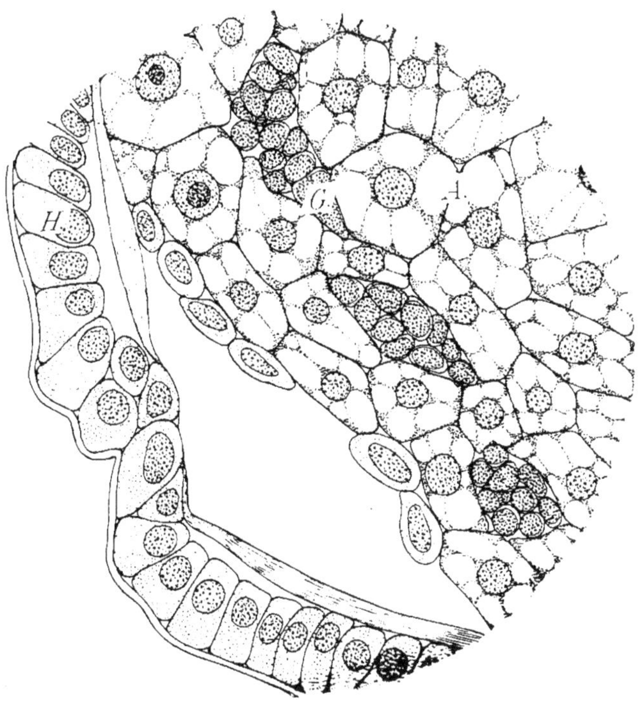


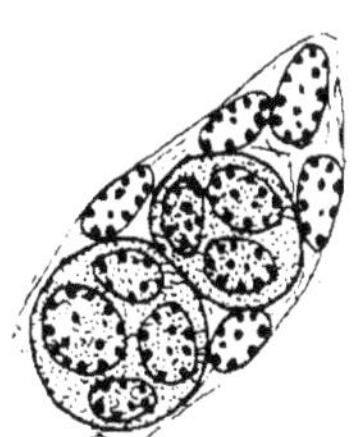

Fig. 80. — Ébauche génitale d'un soldat d'*Eutermes matangensis* au premier stade larvaire.

En haut, coupe longitudinale de la partie moyenne de la glande ; en bas, détail histologique d'un « nodule ».

Mêmes échelles, mêmes conventions de lettres que précédemment.

## Étude du mécanisme de la détermination des castes chez les Termites

Ceci et ce qui précède entraîne comme conséquence, que la caste des termites est déterminée avant l'éclosion, lorsque l'animal est encore enfermé à l'intérieur de l'œuf. Rapprochons de cette proposition les faits suivants, qui m'ont été montrés nettement par l'étude des termites indochinois.

1° La production des sexués est saisonnière. Au moment de l'envol des ailés et pendant les deux mois qui précèdent, on ne trouve pas de jeunes nymphes dans les termitières. Inversement, les neutres semblent alors produits en plus grande abondance.

2° Les œufs des termites que j'ai pu étudier semblent transportés les uns à côté des autres, par les ouvriers, de telle sorte qu'on les retrouve ensuite par petits paquets pondus presque ensemble. Or, lorsqu'on ouvre une termitière, on y trouve un mélange d'amas assez étroits, de bêtes de même âge et de même caste. Ainsi, les œufs seraient pondus par groupes restreints de même caste. La même idée est suggérée fortement par l'observation des insectes en cours de mue. Si l'on fixe instantanément la population entière d'une termitière, chose que j'ai faite bien souvent, on y rencontre, naturellement, relativement peu de termites en train de muer, parce que la durée des hypnoses est très courte, comparée à celle des périodes actives. De plus, les individus effectuant une certaine mue déterminée paraissent plus fréquents que les autres.

Autrement dit, nous avons saisi l'ensemble des castes à un instant donné, et il se trouve que cet instant correspond à une période bien saisissable, courte d'ailleurs, de la vie de nombreux insectes d'une caste donnée. Ceci implique nécessairement que ces insectes de même caste ont été pondus en même temps. C'est ainsi que j'ai examiné bien des termitières d'*Eutermes matangensis* avant de rencontrer celle qui me montra une grande quantité de formes ouvrières en train de donner, par mue, des soldats nasuti. Il me fallut, de la même façon, fixer bien des termitières de la même espèce avant d'en trouver une qui contint, précisément, le passage du premier au second stade de la forme nasutus. Inversement, cette même transition me fut fournie par une des premières colonies d'*Eutermes cuphus* que j'étudiai. Ainsi, les œufs semblent pondus par lots successifs de bêtes de même caste.

Je suis donc porté à admettre que la caste des termites est non seulement déterminée dans l'œuf qui va éclore, mais qu'elle l'est dès le premier instant de l'existence de cet œuf, dès la fécondation. Elle est due, si je ne me trompe, à l'action des circonstances extérieures (température, humidité, qualité, quantité de la nourriture) sur les progéniteurs, action dont je ne puis pas préciser les enchaînements et qui aboutit à la production d'éléments sexuels différents.

On conçoit facilement que, par exemple, la saison sèche entraîne, par un tel mécanisme, l'apparition exclusive de neutres, tandis que la saison humide conditionne la production d'une certaine proportion de sexués. En ce qui concerne les neutres, on comprend aussi facilement que la réalisation des diverses castes soit due, de même, à la rencontre, dans une proportion donnée, d'éléments sexuels qualitativement différents. Et, pour préciser ma pensée, je dirai que, peut être, cette détermination des diverses castes, se fait par l'intermédiaire d'une répartition chromatique qualitativement ou quantitativement différente dans les diverses sortes de produits germinaux.

En résumé, je crois que la caste des termites est déterminée dès la fécondation, par la nature des éléments sexuels qui s'y mêlent : cette nature étant, elle-même, conditionnée par les réactions du couple progéniteur aux circonstances biologiques du milieu ambiant.

Je vois dès maintenant l'objection qu'on ne manquera pas de dresser devant cette proposition. Il y a bien longtemps que Grassi a pu observer l'effet d'une nourriture appropriée sur des larves neutres de *Reticulitermes lucifugus*. Elles sont transformées, par ce procédé, en individus se rapprochant des sexués normaux par l'aspect, et dont les glandes génitales deviennent fonctionnelles. La même nutrition spéciale donnée à des nymphes les rend sexuellement mûres, sans qu'elles atteignent la forme adulte ; ainsi se forment les royautés néoténiques que l'on rencontre dans beaucoup de termitières. Jucci a démontré (1) que le métabolisme de ces royautés complémentaires diffère notablement de celui des neutres, et se rapproche de celui des vrais sexués. On est ainsi conduit à penser que l'aspect extérieur des jeunes larves de termites, indistinguables à l'éclosion comme on sait, n'est que l'expression d'une réalité ; elles seraient, en fait, absolument semblables, orientables dans un sens ou dans un autre. C'est la nourriture qu'elles reçoivent qui y déterminerait la caste et, par des enchainements divers, transformerait les unes en sexués, les autres en ouvriers, les autres en soldats.

Je ne doute pas de l'exactitude des faits signalés par Grassi. Rien ne m'autorise à récuser les observations d'un naturaliste aussi éminent, illustré par de belles découvertes ; observations d'ailleurs vérifiées par plusieurs autres travailleurs distingués.

Mais ces faits qu'il faut recevoir ne sont-ils pas susceptibles d'une explication plus large ? La théorie même par laquelle les observateurs les relient ne peut-elle entrer dans une autre plus générale ? Je crois que oui et vais m'efforcer de le faire voir.

Il me semble que dans cette discussion, on se laisse quelque peu prendre aux mots. Il ne faut pas oublier que les ouvriers et les soldats des termites ne sont pas des neutres à proprement parler, puisque leur sexe n'est pas indécis. Ils sont des mâles ou des femelles reconnaissables extérieurement pendant toute leur vie, chez les espèces que je connais. Nul ne doute que les soldats et ouvriers d'*Isoptères* n'appartiennent à l'un ou l'autre des deux sexes. Ces individus dits « neutres » sont, en réalité, des sexués imparfaits chez qui les glandes génitales, bien qu'existant, au moins pendant un certain temps de la vie, ne fonctionnent généralement pas. De la même façon, les individus reproducteurs obtenus à partir de larves neutres, par modification de la nourriture fournie, ne sont pas des sexués parfaits puisque la trace de leur origine reste toujours visible. On reconnaît, en effet, parmi eux d'anciennes larves de soldats (rares

(1) Jucci. *Su la differenziazione de le caste ne la Societa dei Termitidi.* I Neotenici. Atti. R. Accad. Nat. dei Lincei, Mem. (5) 14. 1924.

d'ailleurs), d'anciennes larves d'ouvriers. Et alors, les observations de GRASSI et de JUCCI n'admettent que la conclusion suivante : Sous l'influence d'une nourriture particulière, les nymphes et les larves de sexués imparfaits qu'on appelle habituellement neutres, peuvent, chez certaines espèces de termites, devenir fonctionnelles au point de vue sexuel. Il ne s'agit pas d'un changement de caste, mais seulement d'une exaltation de l'activité génitale dans des sexués imparfaits quant à l'âge ou au développement des gonades.

Y a-t-il, là dedans, quelque chose qui autorise à douter des faits que j'ai allégués plus haut et de la théorie de la détermination de la caste qui en découle ?... Je suis heureux, d'ailleurs, de pouvoir ajouter de nouveaux exemples à ceux qu'ont recueillis et classés les éminents naturalistes italiens. Il m'est arrivé plusieurs fois de capturer ou de détruire la reine de diverses espèces de termites, sans détériorer la termitière. J'ai fait l'expérience avec plusieurs nids de *Macrotermes gilvus*, d'*Eutermes matangensis* et une colonie de *Microcerotermes Bugnioni*. Chez les deux dernières espèces, j'ai pu constater que mon intervention avait pour corollaire l'apparition de nombreuses formes complètement chitinisées, intermédiaires entre les ouvriers et les sexués. La figure de la pl. X représente un de ces individus, que j'appellerais volontiers « gynécoïde », apparu dans une termitière d'*Eutermes matangensis* dont j'avais enlevé la reine, conservée dans l'alcool. Je pus en recueillir des dizaines...

On voit que cette bête est pourvue d'yeux comme un sexué, mais avec un plus petit nombre de facettes. Les antennes possédaient, en général, 14 articles comme celles des ouvriers normaux, mais le 3e était très long. Quelquefois, on le trouvait dédoublé en un élément normal et un petit article basal, ce qui reproduisait presque l'antenne des sexués vrais de cette espèce. Le thorax diffère légèrement de celui d'un véritable ouvrier : le méso et le métanotum présentent de petites expansions latérales à la place où les sexués ont les ailes, et ces petites expansions rappellent singulièrement les premiers indices d'ailes que l'on trouve chez les premières nymphes reconnaissables.

Cet insecte mesurait :

| | |
|---|---|
| Longueur totale ........................ | 6mm 08 |
| Largeur de la tête, au niveau des yeux ........ | 1mm 47 |
| Largeur de la tête, en arrière des yeux......... | 1mm 42 |
| Largeur du premier anneau thoracique........ | 1mm 05 |
| Largeur du métanotum .................... | 1mm 31 |
| Longueur du thorax ....................... | 1mm 52 |
| Longueur de l'abdomen .................... | 3mm 68 |
| Largeur de l'abdomen ..................... | 2mm 21 |

On voit, par ces dimensions, qu'il était notablement plus grand qu'un ouvrier ordinaire.

Ces « gynécoïdes » correspondaient au quatrième et dernier stade de l'ouvrier ; ils provenaient par le moyen d'une mue, d'une forme semblable, plus petite, pourvue d'yeux, correspondant au troisième stade de l'ouvrier ordinaire. J'ai recueilli un certain nombre d'exemplaires de ces deux catégories, j'ai pratiqué des coupes dans un échantillon de chaque sorte. Le plus âgé possédait un ovaire avec des gaines ovariques et des œufs qui paraissaient très avancés, le plus jeune montrait un testicule non douteux et déjà très volumineux.

Je n'ai rien observé de particulier dans les stades plus jeunes récoltés en même temps que les ouvriers « gynécoïdes » ; je pense que ceux-ci provenaient de larves blanches ordinaires. Ils traverseraient ainsi les mêmes phases actives que les ouvriers normaux ; il est logique de les considérer comme appartenant à cette caste, bien qu'ils présentent un aspect aberrant. Un grand nombre de ces pseudo-sexués apparurent dans les conditions que j'ai dites ; il s'agissait d'une termitière située près du Laboratoire, que je pouvais bien surveiller, de telle sorte que cette observation doit être considérée comme certaine.

J'ai noté l'apparition de formes semblables dans un nid de *Microcerotermes Bugnioni* que j'avais dévasté, mais, ici, je ne puis que supposer avoir détruit le couple royal, car je ne l'ai pas trouvé.

Le point par où ces observations se rattachent à celles de Grassi est le suivant. Je suis très persuadé de l'exactitude de la théorie de l' « exsudat » de Homlgren, laquelle se rapproche beaucoup de la notion de « trophallaxis » de Wheeler. J'admets donc que la suppression des couples royaux entraine une profonde modification du régime alimentaire de la population des termitières devenues orphelines ; c'est par ce mécanisme que la plupart des auteurs expliquent, précisément, l'apparition des « sexués de remplacement ». Comme beaucoup d'autres naturalistes, j'ai eu l'occasion de constater que chaque reine de termites est nourrie d'une façon abondante et bien particulière par ses sujets. Elle est aussi, pour eux, une source d'aliments. Les ouvriers sont sans cesse occupés à lui tenailler les téguments avec leurs mandibules pour en faire sourdre du liquide ; j'ai vu quelquefois une goutte de fluide jaillir sous la morsure d'un neutre. Ces soins paraissent absolument nécessaires à la femelle fonctionnelle : une reine de *Macrotermes gilvus* ou d'*Eutermes matangensis* de laquelle on éloigne ses « infirmiers » paraît souffrir beaucoup. Au bout d'une heure de solitude, elle semble en danger de mort. Si on lui rend les soins de ses enfants, ceux-ci lui font subir l'opération de la saignée avec une vigueur inaccoutumée : cela presse beaucoup plus que de lui donner à manger. Et c'est seulement sous leurs succions et leurs morsures que la reine retrouve l'apparence de la santé.

De la même façon, les œufs, les larves, sont léchés avec avidité par les ouvriers; il y a, entre eux, de véritables batailles occasionnées par les compétitions pour le léchage des jeunes. On dirait qu'il s'agit pour nos insectes, d'une véritable friandise. Le 29 octobre 1923, j'arrachai à un ouvrier adulte d'*Eutermes matangensis*, une larve au deuxième stade qu'il portait. L'animal devint furieux, se jeta sur ses voisins, les mordit, finit par s'acharner sur une forme ouvrière de soldat nasutus dont il déchira le ventre et qu'il garda entre ses mandibules. J'ai renouvelé plusieurs fois cette expérience avec des résultats analogues.

La reine étant pour les neutres, une distributrice d'aliments recherchés, il semble que ceux-ci cherchent à y suppléer lorsque cette sorte de nourriture vient à leur manquer. Si on examine une termitière normale, on n'y observe jamais de larves blessées dans les nourriceries. Mais, lorsqu'on garde en captivité une population de termites dépourvue de mère, il se produit régulièrement un véritable massacre des jeunes par les adultes. On trouve chaque matin plusieurs larves décapitées, j'ai pu observer cette opération ; je suis porté à penser que c'est l'avidité des neutres pour les fluides organiques de leur propre espèce, qui déclanche des actes si contraires à leur conduite habituelle.

Il faut donc admettre qu'il y a un échange constant et considérable de nourriture entre les progéniteurs de chaque termitière et la population de celle-ci. Lorsqu'on supprime les premiers, la masse des termites en est réduite à chercher en elle-même une équivalence du couple disparu. Ainsi, les neutres doivent recevoir des soins semblables à ceux qui étaient donnés précédemment aux sexués fonctionnels. Adultes et larves, ils doivent être léchés, sucés, ponctionnés, ils doivent, de même, recevoir la nourriture, brute ou élaborée, que la reine et accessoirement le roi, absorbaient auparavant. Rien d'étonnant à ce que ce régime exalte le sexualité des neutres qui en sont l'objet, et fasse apparaître parmi eux, des sexués de remplacement comme ceux qu'a observés Grassi, ou les formes que j'ai vues moi-même. Le mode d'action est le même sur les nymphes ; le résultat est la production de véritables néotènes.

A l'égard des ouvriers et soldats, on conçoit que leur excitation génitale par ce nouveau genre de vie, puisse avoir des degrés et n'aille pas nécessairement jusqu'au fonctionnement régulier de la glande germinale. C'est bien ce qui semble se passer pour la généralité des termites de l'Indochine. Les différents nids dont j'ai détruit les royautés n'ont plus mené qu'une existence végétative, ont paru décroître sans cesse en nombre, et finalement, ont disparu par extinction. Il en a toujours été ainsi, chez *Macrotermes gilvus*, chez *Eutermes matangensis*, et, en particulier, chez cette dernière espèce, pour la termitière dans laquelle j'ai observé les ouvriers gynécoïdes décrits ci-dessus. Les choses se sont passées de même pour le nid de *Microcerotermes Bugnioni* que j'avais saccagé et où j'avais vu des formes à allures semblables.

Ainsi donc, nos termites différeraient, sous ce rapport, du *Reticulitermes lucifugus* étudié par Grassi. Ils appartiennent à des genres très spécialisés et ce sont surtout les formes inférieures qui paraissent produire abondamment les « sexués de remplacement ». C'est d'ailleurs un fait d'expérience commune, en Indo-

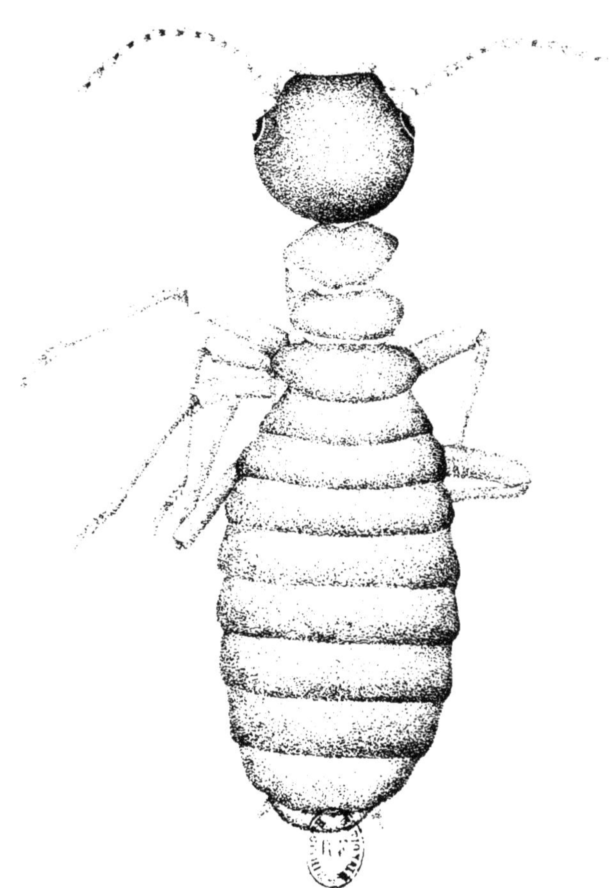

Forme ouvrière « gynécoïde » apparue, en abondance, dans une termitière d'*Eutermes matangensis* dont on avait supprimé le couple royal.

chine, qu'il est impossible de se débarrasser d'une termitière nuisible si on ne peut s'emparer de la reine, mais que la destruction de celle-ci entraîne celle du nid, quel que soit le nombre des neutres qui aient pu échapper.

Rien dans tout ceci n'indique un véritable changement de caste, au sens où ce mot est habituellement entendu, c'est-à-dire morphologiquement plutôt que physiologiquement. J'accorde aussi une grande importance au fait d'avoir toujours trouvé apparemment vide le tube digestif des larves et nymphes au 2e stade, donc déjà différenciées, de toutes les espèces que j'ai examinées. Les insectes, de diverses catégories ne recevaient ainsi qu'une même nourriture : les sécrétions des adultes. Je persiste donc à penser que la caste est déterminée dès la fécondation et ne se modifie plus par la suite.

---

## CONCLUSIONS

Les principaux points mis en évidence dans ce travail peuvent se formuler ainsi.

1° Les espèces suivantes de termites existent en Indochine et y sont communes :

*Calotermes (Cryptotermes) domesticus* HAVILAND.
*Leucotermes (Reticulitermes) Magdalenae* SILVESTRI n. sp.
*Coptotermes ceylonicus* HOLMGREN.
*Coptotermes curvignathus* HOLMGREN.
*Rhinotermes (Schedorhinotermes) malaccensis* HOLMGREN.
*Termes (Macrotermes) gilvus* var. *malayanus* HAVILAND.
*Termes (Macrotermes) malaccensis* HAVILAND.
*Termes (Macrotermes) carbonarius* HAGEN.
*Microtermes incertoides* HOLMGREN
*Odontotermes (Cyclotermes) hainanensis* LIGHT.
*Odontotermes Horni* WASMANN.
*Odontotermes (Hypotermes) obscuriceps* WASMANN.
*Hamitermes (Globitermes) annamensis* DESNEUX.
*Mirotermes comis* HAVILAND.
*Mirotermes laticornis* HAVILAND.
*Eutermes matangensis* var. *matangensioides* HOLMGREN.
*Eutermes (Trinervitermes) disparatus* SILVESTRI n. sp.
*Eutermes (Lacessititermes) cuphus* SILVESTRI n. sp.
*Microcerotermes Bugnioni* HOLMGREN.

2° Au point de vue de la nature des constructions, on peut grouper les termites en deux séries divergentes. Les uns montrent une adaptation de plus en plus étroite à la construction au moyen des excréments (carton de bois). L'*Eutermes matangensis* représente, à peu près, le terme indochinois le plus élevé de cette série. Les autres montrent une adaptation graduelle à la construction au moyen de terre mise en œuvre par les mandibules. *Macrotermes gilvus*, *Macrotermes carbonarius*, représentent les termes indochinois les plus évolués de cette série.

3° Sous l'influence de conditions biologiques créées par le développement de la termitière, les *Isoptères* de certains genres *(Odontotermes, Macrotermes, Microtermes)*, substituent à la terre, des matières ligneuses mastiquées, pour édifier les cloisonnements internes des chambres où ils déposent les larves. On obtient, ainsi, ce qu'on appelle les « meules » ou « jardins de champignons ».

4° Chez les diverses espèces indochinoises que j'ai étudiées, je n'ai trouvé de débris de mycocètes que dans l'intestin des neutres adultes, de leurs larves à des stades avancés et chez les nymphes avancées. Les jeunes larves (deux premiers stades) et nymphes ont un tube digestif qui paraît toujours vide. Tous les jeunes seraient donc nourris de salive pendant un certain temps.

5° Le soldat nasutus d'*Eutermes matangensis* défend la colonie en projetant à distance, sur ses adversaires, le contenu de sa glande céphalique, contenu qui paraît très semblable à une résine.

6° Au cours de chaque stade larvaire, les termites subissent une évolution qui fait passer leur corps de la transparence à une opacité jaune crémeuse, augmente la taille apparente de leur cerveau et la proportion des glandes sexuelles, rudimentaires ou bien développées.

7° Le schéma général du développement des termites indochinois est le suivant :

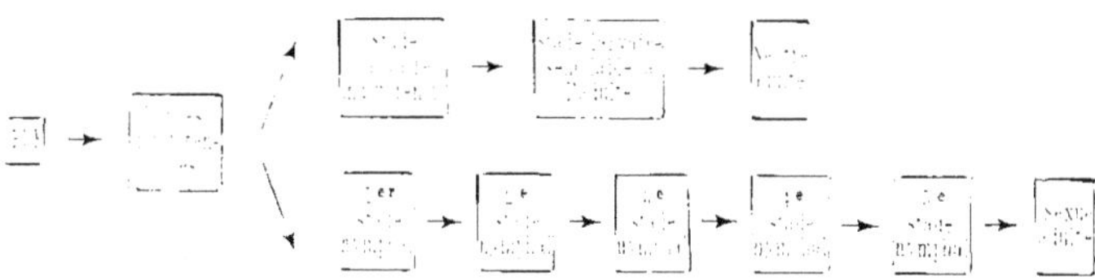

Les larves sont toutes semblables extérieurement, à l'éclosion ; celles des neutres conservent, pendant le deuxième stade, avec des tailles parfois inégales selon les castes, une forme indifférenciée. L'avant dernier stade est quelquefois assez fortement chitinisé pour partager les travaux communs, il ressemble toujours par sa forme, à l'adulte qui doit en sortir. C'est donc au début de ce stade, au cours de la deuxième mue, qu'apparaît le soldat ordinaire ou soldat à mandibules en pinces. Le soldat nasutus des *Eutermes* apparaît à la troisième mue seulement, aux dépens d'une petite forme à allure d'ouvrier. Il exige un stade supplémentaire pour devenir adulte.

8° L'étude des ébauches génitales des diverses larves de *Macrotermes gilvus* et d'*Eutermes matangensis*, montre que celles-ci ne sont, à l'éclosion, semblables qu'en apparence. En réalité, la caste des termites est déterminée dans l'œuf, avant l'éclosion et, bien probablement, dès la fécondation.

La suppression des couples reproducteurs entraîne chez quelques termites indochinois qu'on a pu étudier, et probablement par modification du régime alimentaire, l'apparition de certains caractères des sexués chez les insectes appelés habituellement neutres. Cependant, cette tendance des neutres vers le type sexuel normal, ne paraît pas aller jusqu'au fonctionnement de la glande génitale.

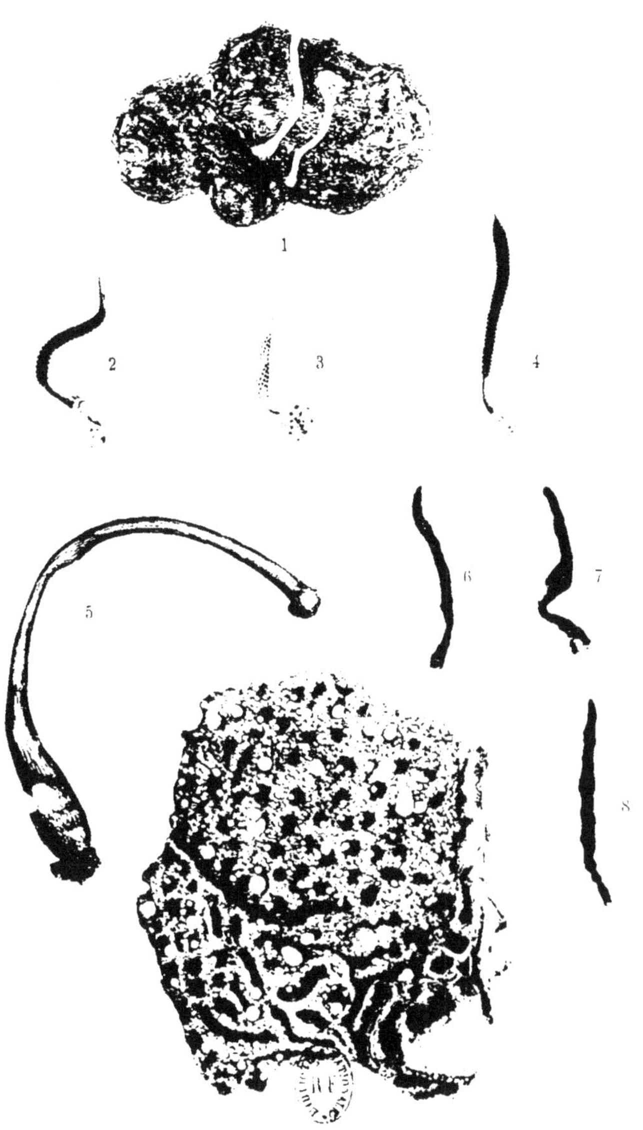


1. Fructifications de *Xylaria gardneri*, var. *minor*, au stade des conidies. 2, 3, 4. Le même champignon développant ses périthèces. 3, montre l'aspect jeune; 2, l'aspect un peu plus âgé; 4, l'aspect de maturité. — 5. Basidiomycète avorté obtenu en expérience, à partir d'une grosse mycotète de *Macrotermes gilvus*. — 6, 7, 8. Fructifications vieillies de *Xylaria gardneri*, var. *minor*, trouvées à Saigon, sur un tronc de manguier mort. — 9. Meule de *Macrotermes gilvus* portant de grosses mycotètes en voie d'évolution.

NOTA : Toutes les figures de cette planche sont de grandeur naturelle.

# LES CULTURES MYCÉLIENNES
# DES TERMITES DE L'INDO-CHINE

**Introduction.**

On a parlé dans le précédent travail, des « meules » sur lesquelles les termites déposent leurs jeunes, meules qui, comme nous l'avons vu, sont formées de matières ligneuses mastiquées et mises en œuvre sur place, dans la termitière. Nous savons aussi que ces constructions (fig. 1 et 2, pl. I), bien que d'aspect différent d'une espèce à l'autre, ont cependant d'importants caractères communs. Toutes offrent un aspect velouté dû à un revêtement de très fins filaments mycéliens ; ce velours présente, sur certaines lignes, un enchevêtrement des tubes élémentaires, il se forme ainsi comme de minuscules cloisons disposées en un vague réseau, enserrant des sortes de petites dépressions polygonales, irrégulières. Elles portent, de distance en distance, de petites sphères blanchâtres dont le diamètre est souvent inférieur à un millimètre : ce sont les mycotêtes. Dans une termitière normale, les meules conservent longtemps le même aspect, des mois sûrement et probablement plusieurs années, le ou les champignons qui y végètent demeurant aussi sous la même forme.

Divers problèmes se posent ici. Que sont exactement ces champignons ? Comment se développent-ils sur la pâte de bois ? Comment sont-ils maintenus sous cette forme constante bien particulière ? J'ai essayé d'éclaircir ces divers points en étudiant des termites champignonnistes indochinois communs et, en particulier, *Macrotermes gilvus*.

**Essais de conservation à l'extérieur, de meules de termites.**

Le projet d'expérience qui se présente d'abord à l'esprit, est l'essai de conservation de meules dans des milieux aseptiques. On peut, par exemple, prélever une de ces constructions, la mettre sur du papier filtre humide, dans une boîte de fer-blanc close et observer ce qui se passe. Je l'ai fait souvent, et pour diverses espèces de termites en prenant des précautions d'asepsie minutieuse. J'opérais par un jour humide pour éviter l'envol de poussières, j'ouvrais rapidement une termitière et, au moyen d'une pince flambée fortement chaque fois, je prélevais une à une les meules à étudier puis les plaçais dans une boîte, stérilisée d'avance à l'autoclave, qu'un aide ouvrait et refermait aussitôt.

J'ai toujours observé l'enchaînement des mêmes phénomènes. Le fin velours qui recouvre les meules devenait peu à peu moins visible, caché par le développement progressif de nouveaux filaments mycéliens, d'aspect soyeux, blancs, paraissant droits, qui croissaient en nombre et en longueur jusqu'à former un voile serré. En même temps, les mycotêtes jaunissent, semblent se flétrir et se détachent facilement du support.

Au bout de quarante-huit heures, la meule, devenue complétement invisible, commence à produire une quantité considérable de cordons blancs pubescents, de dix centimètres de long sur trois à cinq millimètres de diamètre, qui se dressent perpendiculairement à sa surface. Ce développement est véritablement vertigineux et les termites, lorsqu'ils en sont témoins, paraissent le redouter beaucoup. Dès ses premiers débuts, ils abandonnent la meule et transportent leurs jeunes larves qui y reposaient, aussi loin que possible ; ils détachent un certain nombre de mycotêtes et les déposent dans un endroit sec, puis se retirent définitivement. D'ailleurs, les filaments soyeux apparaissant sur la meule, paraissent opposer à leur marche de grosses difficultés.

Si on laisse la culture à elle-même, dans les conditions que j'ai dites, la vitesse du développement se maintient quelques jours ; il se forme alors, de nouveaux cordons semblables à ceux que l'on peut observer à la surface du bois humide, dans certaines caves. Puis ces organes deviennent noirs et glabres à la base, l'extrémité seule demeurant blanche et pubescente, il se développe de nouvelles formations semblables mais de plus en plus grêles. Enfin, tout se flétrit.

J'ai parlé dans l'hypothèse d'un prélèvement aseptique des meules. Si l'on opère sans prendre cette précaution, la culture paraît cependant rester pure pendant plusieurs jours, tant que le champignon développe ses cordons avec vigueur. Lorsqu'il entre dans la période de dépérissement, il est, au contraire, souvent envahi par des moisissures au sens vulgaire du mot. J'ai remarqué fréquemment parmi celles-ci un *Penicillium* et un *Aspergillus*. D'ailleurs, même si les conditions de la récolte et de la conservation aseptiques sont réalisées, la culture peut montrer d'autres espèces, lorsque le premier mycélium a épuisé sa vigueur. Ces derniers existaient donc, au moins à l'état de spores, dans le substratum.

Si, dès le début de la formation des cordons, nous exposons à la lumière le champignon et la meule qui le porte, le développement de ces organes est beaucoup moins exubérant. Ils restent longs d'environ cinq centimètres avec un diamètre voisin de deux millimètres... Ils ne deviennent pas noirs, leur couleur est grisâtre et ils paraissent, après une dizaine de jours, couverts d'une très fine poussière. Ces cordons verticaux sont positivement phototropiques : ils s'inclinent du côté d'où leur vient le jour et ceci est bien d'accord avec le fait que la lumière limite leur croissance. En examinant ceux qui sont le plus nettement gris, nous trouvons qu'ils laissent échapper une très fine poussière de spores conidiennes, atteignant environ 3μ dans leur plus grande dimension.

Je n'ai jamais pu conduire plus loin mes cultures. En les conservant plus longtemps, je les voyais pousser de nouveaux cordons qui, de plus en plus lentement, se recouvraient de conidies. Puis la végétation s'arrêtait. Mais j'ai eu l'occasion d'observer, dans la nature la suite du développement de ce même champignon.

**Observations correspondantes faites dans la nature.**

Le 5 septembre 1922, j'observai qu'une termitière de *Macrotermes gilvus*, située au bord d'un fossé limitant le terrain de l'ancienne citadelle, portait une vingtaine de cordons gris, tout à fait semblables à ceux obtenus au Laboratoire. La figure 1 de planche XI en donne la représentation. Ils laissaient échapper, dès qu'on les touchait, une abondante poussière de conidies. Après en avoir pris un certain nombre, j'attaquai le « mur » de la termitière, pour voir jusqu'où s'enfonçaient leurs bases. J'arrivai ainsi à un groupe de chambres, qui avaient contenu des meules du type habituel. Celles-ci étaient abandonnées par les termites et avaient subi de notables altérations. Elles étaient très friables, de couleur brun foncé, mais la structure alvéolaire en était encore bien reconnaissable. Elles étaient couvertes de cordons noirs semblables à ceux obtenus en cultivant le champignon dans des boîtes closes, c'est-à-dire très longs, très nombreux, repliés sur eux-mêmes, enchevêtrés ; ils remplissaient l'espace compris entre les meules et les cavités qui les renfermaient. Plusieurs d'entre eux s'étaient insinués dans les fissures du « mur » et, parvenus au dehors, avaient produit à leur extrémité l'appareil conidien figuré plus haut.

Mon investigation m'avait permis d'en respecter plus de la moitié. Je les laissai en place. En pratiquant des coupes transversales dans les fructifications prélevées, je pus constater qu'elles possèdent un axe central de 1 millimètre de diamètre, constitué par un stroma de filaments mycéliens, avec une zone centrale plus lacuneuse. A la périphérie, se trouvaient, de distance en distance, des cordons de tissu plus serré, jouant, sans doute, un rôle de soutien. Tout autour, étaient diposés sur une épaissseur de $0^{mm}$ 4, des appareils conidiophores. Ceux-ci se composaient de filaments mycédliens de longueur inégale, ramifiés, portant au sommet de leurs branches des bouquets de conidies ovoïdes. L'aspect de l'ensemble était tout à fait semblable à celui des mêmes organes de *Xylaria polymorpha*, figurés par ENGLER(1). Le 2 octobre, je retournai à la même termitière et examinai les fructifications que j'avais laissées sur pied. Elles étaient à divers états de développement mais toutes s'étaient renflées sur leurs partie moyenne (fig. 2. pl. XI). Le quart inférieur avait un peu augmenté en épaisseur et se présentait avec une couleur grise et un aspect ridé. Il me parut tout à fait dépourvu de poils. La partie centrale offrait une couleur et un aspect sur lequel je reviendrai. Quant au quart supérieur, il était, en général, d'un gris plus ou moins sale et se montrait flétri, desséché, réduit en épaisseur.

Sur les cordons les moins évolués, la partie moyenne apparaissait plus épaisse que le pied, ayant un diamètre de plus de trois millimètres. (fig. 3. pl. XI) Elle était encore grise, un peu ridée, verruqueuse, marquée, sur les saillies des rides. de petits points en relief. La dissection montrait qu'ils correspondaient à l'ouverture au dehors. de petites cavités creusées dans l'épaisseur du stroma. Les cordons plus âgés (fig. 4, pl. XI) offraient une couleur à peu près noire dans leur partie moyenne. Les rides y étaient moins reconnaissables, disparaissant sous une ornementation composée d'un grand nombre de petits bourrelets circulaires proéminents. Ceux-ci entouraient l'ouverture des petites chambres, simplement marquée par une tache noire sur les cordons moins avancés. (voir fig. 81 à 84).

L'examen microscopique de coupes pratiquées transversalement dans ces organes. me démontra qu'ils étaient des appareils fructificateurs. On les trouvait formés par un stroma de filaments mycéliens fins. plus serrés et cutinisés à la périphérie, donnant ainsi à l'ensemble. une sorte d'écorce brune. Les petites cavités du stroma, dont la paroi constituait un faux-tissu serré. étaient autant de périthèces d'environ un demi-millimètre de diamètre. Ils portaient de nombreux asques tubuleux contenant. chacun. huit petites ascospores. J'en trouvai à divers états de développement. Certaines ascospores étaient en place : le plus souvent elles avaient quitté l'as-

(1) Die Naturlichen Pflanzenfamilie. 1 Teil. Abp. 1. Leipzig. Engelmann, 1897. fig. 287.

que mais restaient groupées en files linéaires de huit. Il y en avait enfin, de plus avancées, éparpillées dans le périthèce ou au dehors, près de son ouverture. Leur aspect était absolument conforme à celui figuré par divers mycologistes et, en particulier, par F. VINCENS (1). On les trouvait très petites (fig. 85), n'atteignant pas 10µ dans leur plus grande longueur, de contour ovale, aiguës aux extrémités, biconvexes et portant sur une face le sillon de germination.

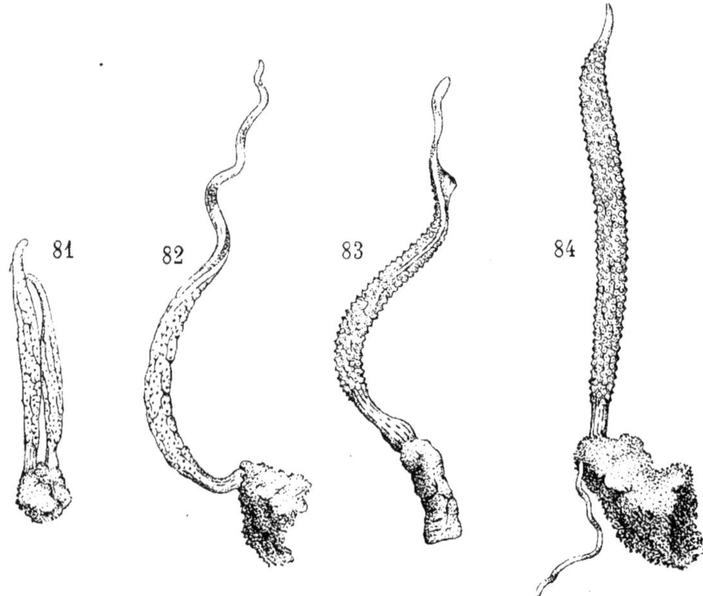


FIG. 81 à 84. — Diverses phases du développement apparent des périthèces de *Xylaria Gardneri*, var. *minor* grossi deux fois environ.

J'utilisais pour ces observations un objectif apochromatique de ZEISS, à immersion, d'ouverture numérique 1, 40.

Nous pouvons donc, à présent, considérer comme acquis le fait suivant : lorsque l'on retire une meule de *Macrotermes gilvus* de son milieu naturel, son aspect change notablement, un nouveau mycé-

(1) F. VINCENS. Structure des ascospores des Xylariacées. *Bull. Soc. Myc. de France*, t. XXXIV, 1918, p. 101.

lium se développe et aboutit à la constitution de l'appareil fructificateur d'un *Ascomycète*. Le fait que celui-ci, avant de porter des asques, se recouvre de conidies classe le champignon parmi les *Xylaria*. M. Heim, assistant au Laboratoire de Botanique cryptogamique du Muséum National d'Histoire Naturelle l'a déterminé comme *Xylaria Gardneri*, Berkeley, variété *minor*. Le *Xylaria Gardneri* typique paraît équivalent à *Xylaria nigripes* Klotsch qui a été. précisément, rencontré par Petch sur les meules d'*Odontotermes obscuriceps* à Ceylan. *Xylaria escharoïdea* Berkeley paraît voisin du précédent. mais non identique. Toutes ces formes rentrent dans le sous-genre *Xyloglossa* de Cooke.

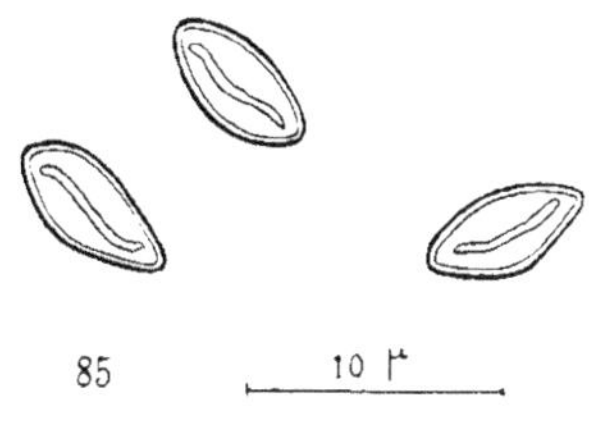

Fig. 85. — Ascospores de *Xylaria Gardneri*, var. *minor*.

J'ai des raisons de penser que ce *Xylaria* est assez répandu dans la nature, en Cochinchine. Le 2 mars 1923, j'observai qu'un manguier mort situé à Saigon, rue Rousseau, en face de la pépinière des Services Agricoles, portait, à la base, sur son écorce craquelée, une centaine de productions noires, allongées, de quatre à cinq centimètres de long (fig. 6, 7, 8, pl. XI). Elles étaient désséchées, dures et cassantes. Leur aspect me frappa, car il me rappelait singulièrement celui des fructifications âgées du *Xylaria* des termites, que j'avais laissées évoluer sur une de leurs constructions, à l'autre bout du terrain militaire. Par ailleurs, l'assistant annamite du Laboratoire, m'affirma que ces objets n'étaient pas rares et se recontraient fréquemment sur les arbres morts.

L'examen au binoculaire me révéla leurs rapports de similitude avec ce que j'avais observé sur une termitière ; j'y retrouvai les mêmes rides. avec les mêmes petits bourrelets plus foncés. Ici, la teinte générale était passée au noir brunâtre et la dessiccation s'était accentuée. La dissection montra que chaque bourrelet noir correspondait à l'ouverture d'un périthèce ressemblant complétement aux mêmes organes du *Xylaria* des termitières. Ils étaient seulement un peu plus avancés : la cutinisation avait gagné leurs parois et ils ne contenaient plus d'asques, comme je pus l'apercevoir par la méthode des coupes. Par ailleurs, la correspondance était si exacte que je ne puis douter que ces fructifications appartiennent, en effet, au *Xylaria Gardneri*, var. *minor*. M. HEIM qui a examiné tous mes échantillons admet aussi cette identité. Ce champignon peut donc se développer librement dans la nature ; il est, dès lors, très possible que ses spores se rencontrent dans les débris végétaux avec lesquels les insectes édifient leurs meules.

Des thallophytes très voisins, sinon spécifiquement identiques, doivent exister sur la généralité des meules de termites dits champignonnistes. PETCH (1) a trouvé sur les meules des *Odontotermes obscuriceps* et *Redemanni*, le *Xylaria nigripes*, KLOTSCH, dont la différence avec le nôtre, paraît être de l'ordre des variétés.

Des meules fraîches de *Macrotermes malaccensis*, abandonnées en boîte close, à la température du Laboratoire, ont poussé, au bout de quelques jours, des cordons duveteux absolument semblables à ceux de *Macrotermes gilvus*. Ainsi, le champignon trouvé dans ce cas était encore un *Xylaria*. Je n'ai pas observé les périthèces et ne puis dire s'il s'agit de la même forme, ou seulement d'une proche parente. J'ai constaté la même chose avec des meules de *Microtermes incertoides*.

Au cours d'un voyage dans le Sud-Annam, j'eus l'occasion de recueillir des meules d'*Odontotermes obscuriceps*. Placées en milieu confiné, à la température ordinaire, elles donnèrent un feutrage épais de filaments nettement gris, avec des cordons verticaux noirs. Là encore, nous retrouvons, sans aucun doute, un *Xylaria*.

## Développement des mycotêtes en expérience et dans la nature.

Ces *Ascomycètes* ne sont pas les seuls champignons qui végètent sur les meules de termites ; ce n'est pas eux qui forment les mycotêtes, et, à cet égard, ils apparaissent comme moins importants

(1) PETCH, *Annals of the Bot. Gard.*, Peradeniya, vol. III, Part. II, nov. 1906.

dans la biologie des insectes, que ceux dont ils nous reste à parler. J'ai craint longtemps de ne pouvoir apporter aucun renseignement sur ces derniers, en tant qu'ils concernent les termites indochinois. Il est, en effet, très difficile d'observer l'évolution des mycotêtes. Dans la termitière, elles sont toujours à un même état cytologique bien fixe. Si on extrait les meules de l'habitation et qu'on les place en milieu humide, le *Xylaria* entraîne, comme on l'a vu, la destruction rapide des mycotètes. En milieu sec, la meule se dessèche et rien ne pousse. Le seul moyen d'observer quelque chose consiste à mettre la meule étudiée en milieu légèrement humide, de façon à ralentir, autant que possible, le développement du *Xylaria*. Alors, on peut voir les mycotètes grossir un peu et leur évolution, suivie au microscope, est très intéressante. Malheureusement, elle ne dépasse jamais un certain stade, l'*Ascomycète* prend bientôt le dessus... Je n'aurais jamais pu, avec ces seules constatations, arriver à des conclusions de quelque valeur, mais la nature s'est chargée de suppléer à l'insuffisance de l'expérimentation.

Le 10 juillet 1923, j'entamai une saillie d'une énorme termitière de *Macrotermes gilvus*, située sur le terrain de manœuvres militaires, au pied d'un arbre. Elle paraissait vieillie, ne s'accroissait plus, son mur était très épais et aussi peu résistant, en certains endroits, que celui des termitières mortes ; certaines parties se trouvaient très peu habitées. Je découvris ainsi, ce jour-là, quelques meules assez extraordinaires, très grosses, presque sphériques, formées de cloisons épaisses et comme gonflées (fig. 9, pl. XI). Elles portaient des mycotètes énormes, pouvant atteindre un demi-centimètre de diamètre, de couleur légèrement jaunâtre et dont la surface offrait à l'œil, l'aspect de velours en réseau des meules elles mêmes. Je retournai le 13 juillet à cette station et découvris encore d'autres meules semblables, montrant, à côté de quelques fructifications de *Xylaria*, des mycotètes en voie de développement, chose absolument nouvelle pour moi. Ces dernières évoluent ainsi : elles grossissent en s'allongeant et en prenant la forme subconique d'une petite toupie renversée. Puis, la couche superficielle de cette petite production est crevée par la prolifération des éléments internes et ceux-ci s'allongent en une petite tigelle, d'abord courte et épaisse, qui porte à son sommet une petite surface conique, séparée du support à sa base, par un sillon (fig. 86 à 88).

J'essayai, ensuite, de cultiver ces mycotêtes dans une boîte rendue fortement humide. Le développement en fut immédiatement arrêté par le *Xylaria.* Je vis, cependant, une mycotête plus avancée que les autres, aller au-delà. Lorsqu'elle eût poussé sa tigelle, je l'arrachai de la meule, mais la laissai dans la boîte. Elle devint en quelques heures, une sorte de champignon à chapeau avorté dans lequel M. Heim a reconnu avec certitude un *Basidiomycète.* (fig. 5, pl. XI).

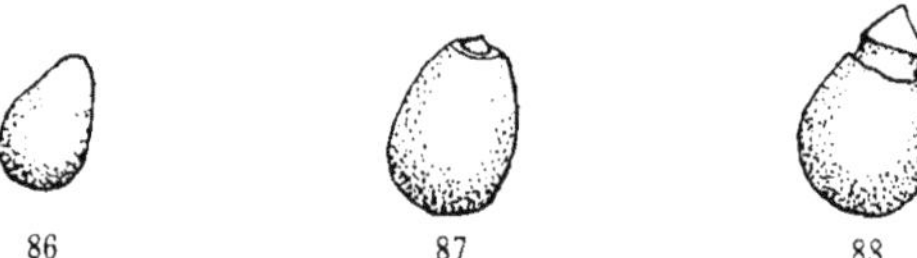


Fig. 86 à 88. — Début du développement d'une mycotête de *Macrotermes gilvus,* en un chapeau de *Basidiomycète.* Grossi 2 fois, environ.

L'expérience me montrait donc que, si les meules de termites nourissent, au dehors, un *Xylaria,* elles servent, normalement, de support à un *Basidiomycète :* les mycotêtes qu'on observe à leur surface pouvant, dans des conditions favorables, donner chacune naissance à un « chapeau » mycélien.

Il faut noter que certaines de ces meules spéciales étaient revêtues d'un enduit argileux solide, comme si les termites avaient voulu empêcher la croissance des mycotêtes. Ils auraient donc, à l'égard du *Basidiomycète,* la même attitude qu'à l'égard de l'*Ascomycète.*

Je retournai observer cette termitière le 20 juillet. J'y avais laissé un certain nombre de meules dans leurs alvéoles ouvertes. Les mycotêtes n'avaient pas proliféré et, au contraire, des *Xylarias* vigoureux avaient poussé. Cependant, sur l'une d'elles, je trouvai une masse mycélienne qui me parut rapportable à un *Basidiomycète* et un chapeau à demi pourri.

Si j'apprenais avec certitude, par tout ceci, que les mycotêtes des termites peuvent devenir des « chapeaux » de *Basidiomycète,* je ne savais encore rien sur la forme que peuvent prendre normalement ces organes de fructification.

Le 2 août 1924, en compagnie de M. SILVESTRI, Directeur de l'École Royale Supérieure d'Agriculture de Portici, je me rendis à Cay Bé dans la Cochinchine méridionale. Nous fûmes reçus par l'Administrateur indigène de cette localité, M. VINH, en qui nous trouvâmes un fonctionnaire aimable, éclairé, fort averti de tout ce qui touchait l'Histoire Naturelle pratique de la région. Il nous parla des champignons des termitières, ou, « champignons de termites », selon les Annamites. Je n'en pus voir le jour même, bien qu'on me menât à trois places différentes où on en avait trouvé la veille et l'avant-veille. Chacun de ces endroits était occupé par une termitière d'*Odontotermes Horni*. M. VINH fit chercher des champignons devant moi. L'opérateur était un garde indigène accoutumé à cette besogne. Il recherchait à l'oreille les chambres souterraines, en tapotant le sol avec les doigts tombant à plat. Il écoutait soigneusement et décelait très bien ainsi les cavités. Les termitières étaient très basses, recouvertes d'un peu d'herbe et peu distinctes extérieurement.

Malgré ces investigations, je ne pus trouver ce que je désirais, c'est-à-dire des chapeaux bien formés, ou, encore, des meules portant de grosses mycotêtes, semblables à celles que j'avais précédemment rencontré chez *Macrotermes gilvus*. M. VINH m'expliqua que les « champignons de termites » sont très communs en cette saison ; le panier se vend, au marché de Cay Bé, dix cents annamites. Ils apparaissent très vite, lors des bouffées de chaleur qui suivent les averses ; ils sont en continuité avec les meules.

Le 9 août, étant rentré à Saigon, je reçus, de mon aimable interlocuteur, des morceaux de termitière d'*Odontotermes Horni*. Les chambres creusées par l'insecte, renfermaient des meules sur lesquelles des chapeaux mycéliens avaient poussé. Je les fis photographier le lendemain ; ils étaient déjà un peu avancés. Les images ainsi obtenues sont très démonstratives (pl. XII et XIII).

Ces champignons se développent à partir de grosses mycotêtes qui deviennent coniques et laissent saillir le chapeau, tout comme chez *Macrotermes gilvus* ; il reste, à la base, un tissu squameux qui recouvre le petit nodule formé par le pied. La tige est gris brunâtre jusqu'à la voûte de la chambre renfermant la meule; ensuite, elle est tellement adhérente à la terre, que je n'ai jamais pu l'isoler, même en la lavant. Hors du sol, elle est gris très clair. La longueur totale dépasse dix centimètres ; il n'y a pas d'anneau. Le chapeau, lorsqu'il est jeune, est un peu recourbé au bord, ce qui lui donne un aspect cordiforme ; il est sépia clair en dessus. En vieillissant, il s'ouvre beaucoup, le contour en devient facilement elliptique, le bord est mince, s'ébrèche et se déchire facilement (fig. 1 et 2, pl. XII). La partie centrale ne participe pas à l'étalement et forme une sorte de saillie plus aiguë, un mucron. Elle conserve sa couleur sépia ; le reste devient plus clair. Les lamelles sont blanches. Les échantillons de ce *Basidiomycète* que j'ai apportés au Muséum National d'Histoire Naturelle, ont été reconnus par M. Heim comme spécifiquement identiques au *Volvaria eurhiza* (Berkeley et Broome), récolté à Ceylan, par Petch, sur les meules des *Odontotermes obscuriceps et Redemanni* (1). C'est également à cette espèce, qu'il suppose devoir rapporter le champignon avorté que j'ai vu se former sur une meule de *Macrotermes gilvus.*

Nous ne pouvons plus douter, à présent, du fait que les «mycotètes» des meules édifiées par les termites, soient des formes de début du développement de « chapeaux » de *Basidiomycètes ;* cette opinion ne fera que se confirmer par la suite et, de plus, nous pourrons expliquer avec vraisemblance, les particularités de cette évolution.

(1) Il sera bon de signaler ici, qu'un excellent naturaliste de Hanoï, M. Demange, a recueilli, dans cette localité, au voisinage de termitières édifiées probablement par l'*Odontotermes Hainanensis,* des champignons, au sens vulgaire du mot, que M. Patouillard a dénommés *Mycaena microcarpa.* Ils étaient bien plus petits que les nôtres et semblent identiques à l'*Entoloma microcarpum* Berkeley et Broome recueillis par Petch au voisinage de termitières, mais sans rapport avec les meules contenues dans ces édifices.

Voici une courte bibliographie de la question :

Patouillard, *Bull. Soc. Myc.* 1913, p. 206.

Berkeley, *London Journal of Botany*, 6, 1847, p. 483.

Berkeley et Broome, *Journ. Linn. Soc.*, 11, 1870, pp. 494-567 et 14, 1875, p. 29.

Id., et Id., *Transactions of Linn. Soc.*, 27, 1871, p. 151.

Petch, *loc. cit.*

**Évolution microscopique des mycotêtes.**

J'ai suivi la variation d'aspect des mycotêtes de *Macrotermes gilvus* en observant, d'abord, les cellules vivantes du champignon aux diverses phases de son développement, puis en pratiquant des coupes dans des mycotêtes à divers états, préalablement fixées.

La meule est, comme on l'a déjà vu, revêtue d'un fin velours de filaments mycéliens délimitant, à la surface, comme de minuscules alvéoles. Cet aspect, que nous avons retrouvé sur les mycotêtes exceptionnellement développées de *M. gilvus*, nous montre que ces filaments ne doivent pas être rapportés au *Xylaria*, apparent ensuite sur la meule, mais bien au *Volvaria*. Détachés par raclage, ils se montrent peu cloisonnés, remplis d'un protoplasma granuleux enserrant souvent des vacuoles claires. Il arrive que la cloison séparant deux cellules soit au contact sur chaque face avec une de ces vacuoles. La fig. 89 montre deux exemples de ces cas.

Çà et là, on trouve, sur la meule, des mycotêtes de tailles diverses. Il est facile de chercher les moins grosses et on arrive ainsi à de petites accumulations de mycélium qui ont environ 1/3 de millimètre de diamètre. Elles représentent le début du développement de ces organes. Le microscope nous les montre formées de filaments enchevêtrés, étroits, ramifiés, à protoplasma très granuleux contenant seulement de petites vacuoles. Les cloisons apparaissent vers la base des filaments, mais les extrémités, parties où se fait la croissance, n'en présentent pas. (Fig. 91).

Si nous observons une mycotête un peu plus grosse, elle nous montre un état un peu plus avancé. Les filaments mycéliens se sont cloisonnés. La base est formée de grandes cellules à contour plus ou moins rectangulaire avec un contenu vacuolaire clair ; le protoplasma plus réfringent étant réparti le long de la membrane, (fig. 90). Ces grosses cellules basales portent des ramifications constituées par des cellules plus petites, à protoplasme granuleux, semblable à celui des filaments jeunes non cloisonnés, mais contenant plus de vacuoles. (fig. 92). Tant qu'elle est à cet état, la masse est compacte et résiste bien à l'écrasement entre lame et lamelle. Aux

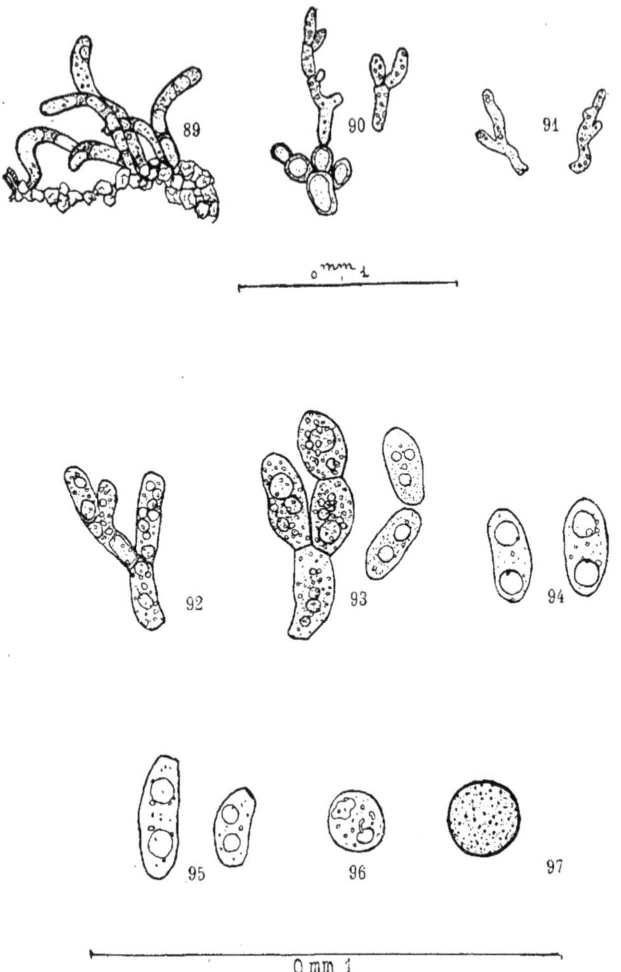


FIG. 89 à 97. — Divers stades de l'évolution des cellules des mycotètes de *Macrotermes gilvus*.

89. Filaments constituant le « velours » de la meule.
90. Extrémité des filaments mycéliens d'une mycotète jeune.
91. Extrémité de filaments constituant une mycotête, à son début.
92. Éléments de même âge que ceux de la figure 90, plus grossis.
93. Extrémité des filaments d'une mycotète un peu plus âgée.
94. Stade des cellules à deux vacuoles.

95, 96, 97. Passage aux cellules sphériques prêtes à émettre de nouveaux filaments.

L'échelle est donnée pour chaque groupe de figures.

stades postérieurs, elle se pulvérise facilement. Ainsi, par ce caractère tout extérieur, on peut juger de l'état histologique de la mycotète.

Celle-ci, continuant son développement, nous voyons que les cellules qui la composent tendent à grossir et à s'arrondir (fig. 93). Le protoplasme granuleux y enserre des zones semblables à des vacuoles, plus ou moins sphériques et de taille irrégulière. Puis, il perd ses granulations, tout en restant réfringent et les enclaves hyalines se rassemblent en deux masses, disposées sur l'axe longitudinal de la cellule (fig. 94). Celles-ci sont sphériques, petites d'abord, puis deviennent plus grosses, arrivent presque au contact l'une de l'autre et perdent leur netteté. Ensuite, elles disparaissent et semblent laisser dans le protoplasme des fragments irréguliers, plus clairs. En même temps, la cellule se contracte et tend vers une forme ronde (fig. 96). Ces modifications cytologiques affectent simultanément presque tous les éléments de la mycotète. Comme les cellules basales sont encore plus grosses que les supérieures, bien que la différence se soit atténuée, il s'ensuit qu'on a des cellules à deux enclaves différant entre elles par la taille.

Les mycotètes trouvées sur une meule fraîchement enlevée d'une termitière, ne montrent jamais un état plus avancé que le stade des cellules à deux grosses vacuoles. C'est à cette forme que s'arrête, normalement, leur développement. Pour observer ce qui se passe ensuite, il faut prendre de la meule et la maintenir en milieu confiné, sur de la terre légèrement humide. Les mycotètes poursuivent alors, pendant quelque temps, leur évolution. Le premier et le second jour, nous pourrons observer la dégénérescence des deux enclaves et le passage des cellules à une forme plus arrondie. En même temps, elles acquièrent une membrane plus épaisse, tandis que leur protoplasme devient finement granuleux. Ce stade est difficile à saisir, je pense que pour un élément donné, il ne dure que peu d'heures. Puis, elles prolifèrent, elles poussent de tous les côtés des tubes cloisonnés, irrégulièrement granuleux et pourvus de vacuoles (fig. 98). Ces filaments ne sortent pas au dehors, ils s'entremêlent à l'intérieur de la mycotète elle-même. J'ai pu, en dilacérant par tapotement sous lamelle, la masse arrivée à cet état, obtenir des cellules isolées pourvues de leurs prolongements. Je n'ai pas pu les monter dans le baume de Canada et ai essayé de les conserver dans d'autres médium ; malheureusement, je n'ai pas réussi. Le début de cette

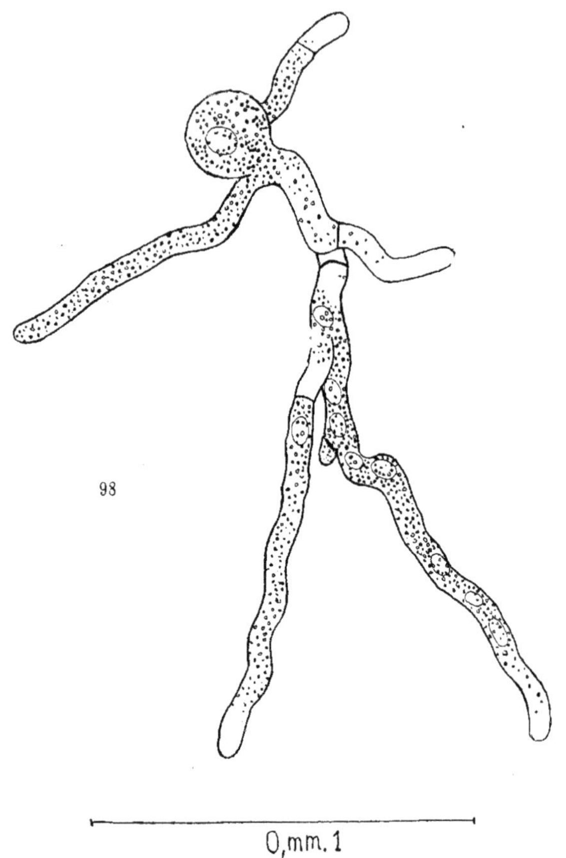


FIG. 98. — Cellule de mycotête émettant des filaments mycéliens.

prolifération est saisissable extérieurement : la mycotête jaunit et ne se laisse plus écraser entre lame et lamelle ; le début du feutrage des filaments suffit à lui donner de la cohésion. Je n'ai jamais pu, en expérience, dépasser ce stade avec le *Basidiomycète* de *Macro-*

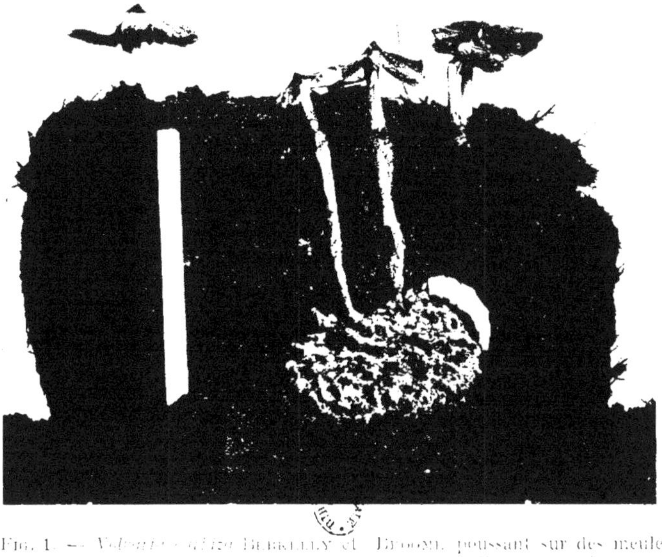

FIG. 1. — *Volvaria eurhiza* BERKELEY et BROOME, poussant sur des meules d'*Odontotermes Horni*. (Dans les deux figures, l'échelle est donnée par un décimètre.)

FIG. 2. — Le même champignon dont les rapports avec la meule sont mis en évidence. Cette construction repose dans sa loge originelle, ouverte aux deux bouts, pour permettre l'accès de la lumière. Le mur de la termitière est tranché, pour dégager entièrement le pied des chapeaux.

de MAYER. Je différenciais par l'alcool chlorhydrique à 0, 25 %, passais dans la série des alcools et le xylol. Enfin, je détachais par un léger raclage, les éléments du mycélium à observer et les montais dans une goutte de baume. J'ai pu observer que la région moyenne de chaque cellule qui, dans le filament frais, apparaissait comme plus réfringente est celle qui correspond au noyau (fig. 99, 100). La coloration à l'hématoxyline montre dans celui-ci un certain nombre de granulations chromatiques, fréquemment groupées en traînées irrégulières, baignant dans un cytoplasme granuleux lui-même. Le protoplasme est moins granuleux ; on y reconnaît souvent des vacuoles bien délimitées.

Passant, ensuite, à l'examen des mycotêtes les plus petites, je trouvai (fig. 101, 102) que les tubes mycéliens jeunes, non encore cloisonnés, avaient un contenu granuleux homogène, présentant çà et là des amas de grains de chromatine très nets, plus gros que ceux des filaments formant le « velours » de la meule. Un tube en voie de développement, montrait à son extrémité proliférante, un amas de chromatine plus considérable. Il est possible que ce gros amas, en se divisant à mesure que le tube mycélien s'allonge, constitue les groupes chromatiques occupant les parties plus âgées. Un fait très important frappe immédiatement l'observateur : dans les filaments non cloisonnés, les amas chromatiques sont, d'une façon générale, groupés deux par deux et, dans chaque paire, sont séparés par une distance égale sensiblement à leur épaisseur. Cette disposition géminée persiste et devient de plus en plus nette sur les filaments qui se cloisonnent : ainsi, chaque cellule nouvellement constituée contient deux amas chromatiques, semblables et bien séparés (fig. 103). J'ai essayé de compter les grains constituant une masse ; je n'ai pas pu y arriver parce qu'ils sont groupés sensiblement en une sphère. On en trouve beaucoup, en faisant jouer la mise au point du microscope et ils ont un diamètre voisin du demi-micron. Il y en a, au moins une douzaine par amas (fig. 104, 105). Avec un grossissement de cinq cents diamètres, chaque groupe apparaît comme une tache simple ; il faut employer un grossissement de mille diamètres environ pour le « résoudre » en granules. A mesure que les filaments vieillissent, les cellules formées grandissent. Elles conservent leur chromatine répar-

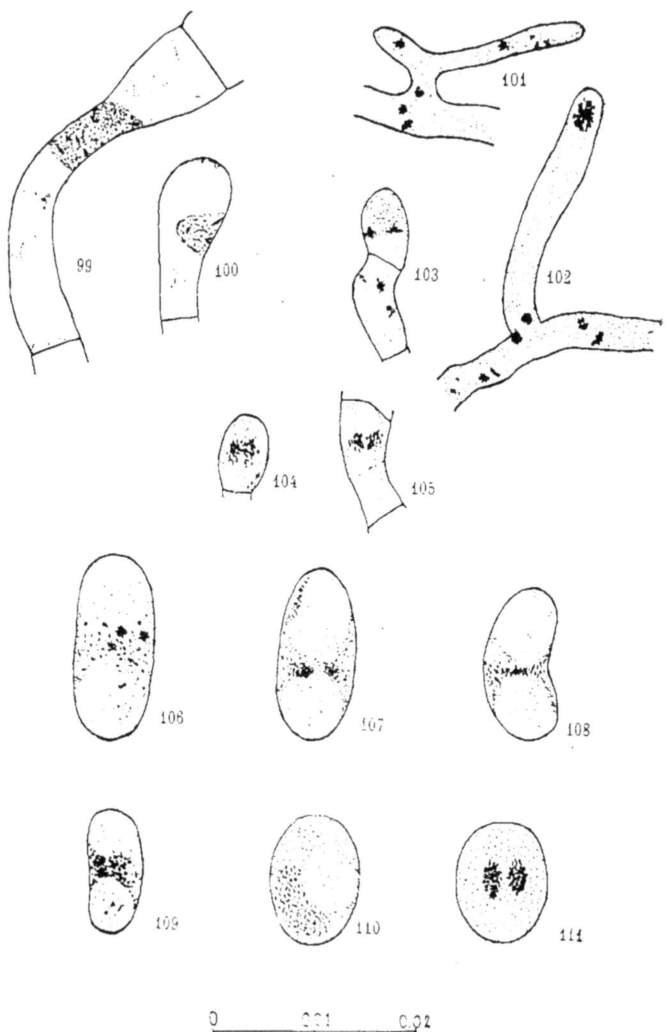


FIG. 99 à 110. — Évolution cytologique des cellules des mycotètes de *Macrotermes gilvus*.

99 et 100. — Filaments composant le « velours » mycélien.

101, 102. — Extrémités des filaments se réunissant pour constituer une mycotète.

103, 104, 105 — Début du cloisonnement des filaments mycéliens, formant les « cellules » des mycotètes.

106, 107, 108. — Cellules à deux zones claires.

109, 110. — Cellules où les zones claires sont en voie de disparition.

111. — Cellule prête à émettre des filaments mycéliens.

tie en deux amas (fig. 107), cependant ceux-ci se rapprochent parfois un peu. En général, la mycotête a un diamètre d'environ un millimètre lorsqu'apparaissent ce que j'ai appelé jusqu'ici les « zones claires » ou les deux « vacuoles » de chaque cellule ; ce sont deux régions sphériques, non colorables, où je n'ai pu observer aucune structure. Au début de ce stade, la chromatine est, comme on l'a dit, concentrée en deux masses ; elle paraît avoir augmenté en quantité, chaque grain élémentaire ayant sensiblement doublé son volume. Ensuite, la chromatine se répartit davantage dans le protoplasme granuleux compris entre les deux zones claires et, quand ces dernières disparaissent, on ne reconnaît plus en général, d'amas condensé.

Les deux parties non colorables, d'abord distinctes, se sont fusionnées en une seule masse qui rejette le protoplasme avec la chromatine contre la paroi (fig. 110). Plusieurs observations m'ont montré, à cette période du développement, une membrane nucléaire mince enveloppant les chaînes de granules chromatiques. Puis la zone incolore diminue et disparaît graduellement, tout le protoplasme apparaissant granuleux et colorable. La chromatine qu'il contient est nettement divisée en deux groupes ; on peut trouver des cellules avec quatre amas chromatiques, disposés en croix. Il semble donc se produire une division du matériel chromatique. Les paquets de chromosomes s'engagent dans les tubes que la cellule émet alors, ils y restent associés par paires. Ces filaments non encore cloisonnés, contiennent, épars dans leur protoplasme, des groupements géminés de granulations chromatiques. Dans chacun de ceux-ci, la distance des deux amas est plus petite que dans les stades précédents.

Les grosses cellules sphériques externes paraissent inertes ; elles ne suivent pas l'évolution des éléments de l'intérieur de la mycotête.

En examinant les coupes de mycotêtes en voie de fructification, que j'ai recueillies comme il est dit précédemment, j'ai trouvé une structure qui fait suite naturellement aux précédentes. On reconnaît, tout autour de cet organe, comme des plus jeunes, un revêtement de grosses cellules sphériques, apparaissant complètement vides. Les cellules internes ont proliféré et leurs filaments feutrés ensemble, constituent la masse générale de l'organe; ils deviennent à mesure qu'ils se développent et se ramifient, de plus en plus minces. Leur chromatine est beaucoup moins colorable mais elle est toujours groupée en amas pairs. Le faux tissu formé par le nouveau mycélium est lacuneux. Cependant, une section méridienne y montre déjà une région beaucoup plus serrée, affectant la forme d'un croissant : c'est la première ébauche du futur chapeau (fig. 112).

Nous retrouvons ce croissant bien plus net, sur la section méridienne d'une mycotête plus avancée, ayant environ quatre millimètre de diamètre ; ici, le chapeau s'est bien individualisé : il est séparé par un espace vide, du faux-tissu périphérique qu'il s'apprête à crever (fig. 113).

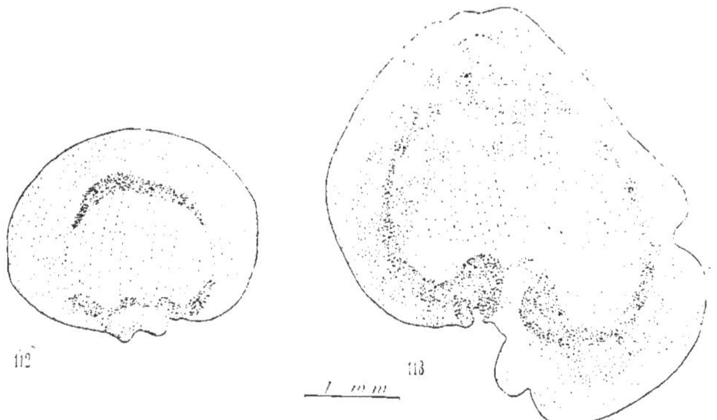


112 et 113. — Développement d'un appareil fructificateur de *Basidiomycète*, à partir d'une mycotête de *Macrotermes gilvus*.

En 113, les diverses parties de cet appareil sont constituées, le chapeau s'apprête à paraître au dehors.

Le pied s'ébauche à son tour, le protoplasma qui doit le former oriente ses tubes selon l'axe de symétrie de l'organe ; partout ailleurs les tubes mycéliens se mêlent et s'orientent dans toutes les directions.

Si nous comparons ce qui vient de nous montrer l'histoire d'une mycotête au schéma de l'évolution cytologique donné par les spécialistes pour les *Basidiomycètes*, nous pourrons relever plusieurs faits intéressants.

C'est avec la mycotête que se constitue le stade du champignon qu'on pourrait appeler « sporophytique » ; les cellules de cet organe sont les premières dont le capital chromatique soit groupé en un « syncharion ». (1) Il se continuera, on le sait, jusqu'aux cellules-mères des basidiospores, qui, subissant une réduction chromatique auront, à cet égard, un capital moitié moindre.

Dans l'évolution ultérieure, telle que je l'ai décrite, nous devons distinguer deux parties. La première, caractérisée par l'apparition des vacuoles et l'affaiblissement de la netteté des paquets chromatiques, se produit toujours dans la termitière. Puis, les choses en restent là ; il y a un temps d'arrêt : une sorte de paralysie parait frapper les énergides mycéliennes. La seconde partie, qui ne se réalise qu'au dehors des monticules, est marquée par la disparition des vacuoles, le regroupement des éléments chromatiques et la division du noyau. Il semble que les éléments histologiques du champignon retrouvent une activité momentanément perdue.

Une question accessoire se pose : que sont exactement les cellules rondes extérieures de la mycotête ?... Faut-il les considérer comme une espèce de revêtement, différant spécifiquement des cellules internes ?... Sont-ce des articles plus âgés, qui ont été arrêtés trop longtemps dans leur développement, à l'intérieur de la termitière et qui sont devenus inaptes à le reprendre, lorsqu'on les place dans des conditions plus favorables ?... Il serait-bien intéressant de savoir si le *Volvaria eurhiza* pousse ailleurs que sur les termitières, s'il montre alors des mycotêtes et si celles-ci sont revêtues de grosses cellules sphériques, à végétation ralentie.

L'avenir nous renseignera probablement bientôt sur ces divers points.

## Les « méthodes de culture » des termites.

Essayons, à présent, de dégager ce que les faits précédemment signalés permettent de penser relativement à l'action des termites

(1) MAIRE, *Recherches cytologiques et taxonomiques sur les Basidiomycètes*, *Bull. Soc. Myc. Fr.*, 1903, p. 1952.

dans les « cultures » de champignons que l'on observe à l'intérieur de leurs habitations. Beaucoup d'esprits, amis du merveilleux, se plaisent à imaginer que cette culture est volontaire et intéressée, qu'elle résulte d'actes intelligents des termites, actes adaptés à cette fin, de telle sorte que, pour eux, nos *Isoptères* cultivent des champignons à peu près comme l'homme cultive du riz ou des pommes de terre. La considération des réalités nous fera adopter une opinion rationnelle.

Remarquons d'abord que la présence d'un *Basidiomycète* vivant sur les « meules » de termites est un phénomène absolument général. On a partout signalé sur ce substratum, l'existence de mycotètes. Je les ai moi-même observées chez tous les termites à « meules » que j'ai rencontrés. Ces mycotêtes étaient rigoureusement identiques à celles de *Macrotermes gilvus* au point de vue cytologique ; elles montraient la même évolution, toujours arrêté au même stade dans les termitières. Elles ne différaient entre elles que par la taille. Et c'est ce fait du bloquage universel du développement du *Basidiomycète* à un état déterminé, état que j'ai appelé jusqu'ici stade des « cellules à deux zones claires » qui me paraît hautement suggestif. A l'intérieur des nids, le champignon semble paralysé : il ne peut diviser ses noyaux, ramifier ses tubes et édifier son chapeau reproducteur. On comprend ainsi, pourquoi les « meules » ne paraissent pas évoluer et durent très longtemps, comme me l'a montré une longue pratique des nids de termites. Le champignon ne poussant pas, n'use pas la meule, ne lui emprunte aucun élément nutritif. Les cellules extérieures des mycotêtes sont broutées par les termites, peut-être sont-elles remplacées par de nouvelles cellules ; peut-être aussi, les mycotêtes mangées jusqu'à la racine sont-elles remplacées par d'autres. En tout cas, au point de vue du déplacement de la matière, cela est insignifiant. Les choses sont bien différentes lorsque *Volvaria* ou *Xylaria* arrivent à se développer. Alors toute la substance de la meule est assimilée par le champignon et convertie en tissu mycélien, elle se flétrit et se réduit à rien. Ceci ne se réalise pas dans une termitière normale ; notre meule s'y conserve pratiquement indéfiniment parce que le seul champignon qu'elle nourrisse, le *Volvaria eurhiza*, est arrêté dans son évolution.

Un aspect tout à fait semblable à celui des mycotêtes, dû à la production d'énergides mycéliennes gonflées, vacuolaires, se rencontre aussi dans les cultures de *Basidiomycètes* réalisées sur des meules, par les fourmis. Je suis persuadé que cette condition représente la forme d'équilibre du champignon, dans le milieu particulier constitué par l'intérieur de la termitière ou de la fourmilière.

Quant au « bloquage » à cet état, ce n'est pas, tant s'en faut, un fait sans exemple. Dans le cours de biologie lumineux qu'il professait à la faculté des Sciences de Strasbourg, M. Bataillon, dont je m'honore d'avoir été l'élève, citait le cas bien démonstratif des œufs d'*Ascaris*. Si, après la fécondation, on place ces œufs dans un milieu confiné, ils préparent cependant leur première division. Mais, ils s'arrêtent au stade de la plaque équatoriale ; ils sont bloqués en métaphase et ils y restent indéfiniment, tant qu'on ne débarrasse pas leur milieu du gaz carbonique en excès. La même chose peut se produire pour les divisions suivantes : un milieu exempt de produits d'excrétion est nécessaire aux cellules d'*Ascaris* pour dépasser la métaphase, au cours de leur division ; la présence d'une certaine quantité de gaz carbonique arrête, indéfiniment, toute division à ce stade caractéristique.

Le parallélisme est frappant.

Dans la termitière aussi, le milieu est confiné. Il est probablement relativement constant. Il est riche en vapeur d'eau, riche en gaz carbonique, forcément pauvre en oxygène ; il est logique de rapporter à ces conditions bien particulières l'arrêt d'évolution du *Basidiomycète* que nous avons observé.

Cette hypothèse est très explicative. Il y a toujours, comme nous l'avons vu, un *Xylaria* présent dans les meules des termites indochinois. Cependant sur les meules qu'on extrait d'une termitière, il n'est jamais visible : le velours réticulé qui couvre celle-ci appartient au *Volvaria*. Il faut deux jours, au moins, sous le climat de Saigon, pour que l'Ascomycète commence à pousser ses fructifications ; jusque là il n'apparaît que sous forme de filaments duveteux, se développant graduellement. Il est donc logique d'admettre que dans la meule, conservée à l'intérieur de la termitière, le *Xylaria* reste

FIG. 1 et 2. *Volvaria eurhiza* BERKELEY et BROOME poussant sur des meules d'*Odontotermes Horni*. Celle de la 1re figure est en place dans son avéole ; remarquer les grosses mycotêtes en voie de développement.

indéfiniment à l'état de spores, cela aussi, parce qu'il ne trouve pas dans le milieu actuel, les conditions nécessaires à sa germination.

Si nous sortons une meule du nid où les termites l'ont édifiée, nous changeons brusquement toutes les conditions ambiantes, sauf celles qui tiennent au substratum : le *Basidiomycète* commence à poursuivre son développement au delà du stade des cellules à deux zônes claires. Mais les nouvelles circonstances de milieu sont toutes à l'avantage du *Xylaria* : il pousse avec une vertigineuse rapidité et étouffe le *Volvaria* qui végétait dans des conditions où lui même ne pouvait pas germer. Il en résulte que, pour obtenir régulièrement les chapeaux d'un *Basidiomycète* « cultivé » par une espèce de termite donnée, il faudrait placer les meules extraites de la termitière, dans un milieu qui permit le développement du *Basidiomycète*, sans être aussi favorable au *Xylaria*. C'est un problème que les mycologues seraient plus aptes à résoudre que moi : peut-être n'admet-il pas de solution. Peut-être aussi réussirait-on en plaçant les meules dans un milieu confiné, contenant un peu moins de gaz carbonique qu'une termitière.

La nature réalise quelquefois les conditions nécessaires ; cela paraît arriver souvent pour *Odontotermes Horni* et se produire très rarement chez *Macrotermes gilvus*. Dans la nature comme au Laboratoire, il est rare que le *Xylaria* n'étouffe pas le *Volvaria* végétant sur la meule, lorsque celle-ci cesse d'être dans les conditions ordinaires de l'intérieur de la termitière. Que ce soit l'un ou l'autre des champignons qui arrive à maturité, la meule s'altère profondément et cesse d'être utilisable pour les termites.

Comment ces thallophytes sont-ils ensemencés sur la meule ? Ceci se conçoit sans peine. Nous avons vu précédemment que cette construction est faite de pâte ligneuse machée, nous avons vu aussi que, pour élaborer cette pâte, *Macrotermes gilvus* accumule dans certaines chambres de son habitation, de petits fragments secs de feuilles diverses et de tiges de graminées ; il est extrêmement probable que ces matériaux, récoltés à terre, entraînent avec eux des spores de champignons. Le fait que j'ai trouvé au dehors, sur du bois mort, le même *Xylaria* qui se rencontre chez *Macrotermes gilvus* à Saigon, vient à l'appui de cette manière de voir. D'ailleurs, je considère comme très probable, que ce *Xylaria* est commun chez tous les termites à meules du Sud de l'Indochine.

On conçoit cependant, que, les spores présentes variant avec le lieu, et d'autre part, la nature des éléments botaniques de la meule, l'action stérilisatrice de la salive pouvant différer d'une espèce de termite à l'autre, ce ne soient pas, obligatoirement, les mêmes espèces de champignons qui se développent chez tous les *Isoptères*.

On admet généralement que les cultures de champignons réalisées sur les meules des termites sont « pures ». Si on veut dire, par là, que les meules ne renferment pas d'autre champignon que le *Basidiomycète* qui produit les mycotêtes, cela est évidemment faux, puisque les meules récoltées et conservées dans les conditions d'asepsie les plus rigoureuses, donnent toujours des développements très vigoureux d'un *Xylaria*. Nous sommes donc conduits à dire que la meule des termites ne renferme pas d'autres champignons que le *Basidiomycète* auquel appartiennent les mycotêtes, et un *Xylaria* qui apparaît si l'on retire la meule de la termitière. Mais cette opinion même est erronée ; la meule renferme les spores de plusieurs autres espèces de champignons.

Petch a observé dans les meules d'*Odontotermes Redemanni et O. obscuriceps* des spores de *Diplodia* et d'*Helminthosporium ;* il a vu des traces non douteuses d'autres espèces. Ce fait confirme ma manière de voir : la meule est constituée par du bois mâché et non digéré, car Petch remarque, de plus, que dans l'intestin des termites, les spores à parois épaisses de *Diplodia* sont complétement détruites. Le seul fait qu'on les rencontre, signifie encore que, dans la meule normale, elles n'ont pas pu germer; ceci, parce qu'à l'intérieur de la termitière, les conditions sont aussi défavorables à leur évolution qu'à celle du *Xylaria*. Il n'est nullement nécessaire que tous ces champignons soient inaptes à vivre dans la termitière normale; il suffit qu'ils soient moins favorisés que le *Volvaria* des mycotêtes. Celui-ci prend l'avance et empêche les autres développements.

Au dehors, le *Xylaria* qui fait disparaître le *Basidiomycète* déjà végétant, empêche aussi l'évolution des spores étrangères.

Je garde, en terminant ce travail, le regret d'avoir compris trop tard et, ainsi, de n'avoir pas pu réaliser les expériences faciles à imaginer, qui permettraient de joindre encore plus étroitement les faits que j'ai signalés. Ceux-ci nous mettent à même, cependant, de comprendre mieux ce qui se passe dans les termitières : ils dissipent un peu du mystère qui entourait l'activité de nos acharnés travailleurs, auxquels on est parfois tenté d'attribuer une conscience et quelque chose qui ressemble à notre intelligence. Ce n'est là, on l'a compris, qu'une apparence. Les termites sont déterminés, à chaque instant, par les stimuli extérieurs, relativement peu nombreux, dont le rapport avec leur comportement est immédiat.

## CONCLUSIONS

Nous retiendrons de l'histoire des cultures mycéliennes des termites les points suivants.

1° Les mycotêtes que portent les meules des diverses espèces de termites dits champignonnistes, représentent le début du développement d'autant de chapeaux de *Basidiomycètes.* Avec la mycotête commence le stade diploïdien ou sporophytique du champignon. Il se poursuit jusqu'à un certain état cytologique fixe qui ne peut-être dépassé, tant que le champignon reste placé dans les conditions réalisées par l'intérieur de la termitière normale. Le développement du champignon est donc, en général, indéfiniment bloqué à cet état. Ces conditions paraissent pouvoir changer naturellement assez souvent pour certaines espèces de termites. Alors, les mycotêtes donnent des chapeaux de *Basidiomycète,* en se développant aux dépens de la meule qui les porte. Les mycotêtes des meules d'*Odontotermes Horni* appartiennent au *Volvaria eurhiza* Berkeley et Broome déjà rencontré par Petch sur les meules des *Odontotermes Redemanni* et *obscuriceps.*

2° Les meules des termites renferment, de plus, un *Xylaria* commun, vraisemblablement à l'état de spores. Si l'on sort les meules de la termitière, il se développe avec une grande vigueur et étouffe le *Basidiomycète* qui végétait jusque-là. Le *Xylaria* présent dans les meules de *Macrotermes gilvus* est *X. gardneri,* var. *minor* Berkeley. Il se rencontre probablement, chez beaucoup d'autres *Isoptères.*

3° Les meules des termites renferment encore des spores d'autres espèces mycéliennes qui ne se développent pas habituellement, parce que les conditions intérieures des termitières ne leur conviennent pas, ou leur conviennent moins bien qu'au *Basidiomycète* et qu'au dehors, leur évolution sur la meule, est empêchée par la rapidité de la végétation du *Xylaria.*

# BIBLIOGRAPHIE

NOTA. La bibliographie des deux travaux précédents, étant difficilement séparable d'une façon logique, parce qu'un certain nombre d'auteurs se sont occupés, à la fois, des deux groupes de questions, j'ai préféré la laisser indivise.


BANKS et SNYDER. Revision of the nearctic Termites, with notes on biology and geographic distribution. *Bull.* 108 *Unit. St. Mus. Smithsonian Instit.* Washington, 1920.

BATHELLIER. Note sur le rôle des soldats de l'Eutermes matangensis. *C. R. Ac. Sc.* Paris, T. 175, 1922.

— Note sur la nature de la glu des Eutermes. *Ann. Sc. Nat. (Zool.)* (10), 5, 1922.

— Note sur les jardins à champignons de l'Eutermes matangensis. *C. R. Ac. Sc.* Paris, T. 176, 1923. Rectification : A propos des nids d'Eutermes. *C. R. Ac. Sc.* Paris, T. 177, 1923.

— Note sur le développement de l'Eutermes Matangensis. *C. R. Ac. Sc.* Paris, T. 179, 1924.

— Note sur le développement de Macrotermes gilvus, comparé à celui d'Eutermes matangensis. *C. R. Ac. Sc.* Paris, T. 179, 1924.

— Note sur l'époque de la détermination des castes chez Macrotermes gilvus. *C. R. Ac. Sc.* Paris, T. 181, 1925.

— Note sur l'époque de la détermination des castes chez Eutermes matangensis. *C. R. Ac. Sc.* Paris, T. 181, 1925.

— Note sur les rapports d'un nid d'Eutermes matangensis, avec un nid de Macrotermes. *Ann. Sc. Nat. (Zool.)*. Paris (10), 6, 1923.

BEQUAERT. Notes sur quelques fourmis et termites du Congo belge. *Rev. de Zool. Afric.* Vol. II, Fasc. 3, 1913.

BERKELEY. *London journal of Bot.* 6, 1847, p. 483.

BERKELEY et BROOME. *Journ. of Linn. Soc.* 11, 1870, p. 494-567.

— *Journ. of Linn. Soc.* 14, 1875, p. 29.

— *Trans. Of Linn. Soc.* 27, 1871, p. 151.

BOUVIER. Un câble télégraphique attaqué par les termites. *C. R. Ac. Sc.* T. 123, 1896.

BROWN. The fungi cultivated by Termites in the vicinity of Manilla and Los Banos. *Philipp. Journ. of Sc. C. Botany.* Vol. 13, n° 4, July 1918.

BUGNION. Le termite noir de Ceylan. Eutermes monoceros. *Ann. Soc. Ent. Fr.* 78, 1909.

— Les Calotermes de Ceylan. *Mem. Soc. Zool. de Fr.* Paris, 1910.

— L'imago du Coptotermes flavus. Larves portant des rudiments d'ailes prothoraciques. *Mem. Soc. Zool. de Fr.* Paris. T. 24, 1911.

— Observations sur les termites. Différenciation des castes. *C. R. S. Soc. de Biol.* T. 72, 1912.

— Le bruissement des termites. *Proc. Verb. Soc. Vaudoise des Sc. Nat.* 3 avril 1912.

— Nouvelles observations sur le termite noir de Ceylan. *Bull. Soc. Ent. Suisse.* Vol. XII, Fasc. 4, 1912.

— Eutermes lacustris, sp. n. de Ceylan. *Rev. Suisse de Zool.* Genève, vol. XX, 1912.

— Le Termes Horni de Ceylan. *Rev. Suisse de Zool.* Genève, 1913.

— Liste des termites indo-malais, avec l'indication du nombre des articles, des antennes dans les trois castes. *Bull. Soc. Vaudoise des Sc. Nat.* Lausanne, vol. 49, 1913.

— Le Termitogeton umbilicatus de Ceylan. *Ann. Soc. Ent. Fr.* LXXXIII, 1914.

— Les pièces buccales des Eutermes de Ceylan. *Ann. Soc. Ent. Fr.* LXXXIII, 1914.

— La biologie des termites de Ceylan. *Bull. Mus. Hist. Nat.* Paris, 4, 1914.

— Instructions destinées aux collectionneurs de termites. *Bull. Soc. Nat. d'Acclim. de Fr.* Déc. 1917.

— Le termite lucifuge dans les Basses-Pyrénées. *Rev. d'Hist. Nat. appl.* n° 2, 1920.

— La guerre des fourmis et des termites, dans le livre de FOREL. Le monde social des fourmis, Genève, Kundig, 1923.

BUGNION et POPOFF. Le Termite à latex de Ceylan. *Mém. Soc. Zool. de Fr.* 1910.

CHAINE. Les îlots de termites. *C. R. Ac. Sc.* Paris, t. CLVII, 1913.

COCKERELL. Insects in Burmese amber. Amer. *Journ. of Sci.* 42, 1916.

COMSTOCK. The wings of Insects. Ithaca, N. Y. 1918.

CROIX (de la). Observations sur le Termes carbonarius. *Bull. Mus. Hist. Nat.* Paris, t. 6, 1900.

DESNEUX. A propos de la phylogénie des termites. *Ann. Soc. ent. de Belg.*, t. 48, 1904.

— Isoptera, Fam. Termitidæ, dans le Genera Insectorum de WYTSMAN. Fasc. 25, 1904.

— Un nouveau type de nids de termites. *Rev. Zool. Afric.* vol. 5, 1918.

DOFLEIN. Die Pilzculturen der Termiten. *Verhandl. Deutsch. Zool. Gesellsch.*, 1905, traduction dans *Spolia Zeylanica*, 3, 1906.

EMERSON. Development of Soldier termites. *Zoologica*, vol. VII, New-York, 1926.

ENGLER. Die Natürlichen Pflanzenfamilie, 1 T. Abt. 1, Leipzig, Engelmann, 1897.

ESCHERICH. Die Termiten oder weissen Ameisen. Werner Klinkhardt, Leipzig, 1909.

— Termitenleben auf Ceylon. Fischer. Iéna. 1911.

FEYTAUD. Formation de colonies nouvelles par les sexués essaimants du termite lucifuge. *C. R. Soc. Biol.* Paris. 1910.

— Contribution à l'étude du termite lucifuge. *Arch. Anat. micros.* vol. 13. 1912.

FROGGATT. Australian Termitidæ. Prt. I. II. III, *Proceed. of the Linn. Soc. of New-S-Wales.* 1895. 1896. 1897.

FULLER. Observations on some South-African Termites. *Ann. of the Natal Mus.* vol. III. 1915.

GRASSI et SANDIAS. Constituzione e sviluppo della Societa dei Termitidi. *Atti accad. gioenia di Sc. Nat. di Catania,* vol VI et VII. 1893.

GREEN. Catalogue of Isoptera recorded from Ceylan. *Spolia Zeylanica.* Prt. 33. 1913.

HAGEN. Monographie der Termiten. *Linnea Entomologica. Stettin Entom. Ver.* X, 1855 ; XII. 1858 ; XIV. 1860.

HANDLIRSCH. Die fossilen Insekten und die Phylogenie der rezenten Formen. 2 vol. Leipzig. Engelmann. 1907-1908.

HAVILAND. Observations on Termites, with description of new species. *Journ. Linn. Soc.,* London. B. 26. 1898.

HEGH. Les Termites. Partie générale. Bruxelles, 1922.

HOLMGREN. Termitenstudien. *Kün. Svensk. Vetensk. Handl.* I, Bd. 44, 1909 ; II. Bd. 46, 1910-1911 ; III, Bd. 48. 1912 ; IV, Bd. 50, 1913.

— Termiten aus Sumatra, Java, Malacca und Ceylon. *Zool. Jahrb.* B. 36. 1914.

IMMS. On the structure and biology of Archotermopsis, together with description of new species of intestinal Protozoa. *Phil. Trans. roy. Soc. of London.* B. 209. 1919.

JUCCI. Su la differenziazione de le caste ne la societa dei Termitidi. I, Neotenici. *Mem. R. Accad. Naz. dei Lincei.* (5), 14, 1924.

JUMELLE et PERRIER DE LA BATHIE. Termites champignonnistes et champignons des termitières de Madagascar. *Rev. Génér. de Bot.* Paris, t. XXII, 1910.

KNOWER. Origin of the nasutus-soldier of Eutermes. *J. Hopkin's Univ. Circ.* XIII, 1894.

— The development of a Termite. *J. Hopkin's Univ. Circ.* XV, 1896.

— The embryology of a Termite. *Journ. Morph.* XVI, 1908.

LESPÈS. Recherches sur l'organisation et les mœurs du termite lucifuge. *Ann. Sc. Nat. (Zool.)* (4). V. 1856.

LIGHT. Notes on Philippine Termites. *Philipp. journ. of Sc.* I, vol. 18, 1921 ; II, vol. 19, 1921.

— The Termites of China. Description of six new species. *China journ. of Sc. and arts.* Shangaï. t. 2. 1924.

MAIRE. Recherches cytologiques et taxonomiques sur les Basidiomycètes. *Bull. Soc. Myc. Fr.* 1902.

MOLLER. Die Pilzgärten einiger Südamerikanischer Ameisen. *Bot. mittheil. aus den Tropen.* Heft 6. Iéna. 1893.

MORSTATT. Uber Pilzgärtenbei Termiten. *Ent. mitteil.* 11, 1922.

OSHIMA. Notes on the Termites of Japan, with description of one new specie. *Philipp. Journ. of Sc.* vol. VIII, n° 4, 1913.

— A collection of Termites from the Philippine islands. *Philipp. Journ. of Sc.*, vol. XI, Ser. D, n° 6, 1916.

— Notes on a collection of Termites from Luzon. *Philipp. Journ. of Sc.*, vol. XII, Ser. D, n° 4, 1917.

— Formosan termites and methods of preventing their damages. *Philipp. Journ. of Sc.*, vol. XV, n° 4, 1919.

PATOUILLARD. *Bull. Soc. Myc. de Fr.* 1913, p. 206.

PEREZ (J.). Sur la formation de colonies nouvelles chez le termite lucifuge. *C. R. Ac. Sc.* Paris, CXIX, 1894.

— Sur les essaims du termite lucifuge (même référence).

PEREZ (C.). Les Termites dans le Sud-Ouest. *Bull. Soc. Zool. Agric. de Bordeaux*, 1907.

PETCH. The fungi of certain Termite nests. *Ann. Roy. Bot. Garden of Peradenyia*, Ceylon, 1906.

— White Ants and fungi. *Ann. Roy. Bot. Gard. Peradenyia*, 1913.

— Note on the emergence of winged termites. *Spolia Zeylanica*, vol. X, Pt. 39, 1917.

QUATREFAGES. Notes sur les termites de la Rochelle. *Ann. Sc. Nat. (Zool.)*, XX, 1853.

SCUDDER. The tertiary insects. *U. S. Géol. survey.*, Washington, 1890.

SEMICHON. L'emploi des colorants nitrés et les substances neutrophiles. *Bull. Soc. Zool. de Fr.* XXXVII, 1913.

SILVESTRI. Operai ginecoidi de Termes. *Atti R. Accad. Lincei. Rendiconti* (5), 10, 1901.

— Contribuzione a la conoscenza dei Termiditi e Termitofili dell' America meridionale. *Redia*, vol. I, Portici, 1903.

— Isoptera, dans : Die Fauna süd-west Australiens, Michaelsen und Hartmeyer, Bd. 2, Lief. 17, 1909.

— Contribuzione a la conoscenza dei Termiditi e Termitofili dell' Africa occidentale. *Boll. Lab. di Zool. Gen. e Agr. dell. R. Scuol. Sup. d'Agr. in Portici.* Vol. IX, 1914 ; vol. 12, 1917-18 ; vol. XIV, 1920.

— The Termites of Barduka Island. *Records of the Ind. Mus. Calcutta*, 1923.

— Descriptiones termitum in anglorum Guiana. *Zoologica*, vol. II, n° 16, 1923.

— Descrizione di particolari individui (Myiagenii) di Macrot. Gilvus. *Boll. Lab. di Zool gen e agrar. dell. R. Scuol. Sup. d. Agric. in Portici*, vol. XIX, 1926.

SJOSTEDT. Monographie der Termiten Africas. *Kungl. Svenzk. vet. Akad. Handling.* I, B. 34, n° 4, 1900 ; II, Bd. 38, n° 4, 1904.

— Über Termiten aus dem inneren Congo, Rhodesia, und Deutsch Afrika. *Rev. de Zool. Afric.*, t. II, 1913.

— Neue Termiten aus Tripoli, Ober-Egypten, Abyssinien, Erythrea, der Galla und Somaliland. *Arch. f. Zool.* Bd. 7, n° 27, 1911-13.

— Voyage de Ch. Alluaud et Jeannel en Afrique orientale. Résultats Scientifiques, Termitidés. Paris, 1915.

SNYDER. The biology of Termites of the United States. *Bur. of Entom. U. S. Dept. of Agric. Bull.* 94, Febr. 1915.

SNYDER. Adaptations to social life, the Termites. Isoptera. *Smithson. Miscell. Coll* 76, n° 12, 1924.

SNYDER et THOMPSON. The question of the Phylogenetic origin of Termites castes. *Biol. Bull.* 36, 1919.

— The third form : the wingless reproductive type of Termites, Reticulitermes and Prorhinotermes. *Journ. of Morphol.* vol. 34, Washington, 1920.

THOMPSON. The brain and the frontal gland of the white Ant « Leucotermes flavipes », *Journ. Comp. Neur.* 26, 1916.

— Origin of the castes of the common Termite, « Leucotermes flavipes ». *Journ. of Morphol.* Vol. 30, 1917.

— The development of the castes of nine Genera and thirteen species of Termites. *Biol. Bull.* 36, 1919.

— The castes of Termopsis. *Journ. of Morphol.* 36, 1922.

UICHANCO. General facts in the biology of Philippine mound-buildings Termites. *Philipp. Journ. of Sc.* T. XV, 1919.

VINCENS. Structure des ascospores des Xylariacées. *Bull. Soc. Myc. de Fr.*, t. XXXIV, 1918.

VON ROSEN. Die fossilen Termiten. *Trans. Intern. Congr. entom.* 1912 (1913).

— Studien am Sehorgan der Termiten. *Zool. Jahrbuch.* (Abteil. Anat. Ont.) 35, 1913.

WASMANN. Termiten von Madagascar und ost-Africa. In *Abhand. Senkenb. Naturforsch. Gesellsch.* XXI, 1897.

— Termiten von Madagascar, den Comoren und Inseln Ostafricas, in Reise von Pr. Voeltzkow ; Wissenschaft. Ergeb. Bd. III, Heft II.

— Zur Kasten bildung und Systematik der Termiten. *Biol. Zentralbl.* 28, 1908.

WHEELER. Les Sociétés d'insectes. Paris, Doin, 1926.

DIJON — DARANTIERE

# FAUNE DES COLONIES FRANÇAISES

# LES GALLINACÉS ET PIGEONS DE L'ANNAM

par J. DELACOUR et P. JABOUILLE

## INTRODUCTION

Il serait prématuré de publier une étude sur les Gallinacés et les Pigeons de l'Indochine, dont l'exploration zoologique vient seulement d'être commencée d'une façon méthodique : mais s'il est bien certain qu'un nombre considérable d'Oiseaux demeurent encore à découvrir, nous avons cependant recueilli en Annam, depuis le début de nos recherches, en 1923, la presque totalité des espèces qui sont considérées comme gibier à plumes, en dehors de la Sauvagine.

Pour beaucoup de personnes, ces Oiseaux offrent un attrait particulier : nous pensons donc que leur liste annotée, avec leur description, sera bien accueillie, même si elle n'est pas tout à fait complète ni définitive.

Le double but que nous poursuivons ici est d'abord de permettre aux curieux de la nature et aux chasseurs d'identifier les Oiseaux qu'ils peuvent rencontrer et de leur présenter un résumé de ce que l'on sait actuellement à leur sujet : puis de les inciter à rechercher les espèces rares ou inconnues et à compléter les connaissances que nous possédons déjà.

On le verra, il reste beaucoup à apprendre sur les Gallinacés et les Pigeons de l'Annam, leurs mœurs et habitudes, leur distribution géographique. Nous adressons un pressant appel à ceux qui sont à même de les observer et les prions instamment de nous communiquer, au fur et à mesure, tous les faits les touchant qu'ils pourraient recueillir.

Nous ne passerons en revue que les Oiseaux qui ont été parfaitement identifiés et ne ferons que signaler sommairement, au cours de l'étude d'espèces voisines, quelques autres dont nous avons lieu de supposer l'existence en Annam, bien que nous ne les y ayons pas encore recueillis. Peut-être quelqu'un obtiendra-t-il un jour des exemplaires de ces rares Oiseaux et voudra-t-il bien nous en aviser.

A propos de chaque Oiseau, nous indiquerons le nom scientifique actuellement adopté, le nom français et le nom annamite ; ce dernier sera le plus souvent le même pour les différentes espèces d'un même groupe, que les indigènes ne distinguent pas les unes des autres.

Comme synonymie, nous nous bornerons à indiquer les références des principaux ouvrages sur les Oiseaux de l'Indochine et, pour les formes récemment nommées, celle de l'ouvrage où elles ont été décrites. Nous signalerons en même temps la région où les Oiseaux ont été observés au cours de l'expédition relatée dans l'ouvrage visé.

Voici la liste de ces publications, avec les abréviations par lesquelles nous les indiquerons dans les pages suivantes :

1. — *Les Oiseaux de la Basse-Cochinchine*, par le Dr Gilbert Tirant Saïgon, 1873.
   Abréviation : Tir.

2. — *Bulletin du Museum National d'Histoire Naturelle de Paris.*
   Abréviation : Bull. Mus. Paris.

3. — *Bulletin of the British Ornithologists' Club.*
   Abréviation : Bull. B. O. C.

4. — *On Birds from South Annam & Cochinchina*, par H. C. Robinson & C. B. Kloss.
   *The « Ibis »*, 1919, pp. 392-458, 565-625.
   Abréviation : Rob. & Kloss.

5. — *Recherches Ornithologiques dans la Province de Quangtri* (Centre Annam) *et quelques autres régions de l'Indochine Française*, par J. Delacour et P. Jabouille. Paris, 1925.
   Abréviation : R. O. 1925.

6. — *Recherches Ornithologiques dans les Provinces du Tranninh* (Haut-Laos), *de Thua-Thiên et de Kontoum* (Annam), *et quelques autres régions de l'Indochine française*, par J. Delacour et P. Jabouille. Paris, 1927.
   Abréviation : R. O. 1927.

---

# PREMIÈRE PARTIE

## GALLINACÉS

*(Phasianidæ et Turnicidæ)*

Ces [illegible], représentés en Annam par les Paons, les Éperonniers, les [illegible], les Coqs, les Faisans, les Perdrix, et les Cailles, [illegible] pattes robustes, adaptées à la marche, aux [illegible] leurs ailes sont arrondies et leur [illegible]

[illegible] une famille différente et n'ayant que de [illegible] genres précédents, nous plaçons ainsi [illegible] qui ressemblent extérieurement beau- [illegible].

Voici [illegible] d'identifier les différents Gallinacés de l'Annam :

### Clef

I. Quatre doigts.

a) Queue plus courte que l'aile ; sexes généralement semblables ; taille faible.

a') Taille très faible, aile inférieure à 10 cm.

a'') 8 rectrices, sexes différents. **Excalfactoria chinensis chinensis** (p. 115).

*b'')* 10 à 12 rectrices, sexes semblables. **Coturnix coturnix japonica** (p. 417).

*b')* Taille moins faible, aile supérieure à 12 cm.

*c'')* Queue plus courte que la moitié de l'aile.

*a³)* Pattes roses.

*a⁴)* Poitrine grise, gorge rousse tachetée de noir.

*a⁵)* Gorge sans trace de blanc vers le bas... **Arborophila rufogularis laotiana** (p. 410).

*b⁵)* Gorge bordée de blanc vers le bas... **Arborophila rufogularis annamensis** (p. 412).

*b⁴)* Poitrine brun clair.

*c⁵)* Front et sourcils mélangés de blanc; gorge blanc pur. **Arborophila brunneipectus albigula** (p. 414).

*d⁵)* Front et sourcils d'un fauve pur; gorge tachetée de noir... **Arborophila brunneipectus henrici** (p. 412).

*b³)* Pattes jaunes.

*c⁴)* Plus petit, couleurs moins vives... **Tropicoperdix merlini merlini** (p. 407).

*d⁴)* Plus grand, couleurs plus vives... **Tropicoperdix merlini vivida** (p. 409).

*d'')* Queue plus longue que la moitié de l'aile; poitrine noire tachée de blanc ; pattes jaunes.

*c³)* Plus petit, couleurs moins vives... **Francolinus pintadeanus pintadeanus** (p. 405).

*d³)* Plus grand, couleurs plus vives... **Francolinus pintadeanus wellsi** (p. 406).

*b)* Queue plus longue que l'aile chez les mâles; sexes dissemblables; taille forte.

*c')* Queue comprimée latéralement ;

*e'')* Mâles et femelles huppés ;

*e³)* Queue très longue ; plumage brun ocellé...

**Rheinardtius ocellatus** (p. 381).

*f³)* Queue moyennenement longue ; plumage des mâles blanc et noir.

*e⁴)* Parties supérieures blanches finement rayées de noir.

**Gennæus nycthemerus nycthemerus** (p. 400).

*f⁴)* Parties supérieures à peu près également rayées noir et blanc.

**Gennæus nycthemerus beli** (p. 402).

*g⁴)* Parties supérieures plus noires que blanches...

**Gennæus nycthemerus annamensis** (p. 404).

*f'')* Mâles seuls huppés.

*g³)* Bleu dominant dans le plumage des mâles ; queue peu arquée.

*h⁴)* Plus petit, huppe blanche chez le mâle.

**Hierophasis edwardsi** (p. 394).

*i⁴)* Plus grand ; huppe noire chez le mâle...

**Hierophasis imperialis** (p. 397).

*h³)* Gris dominant dans le plumage des mâles; queue très arquée.

**Diardigallus diardi** (p. 392).

*g'')* Mâles et femelles pourvues d'une crète charnue.

**Gallus gallus gallus** (p. 389).

*d')* Queue non comprimée latéralement.

*h'')* Couvertures de la queue plus courtes que les rectrices ; taille moyenne.

*i³)* Plumage gris fauve ocellé de bleu pourpré...

**Polyplectrum bicalcaratum ghigii** (p. 387).

*j³)* Plumage brun ocellé de vert...

**Polyplectrum germaini** (p. 384).

*h''*) Couvertures de la queue très allongées, dépassant de beaucoup les rectrices : grande taille...

**Pavo muticus muticus** (p. 376).

II. Trois doigts.

*c*) Poitrine complètement barrée noir et blanc ou noire au centre...

**Turnix pugnax plumbipes** (p. [illegible]).

*d*) Poitrine jamais barrée, ni noire au centre...

**Turnix maculatus maculatus** (p. [illegible]).

---

## PAVO MUTICUS MUTICUS Linn.

Le Paon spicifère.

*Pavo muticus* Tir. : N° 261 : Indochine.
*id.* Rob. et Kloss. : N° 9 : S. Annam.
*id.* R. O. 1925 : N° 11 : C. Annam.
*id.* R. O. 1927 : N° 17 : H[illegible] (Tr[illegible]ninh).
Nom annamite : con công.

*Description* : Mâle adulte :

Côtés de la tête dénudés, bleu clair autour [illegible] jaune de chrôme vers le bas et autour de l'oreille. Lor[illegible] d'un brun corne clair. Iris brun noisette. Som[illegible] et gorge d'un bleu vert métallique : une huppe [illegible] plumes de même couleur. Cou, haut de la poitrine et [illegible] cuivré, avec le centre des plumes bleu pourpré bordé de vert, peu apparent sur le cou, mais de plus en plus visible vers le bas, où les plumes deviennent frangées de noir verdâtre. Reste du dos vert émeraude, avec le centre des plumes vert et une bordure bleu-vert. Ventre vert terne passant au noirâtre en arrière.

Ailes à petites couvertures bronzées, avec centre bleu et bordure noire ; couvertures moyennes bleu-vert ; grandes couvertures et rémiges primaires chataines, avec le rachis et l'extrémité plus fon-

…s ; rémiges secondaires brun foncé nuancé de vert métallique. Les rectrices sont brun noirâtre, avec quelques rayures le long du

Fig. 1. — Paon spicifère (*Pavo m. muticus*)

rachis ; elles sont cachées par la traîne formée par les énormes couvertures, qui peuvent atteindre près de deux mètres de longueur ; elles sont décomposées, d'un vert bronzé changeant au violet, avec une grosse ocelle formée d'une tache d'un noir bleuté, entouré de bleu, de brun, de vert et de mauve, le tout à éclat métallique.

Pattes grisâtres, au tarse muni d'un fort éperon.

*Dimensions :* Aile : 420 à 480 mm.; queue : 1.400 à 1.600 ; tarse : 125 à 150 ; bec (culmen) : 50.

Femelle adulte :

Ne diffère du mâle que par l'absence de traine, les couvertures de la queue n'atteignant que l'extrémité des rectrices ; elles sont, ainsi que le dos, d'un brun foncé à reflets verts irrégulièrement barrées et tachetées de fauve pâle. Sa taille est légèrement inférieure. Les tarses sont le plus souvent munis d'un éperon.

*Dimensions :* Aile : 440 â 445 ; queue : 455 à 460 ; tarse : 120 à 140 ; bec (culmen) 40.

Jeune mâle :

Ressemble à la femelle adulte, mais a le dos plus vert. A la troisième mue, les plumes ocellées apparaissent, mais réduites et ne prennent toute leur ampleur que la troisième année. Avant la première mue, il est brun foncé barré de brun plus clair, avec du vert au cou et à la tête.

Jeune femelle :

Ressemble au jeune mâle, mais est plus petite.

Poussin :

D'un fauve clair, rayé et maculé de brun roux.

Œuf :

Gros, allongé, d'un crème rosé, sans taches. Ponte de 4 à 6 œufs. Incubation : 25 jours.

*Distribution.*

Se trouve dans toutes les parties de l'Indochine qui lui sont favorables, c'est-à-dire là où il subsiste suffisamment de brousse et de forêt. Habite en outre le nord des États-Malais, le Siam, et quelques localités du sud-est de la Chine. Des sous-espèces voisines habitent Java et la Birmanie.

Le Paon spicifère est remplacé dans l'Inde et Ceylan par le Paon ordinaire (*Pavo cristatus* L.) acclimaté en Europe. Ce dernier s'en distingue facilement par sa huppe étalée, ses joues blanches, son cou bleu et son port beaucoup moins élevé.

*Observations.*

Le Paon spicifère vit dans le voisinage de la grande brousse, mais il lui faut de larges clairières ou de la forêt clairsemée : il ne fuit pas les habitations indigènes et on le trouve parfois mélangé aux Poules et Coqs sauvages dans les rizières de montagne dites « rays ».

Dès qu'il a été tiré, et dans les régions fréquentées par les chasseurs, il devient absolument inapprochable.

La femelle fait son nid au milieu d'une clairière, dans une touffe de hautes herbes qui, parfois, n'a pas plus d'un mètre de diamètre. La couveuse est assidue et ne bouge que si un chien vient à la découvrir et la dérange. Elle laisse le chasseur passer tout près d'elle sans se sauver.

Les petits courent dès leur naissance, mais ne peuvent se percher à côté et sous l'aile de la mère qu'après huit jours environ.

La couvée se compose de 4 à 6 œufs, mais souvent un ou deux n'éclosent pas.

La chair du jeune Paon est bonne jusqu'à un an ou un an et demi ; passé cet âge, elle est généralement dure et sèche. Cependant nous avons trouvé exceptionnellement, dans la vallée de la Rivière de Quangtri, de très vieux Paons qui faisaient d'excellents rôtis, surtout mangés froids.

Les indigènes capturent le Paon au piège par deux procédés : le premier, constitué par un lacet placé sur son passage, le prend par la patte ; le second est également un lacet, mais on le pose devant un trou appâté de grains de maïs, et l'Oiseau se prend par le cou.

Nous avons noté (R. O. 1925. N° 14) que les jeunes Paons se réunissent en grand nombre dans les mêmes champs et qu'une fois, près de Mai-lanh, cinquante avaient été comptés ensemble dans un « ray ».

Le Paon parade devant sa femelle et même devant d'autres ani-

Fig. 2. — Rheinardie ocellé (*Rheinardius ocellatus*).

maux, en faisant la roue, relevant et étalant autour de sa tête les plumes du dos et de la queue. L'effet produit alors est admirable.

La voix du Paon spicifère, bien que forte, est loin d'être aussi retentissante et désagréable que celle du Paon commun. Il la fait souvent entendre en réponse à un bruit quelconque, notamment à un coup de fusil.

Le Paon spicifère s'apprivoise très rapidement et nous en avons vu de privés en pleine forêt sur des cases indigènes, alors que la brousse impénétrable commencait à quelques mètres.

Nous ne croyons pas, par contre, qu'il se soit jamais reproduit en captivité en Annam. Il le fait cependant très facilement en Europe et nous en élevons presque chaque année en Normandie.

En captivité, le Paon spicifère est le plus souvent très familier, mais beaucoup de mâles deviennent méchants, attaquant sans cesse les personnes qui les approchent et se rendant ainsi désagréables et dangereux. Il est impossible de conserver ensemble plusieurs mâles adultes en état de se reproduire.

Cette espèce est, par ailleurs, beaucoup plus ornementale que le Paon ordinaire. Malheureusement, elle n'est pas complétement rustique dans les régions les plus froides de la France, où il devient nécessaire de l'abriter par temps de gel.

---

## RHEINARDTIUS OCELLATUS (J. Verr.)

### Le Rheinardte ocellé ou Argus d'Annam

*Rheinardtius ocellatus* R. O. 1925 : N° 13 : C. Annam.
— R. O. 1927 : N° 16 : C. Annam.

Nom annamite : con tri.

*Description :* Mâle adulte.

Couleur générale du plumage brune, nuancée de marron et toute tachetée de fauve pâle ; sur les rémiges secondaires ces taches forment des lignes irrégulières et il y a des amorces d'ocelles le long interne du rachis.

Tête garnie de plumes très courtes sur le dessus et les côtés, brun noirâtre, avec un large sourcil blanc ; menton et gorge gris pâle ; grosse huppe sur la nuque, composée de plumes filformes allongées, brun roussâtre, passant au blanc fauve à l'intérieur et à l'arrière ; cette huppe est rabattue en arrière lorsque l'Oiseau est en mouvement, et redressée et étalée lorsqu'il se repose. Haut du cou garni de longues plumes piliformes brun roussâtre.

Queue excessivement allongée et étagée, les rectrices médianes atteignant 1.500 mm., les externes 280 mm. seulement. Ces plumes sont très larges et effilées ; le fond en est gris ardoisé, tout tacheté de blanc et parsemé de marques d'un roux chatain, dont certaines, près du rachis, sont grandes et possèdent une tache noire au centre.

Iris brun ; bec rose ; pattes brun rosé, sans éperon en général, bien qu'on en trouve exceptionnellement une indication.

*Dimensions :* Aile : 360 à 390 mm ; Queue : 1.300 à 1.500 : Tarse : 90 à 92 ; Bec (culmen) : 35.

Femelle adulte :

Couleur générale brun foncé, finement pointillé de fauve, avec les plumes du dos, des ailes et de la queue largement barrée de noir avec des taches fauve pâle assez grosses ; l'aspect de ce plumage barré est très différent de celui du mâle, qui est pointillé. Tête rappelant celle du mâle, mais à couleurs moins nettes ; huppe plus courte et plus foncée ; haut du cou roussâtre. Queue moyenne, les rectrices centrales atteignant 400 millimètres.

*Dimensions :* Aile : 320 à 330 ; Queue : 300 à 430 ; Tarse : 80 à 82 ; Bec (culmen) : 30.

Jeune mâle :

Ressemble au mâle adulte, mais a une queue de 400 à 500 millimètres. Le plumage définitif apparaît la troisième année.

Jeune femelle :

Ressemble à la femelle adulte, mais plus petite, marques moins nettes.

Poussin :

Brun, avec la tête et le cou roussâtres ; deux larges bandes fauve pâle sur le dos, dont le centre est brun foncé ; dessous du corps fauve. Huppe bien indiquée. Les premières plumes ressemblent à celle de la femelle. Bec et pattes bruns.

Œufs :

Ponte de deux œufs (parfois un en captivité), d'un café au lait rosé plus ou moins pointillé de brun violacé, de 65×45 millimètres environ.

*Distribution.*

Nous croyons pouvoir fixer la limite nord du Rheinardte ocellé à la Province de Vinh (le Tonkin, à notre connaissance, devant être exclu en totalité). Il est curieux de remarquer qu'en plusieurs points on le trouve sur le versant est (annamite) de la Chaîne Annamitique, alors que sur le versant laotien, il est absolument inconnu.

Au niveau du Centre Annam, le Rheinardte serait à cheval sur la Chaîne : nous nous en sommes assurés à Laobao ; mais lorsqu'on descend plus au sud, on ne le trouverait plus sur le territoire laotien alors qu'il existe sur le versant annamite.

Nous croyons pouvoir assurer qu'on ne trouve plus de Rheinardte au sud de Varella et par conséquent que la Province de Qui-Nhon serait la limite sud de son habitat en Annam.

Alors que dans la haute région du Quang-Ngai, on trouve encore assez souvent ses plumes dans la forêt, jamais le fait ne s'est présenté à la hauteur de Phan-Rang.

Il reste à savoir si le versant laotien qu'occupe la province de Saravane est fréquentée par lui.

Une espèce très voisine, *Rheinardtius nigrescens* Roths. se rencontre dans les montagnes du centre de la Presqu'île Malaise.

*Observations.*

Le Rheinardte est un Oiseau de grande forêt et, comme les Éperonniers, il est très farouche et difficile à découvrir. Ce n'est que tout à fait exceptionnellement qu'on peut l'entrevoir. Par contre, on le piège facilement.

Il est abondant dans certaines régions ; en quelques mois, nous avons recueilli près de cent exemplaires dans la région de Laobao (Quangtri).

Comme les Argus, dont ils se rapprochent beaucoup, les Rheinardtes dansent et font la roue dans de petites clairières qu'ils débarrassent soigneusement de tout objet gênant : la femelle niche non loin de là, sur le sol, à l'abri de quelque buisson ou touffe d'herbe.

On ne peut guère considérer cet Oiseau comme un vrai gibier ; sa chair est d'ailleurs fort maigre.

La voix du Rheinardte est un sifflement prolongé et quelque peu triste, qui rappelle, en moins fort, celui de l'Argus ; il pousse aussi une sorte de gloussement assez doux.

Il a paru longtemps impossible de conserver des Rheinardtes en captivité. En réalité, il y vit sans difficultés, mais est très susceptible à la diphtérie, dont il convient d'empêcher la contagion par des désinfectants appropriés.

Moyennant cette précaution, on les conserve longtemps. Dans nos volières de Hué et au Jardin de Saïgon, plusieurs couples vivent depuis plusieurs années et l'un des nôtres s'est même reproduit ces deux dernières années ; en 1926 un œuf fut pondu dans un panier accroché à 1m50 de hauteur et la mère le fit éclore ; le jeune vécut jusqu'à l'âge de deux mois et périt alors à la suite d'un orage. Plusieurs pontes de un et deux œufs se sont produites en Annam et en France en 1927.

Nous avons introduit quelques-uns de ces Oiseaux en France où ils vivent au régime des Argus, et nous espérons les voir bientôt s'y multiplier. Leur nourriture, comme celle des autres Faisans, consiste en grains et en patée, avec quelques fruits et insectes, de la verdure et un peu de viande hachée.

---

## POLYPLECTRUM GERMAINI Elliot

### L'Éperonnier de Germain

*Polyplectrum germaini*. Tir. : N° 265 : N.-E. Cochinchine.
*Polyplectrum bicalcaratum germaini*. Rob. et Kloss : N° 7 : S. Annam.
*Polyplectum germaini*. R. O. 1925 : N° 11 : S. Annam.

1

2

1. — Éperonnier de Ghigi *Polyplectron bicalcaratum ghigii* Del. Jab. ♂
2. — Éperonnier de Germain *Polyplectron germaini* Elliot ♂

Nom annamite : con gà sao.

*Description :* Mâle adulte :

Couleur générale du plumage brun chocolat finement rayé et pointillé de fauve blanchâtre : les plumes du dessus de la tête, de la

FIG. 3. — Éperonnier de Germain *(Polyplectrum germaini)*

nuque et du haut du cou sont grisâtres, décomposées et effilées, sans cependant former de huppe.

Les plumes du manteau, les scapulaires et les couvertures des ailes, les tertiaires et une partie des secondaires portent vers l'extrémité une grosse ocelle vert métallique, liserée de noir, de brun, puis entouré d'un cercle fauve pâle atténué vers l'extrémité des plumes. Les plus longues couvertures de la queue et les rectrices portent chacune deux ocelles, une de chaque côté du rachis.

Peau du tour de l'œil et de la base du bec dégarnie et rouge ; iris brun ; bec brun corne ; pattes gris foncé ; tarses munis de deux éperons.

*Dimensions :* Aile : 200 à 225 millimètres ; Queue : 250 à 270 ; Tarse : 65 ; Bec (culmen) : 20.

Femelle adulte :

Diffère du mâle par sa taille sensiblement plus faible ; ses ocelles sont triangulaires et d'un vert noirâtre à peine métallique. L'ensemble du plumage est plus vermiculé, moins nettement pointillé.

*Dimensions :* Aile : 160 à 180 ; Queue : 220 à 230 ; Tarse : 55 ; Bec (culmen) : 16.

Jeune mâle :

Ressemble à la femelle adulte, mais de plus grande taille et a les ocelles ternes et noires. Prend son plumage définitif la seconde année.

Jeune femelle :

Semblable, mais plus petite.

Poussin :

Dessus du corps marron foncé, avec deux faibles raies noirâtres sur les côtés du dos, doublées de larges raies fauve jaunâtre ; dessous fauve pâle ; une tache foncée sur l'aile.

Œufs :

Ponte de deux œufs, assez courts, blanc crème, de 45 × 35 millimètres de moyenne. Incubation : 21 jours.

*Distribution.*

Cet Éperonnier que, comme nous l'avons exposé dans R. O. 1925, p. 10, nous ne pouvons considérer comme sous-espèce du *P. bicalcaratum*, habite la Cochinchine, le Sud-Annam jusqu'à Qui-Nhon, le Cambodge et la plus grande partie du Siam méridional.

*Observations.*

L'Éperonnier de Germain se trouve exclusivement dans les forêts humides dont il ne sort pas et, lorsqu'il n'a pas été chassé, se montre peu sauvage : il piète à quelques mètres devant le chasseur et on l'entend marcher sur les feuilles sèches : il fait souvent entendre alors un caquetage continu. Serré de trop près, il se lève, mais pour s'abattre à une dizaine de mètres et courrir en hérissant ses plumes et en secouant ses ailes d'une manière caractéristique.

Les Éperonniers se reproduisent la plus grande partie de l'année et leurs pontes, toujours de deux œufs, se succèdent, dès que les petits de la couvée précédente sont devenus indépendants. On les piège aisément, mais il est très difficile de les surprendre et de les tirer au fusil : aussi, bien que leur chair soit blanche et savoureuse, ne constituent-ils qu'un très médiocre gibier.

Les mâles font la roue, un peu à la manière des Paons, applatissant toutes leurs plumes ocellées en une sorte d'écran : une autre phase de leur parade consiste à marcher autour de la femelle en inclinant d'un côté tout le corps, les plumes ornementales à moitié déployées.

La voix de ces Oiseaux est forte et rauque et à l'époque des amours le mâle fait entendre des cris retentissants

L'Éperonnier de Germain vit bien en captivité et s'est reproduit fort souvent en France : il a même pondu au Jardin de Saïgon. Il reste en général farouche. En Europe, il est bon de lui donner un léger abri en hiver.

---

## POLYPLECTRUM BICALCARATUM GHIGII Del. et Jab.

### L'Éperonnier de Ghigi

*Polyplectrum chinquis ghigii*. Bull. B. O. C. vol. XLV, p. 30.

— R. O. 1925 : N° 12. Annam, Tonkin.

*Polyplectrum bicalcaratum ghigii*. R. O. 1927. N° 15. Annam.

Nom annamite : Con gà-sào.

*Description :* Mâle adulte :

Couleur générale du plumage d'un brun sépia clair pointillé et barré de fauve pâle : les plumes de la tête sont décomposées et allongées, blanchâtres et forment une huppe effilée en avant ; joues et menton blancs. Les plumes du manteau et des ailes sont garnies d'ocelles comme chez l'espèce précédente, mais elles sont d'un bleu pourpré changeant ; celles de la queue portent des ocelles vertes, complètement entourées d'un liséré fauve pâle. Peau du tour des yeux et de la base du bec blanc jaunâtre ; iris blanc ; bec et pattes gris, avec deux éperons au tarse.

*Dimensions :* Aile : 225 à 240 millimètres ; Queue : 355 à 430 ; Tarse : 75 ; Bec (culmen) : 25.

Femelle adulte :

De taille très inférieure à celle du mâle. Plumage brun-foncé, rayé de brun-clair. Pas de huppe. Plumes du manteau et des ailes marquées de noir et de blanc fauve, des taches noires indiquant les ocelles, avec le centre parfois nuancé de vert métallique ; les rectrices médianes sont brun-foncé tacheté de fauve de différents tons formant des barres ; elles portent des indications d'ocelles allant en s'accentuant du centre aux côtés et très apparentes à partir de la 3e paire, sans former toutefois de tache vert-métallique.

Iris brun.

La différence de taille et de plumage entre le mâle et la femelle est beaucoup plus marquée chez cette espèce que chez la précédente.

*Dimensions :* Aile : 170 à 190 millimètres : Queue : 240 à 250 ; Tarse : 67 ; Bec (culmen) : 20.

Jeune mâle :

Ressemble au mâle adulte, mais plus petit, avec les ocelles du plumage noires à reflets plus ou moins métalliques et en plus petit nombre, certaines plumes en étant dépourvues. Adulte la seconde année.

Jeune femelle :

Semblable à la femelle adulte, mais plus petite et de plumage plus uniforme.

Poussin :

Semblable à celui de l'espèce précédente, mais un peu plus clair.

Œufs :

Ponte de deux œufs, blanc-crème, de 46 × 36 millimètres environ. Incubation : 24 jours.

*Distribution :*

Centre et Nord de l'Annam, depuis la région de Tourane, et Tonkin.

La sous-espèce *P. b. bicalcaratum* (Lath.) qui habite la Birmanie, se trouve aussi au Laos, où elle remplace la présente, dont elle diffère par sa teinte générale plus grisâtre et la bordure fauve des ocelles de la queue qui devient indistincte vers le haut.

*Observations.*

L'Éperonnier de Ghigi habite, comme le précédent, les forêts épaisses, où il est très rare de pouvoir l'apercevoir, bien qu'il soit abondant en beaucoup d'endroits de la Chaine Annamitique. Il était demeuré inconnu jusqu'en 1924, époque à laquelle nous avons recueilli les premiers exemplaires. Il ne diffère aucunement dans ses habitudes des autres Éperonniers et se comporte en captivité de la même façon.

---

## GALLUS GALLUS GALLUS Linn.

### Le Coq sauvage ou Bankhiva

*Gallus ferrugineus*. Tir. : N° 267 : Indochine.

*Gallus gallus*. Rob. et Kloss. N° 8 : Coch. et S. Annam.

— — R. O. 1925 : N° 10 : C. Annam.

*Gallus gallus ferrugineus*. R. O. 1927 : N° 13 : C. Annam et N. Laos.

Nom annamite : con gà rung.

*Description :* Mâle adulte.

Dessus de la tête et du cou, côtés de ce dernier et manteau rouge orangé nuancé de jaune doré ; haut du dos noir à reflets bleus et verts ; bas du dos marron rouge passant au rouge feu sur le croupion, dont les plumes, ainsi que celles du cou, sont allongées en lancettes ; queue d'un noir bronzé à reflets verts ; ailes noires, avec les rémiges marquées de roux fauve pâle et les couvertures moyennes rouge cuivré ; partie inférieure du plumage noire.

Iris rouge plus ou moins brunâtre ; crête, barbillons et face rouges, avec les lobes des oreilles grands et blanc pur ; pattes gris bleu, au tarse orné d'un éperon ; bec brun corne.

En été, après l'époque de la reproduction, le Coq sauvage perd ses lancettes rouges et dorées et prend ainsi une sorte de plumage d'éclipse pendant plusieurs semaines ; les lancettes sont alors remplacées par des courte plumes noirâtres ; à cette époque, la crête et les barbillons sont flétris, réduits, et deviennent pâles.

*Dimensions :* Aile : 200 à 250 millimètres ; queue : 300 à 380 ; tarse : 75 ; bec : 20. Poids moyen : 1 kilogramme.

Femelle adulte :

Menton, sourcils et gorge roux doré ; arrière et côtés du cou jaune doré pâle, chaque plume ayant le centre noirâtre. Dessus du corps brun rougeâtre, le rachis des plumes étant blanchâtre ; toutes ces plumes sont sablées de noir ou de brun foncé ; queue brun noirâtre, avec les rectrices médianes tachetées de roux ; poitrine roux saumoné, avec les rachis pâles ; ventre fauve tacheté de brun.

Iris brun ; pattes gris-bleu ; bec brun corne ; crète, joues et barbillons rouge pâle, très réduits. Le tarse montre parfois des rudiments d'éperons.

*Dimensions :* Aile : 185 à 210 ; queue : 150 à 155 ; tarse : 60 ; bec : 16. Poids moyen : 600 grammes.

Jeune mâle :

Ressemble à l'adulte, mais a les faucilles de la queue et les lancettes peu développées.

Jeune femelle :

Un peu plus brune que l'adulte, sans crète ni plumes rousses à la tête.

Poussin :

Fauve, avec une large bande brune du sommet de la tête au bas du dos, et deux autres de l'œil au bas du cou ; dessous du corps très pâle.

Œuf :

Ponte de cinq à neuf œufs, blancs ou crème. Incubation : 18 à 21 jours.

*Distribution.*

Les Coqs sauvages de la présente race se rencontrent en Annam, au Laos, en Cochinchine, au Cambodge, dans le nord du Siam et de la Birmanie, l'Assam et le nord de l'Inde. Une sous-espèce voisine, au lobe de l'oreille petit et rouge, la remplace au Tonkin, et dans d'autres contrées.

Des espèces très différentes habitent le sud et l'ouest de l'Inde, Ceylan et Java.

*Observations.*

Le Coq sauvage est sans nul doute le meilleur gibier à plumes de l'Indochine, abondant, se défendant bien, amusant à tirer et de chair excellente. On le trouve partout où il existe un peu de brousse, même réduite à quelques hectares et tout contre les villages. Il habite la plaine comme la montagne, où il est cependant rare de le trouver près des sommets les plus élevés.

Pendant la saison des pluies, il demeure en forêt, sortant dans les rizières pendant la sécheresse ; on le surprend souvent sur les routes et dans les clairières.

Cette espèce niche surtout pendant la saison sèche, d'avril à juin ; les petits, comme ceux de presque tous les autres Gallinacés, se perchent dès le sixième jour.

Les Coqs et Poules purs sauvages se comportent comme les Volailles domestiques et ont la même voix, mais plus rauque et plus brève. Le chant du Coq sauvage est beaucoup plus court que celui des Coqs domestiques.

Ils vivent et se reproduisent aisément en captivité et se sont bien acclimatés en liberté dans notre parc, en France, demeurant très sauvages. Ils s'apprivoisent d'ailleurs difficilement tant qu'il s'agit d'Oiseaux de pure origine sauvage.

**DIARDIGALLUS DIARDI** (Bp.)

Le Faisan Prélat

*Euplocomus prœlatus*. Tir. N° 266 : N. et E. Cochinchine.
*Diardigallus diardi*. Rob. et Kloss. N° 6 : S. Annam et Coch.
— R. O. 1925. N° 9 : C. Annam, Laos.
— R. O. 1927. N° 12 : C. Annam.
Nom annamite : con gà loi.

*Description :* Mâle adulte :

Tête noire, avec de grosses caroncules rouge vif recouvrant les côtés ; une grande huppe noir pourpré composée de plumes réduites au rachis avec une palette de barbes à l'extrémité. Dos et poitrine gris, très finement vermiculé de noir, mais ayant un aspect uniforme ; les plumes du bas du dos sont bordées de jaune d'or ; celles du croupion et les couvertures supérieures de la queue sont bleu pourpré métallique, bordées de rouge cuivré ; rectrices noir pourpré. Ventre et flancs noir bleuté. Ailes grises, les scapulaires et les couvertures portant une bande subterminale noire suivie d'une autre, étroite, blanche.

Iris brun rouge ; pattes rouge carmin, à éperon et ongles blancs ; bec gris verdâtre pâle.

*Dimensions :* Aile : 230 à 260 millimètres ; queue : 340 à 390 ; tarse : 100 ; bec : 32.

Femelle adulte :

Tête gris-brun clair, blanchâtre sur la gorge, sans huppe ; côtés couverts par une caroncule rouge ; haut du dos et poitrine roux chatain, pointillé de noir vers le bas ; bas du dos, croupion et couvertures de la queue tachetés et barrés de noir et de gris pâle ; les deux paires médianes de rectrices semblables, les autres roux marron. Ventre roux chatain marqué de blanc ; parties anales et cuisses passant au gris-brun. Ailes tachetées et barrées de noir et de blanc fauve.

Iris brun rouge ; pattes rouge carmin, à ongles gris blanchâtre, bec brun corne.

*Dimensions :* Aile : 220 à 238 millimètres ; queue : 220 à 260 ; tarse : 80 ; bec : 30.

Jeune mâle :

Semblable à l'adulte, mais plus petit et plus terne. Prend ce plumage à l'âge de trois à quatre mois. Auparavant, ressemble à la jeune femelle, mais avec des teintes beaucoup plus grises.

Jeune femelle :

Semblable à l'adulte, mais un peu plus terne et plus petite.

Poussin :

Brun-roux, avec la gorge et le ventre jaune fauve pâle, le dos brun foncé, les ailes brun foncé barré de blanc fauve ; une petite ligne noire sur les côtés de la tête et deux autres blanc fauve, très réduites, sur le bas du dos.

Œufs :

Ponte de 5 à 8 œufs blancs, assez courts de 48 × 38 millimètres environ. Incubation : 25 jours.

*Distribution.*

En Indochine, sauf la partie centrale et le N.-E. du Tonkin, on trouve ce Faisan partout où il y a de la grande forêt, dans la plaine comme sur les collines. Il ne fréquente pas cependant les très hauts plateaux et les grandes montagnes, et se tient généralement en dessous de 800 mètres d'altitude.

Au Tonkin, on le rencontre depuis Laokay, dans toute la partie montagneuse et forestière située au sud du Fleuve Rouge. Du nord au sud, toute la Chaîne Annamitique est habitée par lui, ainsi que toutes les forêts du Laos, du Cambodge et de la Cochinchine.

On le trouve également au Siam et il été rencontré dans l'est de la Birmanie (États Shans).

*Observations.*

C'est le Faisan le plus commun de toute l'Indochine ; dans certaines régions peu habitées de grandes forêts, comme on en rencontre surtout sur le versant occidental de la Chaîne Annamitique, il forme des bandes aussi nombreuses que familières. En effet, lorsqu'il n'a pas été chassé, il s'écarte à peine du voyageur en faisant sous bois quelques pas qu'il accompagne d'un sifflement sec et nerveux, de crainte, ou d'un gloussement continue que poussent surtout les femelles et qui ne respire aucune terreur. La caravane ou l'escorte passée, ils reviennent à leur place primitive : aussi les retardataires ou les traînards peuvent-ils les observer à leur aise.

La femelle pond dans un nid fait de feuilles sèches qu'elle place le plus souvent au pied d'un gros arbre ; elle couve avec tant d'ardeur, qu'il faut pour ainsi dire marcher sur elle pour la faire partir. Les jeunes s'élèvent facilement en captivité, en leur donnant des termites et des œufs de fourmis ; quant aux adultes, ils s'apprivoisent avec une rapidité étonnante et deviennent très familiers.

L'époque des nids est généralement de janvier à mars ; mais dans le Sud Annam, on rencontre encore des couvées tardives, qui doivent être des secondes couvées, en août et septembre. Elles sont fréquemment détruites par l'arrivée de la saison des pluies.

Le Faisan prélat est acclimaté depuis longtemps en Europe où il se reproduit régulièrement en volière ; comme tous les autres Faisans huppés (*Lophura*, *Gennœus*, *Hierophasis*, etc...) il est monogame.

Cette espèce n'est réellement adulte et ne se reproduit que la troisième année.

---

## **HIEROPHASIS EDWARDSI** (Oust.)

### Le Faisan d'Edwards

*Gennœus edwardsi*. Bull. Mus. Paris 1896, p. 316 : C. Annam (Quang-tri).
*Hierophasis edwardsi*. R. O. 1925, n° 7. C. Annam.
— L'Oiseau, 1925, p. 248.
— R. O, 1927, n° 11. C. Annam.

Nom annamite : con gà loi.

*Description :* Mâle adulte :

Dessus de la tête recouverte d'une huppe de plumes effilées blanches, mêlées de plumes noirâtres ; côtés recouverts d'une caroncule rouge ; reste de la tête, cou, parties inférieures, manteau et haut du dos d'un noir bleuté, chaque plume présentant une large frange bleue à reflets métalliques, plus vif sur les flancs.

Les plumes du bas du dos et du croupion sont arrondies, de teinte bleu noir ; elles sont terminées par une bande d'un bleu métallique brillant. Couvertures des ailes noir bronzé terminées par une bande d'un vert métallique satiné. Rémiges et rectrices noir bleuté.

Iris brun rouge ; pattes rouge carmin, à éperon et ongles blancs ; bec blanc verdâtre, brunâtre à la base.

*Dimensions :* Aile : 220 à 240 millimètres ; queue : 240 à 260 ; tarse : 75 ; bec : 30.

Femelle adulte :

Plumage général brun uniforme, vaguement vermiculé de brun foncé sur le dessus du corps. Les rectrices centrales sont brunes pointillées de noirâtre ; les deux paires suivantes sont plus foncées et les autres noirâtres. Pas de huppe.

Iris brun noisette, bec brun corne, pattes rouge carmin ; caroncules rouges.

*Dimensions :* Aile : 210 à 220 millimètres ; queue : 200 à 220 ; tarse : 70 ; bec : 28.

Jeune mâle :

Semblable à l'adulte quoique moins brillant. Prend ce plumage à quatre mois. Auparavant, semblable à la femelle, avec des plumes brun foncé de côté et d'autre.

Jeune femelle :

Semblable à l'adulte.

Poussin :

Sommet de la tête jusqu'à la nuque brun roux, avec une ligne centrale noirâtre ; face et tour des yeux fauve pâle, avec une ligne irrégulière d'un brun noirâtre partant de l'arrière de l'œil et allant jusqu'au bas de la nuque ; dos brun foncé avec deux lignes jaune pâle sur les côtés, s'élargissant vers le croupion ; ailes brun foncé avec une ligne blanc fauve à la place des couvertures secondaires ; bec gris, rosé à la base ; pattes rouges, iris brun.

Le premier plumage est brun marron, finement vermiculé de noir ; gorge fauve pâle ; plumes du dos avec l'extrémité du rachis et la base des barbes blanchâtres et deux taches subterminales noirâtres ; couvertures des ailes à tache subterminale foncée en forme de V.

Œufs :

Ponte de 3 à 7 œufs (observée seulement en captivité) blanc fauve ou rosé, de 45 mm. × 36. Incubation : 21 à 22 jours.

*Distribution.*

A notre connaissance, cette espèce habite uniquement les pentes boisées du versant oriental de la Chaîne Annamitique, du nord de la Province de Faifoo au nord de celle de Quangtri.

*Observations.*

Le Faisan d'Edwards vit dans les fourrés des versants couverts de brousse et de lianes. Il est farouche et difficile à observer. On le piège parfois, mais il est resté rare dans les collections où trois exemplaires seulement étaient connus avant que nous commencions nos explorations.

Il ne paraît pas fréquenter les régions les plus élevées et préfère les basses et moyennes altitudes.

Sa voix rappelle celle des autres Faisans voisins, tel que les F. de Swinhoe, argenté, etc...

On ne sait rien d'autre de sa vie en liberté, mais nous en avons observé un certain nombre en captivité, où ils se comportent comme leurs congénères et se montrent robustes. Nous avons importé cette espèce en France et avons obtenu sa reproduction dès la première année. Elle est rustique sous le climat de la Normandie et les jeunes s'élèvent sans difficultés.

Les femelles ne pondent pas la première année.

Il est curieux de remarquer que cette espèce, à l'encontre des autres du même genre *(H. imperialis, H. swinhoei)* prend le plumage de l'adulte à quatre mois et a une période d'incubation de 21 à 22

1. Faisan impérial *Hierophasis imperialis* Del. et Jab. ♀
2. Idem. Idem. ♂
3. Faisan d'Edwards *Hierophasis edwardsi* Oust. ♂
4. Faisan prélat *Diardigallus diardi* Bp. ♂
5. Idem. Idem. ♀

jours, alors que chez ses congénères, la livrée de l'adulte n'est assumée qu'à seize mois et l'incubation dure 25 jours.

---

## HIEROPHASIS IMPERIALIS Del. et Jab.

### Le Faisan impérial

*Hierophasis imperialis*, Bull. B. O. C. vol. XLV, p. 29.
— R. O. 1925 : nº 8.
— L'Oiseau, 1925, p. 218.

Nom annamite : con gà lôi.

*Description* : Mâle adulte :

Couleur générale bleu foncé soyeux, avec les plumes du dos, du croupion et les couvertures des ailes bordées de bleu métallique brillant ; caroncules rouges sur les côtés de la tête ; huppe effilée plus longue que celle du F. d'Edwards, entièrement noire ; queue plus longue et plus arquée.

Les plumes du dos, des ailes et de la queue sont très finement pointillées de brun ; cela n'est visible qu'en les examinant de très près.

Iris brun orange, pattes rouges carmin, à ongles et éperons blancs, bec vert pâle, brunâtre à la base.

*Dimensions* : Aile : 252 millimètres ; queue : 300 ; tarse : 67 ; bec : 30.

Femelle adulte :

Brun marron assez clair en dessus ; tête sans huppe et cou brun pâle, passsnt au gris fauve sur la gorge et les joues ; ailes marron pointillé de noir ; rectrices centrales marron pointillé de noir, les autres noires. Tout le plumage est très finement vermiculé de brun foncé.

Iris brun ; pattes rouge carmin ; bec brun corne verdâtre ; caroncules rouges.

*Dimensions* : Aile : 214 millimètres ; queue : 214 ; tarse : 67 ; bec : 28.

Jeune mâle :

Ressemble à la femelle, avec un certain nombre de plumes noires apparaissant çà et là et une teinte générale plus olivâtre. A l'âge d'un an, des plumes bleues apparaissent et la huppe se montre. Il prend le plumage de l'adulte à 16 mois environ.

Jeune femelle :

Ressemble à l'adulte en plus olivâtre.

Poussin :

En duvet, ressemble à celui du F. d'Edwards, décrit plus haut mais est d'un brun plus terne et de taille supérieure.

Lorsque les ailes poussent, les plumes en sont brunes, avec les couvertures secondaires terminées de fauve pâle.

Le premier plumage est d'un brun chatain très finement vermiculé de noir ; le dos est un peu plus fortement marqué, ainsi que les parties inférieures ; quelques marques foncées aux ailes.

Œuf :

Semblable à celui du Faisan d'Edwards, mais plus gros : 53×4 millimètres. Incubation : 25 jours.

*Distribution :*

Jusqu'à présent, un seul couple, capturé vivant, a été recueilli : il provient des montagnes du nord de la Province de Quangtri et du sud de la Province de Quang-Binh (Dông-Hôi).

*Observations :*

Ce Faisan demeure le plus rare de toute la famille. Le seul couple obtenu par nous a pu être amené vivant en France où il s'est reproduit dans nos volières de Clères, en 1925 et 1926.

Nous en possédons actuellement trois couples, les seuls exemplaires actuellement connus, en dehors de cinq peaux de jeunes, nés et morts chez nous, et de quelques jeunes vivants de 1927.

Cette espèce a certainement les mêmes habitudes que la précédente, qu'elle remplace plus au nord. Mais il nous reste encore tout à apprendre de ses mœurs en liberté.

En captivité, elle se comporte comme ses congénères, et se montre rustique et robuste.

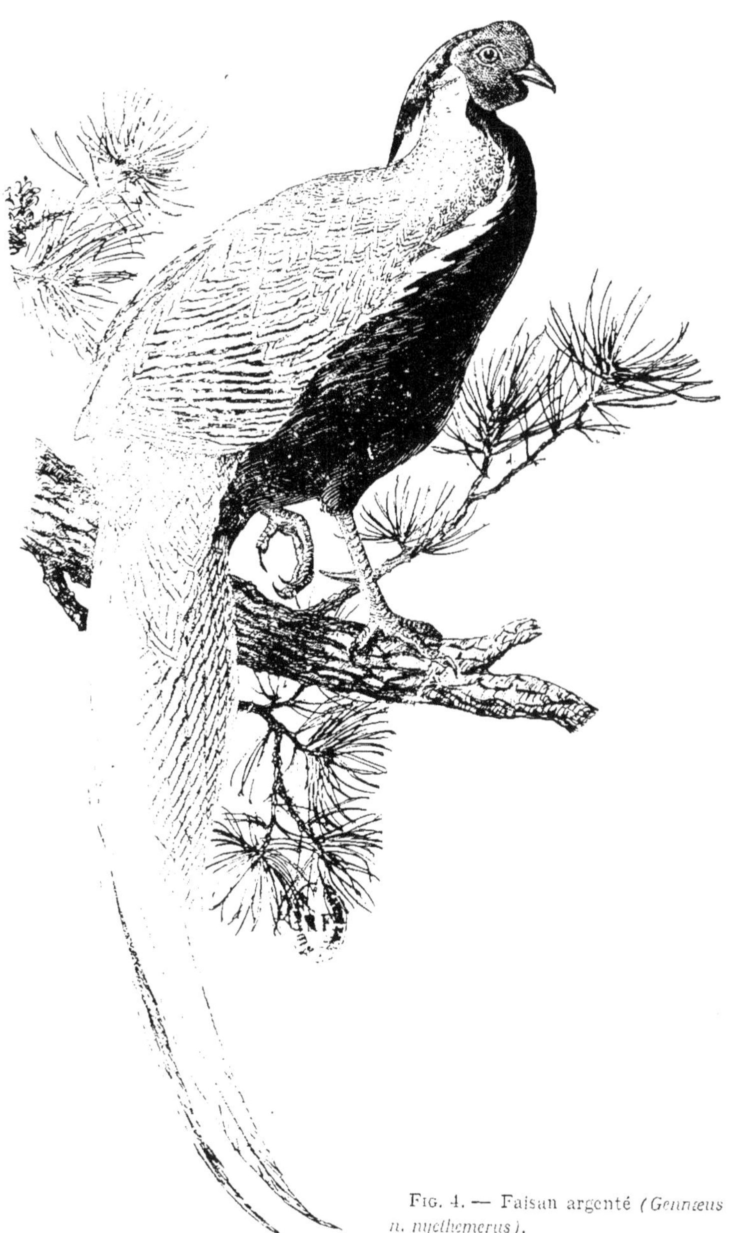

Fig. 4. — Faisan argenté (*Gennæus n. nycthemerus*).

### GENNAEUS NYCTHEMERUS NYCTHEMERUS (L.)

Le Faisan argenté

*Gennaeus nycthemerus.* RO. 1925 : N° 6 : Tonkin.

*Gennaeus nycthemereus nycthemerus.* RO. 1927 : N° 9 : Tran-Ninh (Laos).

Nom annamite : con gà loi.

*Description :* Mâle adulte :

Tête, ornée d'une grande huppe, menton, gorge, devant du cou et tout le dessous du corps d'un noir de velours à reflets pourprés ; grosse caroncules rouges sur les côtés de la tête ; dessus du corps blanc, chaque plume portant de 5 à 7 très minces lignes noires qui suivent la forme de son contour. Les ailes présentent des lignes noires moins nombreuses et plus fortes. Queue très longue, dont les deux paires centrales de rectrices au moins sont blanc pur, sauf quelques traits noirs près de la base ; les autres portent deux ou trois lignes noires sur les deux côtés du rachis, plus accentuées sur les plumes externes.

Iris brun rouge ; pattes rouges carmin, à ongles et éperons blancs ; bec gris vert blanchâtre.

*Dimensions :* Aile : 250 à 280 millimètres ; queue : 550 à 700 ; tarse : 100 ; bec : 30.

Femelle adulte :

Dessus du corps brun-olivâtre très finement pointillé de brun foncé à peine visible ; huppe assez courte plus foncée à l'extrémité. Les deux paires centrales de rectrices sont gris-fauve marqué de barres brun foncé ; rectrices latérales noires, irrégulièrement barrées de blanc fauve. Menton et gorge fauve grisâtre pâle passant au gris brun sur la poitrine, au brun pâle tout tacheté et barré de brun foncé sur le ventre et les flancs.

Iris brun noisette ; pattes rouges ; bec brun verdâtre ; caroncules rouges.

*Dimensions :* Aile : 200 à 250 millimètres ; queue 240 à 320 ; tarse : 9 ; bec : 27.

Jeune mâle :

Ressemble à la femelle, mais plus gros, avec la queue plus longue. Ces jeunes mâles varient d'ailleurs assez considérablement entre eux. Après la seconde mue, à l'automne, quelques plumes blanches rayées de noir apparaissent et ils prennent la livrée de l'adulte entre seize ou dix huit mois.

Jeune femelle :

Semblable à l'adulte.

Poussin :

Tête roux orangé, plus foncé en dessus ; une ligne noire derrière l'œil, dos brun foncé, avec deux lignes blanc fauve ; parties inférieures fauve pâle.

Œuf :

Ponte de six à dix œufs, fauve rosé ou crème, de 15 × 36 millimètres environ. Incubation : 25 jours.

*Distribution.*

Le Faisan argenté typique habite tout le sud de la Chine jusqu'au Mékong, le Tonkin, le Nord du Laos et du Siam ; on le trouve aussi dans le nord de l'Annam, près de la frontière tonkinoise et laotienne.

Il paraît certain que des formes intermédiaires, hybrides naturels ou sous-espèces, se trouvent au sud de ces régions, entre celles-ci et le Quangtri, où l'on trouve le Faisan de Bel. Nous en avons récemment reçu un mâle qui se rapporte à peu près à la race *G. n. ripponi*, un peu plus foncé que l'Argenté, avec la queue moins longue. Mais l'étude de ces formes intermédiaires reste à faire.

*Observations.*

Les Faisans argentés fréquentent les terrains accidentés couverts de végétation, notamment de bambous. Au Tranninh, nous les avons trouvés très communs à 1500 mètres d'altitude, dans les bois épais entrecoupés de clairières. Ils sont très abondants dans le Haut-Tonkin. Ils sont assez difficiles à approcher et à voir, malgré leur plumage clair et sont peu agréables à chasser. Leur chair est d'ailleurs sèche et dure.

Cette espèce a la même voix que ses congénères.

Elle est depuis longtemps domestiquée en Europe où elle se multiplie abondamment.

---

**GENNÆUS NYCTHEMERUS BELI** Oust.

Le Faisan de Bel

*Gennaeus beli.* Oust. Bull. Mus. Paris 1898, p. 258.
— R. O. 1925, N° 5.
— R. O. 1927, N° 10.

Nom annamite : con gà loi.

*Description :* Mâle adulte :

Ressemble au Faisan argenté, mais s'en distingue aisément par sa queue plus courte, et le plus grand nombre et la largeur plus considérable des marques noires sur les parties supérieures, où le noir et le blanc sont à peu près en quantité égale, l'aspect général de cette partie du plumage étant gris à quelque distance.

Iris brun rouge ; pattes rouges à éperon et ongles blancs ; bec jeune verdâtre ; caroncules rouge vif.

*Dimensions :* Aile : 230 à 260 millimètres ; queue : 350 à 450 ; tarse : 90 ; bec : 30.

Femelle adulte :

Ressemble à la Faisane argentée, mais est d'un ton plus roussâtre et plus clair et ne présente presque pas de marques en dessous ; toutes les rectrices sont brunes, les externes avec de faibles vermiculations.

Quelques femelles présentent de légères vermiculations sur les flancs.

Iris brun ; pattes rouges ; bec brun corne ; caroncules faciales rouge sombre.

*Dimensions :* Aile : 200 à 230 millimètres ; queue : 200 à 220 ; tarse : 80 ; bec : 28.

Jeune mâle :

Ressemble à la femelle, mais d'une couleur générale plus grise.

Se modifie comme le jeune Faisan argenté. Avant la première mue, il a les plumes du dos et des ailes barrées de brun foncé avec l'extrémité fauve pâle.

Jeune femelle :

Semblable à l'adulte.

Poussin :

Semblable à celui du Faisan argenté, légèrement plus foncé, avec les pattes d'un rouge plus sombre.

Œuf :

Ponte et incubation comme l'Argenté.

*Distribution.*

A notre connaissance, le Faisan de Bel habite en petit nombre les parties les plus hautes de la Chaîne Annamitique dans les Provinces de Quangtri, Thua-Thièn et Faifoo, et les parties correspondantes du Laos.

On le rencontre par quelques couples sur les montagnes boisées : en particulier il en existait quelques-uns à Bana (1500 mètres) lorsque l'on a commencé à aménager la station.

*Observations.*

Ce Faisan a les mêmes habitudes que le précédent, mais il est fort rare et difficile à obtenir.

Les premiers exemplaires de cette espèce furent découverts par M. Bel et ramenés vivant au Muséum de Paris en 1897. Ils y vécurent et s'y reproduisirent jusqu'en 1912, époque à laquelle ils s'éteignirent.

Nous avons réimporté deux couples en France en 1924, et ils se sont abondamment reproduits. Il est intéressant de multiplier ces Faisans en volière en raison de leur rareté en liberté.

En captivité, ils se montrent familiers, rustiques en Europe et très robustes.

## GENNÆUS NYCTHEMERUS ANNAMENSIS O Grant

Le Faisan d'Annam

*Gennaeus annamensis.* O. Grant, Bull. B. O. C. XIX, p. 13. Bali (?)
*id.* Rob. et Kloss, N° 5 : Lang-bian.

Nom annamite : con gà loi.

*Description :* Mâle adulte.

Diffère du Faisan de Bel par ses rayures noires plus fines et plus serrées, donnant au plumage un aspect plus foncé et plus grisâtre. Queue plus courte et moins arquée.

Iris brun orangé ; pattes rouge cerise ; bec vert corne ; caroncules rouge vif.

*Dimensions :* Ailes : 225 à 240 millimètres ; queue : 310 à 350 ; tarse : 90 ; bec : 30.

Femelle adulte :

Semblable à la Faisane de Bel, légèrement plus uniforme, à huppe plus longue et plus effilée.

*Dimensions :* Aile : 230 à 245 millimètres ; queue : 215 à 220 ; tarse : 75 à 80 ; bec : 28.

Jeunes mâle et femelle et poussins :

Semblables à ceux de la race précédente.

Œufs :

Inconnus jusqu'à présent.

*Distribution.*

Le Faisan d'Annam remplace le Faisan de Bel dans la partie méridionale de la Chaîne Annamitique. On l'a trouvé à l'ouest de Qui-Nhon (Bali) et au Langbian.

*Observations.*

Ce Faisan habite les plateaux et les montagnes et paraît être moins rare que le Faisan de Bel.

On ne l'a pas encore importé vivant en Europe, ni, à notre connaissance du moins, gardé en captivité.

Faisan d'Annam ♂ et ♀ (*Gennaeus n. annamensis*)
F. de Bel ♂ (*G. n. beli*).

**FRANCOLINUS PINTADEANUS PINTADEANUS** (Scop.)

Le Francolin de Chine

*Francolinus chinensis*. Tir. : N° 259 : Cochinchine.
— Rob. et Kloss. N° 4 : S. Annam (Langbian).
— R. O. 1925, N° 4 : C. Annam (Quangtri).
*Francolinus chinensis chinensis*. R. O. 1927, N° 7 : C. Annam.
Non annamite : con dà dà.

*Description :* Mâle adulte :

Front, lores, sourcils et trait moustachial, du bec au cou, noirs ; région au-dessus de l'œil, entre le bec et le cou, le menton et la gorge, blancs ; dessus de la tête et nuque fauves, tachetés de noir au milieu, les plumes centrales presque entièrement noires. Cou, manteau, poitrine noirs parsemés de taches blanches et rondes ; bas du dos, croupion et queue noirs, rayés de blanc ; scapulaires roux chatain ; ailes brunes tachetées de blanc fauve. Sur le ventre et les flancs, les taches blanches deviennent de plus en plus grandes et se teintent de fauve ; région anale et sous-caudales roux fauve.

Iris brun ; pattes jaune ocre, munies d'un éperon ; bec noir, passant au brun corne à la base et à l'extrémité.

*Dimensions :* Aile : 130 à 150 millimètres ; queue : 80 à 85 ; tarse : 38 à 45 ; bec 24 à 25.

Femelle adulte :

Diffère du mâle par ses teintes plus ternes en dessus, où le fauve remplace le blanc, et la couleur blanc fauve tacheté de brun des parties inférieures. Pattes sans éperons.

*Dimensions :* Aile : 130 à 140 millimètres ; queue : 75 à 80 ; tarse : à 42 ; bec : 22 à 24.

Les jeunes mâles et femelles sont semblables à la femelle, mais plus ternes, avec le rachis des plumes du cou et du manteau d'un jaune pâle.

Œuf :

Ponte de 3 à 8 œufs, d'un fauve olivâtre.

*Distribution :*

Cette espèce habite presque toute l'Indochine, le sud de la Chine, le Siam et une partie de la Birmanie.

*Observations.*

Le Francolin, appelé communément « Perdreau », est l'un des gibiers les plus populaires de la colonie. On le trouve dans tous les endroits dégagés où il reste encore assez de brousse pour lui servir de refuge. Il fréquente les basses régions comme les montagnes, car on l'a même trouvé au Langbian, à près de 2.000 mètres et il abonde à Dalat.

Ce qu'il recherche, c'est un terrain suffisamment sec ; il évite les forêts humides.

Son cri est fort et son nom indigène en est l'onomatopée. Le mâle le pousse le matin, puis au milieu de la journée, perché le plus souvent sur quelque termitière ou sur quelque branche.

Cet Oiseau paraît se livrer à quelques déplacements saisonniers limités.

Il niche en mai et juin, mais on trouve aussi des couvées en septembre. Le nid est placé dans une touffe d'herbe.

Le Francolin a beaucoup diminué en nombre dans bien des régions à la suite d'une chasse trop intense et peu raisonnable ; une sage réglementation lui permettra de repeupler et ainsi, l'un des gibiers les plus populaires de l'Indochine pourra être conservé pour les générations futures.

Les Chinois gardent souvent cet Oiseau en cage en raison de son chant. Il vit d'ailleurs facilement en captivité.

---

## **FRANCOLINUS PINTADEANUS WELLSI** Del. et Jab.

### Le Francolin de Wells

*Francolinus pintadeanus wellsi.* Bull. B. O. C. XLVII, p. 9.
— RO. 1927, N° 8 : Kontoum (S. Annam).

*Description :* Mâle adulte :

Diffère du Francolin de Chine par sa plus forte taille, ses couleurs plus vives, ses marques plus nettes, son front d'un noir pur et surtout par la largeur de la bande noire qui va du bec aux côtés du cou et qui recouvre les joues, alors que ces dernières sont blanches chez la race typique.

*Dimensions :* Aile : 155 millimètres : queue : 80 ; tarse : 40 ; bec : 25.

*Distribution :* Kontoum (S. Annam).

*Observations :*

Un seul exemplaire connu jusqu'ici et recueilli par nous près de Kontoum.

---

**TROPICOPERDIX MERLINI MERLINI** Del. et Jab.

La Perdrix à pattes jaunes de Quangtri

*Peloperdix charltoni.* Bull. Mus. Paris, 1898, p. 11. C. Annam.
*Tropicoperdix merlini.* Bull. B. O. C. XLV, p. 28.
— R. O. 1925. N° 2 (Quang-Tri).
*Tropicoperdix merlini merlini.* R. O. 1927. N° 4 (Quang-Tri).
Nom annamite : con dà dà.

*Description :* Mâle adulte :

Plumes du front, des lores et des sourcils blanches plus ou moins liserées de noir : les sourcils s'étendent sur le cou et passent au fauve ; dessus de la tête et du cou brun marron ; gorge, menton, joues et côtés de la tête blancs tachetés de noir ; côtés du cou et devant de la poitrine roux clair tacheté de noir ; reste du plumage supérieur et de la poitrine brun marron de divers tons, plus clair sur les ailes, barré et pointillé de brun foncé, avec une petite raie fauve le long du rachis des plumes des ailes et des sus-caudales. Vers le bas de la poitrine, les plumes passent au fauve tacheté de noir, puis au fauve uni sur le ventre et au blanchâtre en arrière.

Iris brun ; peau de l'orbite rouge sombre ; pattes sans éperon, jaune vif ; bec jaune corne à l'extrémité, rouge à la base.

*Dimensions :* Aile : 150 à 161 millimètres ; Queue : 70 à 72 ; tarse : 36 à 39 ; bec : 15 à 18.

Femelle adulte :

Semblable au mâle.

*Dimensions :* Aile : 141 à 149 millimètres. Queue : 70 à 71 ; tarse : 35 à 38 ; bec : 15 à 16.

Jeunes :

Semblables aux adultes, mais plus ternes.

Poussin et œuf :

Inconnus jusqu'ici.

*Distribution :*

Cette Perdrix se rencontre dans la Chaîne Annamitique de la région de Quangtri et probablement dans les provinces voisines au nord.

*Observations.*

C'est une espèce percheuse, qui, comme les autres formes de ce genre qui habitent les régions voisines, fréquentent les forêts et les fourrés ; on la trouve surtout à de faibles altitudes. Elle est difficile à voir et à chasser, mais on la piège aisément ; sa chair est médiocre. Elle se tient ordinairement sous bois, sortant au printemps, à l'époque des nids, dans les clairières couvertes d'herbe à paillotte. Nous avons trouvé des espèces différentes en Cochinchine, au Laos et au Tonkin, qui se distinguent à première vue de la présente par leurs pattes verdâtres. Dans la région du Col des Nuages, elle est remplacée par la sous-espèce suivante.

Nous ne savons pas encore exactement quelles formes de *Tropicoperdix* habitent le Sud Annam. Nous n'en avons pas encore trouvé ni au Kontoum, ni au Langbian. Il est probable que le *T. chloropus cognacqi* Del. et Jab., de Cochinchine, existe dans le Sud-Annam.

Le cri de cette Perdrix est un pépiement doux. Son chant est un sifflement très fort et assez mélodieux.

Perdrix à poitrine brune
*Arborophila brunneipectus henrici* Oust.

Perdrix à pattes jaunes
*Tropicoperdix merlini vivida* Del. et Jab.

Perdrix à gorge rousse
*Arborophila rufogularis laotiana* Del. et Jab.

Francolin de Chine
*Francolinus p. pintadeanus* Scop.

Nous l'avons souvent gardée en captivité et l'avons ramenée en Europe. Elle se montre rustique et robuste.

---

## TROPICOPERDIX MERLINI VIVIDA Del. et Jab.

La Perdrix à pattes jaunes de Hué

*Tropicoperdix merlini vivida.* Bull. B. O. C. XLVII, p. 9.
— R.O 1927, N° 5 (Col. des Nuages).
Nom annamite : con dà dà.

*Description :* Mâle adulte :

Diffère de la sous-espèce précédente par sa taille un peu plus forte, ses marques plus nettes et plus vives et par sa teinte générale sensiblement plus olivâtre et moins rousse sur le dessus du corps.

*Dimensions :* Aile : 160 à 162 millimètres ; queue : 75 à 80 ; tarse : 35 à 40 ; bec : 16 à 18.

Femelle adulte :

Semblable au mâle.

*Dimensions :* Aile : 150 ; queue : 75 ; tarse : 39 ; bec : 15.

Jeunes, poussins et œufs inconnus.

*Distribution.*

Province de Thua-Thièn, C. Annam. Nous avons recueilli des exemplaires provenant du Col des Nuages, de Thua-Lùu et des environs de Hué.

*Observations.*

Cette Perdrix, très voisine de la précédente, a les mêmes habitudes. On la distingue à première vue par sa teinte générale olivâtre absolument différente et sa taille.

## ARBOROPHILA RUFOGULARIS LAOTIANA Del. et Jab.

La Perdrix à gorge rousse du Laos

*Arborophila rufogularis laotiana*. Bull. B. O. C. XLVIII p.
— R. O. 1927, N° 1.

Nom annamite : Con dà dà.

*Description :* Mâle adulte :

Dessus de la tête et nuque brun olivâtre tacheté de noir ; lores et longs sourcils blanc grisâtre tacheté de noir, ainsi que les côtés de la tête qui passent au brun roussâtre vers l'arrière ; une bande blanc pur du dessous du bec au dessous de l'oreille ; menton, gorge et côtés du cou roux vif tacheté de noir, ces taches grossissant vers le bas et formant une ligne irrégulière séparant la gorge de la poitrine ; arrière du cou brun nuancé de roux et tacheté de noir, formant un collier. Le dos et la queue sont d'un brun olive uniforme, les plumes du bas du dos, du croupion et de la queue portant une tache noire au centre. Scapulaires et couvertures des ailes marron, avec une large tache subterminale noire précédée d'une plus grande d'un fauve olivâtre ; rémiges brun foncé, les secondaires marquées et tachetées de roux sur la bordure externe. Poitrine gris ardoisé palissant vers le ventre qui est blanchâtre ; plumes des flancs marron roux sur les bords, puis gris ardoisé avec une raie médiane blanche, celles des parties postérieures brun fauve avec une bande subterminale noire ; sous-caudales rousses avec une tache noire et blanche ; cuisses roussâtres.

Iris brun ; pattes rouge carmin, sans éperon ; bec noir ; peau de l'orbite et de la gorge rouge saumoné.

*Dimensions :* Aile : 138 à 150 millimètres ; queue : 60 à 66 ; tarse : 30 à 35 ; bec : 17 à 18.

Femelle adulte :

Semblable au mâle.

*Dimensions :* Aile : 136 à 146 millimètres ; queues 59 à 62 ; tarse : 30 à 34 ; bec : 16 à 17.

Jeune mâle et femelle :

Inconnus jusqu'à présent, mais ceux d'une sous-espèce voisine (*A. r. rufogularis*) ont la gorge plus pâle et non tachetée de noir et les parties inférieures grises avec des taches blanches sur la poitrine, le ventre et les flancs.

Poussin :

Inconnu.

Œuf :

Ponte de 3 à 8 œufs, blanc pur, de 40×30 millimètres environ.

*Distribution.*

Tranninh (Haut-Laos) et Centre-Annam. Existe probablement aussi dans le Nord Annam et au Tonkin.

Jusqu'à ce jour nous n'avons obtenu que deux exemplaires en Annam, aux environs de Bana, près de Tourane, à 1000 mètres d'altitude.

*Observations.*

Les Perdrix à gorge rousse habitent les bois plus ou moins épais des montagnes ; au Tranninh, elles étaient abondantes au-dessus de 1.500 mètres, mais rares en-dessous ; en Annam, elles paraissent ne fréquenter que les montagnes élevées. Elles ne sortent que rarement des bois et ne s'aventurent au dehors que le matin de bonne heure. Comme leurs congénères, elles se nourrissent de graines, de pousses tendres et d'insectes.

En dehors de l'époque des nids où elles s'isolent par couples, elles vivent en petites bandes de 5 à 12 individus. Ces Oiseaux nichent à terre, dans les forêts, parmi les feuilles mortes ou les herbes, d'avril à juillet. Bien que leur chair soit blanche et savoureuse, ils ne constituent qu'un médiocre gibier, car ils s'enlèvent difficilement et il est rare de pouvoir les tirer. Cependant, là où ils n'ont pas été dérangés, ils ne se montrent pas sauvages. Les Moïs les piègent dans des bourses de filet disposés sous bois à tous les passages libres laissés autour d'une enceinte de brindilles au milieu de laquelle est placé un appelant vivant ; à proximité se trouve un indigène qui imite le cri de l'Oiseau au moyen d'un sifflet de bambou dans lequel roule une petite bille. Cet instrument reproduit parfaitement le fort sifflement roulé qui est le cri de cette Perdrix.

Cette espèce vit facilement en captivité.

---

**ARBOROPHILA RUFOGULARIS ANNAMENSIS** (Rob. et Kloss.)

La Perdrix à gorge rousse d'Annam

*Arboricola rufogularis annamensis.* Rob. et Kloss, n° 1. S. Annam (Langbian).

*Description.*

Mâle et femelle, adultes et jeunes, ressemblent à ceux de l'espèce précédente mais sont d'une teinte générale très sensiblement plus pâle ; le dessus de la tête est d'un brun presqu'uniforme ; le tour de la gorge passe au blanc pur vers le bas ; les taches noires des couvertures des ailes sont doublées d'une autre gris pâle au lieu de fauve.

*Dimensions :* Mâle : Aile : 137 à 147 millimètres ; queue : 54 à 58 ;tarse : 38 à 41 ; bec : 18 à 19. — Femelle : Aile : 137 à 134 millimètres ; queue : 50 à 55 ; tarse : 35 à 37 ; bec : 15 à 16.

*Distribution.*

A été obtenu au Langbian et habite probablement les autres hautes régions du S. Annam.

*Observations.*

Cette Perdrix a des habitudes identiques à celles de la précédente.

---

**ARBOROPHILA BRUNNEIPECTUS HENRICI** (Oust.)

La Perdrix à poitrine brune d'Annam

*Arboricola henrici.* Oust. Bull. Mus. Paris, 1898, p. 315. Maïson (Tonkin) et Quangtri (Annam).

*Arborophila brunneipectus albigula.* R. O. 1925, n° 1. N. Annam (Quangtri).

Nom annamite : Con dà dà.

*Description :* Mâle adulte :

Front et côtés antérieurs de la couronne de teinte fauve, continués par un sourcil fauve tacheté de noir ; dessus de la tête et nuque brun olive tacheté de noir: lores et tour de l'œil noirs: une tache allongée blanc fauve du bec aux joues; menton et gorge blanc jaunâtre tacheté de noir, dont les plumes peu serrées laissent entrevoir la peau rouge ; ces taches augmentent de taille vers le bas et forment une bordure irrégulière ; côtés et arrière du cou brun fauve tacheté de noir. Dos, croupion et sus-caudales brun olivâtre rayé de noir : rectrices brun vermiculé de noir. Scapulaires et couvertures des ailes marron, avec une tache subterminale noire précédée d'une plus grande gris fauve: rémiges brun noirâtre, les secondaires bordées et barrées de marron. Poitrine brun fauve, teinté d'olivâtre sur le haut et les côtés ; plumes des flancs gris fauve, avec taches terminale noire et subterminale blanche ; ventre blanchâtre : sous-caudales blanc fauve tacheté de noir.

Iris brun ; pattes rose vif : bec noir. Peau de l'orbite, de la face et de la gorge rouge.

*Dimensions :* Aile : 135 à 155 millimètres ; queue : 65 à 72 ; tarse : 35 à 38 ; bec : 18 à 20.

Femelle adulte :

Semblable au mâle.

*Dimensions :* Aile : 140 à 152 millimètres : queue : 63 à 68 : torse : 35 à 37 ; bec : 18 à 20.

Jeunes, poussins et œuf :

Inconnus jusqu'à présent. Chez une sous-espèce voisine (*A. b. brunneipectus* Tick.) les œufs, au nombre de 3 à 6, sont blancs pur et mesurent 37×28 millimètres environ.

*Distribution.*

O. Tonkin, N. et C. Annam. Une forme voisine, *A. b. neveui* la remplace au Tranninh et dans le N.-E. du Tonkin.

*Observations.*

La Perdrix à poitrine brune a les mêmes mœurs que la Perdrix à gorge rousse, mais elle habite des lieux moins élevés ; on la trouve depuis le pied des collines jusqu'à 1000 et 1200 mètres. En Annam, elle est plus commune que la précédente. Sauf sur ce point, tout ce que nous avons dit de l'espèce précédente peut s'appliquer à cet Oiseau.

---

**ARBOROPHILA BRUNNEIPECTUS ALBIGULA** (Rob. et Kloss.)

La Perdrix à gorge blanche

*Arborophila brunneipectus albigula.* Rob. et Kloss, N° 2 Langbian (S. Annam).

Nom annamite : con dà dà.

*Description :* Mâle, femelle et jeunes :

Ressemblent à ceux de la sous-espèce précédente, mais s'en distinguent par un ton général plus pâle, un sourcil blanc fauve et le haut de la gorge blanc pur.

*Dimensions :* Mâle : Aile : 135 à 145 millimètres ; queue : 55 à 60 millimètres ; tarse : 36 à 39 ; bec : 19 à 20. — Femelle : Aile : 138 ; queue : 50 ; tarse : 38 ; bec : 19.

*Distribution.*

Cette espèce habite les bois des parties moyennes des montagnes du S. Annam. On l'a trouvé à Dran et à Djiring. (1000 mètres) et aux environs de Dalat (1500 mètres).

*Observations.*

Les habitudes de cette Perdrix sont identiques à celles de la précédente.

## EXCALFACTORIA CHINENSIS CHINENSIS (L.)

La Caille de Chine

*Excalfactoria sinensis.* Tir. N° 261 : Cochinchine.
*Excalfatoria chinensis.* R.O. 1925 : N° 15 : C. Annam.
Nom annamite : con cût.

*Description :* Mâle adulte :

Front, lores, sourcils, côtés de la tête et du cou, haut de la poitrine et flancs gris ardoisé ; dessus de la tête, nuque et dos bruns, barrés de noir, avec le rachis pâle ; queue marron et gris ardoisé : ailes brunes, marquées de gris et de roux ; menton et gorge noirs ; une ligne blanche sur la joue bordée de noir en dessus ; un collier blanc bordé de noir sur le devant du cou, séparant la gorge noire de la poitrine grise. Ventre et parties anales marron.

Iris rouge : pattes jaunes ; bec noir.

*Dimensions :* Aile : 65 à 78 millimètres ; queue : 25 ; tarse : 20 à 22 ; bec : 10 à 11.

Femelle adulte :

Dessus du corps pareil au mâle, mais plus clair et plus marqué de fauve ; le gris ardoisé de la tête est remplacé par du roux : gorge blanc fauve : reste des parties inférieures fauve barré de noir sur la poitrine et les flancs : queue brune marquée de fauve et de noir.

Iris brun : pattes jaunes ; bec gris.

*Dimensions :* les mêmes que celles du mâle.

Jeune mâle :

Ressemble à l'adulte, mais sans gris ni marron sur le dessus du corps et avec de larges raies fauves sur le croupion; en dessous, le marron est réduit ; le gris ardoisé est plus terne.

Jeune femelle :

Semblable à l'adulte.

Poussin :

Brun, avec une raie foncée sur le sommet de la tête et une autre de chaque côté de la couronne ; le bout de l'aile, les côtés de la tête, le menton et la gorge fauve pâle.

Œuf :

Ponte de cinq à huit œufs fauve olivâtre ou brunâtre, parfois tacheté de noir, de 24×19 millimètres. Incubation : 11 jours.

Fig. 5. — Caille de Chine (*Excalfactoria c. chinensis*).

*Distribution.*

Cette petite Caille se trouve dans une grande partie de l'Inde et de la Chine, en Birmanie, au Siam, en Malaisie et dans toute l'Indochine.

*Observations :*

La Caille de Chine est plutôt sédentaire, ne se livrant qu'à des déplacements assez limités. Elle niche presque toute l'année.

On la rencontre aussi bien dans les basses plaines qu'en montagne jusqu'à 1500 mètres et plus. Elle fréquente surtout les espaces herbeux ou la petite brousse et pond à terre, sans faire de nid, sous quelque touffe ou dans quelqu'excavation qu'elle pratique en grattant le sol.

On trouve ces Oiseaux par couples ou par couvées. Bien que très abondants dans certaines régions, ils sont difficiles à voir, car ils se cachent à la plus légère alarme. Leur taille minuscule et leur chair médiocre n'en font d'ailleurs pas un gibier apprécié.

Sa voie est un pépiement très doux.

La Caille de Chine est souvent importée vivante en Europe ; elle est robuste et se reproduit facilement en volière.

---

## COTURNIX COTURNIX JAPONICA Temm.

### La Caille orientale

Nom annamite : con cút.

*Description :* Mâle adulte :

Ressemble à la Caille de France, en différant par son menton et sa gorge d'un rouge brique clair ; le reste du plumage est pareil à celui de l'Oiseau européen, brun strié et lignée de noir et de blanc en dessus, fauve en dessous, avec le ventre blanchâtre ; la tête est brune en dessus avec trois bandes fauves. Les plumes des côtés du menton sont souvent allongées et pointues.

Iris brun : bec et pattes gris ou jaunâtre corné.

*Dimensions :* Aile : 100 à 117 millimètres : queue : 36 à 39 ; tarse : 30 ; bec : 13.

Femelle adulte :

Diffère du mâle par sa gorge fauve pâle, sa poitrine plus striée et les plumes des côtés du menton plus longues, raides, formant une petite barbe.

*Dimensions :* semblables à celles du mâle.

Jeunes mâle et femelle :

Comme la femelle adulte.

Poussin :

Couronne rousse, avec un trait noir qui se divise en deux sur l'arrière et la nuque ; dos roux fauve, avec une large bande médiane noire ; ailes fauves tachetées de noir ; dessous du corps fauve pâle.

Œuf :

Cette Caille niche dans le nord de l'Asie et au Japon. On l'a rapportée comme nichant également en Indochine, mais il s'agit peut-être de la précédente, des *Turnix*, ou de la Caille de Coromandel (*Coturnix coromandelica* Gm.), sédentaire dans l'Inde, dont la présence n'a pas encore été clairement constatée en Indochine et qui se distingue des autres par sa gorge blanche et le centre de la poitrine noir chez le mâle.

La ponte est de 6 à 10 œufs de couleur variable, crème ou brunâtre, tachetés de noir, de 28×22 millimètres environ.

*Distribution.*

Migratrice, cette Caille passe la bonne saison dans le N.-E. de l'Asie ; à l'Ouest du lac Baïkal, elle est remplacée par la Caille commune d'Europe. Elle est très abondante au Japon, où elle constitue un Oiseau de cage favori, maintenant si complètement domestiqué qu'on le fait pondre et couver à volonté par un régime approprié à toute époque de l'année. Elle passe l'hiver en Indochine, au Siam et dans le sud de la Chine.

*Observations.*

La Caille orientale a les mêmes mœurs que la Caille d'Europe. Pendant l'hiver, époque à laquelle nous la trouvons en Indochine, elle n'est pas aussi grasse ni bonne à manger qu'en été ; elle s'envole aussi plus difficilement.

Elle se rencontre surtout dans les terrains découverts et herbeux, principalement dans le nord de la Colonie.

---

## TURNIX PUGNAX PLUMBIPES Hodgs.

### L'Hémipode de Birmanie

*Turnix plumbipes.* Tir. : N° 262 : Cochinchine.

*Turnix pugnax rostrata.* Rob. et Kloss. N° 10 : Langbian (S. Annam).

— R. O. 1925 : N° . C. Annam.

*Turnix pugnax plumbipes.* R. O. 1927 : N° 18 : H$^{t}$-Laos (Tranninh) et S. Annam (Kontoum).

Nom annamite : con cût.

*Description* : Mâle adulte :

Parties supérieures brunes, striées de noir et marquées de blanc fauve : front, sourcils et côtés de la tête blancs tachetés de noir : gorge et menton blancs légèrement tachetés de noir : ailes pareilles au dos, avec les rémiges primaires et secondaires brun foncé, bordées de fauve, les tertiaires et les grandes couvertures fauves mar-

Fig. 6. — Hémipode (*Turnix pugnax plumbipes*

quées de noir et de brun. Plumes de la poitrine fauve avec une tache subterminale noire, ces taches étant plus grosses et moins nombreuses vers le bas ; ventre fauve, plus pâle au centre ; bas des flancs et région anale roussâtres.

Iris blanc jaunâtre ; pattes à trois doigts gris rosé ; bec gris foncé.

*Dimensions* : Aile : 82 à 90 millimètres ; queue : 25 à 30 ; tarse : 23 à 25 ; bec : 13 à 15.

Femelle adulte :

Pareille au mâle, mais un peu plus grande, avec un plumage d'une teinte générale plus vive, et le menton, la gorge, le milieu du cou et de la poitrine d'un noir de velours.

Iris blanc ; pattes gris rosé ; bec gris foncé ;

*Dimensions :* Aile : 86 à 90 millimètres ; queue : 25 à 31 ; tarse : 24 à 28 ; bec : 11 à 15.

Jeunes mâle et femelle :

Comme le mâle adulte.

Poussin :

Marron foncé en-dessus ; fauve pâle en dessous, avec deux traits blancs des lores aux côtés du cou ; une raie médiane noirâtre sur la couronne et des marques fauve pâle et noires sur le dos ; les ailes ont une double barre fauve pâle et brun foncé.

Œufs :

Ponte de quatre œufs blanc grisâtre tout tacheté de points bruns de divers tons ; de 25×20 millimètres. Incubation : 12 jours.

*Distribution.*

Cet Hémipode habite le N.-E. de l'Inde, la Birmanie, la Malaisie, le Siam et l'Indochine.

*Observations.*

L'Hémipode de Birmanie est sédentaire et fréquente de préférence les espaces herbeux entrecoupés de bosquets ou de bois, depuis le niveau de la mer jusque sur les montagnes ; il évite la grande forêt et les parties desséchées ; il aime particulièrement les terrains couverts de courte brousse au milieu de laquelle se trouvent quelques cultures, comme cela se voit fréquemment tout le long de la côte d'Annam ; il y est d'ailleurs très commun.

C'est un Oiseau assez difficile à faire lever sans chien. En tant que gibier, sa petite taille et sa chair sèche le rendent peu intéressant.

Les Hémipodes ressemblent superficiellement aux Cailles, avec lesquelles on les confond très souvent ; ils en diffèrent par divers caractères anatomiques, notamment par leurs pattes à trois doigts où manque le pouce, et aussi par leurs mœurs qui sont fort curieuses.

Chez ces Oiseaux, c'est la femelle, plus grosse et plus brillamment colorée que le mâle, qui remplit une partie du rôle dévolu à celui-ci chez la plupart des autres. Elle parade, se bat férocement avec ses semblables, et, une fois sa ponte effectuée, laisse à son époux le soin de couver et d'élever les jeunes : aussitôt d'ailleurs, elle recherche un nouveau mâle, puis un autre, dès que celui-ci s'est mis au nid. Elle se reproduit ainsi presque toute l'année, tant qu'il se trouve des mâles disponibles.

Les nids sont placés à l'abri de quelque touffe de buisson, composé d'herbes bien arrangées, parfois même recouvert d'un dôme.

On ne retrouve guère ces mœurs étranges que chez les Tinamous d'Amérique, Oiseaux dont se rapprochent du reste les Hémipodes sous plusieurs rapports.

Chez les Coureurs, c'est aussi le mâle qui couve continuellement (Nandous, Emeus, Casoars) ou une partie du temps (Autruches), et qui élève les jeunes : par contre, c'est lui qui parade devant la femelle et est de plus forte taille.

La voix de tous les Hémipodes est semblable : c'est une sorte de grondement sourd et ventriloque que la femelle émet plus souvent que le mâle : il ressemble au roucoulement rauque et étouffé de certains Pigeons. Ils ont aussi une sorte de pépiement.

Les Hémipodes sont granivores et insectivores et vivent facilement en captivité.

On les importe assez souvent en Europe, où ils se reproduisent de temps à autre, ce qui est fort intéressant à observer. Alors que l'on peut conserver ensemble plusieurs mâles, il est impossible de mettre dans une volière plus d'une femelle, sous peine de donner lieu à des luttes incessantes.

---

## TURNIX MACULATUS MACULATUS Vieill.

### L'Hémipode tacheté

*Turnix maculosus*. Tir. : N° 263 : Cochinchine.

*Turnix tanki blanfordi*. R. O. 1927 : N° 19 : Tranninh (H^t-Laos) et S. Annam (Kontoum).

Nom annamite : con cùt.

*Description :* Mâle adulte :

Dessus et côtés de la tête fauve tacheté de brun ; arrière du cou et dos gris brunâtre, finement zébré de brun foncé ; couvertures des ailes semblables, avec des taches brun marron et des marques noires et blanches.

Dessous du corps roux fauve, blanchâtre sur la gorge et le ventre ; les côtés de la poitrine et les flancs portent des marques noires en forme de croissant et le gris brun du dos reparait irrégulièrement sur ces parties.

Iris blanc ; pattes jaunes ; bec brun corne, jaunâtre à la base.

*Dimensions :* Aile : 85 à 89 millimètres ; queue : 38 ; tarse : 25 ; bec : 13.

Femelle adulte :

Diffère du mâle par un large collier roux comprenant tout le cou et le haut de la poitrine, qui disparaît à l'automne après la période de reproduction.

L'ensemble du plumage est plus net et plus brillant, avec le dos moins tacheté.

Iris blanc ; pattes jaunes ; bec gris, jaune à la base.

*Dimensions :* Aile : 96 à 101 mm. ; queue : 43 ; tarse : 30 ; bec : 16.

Jeunes mâle et femelle :

Semblables au mâle adulte, la femelle étant plus grande et de teintes plus vives.

Poussin :

Ressemble à celui de l'espèce précédente.

Œuf :

Ponte de 4 œufs, semblables à ceux de l'espèce précédente, mais plus gros, de 26×23 millimètres environ.

*Distribution :*

Cet Hémipode habite la Birmanie, le Siam, l'Indochine et la Chine jusqu'en Mandchourie.

*Observations.*

Tout ce que nous avons dit de l'espèce précédente s'applique également à l'Hémipode tacheté sauf que ce dernier paraît avoir une saison de reproduction bien définie, d'avril à septembre. Il fréquente les mêmes parages et évite peut-être encore plus les grands bois.

En Annam, il est beaucoup moins répandu que l'Hémipode de Birmanie, et nous ne l'avons pas encore rencontré sur la côte.

# DEUXIÈME PARTIE

## PIGEONS

*(Columbæ)*

Ces Oiseaux, nombreux en Annam, forment un ordre bien particulier ; ils sont reconnaissables à leur bec assez mince, renflé et recourbé à l'extrémité, dont la base est recouverte de peau tendre. Leurs pattes sont en général assez courtes et charnues. Leurs ailes et leur queue sont bien développées.

Les espèces que l'on rencontre en Indo-Chine sont presque toutes arboricoles. Les unes se nourrissent de grains, les autres de fruits.

Voici la clef qui permet d'identifier les différents Pigeons de l'Annam.

### Clef

*a)* Plumage principalement vert-jaunâtre clair, avec une ou deux bandes jaunes sur les ailes ; plante des pieds très large ; taille moyenne ; queue de 12 rectrices.

*a')* Queue arrondie et peu étagée.

*a'')* Partie cornée du bec réduite, n'atteignant pas la base emplumée du culmen.

*$a^3$)* Pattes jaunes :

**Crocopus phœnicopterus annamensis** (p. 433)

*b³)* Pattes rouges.

*a⁴)* Dessus de la tête vert chez le mâle.

**Osmotreron bicincta** (p. 437).

*b⁴)* Dessus de la tête gris chez le mâle.

**Osmotreron vernans abbotti** (p. 440).

*b'')* Partie cornée du bec grande, atteignant la base du front ; bec rouge et vert grisâtre :

**Treron curvirostra nipalensis** (p. 435).

*b')* Queue étagée et allongée.

*c'')* Rectrices centrales à peine plus longues que les autres.

**Sphenurus sphenurus annamensis** (p. 427.)

*d'')* Rectrices centrales acuminées et très allongées.

*c³)* Vert foncé ; ventre blanc, épaules brun-rouge chez le mâle :

**Sphenurus seimundi modestus** (p. 429).

*d³)* Vert clair; ventre vert pâle; épaules vertes.

**Sphenurus apicauda lowei** (p. 431).

*b)* Manteau et queue plus foncés que le reste du plumage qui est gris pâle ; grande taille ; queue de 14 rectrices ; plante des pieds large.

*c')* Manteau vert...

**Muscadivora ænea ænea** (p. 441).

*d')* Manteau brun...

**Ducula badia griseicapilla** (p. 442).

*c)* Plumage et taille variables ; queue de 12 rectrices; plante des pieds étroite.

*e')* Queue plus courte que l'aile.

*e'')* Grande taille; pas de taches grises ou blanches terminales à la queue ; tarse court ; plumage surtout marron ; bec blanc à base violacée...

**Alsocomus puniceus** (p. 444).

*f'')* Taille moyenne ou petite; taches terminales blanches ou grises aux rectrices externes ; tarses plus longs ; bec noir, brun foncé ou rouge.

*e³)* Sexes semblables.

*$c^{4}$)* Une tache de plumes noires terminées de gris de chaque côté du cou.

**Streptopelia turtur orientalis** (p. 451).

*$d^{4}$)* Un demi collier noir pointillé de blanc...

**Spilopelia chinensis tigrina** (p. 453).

*$f^{3}$)* Sexes dissemblables.

*$e^{4}$)* Ailes vert métallique, bec rouge.

**Chalcophaps indica indica** (p. 459).

*$f^{4}$)* Ailes marron ou brunes, un mince collier noir, bec noir.

**Œnopopelia tranquebarica humilis** (p. 456).

*$f''$)* Queue plus longue que l'aile.

*$g''$)* Grande taille : queue barrée.

**Macropygia unchall swinhoei** (p. 447).

*$h''$)* Petite taille ; queue non barrée.

**Macropygia ruficeps ruficeps** (p. 449).

---

## SPHENURUS SPHENURUS ANNAMENSIS Del. et Jab.

Le Pigeon vert d'Annam

*Sphenocerus sphenurus*. Rob. et Kloss. N° 11 : S. Annam (Lang bian).
*Sphenurus sphenurus annamensis*. Bull. B. O. C. XLVII, p. 9
— R. O. 1927, N° 20 : C. Annam. (Huè).

Nom annamite : con cu xanh.

*Description :* Mâle adulte :

Tête, côtés du cou, gorge et poitrine vert jaunâtre (« Hellébore ») légèrement teinté de jaune au milieu ; manteau, dos, croupion et sus-caudales vert olive foncé, avec le manteau à peine teinté parfois de marron rougeâtre. Petites couvertures marron rougeâtre ; moyennes et grandes couvertures et rémiges tertiaires vert olive, passant au gris foncé en dedans, avec un petit liseré jaune à l'extérieur ; rémiges primaires et secondaires noires, légèrement teintées de vert et liserées de jaune à l'extérieur. Rectrices centrales d'un vert olive uniforme ; les autres portant une bande subterminale noire ; sous-caudales très longues, les médianes dépassant les rectrices latérales ; elles varient suivant les individus : jaune de miel uniforme avec rachis grisâtre chez les uns, jaune paille avec le centre gris-verdâtre chez les autres ; les petites sous-caudales sont jaunes avec le centre vert grisâtre. Le milieu du ventre est jaune, les flancs vert olive, les plumes de la partie inférieure liserées de jaune ; cuisses olive jaunâtre ; sous-alaires grises. Tout le plumage est glacé de gris clair, surtout sur le manteau.

Iris : cercle externe rouge, cercle interne bleu clair ; peau du bec et tour des yeux bleu pâle ; pointe du bec gris corne ; pattes rouge carminé ; ongles gris.

*Dimensions :* Aile : 167 à 171 millimètres ; queue : 120 à 128 ; tarse : 17 à 24 ; bec : 17 à 19.

Femelle adulte :

Ressemble au mâle, mais sans trace de marron sur les ailes ni sur le dos ; seules les parties supérieures sont très légèrement glacées de gris clair, sauf le cou, la tête et la poitrine qui n'en portent pas trace ; la teinte générale paraît plus jaunâtre.

*Dimensions :* Aile : 159 à 164 ; queue : 118 à 120 ; torse : 17 à 23 ; bec : 16 à 18.

Jeune mâle :

Semblable à la femelle, mais avec le dessus du corps davantage glacé de gris.

Jeune femelle :

Semblable à l'adulte.

Poussin : couvert de duvet clairsemé jaune pâle.

Œuf :

Ponte de deux, ou parfois un seul œuf, blancs de forme elliptique, mesurant 31 × 28 millimètres environ.

*Distribution :*

Jusqu'à présent, ce Pigeon a été trouvé dans le Centre et le Sud de l'Annam (régions de Hué de Kontoum et du Langbian).

1. — Pigeon vert à longue queue *Sphenurus apicauda lowei* Del. et Jab. ♂
2. — Pigeon vert à ventre blanc *Sphenurus seimundi modestus* Del. et Jab. ♂
3. — Pigeon vert d'Annam *Sphenurus sphenurus annamensis* Del. et Jab. ♂

mais il est probable qu'il habite d'autres parties de l'Indochine. Des formes voisines se rencontrent dans l'Inde, la Birmanie, la Malaisie, etc...

*Observations.*

Ce Pigeon vert, comme beaucoup d'autres, accomplit des déplacements plus ou moins étendus. Nous ne savons pas grand'chose sur ses habitudes en Indo-Chine ; en été, il descend dans la plaine aux environs de Hué, où nous en avons obtenu un grand nombre : en mars, nous l'avons trouvé au Kontoum et au Langbian.

Dans les montagnes, on le rencontre isolé, par couple, ou par famille : il est donc probable qu'il y niche, alors qu'en plaine, en été, il se forme en grandes bandes. Ce Pigeon habite exclusivement les bois et est, comme tous les Pigeons verts, complètement arboricole. Il se nourrit de fruits et de baies, qu'il recherche surtout le matin et le soir : il est très vorace. Dans la journée, il se tient en général immobile sur les arbres et est fort difficile à voir. Il fait entendre un véritable chant, comme tous ses congénères, du reste ; il est très varié et ressemble au son d'une flûte de roseau.

Il vit très bien en captivité, se nourrissant de maïs cuit, de paddy et de bananes : les autres fruits ne lui sont pas indispensables, bien qu'utiles toutefois. La forme voisine de l'Inde est parfois importée en Europe où elle s'est même reproduite.

---

## **SPHENURUS SEIMUNDI MODESTUS** Del. et Jab.

### Le Pigeon vert à ventre blanc

*Sphenurus seimundi modestus*, Bull. B. O. C. XLVII, p. 10.
*id.* R. O. 1927, N° 21 : C. Annam (Hué).

Nom annamite : con cu xanh.

*Description :* Mâle adulte :

Dessus du corps vert olive foncé, glacé de gris clair sur le dos et légèrement lavé de jaunâtre sur la tête et sur le croupion ; dessous du corps vert-jaunâtre, avec le ventre blanc pur et les sous-caudales gris-verdâtre bordées de jaune pâle ; cuisses vert olive marquées de blanc ; queue à rectrices médianes effilées gris-foncé ; les autres sont gris foncé avec une large bande subterminale noire. Couvertures alaires vert-olive, sauf une petite tache marron rouge en haut de l'aile ; les grandes couvertures secondaires sont noires bordées de jaune ; rémiges noires lisérées de jaune ; sous alaires grises.

Iris : cercle externe orangé, interne bleu clair ; peau nue du bec, des lores et des orbites bleu clair ; pointe du bec gris corne ; pattes rouges violacé ; ongles gris.

*Dimensions :* Aile : 160 à 162 millimètres ; queue : 165 à 175 ; tarse : 16 à 18 ; bec : 17 à 19.

Femelle adulte :

Ressemble au mâle dont elle ne diffère que par l'absence de tache marron au haut de l'aile et moins de reflets gris sur les parties supérieures.

*Dimensions :* Aile : 155 à 160 millimètres ; queue : 152 à 169 ; tarse : 16 à 18 ; bec : 17 à 18.

Jeunes mâle et femelle :

Semblables à la femelle adulte.

Poussins et œufs :

Encore inconnus.

*Distribution.*

Ce Pigeon se trouve de juin à septembre dans les bois qui entourent les tombeaux des Empereurs aux environs de Hué, mais toujours en petit nombre. D'autre part, M. de Monestrol nous le signale comme arrivant dans le S. Annam à l'automne et y nichant en hiver. Nous l'avons obtenu au Langbian en mars.

*Observations.*

Le Pigeon vert à ventre blanc descend de la montagne vers la plaine au début de l'été et nous l'avons trouvé dans les bois de la région des Tombeaux, près de Huê, en juin et juillet. Il n'est pas commun ; alors que les autres Pigeons verts, *Sphenurus sphenurus annamensis, Osmotreron bicincta* et *Treron curvirostra nipalensis*, auxquels il se trouve alors mêlé, sont très nombreux.

M. de Monestrol nous communique qu'il arrive dans le Sud-Annam, comme les autres Pigeons, à l'automne, mais qu'il voyage isolé ou par petites troupes.

La forme malaise de ce Pigeon, *S. s. seimundi*, paraît également rare. Elle se distingue de celle-ci par la présence de taches orange de chaque côté du cou, séparées en arrière par une région grise.

---

**SPHENURUS APICAUDA LOWEI** (Del. et Jab.)

Le Pigeon vert à longue queue

*Sphenocereus apicauda lowei.* Bull. B. O. C. XLV, p. 31.
— R. O. 1925, n° 17, C. Annam, Laos (Laobao).
*Sphenurus apicauda lowei.* R. O. 1927, n° 22 : C. Annam (Hué et Vinh-linh).

Nom annamite : con cu xanh.

*Description :* Mâle adulte :

Plumage du corps vert réséda légèrement teinté de jaune sur la tête et le ventre, et parfois d'orangé pâle sur le haut du dos et le milieu de la poitrine ; le bas du dos, le croupion et les sus-caudales sont d'un jaune doré verdâtre (jaune pyrite), formant une tache brillante ; le manteau est quelque peu glacé de gris pâle. Couvertures des ailes et rémiges tertiaires vert réséda un peu plus soutenu, les grandes couvertures et les tertiaires bordées de jaune ; primaires noires ; secondaires noires liserées de jaune. Bas ventre et région anale verts, légèrement tachetés de blanc ; sous-caudales blanches marquées de gris verdâtre au centre et plus ou moins tachetées de brun roux. Rectrices médianes très allongées et effilées, gris foncé, avec la base cachée et l'extrême pointe teintée de vert réséda ; les autres sont vertes à la base, puis noires, et grises dans leur dernier tiers.

Iris : cercle externe rouge orangé, cercle interne bleu clair ; peau nue du bec, des lores et des orbites bleu clair ; pointe du bec gris corne ; pattes rouge carmin vif ; ongles gris.

*Dimensions :* Ailes : 146 à 160 millimètres ; queue : 170 à 230 ; tarse : 20 à 22 ; bec : 18 à 22.

Femelle adulte :

Semblable au mâle, mais sans trace de teinte orangée sur la poitrine et sur le dos et avec moins de reflets gris sur le manteau.

*Dimensions :* Ailes : 144 à 162 millimètres ; queue : 162 à 227 ; tarse : 20 à 21 ; bec : 18 à 21.

Jeunes mâle et femelle :

Comme la femelle adulte.

Œuf et poussin :

Encore inconnus.

*Distribution.*

Centre-Annam et bordure voisine du Laos. N'a pas été observé dans le S. Annam. Une sous-espèce voisine la remplace au Tranninh. (H^t^-Laos) : *S. a. laotianus* Del. et Jab.

*Observations.*

La longueur des rectrices médianes varie, chez ce Pigeon, d'une manière considérable, suivant l'âge des Oiseaux et l'époque de l'année. Au sujet de leur mue, il est à remarquer que chez deux exemplaires obtenus à Hué le 4 septembre les rectrices médianes sont encore très courtes — 10 à 12 centimètres — alors que les autres sont déjà très allongées. On ne voit apparaître que leur étroite extrémité qui atteint ou dépasse à peine les rectrices latérales.

Nous n'avons tout d'abord rencontré ces Pigeons que dans la région de Laobao (Prov. de Quangtri) sur le versant laotien de la Chaîne Annamitique. Ils se trouvaient sur les arbres élevés par groupes de trois ou quatre, mangeant de jeune bourgeons et de petites baies. Ils se laissaient facilement approcher et parfois même demeuraient sur l'arbre après un coup de fusil tiré sur leur voisin. Leur vol est très rapide, mais leur allure lourde.

1. — Pigeon vert à gros bec *Treron curvirostra nipalensis* Hodgs. ♀
2. — idem. idem. ♂
3. — Pigeon vert à pattes jaunes *Crocopus phœnicopterus annamensis* O. Grant
4. — Pigeon vert à tête grise *Osmotreron vernans vernans* L. ♂
5. — Pigeon vert à double collier *O. bicincta* Blyth ♂
6. — idem. idem. ♀

Pendant l'été 1925, de juin à septembre, les indigènes du phu de Vinh-linh (nord de la Province de Quangtri) nous en apportèrent quatre exemplaires qu'ils avaient pris dans les filets qu'ils tendent surtout pour les *Osmotreron*. En même temps, nos chasseurs en tuaient deux, puis, en septembre, quatre, autour des tombeaux, près de Hué.

Ce Pigeon, qui paraît avoir pour habitat préféré les grandes forêts des montagnes, descend donc dans la plaine d'Annam de mai à septembre. Il est à remarquer que cette époque coïncide avec la saison des pluies sur le versant laotien tandis qu'en Annam ils trouvent la saison sèche et les arbres couverts de fruits et de baies.

Nous n'avons pas encore eu l'occasion, jusqu'à présent, de trouver un nid de ce Pigeon : nous n'avons pu, non plus, tenter de le conserver en captivité.

---

## CROCOPUS PHOENICOPTERUS ANNAMENSIS O. Grant

### Le Pigeon vert à patte jaunes

*Crocopus viridifrons*. Tir. : n° 245 : Cochinch.
*Crocopus annamensis*. Bull. B. O. C. XXIII. p: 67.
*Crocopus phœnicopterus annamensis*, R. O. 1927 : n° 24, S. Annam (Kontoum).

Nom annamite : con cu xanh.

*Description :* Mâle adulte :

Front, devant de la couronne, menton, gorge, côtés de la tête et haut de la poitrine vert olive pâle, devenant jaunâtre sur cette dernière ; arrière de la couronne, nuque et arrière du cou gris foncé, passant au gris olive foncé vers le bas ; une mince bande gris perle sur le manteau ; côtés du cou olive brunâtre ; dos, croupion et sus-caudales d'un olive grisâtre. Haut de l'aile brun violacé, reste des couvertures olive grisâtre, les grandes bordées de jaune pâle, avec une bande subterminale noire ; rémiges noires légèrement lavées de vert et lisérées de jaune, les tertiaires étant olive grisâtre ; sous alaires gris-perle. Rectrices jaune doré verdâtre, avec la bordure des barbes internes grise et le dernier quart noir ; sous-caudales marron, terminées de fauve pâle. Bas de la poitrine et flancs gris perle ; milieu du ventre et cuisses jaune d'or ; région anale jaune pâle tacheté de gris olive.

Iris : cercle externe jaune rosé, cercle interne bleu clair ; peau de bec et des orbites bleu verdâtre ; pointe du bec gris corne ; pattes jaune vif ; ongles gris.

*Dimensions :* Aile : 177 à 193 millimètres ; queue : 100 à 110 ; tarse : 18 à 21 ; bec : 19 à 21.

Femelle adulte :

Identique au mâle.

*Dimensions :* Aile : 174 à 185 ; queue : 100 à 105 ; tarse : 17 à 19 ; bec : 18 à 20.

Jeunes mâle et femelle :

Ressemblant aux adultes, mais plus petits et plus ternes, avec l'arrière de la couronne, la nuque, le cou et le manteau vert olive uniforme, sans marques ou bandes grises.

Œuf :

Ponte de deux œufs blancs, de 32×25 millimètres environ.

Poussin :

Semblable à celui des autres pigeons verts.

*Distribution.*

Siam, Bas-Laos Cochinchine et S. Annam. Nous l'avons obtenu au Kontoum et aux environs de Phan-Rang.

*Observations.*

Ce Pigeon, à l'exemple de plusieurs autres espèces de Pigeons verts, ne se trouve pas en grandes bandes dans le S. Annam, mais se rencontre isolément ou par petits groupes de quatre ou cinq individus ; en réalité, il est plutôt rare.

Au Kontoum, où il est l'objet d'une poursuite acharnée de la part des Moïs armés d'arbalètes, il est très difficile à approcher et recherche les sommets des arbres les plus élevés, ce qui ne saurait le mettre à l'abri du danger, ainsi que nous l'avons constaté : notre premier exemplaire, en effet, a été tué par un jeune élève de la Mission du Kontoum qui l'a abattu d'une flèche alors qu'il se tenait sur la branche la plus élevée d'un grand arbre planté au milieu de la cour de récréation.

Dans la région de Phan-Rang, il est moins sauvage et on le trouve par petits groupes de quatre ou cinq sur les arbres porteurs de baies et même sur le sol le long des grandes routes, isolément. Nous l'avons même observé en plein centre de la ville de Phan-Rang sur les arbres au feuillage épais qui ombragent les jardins.

La chair de ce Pigeon est fine et délicate.

---

## TRERON CURVIROSTRA NIPALENSIS (Hodgs.)

### Le Pigeon vert à gros bec

*Treron nipalensis*. Tir. N° 25 : Cochinch.
*Treron curvirostra nipalensis*. Rob. et Kloss. N° 12 : S. Annam et Cochinch.
— R. O. 1925 : n° 21 : C. Annam, Laos Cochinch.
— R. O. 1927 : n° 25 : C. Annam et Haut-Laos (Tranninh).

Nom annamite : con cu xanh

*Description :* Mâle adulte.

Front et couronne gris cendré : nuque et côtés de la tête et du cou vert réséda : menton et gorge vert-jaunâtre, passant au jaune olive sur la poitrine ; haut du dos vert réséda ; milieu du dos et petites couvertures des ailes brun marron ; bas du dos vert olive passant au jaune olive sur le croupion et les sus-caudales : haut de l'aile vert jaunâtre ; grandes couvertures vert noirâtre largement bordées de jaune vif ; rémiges primaires noires, secondaires noires bordées de jaune, tertiaires olive [illegible] bordées de jaune ; sous alaires grises. Rectrices médianes vert-olive, les autres grises, lavées de vert sur la bordure externe avec tache subterminale noire ; sous-caudales roux-cannelle, avec le centre gris-verdâtre ; bas de la poitrine et du ventre vert réséda ; bas-ventre, cuisses et région anale vert olive tacheté de blanc.

Iris : cercle externe jaune, interne bleu-clair ; peau de l'orbite vert clair ; base du bec rouge, pointe vert corne ; pattes rouge-carmin ; ongles gris.

*Dimensions :* Aile : 137 à 151 millimètres ; queue : 85 à 90 ; tarse : 19 à 23 ; bec : 15 à 18.

Femelle adulte :

Diffère du mâle par la poitrine, le dos et les petites couvertures alaires qui sont vert olive sans trace de jaune olive ni de marron ; ses sous-caudales sont blanches barrées de vert-olive.

*Dimensions :* Aile : 135 à 151 millimètres ; queue : 85 à 88 ; tarse : 18 à 22 ; bec : 15 à 17.

Jeunes mâle et femelle :

Ressemblent à la femelle adulte ; le jeune mâle a souvent quelques plumes marron sur le dos et les ailes, ainsi que du roux aux sous-caudales.

Poussin :

Semblable à celui des autres Pigeons verts.

Œuf :

Ponte de deux œufs blancs, de 28×22 millimètres environ.

*Distribution.*

Ce Pigeon vert est répandu depuis l'Inde jusqu'aux Philippines et aux Iles de la Sonde.

Nous l'avons rencontré dans toutes les régions de l'Indochine que nous avons visitées.

*Observations.*

Il fait partie, dans le Sud-Annam, des grandes bandes qui envahissent la plaine à l'automne, mais dans le Centre il paraît plus sédentaire et nous l'avons trouvé à tous les mois de l'année soit par individus isolés, soit par couples, soit par petits groupes.

Les indigènes le capturent par les mêmes procédés que les *Osmotreron* ; pas plus que ces derniers, il ne constitue un met agréable, même lorsqu'il est jeune. Par contre, il se conserve facilement en cage, mais manque d'intérêt, car il reste de longues heures immobile sur son perchoir. Il se contente, comme tous les autres Tréronidés, de maïs cuit, de paddy et d'un peu de banane.

---

## OSMOTRERON BICINCTA (Blyth.)

Le Pigeon vert à double collier

*Osmotreron bisincta.* Tir. : N° 248 : Cochinchine.
*Osmotreron bicincta.* R. O. 1925 : N° 18 : C. Annam.
— R. O. 1927 : N° 26 : C. Annam.
Nom annamite : con cu xanh.

*Description :* Mâle adulte :

Tête, gorge, devant et côtés du cou vert réséda jaunâtre brillant ; nuque et arrière du cou glacés de gris clair ; dos olive fauve, teinté de vert sur le bas et passant au brun olive sur les sus-caudales. Couvertures des ailes vert pomme, les grandes largement bordées de jaune vif ; rémiges noires, les secondaires étant lisérées de jaune ; sous-alaires grises. Rectrices médianes gris foncé teintées d'olive à la base et plus claires à leur extrémité ; les autres portent une bande subterminale de plus de 20 millimètres de teinte gris clair ; sous-caudales fauve cannelle. Sur le haut de la poitrine, une large bande lilas vineux, suivie d'une grande tache d'un jaune orangé ocreux ; bas de la poitrine vert pomme ; milieu du ventre jaune ; région anale et cuisses jaunes marquées de vert olive foncé.

Iris : cercle externe rose ou rouge-foncé, cercle interne bleu-clair ; peau du bec et des orbites bleue ; pointe du bec gris corne ; pattes rouges foncé ; ongle gris.

*Dimensions :* Aile : 150 à 161 millimètres ; queue : 91 à 93 ; tarse : 16 à 18 ; bec : 16 à 18.

Femelle adulte :

Diffère du mâle par l'absence de lilas et d'orangé sur la poitrine qui est entièrement vert pomme s'éclaircissant vers le bas ; les sous-caudales sont également plus pâles.

*Dimensions* : Aile : 148 à 160 millimètres ; queue : 90 ; tarse : 16 à 18 ; bec : 15 à 18.

Jeunes mâle et femelle :

Semblables à la femelle adulte, mais le jeune mâle a les sous-caudales plus fauves et des taches orangées sur la poitrine.

Poussin :

Semblable à celui des autres Pigeons verts.

Œuf :

Ponte de deux œufs blancs, de 28×22,5 millimètres environ.

*Distribution.*

Ce Pigeon se rencontre depuis l'Inde jusqu'à Haïnan.

*Observations.*

Plusieurs sous-espèces de ce Pigeon ont été proposées, en se basant sur la longueur de l'aile : les Oiseaux de Ceylan et du sud de l'Inde seraient plus petits (Aile : 144 millimètres) et appelés *O. b. bicincta* ; ceux des États Malais et du N.-O. du Siam, plus grands seraient *O. b. praetermissa*, Rob. et Kloss ; ceux de Haïnan, de même taille, auraient la nuque moins grise chez la femelle : *O. b. domvilii* Swinh. ; enfin, les Oiseaux de l'Est du Siam, du Cambodge, et de Java, semblables à ces derniers mais plus petits, constitueraient une nouvelle race, *O. b. javana* Rob. et Kloss. Étant données les variations de taille constatées chez nos nombreux exemplaires des diverses régions de l'Indo-Chine, il nous paraît préférable de n'admettre encore aucune de ces sous-espèces qui ne paraissent pas reposer sur des caractères suffisamment importants ni constants.

Cette espèce est, dans la plus grande partie de l'Indo-Chine française, le Pigeon vert le plus connu et le plus répandu.

Dans le Sud-Annam, surtout en octobre, ils se réunissent à des *O. v. abbotti* et des *Treron c. nipalensis* pour constituer des bandes parfois innombrables qui descendent de la montagne pour se disperser dans la plaine où ils vont nicher.

Au moment de ce passage, qui dure parfois plus d'une semaine, des groupes de ces Pigeons se réunissent sur les arbres couverts des baies qu'ils affectionnent ; ils reviennent à l'arbre jusqu'à dépouillement complet de ses fruits. Certaines années, on trouve au pied de ces arbres de nombreux cadavres — épidémie ou indigestion ?

Après avoir niché, les bandes, un moment disloquées, se reforment et cinq ou six mois après leur arrivée, reprennent le chemin de la montagne : à ce moment, le nombre des jeunes dans les bandes est plus élevé que celui des adultes. Le nid contient deux œufs blancs.

Les indigènes font une chasse active à ces Oiseaux à l'aide de filets dont ils entourent les arbres qu'ils fréquentent (région de Vinh-binh, dans le Quangtri) ou de panneaux qu'ils tendent à terre, un appelant étant chargé d'y attirer ses semblables (Sud-Annam).

Nous avons déjà noté (R. O. 1927 : n° 18), la coutume barbare qui consiste à coudre les paupières de ces Oiseaux pour les transporter sur les divers marchés. Cette mesure aurait pour but de les empêcher de s'agiter dans les paniers où on les entasse et d'éviter ainsi qu'ils abîment leur plumage. La nouvelle réglementation de la chasse interdisant le colportage du gibier vivant mettra fin à cette coutume.

Les déplacements de ces Pigeons dépendant de la maturité de certains fruits, il s'ensuit que leur apparition varie suivant les différentes régions de l'Annam qui ont des climats très variés. C'est ainsi qu'à Quangtri, et vraisemblablement dans toute la région située entre le Col des Nuages et la Porte d'Annam, la présence de ces Pigeons dans la plaine commence en février et bat son plein en mars-avril. Bien que nous ne l'ayons pas constaté par nous-mêmes, il est probable, comme nous l'ont affirmé des Annamites, qu'ils nichent à cette époque pour partir fin mai ou juin vers la montagne.

Cette espèce qui paraît être appréciée des Annamites, n'est mangeable pour un Européen que lorsque l'Oiseau est encore jeune. En cage, elle est peu intéressante et assez difficile à conserver.

## OSMOTRERON VERNANS ABBOTTI (Oberh.)

Le Pigeon vert à tête grise

*Osmotreron vernans*, Tir., n° 247, Cochinchine.
— R. O. 1925, n° 19, Cochinchine.
Nom annamite : Con cù xanh.

*Description :* Mâle adulte :

Ressemble à celui de l'*O. bicincta*, en différant par sa tête, sa gorge et son menton gris clair, son cou tout entier d'un lilas vineux et la barre grise de ses rectrices plus étroite, large seulement de 10 millimètres environ.

Femelle adulte et jeunes :

Ne diffèrent de ceux de l'*O. bicincta* que par la barre grise plus étroite des rectrices.

Poussin et Œuf :

Comme ceux du précédent.

*Distribution :*

Ce Pigeon se trouve depuis le sud de la Birmanie et la Malaisie jusqu'aux Philippines et à Célèbès, avec des variétés locales. En Indo-Chine, on le trouve en Cochinchine et dans le S. Annam. C'est une espèce nettement méridionale qu'on n'a jamais signalée au nord de Nhatrang.

*Observations.*

Ce que nous avons dit des habitudes des espèces précédentes dans le S. Annam s'applique à ce Pigeon. Il y arrive pour y nicher de la même façon. C'est le Pigeon le plus commun aux environs de Saïgon.

1. — Carpophage impérial *Muscadivora aenea aenea* Blyth.
2. — Carpophage brun *Ducula badia griseicapilla* Wald.
3. — Tourterelle orientale *Streptopelia turtur orientalis* Lath.
4. — Colombe tigrine *Spilopelia chinensis tigrina* Temm.
5. — Colombe naine *Œnopopelia tranquebarica humilis* Temm.
6. — Colombe turvert *Chalcophaps indica indica* L. ♂

### MUSCADIVORA ŒNEA ŒNEA (Linn.)

Le Carpophage impérial

*Carpophaga œnea.* Tir. n° 252, Cochinchine.
*Muscadivora œnea.* R. O. 1925, n° 22, C. Annam.
— R. O. 1927, n° 27, C. et S. Annam.

Noms annamites : Con cù ghi, cù khy ; cù gam ghi (imitation de sa voix).

*Description :* Mâle adulte :

Tête, cou, poitrine et ventre gris pâle, parfois teinté de rose vineux; sous-caudales chataines ; dos, croupion, couvertures de la queue et ailes vert bronzé glacé de gris : rémiges et rectrices vert bleuâtre en dessus, brun foncé en dessous.

Iris rouge : pattes rouges pourpré ; bec gris : narines et paupières gris pâle.

*Dimensions :* Aile : 230 à 240 millimètres ; queue : 160 à 170 ; tarse : 25 à 28 ; bec : 18 à 22.

Femelle adulte :

Semblable au mâle, mais un peu plus petite. C'est à tort que certains auteurs ont cru à l'existence d'autres différences constantes.

*Dimensions :* Aile : 210 à 220 ; queue : 140 à 160 ; tarse : 22 à 26 : bec : 16 à 20.

Jeunes mâle et femelle :

Semblables aux adultes mais plus pâles en dessous et plus petits.

Poussin :

Couvert de duvet roux foncé en dessus, brun pâle en dessous.

Œuf :

Ponte d'un seul œuf blanc, de 45×32 millimètres environ.

*Distribution.*

Ce Pigeon habite l'Inde, la Birmanie, le Siam, la Malaisie, les Iles de la Sonde, Haïnan et l'Indo-Chine.

*Observations.*

Comme les autres Pigeons, le Carpophage quitte la montagne lorsqu'il sait qu'en plaine il trouvera mûrs les fruits qui lui conviennent.

Dans le Sud Annam, ces Oiseaux choisissent les larges espaces couverts de palétuviers ou d'autres arbres dont les pieds se trouvent sous une couche d'eau permanente. Ils reviennent là tous les soirs après leurs excursions à la recherche des baies de banians.

Les Carpophages venant de la Chaîne Annamitique se comportent à peu près comme les Pigeons verts.

Dans le Centre Annam, c'est par petites bandes de cinq à six individus, assez peu farouches d'ailleurs, que nous avons trouvé ce Pigeon dans la montagne. Son vol est puissant, rapide, élevé. Son cri s'entend de fort loin.

C'est un Oiseau facile à conserver en volière et on le voit assez souvent chez les indigènes qui le nourrissent de riz cuit et de paddy. Il a un goût prononcé pour le maïs cuit qui doit lui rappeler les baies dont il est friand ; en captivité, il s'en contente et mange aussi des graines sèches.

Loin de conserver l'immobilité fastidieuse de la plupart des Pigeons verts, celui-ci circule dans sa cage et son dandinement est curieux et amusant.

Les colons français appellent à tort le Carpophage « Palombe » ou « Ramier ». Il n'a avec ce dernier qu'une analogie de taille.

---

## DUCULA BADIA GRISEICAPILLA (Blyth.)

### Le Carpophage à manteau brun

*Ducula insignis griseicapilla.* Rob. et Kloss. n° 13 : S. Annam (Langbian).

*Ducula badia griseicapilla.* R. O. 1925, n° 20 : C. Annam (Laobao).

— R. O. 1927. n° 28 : C. et S. Annam, Ht-Laos (Tranninh).

Nom annamite : con cu ki.

*Description :* Mâle adulte :

Tête, devant du cou, poitrine et abdomen gris pâle, avec la gorge et le menton blanc : dessus du cou teinté de violet : dos, scapulaires, petites et moyennes couvertures des ailes d'un brun pourpré ; croupion et sus-caudales gris foncé, tirant souvent sur le brun : queue noire pour les deux premiers tiers, le reste d'un gris brunâtre qui se détache nettement sur la base : sous-caudales brun clair. Flancs, axillaires et dessous des ailes gris : rémiges noires, sauf les tertiaires qui, ainsi que les grandes couvertures des ailes sont brun olive. Dessous de la queue identique au dessus, mais d'une teinte plus claire.

Iris blanc jaunâtre : bec gris livide à l'extrémité, brun au milieu et rouge pourpré à la base ; pattes rouge pourpre : ongles brun clair : l'œil est entouré d'un étroit espace de peau nue gris pourpré.

*Dimensions :* Aile : 225 à 260 millimètres ; queue : 190 à 210 : tarse : 24 à 26 ; bec : 19 à 21.

Femelle adulte :

Identique au mâle de teintes et de dimensions.

Jeunes mâle et femelle :

Plus petits et plus ternes que les adultes, sans reflets pourprés sur le dessus, ni teinte rosée sur la tête.

Œuf :

Ponte d'un seul œuf blanc, de 46 × 33,5 millimètres environ.

*Distribution.*

Ce Carpophage se rencontre dans toute la Birmanie, au Siam et probablement dans toute l'Indo-Chine française où il a été trouvé à Dalat et au Kontoum (S. Annam), au Col des Nuages (C. Annam) et à Laobao, ainsi qu'au Tranninh (Laos) et au Tonkin.

*Observations.*

Bien que Robinson et Kloss et nous-mêmes ayons rencontré ce Pigeon dans plusieurs régions de l'Indo-Chine, nous devons remarquer que nulle part il n'est très commun. Comme en Birmanie et au Siam, il n'a été trouvé que dans des parties montagneuses couvertes de grandes forêts où il est à même de rencontrer les fruits nécessaires à sa subsistance.

Le premier que nous avons tué était perché au sommet d'un arbre touffu couvert de muscades d'un volume au moins double de celui d'un gland ordinaire et lorsque nous avons relevé l'Oiseau, trois ou quatre d'entre elles s'échappèrent de son bec, à notre grand étonnement.

Les exemplaires que nous avons vus depuis cette époque étaient toujours isolés ou par petits groupes. Au Col des Nuages, ils volaient matin et soir au-dessus des arbres les plus élevés.

---

## ALSOCOMUS PUNICEUS Tick.

### Le Pigeon marron

*Alsocomus puniceus.* R. O. 1925 : n° 24 : C. Annam (Quangtri).
— R. O. 1927 : n° 29 : C. Annam (Huê).

Nom annamite : con cù dà (dà = marron).

*Description :* Mâle adulte :

Dessus de la tête et nuque, ainsi qu'une étroite raie sous l'œil, blanc, légèrement teinté de gris ; oreilles, gorge et menton marron vineux clair, lavé de gris à la base du bec ; cou et haut de la poitrine d'un beau châtain à reflets améthyste, glacé de vert vers le bas ; haut et milieu du dos, région interscapulaire brun-chocolat, chaque plume étant finement lisérée d'une frange changeante qui paraît améthyste ou verte suivant l'éclairage. Couvertures des ailes de même nuance, mais avec moins de reflets ; bas du dos et sus-caudales gris foncé, chaque plume étant également pourvue d'un liséré à reflets ; les dernières sus-caudales s'allongent sur la queue et sont grises sans reflets ; rémiges primaires brun noirâtre, les 2e, 3e, 4e et 5e finement bordées de brun grisâtre ; les secondaires sont progressivement lavées de brun sur la barbe externe et les tertiaires sont

1. — Pigeon marron. *Alsocomus puniceus* Tick. ♂
2. — Colombe à tête rousse. *Macropygia ruficeps* Temm. ♂
3. — Colombe à longue queue. *Macropygia unchall swinhoei* Wardl. Rams. ♂

marron comme le dos. Rectrices noires ; dessous du corps d'un brun vineux assez clair ; sous-caudales gris noirâtre.

Iris : cercle externe brun rougeâtre, cercle interne jaune ; peau nue entourant l'œil rouge violacé, bec blanc livide à base rouge violacé ; pattes rouge foncé ; ongles gris corne.

*Dimensions :* Aile : 215 à 230 millimètres ; queue : 160 à 170 ; tarse : 20 à 22 ; bec : 18 à 20.

Femelle adulte :

Semblable au mâle, mais plus petite, de plumage plus terne, moins vineux et plus roux ; le dessus de la tête est gris clair, tranchant moins que chez le mâle sur le reste du plumage.

*Dimensions :* Aile : 210 à 215 millimètres ; queue : 150 à 160 ; tarse : 19 à 21 ; bec : 17 à 19.

Jeunes mâle et femelle :

Ressemblent à la femelle adulte.

Œuf :

Ponte d'un seul œuf blanc, de 27×38 millimètres environ.

*Distribution.*

Ce Pigeon se trouve dans l'est du Bengale, l'Assam, la Birmanie, le Siam, la Péninsule Malaise et les iles qui l'entourent.

Il ne paraît commun nulle part.

En Indochine française, alors que le Dr Tirant n'en fait pas mention, il est signalé par Blanford (F. of Brit. India) en Cochinchine.

M. de Monestrol ne l'a jamais tué, mais certifie en avoir vu près de Phan-tiêt (frontière de la Cochinchine et de l'Annam), dans les bois de palétuviers, de grandes bandes qui quittaient ce refuge pour aller chaque jour se nourrir dans les rizières.

Pour notre part, nous ne l'avons personnellement observé que sur le territoire de deux villages du Centre Annam, l'un Truong-Sanh, situé à une quinzaine de kilomètres au sud de Quangtri, sur la Route Mandarine, l'autre Thuy-Tu, sur la rive gauche de la Rivière de Hué, à 2 ou 3 kilomètres de son embouchure, et à Djiring.

C'est certainement une espèce localisée en certains points et par petits groupes.

*Observations.*

Nos observations confirment entièrement celles faites par M. de Monestrol dans le Sud Annam.

Le premier spécimen que nous ayions vu était un jeune pris au piège par un garde forestier de Ben-trâm, à 15 kilomètres en amont de Quangtri, sur la rivière du même nom ; il faisait partie d'une bande de Pigeons et Tourterelles de diverses espèces qui s'étaient abattus dans une rizière sèche après la récolte. Ce garde nous rapporta que tous les ans, dans les premiers mois de l'année, il voyait quelques-uns de ces Pigeons qui, bien que rares, apparaissaient périodiquement. Notre Oiseau placé dans une vaste volière, prit bientôt sa livrée d'adulte et vécut ainsi plus d'une année ; il manifestait des tendances marquées à l'albinisme sur les rémiges et les rectrices lorsqu'il mourut par accident.

Quelques semaines auparavant, nous avions eu l'occasion de voir une petite bande de ces Pigeons au village de Truong-Sanh, où ils avaient élu domicile dans un bois en partie inondé, séparé des cases par un arroyo d'une vingtaine de mètres de largeur environ. Au dire des habitants, ces Pigeons revenaient tous les ans et, pendant leur séjour, prenaient leur nourriture dans les rizières environnantes. Nous n'avons rien obtenu de précis au sujet de leur nidification.

Enfin aux environs de Hué, un de nos chasseurs indigènes nous indiqua le village de Thuy-lu où il avait lui-même vu ces Pigeons quelques années auparavant. Il en rapporta cinq ou six exemplaires et nous nous rendîmes sur place.

Les renseignements donnés par les habitants vinrent préciser ceux, un peu vagues, du village de Truong-Sanh.

Les Pigeons marron arrivent en novembre, tous les ans, à quelques jours près, à la même date. Ils se tiennent sur des arbres qui forment une longue et haute haie de près d'un kilomètre de longueur ; celle-ci est baignée par l'eau de la rivière qui recouvre également les champs environnants de 10 centimètres à 1 mètre d'eau. Tous les jours, les Pigeons vont chercher leur nourriture, matin et soir, dans les rizières situées dans le voisinage, puis reviennent à leur perchoir.

Ils ne nichent pas sur place et quittent la région au mois de juin.

**MACROPYGIA UNCHALL SWINHOEI** W. Rams.

La Colombe à longue queue

*Macropygia leptogrammica swinhoei*. R. O. 1927, n° 30 : Haut-Laos (Tranninh) et S. Annam (Kontoum).

Nom annamite : con cu.

*Description :* Mâle adulte :

Front, devant de la couronne et face jusqu'au niveau des yeux d'un fauve lilas clair qui passe au grisâtre sur la nuque et le cou ; cette couleur disparait presque totalement sous les reflets métalliques changeant selon l'éclairage, reflets qui paraissent surtout roses et lilas sur la tête et le haut du cou et verts au bas du cou ; les plumes du bas du cou ont leur base brune et un large bord à reflets verts et lilas ; le haut du dos est également recouvert de ces plumes ; le reste des plumes du dos, axillaires, petites et moyennes couvertures et sus-caudales sont rayées de noir et de brun roux ; couvertures primaires et rémiges primaires et secondaires noir brunâtre ; tertiaires comme le dos ; sous-alaires noir brunâtre. Les deux rectrices médianes noir brunâtre, rayées incomplètement de brun roux ; les deux suivantes n'ont de raies que sur les barbes externes ; les autres ne sont pas rayées : elles sont très étagées, gris clair avec base interne brune et tache subterminable noire. Sous-caudales fauve pâle. Les plumes du haut de la poitrine ont leur base brun clair, avec une barre subterminale noire à peine apparente et une large frange changeante rose lilacé passant au vert. Le bas de la poitrine et le ventre sont fauve pâle : les flancs et les cuisses teintées de brun foncé.

L'iris est constitué chez le plupart des mâles par trois cercles : le cercle externe est rose et l'interne jaune ; ils sont séparés par un fin liséré noirâtre ; pattes rouge pourpré, ongles noirs : bec noir.

*Dimensions :* Aile : 170 à 190 millimètres : queue : 175 à 190 ; tarse : 19 à 21 ; bec : 16 à 17.

Femelle adulte :

Diffère du mâle par sa tête plus foncée et rayée de noir et de brun-roux, comme le dos, ainsi que le cou et la poitrine ; toutefois le brun de cette dernière est beaucoup plus clair. Ces parties présentent aussi des reflets changeants rose lilas et verts, mais moins brillants que chez le mâle.

*Dimensions :* Aile : 165 à 180 millimètres ; queue : 170 à 185 ; tarse : 18 à 20 ; bec : à 16.

Jeunes mâle et femelle :

Semblables à la femelle adulte.

Poussin :

Couvert de duvet jaune.

Œuf :

Ponte de un ou deux œufs, ovales allongés, d'un fauve plus ou moins foncé, de 35×25 millimètres environ.

*Distribution.*

Cette Colombe a été découverte par Swinhoe dans l'Ile de Hainan. Des sous-espèces très voisines habitent les Indes, la Birmanie, la Malaisie, le Siam et les Iles de la Sonde.

C'était la première fois qu'on la rencontrait sur le continent, lorsque nous l'avons trouvée en assez grand nombre, mais très localisée, au Tranninh (Laos) ; nous l'avons obtenue depuis à Bana (Centre Annam), à Djiring (S. Annam) et au Tonkin.

Un fonctionnaire du poste de Xiêng-Khouang (chef lieu du Tranninh), nous a affirmé avoir vu ce Pigeon à Muong-Sing, sur la frontière des Sip-sông-Panhas, (près du Yunnam et de la Birmanie).

*Observations.*

Cette Colombe était commune au Tranninh et les Méos en apportaient au marché des paniers bien garnis. Ils les prenaient sur les hauteurs des environs de Xiêng-Khouang ; nous l'avons rencontrée souvent dans les bois entourant ce centre dans un rayon d'une vingtaine de kilomètres ; elle se tient souvent sur les arbres voisins des rays, où elle va se nourrir de paddy.

A Bana, ces Colombes se font remarquer par la régularité de leurs habitudes, mais il fut difficile d'en obtenir des exemplaires ; enfin, nos chasseurs indigènes postés sous les arbres, en ramenèrent sept, tous mâles. L'un d'eux fut tué, le 13 août, sur son nid, contenant deux œufs blancs, qui furent brisés du même coup.

Cette Colombe est très facile à conserver en volière ; elle est purement granivore. Les exemplaires que nous avons rapportés du Tranninh (et dont plusieurs ont été envoyés en France) vivent encore et se sont aisément acclimatés. Dans une volière assez vaste, ils font excellent ménage avec des Carpophages impériaux, un couple de Faisans d'Edwards et plusieurs Perdrix.

---

## MACROPYGIA RUFICEPS RUFICEPS (Temm.)

### La Colombe à tête rousse

*Macropygia ruficeps ruficeps*. R. O. 1927 : n° 31 : Haut-Laos (Tranninh).

Nom annamite : con cu.

*Description :* Mâle adulte :

Dessus du corps brun cannelle foncé, se changeant en brun roux, plus clair sur la tête, le cou et tout le dessous du corps : sur la poitrine, les plumes sont marquées de blanc fauve à l'extrémité. Les côtés du cou et les épaules sont roussâtres, à reflets lilas ; menton blanchâtre. Rémiges brun très foncé, les tertiaires roux clair sur le côté interne : sus-caudales marquées de roux. Rectrices médianes brun cannelle, largement terminées de brun foncé ; les autres rectrices, très étagées, ont leur base roux cannelle, puis une large bande brun foncé et enfin une étroite bande un peu plus claire que leur base ; sous-caudales brun cannelle, ainsi que les sous-alaires et la partie interne et inférieure des rémiges, la première à peine marquée, les suivantes de plus en plus ; flancs de même couleur.

Iris gris ou blanchâtre ; pattes brun rosé ou rouge sombre ; bec brun rosé, souvent teinté de rose à la base.

*Dimensions :* Aile : 147 à 154 millimètres ; queue : 170 à 180 ; tarse : 16 à 18 ; bec : 12 à 14.

Femelle adulte :

Sa tête est moins rousse que celle des mâles et l'ensemble est plus foncé. Pas de reflets lilas. Plumes de la poitrine brun noirâtre terminées de roux, produisant l'effet d'un plumage roux tacheté de noir. Le bord des plumes du haut du dos est finement bordé de brun clair.

Iris gris ; bec brun ; pattes brun rougeâtre.

*Dimensions :* Aile : 142 à 146 millimètres ; queue : 165 à 175 ; tarse : 16 à 18 ; bec : 12 à 14.

Jeunes mâle et femelle :

Semblables à la femelle adulte.

Œuf :

Ponte de un ou deux œufs, crème ou café au lait clair, de 29 × 21 millimètres environ.

*Distribution.*

Si l'on ne tient pas compte des différentes sous-espèces, cette Colombe se rencontre en Birmanie, dans les États Malais, le Siam, Bornéo, Sumatra, Java et une partie de l'Indochine française que nous ne pouvons, pour le moment tout au moins, encore préciser.

Nous l'avons obtenue au Tranninh et observé à Bana.

*Observations.*

Cette espèce n'avait pas encore été signalée en Indochine lorsque nous l'avons trouvée en 1926, au printemps, au Tranninh, autour de Xiêng-Khouang (Haut-Laos).

Les indigènes nous en ont apporté un certain nombre et nous avons constaté qu'ainsi que *M. unchall swinhoei*, on la vendait régulièrement au marché.

Cette Colombe vit dans les bois des montagnes avoisinant le centre ; nous l'y avons vue souvent pendant un mois de séjour à Xiêng-Khouang. Comme la précédente espéce, elle se tient souvent à proximité des rays.

C'est un Oiseau de volière assez délicat à conserver, toujours en lutte avec ses congénères ou avec ses compagnons de volière : on est obligé de le séparer par couple.

Huit exemplaires rapportés en mars à Hué sont tous morts successivement, le dernier en septembre, alors que les *M. u. swinhoei* se sont parfaitement acclimatés.

Le Capitaine Vayssière, qui se trouvait en service à Xiêng-Khouang pendant notre séjour (février 1926), nous a affirmé que dans la région de Muong-Sing (frontière des Sip-song-Panhas) cette espèce, comme la précédente, était commune. Elle n'a pas encore été importée vivante en Europe.

---

**STREPTOPELIA TURTUR ORIENTALIS** (Lath.)

La Tourterelle orientale

*Turtur meena.* Tir. : n° 256 : Thudaumot (Coch.).

*Streptopelia orientalis orientalis.* R. O. 1925, n° 25 : Tonkin, C. et S. Annam.

*Streptopelia turtur orientalis.* R. O. 1927 : n° 32 : C. et S. Annam.

Noms annamites : con cu tât (terre : couleur de terre) : Tonkin ; con cu nô (tacheté : dos tacheté) : Tonkin.

*Description :* Mâle adulte :

Front et côtés de la tête d'un gris brunâtre assez clair, gorge et menton fauve clair ; dessus de la tête gris cendré : nuque, dessus du cou, épaules et haut du dos bruns, cette dernière partie à peine marquée de roux sur le bord des plumes. De chaque côté du cou, une tache caractéristique formée de plumes noires à liseré terminal gris bleuté. Petites couvertures des ailes brun noirâtre bordées de roux orangé ; grandes couvertures grises ; rémiges gris noirâtre, très finement bordées et terminées de fauve pâle. Milieu et bas du dos, croupion et sus-caudales gris, ces dernières légèrement bordées de brun ;

sous-alaires grises. Rectrices noirâtres, terminées de gris blanchâtre, cette teinte augmentant de largeur depuis les médianes jusqu'aux latérales. Poitrine d'un roux vineux, glacé de gris vers le haut ; ventre blanchâtre ; flancs et sous-caudales gris clair.

Iris jaune d'or, jaune foncé ou rouge ; paupières roses ou rouges, très étroitement entourées de peau nue grisâtre ; bec brun noirâtre à base brune ; pattes rouge carmin ; ongles noirâtres.

*Dimensions :* Aile : 177 à 190 millimètres ; queue : 118 à 122 ; tarse : 18 à 20 ; bec : 16 à 18.

Femelle adulte :

Identique au mâle.

*Dimensions :* Aile : 169 à 182 millimètres ; queue : 115 à 120 ; tarse : 16 à 19 ; bec : 15 à 18.

Jeunes mâle et femelle :

Tout le dessus du corps brun terreux, chaque plume terminée de roux-terne ; dessous du corps d'un brun noirâtre avec le bout des plumes jaune roussâtre.

Poussin :

Couvert de duvet fauve pâle.

Œuf :

Ponte de deux œufs blancs, de 28×22 millimètres environ.

*Distribution.*

Son habitat comprend : le Sikkhim, le Thibet, le Népaul, la Chine jusqu'en Mandchourie, la Corée, le Japon, et l'Indochine française où sa présence a été effectivement notée dans le Delta du Tonkin, par Boutan, dans le Sud, le Centre et le Nord Annam et au Laos (rég. de Laobao) par nous-mêmes, dans la haute région du N.-O. du Tonkin, par Kuroda et nous-mêmes.

Il est probable qu'elle ne fait que passer l'hiver sur le territoire de la Colonie, n'y nichant qu'accidentellement.

*Observations.*

Cette Tourterelle, qui niche parfois en Indochine, comme nous avons pu nous en assurer dans la Province de Quangtri, ne parait pas être cependant un Oiseau sédentaire. On le voit à l'automne, après la récolte, en compagnie de la Colombe tigrée et de la Colombe naine, dans les champs de paddy.

En février 1924, à Vinh (N. Annam), un passage important de ces Tourterelles nous était signalé, dans la région couverte de brousse et de boqueteaux qui se trouve au pied de la Chaîne Annamitique.

Nous avons observé le même fait dans la Province de Quangtri, aux mois de février et de mars.

En juillet 1923, nous avons tué dans cette région une ♀ qui partit d'une haie élevée et touffue dans laquelle il nous a paru voir un nid. Sa position et la difficulté d'y accéder nous a empêché de nous en assurer. Le fait serait d'autant moins extraordinaire que Stuart Baker signale cette Tourterelle comme faisant son nid fréquemment dans les endroits découverts — ce qui était le cas — dans les buissons ou dans les arbres isolés — ce qui est encore notre cas. — aux environs des mois de juillet au Thibet, et de mai et juin au Sikkhim et au Népaul.

Par contre, nous ne l'avons ni obtenue, ni même observée dans les régions du Kontoum et du Tranninh.

Dans la Chaîne Annamitique, nous n'avons constaté sa présence qu'à Laobao, sur le versant laotien.

Elle est commune au Tonkin pendant l'hiver.

---

## SPILOPELIA CHINENSIS TIGRINA (Temm.)

La Colombe tigrine

*Turtur tigrina.* Tir. : n° 255 : Coch. (Commune).
*Streptopelia suratensis tigrina.* Rob. et Kloss. n° 15 : S. Annam.
*Spilopelia suratensis tigrina.* R. O. 1925 : N° 27, Annam.
— R. O. 1927 : n° 24, Annam, Laos.

Noms annamites : con cu cüom (grains au collier.) Centre Annam ; con cu gày (chant) : Tonkin.

*Description :* Mâle adulte :

Tête, nuque et dessous du corps roux vineux avec le front et les côtés de la tête lavés de gris ; menton et gorge blanchâtres ; cuisses, ventre et sous-caudales fauve pâle ; un large demi-collier sur le cou, ouvert en avant, noir piqueté de blanc à sa partie supérieure et de brun clair à sa partie inférieure. Dos, croupion et sus-caudales brun de plus en plus foncé en s'éloignant du cou, chaque plume étant finement bordée de roux pâle. Petites et moyennes couvertures des ailes brun clair à centres noirs ; pli de l'aile et grandes couvertures gris clair ; rémiges brun noirâtre, finement bordées de gris extérieurement ; tertiaires brunes comme le dos ; sous-alaires grises et noires. Rectrices centrales brun foncé, la paire voisine étant noirâtre et les autres noires avec leurs extrémités grises, puis blanches pour les plus externes dont la base est grise.

Iris brun rouge ou brun cerclé de rouge à l'extérieur ; bec noir ; bords des paupières rouges ; pattes rouge pourpré ou rouge sombre ; ongles noirs.

*Dimensions :* Aile : 140 à 156 millimètres ; queue : 135 à 145 ; tarse : 20 à 22 ; bec : 15 à 17.

Femelle adulte :

Identique au mâle.

*Dimensions :* Aile : 137 à 151 millimètres ; queue : 133 à 140 ; tarse : 18 à 21 ; bec : 15 à 16.

Jeunes mâle et femelle :

Plus bruns et plus pâles que les adultes, sans collier.

Poussin :

Peau noirâtre, avec du duvet clairsemé jaune.

Œuf :

Ponte de deux œufs blancs, de 26 × 22 millimètres environ.

*Distribution.*

Cette Colombe ne se trouve que dans une petite partie des Indes (Chittagong, Manipour et N. Cachar), mais, par contre, est commune dans toute la Birmanie, le Yunnan, le Siam, la Péninsule Malaise, Sumatra, les Moluques et l'Indo-Chine française.

Elle est certainement, avec le *Passer montanus* et quelques autres, l'un des Oiseaux les plus abondants de toute la Colonie, et dans maintes régions très étendues, il est impossible de parcourir quelques centaines de mètres sans l'apercevoir.

Elle est sédentaire.

*Observations.*

Cette jolie Colombe se trouve partout en Indochine, sauf dans les grandes forêts éloignées de toutes cultures ou dans les vastes espaces secs, inhabités, qu'ils soient sablonneux, couverts de brousse ou de forêt clairière.

Elle se rencontre plus particulièrement le long des cours d'eau quelle que soit leur largeur ou leur importance, sur les rives desquels elle cherche sa subsistance et où elle s'abreuve plusieurs fois par jour.

Ces Oiseaux s'assemblent parfois en grandes bandes pour visiter les champs de paddy après la récolte ; c'est alors que les indigènes les prennent en quantité considérable à l'aide de panneaux. Ils utilisent aussi le trébuchet avec un appelant.

La Colombe tigrine construit très souvent son nid dans les hautes touffes de bambous qui entourent les villages et bordent les arroyos et les routes Il est fait de quelques tiges à travers lesquelles on voit facilement les œufs ou les petits. Il est le plus souvent placé à cinq ou six mètres du sol. Cependant, nous avons eu l'occasion d'en observer deux sur de petits arbres isolés à moins de deux mètres de la terre. Pendant la période des amours, elle fait entendre sans discontinuer son chant assez sonore qui se termine par un roucoulement bref : c'est ce qui lui a valu de la part des Annamites le nom de « con cu gày », c'est-à-dire, le « Pigeon chanteur. »

On peut la conserver très facilement en captivité, en la nourrissant exclusivement de paddy. C'est l'Oiseau de cage le plus commun chez les Annamites, depuis la Cochinchine jusqu'au Tonkin.

Elle est souvent importée en Europe, où elle se reproduit bien en volière ; elle s'acclimate même en liberté et s'est établie ainsi dans plusieurs régions.

---

## ŒNOPOPELIA TRANQUEBARICA HUMILIS (Temm.)

La Colombe naine

*Turtur humilis.* Tir. n° 257 : Coch.
*Œnopopelia tranquebarica humilis.* R. O. 1925. N° 26 : C. et S. Annam.
— R. O. 1927. n° 33 : C. S. Annam.
Nom annamite : con cu ngoi (couleur de tuile).

*Description :* Mâle adulte :

Tête et cou gris cendré avec le menton gris fauve blanchâtre, la gorge et le devant du cou d'un beige vineux pâle ; collier noir mince et ouvert en avant. Haut du dos, épaules, scapulaires, couvertures des ailes et rémiges tertiaires d'un roux vineux ; bas du dos, croupion et sus-caudales gris ; rectrices médianes gris lavé de brun, les autres ayant leur base d'un gris foncé et leur extrémité d'un gris presque blanc, de plus en plus clair vers l'extérieur ; la dernière paire à l'extrémité et les barbes externes blanches. Rémiges brun noirâtre très finement bordées de gris. Dessous du corps d'un beige vineux, avec des plumes blanches aux cuisses et autour de l'anus ; sous-caudales blanches. Sous-alaires, flancs et axillaires gris pâle.

Iris brun, paupières grises ; bec noir ; pattes gris foncé ou rougeâtres ; ongles noirs.

*Dimensions :* Aile : 132 à 145 millimètres ; queue : 92 à 98 ; tarse : 14 à 16 ; bec : 12 à 14.

Femelle adulte :

Diffère du mâle en ayant seulement le front et le sommet de la tête gris-cendré et tout le reste du plumage d'un brun terreux clair, à l'exception toutefois des rémiges, du bas du dos, du croupion et de la queue qui sont pareils à ceux du mâle, mais cependant un peu plus brunâtres.

*Dimensions :* Aile : 130 à 140 millimètres ; queue : 90 à 97 ; tarse : 13 à 16 ; bec : 12 à 14.

Jeunes mâle et femelle :

Ressemblent à la femelle adulte, mais leurs plumes présentent d'étroites bordures fauve pâle à l'extrémité.

Poussin :

Duvet fauve en dessus, jaune en dessous.

Œuf :

Ponte de deux œufs blancs, de 27×21 millimètres environ.

*Distribution.*

Cette Colombe se rencontre au Cachar, au Silhet, dans les districts de l'est de Chittagong, dans la vallée de l'Assam, depuis Sibsagar à l'est et à l'ouest jusqu'à Darjiling, Terai, dans la partie orientale du Népaul, où se rencontrent les deux sous-espèces *Œ. t. tranquebarica* et *Œ. t. humilis* et leurs intermédiaires ; elle se trouve encore à Khasea, au nord du Cachar, Naga, Manipour, dans les Monts Looshai, les Iles Andamans, les Monts Hill, les États Shans, le Yunnan, toute la partie de la Chine située au sud du Hoang-ho (dit le Père David), le Siam, les Philippines et l'Indochine française.

Dans cette région, elle a été observée avec certitude dans toute son étendue, mais à l'encontre de la Colombe tigrine qui est à peu près partout sédentaire, la Colombe naine n'habite les parties situées au nord de Tourane que pendant la saison chaude ; elle y arrive en mars-avril.

Dans le Sud Annam, elle est commune pendant toute l'année.

*Observations.*

Il est curieux de remarquer combien les appréciations sont contradictoires au sujet de cette petite Colombe : le P. David, dans les « Oiseaux de la Chine », écrit : « Cette petite Tourterelle... qui vient passer l'été dans la partie méridionale de la Chine... est extrêmement rare en Sibérie orientale... Beaucoup plus farouche que ses congénères, elle ne s'approche point des habitations, sans quitter cependant les terrains cultivés. »

Le Dr Tirant, dans les « Oiseaux de la Basse-Cochinchine » no 257, répond : « ...elle est très commune en Cochinchine, sauf dans les forêts épaisses. Je l'ai vue à Tra-Vinh, aussi répandue qu'à Thudaumôt et à Tayninh. Elle serait plus sauvage que les autres Tourterelles et ne s'approcherait pas des maisons, d'après David. Mes observations ne sont point d'accord avec celles du savant Missionnaire. J'ai tué souvent cette Tourterelle des fenêtres de ma maison de Thudaumôt. Elle venait se poser sur les arbres du voisinage sans aucune espèce de sauvagerie particulière. »

Boutan, dans les Décades Zoologiques (1905), affirme « qu'il n'a pas eu l'occcasion de la tuer au fusil, car elle est très farouche et s'envole de loin », tandis que Stuart Baker, qui l'a personnellement chassée lorsqu'elle s'abat en bandes dans les rizières, dit qu'elle se laisse approcher jusqu'à une trentaine de mètres avant de prendre son vol, ce qui permet parfois, comme cela est arrivé à certains chasseurs, d'en rapporter 20 à 30 couples en deux heures de chasse dans la matinée.

Nous avons nous-mêmes, pendant trois années de séjour dans le Quangtri, observé attentivement les mœurs de cette Colombe et nous sommes convaincus que si elle est moins familière que la Tigrine, elle ne manifeste pourtant aucune crainte ni de l'homme, ni des habitations, ni des endroits cultivés dont elle ne s'écarte pour ainsi dire pas. Il est évident toutefois que son degré de confiance dépend exclusivement de la chasse qui lui est faite.

Dans tout le Centre Annam, nous ne l'avons vue qu'autour des villages et à proximité des cultures. Elle apparaît en mars-avril, pour disparaître au moment de la saison des pluies, fin septembre-octobre.

Dans le Sud Annam (Phan-Rang, Phan-Tiêt) elle est sédentaire.

Elle paraît nicher un peu plus tard que la Tigrine. Alors que les haies de villages et les bords des arroyos comptent dès mars de nombreux nids de cette dernière, ceux de la Colombe naine ne paraissent guère qu'en avril. Ils sont tout particulièrement nombreux dans les arbres touffus des jardins annamites. A Hué même, en pleine ville, nombre de ces Oiseaux élèvent leur nichée. A les entendre d'abord roucouler, puis à les voir faire leurs nids sous le regard des habitants, on ne se douterait guère qu'elles ont pu être taxées de sauvages.

En hiver, sa présence dans le Centre Annam est tout à fait exceptionnelle, alors que la Tigrine est encore très commune, bien que moins abondante toutefois qu'au printemps ou en été.

La voix de cette Colombe, roucoulement sourd et étouffé, est caractéristique et la fait distinguer facilement de la Tigrine.

Sauf dans les champs récemment récoltés, il est rare de la rencontrer en bandes nombreuses ; on la trouve le plus souvent isolée ou par couple.

C'est un Oiseau de cage facile à conserver et s'accommodant de n'importe quel compagnon.

Elle niche facilement en Europe.

---

## CHALCOPHAPS INDICA INDICA (L.)

La Colombe Turvert

*Chalcophaps indica.* Tir : N° 254 : N. et E. Cochinch.
— Rob. et Kloss, N° 16 : S. Annam (Langbian).
*Chalcophaps indica indica.* R. O. 1925, N° 28 : C. Annam.
— R. O. 1927, N° 35 : Haut-Laos et S. Annam.

Nom annamite : con cu.

*Description :* Mâle adulte :

Front blanc, ainsi que deux longues lignes sourciliaires allant se perdre dans la nuque ; une large tache grise occupe le dessus de la tête et la nuque ; les côtés de la tête et du cou, la gorge, les épaules et le haut de la poitrine sont d'un roux vineux s'éclaircissant graduellement sur le bas de la poitrine et sur l'abdomen ; le haut du dos, les scapulaires, les couvertures alaires et les dernières rémiges sont d'un vert brillant, à reflets cuivrés ; une tache blanche au pli de l'aile ; reste de l'aile brun noirâtre. Le bas du dos est brun cuivré avec deux petites bandes transversales blanc-grisâtre ; le croupion est gris foncé ainsi que les sus-caudales ; rectrices centrales noires, les deux ou trois paires latérales étant grises avec une large barre subterminale. noire

Iris brun foncé ; bec rouge à base brunâtre ; paupières grises ; pattes rouge violacé grisâtre, à plante livide ; ongle corne brune.

*Dimensions :* Aile : 141 à 151 millimètres ; queue : 70 à 75 ; tarse : 25 à 27 ; bec : 15 à 17.

Femelle adulte :

La femelle ne diffère du mâle que par les teintes beaucoup moins nettes de sa tête, celles-ci se fondant généralement en une teinte gris-vineux, sans trace de blanc ni au front, ni aux sourcils, qui sont gris-clair. Elle n'a pas de blanc non plus au pli de l'aile, pas plus qu'en travers du bas du dos, ou, tout au moins, ces dernières marques sont bien moins nettes.

*Dimensions :* Aile : 137 à 150 millimètres ; queue : 70 à 75 ; tarse : 24 à 26 ; bec : 14 à 16.

Jeunes mâle et femelle :

Brun foncé, vineux en dessous, et parsemé de quelques taches vertes sur le dessus ; bec et pattes bruns.

Œuf :

Ponte de deux œufs crême, de 26 × 21 millimètres.

*Distribution.*

La Colombe turvert habite les territoires allant de l'Inde jusqu'à la Chine du Sud, l'Indo-Chine, les Iles de la Sonde et l'Océanie jusqu'à la Nouvelle Guinée.

On la trouve dans toutes les régions boisées de l'Indo-Chine.

*Observations.*

La « Turvert » est une Colombe que l'on rencontre dans toute l'Indochine française, mais qui n'est très abondante nulle part et qui semble s'écarter des endroits habités, bien que nous ayons eu l'occasion d'en tuer une dans un petit bosquet en plein centre de Quang-tri, le long du fleuve.

Elle se tient en général isolée ou par couples dans les buissons épais et à faible hauteur ; elle est très farouche et se cache ou s'enfuit au moindre bruit.

Son vol est d'une rapidité tout à fait extraordinaire : la plupart des Européens ne la connaissent que par cette particularité.

Elle descend fréquemment à terre où elle prend presque exclusivement sa nourriture ; elle aime les endroits frais et humides ; elle est surtout granivore.

Son cri est un véritable chant, étouffé, mais très doux et très harmonieux. A la saison des amours, elle le fait entendre même en captivité et sans craindre la présence d'auditeurs à moins d'un mètre d'elle.

C'est un Oiseau de volière facile à conserver et qui devient aussi rapidement familier qu'il est craintif et sauvage en liberté. Il est rare de le voir en captivité chez les indigènes qui le considèrent comme un Oiseau peu commun.

En Europe, c'est un Oiseau de volière courant, qui se reproduit facilement.

Nous ne pouvons encore rien affirmer sur l'époque à laquelle il niche en Annam ; notons cependant que vers la mi-avril, dans un bois de la région de Vinh-linh (Prov. de Quangtri), nous avons tué un jeune qui ne devait avoir quitté son nid que depuis quelques jours à peine.

---

CE LIVRE

A ÉTÉ IMPRIMÉ

PAR

MAURICE DARANTIERE

A DIJON

LE TRENTE AOÛT

M.CM.XXVII

# FAUNE DES COLONIES FRANÇAISES

# CONTRIBUTION A L'ÉTUDE DE LA FAUNE DU CAMEROUN

PREMIÈRE PARTIE

par Th. MONOD

## PRÉFACE

*La série de mémoires scientifiques dont nous commençons, aujourd'hui, la publication se rapporte à l'examen systématique, biologique et, parfois même, anatomique, des différentes formes d'animaux marins ou dulcaquicoles récoltés par M.* TH. MONOD *au cours de l'importante mission scientifique et technique dont il a été chargé, sur notre demande, par M. le Gouverneur* MARCHAND, *Haut Commissaire de la République au Cameroun.*

*L'ensemble de ces travaux divers qui se rapportent plus spécialement aux Poissons, Crustacés, Mollusques, etc., constituera un inventaire, évidemment encore incomplet mais suffisant, cependant, pour donner une idée précise de la Faune aquatique de cet important pays et même, un peu de la Faune terrestre.*

*Les divers groupes, d'importance très inégale, du reste, ont été étudiés par des spécialistes pour la plupart français, mais aussi par quelques étrangers.*

*M.* TH. MONOD *a parcouru le Cameroun du Sud au Nord et de l'Ouest à l'Est, avec une ardeur infatigable. Les matériaux qu'il a rapportés forment une collection imposante et l'on ne peut que le féliciter d'y avoir joint un grand nombre d'observations d'ordre technique, se rapportant à l'Industrie de la Pêche chez les Indigènes qui seront exposées dans un mémoire spécial publié par la même maison d'édition.*

*Cette* Partie générale et économique *formera, en quelque sorte, le premier volume, tandis que la série des Mémoires scientifiques que nous commençons à publier dans la* FAUNE DES COLONIES FRANÇAISES *formera le second volume ou* Partie scientifique *de cette importante publication.*

A. GRUVEL.

# HYDROZOA I

## HYDROZOA BENTHONICA

(excl. *Hydrocorallidæ*)

par ARMAND BILLARD

La collection des Hydroïdes récoltés au Cameroun par TH. MONOD du laboratoire des Pêches coloniales (Muséum de Paris) ne comprend que cinq espèces, et cette partie de la faune paraît dans cette région pauvrement représentée. Cette petite collection présente néanmoins de l'intérêt, car elle renferme une espèce et une variété nouvelles.

### *Bimeria Monodi* n. sp.

Stations : Souelaba ; nombreuses colonies (G) type. — Cap Cameroun (16. XI. 1925) ; nombreuses colonies (G) sur pneumatophores de Palétuviers. — Sur *Melongena morio* L. contenant *Clibanarius Cooki* Rathbun (23. XI. 1925) ; quelques colonies jeunes. — Banc Kwele-Kwele (25. XI. 1925) ; quelques colonies fixées sur une coquille de Gastéropode habitée par un Pagure.

Les colonies (fig. 1) atteignent jusqu'à 12 centimètres ; normalement la tige n'est pas fasciculée, mais parfois il s'y fixe des colonies de la même espèce et alors leurs stolons en s'étendant rendent cette tige anormalement fasciculée et ramifiée. A la base la tige présente quelques annellations, mais il n'en existe pas sur le reste de sa longueur ; cette tige est faiblement géniculée et de chaque angle naît un rameau de 4 ou 5 centimètres, qui débute par une partie annelée, comprenant 5 à 10 annellations plus ou moins marquées ; les points d'insertion de ces rameaux ne sont pas situés dans un même plan

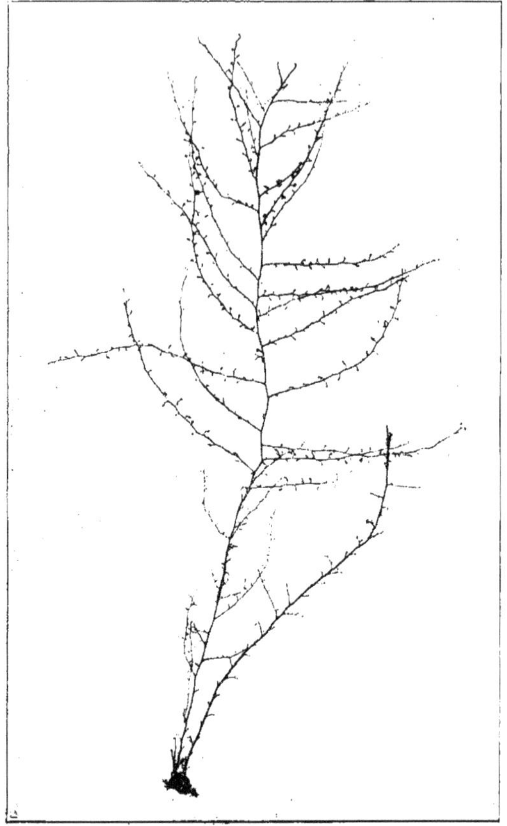

Fig. 1. Colonie de *Bimeria Monodi*. n. sp. (Grandeur naturelle).

et ces rameaux partent dans diverses directions autour de la tige ; ces rameaux montrent en disposition alterne des apophyses qui supportent des hydranthophores annelés irrégulièrement et se terminant par une cupule plissée qui loge la base de l'hydranthe (fig. 2, A) ; cet hydranthe possède une dizaine de tentacules en un seul verticille disposé autour d'un hypostome, qui paraît conique ; le plus souvent les hydranthophores sont simples, dans les exemplaires de Souelaba, mais parfois ils donnent naissance à un hydrantho-

Fig. 2. A. Partie de rameau de *Bimeria Monodi* n. sp. Gr. : 52 ; B. Partie de tige et hydroclade de *Plumularia alicia* Torrey *minuta* n. var. Gr. 121.

phore secondaire terminé par un hydranthe ; dans les exemplaires de Kwele-Kwele les hydranthophores sont plus longs et portent généralement un hydranthophore secondaire et même certains, par leur allongement et leur ramification, arrivent à constituer des rameaux secondaires, le rameau primaire est alors transformé en une branche.

Parmi les grandes colonies ainsi constituées, il y en a de plus petites, qui atteignent cependant jusqu'à 4 centimètres, et qui ne présentent en fait de ramifications que les hydranthophores terminés par les hydranthes : ce sont des colonies jeunes.

Chez les colonies de Souelaba, les gonophores sont portés, au nombre de un à trois, par l'hydranthophore au-dessous de la cupule, ils sont ovales, avec un court pédoncule, ils sont entourés par une fine pellicule de périsarque et par transparence on aperçoit le spadice entouré par les éléments sexués, mâles chez ces colonies de Souelaba.

Les exemplaires des deux stations Cap Cameroun et Banc Kwele-Kwele montrent des hydranthophores qui supportent jusqu'à 6 et 7 gonophores et même le nombre des gonophores qui se sont succédé sur un même hydranthophore peut être plus considérable et dépasse 10, comme le montrent les parties basilaires, en forme de petites cupules, conservées sur l'hydranthophore, plus allongé dans ce cas. Autant qu'on en puisse juger avec le mauvais état des gonophores, il s'agit de colonies femelles, qui seraient alors caractérisées par le plus grand nombre de gonophores portés par un même hydranthophore.

Dimensions :

| | |
|---|---|
| Diamètre de la tige ............................ | 215 - 330 μ |
| Diamètre des rameaux ........................ | 115 – 250 μ |
| Longueur des hydranthophores simples (1)........ | 360 – 660 μ |
| Diamètre des hydranthophores (à la base)......... | 80 – 130 μ |
| Diamètre des cupules (à l'orifice) ................ | 265 – 315 μ |

La taille des gonophores est variable avec leur âge, celle des gonophores mâles adultes est en moyenne de 495 μ pour la longueur et 280 μ pour la largeur.

### *Clytia attenuata* (Calkins) (2)

Station : Souelaba. Nombreuses colonies de 1cm 5 au plus, sur bois flotté avec *Lepas* et sur *Lepas* (G.)

(1) Y compris la cupule.

(2) Calkins (G. M.) Some Hydroids from Puget Sound (*Proc. Bost. Soc. Nat. Hist.* vol. XXVIII, 1899, p. 350, pl. II, fig. 9, pl. VI, fig. 90).

Les colonies correspondent bien à l'espèce de CALKINS par la forme de ses hydrothèques, qui ont cependant des dents un peu plus pointues, par sa ramification, par ses gonothèques, qui renferment des bourgeons de méduses du type *Clytia;* ces gonothèques ont été mieux dessinées par VANHÖFFEN (1), qui étudie la même espèce, sous le nom de *Clytia noliformis*, faisant de *Clytia attenuata* un synonyme.

A l'exemple de NUTTING (2), qui n'a pas eu connaissance du travail de VANHÖFFEN, je séparerai *Clytia attenuata* et *C. noliformis* cette dernière espèce formant des colonies gazonnantes, non ramifiées, ayant des hydrothèques plus évasées et des gonothèques avec un col bien marqué, qui est pour ainsi dire inexistant chez le *C. attenuata*.

Dimensions :

Longueur des hydrothèques .................... 330 - 395 μ
Largeur des hydrothèques (à l'orifice)............ 215 - 320 μ

### *Obelia hyalina* CLARKE (3)

Station : Souelaba (1. III. 1926) ; quelques colonies (G) avec *Lepas* sur bois flotté.

Il s'agit de petites colonies ne dépassant pas 1 centimètre et présentant quelques ramifications ; la tige est : géniculée faiblement dans sa partie inférieure, plus nettement dans sa partie supérieure ; le périsarque des entre-nœuds n'est pas épaissi et les hydrothèques ont des parois minces, leur largeur atteint 265-280 μ à l'orifice et leur longueur est de 280-330 μ.

Les gonothèques présentent un col terminal ou bien elles en sont dépourvues.

(1) VANHÖFFEN (E.), Hydroiden des deutschen Sudpolar-Expedition (*Deutsche Südpolar-Exped*, Bd. XI, 1910, p. 299, fig. 10 a-b.)

(2) NUTTING (C. C.) American Hydroids. P. III. The *Campanularid and Bonneviellidæ (Smiths. Inst. U. S. Nat. Mus. Sp. Bull.*, 1915, p. 60, pl. XIII, fig. 5.

(3) CLARKE (S. F.) Report on the Hydroida collected during the exploration of the Gulf-Stream and Gulf of Mexico by Al. Agassiz *(Bull. of Mus. C. Z. Cambridge*, vol. V, 1879, p. 241, pl. IV, fig. 21.

VANHÖFFEN (1) pense que l'*Obelia hyalina* peut être considéré comme la forme d'eau chaude de l'*O. geniculata* et je partage volontiers son avis, d'autant plus que les colonies du Cameroun sont intermédiaires entre l'*O. hyalina* typique et l'*O. geniculata* (forme ramifiée).

L'espèce provenant du Canal de Suez, que j'ai déterminée *O. geniculata* (2), doit être, après nouvel examen, attribuée à l'*O. hyalina* ; elle est très semblable à la forme du Cameroun et c'est aussi une forme de passage entre les deux espèces typiques.

### ? *Obelia bicuspidata* CLARKE (3)

Station : Souelaba (1. III. 1926) avec *Lepas* sur bois flotté.

Il s'agit de deux petites colonies non fasciculées et formant un sympode simple, sans branches dont les hydrothèques sont semblables à celles de l'espèce de CLARKE, mais les dimensions de ces hydrothèques sont : 365-410 μ pour leur longueur et 165 à 100 μ pour leur largeur ; elles sont environ deux fois plus petites que celles de l'espèce typique, dont les dimensions respectives sont 710-910 μ et 330-410 μ.

Il est possible que l'on ait affaire à des formes jeunes ou à une variété littorale de l'*O. bicuspidata*, dont les colonies sont fasciculées et ramifiées et les hydrothèques deux fois plus grandes.

Cette espèce de Souelaba correspond à l'espèce de Saint-Vaast que j'ai appelée *O. bifurca* (4) et à laquelle s'applique aussi la remarque ci-dessus.

### *Plumularia alicia* TORREY (5) var. *minuta*.

Station : Kribi, rochers à marée basse ; nombreuses colonies (G.)

Les colonies en question sont petites, elles ne dépassent pas 1 cen-

(1) Loc. cit. p. 306, fig. 26.

(2) BILLARD, A. IV. Rapport sur les Hydroïdes (*Trans. Zool. Soc.* London, Part 1, 1926, p. 94.

(3) CLARKE, S. F. Descriptions of new and rare species of Hydroids from the New England Coast (*Trans. Connecticut Acad. A. & Sc.* vol. III, 1876, p. 58, pl. IX, fig. 1).

(4) BILLARD, A. Contribution à l'étude des Hydroïdes (*Ann. Sc. nat. Zool.* (8), t. XX, 1904, p. 172.

(5) TORREY, H. B. The Hydroida of the pacific coast of North America (*Univ. California public. Zool.* vol. I, 1902, p. 75, pl. X, fig. 96, 97.

timètre ; la tige porte seulement des hydroclades alternes, sauf toutefois à la base où il existe une ou deux branches rudimentaires remplaçant un hydroclade. Les hydroclades sont courts et le plus souvent ne comportent que deux articles hydrothécaux, plus rarement il y en a trois ou parfois un seul.

La tige et les hydroclades possèdent les caractères microscopiques de l'espèce de TORREY : tige sans hydrothèques (fig. 2, B), divisée en articles semblables, avec une dactylothèque du côté opposé à l'hydroclade, qui naît au sommet de l'article ; hydroclades débutant par un article basal sans dactylothèques, divisés en articles hydrothécaux et articles intermédiaires avec dactylothèques semblables et semblablement placées ; hydrothèques identiques avec face postérieure concave ; mais l'espèce typique atteint jusqu'à 12 mm 5 et possède des branches ; les articles caulinaires sont plus courts, le nombre des hydrothèques par hydroclade est plus grand ; ces différences justifient la création de notre variété *minuta*.

TORREY indique la présence de deux dactylothèques axillaires, mais notre variété n'en possède qu'une.

La succession régulière des articles peut être troublée par des cassures suivies de réparation.

Les gonothèques mâles, seules observées, sont identiques dans les deux formes, elles sont piriformes et la partie basale très mince se plisse facilement, il existe un diaphragme isolant la masse des cellules sexuées.

Dimensions :

| | |
|---|---|
| Longueur des articles caulinaires (1) | 205 – 285 μ |
| Longueur des articles basaux | 90 – 105 μ |
| Longueur des articles hydrothécaux | 205 – 230 μ |
| Longueur des articles intermédiaires | 90 – 125 μ |
| Largeur des articles caulinaires | 80 – 105 μ |
| Largeur des articles intermédiaires | 35 – 45 μ |

(1) Dans l'espèce typique les articles caulinaires sont plus courts, ils sont égaux ou un peu plus longs que les gonothèques.

| | |
|---|---|
| Hauteur des hydrothèques (partie ventrale)....... | 105 μ |
| Largeur des hydrothèques (à l'orifice) ........... | 105 – 115 μ |
| Longueur des gonothèques ..................... | 170 – 205 μ |
| Largeur des gonothèques ...................... | 90 – 105 μ |

*Note du rédacteur :* En plus des espèces signalées du Cameroun dans la présente note, par M. le Prof. A. BILLARD, je rappelle que, BROCH (2) a trouvé sur ce même littoral, à Victoria un *Laomedea.* sp. (aff. *gracilis* M. SARS).

TH. MONOD.

(1) HJALMAR BROCH, Hydrozoa benthonica *in* Beiträge zur Kenntniss der Meeresfauna Westafrikas, I, 1, 1914, pp. 19-50, figs. 1-12, pl. I (*Laomedea* sp., pp. 37-38, fig. 11).

# ACTINIARIA

par Oskar Carlgren

(Lund)

---

*Diadumene kameruniensis* n. sp.

*Diagnosis.* Column with longitudinal furrows corresponding to the insertions of the mesenteries. Cinclides situated on distinct elevations and present on the whole column from the collar to the limbus, in the upper part of this region probably arranged in 24 longitudinal rows. Collar in contracted state of the body distinct. Tentacles in large specimens about 192, in contracted state a little transversally furrowed. Tentacles distributed over the greater part of the oral disc. Actinopharynx long with numerous longitudinal furrows and two (always ?) distinct siphonoglyphs aborally prolongated. Mesenteries hexamerously arranged, those of the two first cycles with pennons. Pennons in the upper part more concentrated with high ramificated folds, in the under part more elongated. Nematocysts of the column 11-24 × almost 3-4,5 μ, those of the tentacles partly 11-17 × 1,5 - 2 μ, partly (14-19) 22-28 × (2,5) 3,5-4,5 (5) μ, those of the actinopharynx 22-24 × 3,5-4,5 μ, those of the acontia partly 36-46 × 6,5-7 μ, partly 12-13 × almost 2 μ. Spirocysts of the tentacles 13 × almost 2- about 29 × 3,5 μ.

*Colour* in living state ? Preserved in formol. Column greenish.

*Dimensions* in contracted state about up to, 1 cm 2 long and 1 cm. broad.

*Occurrence.* Cape Cameroon on dead shells of *Ostrea gasar* Adanson and rotten timber, several specimens.

*Exterior aspect.* The pedal disc is well developed. The column is provided with numerous cinclides mounted on distinct « suckers » -like elevations arranged in longitudinal rows from the collar-wall to the limbus. In the upper part there are probably about 24 rows, more downwards they are probable more numerous. At the limbus it seems as there were many elevations but a part of them has certainly nothing to do with the cinclides but is arisen by the strong contraction of the undermost part of the column. In a sectioned piece I have namely observed cinclides issueing only from the stronger endocoels, a single cinclis stands possibly in connection with an exocoel. In the broad region between the collar and the tentacles there are probably no cinclides, in each case there are here no elevations. The margin is tentaculate. The tentacles are about 192 in large specimens. They are conical and in contracted state slightly transversally furrowed, the inner are considerably longer than the outer. The part of the oral disc, which lacks tentacles, is very small. The actinopharynx is long and longitudinally sulcated. In the 2 examined specimens there were 2 distinct siphonoglyphs aborally prolongated.

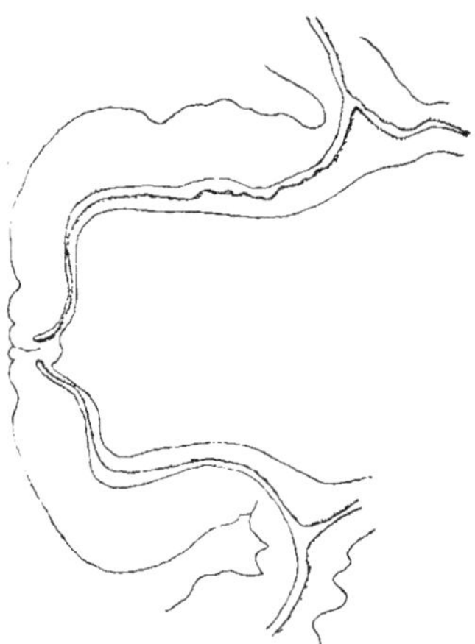

FIG. 1. *Diadumene kameruniensis.* Section of a cinclid in the undermost part of the body.

*Anatomical description.* The ectoderm of the column is high and contains numerous mucus-and granulous gland-cells, the mesogloea thin as also the pigmented endoderm. In the forming of the cinclides as well the ectoderm as the endoderm take part. On the endodermal sideof the cinclides there is a weak sphincter. Figure 1 shows a section of a cinclis in the undermost part of the column. There is no sphincter and the endodermal circular muscles of the column form only rather coarse folds. The structure of the tentacles agrees with that in other species of *Diadumene*. Their endoderm seems not to be pigmented. There are probably transitions between the smaller riblike nematocysts and the larger, often somewhat curved and transparent nematocysts, which areb roader in the basal end. The high ectoderm of the deep siphonoglyphs is otherwise structured than the other part of the actinopharynx.

The mesenteries are hexamerously arranged in the two sectioned specimens. Only 6 pairs are perfect, two pairs of which are directives. In the middle part of the body 3 cycles of mesenteries are present, in the uppermore part 5. Only the mesenteries of the two first cycles are provided with pennons. In the upper part of the body the pennons are somewhat concentrated with high ramificated folds, in the under part more elongated. In the text figure 2 I have figured a transverse section of a mesentery of the first order, a mesentery of the second and a pair of the third order in the upper region of the actinopharynx. The parietobasilar and basilar muscles are weak but distinct. The acontia are long and numerous.

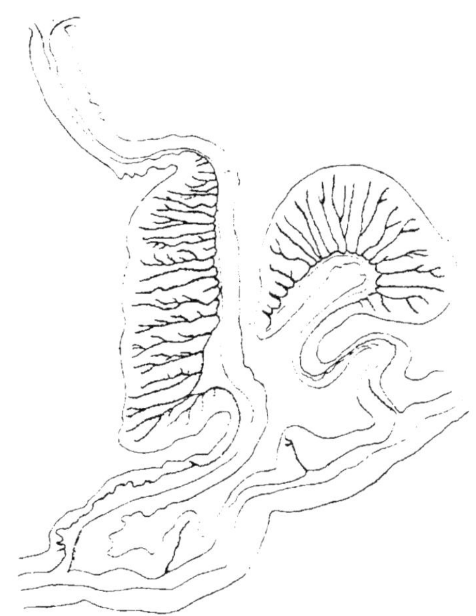

FIG. 2. *Diadumene kameruniensis*. Transverse section of mesenteries of the first, second and third orders in the region of the actinopharynx.

On a shell several specimens of various size are fastened. It is possible, that also this species reproducts asexually. In such a case the arrangement of the tentacles and mesenteries and the number of siphonoglyphs may be irregular.

*Edwardsia kameruniensis* n. sp.

*Diagnosis.* Physa very small, capable of involution. Scapus with an ordinary developed periderm and numerous scattered nemathybomes. Nematocysts of the nemathybomes 45-63 × 3,5-4,5 μ. Upper part of the scapus distinctly polygonal. Tentacles about 20. Nematocysts of the tentacles very numerous 19-25 × 2-2,5 μ. Longitudinal muscle-pennons in transverse sections through the upper part of the cnidoglandular tract elongated. Folds of the pennons ordinary high but thinly standing, ramificated especially in the outer part of the pennons, the mesogloea of which is rather thick. Outer lamellar part of the mesenteries attached rather close by the outside of the pennons. Parietal muscles elongated, comparatively weak with rather few folds. Distribution of the parietal muscles on the column considerable.

*Colour* in alcohol : scapus yellowish dirty-gray.

*Dimensions :* length $1^{cm}$ 7. Largest breadth $0^{cm}$ 45. (As well the distal as proximal body-end were introverted).

*Occurrence.* Duala Bay, between Mianjo and Cape Cameroon, 1 specimen.

Judging from the sections of the proximal body-end a very small physa is present. In the middle of this end there is namely a little part of the ectoderm lacking a cuticle. As I have not observed any nemathybomes in this part I think we have to do with a reduced physa, at any rate it is very small. The structure of this species agrees with that of other *Edwardsia*-species. The periderm of the scapus is ordinary thick. To the periderm several particles as small sand-grains and mud are stuck. A section of a perfect mesentery in the upper part of the cnido-glandular tract I have figured (fig. 3). The reproductive organs seem not to be developed.

*Gyrostoma Monodi* n. sp.

*Diagnosis.* Sphincter diffuse, rather well developed. Fossa rather broad. Tentacles 48 conical, rather plump. Longitudinal muscles of the tentacles and radial muscles of the oral disc ectodermal, the latter strong with high folds. 2 siphonoglyphs. Pairs of mesenteries.

24 of which 2 pairs directives. All or almost all mesenteries perfect. Pennons diffuse elongated in radial direction of the body with close rather high folds. Parietobasilar muscles situated on a distinct lamella to a great part separated from the main lamella of the mesenteries. All mesenteries (directives ?) fertile, Nematocysts of the column partly 19 × about 3 μ, partly 12-13 × 1,5-2 μ (both sparse), those of the tentacles 14-17 × almost 2 μ (very sparse), those of the actinopharynx partly 17-20 × 3 μ (broader in the basal end) partly about 12 × 2 μ. Spirocysts of the tentacles 12 × almost 1,5-24 × almost 3 μ.

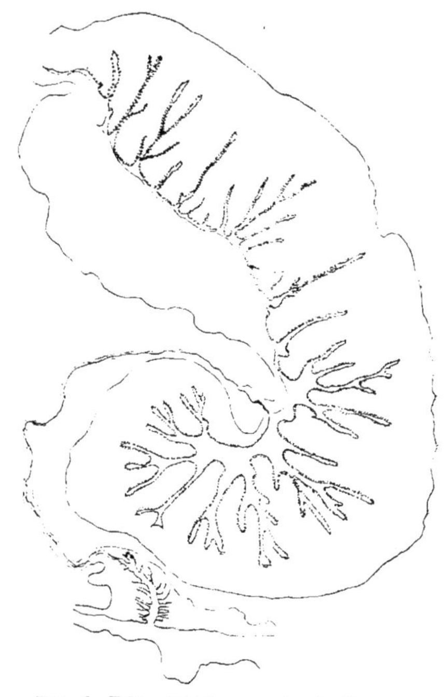

FIG. 3. *Edwardsia kameruniensis*. Transverse section of a perfect mesentery in the upper part of the cnidoglandular tract.

*Colour* in preserved state greenish.

*Dimensions* of largest specimens in contracted state : height about 0 cm 6, breadth of the pedal disc about 0 cm 7.

*Occurrence*. Cameroon. Kribi, low-water, 10 specimens.

*Exterior aspect*. The ectoderm of the column was partly lost or only slightly joined with the mesogloea. The pedal dise was well developed, the column smooth without any special differentiations, the fossa distinct. The conical, in comparison with the size of the animal rather large tentacles are plump. They stand on the outer half on the oral disc and were 48 in number. The siphonoglyphs were well developed.

*Anatomical description*. As to the bad preservation of the specimens I cannot give any further details of their anatomy except those given in the diagnosis. A transverse section of the sphincter is figured in figure 4 (tentacular side on the left). As to the mesenteries I have

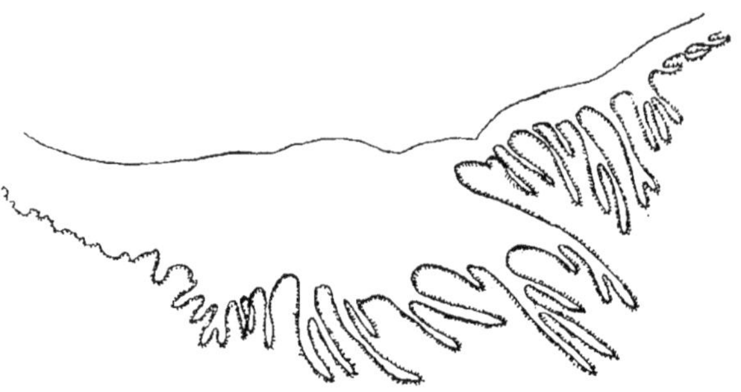

Fig. 4. *Gyrostoma Monodi.* Transverse section of the sphincter.

been unable to decide, if all mesenteries are perfect, but at least a part of the third order is so. The sectioned specimen was a male. The whole endoderm seems to be pigmented.

# ECHINODERMA

Les quelques Echinodermes recoltés par moi au Cameroun ont été examinés par M. le Dr. Th. Mortensen auquel je tiens à en exprimer ici ma respectueuse reconnaissance.

Th. Monod.

### *Amphioplus occidentalis* Kœhler

1914. *Amphioplus occidentalis* Kœhler, Echinoderma I *in* : Beiträge zur Kenntniss der Meresfauna Westafrikas, lief. 2, pp. 201-203, pl. VII, figs. 5-8.

Cette Ophiure est connue du Libéria (Sinoe, Sass Town), du Dahomey (Ouidah) et du Congo français (fleuve Nyango) ; elle est nouvelle pour le Cameroun.

Je l'ai rencontrée communément au large de Kribi, en compagnie de *Rhopalodina lageniformis* Gray, sur fond de vase.

Nom vulgaire en batanga : *ngokolo a tube*, mille-patte de mer.

### *Arbacia* sp.

J'ai recueilli sur la plage, entre Grand Batanga et Campo un certain nombre de tests qui appartiennent soit à *Arbacia africana* Troschel soit à *A. livula* Linné.

*A. africana* est déjà signalé au Cameroun, sur la côte d'Angola, aux îles San Thomé et Las Rolas ; *A. lixula* provient probablement (?) *fide* LOVEN, du Libéria et de l'île San Thome.

*Rotula orbiculus* (LINNÉ)

Nombreux exemplaires morts sur la plage du côté atlantique de la presqu'île de Souelaba.

*Rotula deciesdigitata* (LESKE)

Quelques spécimens morts sur la plage à Grand Batanga et un peu au nord de Campo (janvier 1926).

*Rhopalodina lageniformis* GRAY

Il n'est pas absolument certain que mes échantillons appartiennent à l'espèce de GRAY et il n'est pas impossible qu'il existe d'autres formes de *Rhopalodina*. L'état des spécimens cependant n'a pas permis au D[r] TH. MORTENSEN de se prononcer sur ce point.

J'ai rencontré cette forme dans la baie de Douala (estomac d'un poisson, *Arius* sp. (*A. Heudeloti* C. V. ou *A. latiscutatus* GÜNTHER) et au large de Kribi, par des fonds de vase de quelques brasses, le 30 décembre 1925.

*Cucumaria* sp.

1 specimen indéterminable ; Souelaba, estomac d'un poisson *Arius* sp.)

A la suite de l'inventaire de ma très petite collection d'Echinodermes camérouniens je crois utile de citer les espèces déjà connues de cette colonie et non retrouvées par moi-même :

*Pentaceros dorsatus* (LINNÉ), Douala, VON EITZEN *legit.* (KŒHLER *loc. cit.*, p. 168).

*Asterina marginata* HUPÉ (KŒHLER, *loc. cit.*, pp. 171-173).

*Ophiarachnella africana* KŒHLER, *loc. cit.*, pp. 178-181, pl. IX, fig. 8, 9, 17.

*Amphioplus congensis* (STUDER) (KŒHLER, *loc. cit.*, pp. 199-201).

*Echinometra lucunter* (LINNÉ) (KŒHLER, *loc. cit.*, pp. 249-250, pl. XV, fig. 83-84).

# MOLLUSCA I

*Mollusca marina testacea*

par Ph. Dautzenberg

Les récoltes de M. Théodore Monod sont particulièrement intéressantes car elles fournissent un précieux appoint à l'Inventaire de la faune d'une région de l'Afrique Occidentale peu connue au point de vue malacologique. Afin de résumer dans ce travail ce que l'on sait actuellement, nous avons cité, en même temps que les espèces rapportées par M. Monod, celles qui nous ont été envoyées par M. le Gouverneur Fourneau et qui ont fait l'objet d'un mémoire publié en 1921 dans la « Revue Zoologique Africaine ». Malgré cette addition, nous ne sommes arrivés à énumérer que 72 espèces, mais il faut tenir compte que la nature des côtes du Cameroun est loin de se prêter au développement d'une faune de Mollusques riche et variée. Il est cependant permis d'espérer que des recherches ultérieure aussi bien le long du rivage, qu'au moyen de la drague, feront découvrir beaucoup d'espèces qui ont échappé jusqu'à présent aux investigations des naturalistes.

**Siphonaria mouret** (Adanson) Sowerby

1757. *Lepas Mouret* Adanson, Voyage au Sénégal, p. 34, pl. II, fig. 5.

1825. *Siphonaria mouret* Ad. SOWERBY, Catal. Tankerville, p. 32.
1830. — *Algesiræ* QUOY et GAIMARD, Voyage « Astrolabe », II, p. 338, pl. XXV, fig. 23-25.
1910. — — Q. et G. DAUTZENBERG, Contr. Faune malac. Afrique Occid., *Actes Soc. Linn. Bordeaux*, LXIV, p. 9.
1912. — — — Q. et G. DAUTZENBERG, Mission Gruvel, *Ann. Instit. Océanogr.*, V, p. 3.
1921. — *mouret* (Ad.) Sow. DAUTZENBERG, Contr. Faune malac. Cameroun, *Rev. Zool. Afr.*, IX, p. 105. (Synonymie).

var. **striato-costata.** DUNKER

1846. *Siphonaria striato-costata* DUNKER, *Zeitschr. f. Malakoz.*, p. 24.
1921. — *mouret* Ad. var. *striato-costata* Dunk. DAUTZENBERG, Contr. Faune malac. Cameroun. *Rev. Zool. Afr.*, IX, p. 107. — Douala. (Synonymie).

Habitat : Kribi, Cameroun (commun) ; entre Batanga et Campo ; plage de Dikullu.

Nom vulgaire : *yenga* (batanga).

Tous les exemplaires rapportés par M. MONOD appartiennent à cette variété.

**Pusionella vulpina** BORN

1778. *Murex vulpinus* BORN, *Index rer. nat.*, 0. 318.
1780. — — BORN, *Test. Mus. Cæs. Vindob.*, p. 317, pl. XI, fig. 10, 11.
1839. *Fusus buccinatus* KIENER, *Icon. coq. viv.*, p. 46, pl. 8, fig. 2,2.
1883. *Pusionella vulpina* Born, von MALTZAN, Beitr. Seneg. Pleurot., *Jahrb. d. D. Mal. Ges.*, X, p. 115.
1884. — — — TRYON (ex p.), Man. of Conch., VI, p. 234, pl. 31, fig. 4 (excl. synon. *Recluziana* Petit).
1894. — — — NOBRE, Faune malac. S. Thomé et Madère, *Ann. de Sc. Nat.*, v. p. 91, S. Thomé (Castro).
1909. — — — NOBRE, Matér. Faune malac. possess. portug. Afr. Occid., *Bull. Soc. port. Sc. Nat.*, III, p. 10.

1910. — — — DAUTZENBERG, Contr. Faune malac. Afr. Occid., *Actes Soc. Linn. Bordeaux*, LXIV, p. 19.

1912. — — — DAUTZENBERG, Mission Gruvel, *Ann. Instit. Océanogr.*, V, p. 7.

1914. — — — STREBEL, Beitr. z. Kenntn. der Meeresf. Westafrikas, I, Lief. II, p. 97, fig. 8, 9, 9ᵃ, 10, 10ᵃ, 16, 16ᵃ. (excl. var. *Recluziana*.)

Habitat : Région bouée C., baie de Douala.

TRYON et STREBEL ont considéré le *P. Recluziana* PETIT comme une variété blanche de *vulpina*, mais nous persistons à le regarder comme distinct, car, abstraction faite de la couleur, sa spire est plus effilée et son dernier tour est moins renflé. Nous croyons d'ailleurs, que le *P. Recluziana* est l'espèce décrite antérieurement par PHILIPPI (Abbildungen, p. 117, pl. V, fig. 7), sous le nom de *Fusus candidus*.

## Pusionella aculeiformis LAMARCK

ENCYCLOPÉDIE MÉTHODIQUE, pl. 426, fig. 3ᵃ, 3ᵇ.

1822. *Fusus aculeiformis* LAMARCK, Anim. s. vert., VII, p. 132.

1839. — — Lam. KIENER, Icon. coq. viv., p. 47, pl. 29, fig. 2, 2.

1843. — — — LAMARCK, Anim. s. vert., édit. Deshayes, IX, p. 461.

1883. *Pusionella* — — VON MALTZAN, Beitr. Senegamb. Pleurotomiden, *Jahrb. d. D. Mal. Ges.*, X, p. 130. Baie de Gorée.

1884. — — — TRYON, Man. of Conch., VI, p. 234, pl. 31, fig. 2, 3. W. Afr.

1890. — — — DAUTZENBERG, Réc. malac. Culliéret, *Mém. Soc. Z. F.*, III, p. 164. Dakar.

1891. — — — DAUTZENBERG, Voyage de la « Mélita », *Mém. Soc. Z. F.*, IV, p. 29. Gorée.

1910. — — — DAUTZENBERG, Contr. Faune malac. Afr. Occid., *Actes Soc. Linn. Bordeaux* LXIV, p. 20. Lemsid, Bilaouak.

1912. — — — DAUTZENBERG, Mission Gruvel, *Ann. Instit. Océanogr.*, p. 8. Grand-Bassam, Cotonou, baie de Libreville, estuaire du Congo.

1914. — — — STREBEL, Beitr. Meeresf. W. Afr., I, Lief. II, p. 112, fig. 13[a], 13[b], 17, 18 et variétés: *vexans* STREB., *intuslirata* STREB., *Catelini* PETIT. du Sénégal à l'Angola.

Habitat : Victoria, Cameroun (STREBEL).

## Agaronia annotata MARRAT

1871. *Oliva annotata* MARRAT *in* SOWERBY, Thes. Conch., IV, p. 25, pl. XIX, fig. 313, 314, 315. Sierra Leone.

1878. — *(Olivancillaria) acuminata* Lk. juv. WEINKAUFF (non Lamarck). Conch. Cab., 2e édit., p. 163.

1883. — *(Agaronia)* — — — TRYON (pars, non Lamarck), Manual of Conch., V, p. 89, pl. 35, fig. 78.

1912. *Agaronia annotata* Marr. DAUTZENBERG, Mission Gruvel, *Ann. Instit. Océanogr.*, V, p. 17.

Habitat : Environs de la bouée C, baie de Douala, Cameroun, I. XII. 1925.

L'*Agaronia annotata*, considéré par WEINKAUFF et par TRYON comme l'état jeune de l'*O. acuminata*, diffère cependant de cette espèce, non seulement par sa petite taille, mais encore par sa spire qui s'atténue davantage vers le haut et par la présence, sous la suture du dernier tour d'une rangée de petites flammules noires très courtes.

## Marginella helmatina RANG

1829. *Marginella helmatina* RANG *in* GUÉRIN, *Mag. de Zool.*, V, pl. 5.

1834. — — Rang KIENER, Icon. coq. viv., p. 10, pl. 7, fig. 28, 28.

1846. — — — SOWERBY, Thes. Conch., I, p. 377, pl. LXXV, fig. 38, 39.

1864. — — — REEVE, Conch. Icon., pl. III, fig. 7[a], 7[b].

1875. — — — JOUSSEAUME, Monogr. Marginelles, *Rev. et Mag. de Zool.*, p. 8, Embouchure de la Gambie.

1879. — — — WEINKAUFF, Conch. Cab., 2e édit., p. 39.

1883. — — — TRYON, Man. of Conch., V, p. 19, pl. 5, fig. 80.

var. **Cumingiana** Petit de la Saussaye

1841. *Marginella Cumingiana* Petit de la Saussaye, *Rev. Zool. Soc. Cuv.*, p. 185. Sénégal, emb. de la Gambie.
1846. — *Cumingii* Sowerby, Thes. Conch., I, p. 377, pl. LXXIV, fig. 34, 35.
1851. — *Cumingiana* Petit de la Saussaye, *Journ. de Conch.*, II, p. 52.
1864. — — Pet. Reeve, Conch. Icon., pl. III, fig. 8a, 8b.
1875. — — — Jousseaume, Monogr. Marginelles, *Rev. et Mag. de Zool.*, p. 8.
1879. — — — Weinkauff, Conch. Cab., 2e édit., p. 11.
1883. — *helmatina* var. *Cumingiana* Pet. Tryon, Man. of Conch., V, p. 19, pl. 6, fig. 80. W. Afrique.
1912. — *Cumingiana* Pet. Dautzenberg, Mission Gruvel, *Ann. Instit. Océanogr.*, V, p. 19.

Habitat : Région de la bouée C, baie de Douala, Cameroun.

Le *M. helmatina* typique n'a pas été récolté par M. Monod. La variété *Cumingiana* en diffère par sa taille plus forte, sa coloration plus obscure et les deux zones de petites taches moins visibles sur le dernier tour.

### Marginella (Volvaria) exilis Gmelin

1757. *Peribolus Siméri* Adanson, Voyage au Sénégal, p. 79, pl. 5, fig. 3.
1773. *Cochlis volutata*, etc. Martini, Conch. Cab. II, p. 108, pl. XLII, fig. 426, 427.
1783. *Der bandirte Cornelkirschkern* Schröter, Einleit., I, p. 303, pl. I, fig. 18.
1790. *Voluta exilis* Gmelin, Syst. Nat., edit. XIII, p. 3444.
1822. *Volvaria triticea* Lamarck, Anim. s. vert., VII, p. 363.
1844. — — Lamarck, Anim. s. vert., édit. Deshayes, X, p. 460.
1846. *Marginella fusca* Sowerby, Thes. Conch., I, p. 392, pl. LXXVI, fig. 122, 123.
1875. *Volvarina simeri* Adans. Jousseaume, Monogr. Coq. fam. des Marginelles, *Rev. et Mag. de Zool.*, p. 52.

1883. *Marginella (Volvaria) exilis* Gm. TRYON (ex p.), Man. of Conch., V, p. 51 (excl. figs.).

1891. — — — — DAUTZENBERG, Voyage de la « Mélita », *Mém. S. Z. F.*, IV, p. 34.

Habitat : Environs de la bouée C, baie de Douala, 1. XII. 1925; Kribi, sable vaseux.

**Yetus (Cymba) patulus** BRODERIP

1830. *Cymba patula* BRODERIP, Spec. Conch., p. 5, pl. 4e, fig. 4b ; pl. 8e, fig. 4b.

1921. *Yetus (Cymba) patulus* Brod. DAUTZENBERG, Contr. faune malac. Cameroun, *Rev. Zool. Afr.*, IX, p. 108 (synonymie).

Habitat : Souelaba, région de Kribi, Cameroun : 1 exemplaire ; Douala (Fourneau), 4 exemplaires.

Noms vulgaires : *njoluba* (douala), *njokuluba* (batanga).

Comme nous l'avons expliqué en 1912, le *Y. patulus* doit être admis comme une espèce bien spéciale et différente du *proboscidalis*.

**Yetus (Cymba) proboscidalis** LAMARCK

1616. *Concha natatilis altera magna* FABIUS COLUMNA, de Purpura, p. 28, Cap. XVIII, pl. 30, fig. 1, 2.

1773. — — — — BATTARA, *Rer. nat. hist. Mus. Kircherian.*, II, pl. VI (reproduction de la fig. de F. Columna.

1921. *Yetus (Cymba) proboscidalis* Lam. DAUTZENBERG, Contr. Faune malac. Cameroun, *Rev. Zool. Afr.*, IX, p. 109. (Synonymie).

Habitat : Douala (FOURNEAU) 1 exemplaire.

**Melongena (Pugilina) morio** LINNÉ

1757. *Purpura Nivar* ADANSON, Voyage au Sénégal, p. 141, pl. IX, fig. 31.

1758. *Murex morio* LINNÉ, Syst. Nat., edit. X, p. 753.

1881. *Melongena* — Lin. TRYON, Man. of Conch., III, p. 111, pl. 63 ; fig. 228, 229.

1910. *Semifusus* — — DAUTZENBERG, Contr. Faune malac. Afr. Occid., *Actes Soc. Linn. Bordeaux*, LXIV, p. 48.

1911. *Semifusus morio* Lin. G. Dollfus, Les coq. du Quatern. du Sénégal, p. 25, pl. I, fig. 13, 14.

1912. — — — Dautzenberg, Mission Gruvel, *Ann. Instit. Océanogr.*, p. 29.

1921. *Melongena (Pugilina)* — — Dautzenberg, Contr. Faune Malac. Cameroun, *Rev. Zool. Afr.* IX, p. 112 (Synonymie).

Habitat : Souelaba, région de Kribi, Cameroun.

Nom vulgaire : *bungom* (batanga).

On observe chez le *M. morio* de grandes différences de sculpture. Chez l'un des spécimens récoltés par M. Monod, les tubercules sont exceptionnellement développés sur l'angle des tours, tandis qu'un autre en est complètement dépourvu.

### **Cyllene senegalensis** Petit de la Saussaye

1853. *Cyllene senegalensis* Petit de la Saussaye, Notice sur le Genre Cyllene, *Journ. de Conch.*, IV, p. 144, pl. V, fig. 5.

1875. — — Petit P. Fischer, Note sur le Genre Cyllene, *Journ. de Conch.*, XXIII, p. 278.

1881. — *Oweni* Tryon (ex. p., non Gray), *Man. of Conch.*, III, p. 224, pl. 84, fig. 566 (tantum).

1912. — *senegalensis* Petit Dautzenberg, Mission Gruvel, *Ann. Instit. Océanogr.*, V, p. 29.

Habitat : Environs de la bouée C, baie de Douala, Cameroun, 1. XII. 1925.

### **Tritonidea (Cantharus) sulcata** Gmelin

1757. *Purpura Tafon* Adanson, Voyage au Sénégal, p. 133, pl. IX, fig. 25.

1790. *Murex sulcatus* Gmelin, Syst. Nat. ed. XIII, p. 3549.

1834. *Buccinum viverratum* Kiener, Icon. Coq. viv., p. 35, pl. X, fig. 35.

1910. *Tritonidea (Cantharus) viverrata* Kien. Dautzenberg, Contr. Faune malac. Afr. Occid., *Actes Soc. Linn. Bordeaux* LXIV, p. 50.

1912. *Tritonidea (Cantharus) viverrata* Kien. DAUTZENBERG, Mission Gruvel, *Ann. Instit. Océanogr.*, V, p. 29.

1921. — — *sulcatus* Gm. DAUTZENBERG, Contr. Faune malac. Cameroun, *Rev. Zool. Afr.*, IX, p. 117.

Habitat : Kribi, Cameroun.

Nom vulgaire : *misekeleke* (batanga).

### Nassa (Hima) fuscata A. ADAMS

1851. *Nassa fuscata* A. ADAMS, Proc. Z. S. L., p. 112 — hab. ?

1853. — — A. Ad. REEVE, Conch. Icon. pl. XIX, fig. 127[a], 127[b].

1882. — *(Hima) tritoniformis* Kien. TRYON (ex p.), Man. of Conch. IV, p. 45, pl. 14, fig. 230 *(tantum)*.

Habitat : Environs de la bouée C, baie de Douala 1. XII. 1925.

C'est à tort que TRYON a dit que cette espèce est probablement synonyme du N. *tritoniformis* KIENER, car elle en diffère nettement par sa taille plus faible, sa forme plus allongée, son dernier tour moins renflé, ses cordons décurrents plus nombreux, les granulations de ces cordons moins développées, le bord du labre moins largement étalé, enfin, par sa coloration brune très foncée.

### Nassa (Naytia) obliqua KIENER

1835. *Buccinum obliquum* KIENER, Icon. Coq. viv., p. 107, pl. 31, fig. 4, 4, 4[a].

1842. *Strombus glabratus* SOWERBY, Thes. Conch., I, p. 32, pl. VIII, fig. 66, 67.

1882. *Nassa (Naytia) glabrata* Sow. TRYON, Man. of Conch., IV, p. 27, pl. 8, fig. 42, 43.

1912. — *obliqua* Kiener DAUTZENBERG, Mission Gruvel, *Ann. Instit. Océanogr.*, V, p. 30.

Habitat : Kribi, Cameroun, dragué sur fond de vase et de sable vaseux, et sur les appats (morceau de poisson) d'une ligne.

On peut se demander pour quelle raison TRYON a préféré désigner cette espèce sous le nom de *glabrata* plutôt que sous celui d'*obliqua*, qu'il dit avec raison être synonyme, alors que ce dernier est plus ancien.

### Dorsanum granulosum LAMARCK

1822. *Terebra granulosa* LAMARCK, Anim. s. vert., VII, p. 291, Sénégal.
1882. *Bullia* — Lam. TRYON, Man. of Conch., IV, p. 14, pl. 6, fig. 91.
1912. *Dorsanum granulosum* — DAUTZENBERG, Mission Gruvel, *Ann. Instit. Océanogr.*, V, p. 34.

Habitat : Kribi, dragage sur fond de vase et de sable vaseux ; également sur les appâts (morceau de poisson) d'une ligne.

### Murex (Bolinus) cornutus LINNÉ

1616. *Purpura corniculata* FABIUS COLUMNA, de Aquatil., p. LXIII, Cap. XXXII : pl. LX, fig. 1 (s. nom. *Purpura corn. Pelagica*).
1758. *Murex cornutus* LINNÉ, Syst. Nat., ed. X, p. 746.
1921. — *(Bolinus)* — Lin. DAUTZENBERG, Contr. Faune Malac. Cameroun, *Rev. Zool. Afr.*, IX, p. 120. (Synonymie)

Habitat : Baie de Douala (FOURNEAU).

### Murex (Phyllonotus) Bourgeoisi TOURNOUËR

1875. *Murex Bourgeoisi* TOURNOUËR, *Journ. de Conch.*, XXIII, p. 156, pl. V, fig. 5.
1921. — *(Phyllonotus)* — Tourn. DAUTZENBERG, Contr. Faune malac. Cameroun, *Rev. Zool. Afr.*, X, p. 119 (Synonymie).

Habitat : Baie de Douala (FOURNEAU).

### Purpura (Stramonita) hæmastoma LINNÉ

1757. *Purpura Sakem* ADANSON, Voyage au Sénégal, p. 100, pl. VII, fig. 1.
1767. *Buccinum hæmastoma* LINNÉ, Syst. Nat., ed. XII, p. 1202.
1921. *Purpura (Stramonita)* — Lin. DAUTZENBERG, Contr. Faune malac. Cameroun, *Rev. Zool. Afr.*, IX, p. 125 (Synonymie).

Habitat : Kribi, Cameroun.

Nom vulgaire : *dikuse*, plur. *makuse* (batanga).

**Purpura (Stramonita) Forbesi** Dunker (emend.)

1853. *Purpura Forbesii* Dunker, *Index Moll. Guin.*, p. 22, pl. IV, fig. 7, 8, 13.

1858. — — Dunk. Küster, Conch. Cab., 2e édit., Gatt. Buccinum, Purpura etc., p. 136, pl. 23a, fig. 8, 9.

1880. — *hæmastoma* Linn. var. *undata* Lam. Tryon (ex. p., non Linné, nec Lamarck), Man. of Conch., II, p. 167, pl. 50, fig. 100 (tantum).

1912. — *Forbesi* Dunk. Dautzenberg, Mission Gruvel, *Ann. Instit. Océanogr.*, V, p. 38.

Habitat : Kribi.

**Purpura (Stramonita) callifera** Lamarck

1822. *Purpura callifera* Lamarck, Anim. s. vert., VII, p. 240.

1829. — *guineensis* Schubert et Wagner, Conch. Cab., XII, p. 144, pl. 232, fig. 4083, 4084.

1836. — *coronata* Lam. var. Kiener, Icon. Coq. viv., p. 72 (non figuré).

1844. — *callifera* Lamarck, Anim. s. vert. édit. Deshayes, X, p. 72.

1858. — *coronata* (Lam.) Küster, Conch. Cab., 2e édit., Gatt. Buccinum, Purpura, etc., p. 103, pl. 18, fig. 8, 9.

1912. — — — Dautzenberg (ex p.), Mission Gruvel, *Ann. Instit. Océanogr.*, V, p. 29.

Habitat : Souelaba, baie de Douala ; baie du Cameroun ; ruisseau de Dikullu ; plage de Dikullu, à basse mer.

Nom vulgaire : *ko* (douala, malimba).

var. **coronata** Lamarck

1757. *Purpura Labarin* Adanson, Voyage au Sénégal, p. 103, pl. VII, fig. 2.

1797. Encyclopédie méthod., pl. 397, fig. 4.

1822. — *coronata* Lamarck, Anim. s. vert., VII, p. 241.

1832. — — Lam. Deshayes, Encycl. Méth., III, p. 843.

1836. *Purpura coronata* Lam. KIENER, Icon. Coq. viv., p. 70, pl. 18, fig. 53, 53, 53[a].
1844. — — — LAMARCK, Anim. s. vert., édit. Deshayes, X, p. 72.
1846. — — — REEVE, Conch. Icon., pl. VI, fig. 25.
1880. *Cuma* — — TRYON, Man. of Conch., II, p. 201, pl. LXII, fig. 326.
1910. — — — DAUTZENBERG, Contr. Faune malac. Afr. Occid., *Actes Soc. Linn. Bordeaux*, p. 67.
1911. *Rapana* — — G. DOLLFUS, Les coq. du Quaternaire du Sénégal, p. 33, pl. I, fig. 28, 29.
1912. *Purpura* — — DAUTZENBERG (ex p.), Mission Gruvel, *Ann. Instit. Océanogr.*, V, p. 39.

Habitat : Cette variété n'a pas été rapportée du Cameroun par M. MONOD.

Il est bien établi aujourd'hui que les *Purpura callifera* et *coronata* sont deux formes d'une même espèce et comme la description du *callifera* précède celle du *coronata* dans les « Animaux sans vertèbres », c'est le premier de ces deux noms qui doit être considéré comme typique, la forme *coronata* devenant ainsi une variété.

Chez la forme *coronata*, il existe au dessous de la suture du dernier tour, une série de lamelles séparées les unes des autres, tandis que chez la forme *callifera* ces lamelles sont soudées, de manière à former un gros bourrelet saillant et continu.

Il résulte de l'examen des nombreux spécimens de ma collection provenant de diverses localités de l'Afrique Occidentale, que la forme *callifera*, domine au sud de la baie de Bénin, tandis qu'en remontant fers l'ouest, puis vers le nord, on ne rencontre plus guère que la forme *coronata*.

Le nom *Cuma* HWASS doit disparaître, car il est composé, dans le « Museum Calonnianum », de 14 espèces tout à fait disparates : 1 Voute, 3 Fasciolaires, 1 Latirus, le *Melongena morio*, etc. En 1840, SWAINSON (Treatise on Malacology, p. 87, fig. 4) a employé le nom générique *Cuma* pour une coquille très spéciale. : *Cuma sulcata* SWAINS. (= *tectum* WOOD = *angulifera* DUCLOS), pourvue d'un fort pli transversal très saillant, au milieu du bord columellaire et qui n'est certainement aucune des 14 espèces de HWASS. Mais il existait alors, depuis 1828, un genre *Cuma* MILNE-EDWARDS, parmi les Crustacés. MÖRCH a donc eu raison de substituer à *Cuma* SWAINSON, un nom nouveau : *Cymia (Malak. Blätter*, 1861, VII, p. 98), qui a été adopté par M. W. H. DALL (Tert. F. of Florida, p. 154), puis par COSSMANN (Essais de Paléoconch. comp., V, p. 74). D'autre part, divers auteurs ont introduit dans le genre *Cuma* plusieurs Purpuridés qui n'ont aucune analogie avec le *Cuma sulcata* de SWAINSON, et qui ne méritent même pas d'être séparés des *Purpura*. Il en est notamment ainsi du *P. callifera*, si voisin des *P. hæmastoma* et *Forbesi* que nous n'hésitons pas à le placer dans la même section : *Stramonita*.

### Purpura (Thalessa) nodosa LINNÉ

1758. *Nerita nodosa* LINNÉ, Syst. Nat., edit. X, p. 777.
1767. *Murex Neritoideus* LINNÉ, Syst. Nat., edit. XII, p. 1219.
1921. *Purpura (Thalessa) nodosa* Lin. DAUTZENBERG, Contr. Faune malac. Cameroun, *Rev. Zool. Afr.*, IX, p. 135 (synonymie).

Habitat : Baie de Douala (FOURNEAU).

### Cypræa stercoraria LINNÉ

1757. *Cypræa Majet* ADANSON, Voyage au Sénégal, p. 65, pl. V, fig. 1[a] (excl. var. plur.)
1758. — *stercoraria* LINNÉ, Syst. Nat., edit. X, p. 719.
1883. — — Linn. TRYON, Man. of Conch., VIII, p. 175, pl. 9, fig. 27, 28.
1921. — — — DAUTZENBERG, Contr. Faune malac. Cameroun, *Rev. Zool. Afr.*, IX, p. 141 (synonymie).

Habitat : Kribi ; baie de Douala (FOURNEAU).

### Cypræa (Luponia) zonata (CHEMNITZ) SCHRÖTER

1788. *Cypræa zonata* CHEMNITZ, Conch. Cab., X, p. 107, pl. CXLV, fig. 1342.
1788. — — Chemn. SCHRÖTER, Namen Register, p. 28.
1921. — *(Luponia)* — (Ch.) Schr. DAUTZENBERG, Contr.

Faune malac. Cameroun, *Rev. Zool. Afr.*, IX, p. 146. (Synonymie).

Habitat : Baie de Douala (FOURNEAU).

### Strombus bubonius LAMARCK

1822. *Strombus bubonius* LAMARCK, Anim. s. vert., VII, p. 203.

1921. — — Lam. DAUTZENBERG, Contr. Faune malac. Cameroun, *Rev. Zool. Afr.*, IX, p. 150 (Synonymie).

Habitat : Baie de Douala (FOURNEAU).

### Potamides (Tympanotomus) fuscatus (LINNÉ) auct.

1685. *Buccinum fuscum striatum et muricatum* LISTER, Conch., pl. 121, fig. 17.

1753. *Tympanotonos striatus et muricatus fuscus* KLEIN, Tent. Method. Ostrac., p. 30, pl. II, fig. 39.

1758. *Murex fuscatus* LINNÉ, Syst. Nat., edit. X, p. 755.

1767. — — LINNÉ, Syst. Nat., edit. XII, p. 1225.

1767. D'ARGENVILLE, La Conchyliologie, pl. 11, fig. 8.

1768. *Bec d'éguière* KNORR, Délices des yeux, III, p. 48, pl. XXVI, fig. 4.

1773. *Nerita aculeata* MULLER, Historia Vermium, p. 193.

1779. — — Müll. SCHRÖTER, Flussconch., p. 376.

1780. FAVANNE, pl. 39, fig. C.

1783. *Murex fuscatus* Lin. SCHRÖTER, Einleit., I, p. 538.

1786. *Strombus tympanorum aculeatus Africanus* CHEMNITZ, Conch, Cab., IX, p. 193, pl. 136, fig. 1267, 1268.

1790. *Murex fuscatus* Lin. GMELIN, Syst. Nat., edit. XIII, p. 3562.

1792. *Cerithium muricatum* BRUGUIÈRE, Encycl. Méthod., p. 490.

1811. — *spicatum* PERRY, Conch., pl. 36, fig. 2.

1817. *Murex fuscatus* Lin. DILLWYN, Descr. Cat., II, p. 752.

1825. — — — WOOD Index test., p. 132, pl. 27, fig. 154.

1830. *Cerithium muricatum* Brug. SOWERBY, Gen. of sh., I, p. 223, pl. CIV, fig. 10.

1838. — — — POTIEZ et MICHAUD, Galerie de Douai, I, p. 367.

1842. *Cerithium muricatum* Brug. KIENER, Icon. coq. viv., p. 85, pl. 3, fig. 1, 1.

1842. — — — REEVE, Syst. Conch., II, p. 179, pl. CCXXVII, fig. 10.

1842. — *radula* (Brug.) KIENER, (non Lin.) Icon. Coq. viv., p. 86, pl. 31, fig. 2, 2.

1843. — *muricatum* Brug. LAMARCK, Anim. s. vert., édit. Deshayes, p. 292.

1855. — *(Tympanotomus) fuscatum* Brug. SOWERBY, Thes. Conch., II, p. 890, pl. CLXXXVI, fig. 300, 301.

1859. *Potamides* ( — ) *radula* CHENU (non Lin.), Manuel de Conch., I, p. 285, fig. 1921.

1866. *Tympanotonos fuscatus* Lin. REEVE, Conch. Icon., pl. I, fig. 3.

1884. *Potamides (Tympanotomus)* — — P. FISCHER, Man. de Conch., p. 681.

1887. — *(Tympanotonos)* — — TRYON, Man. of Conch., IX, p. 159, pl. 31, fig. 34.

1910. — *(Tympanotomus)* — — DAUTZENBERG, Contr. Faune Afr. Occid., *Actes Soc. Linn. Bordeaux*, LXIV, p. 72.

1911. *Tympanotomus* — — G. DOLLFUS (ex p.), Les Coq. du Quatern. du Sénégal, *Mem. Soc. Géol. Fr.* n° 44, p. 36, pl. II, fig. 15 à 18.

1912. *Potamides (Tympanotomus)* — — DAUTZENBERG, Mission Gruvel, *Ann. Instit. Océanogr.*, V, p. 42.

Habitat : Baie du Cameroun (eau douce) ; fosse de Kwele-Kwele.

La nomenclature des *Tympanotomus* de l'Afrique Occidentale est rendue fort douteuse, à cause de l'imprécision des noms linnéens qui leur ont été attribués.

Le nom *fuscatus* a été généralement appliqué à la forme ornée, au-dessous de la suture, de tubercules très saillants, pointus et écartés, mais HANLEY (Ipsa Linn. Conch., p. 308) nous apprend que le type étiqueté du *Murex fuscatus* qui existe dans la collection linnéenne, concorde avec la figuration de LISTER (pl. 122 fig. 20), référence que LINNÉ a inscrite sur son exemplaire de travail du Systema Naturæ. Or cette figure représente une coquille grossièrement granuleuse, dépourvue de tubercules pointus et montrant seulement, sur le dernier tour quelques tubercules obtus et irréguliers. Cette forme, se rapprocherait plutôt de la variété *radula* auct. et encore plus de la variété *Oweni* Férussac. Malgré cela, afin de ne pas bouleverser la nomenclature, nous préférons suivre la tradition en employant le nom *fuscatus* pour la forme garnie de tubercules pointus.

var. **radula** (Linné) Born

1684. *Turbo* Bonanni, Recr. Mentis et Oc., p. 160, pl. 110, fig. 327.
1685. *Buccinum fuscum nodosis striis distinctum* Lister, Conch., pl. 122, fig. 18.
1757. *Cerithium Popel* Adanson, Voyage au Sénégal, p. 152, pl. 10, fig. 1.
1758 ? *Murex Radula* Linné, Syst. Nat., edit. X, p. 756.
1767 ? — — Linné, Syst. Nat., edit. XII, p. 1226.
1778. — — (Linn.) Born, Index rer. nat., p. 329.
1779. *Strombus tympanorum muricato-nodosus* Schröter, Flussconch., p. 378.
1780. Favanne, Conch., pl. 40, fig. F.
1780. *Murex Radula* Born, Test. Mus. Cæs. Vindob., p. 324, pl. 11, fig. 16.
1780. *Turbo circulis granulatis excavatis cinctus* Martini (ex p.), Conch. Cab., IV, p. 304, pl. CLV, fig. 1459 (mala).
1783. *Die knotige chinesische Pyramide* Schröter, Einleit., I, p. 562.
1783. *Murex Radula* Lin. Schröter, ibid., I, p. 539.
1790. — — — Gmelin, Syst. Nat., edit. XIII, p. 3563.
1790. — *Terebella* Gmelin, ibid., p. 3562.
1790. *Strombus aculeatus* Gmelin, ibid., p. 3523.
1792. *Cerithium radula* Lin. Bruguière, Encycl. Méthod., p. 491.
1805. — — — Roissy, Hist. Nat. Moll., suite à Buffon, VI, p. 115.
1817. *Murex* — — Dillwyn, Descr. Cat., II, p. 754.
1838. *Cerithium* — — Potiez et Michaud, Galerie de Douai, I, p. 369.
1842. *Cerithium granulatum* Kiener (non *Murex granulatus* Lin., nec Gmelin, nec Bruguière), Icon. Coq. viv., p. 87, pl. 31, fig. 3, 3.

1843. — *radula* Brug. LAMARCK, Anim. s. vert., édit. Deshayes, IX, p. 293.

1855. — *(Tympanotomus)* — Lin. SOWERBY, Thes. Conch., II, p. 891, pl. CLXXXVI, fig. 303.

1887. *Potamides (Tympanotonos)* — Brug. TRYON (ex p.) Man. of Conch., IX, p. 159, pl. 31, fig. 35.

1910. — *(Tympanotomus) fuscatus* var. *radula* Lin. DAUTZENBERG, Contr. Faune malac. Afr. Occid., *Actes Soc. Linn. Bordeaux*, LXIV, p. 72.

1911. *Tympanotomus fuscatus* G. DOLLFUS (ex p.), Les coq. du Quatern. mar. du Sénégal, *Mém. Soc. G. Fr.*, p. 36, pl. II, fig. 20, 17.

1912. *Potamides (Tympanotomus) fuscatus* var. *radula* Lin. DAUTZENBERG, Mission Gruvel, *Ann. Instit. Océanogr.*, V, p. 42.

Habitat : Souelaba, lagune de la pointe.

Le *Murex radula* est impossible à identifier d'une manière satisfaisante car la seule référence indiquée par LINNÉ : Gualtieri, pl. 58, fig. F, représente un Cérite de petite taille qui ne ressemble nullement à un *Tympanotomus* et que nous serions disposés à rapporter à la variété *plicata* B. D. D. du *Cerithium rupestre*, de la Méditerranée. Toutefois, BORN a figuré sous le nom de *Murex radula* Lin. la forme entièrement granuleuse et dépourvue de tubercules du *Potamides (Tympanotomus) fuscatus* et cette interprétation a été généralement acceptée.

var. **Oweni** (FÉRUSSAC) REEVE

1685. *Buccinum fuscum, primis orbibus muricatum, cæterum striis nodosis exasperatum* LISTER, Conch., pl. 122, fig. 20.

1866. *Tympanotomus Owenii* FÉRUSSAC *in* REEVE, Conch. Icon., pl. I, fig. 5.

1887. *Potamides (Tympanotonos) radula* TRYON (ex p.), Man. of Conch., IX, p. 159, pl. 31, fig. 35 (tantum).

1898. *Cerithium (Tympanotonus)* — KOBELT, Conch. Cab., 2e édit., p. 70, pl. 14, fig. 1, 2.

1912. *Potamides (Tympanotomus) fuscatus* Lin., var. *Oweni* Fér.

DAUTZENBERG, Mission Gruvel, *Ann. Instit. Océanogr.*, V, p. 42.

Habitat : Baie du Cameroun : Mianjo 16. XI. 1925.

Cette variété se rapproche de la var. *radula*, mais elle est ordinairement plus courte et sa sculpture, composée de granulations plus grossières et plus irrégulières est souvent accompagnée, mais sur le dernier tour seulement, de quelques tubercules obtus. Sa spire est presque toujours érodée et parfois même tronquée.

Noms vulgaires (pour l'espèce, et même pour plusieurs autres formes voisines, *Claviger auritus* par exemple) : *kodi* (douala), *kwedi* (malimba).

## Claviger Byronensis GRAY

1828. *Strombus Byronensis* GRAY *in* WOOD, Index testac., suppl., p. 14, pl. 4, fig. 23.

1832. *Melania tuberculosa* RANG, Mag. de Zool., V, pl. 13.

1838. — — Rang POTIEZ et MICHAUD, Galerie de Douai, I, p. 265.

1838. — *Rangii* DESHAYES *in* LAMARCK, Anim. s. vert., 2e édit., VIII, p. 442.

1854. *Vibex tuberculosa* Rang H. et A. ADAMS, Gen. of rec. Moll., I, p. 303.

1854. *Melania Byronensis* Gray HANLEY, Conch. Miscell., fig. 14.

1856. *Strombus* — — WOOD, Index testac., edit. Hanley, suppl. p. 216, pl. 4, fig. 23.

1859. *Melania (Vibex)* — — CHENU, Man. de Conch., I, p. 292, fig. 2006.

1859. — ( — ) *Owenii* Gray CHENU, ibid., p. 292, fig. 2005.

1859. — ( — ) *tuberculosa* Rang CHENU, ibid., p. 292, fig. 2007.

1860. — — — REEVE, Conch. Icon., pl. XXVIII, fig. 191.

1871. *Vibex Byronensis* Gray BROT, Cat. rec. spec. Fam. Melan., p. 306.

1874. *Claviger* — — BROT, Conch. Cab., 2e édit., p. 359, pl. 36, fig. 10, 10a, 10b, 10c.

Habitat : Lobethal, Basse Sanaga.

**Claviger auritus** MÜLLER

1773. *Nerita aurita* MÜLLER, Historia Vermium, p. 192.

1779. — — Müll. SCHRÖTER, Flussconchylien, p. 375.

1789. *Bulimus auritus* — BRUGUIÈRE, Encycl. Méthod., p. 331.

1790. *Strombus* — — GMELIN, Syst. Nat., edit. XIII, p. 3522.

1822. *Pirena aurita* — LAMARCK, Anim. s. vert., VI, 2e p., p. 170.

1831. *Melania tympanorum* DESHAYES, Encycl. Méthod., III, p. 426.

1832. — *aurita* Müll. RANG *in* GUÉRIN, *Mag. de Zool.*, V, pl. 12.

1838. — — Rang. POTIEZ et MICHAUD, Galerie de Douai, I, p. 261.

1838. *Pirena* — Müll. LAMARCK, Anim. s. vert., édit. Deshayes, VIII, p. 501.

1858. *Melania* — — MORELET, Séries Conch., I, p. 31.

1871. *Vibex auritus* — BROT, Cat. rec. sp. Fam. Melanidæ, p. 306.

1872. *Pirena aurita* — BROT, Matériaux, III, p. 24.

1874. *Claviger auritus* — BROT, Conch. Cab., 2e édit., p. 361, pl. 36, fig. 7.

1910. — — — DAUTZENBERG, Contr. Faune malac. Afr. Occid., *Actes Soc. Linn. Bordeaux*, LXIV, p. 78.

1911. *Melania (Claviger) aurita* — G. DOLLFUS, Les coq. du Quatern. mar. du Sénégal, p. 37, pl. II, fig. 22-24.

1912. *Claviger auritus* DAUTZENBERG, Mission Gruvel, *Ann. Instit. Océanogr.*, V, p. 45.

Habitat : Baie du Cameroun (eau douce).

var. **Chemnitzi** nom. nov.

1786. *Strombus tympanorum, Africanus, fluviatilis*, etc., CHEMNITZ, Conch. Cab., IX, p. 192, pl. 136, fig. 1265, 1266.

1847. *Pirène muriquée* CHENU, Leçons élément., pl. 5, fig. 1.

1859. *Melania (Vibex) auritus* (Lk) CHENU, Manuel de Conch., I, p. 292, fig. 2004.

1874. *Claviger* — var. B. BROT, Conch. Cab., 2e édit., p. 362. pl. 36, fig. 7b.

Cette variété, distinguée, mais non dénommée par BROT diffère du type par sa forme plus conique, moins allongée, ornée de tubercules plus petits, plus nombreux et moins saillants ; deux bandes brunes traversent le dernier tour.

var. **angusta** nom. nov.

1685. *Buccinum Fasciatum, mediis orbibus Muricatis* LISTER, Conch. pl. 121, fig. 16.

1860. *Melania aurita* Müll. REEVE, Conch. Icon., pl. XXVII, fig. 190[a], 190[c], 190[c].

1874. *Claviger auritus* Müll., var. γ BROT, Conch. Cab., 2[e] édit., p. 362, pl. 36, fig. 7[e].

Forme étroite, allongée, à peine striée longitudinalement, ornée de tubercules très saillants, comprimés latéralement et parfois recourbés vers le haut ; base du dernier tour lisse.

var. **subaurita** BROT

1828. *Strombus auritus* WOOD, Index testac., suppl., p. 14, pl. 4, fig. 22.

1856. — — WOOD, Index testac., édit. Hanley, Suppl., p. 216, pl. 4, fig. 22.

1864. *Melania soriculata* A. MORELET, *Journ. de Conch.*, XII, p. 287. Grand Bassam.

1868. — *subaurita* BROT, Matériaux, II, p. 43, pl. I, fig. 1, 2, 3.

1871. *Vibex subauritus* BROT, Cat. rec. spec. Fam. Melan., p. 324.

1874. *Claviger auritus* var. δ *subaurita* BROT, Conch. Cab., 2e édit., p. 362, pl. 36, fig. 11[a], 11 ; pl. 37, fig. 7, 7[a].

Chez cette variété, les tubercules sont très effacés et parfois même tout à fait absents.

BROT (Conch. Cab. 2e édit., p. 363) a supposé que l'*Io rota* décrit par REEVE (Conch. Icon., pl. II, fig. 13) comme un Mollusque des États-Unis, n'était autre chose qu'une variété très courte et érodée au sommet du *Claviger auritus*, mais cette assimilation nous paraît bien douteuse car la conformation de l'ouverture est plutôt celle d'un *Io* que d'un *Claviger*.

**Claviger fuscus** Gmelin

1685. *Buccinum fuscum*, etc. Lister, Conch., pl. 120, fig. 15.

1753. *Tympanotonos fuscus*, etc. Klein, Tent. Meth. Ostrac., p. 30, pl. II, fig. 38.

1790. *Murex fuscus* Gmelin, Syst. Nat., edit. XIII, p. 3561.

1807. — *fuscatus* Maton et Rackett (non Linné), Trans. Linn. Soc., VIII, pl. 4, fig. 6 (excl. synon. omnibus).

1843. *Melania fusca* Gm. Philippi, Abbildungen, p. 59, pl. 2, fig. 1.

1845. *Murex fuscatus* Maton et Rackett (non Linné), Trans. Linn. Soc., édit. Chenu, pl. 17, fig. 6 (excl. synon. omn.)

1854. *Vibex fusca* H. et A. Adams, Gen. of rec. Moll., I, p. 303.

1858. *Melania Matoni* Gray Hanley, Conch. Miscell., pl. I, fig. 1.

1859. — *(Vibex) fusca* Gm. Chenu, Man. de Conch., I, p. 292, fig. 2008.

1860. — — — Reeve, Conch. Icon., pl. XXX, fig. $200^a$, $200^b$, $200^c$.

1871. *Vibex fuscus* — Brot, Cat. rec. spec. Fauna Melan., p. 307.

1874. *Claviger* — — Brot, Conch. Cab., 2e édit., p. 366, pl. 37 fig. $3^a$-$3^f$.

1910. — *Matoni* Gray Dautzenberg, Contr. Faune malac. Afr. Occid., *Actes Soc. Linn. Bordeaux*, p. 78.

1912. — — — Dautzenberg, Mission Gruvel, *Ann. Instit. Océanogr.*, V, p. 45.

Habitat : Baie du Cameroun ; Kombwo-Mongo ; fosse de Kwele-Kwele, 8. XII. 1925.

La forme typique du *Cl. fuscus*, basée par Gmelin sur les figures de Lister et de Klein a les tours supérieurs traversés par des sillons axiaux et d'autres décurrents qui déterminent un treillis granuleux, puis, vers le milieu de la coquille cette sculpture est remplacée brusquement par une carène décurrente très saillante, aiguë, accompagnée de quelques cordons plus ou moins nombreux. Mais la sculpture treillissée est parfois limitée aux tous premiers tours de la spire, chez d'autres individus, on voit alterner successivement les deux systèmes de sculpture et chez d'autres la sculpture initiale treillissée persiste jusqu'au développement complet de la coquille, sans intervention d'aucune carène.

C'est bien un *Claviger fuscus*, amputé de ces premiers tours, que Maton et Rackett ont représenté sous le nom de *Murex fuscatus* et non le *Murex fuscatus* (LIN.) auct., qui est un Potamide, mais aucune des références, indiquées par ces auteurs, ne se rapporte au *Claviger fuscus* GMELIN.

var. **quadriseriata** GRAY

1831. *Melania quadriseriata* GRAY, Zool. Miscell.
1834. — — Gray GRIFFITH, Anim. Kingdom, p. 598, pl. 14, fig. 1.
1843. — *mutans* GOULD, Proc. Bost. Soc., I, p. 159.
1846. — — GOULD, Otia Conch., p. 193.
1850. — *tessellata* LEA, Proc. Z. S. L., p. 192.
1854. *Vibex (Tarebia)* — Gray H. et A. ADAMS, Gen. of rec Moll., I, p. 304.
1854. — ( — ) *quadriseriata* — H. et A. ADAMS, ibid., I, p. 304.
1858. *Melania* — — HANLEY, Conch. Miscell., pl. I, fig. 9.
1859. — *(Tarebia)* — — CHENU, Manuel de Conch., I, p. 292 et 293, fig. 2011.
1860. — *loricata* REEVE, Conch. Icon., pl. XXX, fig. 198.
1874. — *Matoni* Gray var. B. BROT, Conch. Cab., 2e édit., p. 367, pl. 37, fig. 4a, 4b, 4c.

Habitat. : Baie du Cameroun ; Kombwo Mongo.

Cette variété, la seule qui mérite, à la rigueur, d'être séparée, est entièrement granuleuse jusqu'à l'âge adulte et ne présente aucune trace de carène

**Littorina (Melaraphe) angulifera** LAMARCK

1822. *Phasianella angulifera* LAMARCK, Anim. sans vert., VII, p. 54
1857. *Littorina ahenea* REEVE, Conch. Icon., pl. III, fig. 15a, 15b, 15c.
1887. — *scabra var. lineata* TRYON (ex p., non Linné nec Gmelin), Man of. Conch., IX, p. 243, pl. 42, fig. 11, 12, 13, 15 (tantum).

1910. — *angulifera* Lam. DAUTZENBERG, Contr. Faune malac. Afr. Occid., *Actes Soc. Linn. Bordeaux*, LXIV, p. 79.

1912. — — — DAUTZENBERG, Mission Gruvel, *Ann. Instit. Océanogr.*, V, p. 46.

Habitat : Baie du Cameroun, vivant à la base des Palétuviers.

Les *Littorina scabra* LINNÉ, de l'Océan Indien et *angulifera* Lam. de la côte occidentale d'Afrique et des Indes Occidentales, se ressemblent beaucoup au premier aspect, mais un examen attentif montre que chez le *scabra*, la sculpture est composée de cordons nettement séparés, tandis que chez l'*angulifera*, les cordons sont beaucoup plus nombreux, plus fins et presque contigus. Nous avons constaté cette différence de sculpture sur tous les exemplaires, de provenance certaine, que nous possédons.

### **Littorina (Melaraphe) cingulifera** DUNKER

1845. *Littorina cingulifera* DUNKER, Zeitschr. f. Malacoz., p. 166.

1853. — — DUNKER, Index Moll. Guin., p. 13, pl. II, fig. 26, 27.

1887. — — Dunk. TRYON, Man. of Conch., IX, p. 250, pl. 45, fig. 97.

1912. — — — DAUTZENBERG, Mission Gruvel, *Ann. Instit. Océanogr.*, V, p. 46.

Habitat : Ruisseau de Dikullu, 23. X. 1925.

### **Tectarius granosus** Philippi

1848. *Littorina granosa* PHILIPPI, Abbildungen, p. 65, pl. VII, fig. 14.

1858. — — Phil. REEVE, Conch. Icon., pl. XVIII, fig. 100.

1887. *Tectarius miliaris* var. *granosus* Phil. TRYON (ex p., non QUOY et GAIM.), Man. of Conch., IX, p. 239, pl. 48, fig. 69 *(tantum)*.

1912. — granosus Phil. DAUTZENBERG, Mission Gruvel, Ann. *Instit. Océanogr.*, V, p. 47.

Habitat : Ruisseau de Dikullu, 23. X. 1925 ; plage de Dikullu, à marée basse, 23. X. 1925 ; Kribi.

### Solarium granulatum Lamarck

1822. *Solarium granulatum* Lamarck, Anim. s. vert., VII, p. 3.
1921. — — Dautzenberg, Contr. Faune malac. Cameroun, *Rev. Zool. Afr.*, IX, p. 155 (synonymie).

Habitat : Baie de Douala (Fourneau).

### Nerita senegalensis Gmelin

1757. *Nerita Dunar* Adanson, Voyage au Sénégal, p. 188, pl. 13, fig. 1.
1790. — *senegalensis* Gmelin, Syst. Nat., edit. XIII, p. 3686.
1888. — — Gm. Tryon, Man. of Conch, X, p. 22, pl. 3, fig. 57, 58.
1910. — — — Dautzenberg, Contr. Faune malac. Afr. Occid. *Actes Soc. Linn. Bordeaux*, LXIV, p. 97.
1912. — — — Dautzenberg, Mission Gruvel, *Ann. Instit. Océanogr.*, V, p. 74.

Habitat : Kribi ; ruisseau de Dikullu, 23. X. 1925 ; plage de Dikullu, à basse mer, 23. X. 1925 ; entre Batanga et Campo.

Nom vulgaire : *mbongwaï* (batanga).

### Neritina (Alicea) oweniana Gray

1828. *Nerita oweniana* Gray *in* Wood, Index testac., suppl., p. 25, pl. VIII, fig. 8.
1921. *Néritina (Alicea)* — Gray Dautzenberg, Contr. Faune malac. Cameroun, *Rev. Zool. Afr.*, p. 158 (synonymie).

Habitat : Kombwo Mongo (Dibamba).

### Fissurella nubecula Linné

1758. *Patella nubecula* Linné, Syst. Nat., edit. X, p. 785.
1921. *Fissurella* — Lin. Dautzenberg, Contr. Faune malac. Cameroun, *Rev. Zool.* Afr., IX, p. 159 (synonymie).

Habitat : Baie de Douala (Fourneau) ; entre Batanga et Campo ; Kribi.

**Dentalium senegalense** DAUTZENBERG

1891. *Dentalium senegalense* DAUTZENBERG, Voyage de la Mélita *Mém. S. Z. F.*, IV, p. 53, pl. III, fig. 8[a], 8[b], 8[c].

1897. — — Dautz. PILSBRY et SHARP *in* TRYON, Man. of Conch. XVII, p. 55, pl. 13, fig. 13, 14, 15.

1910. — — — DAUTZENBERG, Contr. Faune malac., Afr. Occid., *Actes Soc. Linn. Bordeaux*, LXIV, p. 109.

1912. — — DAUTZENBERG, Mission Gruvel, *Ann. Instit. Océanogr.*, V, p. 80.

Habitat : Ruisseau de Dikullu, 23. X. 1925.

**Ostrea gasar** (ADANSON) DAUTZENBERG

1757. *Ostreum Gasar* ADANSON, Voyage au Sénégal, p. 196, pl. 14, fig. 1.

1921. *Ostrea gasar* Adans. DAUTZENBERG, Contr. Faune malac. Cameroun, *Rev. Zool. Afr.*, IX, p. 165 (synonymie).

Habitat : Baie du Cameroun, sur les Palétuviers.

Noms vulgaires : *ekanjo*, plur. *bekanjo* (douala), *yanjo* (malimba).

**Ostrea rufa** LAMARCK

1819. *Ostrea rufa* LAMARCK, Anim. s. vert., VI, p. 208

1836. — — LAMARCK, Anim. s. vert., édit. Deshayes, VII, p. 228.

1836. — *denticulata* DESHAYES *in* LAMARCK (non Born), ibid., VII, p. 228 (note), p. 228 (note) = ? *vétan* Adanson.

1841. — *rufa* DELESSERT, Rec. coq. décr. par Lamarck et non figurées, pl. 18, fig. 2[a], 2[b], 2[c], 2[d].

1848. — — CHENU, Illustr. Conch., pl. 2, fig. 2[a], 2[b], 2[c], 2[d] (sans texte ; copie des figg. de Delessert).

1921. — *denticulata* DAUTZENBERG (non BORN), Contr. Faune malac. Cameroun, *Rev. Zool. Afr.*, IX, p. 164. (excl. synon. omnibus).

1924. — — Lam. LAMY, *Bull. du Museum*, p. 153 = *rufa* Lam.

Habitat : Baie de Douala (FOURNEAU) ; Kribi.

Nom vulgaire : *itambi*, plur. *matambi* (batanga).

Nous avons eu bien tort de nous en rapporter à DESHAYES qui a exprimé en ces termes son opinion au sujet de l'*Ostrea rufa* : « il sera nécessaire de supprimer cette espèce ; ce n'est qu'une petite variété de l'*Ostrea denticulata*, du moins d'après les individus de la collection du Museum.

Nous avons, en effet, pu examiner récemment l'exemplaire étiqueté par LAMARCK : *O. rufa* et nous avons acquis la conviction qu'il s'agit là d'une espèce parfaitement différente de l'*O. denticulata*.

L'*O. denticulata* de BORN est, en effet, très inéquivalve, les bords de sa valve inférieure dépassant largement ceux de la valve supérieure : la sculpture de sa valve supérieure consiste uniquement en lamelles concentriques.

L'*O. rufa* est, au contraire équivalve et sa valve supérieure est couverte de stries rayonnantes nombreuses et irrégulières.

Le seul point de ressemblance entre les deux espèces, est la coloration brune de l'intérieur de la valve inférieure et il est probable que DESHAYES s'est laissé influencer par ce caractère.

Nos exemplaires du Cameroun, aussi bien que ceux que nous avons reçus de divers points de la côte occidentale d'Afrique, concordent si complètement avec le type de l'*O. rufa*, conservé au Muséum et avec les figurations de DELESSERT, que nous ne pouvons hésiter à les regarder comme étant certainement des *O. rufa* et nullement des *denticulata*.

### Spondylus Powelli E. A. SMITH

1892. *Spondylus Powellii* E. A. SMITH, Descr. of a new spec. of Spondylus, *Journ. of Conch.*, VII, p. 70.

1912. — *Powelli* Sm. DAUTZENBERG, Mission Gruvel, *Ann. Institut. Océanogr.*, V, p. 83.

Habitat : Souelaba.

### Chlamys (Æquipecten) flabellum GMELIN

1758. *Pecten (Adamadoublet)* REGENFUSS, Choix de Coq., p' VII, pl. I, fig. 11 : pl. 17, fig. 33.

1764. *Coquille d'Orange* KNORR, Délices des yeux, I, p. 34, pl. XVIII, fig. 2.

1765. *Manteau bigarré* KNORR, ibid., II, p. 33, pl. XVII, fig. 2.

1771. *Coraline* KNORR, *ibid.*, V, 23, pl. XIII, fig. 9.

1784. *Pecten rubicundus*, etc. CHEMNITZ, Conch. Cab., VII, p. 321, pl. 65, fig. 619, 620.

1790. *Ostrea flabellum* GMELIN, Syst. Nat., edit. XIII, p. 3321.

1817. — *gibba* DILLWYN (ex p., non Linné), Descr. Cat., I, p. 267.

1819. *Pecten gibbus* LAMARCK (non Linné), Anim. s. vert., VI, p. 177.

1838. — *Tissoti* BERNARDI, *Journ. de Conch.*, VII, p. 91, pl. I, fig. 2.

1842. — *gibbus* SOWERBY (non Linné), Thes. Conch., I, p. 52, pl. XII, fig. 1, 2, 17 ; pl. XIV, fig. 76.

1843. — — HANLEY (non Linné), Rec. biv. sh., p. 272.

1844. — — POTIEZ et MICHAUD (non Linné), Galerie de Douai, II, p. 73.

1845. — — CHENU (non Linné), Illustr. Conch., pl. 35, fig. 11[a], 11[b], 11[c], 12[a], 12[b].

1852. — — REEVE (non Linné), Conch. Icon., pl. IX, fig. 31[a], 31[b], 31[c].

1859. — — KÜSTER, Conch. Cab., 2[e] édit., p. 101, pl. 16, fig. 5, 6 ; pl. 28, fig. 3.

1890. *Chalmys (Æquipecten) gibbus* DAUTZENBERG (non LINNÉ), Moll. Canaries et Sénégal, *Mém. S. Z. F.*, III, p. 168.

1891. *Chalmys (Æquipecten) gibba* DAUTZENBERG (non LINNÉ), Voyage de la « Mélita », *Mém. S. Z. F.*, IV, p. 54.

1910. *Pecten gibbus* DAUTZENBERG (non Linné), Contr. Faune Afr. Occid., *Actes Soc. Linn. Bordeaux*, p. 111.

1911. — *flabellum* Gm. BAVAY, Pecten gibbus Linné et Pecten gibbus Lamarck, *Journ. de Conch.*, LVIII, p. 319.

1911. — — — G. DOLLFUS, Les coq. du Quatern. mar. du Sénégal, p. 62, pl. IV, fig. 34, 35.

1912. — — — DAUTZENBERG, Mission Gruvel, *Ann. Instit. Océanogr.*, V, p. 83.

Habitat : Environs de la bouée C, Baie du Cameroun, I. XII, 1925.

Bavay a considéré le *Pecten Schrammi* P. FISCHER comme une

variété du *flabellum*, vivant à la fois aux Antilles et sur les côtes occidentales d'Afrique.

### Chlamys (Pseudamussium) exotica CHEMNITZ

1685. *Pecten lævis admodum planus*, etc. LISTER, Conch., pl. 173, fig. 10.
1753. *Pseudamusium lævis* KLEIN, Tent. Meth. Ostrac., p. 134, pl. IX, fig. 31.
1757. *Pecten Essan* ADANSON, Voyage au Sénégal, pl. XV, fig. 7.
1795. — *exoticus* CHEMNITZ, Conch. Cab. XI, p. 262, pl. 207, fig. 2037, 2038.
1817. *Ostrea exotica* DILLWYN, Descr. Cat., I, p. 259.
1819. *Pecten dispar* LAMARCK, Anim. s. vert., VI, p. 173.
1825. *Ostrea exotica* WOOD, Index testac., p. 49, pl. 10, fig. 28.
1836. *Pecten dispar* LAMARCK, Anim. s. vert., édit., Deshayes, VII, p. 144.
1841. — — Lam. DELESSERT, Rec. Coq. non fig., pl. 5, fig. 2a (excl. fig. 2b).
1842. — *orbicularis* SOWERBY (non Sowerby : Miner. Conch., 1817), Thes. Conch., I, p. 57, pl. XX, fig. 231, 232.
1842. — *Pseudamusium* SOWERBY, *ibid.*, p. 56, pl. XIX, fig. 211, 212 ; pl. XX, fig. 213.
1843. — — (Klein) CHENU, Illustr. Conch., p. 8, pl. 31, fig. 1a, 1b, 1c, 2a, 2b, 2c, 3.
1843. — *Exoticus* HANLEY, Recent biv. Sh., p. 274.
1853. — *orbicularis* Sow. CHARBONNIER (non SOWERBY 1817), Observ. sur l'Essan d'Adanson, *Journ. de Conch.*, IV, p. 261-265.
1853. — *pseudamusium* Chemn. REEVE, Conch. Icon., pl. XVI, fig. 56.
1856. *Ostrea exotica* WOOD. Index testac., édit. Hanley, p. 59, pl. 10 fig. 28.
1859. *Pecten exoticus* Chemn. KÜSTER, Conch. Cab., 2e édit., p. 65, pl. 17, fig. 7, 8.
1862. — *(Pseudamussium) dispar* Lam. CHENU, Man. de Conch., II, p. 184, fig. 929.

1862. *Pecten (Pseudamussium) pseudamussium* Lam. CHENU, *ibid*, fig. 930, 932.

1886. *Chlamys* ( — ) *exotica* P. FISCHER, Man. de Conch., p. 944.

1890. — *(Palliolum) orbicularis* Sow. DAUTZENBERG (non Sowerby 1817), Moll. Canaries et Sénégal, *Mém. S. Z. F.*, III, p. 168.

1905. *Pecten Loveni* Dunker BAVAY, *Journ. de Conch.*, LIII, p. 29 (= *exoticus* Chemn.)

1910. — *orbicularis* Sow. DAUTZENBERG (non Sowerby 1817), Contr. Faune mal. Afr. Occid., *Actes Soc. Linn. Bordeaux* LXIV, p. 112.

1912. — — — DAUTZENBERG (non Sowerby 1817), Mission Gruvel, *Ann. Instit. Océanogr.*, V, p. 84.

Habitat : Environs de la bouée C, baie du Cameroun, 1. XII. 1925.

### **Avicula atlantica** LAMARCK

1819. *Avicula atlantica* LAMARCK, Anim. s. vert., VI, p. 148.

1921. — — Lam. DAUTZENBERG, Contr. Faune malac. Cameroun, *Rev. Zool. Afr.*, IX, p. 166 (synonymie).

Habitat : Baie de Douala (FOURNEAU).

### **Mytilus (Hormomya) senegalensis** LAMARCK

1819. *Mytilus senegalensis* LAMARCK, Anim. s. vert., VI, p. 122.

1836. — — LAMARCK, Anim. s. vert., édit. Deshayes, VII, p. 40.

1841. — — Lam. DELESSERT, Rec. coq. non fig., pl. 13, fig. 11.

1848. — *variabilis* KRAUSS, Sudafr. Moll., p. 25, pl. II, fig. 5,5.

1853. — *Senegalensis* Lam. DUNKER, Index Moll. Guin., p. 47.

1880. — — — DOHRN, Beitr. z. Kenntn. der Seeconch. von Westafrica, *Jahrb. d. D. Malac. Ges.*, VII, p. 170.

1889. — — — CLESSIN, Conch. Cab., 2e édit., p. 38, pl. XI, fig. 3, 4.

1891. — *(Hormomya) senegalensis* — DAUTZENBERG, Voyage « Melita », *Mém. S. Z. F.*, IV, p. 55.

1910. — — — DAUTZENBERG, Contr. Faune malac. Afr. Occid., *Actes Soc. Linn.* Bordeaux, LXIV, p. 115.

1921. — — — DAUTZENBERG, Mission Gruvel. *Ann. Instit. Océanogr.*, V, p. 85.

Habitat : Kribi.

Nous partageons la manière de voir de DOHRN qui a considéré les *Mytilus Charpentieri* et *tenuistriatus* de Dunker comme de simples variétés dues à des conditions de milieu différentes.

var. **tenuistriata** DUNKER

1848. ? *Mytilus variabilis*, var. *semistriata* KRAUSS, Südafr. Moll., p. 26, pl. II, fig. 6.

1853. — *tenuistriatus* DUNKER, Index Moll. Guin., p. 47, pl. IX, fig. 1, 2, 3.

1858. — — REEVE, Conch. Icon., pl. IX, fig. 37.

1880. — *senegalensis* var. *tenuistriata* Dunk. DOHRN, Beitr. z. Kenntn. d. Seeconch. v. Westafrica, *Jahrb. d. D. Mal. Ges.*, VII, p. 170.

1889. — *tenuistriatus* Dunk. CLESSIN, Conch. Cab., 2e édit., p. 35, pl. 8, fig. 5a, 5b, 5c. Loanda, Guinée.

1912. — — — DAUTZENBERG, Mission Gruvel, *Ann. Instit. Océanogr.*, V, p. 85 et var. *lævis*.

Habitat : Tourbe du Cap Cameroun 10. XI. 1925 ; Kribi.

var. **Charpentieri** DUNKER

1757. *Perna Aber* ADANSON, Voyage au Sénéagl. p. 210, pl. 15, fig. 2.

1853. *Mytilus Charpentieri* DUNKER, Ind. Moll. Guin., p. 48, pl. IX, fig. 12-15, 19-21.

1858. — — Dunk. REEVE, Conch. Icon., pl. XI, fig. 58.

1880. — *senegalensis* var. *Charpentieri* Dunk. DOHRN, Beitr. z. Kenntn. d. Seeconch. v. Westafr., *Jahrb. d. D. Mal. Ges.*, VII, p. 170.

1889. — *Charpentieri* Dunk. CLESSIN, Conch. Cab., 2e édit., p. 33, pl. 8, fig. 3. Gorée.

1891. *Mytilus (Hormomya) Charpentieri* Dunk. DAUTZENBERG, Moll. Canaries et Sénégal, *Mém. S. Z. F.*, III, p. 168.

Cette variété, caractérisée par sa forme très renflée et son test très épais, n'est pas représentée dans les récoltes de M. MONOD.

**Dreissensia africana** VAN BENEDEN

1835. *Dreissensia africana* VAN BENEDEN, *Ann. Sc. Nat.*, III, p. 211, pl. 8, fig. 12 à 14.

1858. *Mytilus africanus* van Ben. REEVE (non Favart d'Herbigny, nec Chemnitz), Conch. Icon., pl. X, fig. 47.

1889. *Tichogonia africana* — CLESSIN, Conch. Cab., 2e édit., p. 26, pl. 16, fig. 10.

1912. *Dreissensia* — — DAUTZENBERG, Mission Gruvel, *Ann. Instit. Océanogr.*, V, p. 86.

Habitat : Marigot, en direction Mbenga Malimba, 15. II. 1926 ; Souelaba, attaché aux racines flottées de Palétuviers.

**Arca imbricata** BRUGUIÈRE

1792. *Arca imbricata* BRUGUIÈRE, Encycl. Méthod., I, p. 98.

1907. — — Brug. LAMY, Révis. Arca viv. du Muséum, *Journ. de Conch.*, LV, p. 26 (synonymie).

Habitat : Kribi.

Le cosmopolitisme de cette espèce a été signalé par M. LAMY, qui nous apprend, dans son travail de 1907 que la collection du Muséum renferme des spécimens rapportés du Congo par M. AUBRY-LECONTE (1853) et d'autres par M. POBÉGUIN (1891). La récolte de M. MONOD vient confirmer de nouveau l'existence de ce Mollusque sur les côtes occidentales d'Afrique.

**Arca (Anadara) subglobosa** (DUNKER) KOBELT

1891. *Arca (Anomalocardia) subglobosa* DUNKER mss. *in* KOBELT, Conch. Cab., p. 93, pl. 26, fig. 7, 8.

1907. *Arca (Anadara)* — Dunk. LAMY, Rév. Arca viv. du Muséum, *Journ. de Conch.*, LV, p. 250.

Habitat : Environs de la bouée C, baie du Cameroun.

**Arca (Senilia) senilis** LINNÉ

1757. *Pectunculus Fagan* ADANSON, Voyage au Sénégal, p. 246, pl. 18, fig. 5.

1758. *Arca senilis* LINNE, Syst. Nat. edit. X, p. 694.

1907. — *(Senilia)* — Lin. LAMY, Révis. Arca du Museum, *Journ. de Conch.* LV, p. 262 (synonymie).

1921. — ( — ) — — DAUTZENBERG, Contr. Faune malac. Cameroun, *Rev. Zool. Afr.*, IX, p. 168 (synonymie).

Habitat : Baie de Douala (FOURNEAU) ; Souelaba.

Noms vulgaires (les indigènes ne semblent d'ailleurs avoir qu'un seul nom pour tous les gros bivalves) : *esona* (douala), *ehona* (malimba), *beona* (batanga).

**Venericardia (Cardiocardita) ajar** (ADANSON) BRUGUIÈRE

1757. *Chama Ajar* ADANSON, Voyage au Sénégal, p. 224, pl. XVI, fig. 2.

1792. *Cardita ajar* Adans. BRUGUIÈRE, Encycl. Méthod., I, 2e partie, p. 406.

1921. *Venericardia (Cardiocardita) ajar* (Adans.) Brug. DAUTZENBERG, Contr. Faune malac. Cameroun, *Rev. Zool. Afr.*, IX, p. 171. (synonymie).

Habitat : Baie de Douala (FOURNEAU).

**Venericardia (Callocardita) lacunosa** REEVE

1843. *Cardita lacunosa* REEVE, Proc. Z. S. L., p. 193.

1843. — — REEVE, Conch. Icon., pl. VII, fig. 31.

1912. — *(Callocardita)* — Reeve DAUTZENBERG, Mission Gruvel, *Ann. Instit. Océanogr.*, p. 88 (synonymie).

Habitat : Baie de Douala (FOURNEAU) ; Kribi, plage et drag. fond de vase à Ophiures.

**Cardium (Tropidocardium) costatum** LINNÉ

1616. *Concha exotica margine in mucronem emissa* FABIUS COLUMNA, De Purpura, pl. 27.

1675. *Concha Exotica, margine in Mucronem emissa* J. D. MAJOR, Fabii Columnæ opusc. de Purpura, p. 39.
1758. *Cardium costatum* LINNÉ, Syst. Nat., edit. X, p. 678.
1921. — *(Tropidocardium)* — Linn. DAUTZENBERG, Contr. Faune malac. Cameroun, *Rev. Zool. Afr.*, V, p. 174 (synonymie).
Habitat : Baie de Douala (FOURNEAU, MONOD).

**Cardium (Ringicardium) ringens** BRUGUIÈRE

1789. *Cardium ringens* BRUGUIÈRE, Encycl. Méthod., I, p. 225, pl. CCXCVI, fig. 3.
1921. — *(Ringicardium)* — Brug. DAUTZENBERG, Contr. Faune malac. Cameroun, *Rev. Zool. Afr.*, IX, p. 178.
Habitat : Entre Batanga et Campo.

**Chama gryphina** LAMARCK

1819. *Chama gryphina* LAMARCK, Anim. s. vert., VI, p. 97.
1921. — — Lam. DAUTZENBERG, Contr. Faune malac. Cameroun, *Rev. Zool. Afr.*, IX, p. 180 (synonymie).
Habitat : Baie de Douala (FOURNEAU).

**Meretrix (Pitar) pitar** (ADANSON) SCHRÖTER

1757. *Chama Pitar* ADANSON, Voyage au Sénégal, p. 226, pl. 16, fig. 7.
1786. *Venus* — Adans. SCHRÖTER, Einleit., III, p. 195.
1921. *Meretrix (Pitar) pitar* Ad. (Brug.) DAUTZENBERG, Contr. Faune malac. Cameroun, *Rev. Zool. Afr.*, IX, p. 183 (Synonymie).
Habitat : Baie de Douala (FOURNEAU) ; entre Batanga et Campo.

**Tivela tripla** LINNÉ

1757. *Tellina Tivel* ADANSON, Voyage au Sénégal, p. 239, pl. 18, fig. 4.
1771. *Venus tripla* LINNÉ, Mantissa, edit. II, p. 545.
1864. *Cytherea* — Lin. REEVE, Conch. Icon., pl. V, fig. 16[a], 16[b].

1912. *Tivela tripla* Lin. DAUTZENBERG, Mission Gruvel. *Ann, Instit. Océanogr.*, V, p. 91.

1921. *Meretrix (Tivela)* — — DAUTZENBERG, Contr. Faune malac. Cameroun. *Rev. Zool. Afr.*, V, p. 185 (synonymie).

Habitat : Baie de Douala (FOURNEAU) : Souelaba ; Kribi ; entre Batanga et Campo.

### Tivela bicolor GRAY

1838. *Trigona bicolor* GRAY, Analyst, III, p. 304.

1921. *Meretrix (Tivela)* — Gray DAUTZENBERG, Contr. Faune malac. Cameroun, *Rev. Zool. Afr.*, IX, p. 185 (synonymie).

Habitat : Baie de Douala (FOURNEAU) ; Souelaba.

### Dosinia Orbignyi DUNKER

1845. *Artemis (Cytherea) Orbignyi* DUNKER, Diagn. Moll. Tams, *Zeitschr. f. Malakoz.*, p. 167.

1850. — ( — ) — Dunk. REEVE, Conch. Icon., pl. VIII, fig. 44.

1853. *Dosinia* — — DUNKER, Index Moll. Guin., p. 59, pl. X, fig. 11, 12, 13, 14.

1910. — — — DAUTZENBERG, Contr. Faune malac. Afr. Occid., *Actes Soc. Linn. Bordeaux*, LXIV, p. 133.

1912. — — — DAUTZENBERG, Mission Gruvel, *Ann. Instit. Océanogr.*, V, p. 91.

Habitat : Environs de la bouée C, baie de Douala.

### Petricola (Petricolaria) pholadiformis LAMARCK

1818. *Petricola pholadiformis* LAMARCK, Anim. s. vert., V, p. 505.

1910. — — Lam. DAUTZENBERG, Contr. Faune Afr. Occid., *Actes Soc. Linn. Bordeaux*, LXIV, p. 138.

1911. — — — G. DOLLFUS, Les coq. du quatern. mar. du Sénégal, *Mém. 44, Soc. Géol. de France*, p. 47, pl. III, fig. 1, 2.

1912. — — — DAUTZENBERG, Mission Gruvel, *Ann. Instit. Océanogr.*, V, p. 93.

1922. — *(Petricolaria) pholadiformis* Lam. LAMY. Révis. Venerupis et Petricola du Muséum, *Journ. de Conch.*, LXVII, p. 342 (synonymie).

Habitat : Tourbe du Cap Cameroun, 16. XI. 1925.

### Galatea paradoxa BORN

1778. *Venus paradoxa* BORN, Index rer. nat., p. 53.

1780. — — BORN, Test. Mus. Cæs. Vindob., p. 66, pl. 4, fig. 12, 13.

1782. — *reclusa* CHEMNITZ, Conch. Cab., VI, p. 326, pl. 31, fig. 327, 328, 329.

1786. — *paradoxa* SCHRÖTER, Einleitung, III, p. 160, 193.

1790. — *meretrix* var β. GMELIN, Syst. Nat. edit. XIII, p. 3273.

1790. — *hermaphrodita* GMELIN, *ibid.*, p. 3278.

1790. — *subviridis* GMELIN, *ibid.*, p. 3280 (excl. ref. Lister).

1797. *Galathea* BRUGUIÈRE, Encycl. Meth., pl. 250, fig. 1a, 1b, 1c.

1803. *Galathea radiata* LAMARCK, *Ann. du Museum*, V, p. 430, pl. 28.

1805. *egeria* — DE ROISSY, Hist. Nat. Moll., VI, p. 327, pl. LXIV, fig. 5.

1817. *Tellina hermaphrodita* Gm. DILLWYN, Descr. Cat., I, p. 107.

1817. *Venus paradoxa* Born DILLWYN, *ibid.*, p. 180.

1818. *Galathea radiata*, LAMARCK, Anim. s. vert., V, p. 565.

1825. *Cyclas* — Lam. DE BLAINVILLE, Man. de Malac., p. 552, pl. 73, fig. 3.

1829. *Galathea* — — RANG, Man. Hist. Nat. Moll., p. 314.

1830. *Potamophila* — — SOWERBY, Gen. of Shells, pl. LXI.

1831. *Galathæa* — — DESHAYES, Encycl. Méth., II, p. 164.

1832. *Galathea* — — RANG, Not. s. la Galathée, *Ann. Sc. Nat.* XXV, pl. 5, fig. 1. 2, 3.

1834. *Galathea* — — GRIFFITH, Anim. Kingd. of Cuvier, pl. 38, fig. 7.

1835. — — — LAMARCK, Anim. s. vert., édit. Deshayes, VI, p. 284.

1842. *Potamophila radiata* Lam. SOWERBY, Conch. Manual, 2e édit., p. 296, fig. 115.

1844. *Galathæa* — — POTIEZ et MICHAUD, Galerie de Douai, II, p. 193.
1844. *Galathea* — — CHENU, Ill. Conch., p. 1, pl. 1, fig. 1, 1a, 1b, 2, 2a, 3, 3a, 3b.
1850. *Galathæa* — — DESHAYES *in* CUVIER, Règne Animal, pl. 101, fig. 3, 3a, 3b.
1852. *Potamophila* — — SOWERBY, Conch. Man., 1e édit., p. 318, fig. 115.
1856. *Galatea* — — P. FISCHER, Liste esp. G. Galatea, *Journ. de Conch.*, V, p. 343.
1860. — — — BERNARDI, Monogr. des Genres Galatea et Fischeria, p. 18, pl. VII, fig. 1, 2, 3, 4, 5 ; pl. VIII, fig. 3.
1862. — — — CHENU, Manuel de Conch., II, p. 75, fig. 327, 328.
1878. — — — KOBELT, Illustr. Conchylienb., p. 332, pl. 97, fig. 2.
1887. — — — P. FISCHER, Man. de Conch., p. 1094, pl. 21, fig. 21.

Habitat : Lobethal (Basse Sanaga).

Il n'est pas possbile d'éviter la reprise, pour ce *Galatea*, du nom *paradoxa* Born, car la figuration de cet auteur représente, sans aucun doute possible, l'espèce que LAMARCK a nommée plus tard *radiata*.

### var. **unicolor** BERNARDI

1860. *Galatea radiata* Lam. var. *unicolor* BERNARDI, Monogr. Galatea et Fischeria, p. 19.

Habitat : Lobethal (Basse Sanaga).

Cette variété ne diffère du *G. paradoxa* typique, que par l'absence de rayons.

### var. **multiradiata** BERNARDI

1860. *Galatea radiata* Lam. var. *multiradiata* BERNARDI, Monogr. Galatea et Fischeria, p. 19, pl. VII, fig. 4, 5.

Cette variété, ornée de nombreux rayons foncés, n'a pas été récoltée par M. MONOD.

var. **olivacea** Bernardi

1860. *Galatea radiata* Lam. var. *olivacea* Bernardi, Mon. Galatea et Fischeria, p. 19, pl. VII, fig. 2, 3.

Chez cette variété, l'épiderme est grenat foncé à partir des crochets jusque vers le milieu des valves ; il est ensuite olivâtre. La coquille est dépourvue de rayons.

La variété *olivacea* ne figure pas parmi les *Galatea* rapportés par M. Monod.

**Galatea tenuicula** Philippi

1848. *Galatea tenuicula* Philippi, Zeitschr. f. Malakoz., p. 191.
1850. — — Philippi, Abbildungen, p. 124, pl. I, fig. 3, 3.
1860. — — Phil. Bernardi, Monogr. Galatea et Fischeria, p. 41, pl. II, fig. 2, 2 ; pl. VIII, fig. 5.

Habitat : Lobethal (Basse Sanaga).

Le *G. tenuicula* diffère du *paradoxa* par son test beaucoup moins épais, sa forme transversalement ovale, non trigone, ses crochets moins proéminents et sa charnière beaucoup plus faible et ne possédant, dans la valve gauche, qu'une dent cardinale rudimentaire. Sa coloration interne est irrégulièrement maculée de violet au lieu d'être blanche.

L'exemplaire récolté par M. Monod porte, sur la valve droite, deux rayons très étroits et, sur la valve gauche, cinq rayons un peu plus larges. Philippi, dans la description de cette espèce, dit qu'elle possède un ou deux rayons.

**Galatea concamerata** Duval

1840. *Galatea concamerata* Duval, *Revue Zool.*, p. 211.
1846. *Galathea* — Duv. Chenu, Illustr. Conch., 2e pl. suppl., fig. 3a, 3b, 3c, 3d.
1856. *Galatea* — — P. Fischer, Liste esp. G. Galatea, *Journ. de Conch.*, V, p. 343.
1860. — — — Bernardi, Monogr. des Genres Galatea et Fischeria, p. 20, pl. II, fig. 1 ; pl. III, fig. 1, 2 ; pl. VIII, fig. 1.

Habitat : Lac Ossa, basse Sanaga.

### Cyrenoida senegalensis Deshayes

1854. *Cyrenella senegalensis* Deshayes, Descr. new 3 h. Collect. Cuming, *Proc. Z. S. L*, p. 341.
1857. *Cyrenoida* — Desh. H. et A. Adams, Gen. of rec. Moll., II, p. 453.
1890. — — — Paetel, Cat. III, p. 113.

Habitat : Marigot en direction Mbenga Malimba 15. II. 1926.

### Donax interruptus Deshayes

1854. *Donax interrupta* Deshayes, *Proc. Z. S. L.*, p. 353.
1921. — *interruptus* Desh. Dautzenberg, Contr. Faune malac. Cameroun, *Rev. Zool. Afr.*, IX, p. 188 (synonymie).

Habitat : Baie de Douala (Fourneau) ; Kribi ; entre Batanga et Campo.

### Iphigenia lævigata (Chemnitz) Gmelin

1782. *Donax lævigata*, etc. Chemnitz, Conch. Cab., VI, p. 353, pl. 25, fig. 249.
1790. — — Gmelin, Syst. Nat., edit. XIII, p. 3265.
1921. *Iphigenia* — (Ch.) Gm. Dautzenberg, Contr. Faune malac. Cameroun, *Rev. Zool. Afr.*, IX, p. 188.

Habitat : Baie de Douala (Fourneau) ; Souelaba, baie de Douala ; Mudea, embouchure de la Sanaga ; lagune de Mbenga Malimba ; fosse de Kwele-Kwele 8. XII. 1925.

### Cultellus tenuis Gray

1834. *Solen tenuis* Gray *in* Griffith, Animal Kingdom of Cuvier, pl. 31, fig. 4.
1871. — (*Cultellus*) — Gray E. A. Smith, List of sh. fr. W. Africa, *Proc. Z. S. L.*, p. 728 (Wydah).
1874. *Cultellus* — — Reeve, Conch. Icon., pl. VIII, fig. 30.
1888. — — — Clessin, Conch. Cab., 2e édit., p. 43, pl. 14, fig. 3. Afr. Occid.

Habitat : Région bouée C, baie de Douala, parmi des végétaux pourris : exemplaires jeunes.

**Mactra nitida** (SPENGLER) SCHRÖTER

1786. *Mactra nitida* SPENGLER *in* SCHRÖTER, Einleit., III, p. 88, pl. VIII, fig. 2.
1917. — — Sp. LAMY, Révis. Mactridæ viv. du Muséum, *Journ. de Conch.*, LXIII, p. 201.
1921. — — (Sp.) Schr. DAUTZENBERG, Contr. Faune malac. Cameroun, *Rev. Zool. Afr.*, IX., p. 189 (synonymie).

Habitat : Baie de Douala (FOURNEAU) ; Kribi.

**Spisula (Leptospisula) striatella** LAMARCK

1818. *Mactra striatella* LAMARCK, Anim. s. vert., V, p. 473.
1917. *Spisula (Leptospisula) striatella* Lam. LAMY, Révis. Mactridæ viv. du Museum, *Journ. de Conch.*, LXIII, p. 326.
1921. *Mactra (Standella) striatella* Lam. DAUTZENBERG, Contr. Faune malac. Cameroun, *Rev. Zool. Afr.*, IX, p. 191 (synonymie).

Habitat : Baie de Douala (FOURNEAU) ; Souelaba, baie de Douala ; environs de la bouée C ; Kribi, drag. fond de vase à Ophiures.

**Standella (Eastonia) senegalensis** PHILIPPI

1849. *Mactra senegalensis* PHILIPPI, *Zeitschr. f. Malakoz.*, VI, p. 27.
1854. — — Phil. REEVE, Conch. Icon., pl. XXI, fig. 120.
1912. *Standella* — — DAUTZENBERG, Mission Gruvel, *Ann. Instit. Océanogr.*, V, p. 97.
1918. — *(Eastonia)* — — LAMY, Révis. Mactridæ du Muséum, *Journ. de Conch.*, LXIII, p. 393.

Habitat : Souelaba ; banc de Kwele-Kwele 8. XII. 1925 ; fosse de Kwele-Kwele ; dragué entre le Cap Cameroun et Mianjo.

**Panopæa cancellata** SOWERBY

1873. *Panopæa cancellata* SOWERBY *in* REEVE, Conch. Icon., pl. IV, fig. 4 (Australie).
1921. — — Sow. DAUTZENBERG, Contr. Faune malac. Cameroun, *Rev. zool. Afr.*, IX, p. 192.

Habitat : Baie de Douala (FOURNEAU).

### Talona explanata SPENGLER

1792. *Pholas explanatus* SPENGLER, Skrivt. Naturh. Selsk., II, pt. I, p. 91.
1842. — *clausus* Gray HANLEY, Recent biv. Shells, p. 6, 336, pl. 11, fig. 8.
1926. *Talona explanata* Sp. LAMY, Révis. des Pholadidæ vivants du Muséum, *Journ. de Conch.*, LXIX, p. 96 (synonymie).

Habitat : Souelaba, baie de Douala.

### Teredo senegalensis DE BLAINVILLE

1757. *Teredo Taret* ADANSON, Voyage au Sénégal, p. 263, pl. 19, fig. 1, 2, 3, 4.
1759. — — ADANSON, *Mém. Acad. des Sc.*, p. 278, pl. 9, fig. 9, 10.
1828. — *senegalensis* DE BLAINVILLE, Dict. des Sc. Nat., LII, p. 267.
1856. — — Blainv. P. FISCHER, Liste monogr. des esp. du G. Taret, *Journ. de Conch.*, V, p. 134 = *Petiti* Récl.
1856. — *senegalensis* Desh. H. et A. ADAMS, Gen. of rec. Moll., II, p. 333.
1856. — *Petiti* Récl. H. et A. ADAMS, *ibid.*, p. 333.
1860. — *senegalensis* Fisch. JEFFREYS, Synops. Brit. sp. of Teredo, *Ann. a Mag.*, N. H., 3e sér., VI, p. 126. Sénégal.
1862. — — Blainv. TRYON, Monogr. of the Order Pholadacea,
1875. — — Blainv. REEVE, Conch. Icon., pl. IV, fig. 16a, 16b, 16c.
p. 107, 116.
1884. — — —SOWERBY, Thes. Conch., V, p. 122, pl. 469, fig. 12
1890. — — — PETEL, Cat., III, p. 7.
1890. — — *Petiti* Récl. PETEL, *ibid.*, p. 7.
1893. — *senegalensis* Blainv. CLESSIN, Conch. Cab., 2e édit. p. 72, pl. 17, fig. 1, 2, 3.

Habitat : Kombwo Mongo ; Souelaba.

**Divaricella ornata** Reeve

1850. *Lucina ornata* Reeve (non Agassiz, nec C. B. Adams), Conch. Icon., pl. VIII, fig. 48.

1921. *Divaricella ornata* Reeve Lamy, Révis. Lucinacea vivants du Muséum, *Journ. de Conch.*, LXV, p. 270 (synonymie).

Habitat : Environs de la bouée C, baie de Douala.

**Divaricella (Pompholigina) gibba** Gray

1825. *Lucina gibba* Gray, *Annals Philos.*, IX, p. 136.

1850. — — Gray Reeve, Conch. Icon., pl. IX, fig. 14.

1877. — — — Marrat, Quart. Journ. of Conch., I, p. 238.

1901. *Divaricella (Pompholigina) gibba* Gray Dall, Synops. Lucinacea, *Proc. U. S. Nat. Mus.*, XXIII, p. 814.

1912. *Lucina (Divaricella) gibba* Gray Dautzenberg, Mission Gruvel, *Ann. Inst. Océanogr.*, V, p. 100.

1921. *Divaricella (Pompholigina) gibba* Gray Lamy, Révis. Lucinacea viv. du Mus., *Journ. de Conch.*, LXV, p. 284.

Habitat : Environs de la bouée C, baie de Douala.

**Diplodonta (Felania) diaphana** Gmelin

1790. *Venus diaphana* Gmelin, Syst. Nat., edit. XIII, p. 3292.

1920. *Diplodonta (Felania) diaphana* Gm. Lamy, Révis. Lucinacea viv. du Muséum, *Journ. de Conch.*, LXV, p. 371 (synonymie).

Habitat : Banc de Kwele-Kwele, baie de Douala.

**Tellina Dautzenbergi** Nobre

1894. *Tellina Dautzenbergi* Nobre, Faune malac. de S. Thomé et de Madère, *Ann. Sc. Nat.*, I, p. 92, pl. V, fig. 2, 2a.

1921. — — Nobre Dautzenberg, Contrib. Faune malac. Cameroun, *Rev. Zool. Afr.*, IX, p. 192.

Habitat : Baie de Douala (Fourneau).

---

# POLYCHÆTA

par Pierre Fauvel

*Professeur à l'Université Catholique d'Angers*

---

Bien que ne comprenant qu'un nombre limité d'espèces, cette petite collection présente l'intérêt de permettre de préciser quelques points de synonymie et de compléter certaines descriptions antérieures.

Famille des *Amphinomiens* Savigny

Genre *Amphinome* Bruguières

**Amphinome rostrata** Pallas

*Aphrodita rostrata* Pallas, 1778, p. 106, pl. VIII, fig. 14-18.
*Amphinome rostrata* McIntosh 1885, p. 21, pl. I, A, fig. 15, II A, fig. 8-12), 1923, p. 90.
— — Potts 1909, p. 363.
*Amphinome Pallasii* Quatrefages 1865, I, p. 394.
— — Fauvel 1914, p. 85 (synonymie).
*Amphinome vagans* Savigny, Kinberg 1855, p. 12.
*Pleione tetraëdra* Milne-Edwards 1849, pl. VIII *bis*, fig. 1, 1 *a*.

Souelaba. Avec des Anatifes.

Les spécimens sont assez nombreux, de tailles variées et très bien conservés. Ils correspondent exactement à ceux de la collection de Monaco que j'ai déjà eu l'occasion de décrire et qui avaient été également recueillis sur des épaves, parmi les *Lepas*. C'est d'ailleurs l'habitat normal de cette belle *Amphinome*.

La caroncule cordiforme, courte, lisse, sans plis, atteint, en arrière, le bord antérieur du 2e segment sétigère. L'antenne impaire est aussi longue que la caroncule ou un peu plus grande. La première branchie, déjà très touffue, se montre au 3e sétigère.

Les soies dorsales sont jaune clair à la base, blanc albâtre au sommet, ou entièrement blanches sur certains individus. Elles sont de deux sortes : les unes, fines lisses ou finement épineuses, les autres, plus courtes, à pointe dentelée en harpon. Les acicules saillants se terminent en bouton renflé. Les soies ventrales sont de gros crochets recourbés, aigus.

Le corps est gris ardoisé, les cirres dorsaux et ventraux et l'extrémité des branchies couleur de rouille. En comparant les spécimens de l'Atlantique avec une grande *A. rostrata* de ma collection, provenant de l'Océan Indien, j'avais trouvé un certain nombre de différences et j'en avais conclu que l'*A. Pallasii* et l'*A. rostrata* devaient correspondre à deux espèces distinctes, cette dernière ayant une caroncule plus longue, souvent plissée et surtout des soies dorsales molles et lisses.

En 1914, j'avais décrit, comme espèce nouvelle, de San Thomé, une *Eurythoë lævisetis* caractérisée par ses soies lisses et l'absence complète de soies en harpon.

Mais depuis, une étude plus complète des soies des Amphinomiens me permit de constater que ces soies, en partie calcaires, sont profondément altérées par les réactifs acides et y perdent complètement leurs ornements et leur denticulations. Elles deviennent alors lisses, molles et laineuses. L'*Eurythoë laevisetis* n'était qu'une *E. complanata* à soies modifiées par les réactifs (Fauvel 1919, p. 349) !

Il en est de même pour mon spécimen, très ancien, d'*A. rostrata* de l'Océan Indien et de beaucoup de ceux qui sont conservés dans les musées, ainsi que l'a constaté aussi McIntosh (1923, p. 90). Les spécimens de l'Inde, en bon état, ont des soies et une caroncule ne différant pas sensiblement de celles des individus de l'Atlantique.

Les deux espèces sont donc à réunir sous le nom le plus ancien d'*A. rostrata* (PALLAS).

Atlantique, Mer des Antilles, Océan Indien, Pacifique.

Genre *Eurythoë* KINBERG

*Eurythoë parvecarunculata* HORST

*Eurythoë parvecarunculata* HORST 1912, p. 37, pl. X, fig. 1-5.

— — AUGENER 1916, p. 90, pl. II, fig. 3, pl. III, fig. 37-38.

— — FAUVEL 1923, p. 9.

Soualaba. « Vieux bois ». 2 spécimens, très macérés, mesurant 31 et 47 millimètres de longueur sur 3 et 4 millimètres de diamètre.

« Dans une branche pourrie de Palétuvier ». Un individu plus gros, enroulé, dont la tête, très petite, enfoncée dans le 1er segment, semble régénérée.

La caroncule ne dépasse pas en arrière le bord antérieur du 2e sétigère. Elle est malheureusement très macérée dans ces deux premiers spécimens. La 1re branchie, déjà très développée, se montre au 3e sétigère et non au 2e, comme chez *E. complanata*. Dans la région moyenne, les grandes soies dorsales sont faiblement crénelées sur leur bord convexe avec un petit ergot rudimentaire à peine distinct. Elles sont accompagnées de soies en harpon (fig. 1, *a*, *b*, *c*). L'acicule se termine en bouton allongé (*e*). Les soies ventrales bifurquées ont deux branches très inégales, la plus petite est plus courte que ne l'indique HORST et la plus grande paraît lisse ou très faiblement dentelée (fig. 1, *h*). Ces soies bifurquées sont accompagnées de quelques soies longues et fines, lisses ou indistinctement denticulées, à éperon rudimentaire (fig. 1, *d*). Ces soies diffèrent donc légèrement de celles décrites et figurées par HORST par la brièveté de l'éperon et d'une des branches des soies ventrales bifurquées, mais il y a lieu de remarquer que le spécimen de HORST était beaucoup plus petit (11 millimètres). En outre, si on examine les soies des sétigères antérieurs, 3e, par exemple, on y rencontre des soies dorsales nettement crénelées, à éperon bien développé et des soies ventrales semblables à celles figurées par HORST (fig. 1, *g*, *f*).

Augener qui a retrouvé cette espèce au Cameroun, a constaté la variabilité de ces caractères et noté que les grands spécimens (jusqu'à 80 et 90 millimètres) sont ceux dont les soies diffèrent le plus du type. Il existe aussi, sous ce rapport, un dimorphisme sexuel et

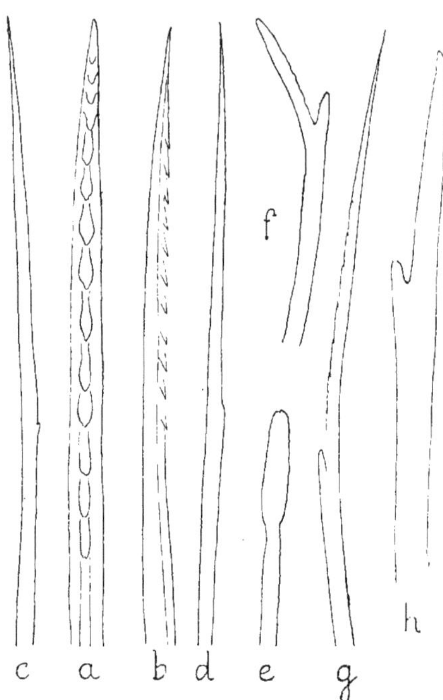


Fig. 1. — *Eurythoë parvecarunculata* : a, b, soie en harpon, face et profil × 400 ; c, soie dorsale à éperon rudimentaire × 400 ; d, soie capillaire ventrale × 400 ; e, acicule dorsal boutonné × 400 ; f, soie ventrale bifurquée du 3e sétigère × 400 ; g, soie dorsale crénelée, à éperon bien développé du 3e sétigère × 400 ; h, soie ventrale bifurquée d'un pied moyen × 400.

une sorte d'épitoquie. Les spécimens de la Guyane française que j'ai eu l'occasion d'étudier (1923, p. 9) avaient été « capturés dans les cavités d'un morceau de bois perforé par les Pholades et retenu dans une fente de rocher. » Leur taille variait de 12 à 45 millimètres et leurs soies se rapprochaient davantage de celles décrites par Horst

Iles de la Sonde, Guyane, Cameroun.

Famille des *Phyllodociens* GRUBE

Genre **Eteone** (?)

Souelaba. Plancton 5.

Un petit Phyllodocien, au stade post-larvaire, me semble être un jeune *Eteone*. Il en a la forme de la tête, les 2 paires de cirres dentaculaires et les cirres dorsaux courts et assez larges.

Famille des *Néréidiens* QUATREFAGES

Genre *Nereis* CUVIER

**Nereis (Neanthes) succinea** LEUCKART

*Nereis (Neanthes) succinea* FAUVEL 1923 (a), p. 30 (synonymie).
1923 (c), p. 346, fig. 136.
*Nereis limbata* EHLERS 1864-1868, p. 567.
*Nereis lamellosa* EHLERS 1864-1868, p. 564, pl. XXII, fig. 10-17.
*Nereis glandulosa* EHLERS 1908, p. 74, pl. VIII, fig. 1-6.
*Neanthes Perrieri* SAINT-JOSEPH 1898, p. 288. pl. XV, fig. 69-77.

Souelaba. Parmi des Anatifes.

L'unique spécimen était dans le même flacon que les *Amphinome rostrata*. Cet habitat, parmi les *Lepas*, est assez inattendu, cette *Nereis* habitant d'ordinaire la vase. Cet individu est bien typique avec ses groupes VI de la trompe constitués chacun par un paragnathe occupant le centre d'un cercle régulier. Les languettes dorsales des pieds postérieurs, grandes, foliacées, vasculaires, avec le cirre dorsal presque à l'extrémité, sont aussi bien caractéristiques.

De très nombreux spécimens de toutes tailles, provenant de la Guyane française, m'ont permis (1923, p. 30) d'établir l'identité de la *Nereis limbata* américaine avec la *N. succinea* d'Europe.

Mer du Nord, Manche, Méditerranée, Atlantique (côtes d'Amérique, d'Afrique et d'Europe).

Genre *Pseudonereis* KINBERG

**Pseudonereis variegata** (GRUBE)

*Pseudonereis variegata* FAUVEL 1921, p. 13 (synonymie).
*Pseudonereis ferox* (HANSEN) FAUVEL 1914, p. 120, pl. VII, fig. 13-17.

Kribi. Parmi les Moules (*Mytilus (Hormomya) senegalensis* LAMARCK.)

Les spécimens, assez nombreux, sont malheureusement un peu macérés, mais la trompe dévaginée est bien caractéristique, avec ses nombreux paragnathes antérieurs pectinifornes, les gros paragnathes coupants des groupes VI et ceux des groupes VII-VIII alternativement coniques et aplatis. Les mâchoires, très foncées, sont courtes, larges et sans dents bien distinctes.

Les cirres tentaculaires atteignent, en moyenne, le 4e, 5e, ou 6e sétigère. Dans la région postérieure, la languette dorsale des parapodes est très développée, foliacée, avec le cirre presque à l'extrémité.

Les spécimens de San-Thomé, que j'ai décrits sous le nom de *Ps. ferox*, étaient plus petits et avaient les languettes postérieures un peu moins allongées. Ils appartiennent cependant bien à la même espèce et doivent aussi être rapportés à la *Ps. variegata* GRUBE. La longueur des cirres tentaculaires n'a pas l'importance qu'on lui attachait jadis, ce caractère étant essentiellement variable. Dans l'alcool, cette espèce est rouge cuivré avec de magnifiques reflets irisés bleu saphir. Cette coloration rappelle beaucoup celle de *Nereis pelagica*.

Atlantique (Cameroun, San-Thomé, Cap, Brésil) ; Océan Indien (Madagascar, Ceylan) ; Pacifique (Pérou, Magellan).

## Famille des *Nephthydiens* GRUBE

### Genre *Nephthys* CUVIER

### **Nephthys lyrochaeta** FAUVEL

*Nephthys lyrochaeta* FAUVEL 1902, p. 72, fig. 9-13.

— — AUGENER 1916, p. 160, pl. II, fig. 12, pl. III, fig. 59.

Kribi. Drague. Vase.

Un seul fragment antérieur, avec la trompe à demi dévaginée, représente seul cette espèce qu'AUGENER a retrouvée très abondante sur les côtes d'Afrique, depuis le Sénégal jusqu'en Angola.

J'avais décrit cette espèce d'après un specimen unique, tronqué postérieurement, en assez mauvais état, provenant de l'embouchure de la Casamance. L'abondant matériel d'AUGENER lui a permis de préciser un certain nombre de détails dont le spécimen du Cameroun me permet de contrôler l'exactitude en ce qui concerne les parapodes. Dans la région moyenne du corps, le cirre dorsal est long, mince, avec une base assez fortement renflée. Sa longueur peut dépasser celle de la branchie, tandis qu'à certains pieds il est bien plus court. Les mamelons pédieux sont coniques, assez aigus et soutenus par un acicule à pointe fine recourbée. Les lamelles postérieures

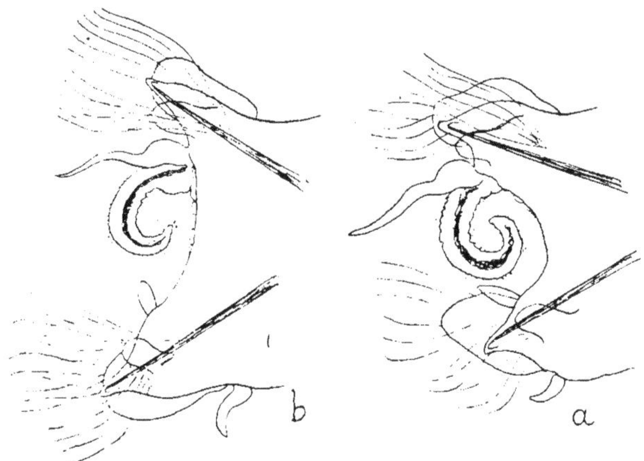


FIG. 2. — *Nephthys lyrochaeta* : A, parapode de la région moyenne du type de la Casamance (20) ; B, parapode moyen d'un spécimen du Cameroun (20). (Les soies sont indiquées très sommairement pour ne pas masquer les melles pédieuses).

dorsales et ventrales sont assez grandes, sensiblement ovales et dépassent peu ou pas le mamelon pédieux, ainsi que je les avais représentées (1902, fig. 10), mais les lamelles antérieures n'étaient pas figurées. Celle de la rame dorsale est petite, ovale, souvent peu distincte (fig. 2, *a*, *b*). A la rame ventrale, il existe une lamelle antérieure ovale, étroite, presque cirriforme, se dressant au bord supérieur du mamelon ventral, sous la branchie et, en outre, une seconde lamelle arrondie, de forme et de dimensions assez variables, appliquée contre la face antérieure du pied, à la base des soies, et souvent très difficile à distinguer et qu'AUGENER considère comme une sorte de branchie ventrale, opinion qui me semble bien douteuse. Le cirre ventral n'a rien de particulier. J'ai retrouvé tous ces caractères sur quelques parapodes en bon état du type de la Casamance. Les soies sont très nombreuses, moyennement longues et souvent jaunes ou brun foncé. Les soies antérieures sont fortes, courtes, ornées de plaquettes leur donnant un aspect crénelé, lorsqu'elles sont vues de côté ; les soies postérieures sont longues, minces, arquées et lisses. Entre ces deux faisceaux, sont, plus ou moins cachées, les soies lyriformes caractéristiques, à deux longues branches finement barbelées.

AUGENER insiste sur la ressemblance, que j'avais déjà signalée, de cette espèce avec la *N. inermis* d'EHLERS qui a aussi des soies en lyre et des parapodes bien analogues, mais qui n'a qu'une seule paire d'antennes et une trompe sans papilles et sans mâchoires. Il est possible que ceci résulte d'une erreur d'observation, mais comme il est impossible d'en faire la preuve, le type d'EHLERS n'existant plus, il n'y a pas lieu de réunir les deux espèces.

Côtes d'Afrique du Sénégal à l'Angola.

### Famille des *Euniciens* GRUBE

### Genre *Diopatra* AUD.-EDWARDS

### **Diopatra neapolitana** (DELLE CHIAJE)

*Diopatra neapolitana* FAUVEL 1923 (a), p. 419, fig. 166 ; 1901, p. 62, fig. 1-2 ; 1909, p. 384 ; 1923 *b*, p. 7.

Souelaba. Sable vaseux. 18 novembre 1925.

Je crois pouvoir rapporter à la *D. neapolitana* un fragment antérieur et quelques débris très macérés. J'ai déjà signalé cette espèce dans la Casamance et sur les côtes de l'Angola. Sa synonymie a donné lieu à de nombreuses discussions qui semblent avoir surtout embrouillé la question ; aussi je m'en tiens au nom qui correspond à la meilleure description, celle de de SAINT-JOSEPH.

Méditerranée, Atlantique (Casamance, Cameroun, Angola), Océan Indien (Zanzibar, Mer Rouge).

Genre *Lumbriconereis* BLAINVILLE

**Lumbriconereis Latreilli** AUD.-EDWARDS

*Lumbriconereis Latreilli* FAUVEL 1923 (a), p. 431, fig. 171 (synonymie) ; 1919, p. 391 ; 1921, p. 19.

Kribi. Parmi les Moules.

Un seul petit spécimen macéré.

Cette espèce cosmopolite a déjà été signalée au Congo et en Angola par AUGENER (1916-1918, p. 365).

Mer du Nord, Manche, Méditerranée, Atlantique, Océan Indien, Mer Rouge, Golfe Persique, Pacifique.

Famille des *Glycériens* GRUBE

Genre *Glycera* SAVIGNY

**Glycera africana** ARWIDSSON

*Glycera africana* FAUVEL 1919, p. 426 (bibliographie).
— — AUGENER 1916-1918, p. 381.

Soualaba. Végétaux pourris. Bouée C.

Un seul spécimen macéré avec la trompe aux trois quarts dévaginée.

Cette espèce semble abondamment représentée sur toutes les côtes de l'Afrique tropicale, tant dans l'Atlantique que dans l'Océan Indien. Elle diffère si peu de la *Gl. convoluta* (*G. tridactyla* SCHMARDA) qu'elle n'en est probablement qu'une simple variété.

Casamance, Liberia, Nigeria, Cameroun, Congo, Loango, Cap de Bonne-Espérance, Madagascar, Mer Rouge.

Famille des *Ariciens* SAVIGNY

Genre **Scoloplos** (?)

Soualaba. Plancton 4 A et 5.

Deux petits Ariciens, à prostomium très aigu, semblant dépourvus de franges ventrales, me paraissent être des stades jeunes ou post-larvaires d'un *Scoloplos*. Dans la région thoracique, les rames ventrales portent des soies capillaires longues et d'autres courtes, comme le *Sc. armiger* de nos côtes. Mais, dans l'impossibilité de vérifier un certain nombre de caractères, il n'y a pas lieu de préciser davantage.

*Note du rédacteur :* Nous croyons utile de donner ici, en appendice au mémoire de M. P. FAUVEL, une liste des Polychètes du Cameroun non représentées dans nos collections et citées par H. AUGENER, Polychaeta *in :* Beiträge zur Kenntniss der Meeres fauna Westafrikas, II, 2, 1918, pp. 67-625, pls. II-VII (figs. 1-264), figs texte I-CXI.

*Euphrosyne myrtosa* SAV., Kamerun, pp. 95-98.

*Nereis victoriana* AUGENER, Victoria, pp. 180-184, pls. II, figs. 29-30 et III, figs. 72-73, fig. texte XIII.

*Nereis Gravieri* FAUVEL, Sanjé, pp. 190-192.

*Nereis (Ceratonereis) dualaïnsis* AUGENER, Duala, pp. 197-200, pls. II, fig. 36 et III, figs. 62-63, fig. texte XV.

*Nereis (Perinereis) melanocephala* McINTOSH, Victoria, pp. 209-212.

*Lycastis senegalensis* ST-JOSEPH, Kamerun, pp. 217-218.

*Syllis (Typosyllis) prolifera* KROHN ? Victoria, pp. 233-234.

*Syllis (Typosyllis) hyalina* GRUBE, Victoria, pp. 242-247, pl. IV, figs. 95-96.

*Syllis (Typosyllis) melanopharyngea* AUGENER, Duala, pp. 257-258, pl. IV, figs. 81-82, fig. texte XXII.

*Marphysa Mangeri* AUGENER, Victoria, pp. 330-332, pls. IV, fig. 79 et V, fig. 122, fig. texte XXXII.

*Diopatra cuprea* Bosc, Kamerun, pp. 350-354, fig. texte XXXIX.

*Glycinde kameruniana* AUGENER, Kamerun, pp. 398-402, pls. IV, fig. 93 et VI, fig. 211.

*Leprea Orotavæ* LANGERHANS, Bibundi, pp. 521-523.

*Spirobranchus Eitzeni* AUGENER, « Duala, an Schalen lebender *Avicula sp.* », pp. 599-602, pls. VI, figs. 178-180, et VII, fig. 231, fig. texte CVIII.

*Sternaspis fossor* STIMPSON var. *africana* AUGENER, Victoria, pp. 608-613, fig. texte CIX.

# BIBLIOGRAPHIE

1918. AUGENER (H.). Beiträge zur Kenntniss der Meeresfauna West-Africas. Bd. II. *Polychæta* (Hamburg 1918).

1868. EHLERS (E.). Die Borstenwürmer. Annelida Chaetopoda. Bd. II. (Leipzig).

1908. EHLERS (E.). Die Bodensässigen Anneliden aus der Sammlungen der deutschen Tiefsee-Expedition (*Wiss. Ergeb. der d. Tiefsee-Expedition. Bd.* XVI. (Iéna).

1901. FAUVEL (P.). Annélides Polychètes de la Casamance (*Bull. Soc. Lin. Normandie*. 5e série. vol. V. Caen).

1911. FAUVEL (P.). Annélides Polychètes du Golfe Persique (*Arch. Zool. Expér.* (5e sér.) vol. VI. Paris).

1914. FAUVEL (P.). Annélides Polychètes non pélagiques. (*Rés. Camp. Sc. du Prince de Monaco*. Fasc. XLVI. Monaco).

1914. FAUVEL (P.). Annélides Polychètes de San-Thomé (*Arch. de Zool. Expér.* vol. LIV. Paris).

1917. FAUVEL (P.). Annélides Polychètes de l'Australie Méridionale (*Arch. de Zool. Expér.* vol. LVI. Paris).

1919. FAUVEL (P.). Annélides Polychètes de Madagascar. Djibouti et du golfe Persique (*Arch. de Zool. Expér.* vol. LVIII. Paris).

1921. FAUVEL (P.). Annélides Polychètes de Madagascar (*Arkiv för zoologi* Bd. XIII. no 21. Stockholm).

1923. *a*) FAUVEL (P.). Polychètes Errantes (*Faune de France*. vol. V. Paris).

1923. *b*) FAUVEL (P.). Sur quelques Polychètes de l'Angola Portugaise (*Göteborgs Musei Zoologiska Avdelning*. no 20).

1923. *c*) FAUVEL (P.). Annélides Polychètes des Iles Gambier et de la Guyane *Mem. Pont. Ac. Rom. Nuovi Lincei*. sér. II. vol. VI. Roma).

1912. HORST (R.). Polychæta Errantia of the Siboga Expedition. (*Monographie* XXIV. A. Leyden.)

1855-1866. KINBERG (G. G. H.). Annulata Nova (*Öfver. K. Sv. Vet. Akad. Forhand.*)

1885. MCINTOSH (W. C.). Annelida Polychaeta. (*Challenger Reports. Zoology*, XII. London.)

1923. MCINTOSH (W. C.). *On Amphinome rostrata* (*Ann. and Mag. of Nat. Hist.* sér. 9. vol. XII. London).

1849. MILNE-EDWARDS (H.). Règne animal Illustré. Annélides (Paris).

1778. PALLAS. Miscellanea Zoologica (La Haye).

1909-1910. POTTS (R. A.). Polychaeta of the Indian Ocean (*Transac. Lin. Soc.* London. vol. XII et XIII).

1898. SAINT-JOSEPH (de). Annélides Polychètes des Côtes de France. Manche et Océan (*An. Sc. Nat. Zool.* 7e sér. vol. V. Paris).

1865. QUATREFAGES (A. DE). Histoire Naturelle des Annelés Marins et d'eau douce (Paris).

# CRUSTACEA I

## *Copepoda aquæ dulcis*

par Friedrich Kiefer
Dilsberg (bei Heidelberg)

---

Le Cameroun est encore presque complètement « Terra incognita » en ce qui concerne les Copépodes. Les seuls Crustacés de cet ordre connus jusqu'à maintenant de ces régions sont *Eucyclops prasinus* (Fischer) et *Eucyclops van douwei*, dont V. Brehm a traité dans deux mémoires publiés en 1910-1911 (**3**,**4**). Récemment j'ai encore décrit deux autres espèces nouvelles provenant du Cameroun : *Diaptomus processifer* et *Eucyclops fragilis* (**11**, **12**). Ces quatre espèces étaient les seules, à ma connaissance, dont fasse mention la littérature, en ce qui concerne la région du Cameroun. C'est la raison pour laquelle j'ai volontiers accepté l'aimable proposition du Dr Théodore Monod lorsqu'il m'a demandé d'étudier les Copépodes qu'il a récoltés au cours de son expédition au Cameroun. Le présent ouvrage étant consacré à décrire non seulement les animaux recueillis par Monod, mais, d'une manière générale, tout ce qu'on connaît jusqu'à maintenant de la faune aquatique du Cameroun, je traiterai donc également, dans l'exposé suivant, de quelques échantillons que le Musée zoologique de Berlin a très aimablement mis à ma disposition. Ils constituent un complément appréciable aux matériaux recueillis par Monod. Il serait à souhaiter qu'on réussisse bientôt à rassembler de nouveaux matériaux importants, tant au point de vue de la qualité qu'à celle de la quantité, concernant la faune des eaux douces de l'Afrique occidentale, dans lesquelles les Copépodes ne doivent certes pas faire défaut. Ce n'est pas seulement au point de vue systématique et phylogénétique, mais aussi avant tout au point de vue géographique, que la faune des Copépodes libres se trouverait ainsi enrichie. J'adresserai ici à M. le Dr MONOD mes plus vifs remerciements pour l'amabilité qu'il a eue de me confier l'étude de ses matériaux.

## Liste des espèces par localités

Les échantillons de Copépodes provenant du Cameroun étudiés jusqu'à présent, sont les suivants :

1° *Echantillons d'Akonolinga, Yaoundé,* Dr FREYER *legit.* (Musée zoologique de Berlin) ; comprenant :

*Eucyclops fragilis* (KIEFER).
*Mesocyclops leuckarti* (CLAUS).

2° *Echantillons de la rivière Uham, près Bnda, 1200 m,* Dr ELBERT *legit,* 9 janvier 1914. (Musée zoologique de Berlin) ; comprenant :

*Diaptomus processifer* KIEFER.
— *galebi* BARROIS.
*Eucyclops euacanthus* (SARS).
*Mesocyclops leuckarti* (CLAUS).
*Cyclops subaequalis* nov. spec.

3° *Echantillons de la rivière Lo, près Hakau,* Dr EBERT *legit,* 13 janvier 1914. (Musée zoologique de Berlin) ; comprenant :

*Diaptomus processifer* KIEFER.
*Ectocyclops phaleratus* (KOCH).
*Mesocyclops leuckarti* (CLAUS).
— *hyalinus* (REHBERG).
*Cyclops falsus* KIEFER.

4° *Echantillon du lac volcanique Nfou, près Bafousam,* Dr MONOD *legit,* 22 août 1926 ; comprenant :

*Macrocyclops albidus* (JUR.).

*Eucyclops agiloides* (SARS).

*Cyclops davidi* CHAPPUIS.

5° *Echantillon du lac Eboga (Manengouba). altitude : env. 2000 mètres* Dr MONOD *legit*, 29 août 1926 : comprenant :

*Diaptomus processifer* KIEFER.

*Cyclops davidi* CHAPPUIS.

*Canthocamptus kamerunensis nov. spec.*

6° Les échantillons ayant servi à V. BREHM pour la description de son *Eucyclops van douwei*. Ceux-ci, malheureusement, n'existent plus (1). Ils devaient, outre *Eucyclops van douwei*, comprendre encore d'autres espèces. Il n'y a cependant que *Eucyclops prasinus* (FISCHER) qui soit désigné de nom.

On connaît donc, jusqu'à maintenant, quinze espèces de Copépodes libres d'eau douce du Cameroun, à savoir :

## CALANOIDA

*Fam.* **Diaptomidæ.**

Genre Diaptomus WESTWOOD.

*Diaptomus galebi* BARROIS.

— *processifer* KIEFER.

## CYCLOPOIDA

*Fam.* **Cyclopidæ.**

Genre Macrocyclops CLAUS (2).

*Macrocyclops albidus* (JUR.).

(1) Ils provenaient des environs de Douala.

(2) En ce qui concerne la systématique des Cyclopidés d'eau douce, voir mon travail : « Über Morphologie und Systematik der Süsswasser-Cyclopiden », en voie de publication dans les « *Zool. Jahrb., Abt. f. Systematik* », et la note préliminaire « Versuch eines Systems der Cyclopiden » dans le « *Zoolog. Anzeiger* » 1927.

Genre Eucyclops Claus.
*Eucyclops agiloides* (Sars).
— *van douwei* (Brehm).
*Eucyclops euacanthus* (Jars).
— *fragilis* (Kiefer).
— *prasinus* (Fisher).

Genre *Ectocyclops* Brady.
*Ectocyclops phaleratus* (Koch).

Genre Mesocyclops Sars.
*Mesocyclops leuckarti* (Claus).
— *hyalinus* (Rehberg).

Genre Cyclops O. F. Müller.
*Cyclops falsus* Kiefer.
— *subaequalis* nov. spec.
— *davidi* Chappuis.

## HARPACTICOIDA

*Fam.* **Canthocamptidae.**
Genre Canthocamptus Westwood.
*Canthocamptus kamerunensis nov. spec.*

## Contribution à la morphologie et à la systématique des différentes espèces

*Diaptomus processifer* Kiefer
(Fig. 1-10)

a) *La femelle :* La division antérieure du corps se compose de la tête et de quatre segments thoraciques. Le dernier segment thoracique, formé par fusion des quatrième et cinquième segments primitivement libres, porté sur le dos (vu dans la position latérale de l'animal) un processus de forme arrondie (fig. 1). Les angles antérieurs sont assez fortement élargis en forme d'aile, semblables et symétriques. Leurs pointes externes portent chacune une épine sensorielle de dimension moyenne. Les épines sensorielles médianes sont de dimension extrêmement faible. L'abdomen est formé de deux segments. Le segment génital est plus long que tout le reste de l'abdomen, furca incluse. Il n'est que très faiblement élargi en avant ; proximalement il porte, au lieu des épines sensorielles ordinaires, et sur le côté gauche seulement, une protubérance hyaline allongée (fig. 2). Les branches furcales sont à peu près symétriques. Les antennes antérieures sont très longues, rabattues elles dépassent un peu les branches furcales. Quant à leur chétotaxie elles appartiennent au type du *Diaptomus vulgaris* SCHMEIL, c'est-à-dire que les segments 11 et 13 à 19 ne possèdent chacun qu'une seule soie. Le grand maxillipède est représenté dans la fig. 3. Je n'ai pu reconnaître que trois soies au quatrième lobe de l'article basal. L'article moyen de la branche interne de la deuxième paire de pattes ne présente qu'un appendice de SCHMEIL modérément développé (fig. 4). *Cinquième patte :* le premier article basal porte une très grande épine hyaline, le second article basal est garni à son bord externe court de la fine soie ordinaire. Le premier article de la branche externe est presque rectangulaire ; il est environ deux fois plus long que large. Le deuxième et le troisième article de la branche externe sont complètement fusionnés. La griffe est assez fortement recourbée en dedans et épineuse. Le reste de l'armature de l'article se voit dans la fig. 5 La petite spinule qui se trouve chez d'autres espèces à la base du troisième petit article de la branche externe fait ici complètement défaut. La branche interne est formée d'un seul article. Elle est un peu plus longue seulement que la moitié du premier article de la branche externe. L'extrémité porte une couronne de fines soies ainsi qu'une épine courte mais robuste (fig. 5). Les sacs ovigères, qui sont de grande taille, renferment un grand nombre d'œufs. Les spécimens mesurent jusqu'à 1,9 mm sans les soies terminales.

b) *Le mâle :* Le dernier segment thoracique n'a pas d'expansions aliformes. Les épines hyalines de ses angles externes sont un peu plus courtes que chez la femelle. Je n'ai pas pu constater la présence d'épine au côté droit du segment génital. L'avant-dernier segment

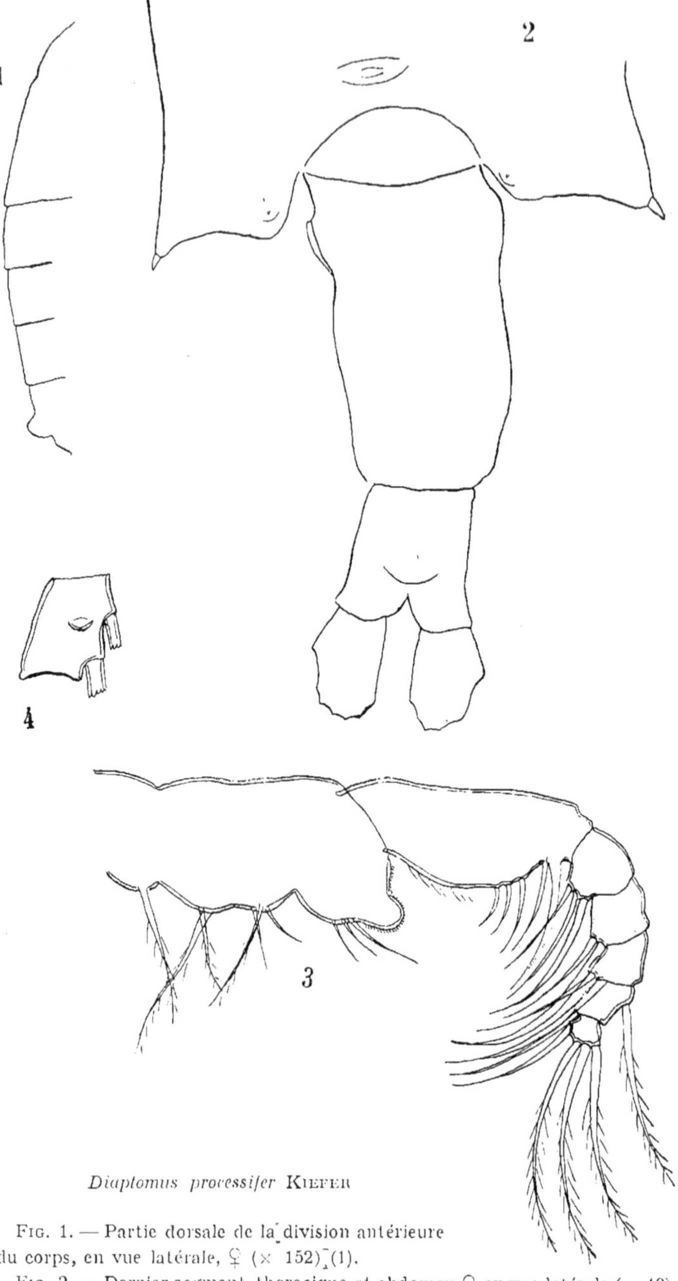


*Diaptomus processifer* KIEFER

FIG. 1. — Partie dorsale de la division antérieure du corps, en vue latérale, ♀ (× 152) (1).
FIG. 2. — Dernier segment thoracique et abdomen ♀, en vue latérale (× 40)
FIG. 3. — Grand maxillipède (× 280).
FIG. 4. — Article moyen de l'endop. 2 (× 280).

(1) Toutes les figures du présent travail, à l'exception des fig. 20-22, sont originales et ont été réalisées à l'aide de l'appareil à dessiner Abbe (grand modèle).

abdominal se trouve allongé beaucoup plus vers l'arrière à droite, et, pour cette raison, comme chez beaucoup d'autres espèces, est asymétrique. Les antennes préhensiles possèdent une partie médiane très fortement renflée. Les articles 10, 11, 13 et 15 portent des épines dont les rapports réciproques de grandeur seront aisément constatés dans la figure 6. Le troisième et avant-dernier article est étiré en un prolongement en forme de pouce qui, dans la plupart des cas, est un peu plus long que l'article suivant. Il ne semble pas exister de membrane hyaline (fig. 7). *Cinquième patte : à droite :* les différentes protubérances, en partie très développées, du premier et du second article basilaires sont remarquables. Les figures 8 et 9 renseignent particulièrement bien à ce sujet. Le premier article de la branche externe est plus large que long. Son angle distal externe est étiré en une pointe assez grande. Le deuxième article de l'exopodite est environ deux fois plus long que large. Il est muni de deux appendices : une épine marginale latérale relativement courte s'articulant au début du tiers distal, et la griffe terminale grêle, seulement légèrement incurvée. La branche interne, composée d'un seul article, est très petite. Avec sa pointe elle n'atteint que la base du deuxième article de l'exopodite. *A gauche :* le premier article basal porte une épine hyaline à base en forme d'oignon (fig. 10). On remarque vers le milieu environ du bord interne du second article basal une petite saillie hyaline. On ne peut établir que difficilement la structure de la branche externe. Tous les articles sont soudés en une masse homogène : exception faite de quelques coussinets sensoriels et de quelques petits appendices digitiformes on ne constate pas de particularités remarquables. La branche interne présente la même simplicité de structure (fig. 9). Abstraction faite des soies terminales, les spécimens atteignent une longueur s'élevant jusqu'à 1 mm 8.

*Diaptomus processifer* est connu jusqu'à présent de trois des six habitats mentionnés plus haut. Il semble également ne pas être rare au Cameroun. Il serait intéressant de savoir dans quelle mesure il est répandu au Cameroun et quelle est l'extension de son habitat vers l'est. En se basant sur des récoltes permettant d'établir sa répartition, on pourrait peut-être établir quelles affinités étroites

*Diaptomus processifer* KIEFER

FIG. 5. — P⁵ ♀ (× 152).
FIG. 6. — Articles 10-16 des antennes préhensiles ♂ (× 350).
FIG. 7. — Les trois articles terminaux de l'antenne préhensile ♂ (× 280).
FIG. 8. — 1er et 2e articles basilaires et premier article de l'exopodite du P⁵ ♂ droit, en vue latérale (× 280).
FIG. 9. — P⁵ ♂ (× 152).
FIG. 10. — L'épine du 1er article basilaire du P⁵ ♂ gauche, en vue latérale (× 280).

présente notre espèce avec les formes de *Diaptomus* décrites par SARS dans la région du Tanganyika. En effet, si on s'appuie seulement sur les faits recueillis jusqu'à maintenant, il n'est pas possible de déterminer d'une manière satisfaisante la filiation des Diaptomidés de l'Afrique équatoriale. Les descriptions qui en existent sont suffisantes, il est vrai, pour la détermination des espèces différentes parce qu'elles établissent bien les caractères systématiques les plus essentiels ; mais d'autres caractères non moins importants au point de vue généalogique, tels que la très fine armature des segments thoraciques et abdominaux, ainsi que celle des antennes, des pattes natatoires et des pattes rudimentaires ($5^e$ paire) sont encore complètement inconnus chez la plupart des espèces. Les recherches futures dont la faune africaine des Copépodes seront l'objet auront donc la belle tâche de compléter dans la mesure du possible, grâce à des recherches consciencieuses, les lacunes qui existent actuellement.

### *Diaptomus galebi* BARROIS
(Fig. 11-15)

En 1895 MRAZEK a décrit dans les matériaux rapportés par STUHLMANN de l'Afrique orientale sous le nom de *D. galebi* BARROIS (**14**), une forme de *Diaptomus*, bien que les animaux en question ne concordassent pas absolument avec la nouvelle description donnée par RICHARD (**15**) de l'espèce de BARROIS. SARS croyait avoir retrouvé ce *galebi* de MRAZEK dans certains échantillons recueillis par la Troisième Expédition du Tanganyika. Mais il voyait dans ce dernier une forme spécifiquement différente du *galebi* typique et il le qualifia de *galeboides* (**16**). Ils se distinguent, autant qu'on peut le voir par la description et les figures du *galeboides*, par l'armure du dernier segment thoracique, par la structure et l'ornementation de l'abdomen de la femelle, et peut-être encore par l'ornementation du premier article basilaire de la cinquième patte du mâle. Ces différences existent-elles en fait dans la forme citée ou bien, en réalité, en existe-t-il encore d'autres, c'est ce que malheureusement on ne peut pas dire. En tous cas, j'étais très intrigué

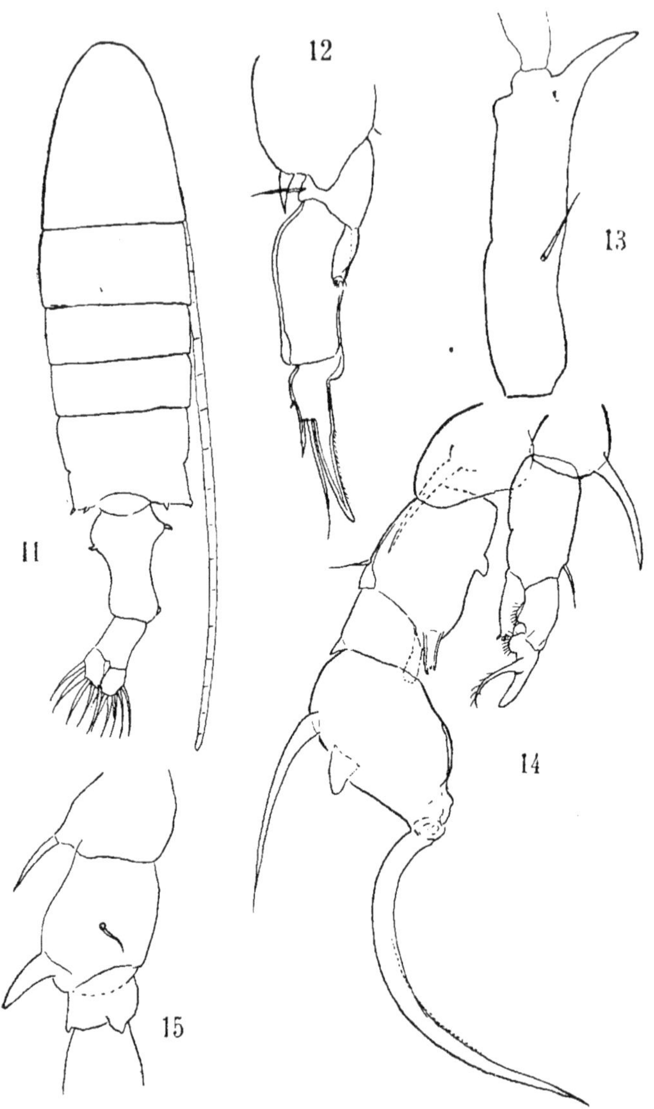


*Diaptomus galebi* Barrois

Fig. 11. — ♀ en vue dorsale (× 40).
Fig. 12. — P⁵ ♀ (× 152).
Fig. 13. — Article antépenultième de l'antenne préhensile ♂ (× 280).
Fig. 14. — P⁵ ♂ (× 152).
Fig. 15. — 1er et 2e articles basilaires de l'exopodite du P⁵ ♂ droit, en vue latérale (× 152).

de savoir où placer certains exemplaires de *Diaptomus* provenant de la rivière Uham que j'avais immédiatement reconnus comme appartenant au groupe *galebi*. Il apparut que ceux-ci devaient être considérés comme appartenant, sans réserves, aux formes *galebi* typiques. Je les ai comparés à des exemplaires typiques de *galebi* originaires d'Égypte, mais je n'ai pu reconnaître entre eux aucune différence. Au lieu d'une longue description je donne ici quelques dessins d'animaux du Cameroun (fig. 11-15).

### *Macrocyclops albidus* (Jur.)

Les exemplaires provenant du lac Nfou ne se distinguent en aucune manière de ceux d'origine européenne.

### *Eucyclops agiloides* Sars (Fig. 16-19)

*Eucyclops agiloides* est l'une des huit espèces du groupe *serrulatus* décrites par Sars d'après les échantillons recueillis par la Troisième Expédition du Tanganyika. Ces espèces prouvent, de façon plus évidente que la tentative ancienne de Lilljeborg de démembrer le *serrulatus* européen en 2 à 3 espèces et sous-espèces, que tout *Cyclops* muni de « serra » ne doit pas être aussitôt qualifié de *serrulatus*. Ainsi que Sars l'indiquait déjà par le nom qu'il employait pour le désigner, *agiloides* présente une ressemblance extrême avec le *serrulatus* Fischer (= *agilis* Sars), qui est la forme la plus commune des *Cyclops* d'Europe. Et même, je n'avais pas pu jusqu'ici d'après la description seulement d'*agiloides*, établir une différence spécifique réellement légitime entre les deux formes. Le caractère différentiel le plus important qu'elles présentent entre elles d'après Sars, qui en réalité n'a eu à sa disposition qu'une seule femelle (provenant du Victoria Nyanza), résiderait dans la forme ainsi que dans l'ornementation des branches furcales. Cependant, si l'on songe que ces caractères (comme il en est d'ailleurs en fin de compte de tout autre caractère), ne concordent pas toujours d'une manière

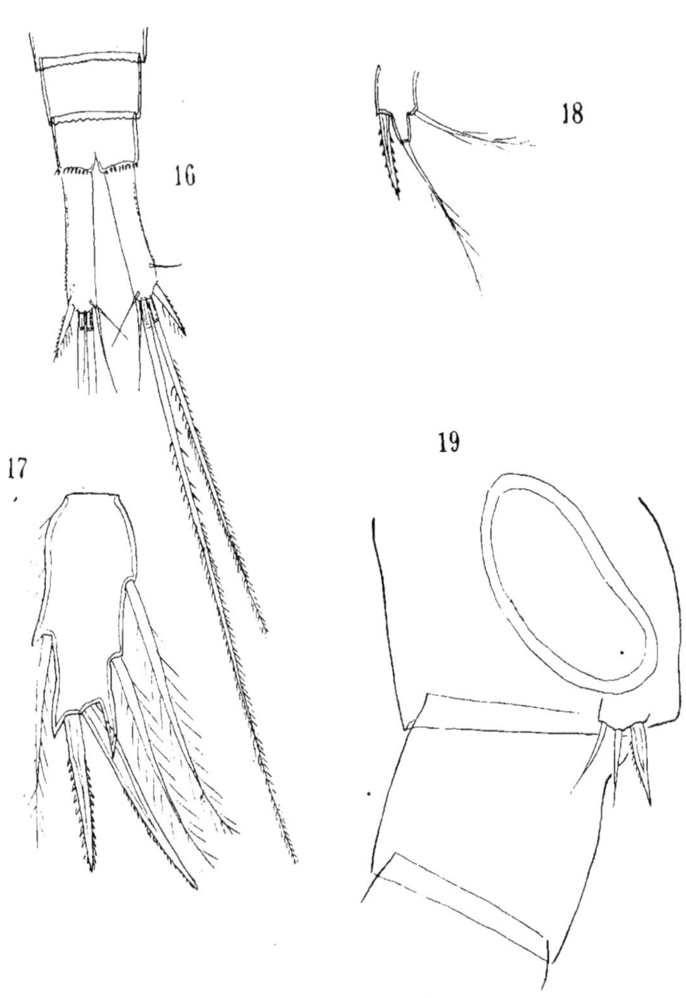


*Eucyclops agiloides* (SARS)

FIG. 16. — Furca de la ♀, en vue ventrale (× 152).
FIG. 17. — Article terminal de l'endop. 4 (× 440).
FIG. 18. — $P^5$ ♀ (× 440).
FIG. 19. — Ornementation de la valvule génitale ♂ (× 440).

absolue chez des spécimens européens, considérés comme typiques, d'origines différentes. il en résulte que l'établissement d'une espèce nouvelle, basée sur ces seuls caractères, ne saurait être admise de prime abord qu'avec une grande circonspection. L'étude d'une forme de *serrulatus*, provenant du lac volcanique Nfou m'a cependant montré qu'on peut effectivement distinguer un *Eucyclops agiloides* SARS d'un *serrulatus* FISCHER typique, et qu'il est par conséquent possible (tout au moins provisoirement) de le considérer comme une espèce particulière. Les exemplaires du Cameroun présentent les caractères suivants :

a) *La femelle :* Les branches furcales sont environ cinq fois plus longues que larges. La « scie » du bord externe, bien qu'étendue, ne se compose cependant que de très fines spinules qui ne font saillie au-dessus du bord de la branche, et de très peu, que dans la partie distale seulement. La soie terminale la plus interne est une fois et demie plus longue que la plus externe qui est spiniforme (fig. 16). Les deux soies terminales moyennes sont faiblement plumeuses (barbes hétéronomes) l'interne plus distinctement que l'externe. Elles se comportent toutes les quatre (de l'intérieur vers l'extérieur) dans le rapport 89 : 500 : 300 : 57 μ. Les antennes antérieures, repliées, dépassent un peu le bord postérieur du céphalothorax (= 1er segment de la division antérieure du corps) : des 12 articles, les trois derniers sont munis chacun d'une étroite membrane hyaline, à bord entier. La formule des épines des articles terminaux des branches des pattes natatoires est 3, 4, 4, 3. Au dernier article de la branche interne de la quatrième paire le rapport de la longueur à la largeur est de 62 : 26,5 μ. Les deux épines terminales ont respectivement 62 et 46 μ de longueur (fig. 17). L'épine interne de la patte rudimentaire est environ deux fois aussi large que l'une des deux soies. L'article est grêle (fig. 18). Le *receptaculum seminis* semble correspondre à celui de *serrulatus typ.*

b) *Le mâle :* L'ornementation de la valvule génitale mérite une mention spéciale. Les trois phanères, à savoir une épine et deux soies, ont environ la même longueur : ils ne s'étendent cependant pas encore jusqu'au milieu du segment abdominal suivant. Ils sont donc relativement très courts (fig. 19). Ils sont notablement plus longs chez le *serrulatus* typique, chez lequels l'épine peut presque atteindre la base du troisième segment abdominal. Cette structure du $P_6$ de l'*agiloides* mâle est donc, avec les caractères de la femelle, une nouvelle indication de la validité de cette espèce.

*Eucyclops van douwei* BREHM
(Fig. 20-22)

*Eucyclops van douwei* a été avec *E. prasinus* (FISCHER) le premier *Cyclops*, somme toute même le premier Eucopépode connu du Cameroun. Il ne m'a pas été possible de le retrouver dans les matériaux mis à ma disposition. Les matériaux originaux n'existant plus,

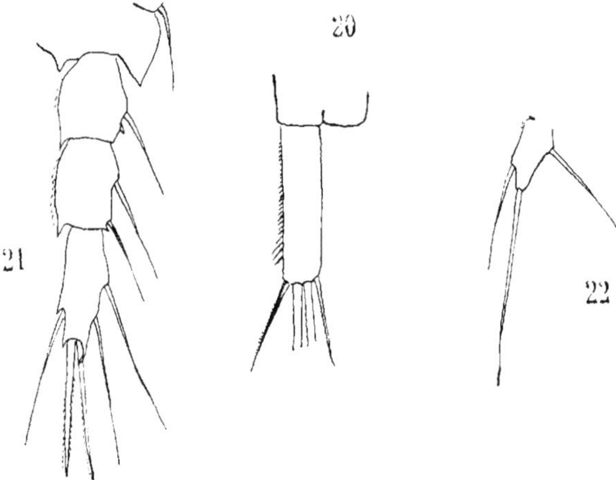


*Eucyclops van douwei* (BREHM)

FIG. 20. — Une branche furcale (d'après BREHM).
FIG. 21. — Endopodite 4 (id.)
FIG. 22. — $P^5$ (id.)

j'ai dû m'en tenir aux maigres données de l'auteur **(3, 4)** pour les caractéristiques suivantes de l'espèce. Les animaux ont 0,9-1 millimètre de longueur. Les bords internes de la furca présentent : « *Einen überaus stark entwickelten Stachelkamm, der speziell am distalen Ende durch drei besonders lange Stacheln ausgezeichnet ist,* *die Innenseiten der Furkaläste sind glatt, die Länge der Furka beträgt etwa 1/9 der Gesamtlänge. » (Fig. 20).*

La soie terminale interne est seulement un peu plus longue que l'externe. Les deux épines terminales de la branche interne de la quatrième paire sont à peu près de même longueur et très grêles (fig. 21). En ce qui concerne les trois appendices de la patte rudimentaire, l'épine interne n'est pas plus large qu'une des deux soies ; elle est à peu près aussi longue que la soie externe (fig. 22).

Brehm, se basant sur la structure et l'ornementation des branches de la furca considère son espèce nouvelle comme étant étroitement apparentée à *Eucyclops euacanthus* Sars de l'Afrique orientale. Il est donc certainement très intéressant que j'aie retrouvé cet *euacanthus* dans le matériel provenant de la rivière Uham.

*Eucyclops euacanthus* Sars
(Fig. 23-28)

Bien que, comme ce fut le cas pour Sars, je n'ai eu à ma disposition qu'un très petit nombre d'exemplaires, et seulement que des femelles, je puis cependant compléter la description de cette espèce par quelques détails intéressants.

Abstraction faite des soies terminales, les animaux mesurent environ 0 mm 95. Une des branches de la furca est un peu plus de quatre fois plus longue que large. La *serra* paraît ressembler à celle de *Eucycl. van douwei* (fig. 23). Les quatre soies terminales sont dans le rapport 142 : 510 : 360 : 57 μ. La longueur considérable de la soie la plus interne par rapport à la plus externe est remarquable. La soie la plus interne semble être complètement glabre. Les antennes antérieures, 12 — articulées ne dépassent que peu, de leur extrémité, le bord postérieur du premier segment de la division antérieure du corps. La membrane hyaline, très étroite, de leur trois derniers articles, se termine par un grand nombre de petites épines extrêmement fines (comme c'est le cas pour les espèces européennes *macruroides* et *denticulatus* (fig. 24). La formule des épines des pattes natatoires est celle qui est spéciale au groupe : 3, 4, 4, 3. Tandis que les épines des premières paires de pattes ne présentent, par elles-mêmes, rien de remarquable, celles de la quatrième ont une forme inacoutumée : elles sont lancéolées comme le montre la figure 25. L'article terminal de la branche interne de la quatrième paire se comporte quant au rapport longueur-largeur comme 75 :

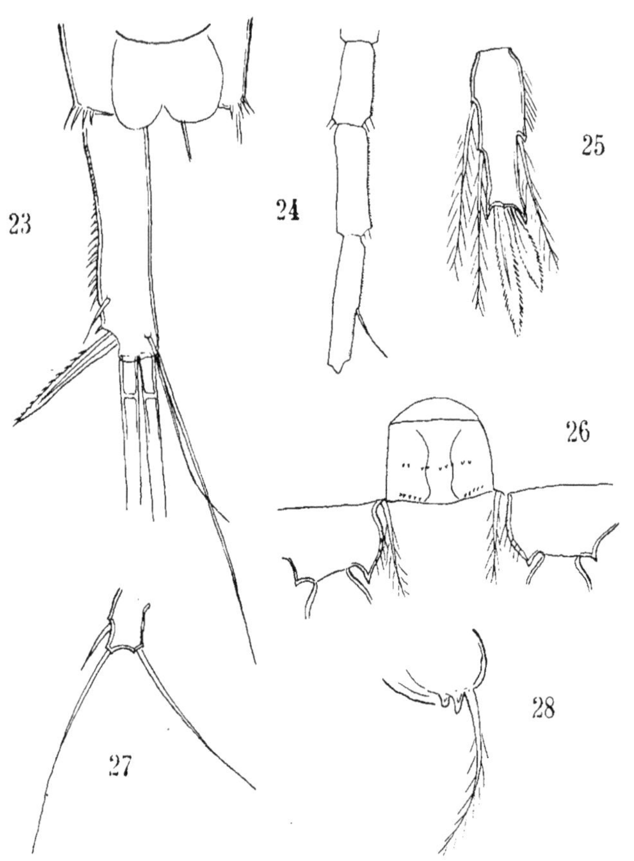


*Eucyclops euacanthus* (SARS)

FIG. 23. — Une branche de la furca ♀, en vue dorsale (× 280).
FIG. 24. — Les trois articles terminaux de l'antenne antérieure ♀ (× 280).
FIG. 25. — Article terminal de l'endop. 4 (× 280).
FIG. 26. — Articles basilaires et membrane d'union du $P^4$ (× 280).
FIG. 27. — $P^5$ ♀.
FIG. 28. — Ornementation de la valvule génitale ♂ (× 440).

26 μ ; ses deux épines terminales ont respectivement 57 et 40 μ de longueur. Les articles basilaires et la membrane d'union des pattes de la quatrième paire sont représentées dans la fig. 26. La cinquième patte n'a pas été étudiée par SARS. Elle présente une structure très caractéristique. L'épine interne est relativement courte et n'est pas plus robuste que l'une des deux soies (fig. 27). Ornementation de la valvule génitale : fig. 28. Il n'a pas été possible de déterminer la forme précise du *receptaculum seminis*.

### *Eucyclops fragilis* (KIEFER)
### (Fig. 29-33).

Enfin on connaît encore jusqu'à maintenant une quatrième espèce du groupe *serrulatus* proprement dit provenant du Cameroun : *Eucyclops fragilis* mihi. Nous compléterons ici la courte description originale qui a été donnée ailleurs (**12**).

La femelle seule est connue. Le dernier segment abdominal ne porte de chaque côté de la partie ventrale, au-dessus de la base des branches de la furca, qu'un petit nombre d'épines robustes. Les branches de la furca sont environ quatre fois plus longues que larges. Tandis que leur bord interne est glabre, le bord externe est garni d'une scie ressemblant elle-même, d'une manière singulière, aux formes correspondantes des deux espèces précédentes (fig. 29). Les soies terminales de la furca se comportent, en allant de dedans en dehors, comme : 90 : 440 : 280 : 60 μ. Les deux soies moyennes paraissent être à barbes homonomes. Les antennes antérieures sont 12-articulées ; rabattues, elles s'étendent jusqu'au bord postérieur de la 1re division du corps (céphalothorax). Leurs trois articles terminaux sont garnis de membranes marginales très étroites et entières (fig. 30). Les épines des branches des pattes natatoires ne sont pas, à vrai dire, d'une grandeur inusitée. Les spinules de leur bord latéral présentent cependant un très fort développement, de sorte que les épines présentent presque toutes un aspect lancéolé, comme à la quatrième paire de pattes de *Eucyclops euacanthus*. La formule des épines chez les trois animaux étudiés (les seuls à ma disposition !) était : 3, 3, 3, 3. C'est là un nombre absolument anormal étant donné que la formule des spinules, chez les autres formes du groupe *serrulatus*, est toujours, pour autant qu'on le sache (ainsi que cela a été mentionné plus haut) : 3, 4, 4, 3. A l'une des deux pattes moyennes (je ne puis malheureu-

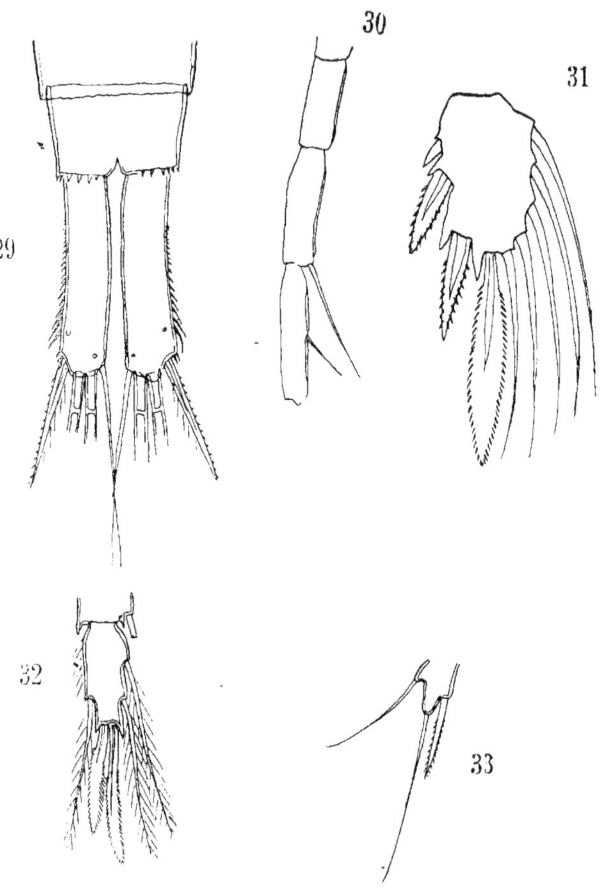


*Eucyclops fragilis* (KIEFER)

FIG. 29. — Furca ♀ en vue ventrale (× 280).
FIG. 30. — Les trois articles terminaux de l'antenne antérieure ♀ (× 280).
FIG. 31. — Article terminal de l'exop. 2 ou 3 (× 440).
FIG. 32. — Article terminal de l'endop. 4 (× 280).
FIG. 33. — $P^5$ ♀ (× 440).

sement pas préciser si c'est à la deuxième ou à la troisième) j'ai encore pu constater de plus au bord externe du dernier article de la branche externe le rudiment supplémentaire d'une quatrième épine (fig. 31). Les proportions de l'article terminal du quatrième endopodite étaient respectivement chez les trois animaux 44 : 20 μ ; 46 : 20 μ et 52 : 21 μ. Les deux spinules terminales présentaient les rapports suivants : 62 : 46 μ, 66 : 52 μ et 66 : 57 μ (fig. 32). La patte rudimentaire est représentée dans la fig. 33. L'épine interne est environ deux fois aussi large que l'une des deux soies. On ne peut malheureusement pas donner de précisions en ce qui concerne l'aspect présenté par le *receptaculum seminis*. La longueur de l'animal était de 0mm 8 environ (les soies terminales non comprises).

Si on compare entre elles les trois espèces *van douwei*, *euacanthus* et *fragilis* on est immédiatement frappé par la grande ressemblance que celle-ci présentent entre elles. Les dimensions relatives des premières antennes et des branches de la furca coïncident à peu près chez les trois espèces. Leurs *serrae* se distinguent des scies de toutes les autres espèces du groupe par la dimension particulière de leurs épines distales. Dans la patte rudimentaire l'appendice interne est grêle et (au moins chez *euacanthus* et chez *van douwei*) ressemble davantage à une soie qu'à une épine. On doit, par conséquent, considérer nos trois espèces comme étant les représentants d'un groupe particulier de la souche des *serrulatus*, lequel semble être propre à l'Afrique équatoriale. En effet on n'a jusqu'à présent décrit dans les parties les plus méridionales de l'Afrique, ni dans les régions situées au Nord du Sahara, ni dans des eaux étrangères à l'Afrique de formes de *serrulatus* pouvant être considérées comme étant plus étroitement apparentées aux trois formes dont il est question ici.

Le groupe très vaste de formes analogues à *serrulatus* constitue une preuve qui témoigne nettement en faveur de ce fait, c'est qu'on a autrefois (et encore aujourd'hui en partie) méconnu complétement les facultés d'évolution des Cyclops d'eau douce en admettant que ce groupe ne renfermait qu'un petit nombre seulement d'espèces, celles-ci étant par contre, pour la plus grande partie cosmopolites. Dès après qu'on a soumis à un examen plus approfondi les formes nouvelles et que les formes anciennes ont été l'objet d'une étude plus attentive, on a constaté l'existence d'un grand nombre de particularités des plus intéressantes. Ces derniers ont montré que l'arbre généalogique des Cyclopidés est plus complexe qu'on ne le pensait, et qu'il mérite une étude plus approfondie que celle dont il avait autrefois été l'objet.

Les bonnes « espèces » des anciens descripteurs, considérées cependant comme étant en partie très variables, apparaissent en réalité être, pour la plupart, des espèces collectives, les groupes de formes qui, en réalité se distinguent entre elles d'une manière, il est vrai, moins frappante. Leurs différences cependant, dans la mesure où il est actuellement possible de les analyser, apparaissent dans la plupart des cas, comme devant être généalogiques, ces espèces devant être par conséquent considérées comme des unités systématiques parfaitement autonomes. C'est ainsi que se réalise immédiatement, sous la contrainte des connaissances nouvelles, une transformation de la notion d'espèce. Cette modification qui affecte un grand nombre de groupes zoologiques se fait également sentir dans ce qui se rapporte à la connaissance des Cyclopidés. La plupart des groupes d'espèces en subissent ici l'effet. Les cycles de parenté des espèces *vernalis*, *languidus*, *varicans* et *leuckarti* en constituent quelques exemples. L'un des meilleurs parmi ceux-ci (outre la parenté des *languidus*) est celui offert par la parenté des formes *serrulatus*. Une révision de ce groupe morphologique paraît être une nécessité urgente. Il y a longtemps déjà qu'elle a été conçue et préparée par l'auteur. Cependant son exécution se heurte encore à des difficultés insurmontables. L'œuvre doit être érigée sur une large base, si elle doit réellement contribuer à éclairer la répartition géographique ainsi que la phylogenèse des nombreuses formes. Ce qui fait avant tout défaut ici, ce sont les matériaux nécessaires. C'est la raison pour laquelle je me suis toujours jusqu'à présent contenté de montrer, par des exemples isolés, de quelle manière la systématique des Cyclopidés doit être poursuivie si elle doit finalement être utilisée, non pas seulement pour la détermination des espèces, mais aussi pour permettre l'étude critique de leur évolution. Je crois ce que Brehm écrivait il y a dix-huit ans déjà — et on ne l'a pas encore répété assez souvent — concernant les formes analogues à *serrulatus* (**4**, p. 10) :

« Es sollte jeder, der exotisches Süsswasser-Material bearbeitet, wenn ihm ein Vertreter der *serrulatus*-Gruppe aus dem Genus *Cyclops* vorliegt, sich nicht damit begnügen, den Fund durch die Notiz « *serrulatus* » abzutun, sondern genau die eventuell vorhandenen Abweichungen von unseren einheimischen Typen feststellen. »

Ceci, bien entendu, s'applique également, dans le même sens, à toutes les autres espèces.

### *Eucyclops prasinus* (Fischer)

Cette espèce, dont d'après Brehm (**3**) quelques exemplaires se trouvaient présents dans le même échantillon que *Eucycl. van douwei*, semble être très répandue et très nombreuse en Afrique équatoriale, autant que j'en puis juger tant par mes propres observations que par les indications fournies par divers auteurs.

### *Ectocyclops phaleratus* (Koch)

Je n'ai trouvé, dans l'échantillon provenant de la rivière Lo, qu'une seule femelle d'une forme pouvant être identifiée à *Ect. phaleratus*. L'animal semblait coïncider par tous ses caractères essentiels, excepté les antennes antérieures, avec les exemplaires d'origine européenne. Ces antennes possédaient 11 articles au lieu de 10. D'après Marsh (**13**), le *phaleratus* de l'Amérique du Nord possède également la plupart du temps des antennes antérieures ayant onze articles. Brehm (**6**) de son côté aurait également trouvé en Asie orientale des individus dont les antennes présentaient douze articles (à côté d'autres en ayant onze). Van Douwe enfin en aurait trouvé, chez des échantillons provenant du Brésil, dont les premières antennes ne possédaient que neuf articles. Des animaux de ce genre me sont également passés sous les yeux. Si, dans tous ces cas, il s'agissait réellement de *phaleratus* typiques à d'autres points de vue, ce dont de prime abord on est toujours autorisé à douter dans une certaine mesure, on se trouverait ici en présence d'un exemple tout à fait extraordinaire de la diminution du nombre des articles antennaires, cas dont on ne connaît pas d'autre exemple chez aucune des autres espèces de Cyclopidés. Il importera donc, dans les recherches futures, de porter particulièrement son attention sur les *phaleratus* qu'on pourra éventuellement rencontrer

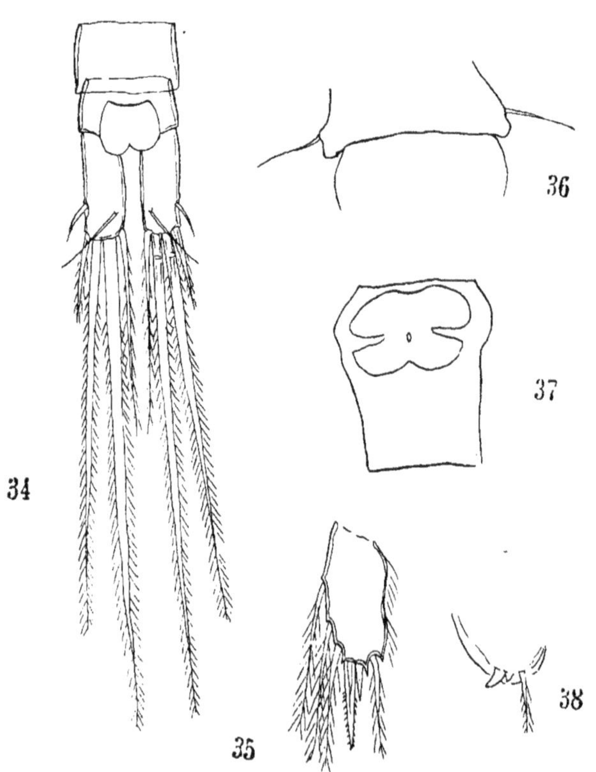


*Cyclops falsus* KIEFER

FIG. 34. — Furca ♀, en vue dorsale (× 280).
FIG. 35. — Article terminal de l'endop. 4 (× 440).
FIG. 36. — Dernier segment thoracique en vue dorsale (× 280).
FIG. 37. — *Receptaculum seminis* (× 280).
FIG. 38. — Ornementation de la valvule génitale ♀ (× 440).

### *Mesocyclops leuckarti* (Claus)

Les échantillons de cette espèce provenant de la rivière Uham peuvent être qualifiés de typiques. *Leuckarti* semble d'ailleurs constituer une espèce collective comprenant diverses formes plus ou moins aberrantes.

### *Mesocyclops hyalinus* (Rehberg)

Parmi les matériaux provenant de la rivière Lo je n'ai trouvé qu'une seule femelle appartenant à cette espèce largement répandue dans l'Afrique tropicale (et, semble-t-il, également aussi en Asie).

### *Cyclops falsus* Kiefer (Fig. 34-38).

J'ai décrit *Cyclops falsus* d'après des animaux recueillis à la Côte de l'Or (**11**) et que Brady (**1**) avait déterminé comme étant ? *Cyclops bicolor*. Quand bien même les proportions des exemplaires provenant du Cameroun ne concorderaient pas absolument avec ceux indiquées pour le type (ce qui n'a rien de surprenant), l'identité des deux formes est cependant hors de doute. Les animaux de la rivière Lo (qui ne comprennent que des femelles) n'ont que 0 mm 6 de longueur. Ils possèdent une branche de la furca qui est 2.7 fois aussi longue que large (46 : 17 μ) ; la soie marginale latérale se trouve un petit peu au-dessous du début du tiers distal. Les soies terminales mesuraient chez l'un de ces animaux, en allant du dedans au dehors, 85, 230, 172 et 34 μ. La plus longue des soies terminales ne présentait pas dans les exemplaires provenant du Cameroun cet aspect caractéristique en forme de lancette, tel qu'on le rencontre dans le type : elles se rétrécissent régulièrement jusqu'à l'extrémité (fig. 34). Les antennes antérieures, par suite d'une division peu marquée du quatrième article, semblent être le plus souvent que 10-articulées. Toutes les branches des pattes natatoires sont formées de deux articles. L'article terminal de la branche interne de la quatrième paire est deux fois plus long que large (36 : 18 μ). Des deux épines droites qui se trouvent à son extrémité, l'interne est environ deux fois plus longue que l'externe (24 : 10 μ) (fig. 35). La patte rudimentaire, 1-articulée est extrêmement petite. Elle est garnie d'une soie à son extrémité. Existe-t-il, à son bord interne, une fine spinule comme on l'a déjà observée chez *Cyclops bicolor* SARS, c'est ce qu'il ne m'a malheureusement pas été possible d'établir (fig. 36). Le *receptaculum seminis* revêt la forme représentée dans la fig. 37 (celle-ci a été, en réalité, exécutée d'après un exemplaire conservé). On voit l'ornementation de la valve génitale dans la figure 38.

*Cyclops falsus* est très étroitement apparenté à *C. bicolor*. Il s'en distingue cependant nettement par la longueur des branches de la furca (qui chez *bicolor* typique est de 4 à 5 fois plus longue que large) et par l'armature du quatrième article de la branche interne. Chez *bicolor* notamment, parmi les deux spinules qui se trouvent à l'extrémité de cet article, l'épine externe présente à peine 1/4 de la longueur de l'interne, tandis que chez *falsus*, ainsi que nous l'avons dit plus haut, l'épine externe est presque moitié aussi longue que l'autre. *C. falsus* semble n'être pas rare sur la côte occidentale d'Afrique. En effet, outre son habitat original sur la Côte de l'Or, et le Cameroun, je l'ai également rencontré au Togo.

### *Cyclops subaequalis* nov. spec.
(Fig. 39-40)

J'ai déjà indiqué plus haut que je considère également *Cyclops varicans* comme constituant une espèce collective. Si, notamment, on compare entre eux des animaux provenant des régions du globe les plus diverses, formes qui d'après la systématique en usage jusqu'à maintenant devraient être qualifiés de *varicans*, on est bientôt frappé par ce fait, c'est qu'il est impossible que ces *varicans* soient identiques entre eux. Comme type de l'espèce *varicans* j'accepte la forme décrite et figurée par G. O. SARS dans son grand ouvrage sur les Crustacés de Norvège (**17**). Cet auteur devait en effet avoir finalement reconnu sa propre espèce d'une manière exacte. Or, ce *varicans* possède l'article terminal de la branche interne de la quatrième paire des épines relativement courtes.

La longueur de l'article se comporte notamment par rapport à la plus grande des deux épines approximativement comme 1, 67 : 1 (mesure prise sur la figure de Sars !). Quand on établit ce rapport « article terminal : épine terminale interne » chez les individus *varicans* d'origines différentes, on obtient alors deux séries distinctes. Chez les animaux de la première série le rapport en question correspond approximativement à celui des formes originaires de Norvège

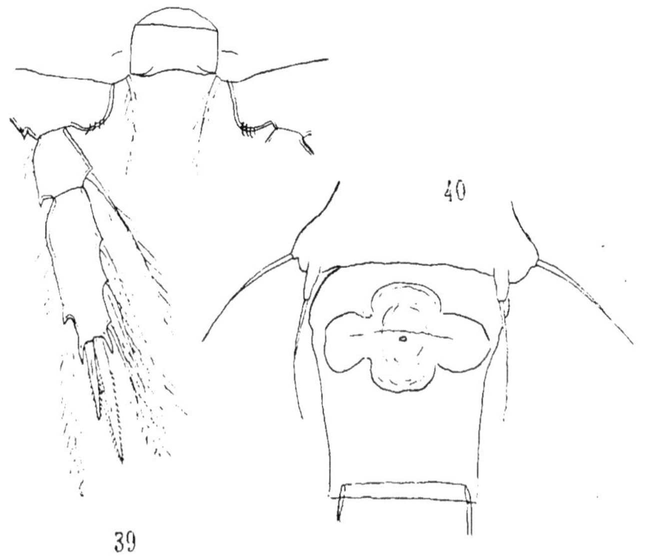


*Cyclops subaequalis* nov. spec.

Fig. 39. — Endop. 4 (× 280).
Fig. 40. — $P^5$ et *receptaculum seminis* (× 280).

décrites par Sars, ou bien l'épine est encore notablement plus courte comparée à l'article ; dans l'autre groupe, par contre, l'épine est notablement plus longue ; elle peut même atteindre presque la longueur de l'article lui-même. Il existe, entre les extrémités opposées de ces deux séries de formes une lacune notable, en ce qui concerne le rapport en question, autant qu'il m'a été jusqu'à maintenant permis d'en juger. Dans quelle mesure existe-t-il encore d'autres différences ? Nous réserverons à des recherches ultérieures le soin de l'établir. Dans tous les cas il apparaît clairement que les animaux des deux séries peuvent être, sans difficulté, séparés les uns des autres, et que, pour cette raison même, ils doivent l'être. Je n'hésite pas à accorder une valeur spécifique à la forme « longispine ». Elle doit, en raison de sa grande ressemblance avec l'espèce de SARS, être considérée comme type, et désignée sous le nom de *Cyclops subaequalis* n. sp.

Ce *C. subaequalis* fait partie de la faune du Cameroun. J'en ai rencontré de rares exemplaires (des femelles seules) dans l'échantillon provenant de la rivière Uham. Ils mesurent environ 0 mm 76, les soies terminales non comprises. Les branches de la furca sont environ 3,15 fois aussi longues que larges. La soie marginale latérale s'insère un peu en dessous du début du tiers distal. Les soies terminales mesurent, de dedans en dehors, 57, 360, 300 et 54 µ. Les antennes antérieures, 12-articulées, s'étendent tout juste jusqu'au bord antérieur du premier segment de la division antérieure du corps. Les pattes natatoires ne présentent naturellement que des branches composées de deux articles. Le rapport de la longueur à la largeur de l'article terminal de la branche interne de la quatrième paire est 2,65 : 1 (69 : 26 µ) ; le rapport des deux épines terminales est de 1,66 : 1 (60 : 35 µ) ; celui de l'article et de la plus longue épine est 1,15 : 1 (69 : 60 µ). La patte rudimentaire, 1-articulée, est représentée dans la figure 40. Je crois avoir aperçu une spinule extrêmement fine au milieu de son bord interne. Le *receptaculum seminis* se reconnaissait encore passablement bien chez l'un de ces petits animaux. Il présentait la forme représentée dans la figure 40.

En dehors du Cameroun, je connais également *Cyclops subaequalis* en Suède et au Cap. L'aire de son extension (pour une très grande partie tout au moins) se confond donc avec celle de *C. varicans* SARS proprement dit.

### *Cyclops davidi* CHAPPUIS
(Fig. 41-43)

*Cyclops davidi* décrit par CHAPPUIS (**6**) du Soudan, constitue une autre forme de la famille *varicans*. Il se caractérise par les branches très courtes de sa furca, l'armature terminale de la quatrième branche interne et par la morphologie de sa cinquième patte qui n'est fournie que d'un seul article. J'ai trouvé, parmi les matériaux rapportés par MONOD du Cameroun (échantillons provenant du lac volcanique Nfou), un *Cyclops* pouvant être qualifié de *C. davidi*. L'amabilité de M. le Dr. P. A. CHAPPUIS m'ayant permis de connaître l'exemple typique de *C. davidi*, il m'a été facile d'établir avec certitude l'identité des deux formes.

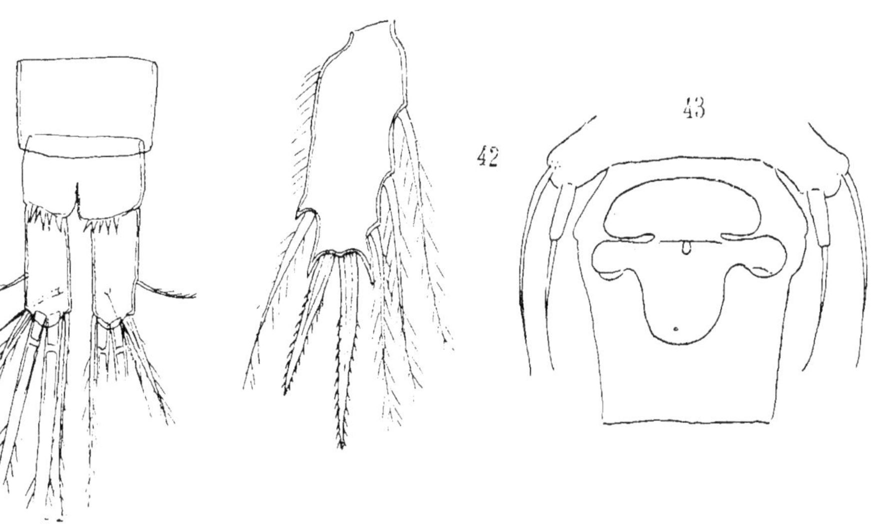


*Cyclops davidi* CHAPPUIS

FIG. 41. — Furca, en vue ventrale (× 280).
FIG. 42. — Article terminal de l'endopodite 4 (× 440).
FIG. 43. — $P^5$ et *receptaculum seminis* (× 280).

Les branches de la furca sont 2,4 fois plus longues que larges ; leurs soies terminales se comportent, de l'intérieur à l'extérieur, dans le rapport 90 : 400 : 300 : 58 μ. Il n'y a, au-dessus de la base de chaque branche de la furca du côté ventral, que 5 fortes spinules situées au bord postérieur du dernier segment abdominal (fig. 41). Les rapports de l'article terminal de la quatrième branche interne sont les suivants : article : 2,25 : 1 (63 : 28 μ) ; épines : 1, 33 : 1

(57 : 43 μ) ; article : épine : 1,1 : 1 (63 : 67 μ) (fig. 42). L'article de la patte rudimentaire présente la gracilité caractéristique (fig. 43). Il ne m'a pas été possible de constater la présence d'une spinule au bord interne ni dans l'original provenant du Soudan ni chez les animaux du Cameroun. La forme du *receptaculum seminis* se trouvait très bien conservée (fig. 43). La longueur de l'animal, les soies terminales non comprises, s'élevait à 840 μ.

*Canthocamptus kamerunensis* nov. spec.
(Fig. 44-48)

La préparation au mastic qui contenait le *Diaptomus processifer* provenant du lac Eboga (Manengouba) (Monod *leg.*) renfermait également une seule et unique femelle de *Canthocamptus*. Après avoir été dégagée de la préparation par dissolution du mastic, et soumise à l'analyse, cette forme se révèle comme étant une espèce nouvelle. Le rostre présente une longueur moyenne. Il est mousse. Les bords antérieurs des segments du corps, à l'exception du dernier, sont garnis de fines dentelures à leur partie dorsale. Les segments abdominaux présentent l'ornementation suivante : *Partie ventrale* : le 1$^{er}$ et le 4$^{e}$ segments sont lisses ; le 2$^{e}$ et le 3$^{e}$ sont garnis chacun d'une rangée de longs aiguillons interrompue, dans le 3$^{e}$, par une large bande qui en est dépourvue ; *partie latérale* : le 1$^{er}$ et le 3$^{e}$ segments sont garnis de longs aiguillons ; le segment anal n'en porte que deux de dimension légèrement plus petite ; *partie dorsale :* absence de rangées de longs aiguillons ou d'épines ; par contre on remarque au point de jonction des deux anneaux qui forment le segment génital, une courte série de spinules s'étendant de chaque côté jusqu'au milieu de la région dorsale ; en outre tous les segments abdominaux présentent de nombreuses rangées de poils fins. L'opercule anal, de forme cintrée, est garni à son bord libre d'un grand nombre de fines spinules. L'une des branches de la furca, qui est environ moitié plus longue que large, présente une forme conique. L'ornementation n'en avait malheureusement pas été conservée intacte (fig. 44). Une chose remarquable c'est la géniculation des courtes soies terminales à la face externe de leur base

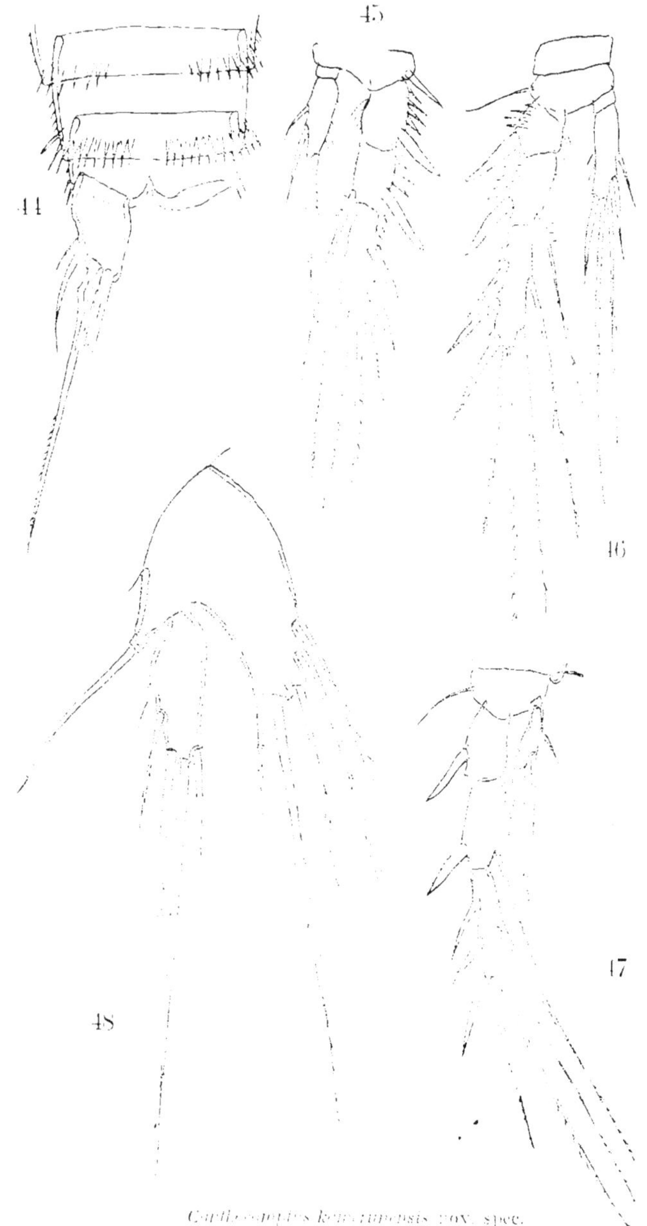


*Canthocamptus [illegible]nensis* nov. spec.

Fig. 44. — Partie postérieure de l'abdomen et une des branches furcales, en vue ventrale (× 280).

Fig. 45. — $P^2$ (× 280).

Fig. 46. — $P^3$ (× 280). A l'article terminal de l'endopodite de l'autre patte, le bord interne présente une soie de plus.

Fig. 47. — $P^4$ (× 280). A l'article terminal de l'endopodite de l'autre patte, le bord interne présente une soie en moins.

Fig. 48. — $P^5$ (× 440).

(comme chez *Canth. crassus* SARS). Chaque branche présente du côté dorsal une crête chitineuse longitudinale terminée par une pointe dentiforme. Les antennes antérieures, 8-articulées, portent au quatrième une tige sensorielle grêle qui s'étend jusqu'à l'extrémité de l'antenne. La branche accessoire de la deuxième antenne, 1-articulée, est garnie de quatre soies. Les branches externes des quatre premières paires de pattes sont 3-articulées. Parmi les branches internes, celle de la première paire est également 3-articulées, les autres, par contre, seulement 2-articulées. La branche interne de la première paire est grêle. Son article terminal est plus long que celui de la branche externe. La structure des autres paires de pattes (y compris la patte rudimentaire) se reconnaît très bien sur les figures ci-jointes (fig. 45-48).

*Canthocamptus kamerunensis* n. sp. appartient au groupe spécifique qualifié par BREHM de *Chappuisiella*. Parmi les nombreuses formes de ce groupe, c'est *Canth. schröderi* v. DOUWE qui présente la plus grande ressemblance avec notre espèce. *Canth. schröderi* n'est connu jusqu'à maintenant que dans le Victoria Nyanza (VAN DOUWE in « Zoolog. Anzeiger », Bd. 45, 1915).

Ce qui est également fort remarquable, c'est que le premier *Canthocamptus* de l'Afrique de l'Ouest, qui ait été connu avec précision, a dans une forme orientale un type apparenté qui lui ressemble très étroitement (il en est de même pour divers *Cyclops* ainsi que pour les Diaptomidés ; voir plus loin).

## Remarques zoogéographiques

Ce qu'on connaît jusqu'à maintenant des Copépodes libres de l'Afrique orientale se réduit à quelques échantillons isolés. Ceci est relativement peu de chose si on considère l'étendue de cette région. Néanmoins ce petit nombre est relativement élevé par comparaison à ce qu'on connaît de la faune des Copépodes de l'Afrique de l'ouest, et plus particulièrement de celle de l'Afrique centrale. Il a été possible, en ce qui concerne l'Afrique orientale, d'étudier les récoltes abondantes faites par diverses expéditions importantes.

Par contre, les Copépodes de l'Afrique occidentale n'ont pas été recueillis jusqu'à maintenant, ou tout au moins n'ont pas été étudiés. Le peu qu'on connaît des Copépodes de l'Afrique occidentale en dehors du Cameroun, est rapidement énuméré.

C'est à DE GUERNE et RICHARD que nous devons les premières indications. En 1890 ils ont décrit le *Diaptomus loveni* provenant du bassin du Congo français, au sud de l'équateur (**9**). Deux années plus tard ils purent faire connaître les premiers *Cyclops* du Sénégal, provenant de la région de Rufisque (**10**). Les échantillons en question comprenaient les formes suivantes :

*Cyclops leuckarti* CLAUS.
— *hyalinus* REHBERG.
— *serrulatus* FISCHER (d'après ce que nous avons dit plus haut, concernant le groupe des *serrulatus*, cette détermination est absolument inutilisable.)
— *pentagonus* VOSSELER (=*Eucyclops prasinus* FISCH.).
*Acartia clausi* GIESBRECHT.

Les travaux de GRAHAM et BRADY (**1**, **2**, **8**) furent publiés quinze années plus tard. Ceux-ci mentionnent les formes suivantes provenant du territoire de la Côte de l'Or et de la Nigérie septentrionale :

*Cyclops bicolor* SARS
— *varicoides* n. sp.
— *longistylis* n. sp.
— *virescens* n. sp.
— *phaleratus* KOCH.
— *leuckarti* CLAUS.
— *simillimus* n. sp.
— *nigeriae* n. sp.
— *brevipes* n. sp.
*Diaptomus innominatus* n. sp.
— *nigerianus* n. sp.
*Attheyella africana* n. sp.

Les descriptions et les figures données par BRADY de ce nombre important d'espèces nouvelles sont cependant si défectueuses et en partie même si notoirement inexactes, qu'elles ne permettent pas de déterminer les animaux en question. Ces travaux sont donc pour ainsi dire sans valeur. Je me suis efforcé de me procurer par l'intermédiaire du « British Museum » de Londres, une petite partie tout au moins des matériaux étudiés si superficiellement par BRADY. Il m'a été possible de soumettre à un nouvel examen les « espèces » suivantes :

| | | |
|---|---|---|
| *Cyclops simillimus* | = | *Mesocyclops leuckarti* CL. |
| — *virescens* | = | *Eucyclops prasinus* FISCH. |
| — *varicoides* | = | » » » |
| — *longistylis* | = | *Eucyclops gibsoni* BRADY. |
| — *nigeriae* | = | Copépodite indeterminable. |
| — *brevipes* | = | » » |
| — *bicolor* | = | *Cyclops falsus* KIEFER. |

Le résultat surprenant de cette révision c'est que l'ensemble des « espèces » décrites par BRADY, comme étant nouvelles, se compose donc soit d'animaux n'ayant pas encore atteint leur maturité, ou bien de formes déjà connues antérieurement. Par contre, la seule forme identifiée à une espèce connue est la seule qui se soit révélée comme étant réellement nouvelle.

Les deux *Diaptomus* et l' *Attheyella* sont absolument incertaines. Il se pourrait que *D. nigerianus* soit identique à *D. galebi* BARROIS, étant donné que BRADY signale sa ressemblance étroite avec *D. galeboides* de l'Afrique orientale.

Si nous faisons encore entrer en ligne de compte les travaux de BREHM (**3, 4**) mentionnés déjà au début, ainsi que mes deux mémoires (**11, 12**) nous aurons alors énuméré tout ce qui a été écrit jusqu'à présent concernant les Copépodes libres de l'Afrique occidentale. En ce qui concerne les Copépodes du centre de l'Afrique je ne connais rien en dehors d'un échantillon provenant de la région de Stanleyville, qui m'a été envoyé par M. le Prof. V. BREHM, et qui comprenait une grande quantité de *Mesocyclops hyalinus* REHBERG (1).

Dans la liste qui a été donnée ci-dessus des Eucopépodes du Cameroun, nous n'avons donc à ajouter que *Diaptomus loveni* G. et B. et *Eucyclops gibsoni* BRADY (que j'ai pu également déterminer dans un échantillon du Togo), afin qu'elle puisse constituer un index de touts des Copépodes libres d'eau douce de l'Afrique occidentale qui, jusqu'à maintenant, ont été l'objet d'une détermination certaine.

Si nous comparons cette faune des Copépodes de l'Afrique occidentale à celle de l'Afrique orientale (en ne prenant naturellement pas en considération les formes qui, bien que communes à ces deux parties de l'Afrique se rencontrent cependant également dans d'autres régions du globe), il apparait alors déjà très clairement qu'un nombre considérable de formes semble être propres à toute l'Afrique équatoriale. On les rencontre, en effet, aussi bien dans l'ouest que dans l'est *(Diaptomus galebi, Eucyclops agiloides, euacanthus, gibsoni, Cyclops davidi)*. Parmi les six espèces, connues seulement de l'Afrique occidentale, il est de nouveau deux formes qui sont étroitement apparentées à *Eucyclops euacanthus (van douwei* et *fragilis)*. Ainsi que nous l'avons dit, elles représentent avec celle-ci un sous-groupe de la souche des *serrulatus* limitée à l'Afrique tropicale. *Diaptomus processifer* et *Canthocampus kamerunensis* semblent également présenter des affinités étroites avec des formes orientales. Peut-être les quatre espèces en question seront-elles découvertes un jour dans une région plus orientale de l'Afrique équatoriale, et celles de l'est, inversement, se trouveront-elles plus à l'ouest. Que ceci se réalise dès que les régions situées des deux côtés de l'équateur, encore inexplorées en ce qui concerne les Copépodes, seront enfin connues, c'est ce dont on ne saurait douter. Et s'il apparaissait alors que la faune des Copépodes de l'Afrique de l'est et de l'Afrique de l'ouest présente un plus grand nombre de caractères communs les distinguant des faunes d'autres régions, les Cyclopidés participeraient alors dans une large mesure à ce résultat. Ceci

(1) Le territoire du Sud-Ouest africain allemand n'a pas été pris en considération ici.

constituerait alors, un exemple nouveau et imposant de ce fait, que cette famille de Copépodes est bien susceptible d'être utilisée au point de vue biogéographique, lorsqu'on sera arrivé à distinguer avec plus de précision que ce n'est actuellement le cas, les innombrables formes qui la constituent.

La courte liste ne comportant que 17 Copépodes libres d'eau douce pour toute l'étendue immense de l'Afrique de l'ouest montre, plus clairement que toute autre chose, combien notre connaissance de ce domaine est encore insuffisante en ce qui concerne les Copépodes. Je me permettrai donc, en matière de conclusion, de faire appel à tous les zoologistes susceptibles de recueillir des collections dans l'Afrique équatoriale, de consacrer également leur attention, dans la mesure où cela leur sera possible, aux Copépodes de cette région.

# INDEX BIBLIOGRAPHIQUE

(1) BRADY (G. S.). Notes on Dr. Grahams collection of Cyclopidæ from the African Gold Coast. *Ann. Trop. Med. Parasit.* Liverpool, v. I, 1907 08, p. 123 ff.

(2) — On some species of Cyclops and other Entomostraca coll. by Dr. J. M. Dalziel in Northern Nigeria. *Ibidem.* v. IV, 1910, p. 239 ff.

(3) BREHM (V.). Zur Kenntnis der Copepoden-Fauna von Deutsch-Kamerun. *Zool. Anzeiger.* Bd. 34, 1909, p. 799 f.

(4) — Ein neuer Cyclops aus Deutsch-Kamerun. *Arch. f. Hydrobiologie*, Bd. 5, 1910, p. 6 ff.

(5) CHAPPUIS (P. A.). Zoolog. Resultate der Reise von Dr. P. A. Chappuis an den oberen Nil. I. Copepoden. *Revue Suisse de Zoologie.* v. 29, 1922, p. 157 ff.

(6) BREHM (V.). Bericht über die von Dr. H. Weigold in China gesammelten Kopepoden und Ostracoden. Hydrobiolog. Beiträge aus China nach den Sammlungen Dr. H. Weigolds, p. 329 ff.

(7) VAN DOUWE (C.). Zur Kenntnis der Süsswassercopepoden von Brasilien. *Arch. f. Hydrobiologie.* Bd. VII, 1912, p. 309 ff.

(8) GRAHAM (W. M.). A description of some Gold Coast Entomostraca. *Ann. Trop. Med Parasit.* Liverpool, v. I, 1907 08, p. 417 ff.

(9) DE GUERNE (J.) u. RICHARD (J.). Diagnose d'un Diaptomus nouveau du Congo. *Bull. Soc. Zool. France.* 1890, v. XV, p. 177 ff.

(10) — — Cladocères et Copépodes d'eau douce des environs de Rufisque. *Mem. Soc. Zool. France.* v. V, 1892, p. 526 ff.

(11) KIEFER (F.). Diagnosen neuer Süsswasser-Copepoden aus Afrika. *Zool. Anzeiger.* Bd. 66, 1926, p. 262 ff.

(12) — Beiträge zur Copepodenkunde (IV). Ebenda, Bd. 69, 1926, p. 21 ff.

(13) MARSH (C. D.). A Revision of the North American Species of Cyclops. *Trans. Wisc. Acad. Sci., Arts, Letters*, v. 16, 1910, p. 1068 ff.

(14) MRAZEK (A.). Copepoden, in : « Deustch-Ost-Afrika », Bd. 4, Berlin 1895, p. 1 ff.

(15) RICHARD (F). Copépodes recueillis par M. le Dr Th. Barrois en Égypte, en Syrie et en Palestine. *Revue biol. du Nord de la France*, v. 5, 1892-93.

(16) SARS (G. O.). Zoolog. Results of the Third Tanganyika Expedition. Report on the Copepoda. *Proc. Zool. Soc.* London, 1909, p. 31 ff.

(17) — An Account on the Crustacea of Norway. Copepoda Cyclopoida, v. VI, Bergen 1918.

# CRUSTACEA II

*Copepoda parasitica*

par ALEXANDRE BRIAN

(Gênes)

---

*Note du rédacteur.* — Je crois utile de donner quelques renseignements sur l'habitat des hôtes des Copépodes décrits plus loin.

*Synaptura lusitanica* CAPELLO, *Cynoglossus gorcensis* STEIND., *Lobotes surinamensis* BL., et *Trachynotus falcatus* LINNÉ ont été examinés dans la baie de Douala, à Souelaba et à une saison où l'eau de la baie est à peu près douce (densités : 15. XI. 25 : 1003-1004 ; 25. XI. 25 : 1002-1003 ; 30. XI. 25 : 1015-1004 ; 16. XII. 25 : 1004). Ces poissons, bien qu'ils puissent pénétrer dans les eaux douces estuarines doivent cependant être considérés comme des formes marines douées d'une euryhalinité très étendue.

*Pseudotolithus typus* BLEEKER a été recueilli à Kribi, sur la côte maritime du Cameroun, dans des eaux déjà plus salées que celle de Souelaba (densité : 1008-1012).

Le *Polypterus* d'Afade enfin est une forme tout à fait dulcaquicole.

TH. MONOD.

Sur les crustacés parasites habitant les poissons d'eau douce de l'Afrique, nous trouvons quelques renseignements dans des publications qui ont eu surtout pour but l'étude de la faune du Lac Tanganyica. C'est dans ce grand lac que M. CUNNINGTON en 1904-1905 a découvert un certain nombre de Lernéens et de Branchiures qu'il a illustré dans deux ouvrages séparés (1, 2). M. SARS s'est occupé de la description des *Ergasiloides* provenant de ce même Lac (4). M. THIELE bien auparavant avait illustré une espèce africaine d'*Argulus* recueillie dans différentes localités du Continent noir (5, 6), mais qui a été aussi retrouvée au Lac Tanganyica (1). Aucune recherche n'avait été encore faite dans l'Afrique équatoriale française pour ce qui concerne les Copépodes parasites, et si j'ai l'honneur de présenter la description de quelques espèces nouvelles provenant du Cameroun, c'est grâce à l'admirable activité scientifique de mon savant collègue M. le Dr THÉODORE MONOD qui a bien voulu me confier pour l'examen les espèces qui sont l'objet de la présente note. Parmi ces formes il y en a une qui avait été illustrée par M. CUNNINGTON avec le nom de *Lernaea (Lernaeocera) haplocephala*, les autres appartiennent au genre *Ergasilus* et *Argulus*, et sont vraisemblablement des espèces nouvelles. Les copépodes du genre *Ergasiloides* décrits par M. SARS, provenant du Lac Tanganyika, ne peuvent se confondre avec le genre typique *Ergasilus*, car leur urosoma, dans les deux sexes, est composé par un nombre très réduit de segments. L'espèce nouvelle de ce genre que je décrirai ici dans tous les détails, se reconnaît parmi les 16 espèces enregistrées par les auteurs, par ses remarquables dimensions, puisque sa longueur atteint 1 mm 53 et pourra être classée parmi les formes de ce genre les plus volumineuses. On peut la rapprocher de l'*Erg. versicolor* WILSON qui atteint 1 mm 56 de longueur. Et même par certains de ses caractères elle ressemble beaucoup à l'espèce nord américaine, mais le céphalothorax dans celle-ci, est plus arrondi sur le bord frontal, les antennes crochues sont un peu moins développées, les antennules ont le deuxième article plus allongé, bref la ressemblance entre les deux espèces n'est, selon moi, que superficielle. A l'égard des deux *Argulus* qui ont été mis à ma disposition, c'est en vain que j'ai cherché de les identifier avec quelques-unes des 8 espèces que nous connaissons provenant de l'Afrique centrale. Je pense qu'on a à faire avec deux espèces nouvelles. Malheureusement la description restera quelque peu incomplète, car je n'ai pu examiner seulement qu'un ♂ pour une espèce et qu'une ♀ pour l'autre ; et les deux spécimens me semblent n'avoir pas atteint tout à fait leur parfaite maturité sexuelle.

## DESCRIPTION DES ESPÈCES

### *Ergasilus Monodi* n. sp. (1)

(Fig. 1-14)

*Femelle adulte.* — Longueur totale du corps 1mm30 - 1mm53 ; avec les sacs ovifères 2-2mm80. Un grand nombre de spécimens recueillis à Souelaba, baie de Douala sur les branchies de *Lobotes surinamensis*, (30-XI-25) : de *Synaptura lusitanica* (16-XII-25) ; de *Cynoglossus goreensis*, (15-XI-25). D'autres échantillons ont été capturés sur les branchies d'une autre *Synaptura.*

Le corps pyriforme relativement allongé est graduellement plus étroit de l'avant en arrière, terminant avec un post-abdomen brusquement rétréci. La région antérieure ou céphalothorax est très développée en longueur et sa longueur est plus que la moitié longueur totale du corps. Son bord frontal est presque droit ou légèrement arrondi, ses bords latéraux sont presque parallèles et faiblement sinueux. Un petit étranglement de chaque côté semble diviser le céphalothorax en deux portions, une plus longue antérieure et une autre plus courte postérieure, il n'existe pourtant aucune trace de démarcation sur la face dorsale.

Le céphalothorax est suivi par les trois segments du thorax très distincts l'un de l'autre, et chacun est pourvu de lames épimérales largement arrondies. Le quatrième segment thoracique portant les pattes natatoires rudimentaires de la cinquième paire, est presque fusionné avec le segment génital, ou il en est très imparfaitement séparé. Le premier segment du thorax est plus étroit que le céphalothorax et les deux autres vont diminuant progressivement de largeur. La longueur de tous les trois pris ensemble n'atteint que la moitié longueur du céphalothorax voir la quatrième partie de la longueur de tout le corps. Le segment génital est peu renflé et sa

(1) Dédiée à M. Théodore Monod.

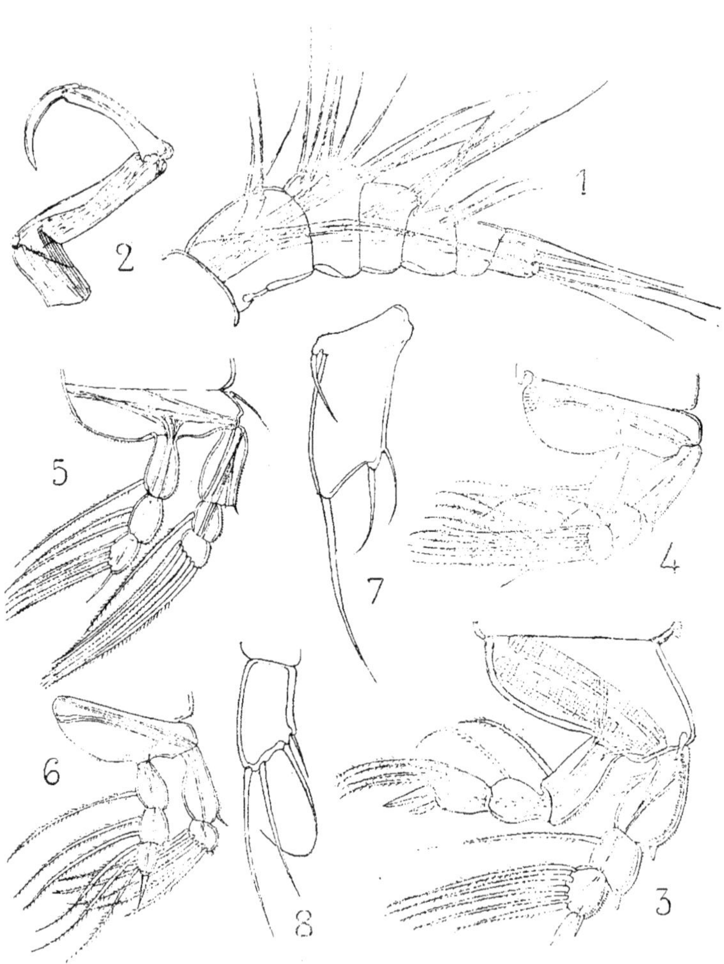


FIG. 1-8. Antennule d'*Ergasilus Monodi* n. sp., paras. de *Lobotes*. 2. Antenne du même. 3. Première paire de pattes nat. d'un spécimen d'*Ergasilus Monodi* paras. de *Synaptura*. 4. Deuxième paire de pattes du même spécimen. 5. Troisième paire de pattes du même spécimen. 6. Quatrième paire de pattes du même spécimen. 7. Cinquième paire de pattes d'un spécimen d'*Ergasilus Monodi* parasite de *Cynoglossus*. 8. Cinquième paire de pattes d'un spécimen d'*Ergasilus Monodi* parasite de *Synaptura*.

longueur est un peu supérieure à celle des trois segments successifs de l'abdomen mesurés conjointement. Les lamelles caudales sont presque sub-quadrangulaires, c'est-à-dire aussi longues que larges et rappellent la forme de la furca de *Ergasilus versicolor* Wilson. Elles ne sont pas divergentes et portent trois soies très inégales en longueur. Seulement l'interne apicale est très fortement développée, atteignant la longueur environ des 5 derniers segments du corps.

Les antennules sont 6-articulées avec des articles très épais et relativement courts, décroissant d'ampleur de la base à l'extrémité libre et tous densement sétifères. Les antennes crochues sont puissantes et extraordinairement développées en longueur : l'article basal, très épais, forme géniculation avec l'article moyen, celui-ci est allongé, droit, presque cylindrique et terminé par une puissante griffe.

Les mandibules petites et chitineuses sont armées à leur extrémité de deux appendices poilus, allongés, mouvables à la façon de griffes. Un troisième appendice presque semblable est inséré sur elles, un peu inférieurement. La mâchoire est représentée par une petite lame avec une forme que je n'ai pas pu bien définir, et portant deux épines. Les maxillipèdes I ont une grande lame basilaire, de forme presque sub-triangulaire avec angles et un des côtés arrondis, terminant par un appendice ovoïde densement poilu à la façon d'une volumineuse griffe. Les maxillipèdes II sont absents dans la femelle. Les pattes natatoires ont la portion basilaire assez développée, et portent des rames relativement courtes, et à peu près, de même longueur que le segment qui les soutient Les épines de l'exopodite sont très petites et peu visibles dans certains articles, ou manquent tout à fait (comme on constate dans le deuxième article de la deuxième et troisième paire). Elles sont bien évidentes seulement sur l'exopodite de la première paire de pattes natatoires. Les articles terminaux de toutes ces pattes sont des petites lamelles de forme ovalaire ou arrondie, qui sont pourvues de longues soies marginales pressées densement les unes avec les autres. Toutes les appendices natatoires ont les deux rames tri-articulées sauf la quatrième paire qui montre l'exopodite bi-articulée. La cinquième paire de pattes, au contraire, (ce qui est caractéristique pour le genre), est très rudi-

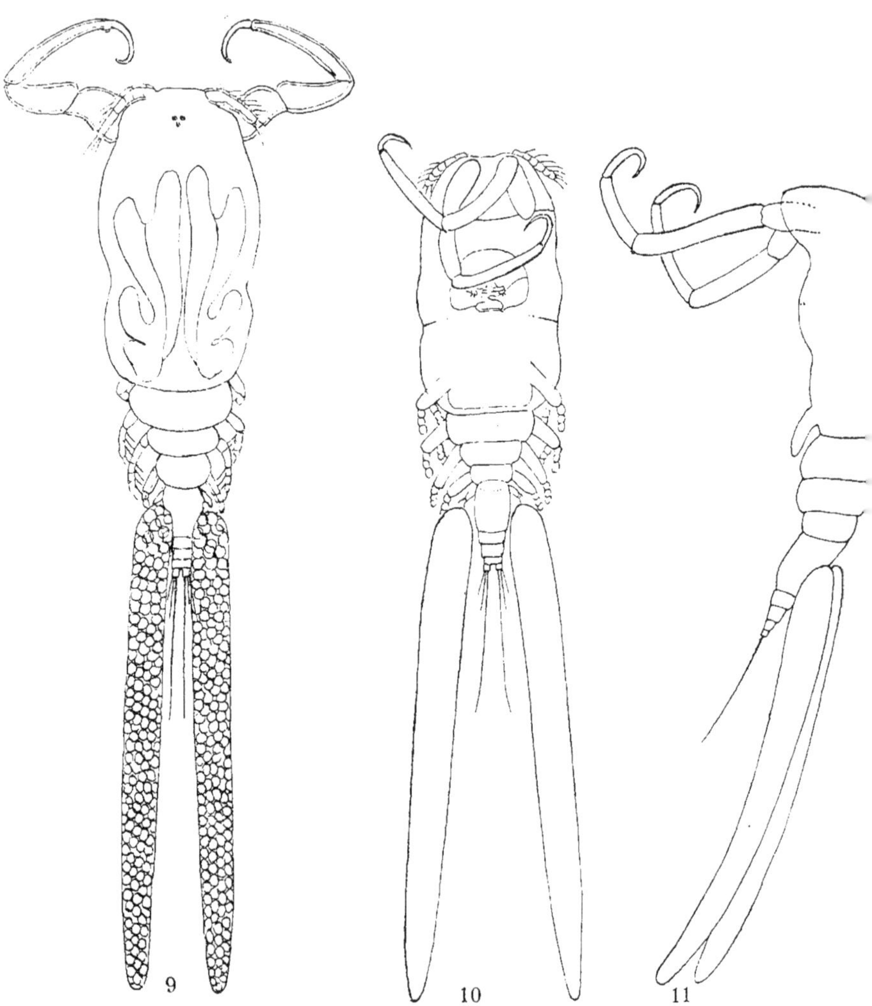

Fig. 9-11. — 9. *Ergasilus Monodi* ♀ vu de la face dorsale. 10 Un autre spécimen de *E. monodi* ♀ vu de la face ventrale. 11. Un troisième spécimen d'*E. monodi* ♀ vu de côté. (Tous ces spécimens sont parasites de *Synaptura*).

mentaire et n'est représenté que par une lamelle d'aspect sub-trapézoïdal, soutenue par une courte portion basilaire, et portant plusieurs soies terminales suffisamment allongées et de différente longueur. On compte 4 de ces soies dans les spécimens recueillis sur la *Synaptura lusitanica* et 3 soies seulement dans les autres spécimens (1). C'est celle-ci, peut-être la seule différence qu'on peut remarquer dans la structure des appendices parmi les Ergasiliens provenant d'hôtes si variés de Cameroun. Nous indiquerons dans le tableau suivant pour chaque article des 5 paires de pattes, le nombre des soies et des épines. On verra qu'il n'y a pas de différence entre le nombre des soies dans notre espèce et dans des formes européennes connues depuis longtemps, comme par exemple dans l'*Erg. sieboldi*.

| Rames des pattes natatoires | Articles des pattes natatoires | 1re paire | | 2e paire | | 3e paire | | 4e paire | | 5e paire |
|---|---|---|---|---|---|---|---|---|---|---|
| | | soies | épines | soies | épines | soies | épines | soies | épines | soies |
| Exopodite | 1er article..... | — | — | 1 | — | 1 | — | 1 | — | 3 ou 4 |
| | 2e » ..... | 1 | — | 1 | — | 1 | — | 3 | 1 | — |
| | 3e » ..... | 5 | 2 | 6 | — | 3 | 1 | — | — | — |
| Endopodite | 1er article..... | 1 | — | 1 | — | 1 | — | 1 | — | — |
| | 2e » ..... | 1 | — | 1 | — | 2 | — | 2 | — | — |
| | 3e » ..... | 4 | 2 | 4 | 1 | 4 | 1 | 3 | 1 | — |

Nous avons déjà précédemment indiqué l'*habitat* et le nom des différents poissons qui hébergent notre espèce d'*Ergasilus*. Je pourrai ajouter que c'est dans la *Synaptura lusitanica* que M. Monod a trouvé de beaux spécimens de grande taille, de 1 mm 53 environ de longueur avec des sacs ovifères très développés et remplis d'une quantité innombrable d'œufs très petits. Un autre exemplaire recueilli sur *Lobotes surinamensis* arrivait aussi à 1 mm 5 de longueur.

(1) Une autre soie existe en plus, dans certains spécimens, à l'extérieur de la portion basilaire.

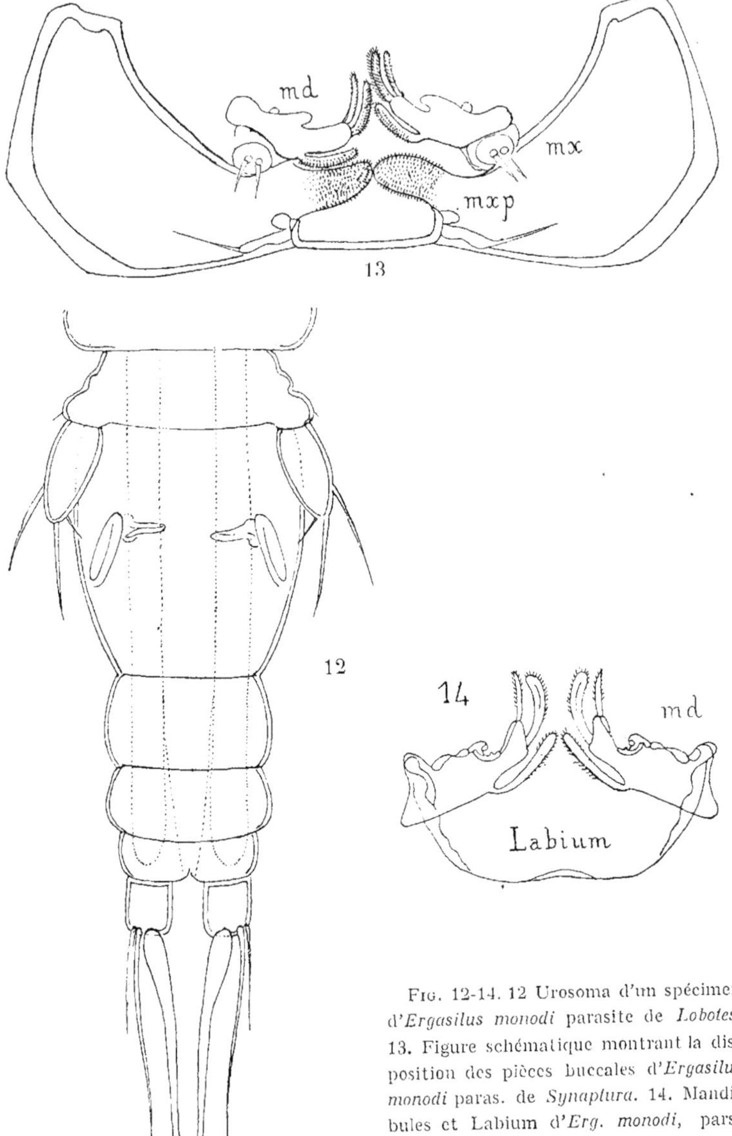


Fig. 12-14. 12 Urosoma d'un spécimen d'*Ergasilus monodi* parasite de *Lobotes*. 13. Figure schématique montrant la disposition des pièces buccales d'*Ergasilus monodi* paras. de *Synaptura*. 14. Mandibules et Labium d'*Erg. monodi*, pars. de *Synaptura*.

### *Argulus trachynoti* n. sp. ♀
(Fig. 15-19)

Un spécimen ♀ : longueur du corps $7^{mm}5$ : longueur de la carapace 5 millimètres environ. Fixé antérieurement sur l'opercule de *Trachynotus falcatus* LINNÉ. 25-XI-25. Souelaba, baie de Douala.

Carapace elliptique plus longue que large, avec une longueur qui est environ 1/3 supérieure à sa largeur. On n'aperçoit pas de *sinus* postérieur, il y a à peine une légère incision. L'abdomen d'aspect plutôt trapus, 1/4 environ plus long que large, montre des côtés amplement courbés et un sinus anal qui dépasse de quelque peu le centre. Sa largeur représente à peu près les 3/4 de sa longueur. Les deux lobes postérieures sont pointus. Les ailes latérales de la carapace sont très spacieuses et l'*area* céphalique est poussée très en avant. Les disques suceurs ont une ampleur modérée, leur diamètre atteint 1/5 à peine de largeur *maxima* de la carapace. Les maxillipèdes postérieurs assez trapus ont une puissante lame basale armée de 3 dents presque aiguës. L'épine accessoire plus centrale se montre fixée (en dehors de la lame) à un niveau supérieur. Les antennules relativement grandes sont bien munies d'épines robustes et l'épine médiane à la base de l'antennule est assez saillante et aiguée comme dans l'*Argulus stizostethii* WILSON, avec lequel notre espèce montre quelque ressemblance. Une double et forte épine se trouve du côté interne de la lame basale chitineuse.

Les pattes natatoires ne sont pas très développées en longueur et elles sont complètement cachées par les bords latéraux de la carapace.

### *Argulus otolithi* n. sp. ♂
(Fig. 20-25)

Un spécimen ♂ : longueur 3 millimètres. Sur *Pseudotolithus typus* BLEEKER. (= *Otolithus senegalensis* C. V.) Kribi, Cameroun.

Carapace elliptique environ 1/5 plus longue que large et constituant les 3/5 environ de la longueur de tout le corps. Sur sa face ventrale on aperçoit de nombreuses petites épines parsemées sur les bords latéraux et sur le bord antérieur. Son *sinus* postérieur n'est pas très profond, il atteint en profondeur 1/5 de la longueur du céphalothorax. L'abdomen plutôt aminci montre une longueur qui

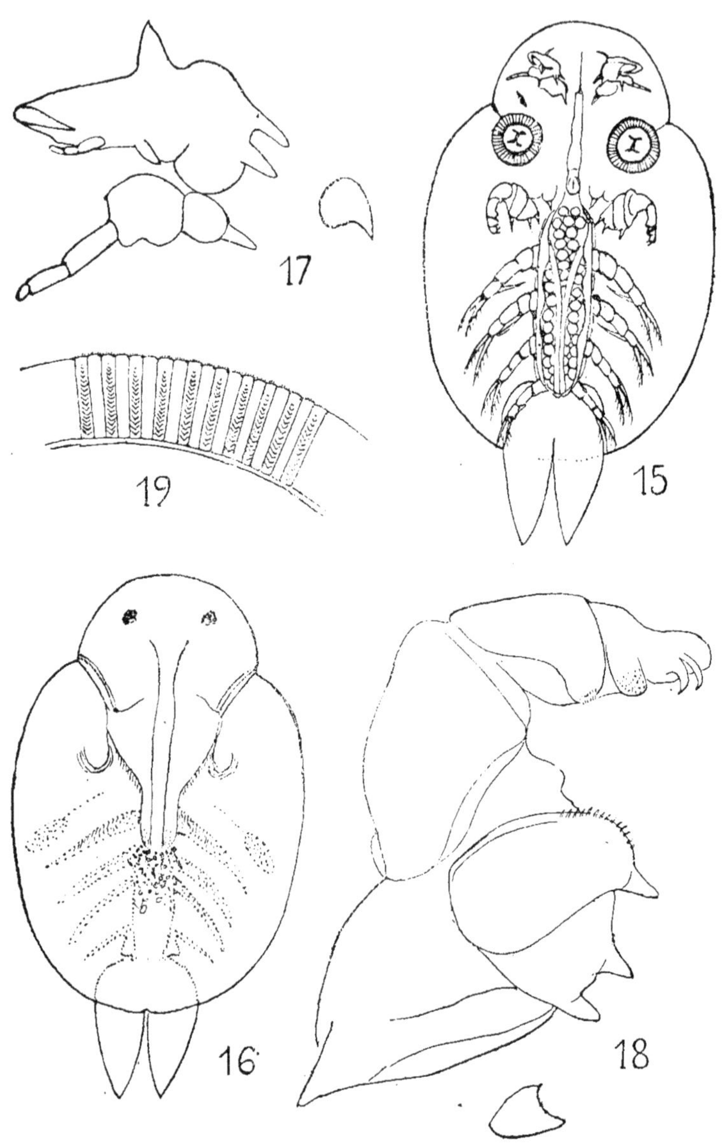


Fig. 15-19. 15. *Argulus trachynoti* ♂ vu de la face ventrale, 16. Le même vu de la face dorsale. 17. Antennules et antennes d'*Argulus trachynoti*. 18. Maxillipède postérieur du même. 19. Bord d'un disque suceur du même.

est presque deux fois et demi sa largeur maxima, et qui représente environ 1/3 de la longueur totale du corps. Le sinus anal peu profond n'atteint pas le centre de l'abdomen. Les disques suceurs sont assez grands. Leur diamètre est presque 1/4 de la largeur *maxima* de la carapace. Leur bord membraneux présente une ornementation un peu différente de celle des disques de l'espèce précédente (fig. 25). Les antennules et les antennes sont relativement grèles et sont armées à leur base d'épines pas toutes si développées et fortes que dans l'espèce précédente. L'épine du milieu de la lame basale de l'antennule n'est pas très saillante. Les maxillipèdes postérieurs sont suffisamment allongés, 4-articulés, et n'ont point l'aspect trapu que présentent d'autres espèces et présentent à leur base une grande lame sub-triangulaire pourvue de 3 épines plus ou moins pointues. La quatrième épine accessoire, plus centrale, la plus aiguée parmi toutes, est fixée à un niveau de peu supérieur des épines basilaires. Les deux premières paires de pattes sont bien développées en longueur et dépassent les bords latéraux de la carapace. La troisième et la quatrième paire ne sont pas protégées par l'écusson dorsal, la quatrième est plus courte de la précédente. Ces dernières pattes portent des protubérances caractéristiques révélant la nature du sexe ♂ (1).

### *Lernaea (Lernaeocera) haplocephala* Cunnington (♀)
(Figs. 26-33)

1911. *Lernaeocera haplocephala* Cunnington, p. 826, pl. I, fig. 4-7.

Plusieurs spécimens (2) ♀ d'une longueur de 10-11 millimètres, recueillis sur un échantillon du genre *Polypterus* dans la rivière Ebeji, à Afade, bassin du Tchad, subdivision de Kousseri (Fort-Foureau), le 17 juin 1926.

De ce genre *Lernaea (Lernaeocera)* on connaît aujourd'hui environ 17 espèces parmi lesquelles 9 sont endémiques dans les fleuves et les lacs du Nord-America comme parasites de poissons, 3 au moins habitent les eaux douces de l'Europe, 1 espèce a été enregistrée pour

(1) L'espèce que je viens de décrire, si on peut en juger par l'examen d'un seul spécimen, est une forme assez voisine de l'*Argulus zei* Brian (1924. *Parasitologia mauritanica*, p. 59 figs. 66-67).

(2) Deux spécimens seulement sont complets avec leur céphalothorax.

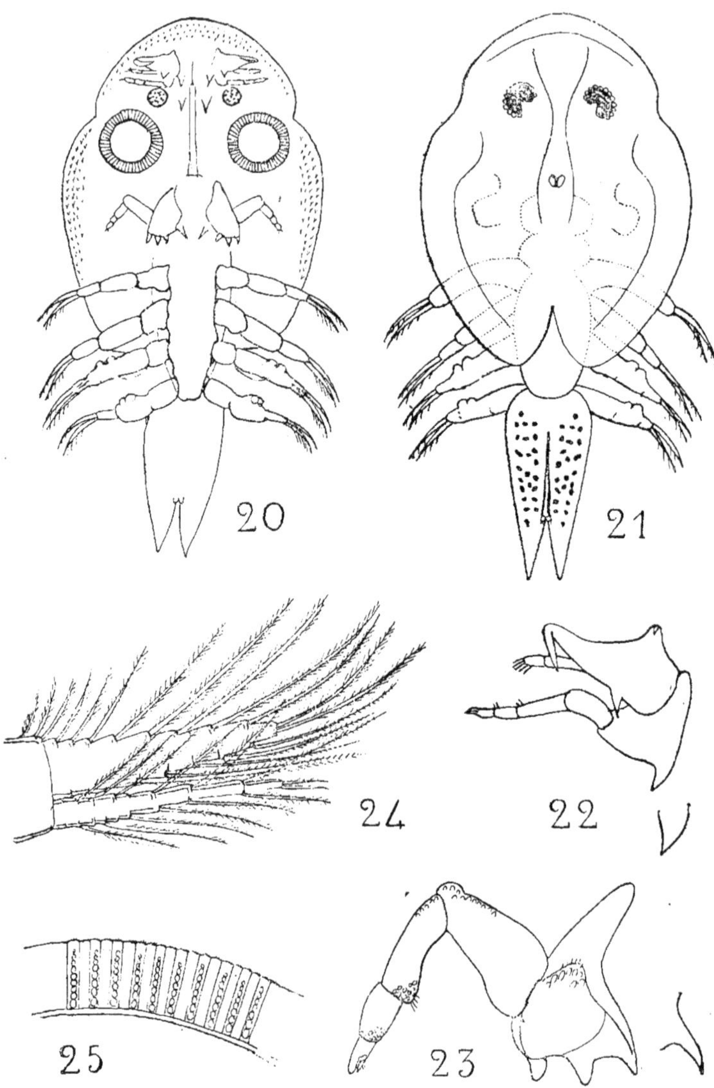


FIG. 20-25. 20. *Argulus otolithi*, mâle, vu de la face ventrale. 21. Le même vu de la face dorsale. 22. Antennules et antennes ; 23. Maxillipède postérieur ; 24. Extrémité fourchue de la 1^re^ paire de pattes ; 25. Bord d'un disque suçeur du même

le Sud-America et 4 espèces enfin sont spéciales à l'Afrique centrale. Ces dernières ont été étudiées par CUNNINGTON en 1914 et voilà leurs noms : L. *barnimii*. L. *diceracephala*. L. *temnocephala* et L. *haplocephala*. Les beaux spécimens recueillis par le Dr MONOD sur un poisson du bassin du Tchad et que nous venons d'examiner, sont identifiables avec cette dernière espèce, qui avait été récoltée déjà sur des poissons du genre *Polypterus* au Lac Tanganyika et au Nil blanc. Notre forme ressemble au L. *esocina* tout en présentant des caractères très particuliers dans la forme bizarre du renflement céphalothoracique et dans la portion terminale de l'abdomen. La tête porte 4 lobes trapus disposés en croix, les deux d'un côté sont un peu dissemblables des autres du côté opposé. L'abdomen est assez allongé, un peu plus épais dans sa région postérieure et présente une torsion plus ou moins accentuée selon les spécimens ; il se prolonge en une formation qui, par son aspect extérieur, rappelle un pied humain déformé. La forme générale de cette espèce est déjà connue d'après la description de M. CUNNINGTON, il suffira de présenter ici quelques observations sur les deux paires d'antennes, les pièces buccales et les pattes natatoires, qui n'avaient pas encore été étudiées, et d'ajouter quelques dessins montrant des détails nouveaux. Tous ces membres sont microscopiques et ce n'est pas facile de débrouiller leur structure. Les antennules sont tri-articulées, armées de courtes soies. Les antennes sont plus courtes et seulement bi-articulées, avec des soies sur l'extrémité du deuxième article. Je n'ai pas pu me rendre compte exactement de la structure des mandibules et des mâchoires. Ces dernières sont peut-être reprsentées chacune par un appendice avec, au moins, deux griffes. Le maxillipède de la première paire, serait bi-articulé et armé d'une double puissante griffe. Le maxillipède de la deuxième paire, qu'on voit plus distinctement, montre un premier article basilaire bien développé et sur le deuxième, trois griffes dirigées vers l'intérieur. Je n'ai trouvé parmi les pattes natatoires que deux paires seulement, qui ont des rames tri-articulées, portant un certain nombre de soies comme l'indique les fig. 31 et 32. Le suçoir, plutôt renflé, avec les deux côtés arrondis est parcouru par des faisceaux divergents de fibres musculaires, et présente un petit orifice buccal circulaire.

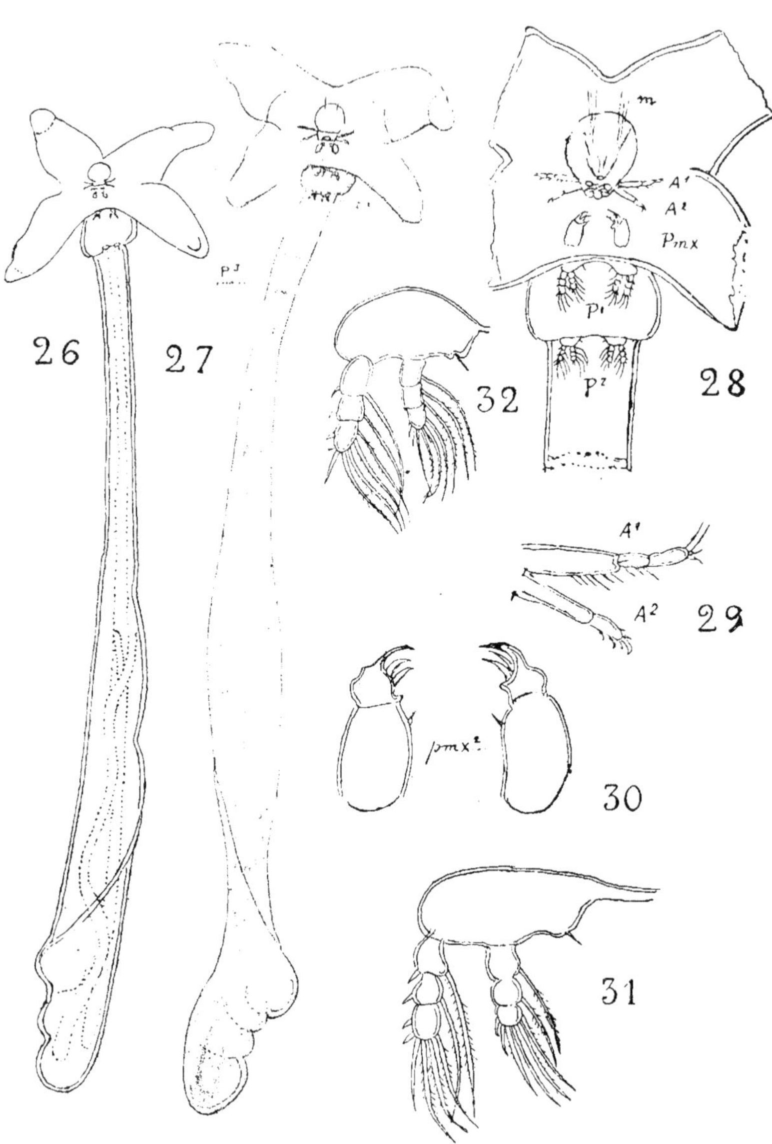


Fig. 26-32. 26. *Lernaea haplocephala*, un spécimen vu du côté ventral. 27. Un autre spécimen, vu du côté ventral. 28. Céphalothorax de *L. haplocephala*. 29. Antennules et Antennes. 30 Maxillipèdes de la 2° paire. 31. Première paire de pattes natatoires. 32. Deuxième paire de pattes natatoires.

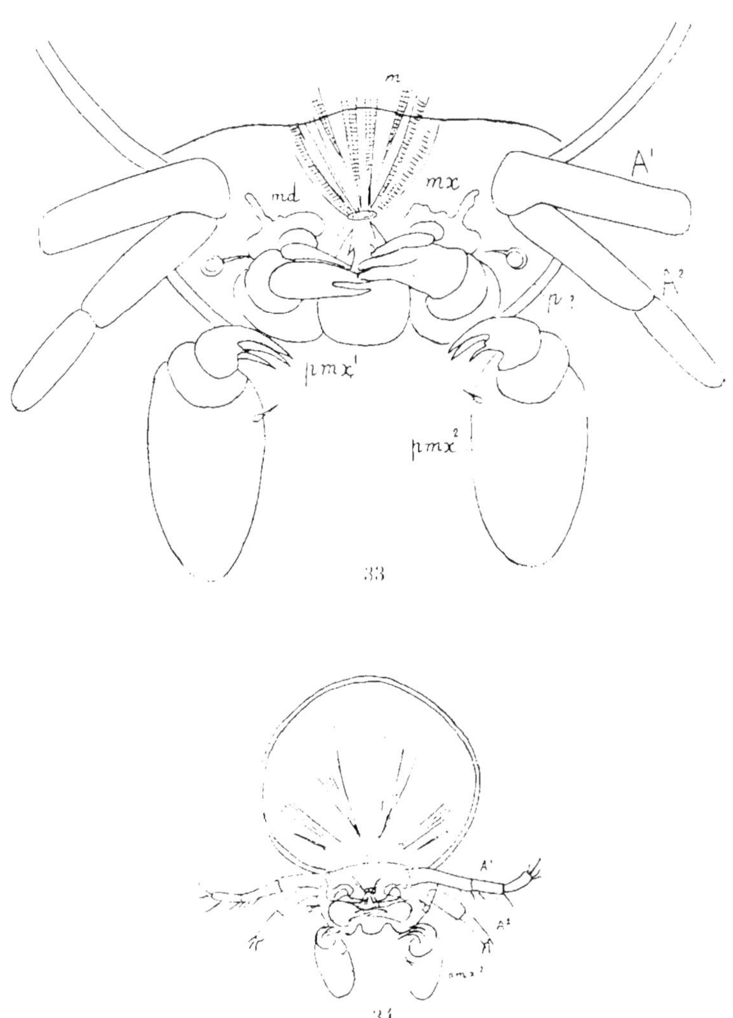


FIG. 33-34. 33. Appareil buccal très grossi ; 34. Mamelon céphalique portant les antennes et l'appareil buccal de L. *haplocephala*.

## BIBLIOGRAPHIE

1. 1913. CUNNINGTON, W. A. Zoological Results of the Third Tanganyika Expedition, conducted by Dr W. A. Cunnington, 1904-1905. Report on the Branchiura. Pl. XLI-XLV, p. 262. *Proceed. of the Zoolog. Society of London*. pp. 1-337.

2. 1914. — *idem*. Report on the Parasitic Eucopepoda (Lernéens). *Proceed. of the Zoolog. Society of London*, pp. 819, rav. I et text fig. 1.

3. 1920. — The Fauna of the African Lakes : a study in Comparative Limnology with special reference to Tanganyika. *Proceed. of the Zoolog. Society of London*, p. 507-622.

4. 1909. SARS, G. O. Copepoda of the Third Tanganyika Expedition. *Proceed. of the Zoolog. Society of London*, p. 63 (*Ergasilidæ*).

5. 1909. THIELE, J. Diagnosen neuer Arguliden-Arten. *Zoologischen Anzeiger*, Bd. XXIII, no 606.

6. 1901. - Argulus africanus THIELE. *Mitt. Zool. Mus.* Berlin, Bd. 2, Heft 4, p. 37.

7. 1911. WILSON, CH. BR.. North American Paras. Copep. bel. to Fam. Ergasilidæ. *Proc. Nat. Mus.* vol. 39, p. 334, raf. 43. Washington.

8. 1917. — North American Paras. Copep. bel. to Fam. Lernaeidæ with a revision of the entire family. *Proc. Nat. Mus.* vol. 53, p. 1-150, pl. 1-21. Washington.

## EXPLICATION DES FIGURES

FIG. 1. — Antennule gauche d'un spécimen d'*Ergasilus monodi* n. sp. ♀ parasite de *Lobotes surinamensis*.

FIG. 2. — Antenne du même spécimen parasite de *Lobotes surinamensis* (oc. 9, ob. 2).

FIG. 3. — Première paire de pattes natatoires (droite) d'un spécimen parasite de *Synaptura lusitanica*.

FIG. 4. — Deuxième paire de pattes natatoires (droite) du même spécimen.

FIG. 5. — Troisième paire de pattes natatoires (droite) du même spécimen.

FIG. 6. — Quatrième paire de pattes natatoires (droite) du même spécimen.

FIG. 7. — Cinquième paire de pattes natatoires (rudimentaires) d'un spécimen parasite de *Cynoglossus goreensis*.

FIG. 8. — Cinquième paire de pattes natatoires (rudimentaires) d'un spécimen parasite de *Synaptura lusitanica*.

FIG. 9. — *Ergasilus Monodi* ♀ vu de la face dorsale (un spécimen parasite de *Synaptura lusitanica*).

FIG. 10. — *Ergasilus Monodi* ♀ vu de la face ventrale (un autre spécimen parasite de *Synaptura lusitanica*).

FIG. 11. — *Ergasilus Monodi* ♀ vu de côté (spécimen parasite de *Synaptura lusitanica*).

FIG. 12. — Urosoma d'un spécimen d'*Ergasilus Monodi* ♀ de 1 mm 4 de longueur, parasite de *Lobotes surinamensis*.

FIG. 13. — Figure schématique montrant la disposition des pièces buccales d'*Ergasilus monodi* ♀, parasite de *Synaptura lusitanica*.

FIG. 14. — Mandibules et Labium d'*Ergasilus monodi* (spécimen parasite de *Synaptura lusitanica*).

FIG. 15. — *Argulus trachynoti* ♀ vu de la face ventrale.

FIG. 16. — *Argulus trachynoti* ♀ vu de la face dorsale.

FIG. 17. — Antennules et antennes d'*Argulus trachynoti*.

FIG. 18. — Maxillipèdes postérieurs d'*Argulus trachynoti*.

FIG. 19. — Bord d'un disque suceur d'*Argulus trachynoti*.

FIG. 20. — *Argulus otolithi* ♂ vu de la face ventrale.

FIG. 21. — *Argulus otolithi* ♂ vu de la face dorsale.

FIG. 22. — Antennules et antennes d'*Argulus otolithi* ♂.

FIG. 23. — Maxillipèdes postérieurs d'*Argulus otolithi* ♂.

FIG. 24. — Extrémité fourchue de la 1re paire de pattes d'*Argulus otolithi* ♂.

FIG. 25. — Bord d'un disque suceur d'*Argulus otolithi* ♂.

FIG. 26. — Un spécimen de *Lernaea haplocephala* ♀, long de 11 millimètres (vu du côté ventral).

FIG. 27. — Un autre spécimen, long de 10 millimètres (vu du côté ventral).

FIG. 28. — Céphalothorax de *L. haplocephala* : $A^1$ antennules ; $A^2$ antennes ; $Pmx^2$. Maxillipèdes de la 2e paire ; $P^1$ pattes natatoires de la 1re paire ; $P^2$ de la 2e paire ; *m*. muscles.

FIG. 29. — Antennules et Antennes de *Lernaea haplocephala*.

FIG. 30. — Maxillipèdes de la 2e paire — —

FIG. 31. — Première paire de pattes natatoires — —

FIG. 32. — Deuxième paire de pattes natatoires — —

FIG. 33. — Appareil buccal très grossi : *m* muscles ; $pmx^1$, maxillipède de la 1re paire ; $pmx^2$, maxillipède de la 2e paire.

FIG. 34. — Mamelon céphalique portant les antennes et l'appareil buccal.

# CRUSTACEA III

*Amphipoda*

by K. STEPHENSEN

(Copenhague)

1. *Gitanopsis pusilla* BARNARD ? (*Annals South African Museum*, vol. 51, 1916, p. 144, fig.) 1 specimen from Souelaba, Cameroons, Plankton n° 3, Nov. 17th 1925, night, 19h 30 to 20h, great number of Ctenophora and Medusæ, tide going down.

The single specimen agrees, so far as may be seen without dissection, very well with BARNARD's description, and the telson is very short, which character BARNARD records as being a most important one.

The species was only known from South Africa. (BARNARD, *l. c.*) : Buffels Bay and St-James (False Bay) ; Sea Point near Cape Town ; — and from German South West Africa (SCHELLENBERG, *in* : W. MICHAELSEN : Beiträge zur Kentniss der Meeresfauna Westafrikas, Bd. 3. 1925, p. 140) : Swakopmund, at low-tide, and Lüderitzbucht, 0-10 m.

Possibly identical with *Amphilochus neapolitanus* DELLA VALLE (CHILTON, *Records Austral. Museum*, Sydney, vol. 14, 1923, p. 84.)

2. *Urothoë elegans* BATE ? (*U. norvegica* G. O. SARS, Crust. of Norway, vol. 1, 1891-95, p. 138, pl. 47 ; — *U. elegans* CHEVREUX et FAGE, Amphipodes ; Faune de France, vol. 9, 1925, p. 101, figs.).

1 ♂, Souelaba, Cameroons, Plankton n° 5, Nov. 23rd 1925, night, c. 20h 15 to 21h 15.

The specimen seems to agree very well with SARS's figures.

3. *Elasmopus rapax* (MILNE-EDWARSD) ? (*E. rapax* G. O. SARS, *l. c.*, p. 521, pl. 183 ; CHEVREUX & FAGE, *l. c.*, p. 244, figs.)

1 specimen, Kribi, Cameroons, at low-tide amongst mussels.

As far as may be seen without dissection the specimens agree fairly well with SARS's figures ; the most important difference is that the metacarpus of the second pereiopod (= gnathopod 2) has long, curved setæ. Possibly the specimens are to be referred to *Elasmopus rapax* forma *barbata* SCHELLENBERG (SCHELLENBERG, *l. c.*, p. 155, without figs.)

4. *Elasmopus* sp.

2 specimens, Kribi, Cameroons, at low tide.

5. *Hyale inyacka* BARNARD ? (*Ann. South African Mus.*, vol. 15, 1916, p. 233, figs. ; CHEVREUX, Bull. Soc. Zool. France 1925, p. 370, figs.)

2 ♂, 3 ♀ (some of them have eggs). Kribi, Cameroons, at low-tide amongst mussels.

1 ♀. Souelaba, Cameroons, in decaying wood.

The specimens agree fairly well with BARNARD and CHEVREUX's figures ; the disagrements are small and are possibly due to the much smaller size of the specimens (♂ up to 7 mm. ♀ ovig. abs. 5 mm. ; BARNARD : 9 mm., CHEVREUX : ♀ 7 mm., ♂ 11 mm.). The serrations on the hind edge of the third segment of the metasome are much smaller than in CHEVREUX's figure, and in ♀ they are almost invisible.

Distribution : Delagoa Bay (BARNARD, *l. c.*) ; Senegal, 4 localities (CHEVREUX, *l. c.*).

6. (1) *Hyperia latissima* BOVALLIUS (= *macrophthalma* VOSSELER).

Je rapporte à cette espèce 3 spécimens recueillis devant Kribi au filet de surface (Plancton 11, 28 décembre 1925, 10ʰ 15-11 h.).

Ces trois exemplaires comprennent une ♀ (segments soudés : 5 + 2) et deux ♂ (3 + 4) ; ils ne possèdent qu'une seule soie au bord supérieur du propode des gnathopodes 1 et 2.

*Addendum de la rédaction.* — Il nous paraît utile, pour faciliter

(1) Note du rédacteur, TH. MONOD.

les recherches futures et préciser l'état actuel de nos connaissances sur les Amphipodes du Cameroun de citer les espèces signalées par A. SCHELLENBERG (Amphipoda in : Beit. zur Kennt. Meeresfauna Westafrikas, III. 4, 1925, pp. 111-201, fig. 1-27.) :

*Ampelisca rubella* COSTA f. *serrata* SCHELLENBERG. — Cameroun, sur des éponges.

*Ampelisca spinimana* CHEVREUX. — Baie du Cameroun, eau douce.

*Ampelisca brevicornis* COSTA f. *platypus* SCHELLENBERG. — Baie du Cameroun, eau douce.

*Leucothoe minima* SCHELLENBERG.

*Elasmopus rapax* COSTA f. *barbata* SCHELLENBERG. — Cameroun, Victoria.

*Parhyale fasciger* STEBBING. — Cameroun, Victoria.

*Grandidierella megnæ* (GILES). — Cameroun, dans du bois perforé.

On trouvera dans le fascicule du présent ouvrage consacré au plancton du Cameroun quelques renseignements complémentaires sur les Amphipodes de ce territoire.

J'ajoute que je n'ai jamais eu l'occasion, bien qu'ayant traversé deux fois le Cameroun, de la mer au lac Tchad, de recueillir des Amphipodes d'eau douce.

TH. M.

# CRUSTACEA IV

*Decapoda* (excl. *Palæmonidæ*, *Alyidæ* et *Potamonidæ*)

par Th. Monod

---

## PENÆIDÆ [1]

### *Penæus brasiliensis* Latreille

1913. *Penæus brasiliensis* Ehrenbaum, pp. 245-246.

1916. *Penæus brasiliensis* Balss, p. 14.

1 spécimen dans une nasse de la pêcherie fixe des Subus de Dikullu (rivière Bimbia), 23 octobre 1925 ; 1 spécimen à la senne, banc de Kwele-Kwele, baie Malimba, 25 novembre 1925.

Cette robuste et excellente espèce est rare au Cameroun : peut-être l'est-elle moins plus au large ?

Noms vulgaires : *mudionga* (Subu).

### ***Penæus trisulcatus* Leach

L'espèce est nouvelle pour le Cameroun mais a déjà été signalée, sur la côte occidentale d'Afrique, en Mauritanie, au Liberia, au Congo sur le littoral de l'Angola.

J'ai rapporté 9 exemplaires de Souelaba, où cette forme d'assez

(1) Un astérisque désigne une espèce connue du Cameroun mais non retrouvée par moi-même, deux astérisques une forme nouvelle pour la faune du Cameroun. On trouvera dans le fascicule « Plancton » de la présente collection des renseignements complémentaires sur les Décapodes marins (espèces pélagiques et formes larvaires).

petite taille est assez fréquente. C'est, semble-t-il, le Penæide le plus commun — ou mieux le moins rare — du Cameroun.

Noms vulgaires : *musombé* (douala, malimba), *musombi* (bakoko).

*Parapenæopsis atlantica* Balss

1914. *Parapeneopsis atlantica* Balss, p. 593.
1916. *Parapenæopsis atlantica* Balss, p. 16, fig. 2.
1925. *Parapenæopsis atlantica* Balss, pp. 229-231, fig. 5-7.

Je rapporte à cette espèce décrite de Victoria et connue également de la Gold Coast et du Congo (Sette Cama) un échantillon unique.

1 ♀, dans une nasse de la pêcherie fixe des Subus de Dikullu, sur la rivière Bimbia, 23 octobre 1925.

Nom vulgaire : *musombé* (subu).

## ALPHÉIDÆ

**Ogyris occidentalis* Ortmann

1916. *Ogyris occidentalis* Balss, p. 20. Trouvé à Victoria, 11 m., vase.

*Alpheus Bouvieri* A. M.-Edw.

1898. *Alpheus Edwardsi* Aurivillius, p. 30.
1916. *Alpheus Bouvieri* Balss, p. 21.

Cette espèce est commune dans la baie du Cameroun ; Aurivillius cite déjà comme l'habitat de cet *Alpheus* le bois pourri : « Kamerun, in Flusse bei Bibundi, mit *Gebia furcata* zusammen, unter Angabe, sie seien in morschen Holzstücken gefunden » (1898, p. 80). C'est, en effet, le bois pourri qui semble l'habitat, sinon exclusif, du moins de prédilection de cette forme.

5 exemplaires, Souelaba, bois pourri ramené par la senne, 18 novembre 1925 ; 1 exemplaire, Souelaba, bois pourri, 24 novembre 1925 ; 1 exemplaire, île de Kwele-Kwele, baie Malimba, vieux bois, 9 décembre 1925.

* *Alpheus intrinsecus* Bate

1922. *Alpheus intrinsecus* Balss, p. 87.
1925. *Alpheus intrinsecus* Balss, p. 292. Victoria.

## HIPPOLYTIDÆ

* *Mimocaris hastatoides* BALSS

1924. *Mimocaris hastatoides* BALSS, pp. 596-597.
1922. *Mimocaris hastatoides* BALSS, p. 23.
1925. *Mimocaris hastatoides* BALSS, pp. 289-292, fig. 68-74, pl. XXVIII.

## PALINURIDÆ

*Panulirus regius* de BRITO CAPELLO

1913. *Panulirus regius* EHRENBAUM, p. 246.
1913. *Panulirus regius* MARCUS, p. 279, fig. p. 278.
1916. *Panulirus regius* BALSS, p. 32.

La langouste royale, qui est répandue sur toute la côte occidentale d'Afrique est rare au Cameroun. Cette rareté tient peut-être, au moins en partie, à la stenohalinité relative de l'espèce, mais surtout sans doute à la constitution lithologique très défavorable de la côte. Celle-ci est souvent sablonneuse ou sablo-vaseuse ; les seules régions où existent des roches littorales sont d'une part la base du Mont Cameroun (région de Victoria, actuellement territoire anglais) d'autre part le district Longji-Kribi-Grand-Batanga-Campo.

Les langoustes qui habitent ces parages ne sont pas recherchées des indigènes, faute peut-être d'engins appropriés et il est rare que l'Européen puisse se procurer un de ces excellents crustacés. D'une façon générale cette espèce est peu commune sur la côte du Cameroun.

Nom vulgaire : *mwa mu tubé* (batanga) « crevette de mer ».

## CALLIANASSIDÆ

*Callianassa turnerana* WHITE

1861. *Callianassa turnerana* WHITE, pp. 42-43, pl. VI.

(1) La langouste royale a également été signalée au Cameroun par N. PETERS, Fang und Verwertung der Languste in Südafrika (*Fischerbote*, XVI, n° 8, 15 august 1924, pp. 173-177, 1 fig.)

1861 *a*. *Callianassa turnerana* WHITE, pp. 479-480.
1870. *Callianassa turnerana* A. MILNE-EDWARDS, p. 89.
1891. *Callianassa diademata* ORTMANN, pp. 56-57, pl. I, fig. 11.
1900. *Callianassa turnerana* NOBILI, pp. 3-4.
1900. *Callianassa turnerana* RATHBUN, p. 308.
1900. *Callianassa turnerana* RATHBUN, p. 309.
1911. *Callianassa turnerana* VANHÖFFEN, pp. 106 et sqq., fig. p. 108.
1911. *Callianassa turnerana* LENZ, pp. 316-318, fig. 1-11.
1913. *Callianassa turnerana* EHRENBAUM, pp. 244-245, fig. p. 245.
1913. « *mbea-loe* », MAKEMBE, p. 314 (une note de la rédaction donne le nom scientifique *Callianassa turnerana*).
1914. « *mbealoe* », DINKELACKER, p. 49.
1916. *Callianassa turnerana* BALSS, pp. 33-34.
1927. *Callianassa turnerana* MONOD, pp. 80-81
1927. *Callianassa turnerana* MONOD, p.

Noms vulgaires : *mbéatoé* (douala, bakoko), *mbotoré*, (malimba).

On sait que les navigateurs portugais donnèrent à l'actuelle baie du Cameroun le nom de « Rio dos Camaraos » ou « Rivière des Crevettes » (1). On admet généralement qu'il s'agit là des crevette ordinaires (2) : les *Palæmonidæ*, en effet, sont très abondants dans l'estuaire et représentés par plusieurs espèces. Il est cependant peu probable que l'attention des Portugais ait été éveillée par ces Crustacés au point de leur faire donner à la rivière nouvellement découverte le nom de ces animaux, formes banales sur la côte occidentale d'Afrique, et peut-être plus abondants ailleurs (lagunes du Dahomey) qu'au Cameroun.

Un phénomène extraordinaire avait frappé les navigateurs et c'est très certainement l'observation d'un passage de *Callianassa* qui poussa les hardis marins, meilleurs navigateurs que carcinologistes, à qualifier leur découverte de « Rivière des Crevettes ». On assiste, en effet, dans la Baie de Douala, à l'apparition saisonnière de quantités prodigieuses de ces prétendues « crevettes » qui

(1) Et non des « crabes » comme on l'a prétendu : N. RICOLAS : *Le Cameroun depuis le traité de Versailles*, Saint-Amand, 1922, 96 pp., et E. RICHET, *Un voyage dans l'Ouest Africain*, s. l. n. d., p. 11.

(2) Par exemple. H. SKOLASTER, Kulturbilder aus Kamerun, 1910, p. 68.

sont l'objet d'une pêche très importante de la part des indigènes. Ce phénomène a été assez souvent signalé : on trouvera dans VANHÖFFEN (1911) quelques références à ce sujet.

Du nom portugais, parfois orthographié « Camarones » (Riv. Camarones ou R. des Chevrettes, sur une ancienne carte, *Arch. Serv. Hydrog.*, 113-35-4), est venu le nom anglais « River Cameroons » d'où l'allemand « Kamerun » et le français « Cameroun ».

La pêche des *mbéatoé* est une grande réjouissance pour les Douالas. Elle a lieu en pleine saison des pluies au mois de septembre (1) : le *mbéatoé* est sensé amener la pluie : « *mbua mbéatoé* ni » disent alors les indigènes « voilà la pluie des *mbéatoé* ». On signale d'une façon très générale que les passages de *mbéatoé* n'ont lieu que tous les trois ans : il y a là un fait extrêmement curieux et non encore expliqué : peut-être s'agit-il d'une migration en rapport avec la reproduction ? Cependant, cette apparition triennale n'est pas absolument rigoureuse : d'après certains indigènes, elle existerait en réalité tous les ans, mais d'une façon réduite sans avoir l'importance des grands passages. On peut d'ailleurs, en tous temps, semble-t-il, trouver par-ci, par-là, des individus isolés, comme celui que j'ai recueilli à la senne en novembre 1925, dans la baie Malimba, entre le village de Souelaba et celui de Bolondo. Cependant, nous ignorons encore complètement le séjour normal des *mbéatoé*.

La migration des *mbéatoé* n'est pas seulement verticale (les animaux, normalement benthiques et vivant dans les terriers, venant à la surface) elle est aussi horizontale : ces déplacements sont encore très mal connus, mais il semble bien cependant qu'il n'y ait pas là simplement un mouvement de la mer vers la rivière et *vice-versa* (2) : toute la migration se passe d'ailleurs en eau douce ou presque douce, à une époque de l'année où la partie extérieure, maritime, de la baie ne présente que des salinités extrêmement faibles. Les mbeatoe partiraient de la partie septentrionale de l'estuaire, en particulier de la région de Djebalé où se trouve « la maison des *mbéatoé* », de là, le banc se dirigerait principalement vers la Dibamba, en particulier

(1) Peut-être parfois en août (cf. EHRENBAUM, 1913, p. 245).

(2) Comme l'a supposé NOBILI (1906, pp. 3-4).

par la crique Prisu a Loba : après Yapoma, on perd leur trace. D'autres iraient dans le delta du Mungo, vers Bojongo et Bwadibo (1). Sur le passage des *mbéaloé*, à Yapoma, nous possédons un témoignage européen intéressant, rapporté ici, d'après une pièce du 10 octobre 1912 conservée aux Archives Impériales du Cameroun allemand (Dossier « Fischerei », sp. Q. 2) : une enquête avait été ouverte par le commissaire de police SEELMANN, sur un rapport de l'aide géomètre NOACK, qui prétendait avoir vu sur la Dibamba, à Yapoma, une grande quantité de poissons morts (« eine Unmenge toter Fische ») qu'il soupçonne avoir été tués à l'aide d'explosifs, par le personnel du chemin de fer en construction. Or, le chef KWANE NGAMBE déclara qu'il ne s'agissait nullement de poissons, mais d'un Crustacé, le *mbéaloé*, qui apparaît tous les 3 ou 5 ans (c'est la seule indication d'une période aussi longue) ; il ajoute que l'animal meurt aussitôt retiré de l'eau, ce qui contredit les renseignements que je donne plus loin d'après mon enquête personnelle : « Diese waren keine Fische, die mit Gewalt getötet werden, sondern eine Art Krebse (*mbealo* genannt), die alle 3 - 5 Jahre im Yapomafluss und im Wuri selbst in Massen an die Wasseroberfläche kommen und dann von den Eingeborenen aufgefischt werden... Die Krebse, wenn sie noch an der Oberfläche schwimmen, leben. Sie sterben aber sofort, sobald sie an die Luft kommen. »

Le passage dure, semble-t-il, de trois jours à une semaine pendant laquelle tous les indigènes de la région pratiquent une pêche extrêmement active qui est, en même temps, une fête importante.

La pêche se fait sur les bancs de sable de la région de Djebale ; à Douala, même, paraît-il, « on voit les *mbéaloé* marcher, mais on ne peut pas les attraper ».

Mon informateur indigène prétend que la pêche n'a lieu qu'à marée descendante ; un autre Douala, par contre (MAKEMBE, 1913, p. 314) affirme que la même pêche se fait durant le flot.

Les hommes seuls sont admis à cette pêche qui n'a jamais lieu que le soir et la nuit : s'il n'y a pas de lune, on emporte des flambeaux.

(1) Les *mbéaloé* parviennent au moins jusqu'aux environs de la bouée de base, comme l'a observé M. DROTZ, Directeur de la scierie de Manoka.

Arrivés sur les lieux de pêche, les hommes attachent les pirogues et s'avancent dans l'eau en faisant grand bruit, en agitant les flambeaux et en criant : « *hu-hu ! hu-hu ! a mbéatoé hu-hu : a mitoké mikamba hu-hu ! a mbéatoé sanja* » ; c'est-à-dire : « hou-hou ! *mbéatoé !* hou-hou ! *mitoké mikamba* (un autre nom de l'animal employé seulement alors) hu-hu ! urine, *mbéatoé.* »

A partir de ce moment et pour toute la durée de la pêche, une trêve tacite consacrée par la coutume s'établit entre les pêcheurs : les distinctions sociales sont abolies pour un moment et le moindre du village peut impunément insulter le chef ou les notables, les injurier à haute voix, et proclamer *coram populo* leurs vols, leurs maladies ou leurs infortunes conjugales. Autrefois, une autre coutume de cette nuit étrange autorisait chaque pêcheur à tuer à coups de pagaie celui qui n'aurait pas révélé son nom à la troisième sommation ; ceci étant probablement une mesure de sécurité destinée à empêcher qu'à la faveur de la pêche, les guerriers ennemis ne puissent attaquer la tribu. Des batailles avaient souvent lieu pendant la pêche, racontent des Doualas.

Et les hommes brandissant leurs paniers avec cette sorte d'excitation collective que provoquent chez les noirs, les exercices nocturnes et rythmiques (la danse, par ex.), s'écrient à l'adresse du Crustacé que leur envoie « l'homme d'eau » ; le « jengu » : « *busa ! busa ! busa ! busa !* », « sors ! sors ! sors ! sors ! » Cette formule est considérée comme indispensable à la réussite de la pêche.

Les hommes, dans l'eau jusqu'à la ceinture, ramassent à la main, malgré leurs pinces, les Callianasses et les jettent, soit dans leurs paniers, soit directement dans la pirogue. On n'emploie pas, pour cette pêche, le filet à crevettes ou « ngoto », parce que le *mbéatoé* s'y embrouille et que le démaillage prendrait trop de temps.

Et rapidement, les paniers se remplissent : bientôt, les voilà pleins et la foule grouillante des pêcheurs regagne les villages : Djebalé, Deido, Akwa, etc. Au rivage, les femmes les attendent et se char-

(1) Le « jengu » est le roi des *mbeatoe* : c'est lui qui « ouvre les portes », tous les trois ans, pour faire sortir le Crustacé. Sur le très important folk-lore des « hommes d'eau », je compte revenir ailleurs en détail.

gent des paniers. Parfois, la quantité de *mbeatoe* est si considérable que n'importe qui peut se présenter à l'arrivée des pirogues et obtenir sa part du festin. D'autres années, ou avant que ne commence la grande période de pêche, le produit peut atteindre des prix assez élevés, cinq animaux pour 0 fr. 50, par exemple.

Rapportés dans la case du pêcheur, les Crustacés manifestent encore une assez grande vitalité et peuvent rester vivants, au moins une demi-journée : parfois, racontent les indigènes, le *mbeatoe* s'échappe dans la case, s'y promène, et il arrive que des souris, attirées par leur curiosité, dans le rayon d'action des pinces du Crustacé, sont capturése par ce dernier : dans ce cas, on ne doit pas manger le *mbéatoé* mais le jeter en même temps que l'infortunée souris.

Le mâle n'est jamais consommé seul, comme l'est la femelle : il contient, en effet, un principe irritant, qui pique la gorge, sensation spéciale pour laquelle les Doualas ont un mot « ekedikedi ». Des mâles, on fera simplement de l'huile, produit blanc, mais qui ne se conserve pas ( « *mula ma mbéatoé* »). On obtient cette huile, en cassant l'animal en deux et en pressant l'abdomen : le thorax est jeté. La femelle, au contraire, est consommée et fournit un aliment dont les noirs sont extrêmement friands. L'animal est mangé entier, comme, d'ailleurs, toutes les crevettes. Une partie de la pêche est consommée fraîche, une autre est séchée pour être conservée et utilisée peu à peu : ce mets est, au dire des indigènes, excellent et comme me le disait l'un d'eux : « Çà, çà fait la soupe bien ; on écoute la bonne odeur qui sort de la marmite. »

Cet animal a été redécrit par ORTMANN sous le nom de *Callianassa diademata*, mais LENZ a montré d'une façon définitive qu'il ne s'agissait que d'une seule espèce dont le rostre, très variable, pouvait porter 3,4 ou 5 pointes. L'espèce est, jusqu'ici, localisée dans l'estuaire du Cameroun. La coloration, notée sur le vivant (1 ♂) est la suivante : blanchâtre, très légèrement blonde, avec des teintes rose-violacé, vineux sur le dos du céphalothorax, les deux premiers somires pléaux, le sixième (sur lequel la nuance rosée forme deux bandes longitudinales parallèles), le telson, les uropodes et enfin le grand chelipède.

Dans la vase de la grève de Sanjé j'ai recueilli un jeune de 55 mm. à rostre simple et à telson non trilobé conforme aux figures de LENZ (1911, figs. 10-11.)

*Upogebia (Calliadne) furcata* (AURIVILLIUS)

1898. *Gebia furcata*. AURIVILLIUS pp. 13-14, pl. I. figs. 1-7.
1916. *Upogebia furcata* BALSS, p. 34.
1927. *Upogebia (Calliadne) furcata* de Man. pp. 7-9. pl. I. fig. 3-3 *b*.

Cette forme est extraordinairement abondante dans la mangrove : elle habite des terriers creusés dans la vase durcie, au bord des marigots de la forêt à palétuviers ; on la rencontre parfois aussi dans le bois pourri. « in morschen Holzstückchen » (AURIVILLIUS. 1898, p. 14). L'animal vivant est rosé. ses œufs d'un beau jaune.

2 spécimens dans du vieux bois immergé. Souelaba, 24 novembre 1925 ; 9 spéc., dans la vase. Kwele-Kwele. 9 décembre 1925 : 32 spéc.. dans la vase à la base des palétuviers. baie de Douala.

DE MAN (1927. p. 9) dit que « after AURIVILLIUS this species has not been found back », alors qu'elle a été retrouvée à l'embouchure du Congo (Banana) par l'American Museum Congo Expedition. en juillet 1915 : le Crustacé. là comme au Cameroun habite la mangrove et vit parmi les racines de palétuviers (WILLARD G. VAN NAME, Isopods collected by the American Museum Gongo Expedition (Scientific Results of the American Museum Congo Expedition. General Invertebrate Zoology. n° 4), *Bull. Am. Mus. Nat. Hist.*, XLIII. Art. V. sept. 1920, pp. 41-108. fig. 1-126 [*Upogebia* pp. 69, 72]).

Il existe sur le littoral du Cameroun au moins encore une espèce de Thalassinidé : j'ai en effet. observé à marée basse, à Kribi, dans les rochers une espèce de ce groupe habitant des fissures de la roche et qu'il m'a été impossible. malgré tous mes efforts. d'extraire de leur terrier. L'animal est d'un rouge vif. Il est à espérer que des récoltes futures nous fixeront sur l'identité de cette espèce.

## HIPPIDÆ

**Remipes cubensis* SAUSSURE

1916. *Remipes cubensis* BALSS. p. 39.

Espèce paraissant rare sur la côte d'Afrique.

## PORCELLANIDÆ

### ***Petrolisthes armatus* GIBBES

(= *P. leporinus* HELLER, = *Porcellana digitalis* HELLER)

Espèce nouvelle pour la faune du Cameroun. 1 ♂, 1 ♀, plage de Dikullu, rivière Bimbia, 23 octobre 1925.

Cette forme a une répartition géographique très étendue : Gibraltar, Californie, Pérou, Équateur, Golfe du Mexique, Brésil, Antilles, Floride, Ascension ; en Afrique : Guinée espagnole, Gabon, Angola.

## PAGURIDÆ

### *Clibanarius senegalensis* CHEVREUX et BOUVIER

1898. *Clibanarius æquabilis* AURIVILLIUS (nec DANA), p. 12, pl. IV, fig. 8.
1921. *Clibanarius senegalensis* BALSS, p. 40.
1923. *Clibanarius senegalensis* ODHNER, p. 21, note 1.

3 spécimens, plage de Dikullu, rivière Bimbia, in : *Purpura haemastoma* L., 23 octobre 1925 ; 8 spécimens, Kribi, à marée basse, au pied du phare.

*Clibanarius æquabilis* DANA (= *Cl. æquabilis* BALSS, 1921, pp. 39-40 (*pro parte, nec* « Kamerun »), nec *Cl. aequabilis* AURIVILLIUS 1898, nec *Cl. æquabilis* ODHNER 1923) n'a jamais encore été trouvé au Cameroun ; c'est une espèce principalement indo-pacifique qui a été rencontrée aux îles du Cap-vert, et peut-être même à Madère.

Cette première espèce de *Clibanarius* est aisément reconnaissable à la brièveté des dactyles des 2e et 3e paires de pattes *plus courts* que les propodes.

### *Clibanarius africanus* AURIVILLIUS

1898. *Clibanarius africanus* AURIVILLIUS, pp. 12-13, pl. IV, fig. 7.
1921. *Clibanarius africanus* BALSS, pp. 40-41 (*pro parte*).

27 spécimens dans un ruisseau d'eau douce au nord de Kribi, in *Vibex auritus* Müll. ; 1 spécimen, baie du Cameroun, 24 octobre 1925.

### *Clibanarius Cooki* RATHBUN

1921. *Clibanarius africanus* BALSS, pp. 40-41 (*pro parte*).

11 spécimens. Souelaba. Ce pagure semble le plus commun de la baie de Douala. Sur la plage orientale de Souelaba, où il habite *Melongena morio* (LINNÉ), on peut le récolter en abondance à marée basse, des troupes entières de *Clibanarius* se réfugiant alors dans les racines d'arbres abattus sur la grève par la mer. Ce Crustacé atteint une taille remarquable, la longueur du céphalothorax atteignant 10 millimètres chez les plus grands de mes échantillons. Ces très volumineux animaux sont même suffisamment développés pour être comestibles : jamais cependant les indigènes ne les recueillent.

BALSS (1921, p. 10), sous le prétexte que la coloration des spécimens alcooliques n'était pas assez bien conservée, n'a pas osé considérer *Clibanarius Cooki* comme une espèce distincte. Les matériaux recueillis par moi-même sur la côte du Cameroun m'autorisent à exprimer une opinion différente et à regarder *Clibanarius Cooki* comme parfaitement valide. En effet il existe, entre cette espèce et *Clibanarius africanus* non seulement des différences de coloration très nettes même sur les exemplaires alcooliques mais des différences morphologiques suffisantes pour assurer la validité spécifique de *Cl. Cooki*.

1° pilosité générale (céphalothorax et appendices) très développée (*Cooki* : poils blonds) ou à peu près nulle (*africanus*).

2° pattes ambulatoires chez *Cl. africanus* considérablement plus grêles et plus allongées, à dactylus plus arqué. Dactylus de la première paire égal (*Cooki*) ou supérieur (*africanus*) au propodite.

3° Pinces longues atteignant ou dépassant l'articulation propodo-dactylienne (*africanus*) ou seulement le milieu du propodite (*Cooki*) de la première patte ambulatoire.

4° Dactylus de la pince plus court (*africanus*) ou plus long (*Cooki*) que la paume.

5° Pinces à peu près glabres à surface granuleuse ornée de tubercules très nombreux, bas, juxtaposés (*africanus*) ou à surface abondamment sétigère, munie d'un nombre relativement réduit de tubercules spiniformes, de couleur claire à apex noir (*Cooki*).

6° Bord dorsal du carpopodite munie d'une carène nette, dentelée en avant, et se prolongeant sur le dos de la paume, triquètre (*africanus*), ou pas de carènes apparentes (*Cooki*).

7° Coloration chez *Cl. africanus* : teinte générale brun verdâtre ; un anneau brun-rouge ou noirâtre à la partie distale du propodite des pattes ambulatoires.

Coloration chez *Cl. Cooki* : le jeune est unicolore, jaunâtre ; chez l'adulte : cephalothorax saumon ou crème, chelipèdes et péréiopodes rougeâtres à leur partie proximale, passant au vert olive et au vert bleuâtre à leur extrémité ; les chelipèdes ont des épines bleu azur à pointes noires ; les plages sur lesquelles s'irrisèrent les pinceaux de soies apparaissent sur les appendices comme des taches claires sur un fond plus coloré.

8° Taille : maximum observé chez *Cl. africanus* pour le céphalothorax : 11 millimètres ; *id.* chez *Cl. Cooki* : 40 millimètres.

*Diogenes pugilator* (Roux) var. *cristata* Balss

1921. *Diogenes pugilator* var. *cristata* Balss, pp. 41-42.

2 spécimens, baie du Cameroun, région de la bouée C, 1 décembre 1925.

**Diogenes pugilator* (Roux) var. *gracillima* Miers

1921. *Diogenes pugilator* var. *gracillima* Balss, p. 42.

*Diogenes pugilator* (Roux) var. ?

Un spécimen *in* : *Nassa fuscata* A. Adams, même localité que ceux de la var. *cristata*. Il ne m'est pas possible de définir avec précision à quelle variété appartient cet échantillon.

***Pagurus granulimanus* Miers var. *biafrensis* nov. var.

Espèce nouvelle pour le Cameroun.

1 ♂, Kribi, à marée basse dans les rochers au pied du phare.

Cet exemplaire diffère suffisamment des spécimens typiques dont j'ai récolté moi-même une importante série sur le littoral de la baie du Lévrier, à Port-Étienne, pour qu'il semble nécessaire d'en faire une variété particulière.

Ayant l'intention de revenir ailleurs sur cette forme je me bornerai ici à signaler les principaux caractères permettant de distinguer la forme *typica* de la variété *biafrensis* :

1° Pédoncules oculaires égaux aux pédoncules antennulaires *(typica)* ou notablement moins longs, atteignant à peine la moitié de l'article distal *(biafrensis)*.

2° Deuxième patte ambulatoire gauche ayant la face externe des pro- et dactylopodites profondément sillonnés, le sillon bordé à la partie supérieure de l'article par une carène accusée *(typica)*, ou ayant la face externe plane, la carène supérieure n'étant que très faiblement indiquée seulement *(biafrensis)*.

3° Pince droite abondamment sétigère *(typica)* ou à peu près glabre *(biafrensis)*.

4° Dactylopodite de la pince droite sétigère *(biafrensis)* ou glabre *(typica)*.

Il existe d'autres différences mineures portant sur l'ornementation tergale du céphalothorax, la longueur des écailles basilaires des antennes, l'ornementation des pattes ambulatoires.

## CŒNOBITIDÆ

* *Cœnobita rubescens* GREEFF

1912. *Cœnobita rugosus rubescens* SENDLER, p. 203.
1912. *Cœnobita rubescens* BALSS, p. 111.
1922. *Cœnobita rubescens* BALSS, p. 36.

Cette intéressante espèce a été trouvée au Cameroun, à Victoria et Bibundi dans *Achatina marginata* SWAINS. et *Purpura hæmastoma* L.

## DORIPPIDÆ

**Dorippe armata* WHITE

1921. *Dorippe armata* BALSS, pp. 48-49. (Kamerun).

## CALAPPIDÆ

**Calappa rubroguttata* HERKLOTS

1913. *Caloppa rubroguttata* EHRENBAUM, p. 246.
1921. *Caloppa granulata rubroguttata* BALSS *(pro parte)*, pp. 49-50.
1923. *Calappa rubroguttata* ODHNER, pp. 17-18, pl. 2, fig. 2.

Cette espèce n'a été trouvée qu'une fois au Cameroun, par von Eitzen.

**Calappa gallus* (Herbst)

1921. *Calappa gallus* Balss, p. 50, (Batanga, 10 m.).

Espèce principalement indo-pacifique.

**Matuta Michaelseni* Balss

1921. *Matuta Michaelseni* Balss, pp. 50-52, fig. 5-6.

Cette espèce qui avait jusqu'à une date récente, passé inaperçue, semble cependant assez répandue sur la côte occidentale d'Afrique puisqu'on la connaît de la Gambie à l'Angola. Elle a été trouvée au Cameroun, où je n'ai pas eu la chance de la retrouver. C'est une très petite espèce (long. : 12 millimètres, larg. : 20 millimètres, épine épibranchiale comprise).

## LEUCOSIIDÆ

**Ilia spinosa* Miers

1921. *Ilia spinosa* Balss, p. 53.

## PORTUNIDÆ

*Callinectes latimanus* Rathbun

1898. *Callinectes marginatus truncatus* Aurivillius, pp. 5-7, pl. I, fig. 1-4. (♀ *juv.*, *nec* ♂).

1921. *Callinectes Bocourti* Balss, p. 58.

Cette belle et robuste espèce est abondante au Cameroun ; c'est le crabe le plus communément consommé sur la côte.

Mes collections comprennent 3 ♂, 2 ♀, de Souelaba.

Noms vulgaires : *vide infra.*

*Callinectes gladiator* (Benedict)

1921. *Callinectes gladiator* Balss, pl. 58.

8 ♂, 2 ♀, Souelaba ; 1 ♂, embouchure de la Kienke, Kribi.

Espèce n'atteignant pas d'aussi fortes tailles que la précédente ; extrêmement commune par exemple sur la plage orientale de Souelaba où l'on peut voir les Callinectes se cacher dans le sable ou nager latéralement, par véritables bonds, avec une prodigieuse vélocité.

Noms vulgaires (genre *Callinectes*) : *dikako*, plur. *makako* (douala, subu) ; *dikaro*, *makaro* (bakoko) ; *dikak* (malimba) ; *dikao* (batanga) ; *dikakala* (mabea).

*Neptunus validus* (HERKLOTS)

1913. *Neptunus validus* EHRENBAUM, p. 246.
1921. *Neptunus validus* BALSS, p. 59.

L'exemplaire de von EITZEN cité par EHRENBAUM puis BALSS était un ♂ de 50 × 116 millimètres. Le mien (1 ♀, embouchure de la Kienke, Kribi) atteint 80 × 140 millimètres. Un ♂ recueilli par M. JEAN THOMAS à Konakry, en Guinée mesure 90 × 170 millimètres et fait partie comme le précédent des collections du Laboratoire des pêches coloniales au Muséum.

Nom vulgaire : *dikao da ngando* (batanga), « le crabe-crocodile. »

## XANTHIDÆ

*Eupanopeus africanus* (A. M. - EDW.)

1921. *Eupanopeus africanus* BALSS, p. 62.

Ce crabe est — abstraction faite des Callinectes et des Grapsoïdes — l'un des plus communs du litoral camérounien. Il se rencontre aussi bien dans la mangrove et l'eau douce que sur le litoral maritime rocheux. A Kribi les indigènes le consomment. J'ai rapporté les échantillons suivants :

1 ♂ Souelaba ; 2 ♂ baie du Cameroun ; 1 ♀ baie du Cameroun, à la base des palétuviers ; 2 ♂ dans la vase durcie, île de Kwele-Kwele, baie Malimba (9 décembre 1925), avec *Upogebia furcata* (AURIVILLIUS), *Sphagebranchus cephalopeltis* BLEEKER, *Leptocerdale æthiopicum* CHABANAUD : cette vase durcie, spongieuse, perforée de mille trous où s'abrite toute une faune est immédiatement inférieure à la vase à *Uca tangeri* EYDOUX ; 1 ♂ Kribi, à marée basse, 31 décembre 1925.

Nom vulgaire : *ngohiña* (batanga).

***Menippe nodifrons* STIMPSON

Espèce nouvelle pour le Cameroun, connue des îles du Cap-Vert, de la Guinée espagnole, du Gabon, et de la côte atlantique américaine, de la Floride au Brésil. 2 ♀, Kribi, à marée basse.

Nom vulgaire : *ngohiña* (balanga).

****Heteropanope africana** DE MAN

Espèce nouvelle pour le Cameroun, déjà connue de la Côte d'Ivoire (lagunes) et de la Nigeria, à Bugama (eau presque douce) ; elle semble très commune dans la mangrove et appartient, avec nombre d'autres crabes, aux formes caractéristiques des faunes estuarines et de la forêt à *Rhizophora*.

2 ♂, 1 ♀, palétuviers au Cap Cameroun, 16 novembre 1925 ; 1 ♀ ovigère (largeur 10 millimètres) dans du bois pourri, Souelaba, 18 novembre 1925 ; 2 ♂, 1 ♀, 1 ♂ ovig. (lrg. : 5 millimètres), 1 ♀ ovig. (lrg. : 4, mm 5) dans du bois pourri, Souelaba, 24 novembre 1925 ; 2 ♂, à la base des palétuviers, baie du Cameroun.

## MAIIDÆ

*Micropisa Bocagei* OZORIO

1922. *Micropisa violacea* BALSS, p. 73 (Balanga).

1 ♀ ovigène (largeur = longueur : 30 millimètres), embouchure de la Kienke, Kribi.

BALSS (1922, p. 73) considère *M. Bocagei* comme un stade juvénile de *M. violacea* A. M.-EDW. Or les *types* d'OZORIO (1887, p. 224) sont « adultes » et ont, le ♂ 29 (lg.) × 28 ( lrg.) et la ♀ 18 (lg.) × 20 (lrg.) alors que le type de *M. violacea* d'après MILNE-EDWARDS (1868, p. 52) a 24. (lg.) × 21 (lrg.) Enfin mon spécimen, ovigère, de 30 millimètres, n'est certainement pas à considérer non plus comme « ein junges Stadium ».

Il s'agit donc de préciser les caractères morphologiques susceptibles de distinguer *M. violacea* de *M. Bocagei*.

1° Chez *M. violacea* la longueur de la carapace est supérieure à la largeur ; chez *M. Bocagei* elle est inférieure ou tout au plus égale.

2° Les cornes frontales, comme le remarque Ozorio, sont moins développées chez *M. Bocagei* que chez *M. violacea*.

3° Il semble y avoir une différence importante dans la disposition des tubercules spiniformes dorsaux.

Chez *M. violacea* (A. MILNE-EDWARDS, 1868, p. 52) : « la région gastrique présente cinq tubercules épineux dont quatre situés en avant, sur une même ligne transversale, et le dernier en arrière, sur le lobe mésogastrique... on en remarque deux [épines] sur la région cardiaque... »

Chez *M. Bocagei* (Ozorio, 1887, p. 223) : « région gastrique marquée de six épines, dont quatre petites situées à peu près sur une même ligne transversale, l'une sur le lobe mésogastrique, la dernière sur le lobe urogastrique. Deux épines sur la région cardiaque. »

On a donc, en arrière de la ligne gastrique transversale (4 tubercules), et sur la ligne médio-dorsale :

M. *violacea* : 3 (1 mésogastrique, 2 cardiaques).

*M. Bocagei* : 4 (1 mésogastrique, 1 urogastrique, 2 cardiaques).

## PINNOTERIDÆ

### * *Pinnoteres pinnoteres* (Linné)

1921. *Pinnoteres pinnoteres* Balss, p. 79 (2 ♀, Kamerun).

## OCYPODIDÆ

### *Ocypoda hippeus* (Olivi)

1912. *Ocypoda hippeus* Sendler, p. 190.
1914. *Ocypoda hippeus* Balss, p. 106.
1921. *Ocypoda hippeus* Balss, p. 79.
1923. *Ocypoda cursor* Odhner, p. 23.

J'ai rapporté de cette espèce, extraordinairement abondante sur les grèves sablonneuses, 1 ♂, 2 ♀ (Kombwo Subu, rivière Bimbia).

Belon (Observations... [1553, livre 2, p. 138] 1588, livre 2, pp. 306-307) a observé cette espèce sur les côtes de Palestine : « Nous y trouuasmes une particuliere espece de Cancre, de nature fort estrange : c'est qu'au plus grand chaud de l'esté, encore que le soleil soit en sa plus grande chaleur, toutesfois il sort hors de la mer, & y en a si grande multitude, que la terre en est couuerte, & se va esbatant le long de la mer, courant par le sable à trois traicts d'arc, qui n'est gueres plus gros qu'une petite chastagne : toutesfois il court si viste, qu'un homme a peine de le suyvre : & qui plus est, ayant esté le iour au sec à la vehemente chaleur du Soleil, il se retire la nuit en la mer. Aristote l'appelle *Cancer cursor.* Il est l'un des animaus le plus admirable que nul autre qu'ayons jamais veu. »

Cet Ocypode est extrêmement commun sur la côte occidentale d'Afrique, sur les côtes de sable : je l'ai observé au Cap Blanc où il existe sur le littoral atlantique de la presqu'île, alors qu'il est rarissime sur la côte orientale, port-stéphanoise ; je l'ai revu en abondance sur la côte saharienne entre Nouakchott et Saint-Louis, mélangé déjà à *Ocypoda africana :* on sait enfin qu'à Saint-Louis, sur la langue de Barbarie, à Guet-N'dar et N'dar-Tout ces crabes pullulent littéralement lorsqu'ils circulent au crépuscule ou la nuit.

Au Cameroun on rencontre cet Ocypode partout où existe une grève de sable non vaseux où la mer se brise librement ; ce crabe en effet aime à courir dans l'écume, à la limite des vagues où à la première alerte il se précipitera. Il est bien plus aquatique que son voisin *Ocypoda africana* qui s'établit souvent à un niveau supérieur, se contente de rivages sans vagues ni écume, et pénètre plus avant dans les terres pendant les chasses nocturnes.

Les Ocypodes creusent un terrier qui est temporaire puisqu'il est détruit par le flot et qu'il faut le recreuser durant chaque marée basse ; le terrier d'*O. hippeus* est toujours dans la zone atteinte à marée haute par la mer : je n'ose pas affirmer qu'il en soit toujours de même pour *O. africana* bien que sur la côte atlantique de Souelaba on puisse observer côte à côte, irrégulièrement mélangés, les terriers des deux espèces.

*O. hippeus* est moins attaché à son terrier que *O. africana :* il s'en éloigne volontiers pour vagabonder le long de la plage et croquer tout débris comestible, végétal ou animal ; sa vitesse est considérable et en cas de danger il n'hésite pas à se précipiter dans la vague qui déferle, ce que je n'ai jamais vu faire à *O. africana.*

Les terriers des deux espèces sont différents, d'abord par leur diamètre, *O. hippeus* étant plus volumineux que son voisin ; ils le sont aussi par le mode d'utilisation des matériaux extraits du terrier. Les Ocypodes pour creuser leur terrier chargent à chaque voyage un « paquet » de sable entre les pinces et les premières pattes ambulatoires d'un seul côté, celui bien entendu qui est en avant à la descente et en arrière à la sortie. Arrivé avec sa charge au bord de son trou, *O. hippeus*, d'un geste brusque, projette en avant le sable qu'il portait sans s'en inquiéter davantage et redescend charger la brassée suivante. Peu à peu un tas de sable très irrégulier s'accumule à l'entrée du terrier.

*O. africana* est plus soigneux ; au lieu de simplement lancer son sable dès qu'il est parvenu à l'orifice de sa demeure il prend la peine de faire un certain trajet avant de se décharger de son fardeau, et, comme il accomplit ces trajets successifs suivants des directions différentes, finalement le sable extrait du terrier est réparti tout autour du trou et à une certaine distance de celui-ci ; mais il y a plus, et l'on peut voir l'animal, une fois débarrassé de sa charge, et pendant qu'il rentre à son trou, égaliser le sable en tapotant celui-ci à petits coups rapides, avec le dos d'une de ses pinces (peut-être des deux ?)

Pendant la marée haute les Ocypodes se sont laissés submerger : ils sont invisibles. Dès que la marée a suffisamment baissé, les crabes se dégagent du sable et se mettent à creuser leur nouveau terrier (1), et à ramasser des débris comestibles, graines, plantules de palétuviers, animaux morts, etc. Sur la côte de Mauritanie j'ai vu les Ocypodes me dévorer en une nuit une partie d'une « gandourah » en cotonnade ; tout ce qui est organique, jusqu'aux fèces de mammifères, est attaqué par ces voraces brachyoures.

Pendant la nuit l'activité des Ocypodes s'intensifie considérablement ; ce sont en somme des animaux nocturnes : *O. africana* ne circule que très peu de jour et ne s'éloigne jamais du terrier ; *O. hippeus* est beaucoup plus entreprenant le jour. Dès l'obscurité venue les deux Ocypodes entreprennent des expéditions qui peuvent les mener assez loin de la mer. *O. africana* qui paraît dans l'ensemble mieux adopté à la vie terrestre semble pousser plus avant dans les terres. A Souelaba, alors que *O. hippeus* ne s'éloigne guère du rivage, *O. africana* se rencontre de nuit sur toute la largeur de la presqu'île, en pleine forêt.

(1) Ou peut-être à recreuser le précédent ? Je n'ai pas de certitude sur ce point.

### *Ocypoda africana* de Man

1912. *Ocypoda africana* Sendler, pp. 120-191.
1914. *Ocypoda africana* Balss, p. 105.
1921. *Ocypoda africana* Balss, p. 80.
1923. *Ocypoda africana* Odhner, p. 23.

Cette espèce se rencontre de la Mauritanie à l'Angola ; elle ne remonte pas jusqu'au Cap Blanc et je l'ai aperçue pour la première fois dans le sud mauritanien, entre Nouakchott et le Sénégal.

Outre les caractères morphologiques — dont le plus immédiatement apparent est l'absence de pinceau de poils au sommet des pédoncules oculaires — la coloration peut également servir à distinguer *O. africana* de *O. hippeus*.

Alors que *O. hippeus* est jaune plus ou moins pâle, avec parfois des traces grises ou verdâtres, *O. africana*, bien que les teintes puissent varier considérablement, est toujours coloré de rouge plus ou moins violacé. Voici, à titre d'exemple, la coloration d'un individu de Souelaba, d'après une aquarelle faite *ad vivum* : pinces et pattes vermillon pâle ; pédoncules oculaires, front, bord frontal de la carapace vermillon vif ; yeux bleu-acier ; partie médiane de la carapace rouge-carminé avec quelques dessins foncés ; parties latérales, branchiales, violet pâle.

*Noms vulgaires* (pour les deux Ocypodes, et parfois d'autres crabes encore) : *kolokolo* (douala, bakoko), *myèmé*, *mèmé* (malimba), *mwèmé* (batanga).

Les exemplaires rapportés sont les suivants : 1 ♂, 6 juv., grève de Kombwo Subu, 23 octobre 1925 : 1925 ; 1 ♀, 2 ♂, Souelaba.

### *Uca Tangeri* Eydoux
(Figs. 1, 2, 3 A)

1898. *Gelasimus perlatus* Aurivillius, p. 9.
1921. *Uca Tangeri* Balss, p. 80.

Cette forme est excessivement commune à la partie supérieure des plages vaseuses, ou sablo-vaseuses.

*Noms vulgaires : mporibé* (douala), *pokédé* [*makaralara*] (mabea, batanga).

Cette espèce creuse des terriers où elle se réfugie en cas d'alerte ; si aucun ennemi n'est en vue les *Uca* sortent du sol par milliers et commencent à manger, c'est-à-dire à sucer du sable ou de la vase. Pour râcler avec leur petite pince (♂) — ou leurs petites pinces (♀) la surface du sol, ils se déplacent peu à peu en rayonnant autour de l'orifice qui finit par être environné de toute une série de sillons

Fig. 1. — *Uca tangeri* Eydoux, ♂ et ♀ en train de manger, sur la plage de Port-Étienne Mauritanie. Le mâle vient de porter une pincée de sable à sa bouche et la petite pince à doigts spatulés s'abaisse vers le sol pour changer la pincée suivante ; la femelle effectue, de la pince droite, le même mouvement tandis que la gauche dépose à terre une boulette déjà sucée. Devant les crabes, des boulettes, des fèces (petits cylindres) et l'orifice d'un terrier

superficiels, encombrées ds boulettes machonnées : ces sillons partent du trou, centre de l'ensemble et divergent dans toutes les directions comme les rayons d'une roue autour de son essieu ; il est probable que l'*Uca* ne prélève pour sa nourriture que la pellicule tout à fait superficielle du sable ou de la vase ce qui l'oblige à utiliser pour ses grattages une surface importante, surface qui finalement par la juxtaposition de tous les rayons est plus ou moins circulaire, l'*Uca* s'éloignant de son trou, dans chaque direction successive, à peu près aussi loin.

Pour manger, l'*Uca* sort de son trou et normalement, c'est-à-dire quand les ouvertures des terriers ne sont pas trop serrées, il s'en éloigne de quelques décimètres : on a vu plus haut comment il rayonne peu à peu autour de son terrier. Là il saisit avec ses pinces spatulées des « bouchées » de sable humide qu'il introduit dans le cadre buccal *par en haut*, entre les segments supérieurs des maxillipèdes externes légèrement écartés. Par cette fente on aperçoit les appendices sous-jacents (1) dans un état de vibration constant, noyés dans un bouillonnement de salive. Entraînée par son poids, émulsionnée pour ainsi dire par son passage dans les peignes des maxillipèdes, la « bouchée » de sable liquéfiée et lavée de ses particules alimentaires coule vers le bas et vient entre la base des maxillipèdes externes (2) former une grosse goutte qui se solidifie au contact de l'air. Cette goutte, devenue boulette, est saisie par une des spatules et déposée devant l'animal. La boulette étant un produit épuisé, puisqu'il a déjà été « mangé », ne peut pas, comme on l'a prétendu être mise en réserve pour une consommation future. Si des stocks de boulettes ont pu être découverts au fond des terriers, il peut s'agir soit de boulettes tombées accidentellement dans le trou, soitde boulettes indiquant que le crabe a fait un repas dans les ténèbres, aux dépens des parois de sa chambre, mis dans l'impossibilité d'aller manger en surface par la présence d'ennemi ou pour toute autre raison.

La femelle, qui dispose de deux pinces spatulées, est très avantagée vis-à-vis du mâle qui n'en a qu'une. Elle gagne un temps précieux en consacrant une de ses pinces au ravitaillement en sable nourricier, l'autre au déblaiement des boulettes ; cette dernière pince cueille les boulettes à leur sortie du corps *avant* qu'elles ne tombent à terre, tandisque chez le mâle il est fréquent de voir ce phénomène se produire.

(1) La morphologie très particulière des pièces buccales — dont l'ensemble forme un appareil filtrant muni de peignes et de brosses — en rapport étroit avec le mode d'alimentation de l'animal, serait justiciable d'une étude de détail pleine d'intérêt.

(2) Le bord antérieur de la fosse infra-thoracique, entre la base des maxillipèdes externes, au point où les boulettes sortent du cadre buccal est sétigère ; le dernier article de l'abdomen l'est également et il présente de plus une morphologie et une mobilité qui me portent à croire que la boulette glisse sur le bord distal tronqué et cilié de l'article probablement rabattu en dehors et est ainsi guidé dans sa chute vers le sol.

Quant aux matières nutritives ingérées par les *Uca*, ce sont surtout des Diatomées, que l'on retrouve dans leur tube digestif et dans les petits cylindres gris constituant leurs déjections. Le mode d'ali-

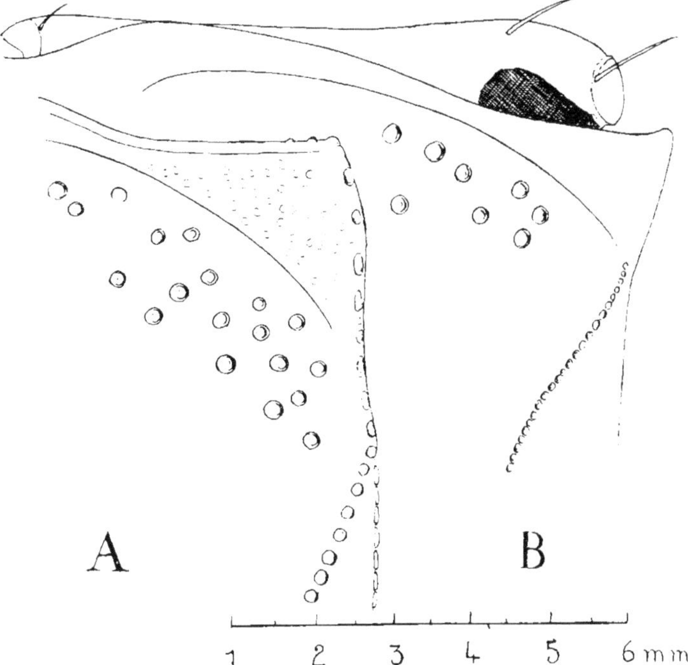


FIG. 2. — A. *Uca Tangeri* EYDOUX. ♂ (larg. : 33 millimètres, long. : 26 millimètres). (baie du Repos, Port-Étienne, Cap Blanc, Mauritanie), angle antéro-externe droit du céphalothorax, en vue dorsale. — B. *Uca Tangeri* EYDOUX ♂ (larg. : 17 millimètres, long. : 12 millimètres), (Cap Cameroun, baie de Douala, Cameroun), *idem*.

mentation des *Uca* se fait pour ainsi dire à deux degrés, puisqu'il y a une évacuation buccale et une évacuation anale. On ne peut le comparer qu'au phénomène de succion, avec rejet de l'objet sucé, qui caractérise chez l'homme l'ingestion de certains fruits ou de certains légumes (asperges). (1)

(1) Cf. TH. MONOD, Sur la biologie de l'*Uca tangeri* Eydoux (*Rev. Gén. Sc*, 34e année, n° 5, 15 mars 1923, p 133).

Je crois utile de donner quelques mensurations d'individus de cette espèce.

1. *Côte atlantique du Maroc :* 2 ♂ (Prof. A. GRUVEL *legit*, juin 1922).

| | 1) dextre | 2) sénestre |
|---|---|---|
| Longueur de la carapce ............ | 25 mm. | 26 mm. |
| Largeur de la carapace .......... | 34 mm. | 36 mm |
| Pédoncule oculaire ............. | 12 mm | 12 mm. |
| Grande main ..................... | 59 mm. | 43 mm. |
| Grande dactylus ................. | 40 mm. | 27 mm. |
| Petite main ..................... | 17 mm. | 17 mm. |
| Palma de la petite main........... | 7 mm. | 7 mm. |
| Petit dactylus .................. | 11 mm. | 11 mm. |
| Pénis ........................... | 15 mm. | 14 mm. |

2° *Côtes de Mauritanie, Port-Étienne :* 3 ♂, 1 ♀, TH. MONOD *legit* 1922-1923.

| | 1) ♂ dextre | 2) ♂ dextre | 3) ♂ sénestre | 4) ♀ |
|---|---|---|---|---|
| Longueur de la carapace ......... | 26 mm. | 26 mm. | 26 mm. | 26 mm. |
| Largeur de la carapace .......... | 37 mm. | 36 mm. | 37 mm. | 33 mm. |
| Pédoncule oculaire .............. | 12 mm. | 12 mm. | 12 mm. | 11 mm. |
| Grande main ..................... | 64 mm. | 60 mm. | 65 mm. | |
| Grand dactylus .................. | 42 mm. | 40 mm. | 44 mm. | |
| Petite main ..................... | 17 mm. | 18 mm. | 18 mm. | 15 mm. |
| Palma de la petite main.......... | 7 mm. | 7 mm. | 7 mm. | 7 mm. |
| Petit dactylus .................. | 12 mm. | 13 mm. | 13 mm. | 11 mm. |
| Pénis ........................... | 15 mm. | 14 mm. | 15 mm. | |

3° *Cameroun.* I. *Ile de Kwele-Kwele, baie Malimba,* 4 ♂, 2 ♀, TH. MONOD *legit,* 9 décembre 1927.

| | 1) ♂ dextre | 2) ♂ sén. | 3) ♂ sén. | 4) ♂ dext. | 5) ♀ | 6) ♀ |
|---|---|---|---|---|---|---|
| Longueur de la carapace.. | 12,5 mm. | 9 mm. | 11 mm. | 10,5 mm. | 13 mm. | 10 mm. |
| Largeur de la carapace | 19 mm. | 15 mm. | 17 mm. | 15 mm. | 18 mm. | 15 mm. |
| Pédoncule oculaire .... | 8 mm. | 6 mm. | 7 mm. | 5,5 mm. | 7 mm. | 5,5 mm. |
| Grande main ....... | 28 mm. | 17 mm. | 22 mm. | 18 mm. | | |
| Grand dactylus ..... | 17 mm. | 10 mm. | 12 mm. | 10 mm. | | |
| Petite main ....... | 13 mm. | 7 mm. | 7 mm. | 6 mm. | 7 mm. | 6 mm. |
| Palma de la petite main.. | 3 mm. | 2 mm. | 3 mm. | 2 mm. | 2,5 mm. | 2 mm. |
| Petit dactylus.......... | 5 mm. | 4 mm. | 4,5 mm. | 4 mm. | 5 mm. | 4.5 mm. |
| Pénis ................. | 8 mm. | 5 mm. | 6 mm. | 6 mm. | | |

4° *Cameroun* II. *Cap Cameroun et crique Tende* : 5 ♂, 1 ♀, Th. Monod *legit* 16 novembre 1925.

| | 1) ♂ sén. Tende | 2) ♂ sén. Cameroun | 3) ♂ sén. Cameroun | 4) ♂ sén. Cameroun | 5) ♂ dext. Cameroun | 6) ♀ Cameroun |
|---|---|---|---|---|---|---|
| Longueur de la carapace. | 16mm. | 12mm. | 15mm. | 11mm. | 10mm. | 13mm. |
| Largeur de la carapace .. | 21mm. | 17mm. | 22mm. | 16mm. | 14mm. | 18mm. |
| Pédoncule oculaire ...... | 9mm. | 7mm. | 9mm. | 6mm. | 6mm. | 7mm. |
| Grand dactylus ......... | 13mm. | 22mm. | 33mm. | 22mm. | 14mm. | |
| Grande main ........... | 29mm. | (1). | 22mm. | 11mm. | 9mm. | |
| Petite main ........... | 11mm. | 8mm. | 11mm. | 8mm. | 13mm. | 9mm. |
| Palma de la petite main .. | 5mm. | 4mm. | 5mm. | 3mm. | 3mm. | 4mm. |
| Petit dactylus .......... | 8mm. | 7mm. | 8mm. | 6mm. | 5mm. | 7mm. |
| Pénis ................. | 9mm. | 6mm. | 9mm. | 5mm. | 5mm. | |

(1) Brisée *p. p.*

5° *Cameroun III. Mangrove à Rhizophora, entre la baie Manoka et la cirque Olga* : 6 ♂, 6 ♀, TH. MONOD *legit* 1925.

| | 1) ♂ sén. | 2) ♂ sén. | 3) ♂ sén. | 4) ♂ sén. | 5) ♂ sén. | 6) ♂ sén. | 7) ♀ | 8) ♀ | 9) ♀ | 10) ♀ | 11) ♀ | 12) ♀ |
|---|---|---|---|---|---|---|---|---|---|---|---|---|
| Long. de la carapace ... | 15mm. | 15mm. | 13mm. | 12mm. | 12mm. | 11mm. | 8mm. | 11mm. | 12mm. | 12mm. | 12mm. | 11mm. |
| Larg. de la carapace... | 23mm. | 22mm. | 20mm. | 17mm. | 17mm. | 17mm. | 17mm. | 16mm. | 17mm. | 17mm. | 17mm. | 15mm. |
| Pédoncule oculaire..... | 40mm. | 23mm. | 20mm. | 17mm. | 16mm. | 17mm. | | | | | | |
| Grand dactylus ...... | 25mm. | 14mm. | 12mm. | 9mm. | 8mm. | 9mm. | | | | | | |
| Grande main ........ | 10mm. | 10mm. | 8mm. | 8mm. | 6mm. | 6mm. | 7mm. | 7mm. | 7mm. | 7mm. | 7mm. | 7mm. |
| Petite main ......... | 10mm. | 10mm. | 7mm. | 7mm. | 6mm. | 7mm. | 6mm. | 6mm. | 6mm. | 6mm. | 6mm. | 6mm. |
| Palma de la petite main. | 5mm. | 4mm. | 4mm. | 3mm. | 2mm. | 3mm. | 2mm. | 2mm. | 2mm. | 2mm. | 2mm. | 2mm. |
| Petit dactylus ....... | 7mm. | 6mm. | 5mm. | 5mm. | 4mm. | 4mm. | 3,5mm. | 4mm. | 4mm. | 4mm. | 4mm. | 4mm. |
| Pénis .............. | 10mm. | 10mm. | 8mm. | 8mm. | 7mm. | 7mm. | | | | | | |

### *Uca Tangeri* EYDOUX var. *platydactylus* nov. var.
(Fig. 2 B)

J'ai découvert dans la mangrone à *Rhizophora* une variété particulière qui mérite d'être distinguée.

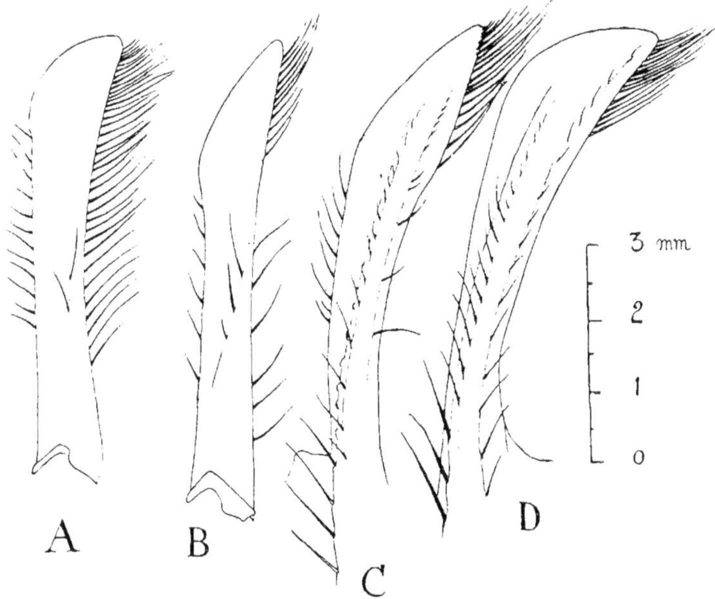


FIG. 3. — A. *Uca Tangeri* EYDOUX, ♂ sénestre (larg. : 23 millimètres, long.: millimètres), (marais à *Rhizophora*, entre la baie de Manoka et la crique Olga, baie de Douala, Cameroun), dactylus de la peite pince, face interne. — B. *Uca Tangeri* EYDOUX, ♂ sénestre (larg. : 17 millimètres, long. : 12 millimètres), (cap Cameroun, baie de Douala, Cameroun), *idem*. — C. *Uca Tangeri* EYDOUX, même individu qu'en B, doigt fixe (propodite) de la petite pince, face externe. — D. *Uca Tangeri* EYDOUX, même individu qu'en A, *idem*.

Alors que les *Uca Tangeri* f. *typica* habitent des terrains découverts, plages, berges de marigots, etc., la présente forme se rencontre exclusivement semble-t-il dans l'intérieur de la mangrove, dans la vase où s'enracine la forêt de palétuviers.

Les 12 spécimens typiques ont été recueillis par moi au cœur de la mangrove, au bord d'un des canaux qui font communiquer le bord Nord de la baie Manoka (région de Matanda Masadi) et la Crique Olga (région de Ko).

L'espèce *Uca tangeri* est dans l'ensemble assez variable ; la variété nouvelle que je crois devoir établir pour ces échantillons est fondée sur un caractère parfaitement net, la dilatation en spatule de l'extrémité des doigts (fixe et mobile) des petites pinces, alors que ces mêmes extrémités, chez la forme typique, sont obliquement taillées et relativement pointues.

Les 12 échantillons de la var. *platydactylus* sont tous de petite taille ; je signale le fait car il n'est pas invraisemblable que la forme pélophile soit en moyenne plus petite que celle qui vit sur les plages de sable. Bien entendu la forme spatulée des doigts des petites pinces n'est pas un caractère juvénile comme le prouve la comparaison d'échantillons de même taille de la forme typique et de la variété à doigts dilatés.

## GRAPSIDÆ

Les Grapsoïdes sont confondus par les indigènes, qui ne semblent pas en distinguer les espèces, sous les noms suivants : *ngalalanda* (douala, bakoko), *ngololanda* (subu), *ngritanda* (malimba), *dikakala* (batanga) ce dernier nom signifiant probablement « crabe » en général.

### *Goniopsis cruentata* (Latreille)

1922. *Goniopsis cruentata* Balss, p. 80.

Un des crabes communs dans la mangrove.

J'ai rapporté 1 ♂, 1 ♀.

### *Pachygrapsus transversus* (Gibbes)

1922 *Pachygrapsus transversus* Balss, p. 81.

1 ♀, ruisseau littoral de Mbodè entre Grand Batanga et Campo (5 janvier 1926).

Je n'ai pas retrouvé cette espèce et rapporte tous mes échantillons à une forme extrêmement voisine, *P. gracilis*.

**Pachygrapsus gracilis* (Saussure)

Espèce nouvelle pour le Cameroun, connue de la Guinée espagnole, du Congo, et des Antilles.

Exemplaires rapportés : 1 ♂, 1 ♀, lagune de la pointe de la presqu'île de Souelaba ; 3 ♀ (2 ovig.), 5 ♂, palétuviers, Cap Cameroun, 16 novembre 1925 ; 2 ♂ 1 ♀ ovig., Souelaba ; 1 ♂, 1 ♀ juv., baie du Cameroun, à la base des palétuviers ; 1 ♂, vase, île de Kwele-Kwele, baie Malimba, 9 décembre 1925.

*Grapsus grapsus* Linné

1922. *Grapsus grapsus* Balss, p. 82.

2 spécimens, Kribi. Cette espèce est abondante dans les rochers de la côte maritime (régions de Kribi, Grand Batanga, Campo) mais entièrement absente des côtes sablonneuses et de la mangrove.

**Planes minutus* (Linné)

Nouveau pour le Cameroun. 4 exemplaires dans la baie de Douala, à Souelaba (1 mars 1926) sur des billes d'okoumé du Gabon flottées par le courant de Benguella : sur le même tronc d'arbre j'ai recueilli *Lepas* sp., *Amphinome rostrata* Pallas.

**Sesarma (Chiromantes) Alberti* Rathbun

Espèce nouvelle pour le Cameroun. 1 ♂, 2 ♀ lagune de la pointe de la presqu'île de Souelaba : 1 ♂, 2 ♀ juv., Souelaba.

**Sesarma (Chiromantes) africanum* A. M. Edw.

Espèce également nouvelle pour le Cameroun. 1 [illegible], lagune de Souelaba : 1 [illegible] baie du Cameroun, 24 octobre 1925 : 1 [illegible] juv. Grand Batanga.

*Sesarma (Holometopus) elegans* Herklots

1922. *Sesarma (Holometopus) elegans* Balss, p. 84.

L'espèce est déjà connue, sinon au Cameroun, du moins comme provenant de cette région puisque les exemplaires de Balss, ont été recueillis à Hambourg amenés par un chargement de bois : « Aus Kamerun an Mahogani-Stämmen in Hamburg eingeschleppt ».

1 ♂, 1 ♀ ovig., palétuviers, Cap Cameroun, 16 novembre 1925 ; 1 ♂ juv., 1 ♀ juv., base des palétuviers, baie du Cameroun.

*Sesarma (Holometopus) Büttikoferi* DE MAN

1922. *Sesarma (Holometopus) Büttikoferi* BALSS, p. 84.

Cette très curieuse espèce aux pinces violettes à doigts rouges ne semble pas rare dans la région.

2 ♂, ruisseau de Dikullu (eau douce), rivière Bimbia, 23 octobre 1925 ; 1 ♂ Kombwo Mongo, Dibamba, dans un tronc d'arbre pourri avec *Sphaeroma destructor* RICHARDSON ; 1 ♂ baie Malimba ; 1 ♀ embouchure de la Kienke, Kribi.

*Sesarma (Holometopus) angolense* DE BRITO CAPELLO

1922. *Sesarma (Holometopus) angolense* BALSS, p. 84.

3 ♂, 3 ♀, dans les trous de la berge du bras Benge, île Malimba, basse Sanaga. Je n'ai jamais observé cette espèce que dans les berges argileuses de la basse Sanaga.

**Sarmatium curvatum* M. EDW.

1922. *Sarmatium curvatum* BALSS, p. 85.

***Plagusia depressa* FABR.

Espèce très largement répandue dans l'Atlantique tropical, nouvelle pour le Cameroun. 2 carapaces sur la plage, entre grand Batanga et Campo.

## GEGARCINIDÆ

* *Gegarcinus lagostoma* M. EDW.

1912. *Pelocarcinus Weileri* SENDLER, pp. 191-194, fig. 1-5.
1922. *Gegarcinus lagostoma* BALSS, p. 86.

*Cardisoma armatum* HERKLOTS

1912. *Cardisoma armatum* SENDLER, pp. 194-195.
1922. *Cardisoma armatum* BALSS, pp. 86-87.

Ce crabe est commun dans les villages de la mangrove. Les indigènes le recherchent la nuit avec des flambeaux, pour le consommer.

*Noms vulgaires : dingombo* (douala, bakoko), *éyumé* (subu), *yuma* (malimba), *diombo* (batanga).

## BIBLIOGRAPHIE


1898. — Aurivillius (Carl W. S.). Krustaceen aus dem Kamerun-Gebiete (*Bihang till K. Svenska Vet-Akad. Handlingen*, 24, *afd.* IV, n° 1, 1898, pp. 1-31, pl. I-IV).

1912. — Balss (Heinrich). Paguriden *in* : Wiss. Ergeb. Deutsch. Tiefsee-Exp. « Valdivia », XX, 2 *lief.*, 1912, pp. 85-124, fig. 1-26, pl. VII-XI, 1 carte).

1914. — Balss (H.). Diagnosen neuer Macruren der « Valdivia ». Expedition, (*Zool. Anz.*, XLIV, 1914, pp. 592-599).

1914. — Balss (H.). Decapode Crustaceen von den Guinea-Inseln, Süd-Kamerun und den Congogebiet *in* : Ergeb. der Zweiten Deutschen Zentr. Afrika Exped. 1910-1911, *bd.* I, Zoologie, pp. 97-108, fig. 1-12.

1916. — Balss (H.). Crustacea II : Decapoda Macrura und Anomura (ausser Fam. Paguridæ) *in* : Beiträge zur Kenntnis der Meeresfauna Westafrikas, 1916, pp. 11-46, fig. 1-16.

1921. — Balss (H.). Crustacea VI : Decapoda Anomura (Paguridea) und Brachyura (Dromiacea bis Brachygnatha) *in* : *eod. loc.*, III, lief. 2, pp. 37-67, fig. 1-7.

1922. — Balss (H.). Crustacea VII : Decapoda Brachyura (Oxyrhyncha bis Brachyrhyncha) und geographische Übersicht über Crustacea Decapoda *in* : *eod. loc.*, III, lief. 3, pp. 69-110, 1 fig.

1925. — Balss (H.). Macrura 2. Natantia, Teil A *in* : Winss. Ergeb. Deutsch. Tiefsee-Exp. « Valdivia », XX, 5 Left, pp. 217-315, fig. 1-75, pl. XX-XXVIII (I-IX).

1914. — Dinkelacker (E.). Wörterbuch der Duala-Sprache (*Abhandl. der Hamburg. Kolonial Instituts*, XVI (Reihe B, 10), pp. 1-215).

1913. — Ehrenbaum (E.). Uber einige Krebsformen ans den Küstengerwässern von Kamerun (*Der Fischerbote*, V, n° 26, 15 juni 1913, pp. 244-247, fig. p. 245.)

1911. — Lenz (H.). *Callianassa turnerana* hite Wand *Callianassa diademata* Ortmann (*Sitzungsber. d. Gesellsch. Naturforcsh. Freunde z. Berlin*, 1911, pp. 316-318, fig. 1-11).

1913. — Makembe (P.). (übersetzt von D. C. Meinhof) Won der Fischerei in Kamerun (*Der Fischerbote*, V, nr 8, 15 august 1913, pp. 313-315).

1927. — Man (J. G. de). A Contribution to the Knowledge of twenty-one Species of the Genus Upogebia Leach (*Capita Zool.*, Deel II, Afl. 5, 1927, pp. 1-58, pls. I-VI).

1913. — Marcus (K.). Uber Langusten und ihr Vorkommen an der Westküste Afrikas (*Der Fischerbote*, V, nr. 7, 15 juli 1913, pp. 275-280, 1 fig.)

1868. — Milne-Edwards (Alphonse). Observations sur la faune carcinologique des îles du Cap Vert (*Nouv. Arch. Mus. Hist. Nat.*, IV, pp.

1870. — Milne-Edwards (Alphonse). Révision du genre Callianassa (Leach) et description de plusieurs espèces nouvelles de ce groupe, faisant partie de la collection du Muséum. (*Nouv. Arch. Mus.*, Mémoires, VI, 1870, pp. 77-101, pl. I-II).

1927. — Monod (Th.). Sur le Crustacé auquel le Cameroun doit son nom (*Callianassa turnerana* White) (*Bull. Mus.* pp. 80-85).

1927. — Monod (Th.). Une mission scientifique au Cameroun (*La Géographie*).

1927. — Monod (Th ). La pêche au Cameroun (*Bull. Ag. éc. Territ. afr. sous Mandat.*

1923. — Odhner (Teodor). Marine Crustacea Podophthalmata aus Angola und Südafrika gesammelt von H. Skoog 1912 (Medd. fran Göteborgs Musei Zoologiska, Avdelning 31. Göteborgs kungl. Vetenskaps-och Vitterhets-Samhälles Handlingar Fjärde följden XXVII : 5, pp. 1-39, pl. 1-II).

1891. — Ortmann (A.). Die Decapoden-Krebse des Strassburger Museums, III. Die Abtheilungen der Reptantia Boas : Homaridea, Loricata. und Thalassinidea (*Zool. Jahrb., Abthg. Syst.*, VI, 1891, pp. 1-58, pl. I).

1887. — Ozorio (Balthazar). Liste des Crustacés des possessions portugaises d'Afrique occidentale dans les collections du Museum d'histoire naturelle de Lisbonne. (*Jorn. Sc. Math. Phys. Nat. (Ac. Real. Sc. Lisboa)*, XI, 1885-1887, pp 220-231).

1924. — Peters (N.). Fang und Verwertung der Languste in Südafrika (*Der Fischerbote*, XVI, n° 8, 15 august 1924, pp. 173-177, 1 fig.).

1900. — Rathbun (Mary J.). The Decapod Crustaceans of West Africa (*Proc. of the U. S. Nat. Mus.*, XXII, 1900, nr 1199, pp. 271-316).

1912. — Sendler (A.). Zehnfusskrebse aus dem Wiesbadener Naturhistorischen Museum (*Jahrb. Nars. Ver für Naturkunde in Wiesbaden*, 65 *Jahrg.*, 1912, pp. 189-207, fig. 1-7).

1911. — Vanhöffen (E.) Über die Krabben, denen Kamerun seinen Namen verdankt. (*Sizungsber. d. Gesellsch. Naturforsch. Freunde z. Berlin*, 1911, 2, pp. 105-110, fig. p. 108).

1861. — White (A.). Description of Two Species of Crustacea belonging to the Families *Callianassidæ* and *Squillidæ* (*Proc. Zool. Soc.* London, 1861, pp. 42-44, pl. VI-VII).

1861 *a.* — White (A.). Description of Two Species... (reproduction de l'article original). (*Ann. Mag. Nat. History*, (3), VII, 1861, pp. 479-481).

# ACARINA I

*Hydracarina*

par C. Walter
(Laboratoire de Zoologie de l'Université de Bâle)

---

Dans ses travaux sur la faune des Hydracariens du Cameroun K. Viets (*Arch. für Hydrobiologie* 1912, vol. 8, 1913, vol. 9, 1916, vol. 11 et 1925, vol. 16) ne mentionne que deux espèces appartenant à ce genre : *Diplodontus despiciens* (O. F. Müller), forme cosmopolite, et *D. perreptans* Viets, connue seulement du Cameroun. M. Th. Monod, du Muséum d'histoire naturelle de Paris, vient de nous transmettre une troisième forme que nous considérons comme nouvelle.

*Diplodontus trigonometricus* n. sp.
(Fig. 1-5).

*Femelle :* Longueur du corps, 0mm930, largeur 0mm825. Contour elliptique ; bord frontal arrondi, un peu plus plat que le bord postérieur, et présentant de chaque côté une légère inflexion, occupée par la grande lentille oculaire, périphérique. Elle est elliptique, son grand axe mesure 70 μ. La petite lentille, elliptique aussi et non ronde comme chez *D. perreptans*, se trouve un peu en retrait du bord : son grand axe a 50 μ.

La couleur, à l'état naturel, est probablement rouge. Chez cet individu, conservé à l'alcool, les sacs intestinaux étaient noirs et disposés en forme de rosette. Les quatre lobes de chaque côté et un lobe antérieur et médian recouvraient presque toute la surface dorsale.

Comme chez l'espèce de Viets l'épiderme est garni de petites papilles basses, arrondies et très serrées. Les couches dermales inférieures présentent un dessin réticulé des plus fins et des plus réguliers (fig. 1), se composant de petits triangles, dont chaque côté mesure 13 μ. Par-ci par-là se trouve intercalé un carré. Les angles sont bien marqués ; ils forment le centre de la papille qui se dresse au-dessus d'eux.

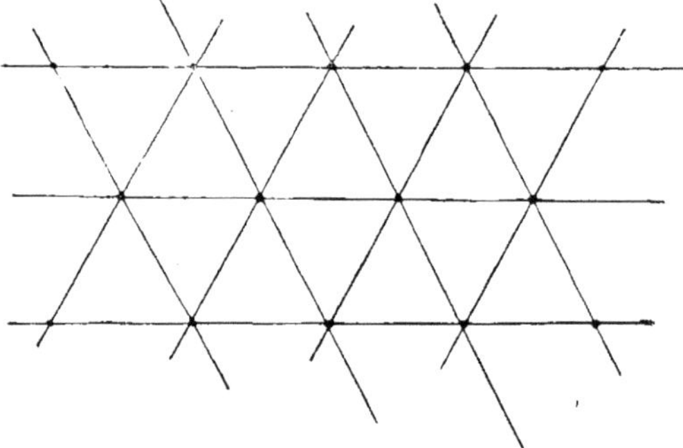

Fig. 1. — *Diplodontus trigonometricus* n. sp. ♀. Dessin des couches inférieures de l'épiderme.

L'organe maxillaire a une longueur de 175 μ et une largeur de 130 μ ; il est donc sensiblement moins large que long, ce qui n'est pas le cas chez *D. perreptans*. Le rostre mesure en longueur 70 μ, sa largeur basale est de 75 μ. Diamètre de l'ouverture buccale 25 μ, largeur du pharynx 45 μ. Ce dernier atteint le bord postérieur de la paroi ventrale de l'organe maxillaire, qui présente une inflexion médiane. La mandibule est bien plus longue que chez la forme décrite par Viets, 240 μ au lieu de 190 μ ; longueur de l'onglet 52 μ, hauteur de la partie basale 45 μ (fig. 2).

Le palpe est faible ; son deuxième article atteint à peine l'épaisseur des pattes de devant. Les articles mesurent sur leur bord dorsal : 1er 39, 2e 54, 3e 31, 4e 140, 5e 65 μ. Les deux derniers articles sont donc sensiblement plus longs que chez l'espèce voisine. Le pro-

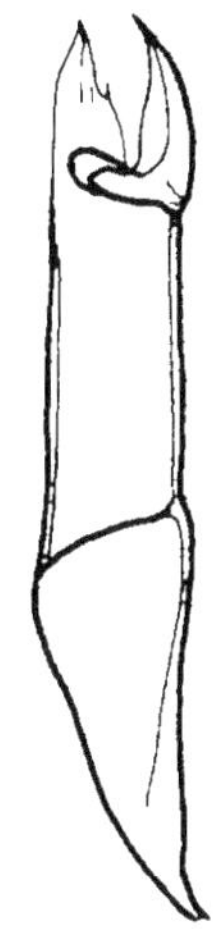

Fig. 2. — *Diplodontus trigonometricus* n. sp. ♀. Mandibule.

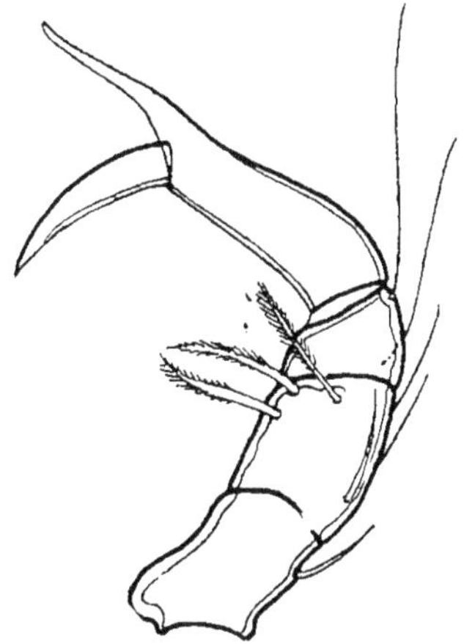

Fig. 3. — *Diplodontus trigonometricus* n. sp. ♀. Palpe.

longement du quatrième article est très mince. L'inflexion du dos de cet article n'est que faiblement marquée. Le deuxième article porte sur un renflement de la face interne les trois soies typiques aux espèces de ce genre : elles sont empennées toutes les trois. Pour tous les autres détails nous renvoyons à la fig. 3.

Les épimères (fig. 5) ressemblent plutôt à celles de *D. despiciens*, mais ils sont bien moins longs (390 μ) et moins larges (540 μ). Le bord médian de la première plaque est droit et non ondulé. Bord externe de la deuxième épimère à concavité bien marquée. La suture qui sépare la première de la deuxième plaque disparaît presque entièrement dans sa partie postérieure. La partie médiane de la quatrième plaque est plus large que chez *D. perreptans*, presque aussi large que celle de la troisième épimère. Bord postérieur concave, portant un processus près de l'insertion de la dernière patte. Les épimères portent aussi un nombre plus grand de soies sur les différentes plaques.

Les pattes sont courtes et grêles. La quatrième ne dépasse que de peu la longueur du corps ; elle est sensiblement plus courte que celle de *D. perreptans*, tandis que les trois autres pattes sont un peu plus longues que chez celle-ci. Chez la nouvelle espèce la deuxième et la troisième patte ont la même longueur ; la deuxième patte de l'espèce de VIETS est plus longue que la troisième. Longueur des pattes : 1re 715, 2e 820, 3e 820, 4e 970 μ. Les articles des pattes s'élargissent bien moins à leur bout distal que chez cette dernière espèce. L'article terminal de la patte de derrière est plus long que chez *D. perreptans* ; il mesure 225 μ de longueur, a une hauteur basale de 20 μ comme chez cette espèce, mais la hauteur distale ne mesure que 26 μ (fig. 4). L'onglet est aussi plus faible, long

FIG. 4. — *Diplodontus trigonometricus* n. sp. ♀. Article terminal de la 4e patte.

de 26 μ seulement, et muni d'une dent externe très fine. Le nombre des soies natatoires est plus grand que chez l'espèce voisine. La deuxième patte porte une soie réduite sur le cinquième article ; la troisième patte 6 soies normales sur le quatrième, 4-5 sur le cinquième article ; la quatrième patte 6-7 soies sur la face interne, 6 sur la face externe du quatrième article, 4 soies réduites sur la face externe du cinquième article.

L'organe génital (fig. 5) se compose de deux plaques longues de 155 μ, larges de 80 μ dans leur partie postérieure ; elles sont arrondies en arrière, pointues en avant. Leurs bords sont renforcés. Le long du bord médian presque droit il y a une rangée serrée de fines soies. Les cupules sont bien moins nombreuses que chez la forme de

VIETS, mais plus grandes. Leur nombre ne dépasse pas 30 sur chaque plaque (20 à droite, 27 à gauche). Elles sont rangées en trois lignées, mais d'une façon peu régulière, sont bien moins serrées que

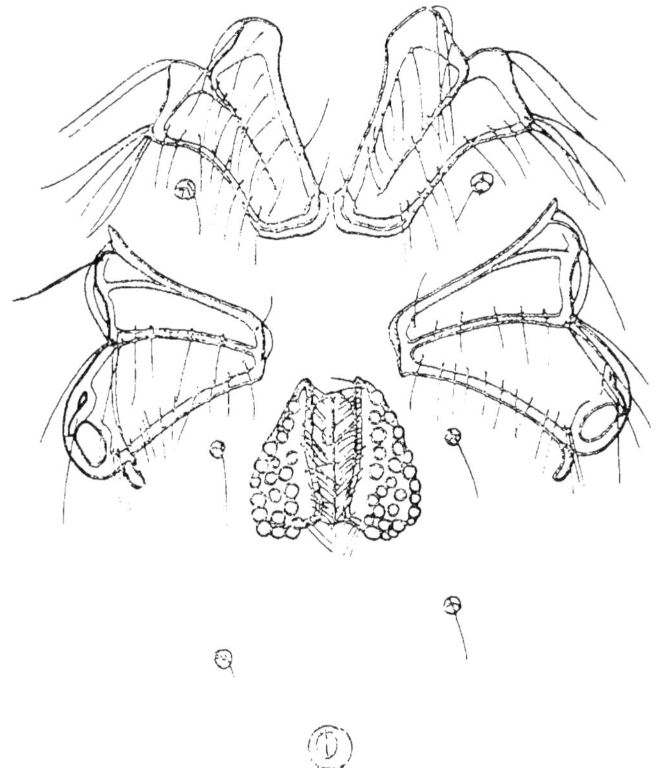

FIG. 5. — *Diplodontus trigonometricus* n. sp. ♀.
Epimères et organe génital.

chez l'espèce voisine et n'occupent pas une bande le long du bord médian. La fissure génitale, longue de 140 μ, est à peine dépassée des plaques en arrière. Largeur totale de l'organe génital 170 μ.

Le pore excréteur se trouve au centre d'un anneau de chitine assez large, situé à une grande distance (180 μ) de l'organe génital.

*Habitat :* Cameroun, Lac Nfou (cratère près de Bafousam), 22 août 1926. 1 ♀.

*Remarque :* dans le lac Eboga I (grand lac du cratère du Manengouba, env. 2.000 mètres) j'ai recueilli le 29 août 1926 un Hydracarien en trop mauvais état (ni palpes, ni pattes) pour être déterminé ; mon collègue M. le Dr C. WALTER a bien voulu examiner l'échantillon qu'il caractérise comme « une espèce du genre *Albia* très voisine de l'espèce *tenuipalpis* VIETS ». Th. MONOD.

*Note de la rédaction :* Cet ouvrage devant autant que possible contenir, outre l'étude des espèces effectivement recueillies par la mission Monod, une énumération des autres formes déjà connues du Cameroun et tendre ainsi à la constitution d'un inventaire général de la faune aquatique du territoire, il a semblé utile de donner une liste complète de tous les Hydracariens connus jusqu'à ce jour au Cameroun : *Thyas pennata* Viets, *Georgella incerta* (Kœnike), *Eupatra schaubi* (Kœnike), *Mamersa walteri* Viets, *Diplodontus despiciens* (O. F. Müll.), *D. perreptans* Viets, *D. trigonometricus* Walter, *Hydrarachna signata* Kœnike, *Bargena mirifica* Kœnike, *Limnesia campanulata* Kœnike, *Duralimnesia tenuipalpis* Viets, *Nilotonia loricata* (Nord.), *Mamersopsides sigthori* Viets, *Mamersopsis circumclusa* Viets, *Platymamersopsis nordenskiöldi* Viets, *Frontipoda oxoidea* Viets, *Oxus curvisetus* Viets, *O. maglioi* Viets, *O. stuhlmanni* (Kœnike), *Atractides acutisculatus* Viets, *A. cristatus* Viets, *A. damköhleri* Viets, *A. d.* var. *fasciata* Viets, *A. kœnikei* Viets, *A. microstomus* (Kœnike), *A. pusillus* Viets, *A. serratipalpis* Viets, *A. s.* var. *bituberosus* Viets, *A. unisculatus* Viets, *A. ventriosus* Viets, *Hygrobates extensus* Viets, *H. inflatus* Viets, *H. soari* Viets, *H. williamsoni* Viets, *Hygrobatopsis levipalpis* Viets, *Megabates rectipes* Viets, *Pollicipalpus scutatus* Viets, *Megapus damköhleri* Viets, *M. kühnei* Viets, *M. latisetus* Viets, *M. serratisetus* Viets, *M. tuberipalpis* Viets, *Unionicola borgerti* (Daday), *U. b. lineata* Viets, *U. cyclophora* Viets, *U. kœnikei* Viets, *U. latilaminata* Viets, *U. megalopsis* Viets, *U. minuta* Viets, *U. fimbriata* Viets,, *U. postmarginata* Viets, *U. uncata Viets*, *Encentridophorus multiporus* Viets, *E. spinifer* (Kœnike), *Neumania circumcincta* Viets, *N. falcipes* var. *africana* Viets, *N. fissa* Viets, *N. incerta* Viets, *N. marginata* Viets, *N. megalopsis* Viets, *N. nudipes* Viets, *N. papilligera* Viets, *N. paucipora* (Koenike), *N. p.* var. *reticulata* Viets, *N. pentagona* Viets, *N. simulans* (Kœnike), *N. subrubra* Viets, *N. thori* Viets, *Kœnikea acanthophora* Viets, *K. dadayi* Viets, *K. oxyura* Viets, *K. peltophora* Viets, *K. tesselata* Daday, *K. t.* var. *aculticaudata* Viets, *Leptopterotrichophorus verrucosus* Viets, *Pionatax uncipes* Viets, *Piona longicornis* (O. F. Müll.), *P. longispina* Viets, *P. rotunda* (Kramer), *P. spinipalpis* Viets, *Aturus (Subaturus) sulcatus* Viets, *A. punctatus* Viets, *Albia hystrix* Viets, *A. tenuipalpis* Viets, *Subalbia proceripalpis* Viets, *Axonopsalbia curvisetifera* Viets, *A. procera* Viets, *Axonopsis acuminata* Viets, *A. dadayi* Viets, *A. gibberosa* Viets, *A. hamata* Viets, *A. h. similis* Viets, *A. kœnikei* Viets, *A. lacinigera* Viets, *A. pusilla* Viets, *A. rostrata* Viets, *A. undulata* Viets, *A. vaginosa* Viets, *A. violacea* (Viets), *Barbaxona barbata* Viets, *Djeboa multidentata*

Viets, *D. m.* var. *compressa* Viets, *D. m.* var. *ferruginea* Viets, *D. m.* var. *rotundata* Viets, *Harpagopalpus octoporus* Viets, *H. tetraporus* Viets, *Rhinophoracarus praeacutus* Viets, *Mundamella arrhenuripalpis* Viets, *Wuria falciseta* Viets, *Thoracophoracarus arrhenuroides* Viets, *T. kühnei* Viets, *Th. mammosus* Viets, *Th. petioluriger* Viets, *Arrhenurus bilobatus* Viets, *A. damköhleri* Viets, *A. forficularius* Viets, *A. insecutus*, Viets, *A. latifoliatus* Viets, *A. rudiferus* Kœnike, *A. ruthmarshallae* Viets, *A. scapulatus* Marshall, *A. spinipetiolatus* Viets, *A. viduus* Viets, *A. voeltzkowi* Kœnike, (*Nympha incomperta* Viets).

*Bibliographie.* — KARL VIETS : Hydracarinen aus Kamerun (*Arch. f. Hydrob.* VIII. 1912 (1913), pp. 156-178, pl. II-III), Hydracarinen-Fauna von Kamerun (*ibid.*, IX, 1913 (1914), pp. 1-52 + 177-225 + 341-388, 10 fig. texte, pl. I-VII — IX-XII) : Ergänzungen zur Hydracarinen-Fauna von Kamerun (Neue Sammlungen) (*ibid.*, XI, 1916 (1917), pp. 241-305 + 335-403, 16 fig. texte pl. I-VI — VIII-XIII) : Nachträge zur Hydracarinen-Fauna von Kamerun (*ibid.* XVI, 1925 (1926), pp. 197-212, 2 fig. texte, pl. III-VII, 1 carte [pl. VIII] ).

# ACARINA II

*Ixodidæ*

---

Les *Ixodidæ* ont été déterminés par le D^r^ CECIL WARBURTON (Cambridge) auquel j'en exprime ici ma très vive reconnaissance.

## 1. *Rhipicephalus sanguineus* (LATREILLE 1806)

2 ♂, 1 ♀, 2 nymphes dans les oreilles d'un jeune *Cercopithecus* (prob. *C. ruber*) capturé à Biparé sur le Mayo Kébi (Subdivision de Léré, circonscription du Mayo Kébi, colonie du Tchad, Afrique équatoriale française) et examiné pour la recherche des parasites sur le bas Chari, le 1er juin 1926.

## 2. *Rhipicephalus complanatus* NEUMANN 1911

1910. *Rhipicephalus planus* (nec *Rhipicephalus simus* C. L. KOCH, 1844 var. *planus* NEUMANN, 1907).

1 ♂ sur un cochon rouge à oreilles en pinceaux *(Potamochoerus* du groupe *porcus)*, Nyabessan, subdivision de Campo, circonscription de Kribi, 13 janvier 1926.

Il existait un *Rh. simus* KOCH var. *planus* NEUMANN 1907 lorsque cet auteur décrivit (*Ann. Sc. Nat.*, 1910, p. 165) une autre espèce sous le nom de *Rh. planus*. S'apercevant plus tard de cette homonymie, NEUMANN dans une « Note rectificative à propos des deux espèces d'Ixodidæ, *Arch. Parasit.*, 14, nº 3, 1911, p. 415 » changea en *complanatus* le nom de son espèce de 1910 (1).

### 3. *Amblyomma variegatum* (Fabricius, 1794)

Plusieurs nymphes fixées à la peau de la cuisse d'un Calao, *Bucorvus abyssinicus* (Bodd.), Ngaoundéré, avril 1926.

Le Dr Cecil Warburton m'écrit au sujet de ces exemplaires : « The ticks in tube 3 are nymphs, and they appear to be *Amblyomma variegatum*. I have no previous record of this species on a bird, and I must confess that the identification of a nymph is much less certain than that of an adult. Yet *A. variegatum* is common in the Cameroons and L. E. Robinson has little doubt that your nymphs are of that species » (*in litt.* jan. 8. 1926).

(1) Je dois ces renseignements à mon excellent collègue et ami R.-Ph. Dollfus.

# ARANEIDA

Je tiens à exprimer ici ma très vive reconnaissance à Monsieur Louis Fage qui a bien voulu examiner les quelques Arachnides que j'ai recueillis au Cameroun.

Les exemplaires signalés sont déposés dans la collection d'Arachnides du Museum d'histoire naturelle.

### Epeiridæ

1. *Nephila femoralis* Lucas.

2 spécimens, pointe de Souelaba, baie de Douala, dans la végétation herbacée au niveau du marigot transversal voisin de l'extrémité de la presqu'île. Soie résistante, d'un beau jaune renoncule.

### Argiopidæ

2. *Cyrtophora citricola* Forskal.

3 spécimens, Souelaba, baie de Douala, 2. XII. 1925.

### Sparassidæ

3. *Heteropoda regia* (Fabricius 1775).

1 spécimen avec son cocon renfermant des *pulli*, dans la case indigène du collecteur, Souelaba ; 1 spécimen, *juv.*, dans la case du collecteur, à Deïdo (Douala). Cette belle espèce qui court et saute avec une extreme vélocité est très commune dans les cases de la région méridoinale.

## Theridiidæ

4. *Latrodectes geometricus* C. Koch, 1841.

11 spécimens dans le nid d'un Hymenoptère maçon et ravitaillant ses larves au moyen d'Araignées, *Sceliphron (Hemichalybion) brachystylus* Kohl (*det.* L. Berland), Tseke, entre Nanga-Eboko et Yoko, Circonscription de Yaoundé.

5. *Lithyphantes piceus* (Thorell).

17 spécimens dans le nid d'un Hymenoptère maçon (*vide supra*), dans une pièce au rez-de-chaussée de la case du Chef de Circonscription, Edea.

6. *Theridion* sp., an nov. ?, groupe du *Th. denticulatum*.

20 spécimens, dans le nid d'un Hymenoptère (*vide supra*), Tseke.

## Salticidæ

7. *Menemerus* sp., aff. *bivittatus* L. Dufour.

31 spécimens, dans le nid d'un Hymenoptère (*vide supra*), Tseke.

8. *Myrmarachne hesperius* (E. Simon).

4 spécimens, dans le nid d'un Hymenoptère (*vide supra*), Tseke.

# HOMOPTERA

par
le Docteur V. Lallemand
Uccle, (Belgique)

---

*Platypleura Monodi* nov. sp.

*Description* : [illegible] jaune-olive légèrement brunâtre, tachée de noir et couverte d'un épais duvet blanchâtre ; ocelles rouges ; sont brun-noirâtre : une grande tache sur la partie frontale, et quelques petites taches latérales du vertex, une ligne longitudinale médiane et les sillons transversaux du front, le clypeus, une ligne longitunale médiane et 3-4 lignes de chaque côté du pronotum, sur le mésonotum, 4 taches plus ou moins triangulaires sises derrière le bord antérieur, une ligne longitudinale médiane partant de la tache noire qui occupe la fossette située au-devant de la partie cruciale et n'atteignant pas le bord antérieur ainsi qu'une autre ligne longitudinale latérale.

Élytres à nervures jaune-brun : clavus et sur le corium, les cellules basale, radiale, cubitale, la base des discoidales I et 2, la moitié des discoidales 3 et 4, jusqu'au pli transversal, ainsi que la base de la 8e apicale, soit donc plus du tiers basal, opaques, brun-noirâtre ; dans la cellule radiale une petite tache jaune et une grande, blanche, hyaline. Partie apicale, hyaline avec des taches ou bandes brun-clair occupant le milieu des cellules ; nervures transversales et base des rameaux de bifurcation de la branche interne du radius bordées de brun ; sur le tiers apical, une tache brune, sur chacune des nervures longitudinales, ainsi qu'à l'endroit où celles-ci atteignent la nervure périphérique apicale ; le limbe situé en arrière de celle-ci est strié de lignes brunes rapprochées.

Moitié basale des ailes brun-noir avec une tache hyaline au bord externe ; moitié apicale hyaline.

Base des segments à la partie supérieure de l'abdomen brune ; à la face inférieure trois bandes longitudinales brunes, une médiane et deux latérales ; extrémité du rostre brun ; cuisses antérieures teintées de brun à la base et à l'extrémité ; extrémité des tibias et des tarses, ainsi que les épines, brunes ou brun-noirâtre.

Rostre s'étendant jusqu'à peu près la moitié du second segment abdominal ; élytres relativement assez étroites à l'extrémité.

Au point de vue anatomique, voisine de *Platypleura circumscripta* Jacobi, s'en distingue par le dessin des élytres ; proche de *Platypleura afzeli* Stal et *Pl. strumosa* Fabricius : comme celles-ci, a plus du tiers basal des élytres opaque, mais des taches et bandes brunes se voient dans les cellules de la partie hyaline, le rostre est plus long et la forme des élytres un peu différente.

*Taille :* Longueur totale : 35 millimètres.

Longueur du corps : 24 millimètres.

Élytres :

Longueur : 30 millimètres.

Largeur : 7 millimètres.

Étendus : 68 millimètres.

*Habitat* : 1 spécimen (type, *Museum d'histoire naturelle,* Paris), Souelaba, baie de Douala, Cameroun, Th. Monod *legit,* 3 décembre 1925.

Je dédie cette espèce à M. Th. Monod, Docteur ès-sciences, Assistant au Muscum, qui l'a récoltée durant sa mission scientifique au Cameroun.

# MALLOPHAGA

by

Dr JAMES WATERSTON

British Museum (Natural History)

---

The material belonging to this order, collected during his recent trip in the Cameroons, at Lere, Mayo Kebi (Afrique Équatoriale Française), by Dr MONOD, is referable to the following species : —

## Family **Philopteridæ**

### Genus Esthiopterum, HARRISON (1916).

E. gambense, PIAGET (1885).

*Lipeurus gambensis*, PIAGET, Les Pédiculines, Suppl. p. 64, pl. VII, f. 1. (1885).

3 ♂, 3 ♀, from *Plectropterus gambensis*, L., (Spur-winged goose) to which host, so far as our knowledge goes, the species is peculiar. In the British Museum are specimens from Sudan, Khor Felos, 1909, (H. H. KING coll.), [see KELLOGG & PAINE, *Bull. Ent. Res.* Vol. II, p. 149, July 1912], and Uganda, Entebbe, 1912 (C. C. GOWDEY coll.).

BEDFORD records this species from Rustenberg along with *A. stenopygus (vide infra)*.

### Genus Acidoproctus, PIAGET (1878)

#### A. stenopygus, NITZSCH, 1874

*Lipeurus stenopygus*, NITZSCH in GIEBEL, Ins. Epiz. p. 179, pl. VIII, f. 6, 7 (1874).

♀ from *Plectropterus gambensis*, L.

The number of species to be included in this remarkable and well defined genus, and also their respective host distributions, are at present uncertain. The British Museum possesses material agreeing with Dr MONOD's example from the same host from Sudan, Khor Felos (H. H. KING coll.) [See KELLOGG & PAINE l. c. p. 148, pl. V, figs, 6, 6 *a*, 6 *b*.] BEDFORD has also (5th and 6th Rep. Dir. Vet. Res. Dep. Agric. Un. S. Africa, p. 72, Pretoria 1919) recorded *both A. bifasciatus*, PIAG. (♂) and *A. stenopygus*, NITZSCH, ♂♂, ♂♀ from *P. gambensis* from South Africa, Transvaal, Rustenberg District, (W. POWELL coll.)

*Acidoproctus* is confined to the Palmipedes, occurring particularly on certain of the more specialised genera, e. g. *Dendrocygna*, etc.

The genus is closely related to *Ornithobius*, DENNY., which is characteristic of *Cygnus* spp., but *Acidoproctus* is in some respects more specialised than even the Swan parasites.

## Family **Liotheidæ**

### Genus Colpocephalum, NITZSCH (1818)

#### Colpocephalum atrofasciatum, PIAG. (1880)

*C. atrofasciatum*, PIAGET, Les Pédiculines, p. 542, pl. XLV, fig. 3 (1880).

♀ apparently referable to this species.

From *Balearica pavonina*, L. v : 1926.

*C. atrofasciatum* appears to be an *Actonithophilus*, FERRIS (1916). If so, and if the host relationship is soundly established, it affords an instance of a more primitive living side by side with a more specialised parasite on one host. Several such instances occur throughout this order. It has been suggested that *C. atrofasciatum* is synonymous with *H. semiluctus* (*q. v. infra*), but the most cursory comparison of PIAGET's and GERVAIS, figures shows this view to be untenable.

### Genus Heleonomus, FERRIS (1916)

#### H. semiluctus, GERVAIS (1847)

*Liotheum semiluctum*, GERVAIS, Hist. Nat. Ins. Aptères, III, p. 322 pl. XLIX, fig. 7 (1847).

? *Colpocephalum cornutum*, RUDOW, Zeit. f. ges. Nat. XXVII, p. 170 (1866).

*Colpocephalum tuberculatum*, RUDOW, Zeit. f. ges. Nat. XXXIV, p. 391 (1869).

♂. . 1. larvæ, from *Balearica pavonina*, L. v : 1926.

The genus *Heleonomus*, FERRIS, is a specialised off-shoot from *Actornithophilus*, FERRIS. Its species are probably all confined to cranes (*Grus*, etc), or their near allies.

### Genus Trinoton, NITZSCH, (1818).

#### T. anserinum, FAB. (1805).

*Pediculus anserinus* FABRICIUS, J. C. Syst. Antl. p. 345. (1805). one immature, from *Plectropterus gambensis*, L. v : 1926.

Referable on the whole to FABRICIUS' species, and differing very little from *T. anserinum* from our Palaearctic geese. BEDFORD (loc. cit. p. 721) has come to the same conclusion. KELLOGG & PAINE (loc. cit. p. 151), considered the Trinoton of the Spur-winged Goose to be *T. luridum*, NITZSCH (i. e. *querquedulæ* L. 1758), with which it is impossible to agree. I have examined two ♂ from Khor Felos, determined by the American authors as *luridum*, NITZSCH., and consider them to be FABRICIUS' species. BEDFORD's specimens were taken in S. Africa.

Summary. *Host and species :*

*Balearica pavonina* (L.) :

*Colpocephalum atrofasciatum.*

*Heleonomus semiluctus.*

*Plectropterus gambensis* (L.) :

*Trinoton anserinum.*

*Esthiopterum gambense.*

*Acidoproctus stenopygus.*

# PISCES I

*Pisces marini*

par Th. Monod

*Docteur ès-sciences*

*Assistant au Muséum d'histoire naturelle,*

*Chargé de mission scientifique au Cameroun (1925-1926)*

---

Sous le nom d'ailleurs assez peu satisfaisant (1) de « poissons de mer » j'étudierai ici les espèces rencontrées sur la côte maritime ou dans la baie de Douala.

En plus des espèces effectivement observées par moi-même, je signalerai celles également qui, citées par les quelques auteurs qui se sont occupés de la faune ichthyologique marine du Cameroun, n'auraient pas été revues par moi. Le présent travail résume donc d'une façon complète, l'état actuel de nos connaissances sur cette faune (2).

Je n'ai pas l'intention d'insister ici sur les caractères généraux et les affinités biogéographiques de la faune ichthyologique littorale du Cameroun, sujets traités avec tout le détail qu'ils méritent dans le premier volume de cet ouvrage.

Je n'étudierai dans les pages qui suivent que les adultes et les

(1) L'eau de la baie de Douala étant à certaines époques presque douce dans sa partie externe et entièrement douce un peu plus en amont.

(2) Les abbréviations des noms de races sont les suivantes : B : Bakoko, Bs : Bassek, Bt : Batanga, D : Douala, M : Malimba, Ma : Mabea, Sb : Soubou, Ya : Yassa.

stades juvéniles : les quelques larves pélagiques que j'ai récoltées seront étudiées dans le fascicule que je consacrerai à la faune planctonique marine du Cameroun.

On peut considérer dès maintenant les poissons de mer du Cameroun comme bien connus au point de vue systématique et je doute que les recherches ultérieures augmentent beaucoup le nombre des espèces : mes recherches personnelles ont ajouté 24 espèces à celles déjà signalées de la région, l'une d'entre elles, encore inconnue et appartenant à une famille nouvelle pour l'Afrique.

Les espèces précédées d'un astérisque sont celles que je n'ai pas observées moi-même ; deux astérisques indiquent une forme nouvelle pour le Cameroun.

La faune ichthyologique marine du Cameroun a été jusqu'ici très peu étudiée : à part quelques observations isolées il n'y a guère à citer que la liste de PETERS (1877), l'excellent travail très bien illustré d'EHRENBAUM (1913-1914 et 1915), enfin la très courte liste de FOWLER (1919).

### Branchiostomatidæ

***Branchiostoma africæ* nov. sp.

Les 3 spécimens de *Branchiostoma* capturés par moi-même à Souelaba appartiennent à une espèce nouvelle que le Docteur CARL L. HUBBS (Museum of Zoology, University of Michigan, Ann Arbor) auquel on doit une magistrale révision du groupe (*Occ. Pap. Mus. Zool. Univ. Mich.*, 40 105, 1922, pp. 1-16) a bien voulu décrire (*in litt.* 16 mars 1927) en ces termes (1) : « The dorsal fin chambers number about 300, and are certainly more numerous than in *lanceolatum* and probably fewer than in *californiense.* The preanal chambers number at least 50 (54 counted in one) and are therefore more numerous than in *lanceolatum.* The higher dorsal chambers are about six times as high as broad. There-

(1) L'auteur de l'espèce est bien entendu le Docteur CARL L. HUBBS que je suis heureux de pouvoir remercier ici de sa précieuse collaboration ; l'espèce devra donc à l'avenir être citée de la façon suivante : *Branchiostoma africæ* HUBBS (*in* MONOD, 1927, pp. 608-609).

fore, about as in *californiense*, but relatively much narrower than in *lanceolatum*. The dorsal fin is not more than one-eighth as high as the body. The anus is well in advance of the middle of the lower love of the caudal, as in *lanceolatum* but not as in *californiense*. The postatriporal length is a little less or a little more than two-fifths the preatriporal length (usually rather shorter than in *lanceolatum*). Myotomes : more than 40, about 42 to 44, before atripore (more than in *lanceolatum* and most other species, but fewer than usually in *californiense* or *capense*) ; fewer than 18, about 14 or 15, between atripore and anus (fewer then in *californiense*, *capense* or *tattersalli*) : more than 10 (11 to about 14) behind anus (about as in *lanceolatum* and *tattersalli*, but more than in *californiense* or *capense*) ; total, about 70 (67 to 73 counted), certainly more than in *lanceolatum*. »

Voici pour faciliter les comparaisons un tableau donnant les caractères de quelques espèces voisines :

| | Myotomes | Chambre de la nageoire dorsale | Hauteur des plus hautes chambres de la nageoire dorsale | [illegible] |
|---|---|---|---|---|
| *Branchiostoma africae*......... Hubbs | 42-44 + 14-15 + 11-14 = 67-73 | *circa* 300 | haut. = larg. × 6 | 50-51 |
| *Branchiostoma californiense* ... Andrews | 43-48 + 16-19 + 8-10 = 67-77 | 357 (312-371) | haut. = larg. × 5—8 | 50 |
| *Branchiostoma capense* ....... Gilchrist | 46-48 + 18-19 + 9-10 = 73-77 | | | |
| *Branchiostoma lanceolatum* .... Pallas | 34-38 + 12-16 + 10-13 = 58-64 | 236 (221-256) | haut. = larg. × 1-2 | 42(35-47) |
| *Branchiostoma tattersalli* ...... Hubbs | 40 + 20 + 12 = 72 | | | |

## Plagiostomata

### Carcharinidæ

Les « requins » ou « squales » sont en somme extrêmement rares sur le littoral camérounien, sans doute à cause de la trop faible salinité des eaux, ces animaux étant particulièrement abondants dans les mers à forte salure ou tout au moins à salure normale.

### *Scoliodon terræ-novæ Rich.

1913 *Carcharias eumeces* Pietschmann, pp. 172-176, pl. I.

Pietschmann a eu entre les mains deux jeunes mâles (506 et 509 millimètres) de Bibundi.

*Nom vulgaire : vide infra.*

### **Carcharhinus limbatus M. H.

J'ai observé un exemplaire de cette espèce, nouvelle pour le Cameroun, à Kribi, le 29 décembre 1925.

*Mensurations de l'exemplaire :*

longueur totale : 80 centimètres.
longueur du corps : 56 centimètres.
longueur préorale : 6,5 centimètres.
longueur interorbitaire : 8,5 centimètres.
longueur internasale : (à l'extrémité antérieure des narines) : 6,5 centimètres.
longueur inter-nasale (à l'extrémité postérieure des narines) : 1, 5 centimètres.
longueur oculo-nasale : 2,6 centimètres.
largeur de la bouche aux commissures : 7,5 centimètres.
distance du milieu de la ligne transversale réunissant la région moyenne des narines à l'extrémité du rostre : 4 centimètres.
diamètre oculaire : 1,2 centimètre.
hauteur des fentes branchiales (au repos, en position normale : )
I : 3 centimètres.
II : 3,2 centimètres.
III : 3,2 centimètres.
IV : 5,1 centimètres.
V : 2,4 centimètres.
base de la première dorsale : 8 centimètres.
base de la seconde dorsale : 3 centimètres.
distance des deux dorsales : 16 centimètres.

base de l'anale : 3 centimètres.

lobe supérieur de la caudale : 21 centimètres.

lobe inférieur de la caudale : 9 centimètres.

distance de l'anale à la caudale : 4,5 centimètres.

La face supérieure est bleu-gris, l'inférieure blanche. Extrémités des pectorales, des ventrales, des dorsales, du lobe inférieur de la caudale noires : extrémité de l'anale grise.

Il y a par, rangée, 28-30 dents.

*Nom vulgaire : vide infra.*

*Carcharhinus sp.*

J'ai observé à Souelaba le 11 décembre 1925 un *Carcharinus* de 72 centimètres de long qui n'est pas le *C. limbatus*.

*Nom vulgaire : vide infra.*

**Mustelus lævis* Rondelet

1913 *Mustelus lævis* Pietschmann, p. 176.

Je n'ai pas revu cette espèce, signalée de Bibundi.

*Nom vulgaire :* tous les squales de forme typique sont confondus sous les noms suivants :

D, Sb, B : *ndom*

M : *ndumé*

Ma : *nduma*

Bt, Ya : *ndomé*.

**Cestraciontidæ**

*Cestracion zygæna* (Linné)

(= *Zygæna malleus* Val., *et auct.*)

1913 *Sphyrna zygæna* Pietschmann, p. 176 (référence omise par Metzelaar, 1919, p. 189.)

Le requin-marteau existe un peu partout mais est rare. Je n'en ai vu qu'un seul spécimen, capturé par des pêcheurs batangas, de Lokundjé, entre cette localité et Longji, le 23 décembre 1925.

*Noms vulgaires :*

D : *ndom a matoi* : également *mudongé*, *fide* Dinkelacker.

Bt : *ndumé a matoi.*

Ya : *ndomé a malo.*

## Pristidæ

**Pristis antiquorum* LATH.

1877 *Pristis antiquorum* PETERS, p. 252 (Victoria).

Les poissons-scie ne sont pas communs ; on en rencontre cependant quelquefois sur la côte maritime ou dans la baie où ils pénètrent surtout, semble-t-il, en saison sèche, lorsqu'augmente la salinité des eaux.

**Pristis Woermanni* FISCHER

1884 *Pristis Wœrmanni* FISCHER, p. 39.

L'espèce, décrite d'après un exemplaire unique, du Cameroun, ne paraît pas avoir été retrouvée.

Il est enfin possible que l'on rencontre au Cameroun une espèce voisine, *Pristis Perroteti* M. H.

*Noms vulgaires :*

D, Sb, Bt, Ya : *njonga.*

B, M : *dzonga.*

## Rhinobatidæ

**Rhynchobatus Lübberti* EHRENBAUM

1911 *Rhynchobatus Lübberti* EHRENBAUM, pp. 403-405, fig. p. 404.

1915 *Rhynchobatus Lübberti* EHRENBAUM, pp. 69-71, fig. p. 70.

1919 *Rhynchobatus Lübberti* METZELAAR, p. 193, fig. 56.

L'espèce, décrite du Cameroun, a été revue au Sénégal, et peut-être en Mauritanie (CHABANAUD et MONOD, *Les poissons de Port-Étienne, Bull. Com. Et. Hist. et scient. A. O. F.*, 1926, pp. 230-231). Il est certain qu'elle est identique au *Rh. atlanticus* REGAN, de Lagos. Parait très rare au Cameroun, au moins dans les eaux littorales saumâtres.

*Rhinobatus rasus* GARMAN

1877 *Rhinobatus halavi* PETERS, p. 252. (Victoria).

1913 *Rhinobatus columnæ* PELLEGRIN, *pro parte* (Gabon), exemplaire examiné, collection Lab. Pêches coloniales.

Espèce assez commune dans la baie de Douala. Régime carnivore, carcino-et ichthyophage :

20. XI. 25 : 1 grosse crevette.

21. XI. 25 : bouillie de jeunes *Ethmalosa dorsalis* [Parasites : Nématodes, Cestode (scolex)].

*Noms vulgaires :*

D : *etutumé*
Sb, B, M : *etutuma*
Bt : *ngonga*
Ya : *mungonga.*

Il faut signaler ici que *fide* DINKELACKER et EHRENBAUM, *étutuma* signifierait en douala la seiche (*Sepia*). Mes observations ne confirment pas cette opinion, *étutuma* signifiant bien *Rhinobatus* et la seiche n'ayant de nom qu'en batanga (*ñondo*) ; l'animal semble inconnu des Doualas qui nomment « fèces de baleine » l'os de seiche, *lobi la njonji*, dont ils ignorent l'origine.

Remarques sur les Rhinobates de l'ouest africain :

Le peu de soin apporté par bien des auteurs à la détermination de leurs échantillons, dans un groupe ou l'habitus étant très peu variable d'une espèce à l'autre, une application toute spéciale doit être apportée à la discrimination des espèces, a inutilement compliqué l'étude des Rhinobates de l'Afrique occidentale : tantôt des espèces indo-pacifiques sont citées de la côte ouest-africaine, tantôt l'extension vers le sud du mieux connu des Rhinobates (*Rh. rhinobatus*) est démesurément étendu vers le Sud.

Grâce à la belle révision de J. R. NORMAN l'ordre a enfin succédé au chaos (1).

Il existe dans la Méditerranée deux Rhinobates (*Rh. rhinobatus* (L.) et *Rh. cemiculus* GEOFFROY SAINT-HILAIRE). La première se rencontre sur la côte atlantique de l'Afrique au Maroc, en Mauritanie, et jusqu'à Gorée (Sénégal) *fide* STEINDACHNER.

Du Sénégal à l'Angola la seule espèce connue avec certitude est *Rh. rasus* GARMAN extrêmement voisine de *Rh. cemiculus* dont il ne représente peut-être bien qu'une simple variété. C'est cette espèce

(1) A Synopsis of the Rays of the Family Rhinobatidæ, with a Revision of the Genus Rhinobatus. (*Proc. Zool. Soc.*, 1926, p. 4, n° LXII, pp. 94-1-982, fig. 1-30).

*(Rh. rasus)* qui a été désignée sous des noms variés *(Rh. halavi, Rh. Columnæ,* peut-être même *Rh. granulatus* et *Rh. undulatus.)*

**Pteroplatea micrura* Bl. Schn.

1914 *Pteroplatea micrura* Ehrenbaum, p. 407.

1915 *Pteroplatea micrura* Ehrenbaum, p. 73.

Un exemplaire a été rapporté par von Eitzen ; je n'ai personnellement pas remarqué l'espèce qui paraît rare.

### Myliobatidæ

**Aëtobatis latirostris* A. Dum.

1914 *Aëtobatis latirostris* Ehrenbaum, pp. 407-409.

1915 *Aëtobatis latirostris* Ehrenbaum, pp. 73-75, fig. p. 74.

Ehrenbaum rapporte à cette espèce, décrite du Gabon, une forme qui ne lui est connue que par une description de von Eitzen. L'animal avait été capturé dans l'embouchure du « Wuri ».

Cette raie-aigle doit exister un peu partout, tout en étant très rare, car les indigènes la connaissent parfaitement.

*Noms vulgaires :* il n'est pas impossible que les *Pteroplatea* soient désignés du même nom que les *Aëtobatis* avec lesquels ils ont en commun le développement transversal, aliforme, des pectorales.

D : *womb' a madiba* (milan d'eau).
Sb : *komb' a madiba* ( — )
B : *komb'édo*
M : *éombi*
Bt, Ma : *ngombéa*
Ya : *ngombia*

### Narcaciontidæ

**Narcacion nobilianus* (Bonaparte)

(= *Torpedo hebetans* Lowe)

1914. *Torpedo hebetans* Ehrenbaum, pp. 405-406.

1915. *Torpedo hebetans* Ehrenbaum, pp. 71-72.

Paraît extrêmement rare. Je n'ai pas observé moi-même de torpille au Cameroun.

## Dasybatidæ

*Dasybatus margarita* (GÜNTHER)

1877 *Trygon margarita* PETERS, p. 252 (Victoria).

1914 *Trygon margarita* EHRENBAUM, pp. 406-407, fig. p. 406.

1915 *Trygon margarita* EHRENBAUM, pp. 72-73, fig. p. 72.

Espèce très commune, le seul Plagiostome vraiment abondant au Cameroun. On la rencontre spécialement sur les fonds sablo-vaseux de l'estuaire, par exemple à l'accore des bancs de Kwele-Kwele, où on est certain de le capturer à la senne. Cette raie peut atteindre de fortes tailles, VON EITZEN en ayant observé de 40 kilogs. Les Européens la consomment, sa chair étant excellente. L'espèce est vivipare : j'ai noté des parturitions le 25 novembre 1925, chaque femelle n'ayant qu'un seul petit (1) : celui-ci, à terme, a la taille suivante : longueur du disque : 12 cm 2 ; longueur de la la queue : 24 centimètres ; longueur totale : 46 centimètres, largeur du disque : 12 cm 3 (2). Un échantillon plus petit, muni non seulement de son vitellus externe mais de ses filaments branchiaux, recueilli au cours d'un avortement, présentait les dimensions suivantes : longueur du disque : 6 cm 9 ; longueur de la queue : 1 cm 58 ; largeur du disque : 7 centimètres ; longueur totale : 23 cm 5

La raie perlée se nourrit d'animaux benthiques, crustacés, mollusques, etc. :

17. XI. 1925 : sable et Crustacés.

25. XI. 1925 : poissons, *Callinectes*, Isopodes (*Eurydice carangis* VAN NAME, *Notanthura Barnardi*), Polychètes, Gastéropodes, Lamellibranches, Holothuries (*Rhopalodina lageniformis* GRAY.)

*Noms vulgaires* :

D, Sb, M, Bt : *duba*.

B : *ébu*.

(1) Ce nombre n'est pas constant : BÜTTIKOFER (*fide* EHRENBAUM, 1915, p. 73) signale une femelle qui contenait 6 petits.

(2) EHRENBAUM (1915, p. 73) signale un jeune « kürzlich geboren » de 23 cm 2, de longueur totale. Il y aurait donc une variation considérable dans la taille de l'embryon à terme, à moins que l'individu d'EHRENBAUM ait été recueilli *dans* la mère ou au cours d'un avortement, cas fréquent après la capture d'adultes gravides.

**Dasybatus thalassia* (COLUMNA)

J'ai reconnu cette espèce très épineuse sur un dessin de M. J. BRIAUD : l'animal avait été apporté à Souelaba par des pêcheurs Malimbas de Sanjé le 8 janvier 1926.

Longueur du disque : 90 centimètres.

Largeur du disque : 120 centimètres.

Longueur de la queue : 17 cm 05.

Poids de l'animal eviscéré : 37 kg 5.

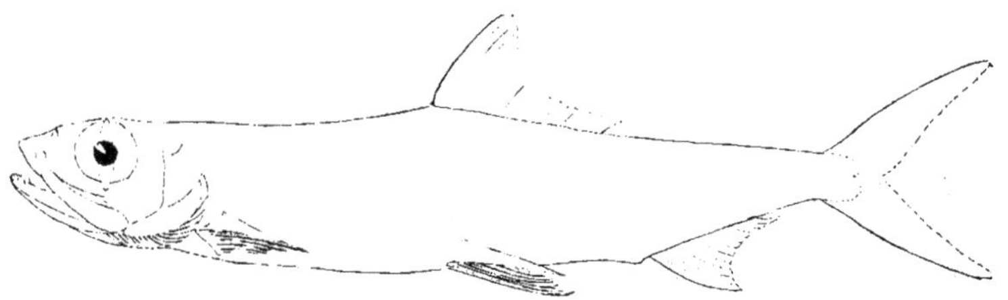

FIG. 1. — *Elops lacerta* C. V.

**Elopidæ**

*Elops lacerta* C. V.

(Fig. 1)

1877 *Elops lacerta* PETERS, p. 251.

1914 *Elops lacerta* EHRENBAUM, pp. 107-108, fig. p. 107.

1915 *Elops lacerta* EHRENBAUM, pp. 25-26, fig. p. 26.

Cette espèce est rare ; je n'en ai observé moi-même qu'un seul exemplaire à Souelaba le 14 décembre 1925. Paraît être une forme de surface exclusivement planctonophage ; le tube digestif du spécimen camérounien contenait une bouillie blanchâtre de Mysidés (*Rhopalophthalmus flagellipes*) avec des points noirs (yeux des crustacés) et rouges (pigment du flabellum caudal).

*Noms vulgaires :*

D : *mondé*

Sb : *mutanga*

B : *mbolé*

M : *ondé*

Fig. 2. — *Clupeonia cameronensis* (Regan)

Bt : *ntanga, mondi* (probablement du douala).
Ma : *nanga*
Ya : *motanga.*

****Megalops atlanticus** Cuv. Val.

Espèce non encore signalée au Cameroun. Ce poisson qui peut atteindre des tailles énormes (plus de $1^m 80$ et de 55 kilogs) est rare mais se rencontre cependant dans toute la région. Je l'ai observé personnellement à Souelaba et à Kribi.

Les écailles si développées de cette espèce obtiendraient des fabricants de fleurs artificielles des prix intéressants ; malheureusement le tarpon est trop rare pour que ce produit puisse être récolté au Cameroun.

*Nom vulgaire :*

D, Bt, Ya : *mbèdi.*

## Clupeidæ

*Clupeonia cameronensis* (Regan)
(Figs. 2-3)

1917 *Sardinella cameronensis* Regan, pp. 380-381.
1926 (1927) *Sardinella cameronensis* Chabanaud et Monod, p. 238.

Cette espèce, décrite sur des exemplaires du Cameroun, n'est pas abondante. On la rencontre par individus isolés ou par petites bandes, souvent au milieu des bancs d'*Ethmalosa.* Alors qu'en Mauritanie, à Port-Étienne, les *Ethmalosa* étaient disséminées parmi les bancs de *Clupeonia* (*C. eba* C. V.), ici c'est le contraire que l'on observe, la Sardinelle est exceptionnelle, rare, alors que l'Ethmalose est le plus important poisson du Cameroun maritime au point de vue économique.

La coloration, notée sur le vivant (30 novembre 1925 à Souelaba) est la suivante : dos vert-bleu ; une tache noirâtre post-operculaire ; trois lignes longitudinales latérales d'un beau jaune entre le bord dorsal et le niveau de la tache post-operculaire ; ventre et flancs blanc-argenté à reflets rose-violacé ; dorsale jaune à tache noire basale antérieure ; ventrales et anale incolores ; pectorales à bord supérieur et extrémité distale gris, à lobe inféro-proximal incolore ; caudale grise, extrémités des lobes noires.

Le régime alimentaire des Sardinelles est carcinophage-planctonophage : à l'inverse de ce que nous constaterons chez les Ethmaloses qui se nourrissent de vase, les Sardinelles, en formes de surface typiques, demandent leur subsistance à la faune pélagique et tout spécialement à ses crustacés. Rappellons que des observations très analogues ont été faites sur *Clupeonia eba* C. V., à Port-Étienne (1).

30. XI. 1925 : 1) 240 millimètres : sable. Crustacés.
2) 240 millimètres : vase. Crustacés.
3) 225 millimètres : Crustacés.

9. III. 1926 : 1) œsophage : gravier, estomac : *id.*, intestin : bouillie verdâtre (Copépodes, Diatomées, Tintinnide).
2) œs. : mégalope, larves caridoïdes de Décapodes, est. : masse brun-noir compacte de débris de crustacés pélagiques, int. : débris de Crustacés, Diatomées, 1 crochet de Chaetognathe.
3) œs. : larves de Décapodes, est. : pâte brun-noir, bouillie de Crustacés pélagiques, int. : bouillie verdâtre, débris de Crustacés, Diatomées.
4) œs. : larves de Décapodes, est. : pâte de Crustacés, int. : bouillie verdâtre (Crustacés, crochets de Chætognathes).
5) œs. : larves de Décapodes, Copépodes, est. : pâte à Crustacés, int. : bouillie verdâtre (Crustacés, Diatomées).
6) œs. : Diatomées, gravier, larves de Décapodes, est. : pâte à Crustacés, int. : *id.* n° 5.
7) œs. : larves de Décapodes, est. : pâte à Crustacés, int. : *id.* n° 5.
8) œs. : Crustacés Décapodes, est. : pâte à Crustacés, int. : bouillie verdâtre.

Il n'est pas inutile de donner ici quelques renseignements sur la morphologie du tube digestif de *Clupeonia cameronensis*, l'étude d'un

(1) CHABANAUD et MONOD, Les poissons de Port-Étienne, *Bull. Com. Et. Hist. Scient. A. O. F.*, 1926, IX, n° 2, pp. 225-286, fig. 1-33.

type franchement planctonophage permettant une très intéressante comparaison avec un limivore tel que *Ethmalosa dorsalis*.

Rappelons d'abord que chez *Clupeonia* la morphologie branchiale

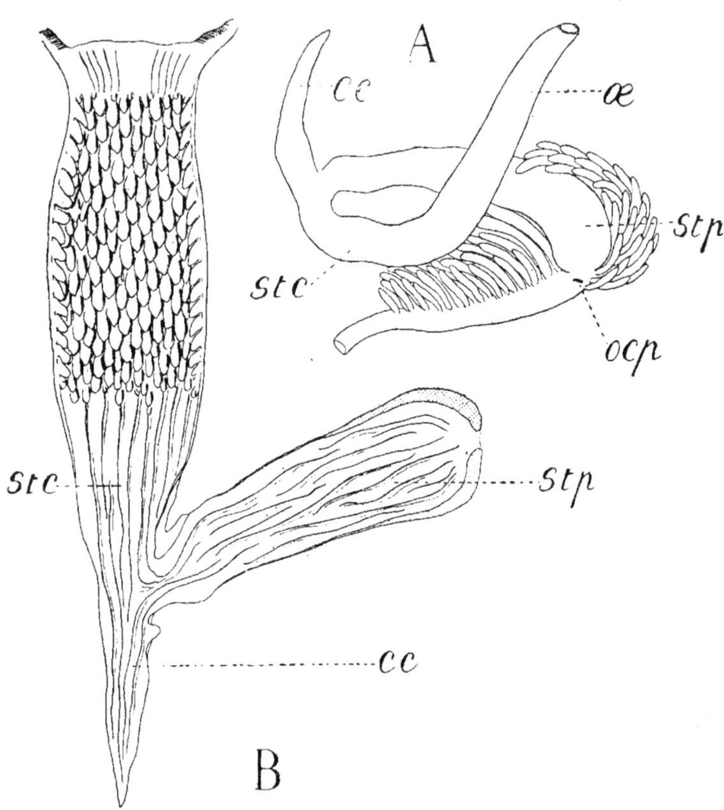


Fig. 3. — *Clupeonia cameronensis*, tube digestif. — A. Aspect latéral. — B. Œsophage et estomac fendus et étalés. (*œ*, œsophage ; *cc*, cæcum cardiaque ; *stc*, portion cardiaque de l'estomac ; *stp*, portion pylorique ; *ocp*, point d'aboutissement dans le pylore d'un groupe de cæca pyloriques).

appartient au type normal : chacune des branchies (ensemble de l'arc, des branchiospines et des lamelles) est aplatie dans un seul plan, très légèrement oblique par rapport au plan sagittal de l'animal, et les plans des différentes branchies sont parallèles entre eux : c'est la disposition de beaucoup la plus typique chez les poissons. En soulevant l'opercule de la Sardinelle on aperçoit le jour par la fente branchiale, à travers la bouche ouverte, ce qui est impossible dans le cas de l'Ethmalose.

La partie antérieure — la seule qui nous intéresse ici — du tube digestif comprend un œsophage et un estomac. L'œsophage, après une très courte portion pharyngienne pourvue de quelques plis longitudinaux, présente une surface interne hérissée de papilles saillantes et charnues, plus ou moins linguiformes et dirigées d'avant en arrière (1). La paroi œsophagienne est relativement épaisse et renferme des muscles importants : sa paroi externe présente une striation transversale assez peu marquée.

C'est à la portion cardiaque de l'estomac qu'il faut attribuer la partie du tube digestif s'étendant de large extrémité postérieure de la zone œsophagienne papillifère et le caecum cardiaque. L'œsophage passe donc directement dans l'estomac qui lui fait suite sans constriction : il existe bien une constriction nette entre le pharynx et le pylore, mais celle-ci sépare non pas l'œsophage de l'estomac (et n'est donc nullement un cardia) mais la portion cardiaque de l'estomac de la portion pylorique de celui-ci.

La partie cardiaque, comme le cæcum cardiaque, est munie intérieurement de plis longitudinaux nombreux ; certains se poursuivent jusqu'à l'extrémité du cæcum, d'autres s'infléchissent pour pénétrer dans la poche pylorique. La portion cardiaque de l'estomac est musculeuse et ne se distingue pas à cet égard de l'œsophage.

La portion pylorique a la forme d'une cornue allongée et très peu ventrue ; la partie postérieure, le « ventre » de la cornue, est dilatée et possède une paroi musculaire épaissie considérablement, sans atteindre toutefois le développement que cette dernière présente dans le « gésier » des Ethmaloses. La surface interne porte des plis longitudinaux nombreux.

(1) Ces papilles ont-elles pour effet, comme celles de l'œsophage de *Chelone mydas*, de faciliter la déglutition et d'empêcher les proies de refluer vers le pharynx ? C'est probable.

L'étude comparative du tube digestif d'*Ethmalosa dorsalis* nous permettra de conclure que les caractères observés chez *Clupeonia*, l'œsophage papillifère, la forme allongée de l'estomac pylorique et le peu d'épaisseur de sa paroi, probablement aussi le développement du cæcum cardiaque, sont sous la dépendance de la biologie de l'espèce. Le tube digestif des Sardinelles est un tube digestif de planctonophage permanent, ou tout au moins de carcinophage.

Sur la côte, *Clupeonia cameronensis* est rare (Souelaba : 30. XI. 25, 10. XII. 25, 16. XII. 26, 9. III. 26) ; faut-il attribuer le fait à une sensibilité particulière à la dessalure des eaux littorales ? Les Sardinelles, de par leur régime alimentaire, sont de vrais poissons de surface, bien moins sous la dépendance de la nature du fond et de la profondeur que les Ethmaloses : elles peuvent s'alimenter en pleine mer et sur des côtes rocheuses et il n'est pas impossible que le véritable habitat, non encore déterminé, de l'espèce se trouve assez éloigné des côtes : il serait intéressant à ce sujet de connaître quels sont les Clupeidés qui habitent les rivages des îles du golfe de Biafra, Fernando-Po, Saint-Thomas, I. du Prince, Annobon, et quelle est leur abondance respective.

Au point de vue alimentaire, ce Clupe a une chair excellente ce qui rend d'autant plus regrettable sa grande rareté au Cameroun ; la Sardinelle contient beaucoup d'arêtes, moins cependant que l'*Ethmalosa*, immangeable pour des gosiers non autochtones. Les pêcheurs apprécient beaucoup les Sardinelles et ne manquent pas, lorsqu'ils en capturent, de les conserver pour leur consommation personnelle, de préférence aux Ethmaloses.

*Noms vulgaires :*

D, M. Bt, Ma ; *épa a mbèdi, (ép' a mbèdi).*
D (juv.) : *élolo a mbèdi.*

*Ethmalosa dorsalis* (CUV. VAL.)

(Figs. 4-12)

1877 *Clupea dorsalis* PETERS p. 251 (Victoria).
1913 *Clupea dorsalis* EHRENBAUM, pp. 400-403, fig. p. 401.
1915 *Clupea dorsalis* EHRENBAUM, pp. 20-22, fig. p. 21.

Cette espèce est de toutes la plus importante au point de vue économique : s'il semble que le jeune se rencontre toute l'année dans la baie, les adultes au contraire sont des poissons strictement saisonniers, très euryhalins, mais pas assez cependant pour pouvoir pénétrer dans la baie en saison des pluies ou au début de la saison sèche, alors que l'eau est à peu près douce. Les aloses n'envahissent la baie que lorsque la salinité y atteint déjà un certain degré.

Je n'insisterai pas ici sur cette question, ni sur la pêche et la valeur

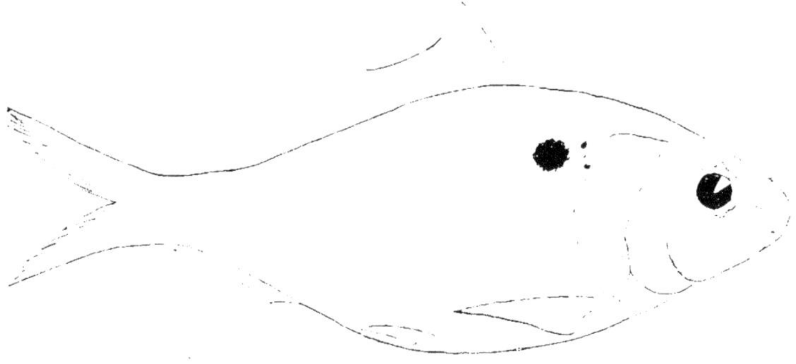

FIG. 4. — *Ethmalosa dorsalis* (C. V.)

économique de l'espèce, ces différents points étant traités dans le premier volume de cet ouvrage.

Le poisson peut atteindre une taille assez forte : il a communément de 20-30 centimètres, et EHRENBAUM a signalé un exemplaire du Cameroun de 33 centimètres de long (1913, p. 400, 1915, p. 20). Voici les mesures d'un spécimen de Souelaba (24 novembre 1925) encore plus développé :

Longueur totale : 350 millimètres.

Hauteur du corps : 105 millimètres.

Longueur de la tête : 86 millimètres.

Longueur du museau : 20 millimètres.

Distance interoculaire : 23 millimètres.

Diamètre de l'œil : 19 millimètres.

Longueur de la base de l'anale : 45 millimètres.

Ligne latérale : *circa* 42 écailles.

Poids total : 440 grammes.

Poids des ovaires (97 millimètres et 86 millimètres) : 15 grammes.

Diamètre moyen des œufs :

Le régime alimentaire des Ethmaloses, comme celui des *Mugil*, est essentiellement limivore.

14. XI. 25 : bouillie brun-olivâtre, Copépodes, veligères, Coscinodiscides.

15. XI. 25 : (juvenes ) :

1) vase, quelques Diatomées.
2) —
3) —
4) —, 1 Veligère, 2 Copépodes (1 Podoplea, 1 Gymnoplea).
5) —, 1 Copépode.
6) —
7) —
8) —, quelques Copépodes } quelques filaments verts d'Algues
9) —, Copépodes, 1 Péridinien } quelques filaments verts d'Algues
10) —
11) —
12) —
13) —, 1 Copépode.
14) —

24. XI. 25 : 350 millimètres ; vase, bouillie verte à Diatomées.

28. XI. 25 :

1) bouillie verdâtre, Coscinodiscides, *Dinophysis*, 1 fragment de Copépode.
2) 190 millimètres : bouillie à Diatomées.
3) 205 millimètres : *id.*

30. XI. 25 : 200 millimètres : vase à Diatomées.

16. XII.25 : vase et Diatomées benthiques (Naviculides, Coscinodiscides, *Biddulphia)*, spicules, 1 *Scolex*.

11. II. 26 :

1) 55 millimètres : vase, rares Copépodes, Cirolanide juv., protoconques.

2) 50 millimètres : Copépodes, larves de Malacostracés.

3) 58 millimètres : vase.

4) 58 millimètres. —

5) 47 millimètres : larves de Décapodes, Copépodes, velijers.

6) 47 millimètres : Copépodes, protoconques.

7) 54 millimètres : larves de Décapodes, Copépodes.

8) 36 millimètres : Copépodes pélagiques (*Corycaeus, Euterpe*).

9) 55 millimètres : vase, rares Copépodes.

FIG. 5. — *Ethmalosa dorsalis*, adulte, écaille.

Si à l'état adulte *Ethmalosa dorsalis* est un limivore constant, la pélophagie est très rare chez les jeunes de 3-6 centimètres. C'est seulement à partir d'un certain âge que l'individu d'abord planctonophage acquiert le régime limivore. Il y a d'ailleurs, quant à leur comportement biologique, d'autres différences entre le jeune et l'adulte ; le jeune en effet est beaucoup plus euryhalin que l'adulte, bien moins sensible aux variations de salinité : il ne participe pas, semble-t-il, aux migrations saisonnières qui amènent les adultes dans la baie.

Le tube digestif de l'adulte est très sensiblement différent de celui de *Clupeonia cameronensis* et il faut certainement considérer ces différences comme corrélatives de régimes alimentaires distincts. Le tube digestif d'*Ethmalosa* est bien plus voisin de celui des poissons,

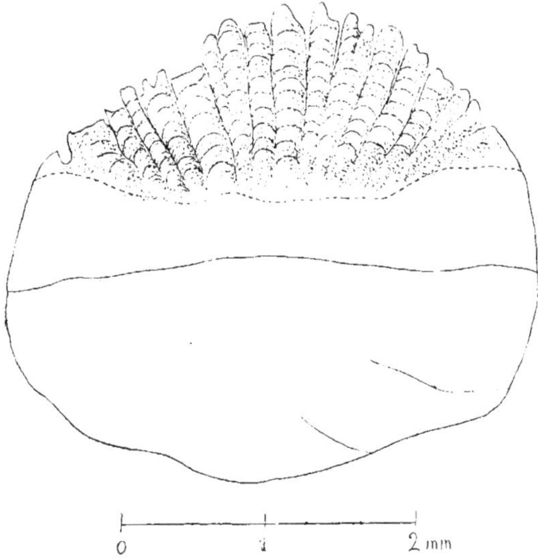


Fig. 6. — *Ethmalosa dorsalis*, juv., écaille.

zoologiquement éloignés mais d'un régime analogue, les *Mugil* par exemple, que de celui de *Clupeonia*, espèce relativement très voisine mais d'une biologie très différente.

L'appareil branchial d'*Ethmalosa* est extrêmement particulier : il caractérise d'ailleurs le genre à lui seul.

Les branchiospines, de formes très variées, constituent un appareil filtrant très complexe ; les lames formées par l'ensemble des branchiospines ne sont pas planes mais plus ou moins recourbées ou pliées en une série de carènes saillantes séparées par des sinus linéaires : les carènes de la partie dorsale s'engagent dans les sillons de la partie ventrale et *vice* versa. Grâce aux crochets qui unissent

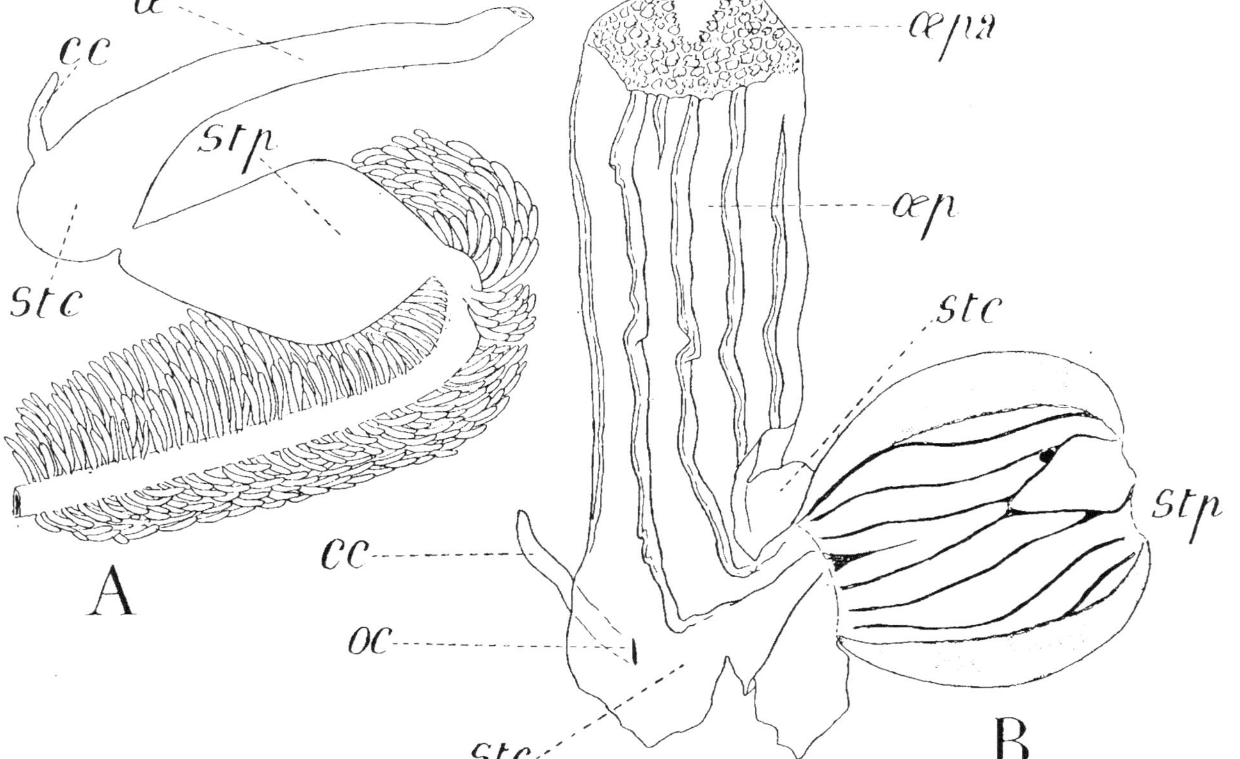


Fig. 7. — *Ethmalosa dorsalis*, tube digestif. — A. aspect latéral. — B. Œsophage et estomac fendus et étalés (mêmes lettres que pour la fig. 6, avec, en plus, *œpa*, portion papillifère de l'œsophage ; *œp*, portion plissée ; *oc*, ouverture dans l'estomac du cæcum cardiaque.)

entre eux les différents arcs de chaque partie, dorsale et ventrale, le système possède une grande cohésion et une certaine rigidité.

Je n'ai pas l'intention d'insister ici en détails sur cette importante question qui serait à elle seule justiciable d'une étude étendue et comparative, et je désire simplement décrire sommairement ce très curieux appareil et en fournir quelques figures.

Les branchiospines de tous les arcs, si variables quant à leur morphologie sont semblables quant à leur structure microscopique : leur bord interne, buccal, est munie d'épines ramifiées dont l'ensemble constitue un réseau filtrant extrêmement complexe et à très petites mailles.

Dans la description suivante je laisserai de côté les feuillets branchiaux pour n'envisager que la morphologie des branchiospines. Signalons cependant, que au premier arc, et également, quoiqu'à un degré moindre, au deuxième, les deux feuillets sont très inégaux, l'externe bien plus court que l'interne, et en partie soudé à ce dernier.

**Description de l'appareil branchiospinal :**

1° *arc branchial :*

a) *segment ventral :* les branchiospines ne sont pas modifiées et appartiennent à un type commun chez les Clupéidés ; elles sont grèles, presque filiformes, sensiblement arquées vers l'avant.

b) *segment dorsal :* les branchiospines de la partie postérieure de ce segment forment un pli longitudinal, qui, quand la bouche est fermée s'insère entre les feuillets branchiospinaux inférieurs 1 et 2. Chaque branchiospine, en plan, présente un coude net à son bord ventral. La partie antérieure du segment dorsal est typique, les branchiospines sont normales à leur support aplaties, dans un plan parallèle au plan coronal et diminuant régulièrement de taille jusqu'à leur terminaison, au voisinage du mucron antérieur médian des pharyngiens supérieurs soudés.

2° *arc branchial :*

a) *segment ventral :* les branchiospines forment un seul feuillet composé d'éléments allongés : chacune de ces lames, à partir de son

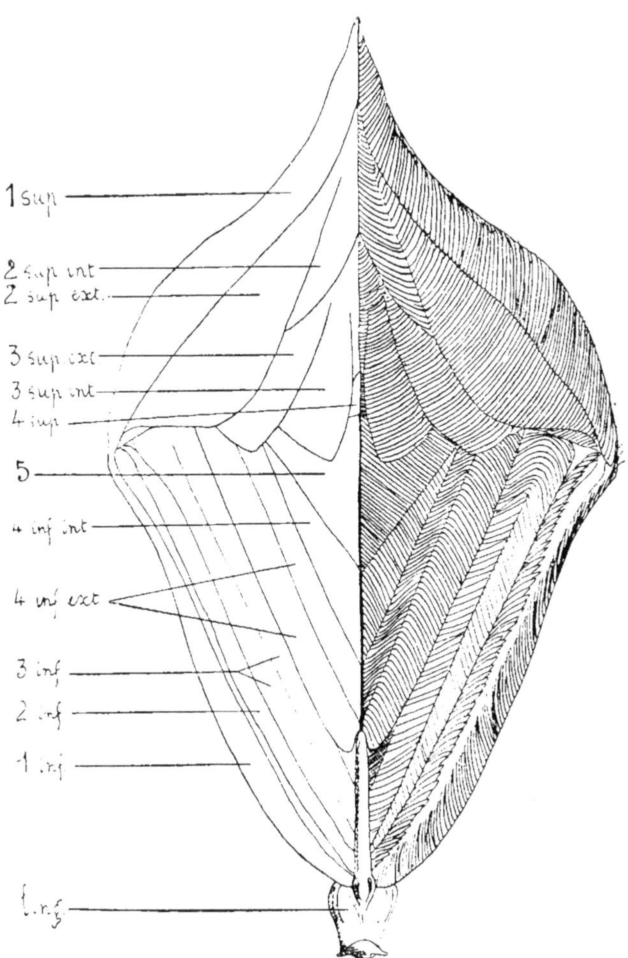


FIG. 8. — *Ethmalosa dorsalis*, aspect général de l'appareil branchial, vu par la bouche ouverte. (*ling.*, langue : les arcs branchiaux sont bien entendus numérotés de 1 à 4, 5 représentant les hypopharyngiens (5ᵉ arc]).

insertion sur l'arc, décrit un sinus peu profond où s'engage le bord libre externe du pli du segment ventral du 3e arc ; la branchiospine est légèrement gladiiforme : sur une coupe transversale on constate qu'elle se compose d'une carène membraneuse externe et d'une série de lames internes parallèles juxtaposées, munis à leur bord libre d'épines ramifiées.

b) *segment dorsal :* vu en coupe le feuillet branchiospinal a la forme d'un hameçon : le bord libre s'insère sous la partie proximale du segment dorsal du 1er arc, le pli entre le feuillet ventral du 2e arc et le pli ventral du 3e arc. Suivant les niveaux, la forme des branchiospines varie, la partie réfléchie du crochet se rapprochant de son manche à mesure que l'on avance d'arrière en avant.

3° *arc branchial :*

a) *segment ventral :* le feuillet branchiospinal dans sa partie postérieure est replié deux fois, d'abord immédiatement au-dessus de sa base puis vers le milieu de sa longueur, l'ensemble ayant grossièrement la forme d'une équerre ; dans la région moyenne on assiste à l'approfondissement du sillon interne par l'extension de la surface d'insertion de la lame sur son support ; en avant enfin, on a des lames en N avec une branche descendante interne soudée au support, une branche montante et une branche descendante externe, libre bien entendu. Dans la région moyenne le bord externe du pli s'insère dans le sillon infero-interne de la lame ventrale du 2e arc, le bord interne sous le bord externe du pli inférieur du 4e arc.

b) *segment dorsal :* le feuillet branchiospinal a une section en W dont les ailes sont libres dans la partie postérieure du segment ; en avant le W est moins accusé et insère sur le support par son aile interne, l'externe seule étant libre : le pli externe se place entre le pli du feuillet ventral du 3e arc et celui du 4e arc ; le pli interne s'insère entre le pli du feuillet ventral du 4e arc et la paroi médiane pharyngienne recouverte ici d'un feuillet infra-pharyngien (5e arc).

4° *arc branchial :*

a) *segment ventral :* le feuillet dans sa partie antérieure ressemble à l'homologue du 3e arc mais la branche soudée au support est plus longue ; dans la région postérieure la branchiospine a deux ailes, une interne rudimentaire, obsolète, et une externe en crochet cintré arrondi : ce crochet s'insère dans le sillon inféro-interne du feuillet ventral du 3$^{e}$ arc.

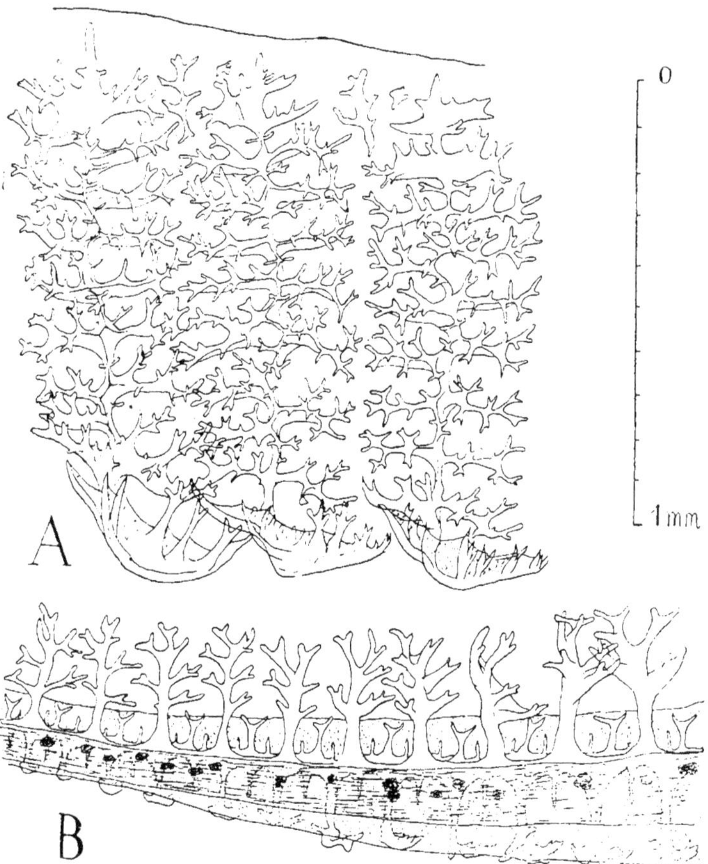


Fig. 9. — *Ethmalosa dorsalis.* A. Aspect des épines rameuses qui bordent vers l'intérieur (cavité buccale) les branchiospines (la partie représentée a été prise sur une des branchiospines du feuillet inférieur du 3$^{e}$ arc). — B. Aspect des épines dans la partie distale d'une branchiospine du feuillet supérieur du 1$^{er}$ arc.

b) *segment dorsal :* les branchiospines sont peu modifiées ; elles forment cependant un pli inférieur assez peu marqué qui « relaie » en arrière le pli inféro-interne du feuillet dorsal du 3e arc après que ce feuillet a disparu.

5° *arc branhcial :* les pharyngiens inférieurs soudés forment de chaque côté de la cloison médiane une lame munie de branchiospines simples, soudées sur la plus grande partie de leur longueur au support, et à peu près rectilignes.

Tel est, assez sommairement décrit, le très remarquable appareil branchiospinal d'*Ethmalosa dorsalis*. Cette morphologie est sans doute en relation avec le mode d'alimentation de l'animal. La présence d'un réseau filtrant branchiospinal n'a pas pour rôle de faciliter la rétention des proies dans la cavité buccale, ou du moins cette fonction n'est que secondaire, l'appareil branchiospinal avec son réseau si complexe paraissant destiné à protéger les feuillets branchiaux contre la pénétration des matières ingérées. Chez un poisson carnivore ou planctonophage il n'est pas besoin, pour assurer la protection des branchies, d'une barrière bien compliquée : quelques branchiospines spiniformes ou lamelliformes suffisent, parfois (carnivores) la faible ouverture des fentes interbranchiales est un obstacle suffisant. Chez un limivore au contraire il faut un appareil très complexe pour assurer la propreté parfaite des branchies : les différents types de limivores présentent à ce point de vue des morphologies très différentes, mais répondant à une nécessité commune. Les *Mugil* ont des branchiospines formées de petites lames normales à l'arc, alternant d'un arc à l'autre et constituant un filtre perfectionné bien que chaque lamelle ne porte pas d'épines ramifiées mais simplement quelques aiguillons simples. L'ensemble de ces lamelles forme une sorte de plancher filtrant à peu près plan, extrêmement différent du système de plis si compliqué des *Ethmalosa.*

A quelle fonction répond ce système ? Il n'est pas possible de le préciser encore. Si le réseau lui-même paraît destiné à la protection des branchies, la forme de l'ensemble de l'appareil échappe à tout essai d'explication. Trop de données font défaut pour qu'une opinion sérieuse puisse être émise : il faudrait voir en particulier com-

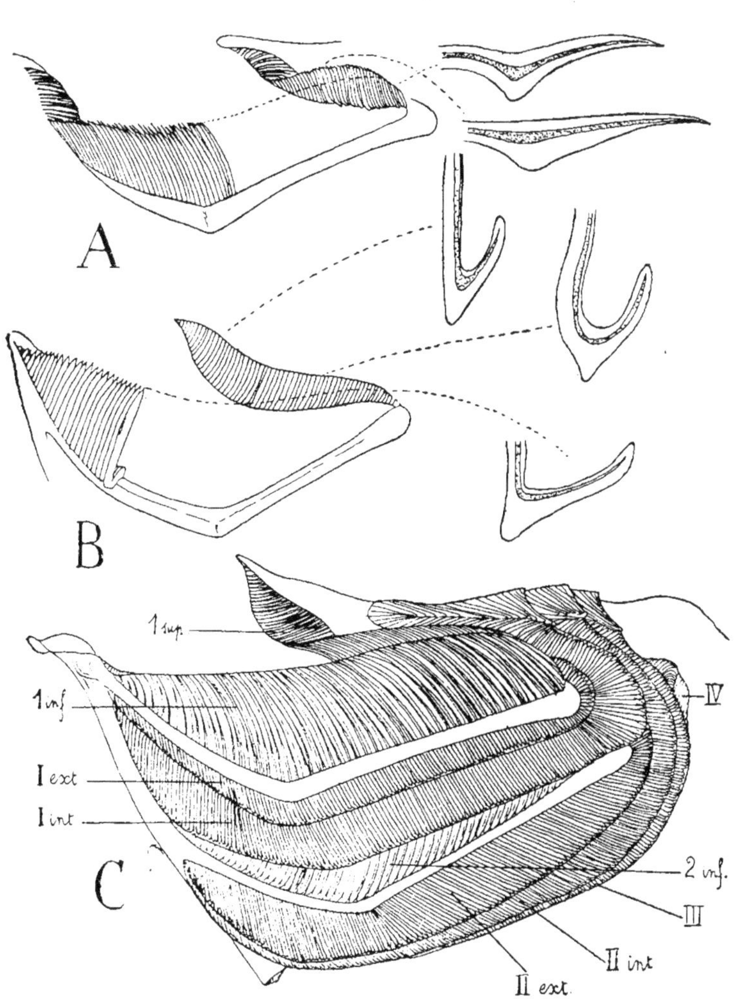


FIG. 10. — *Ethmalosa dorsalis.* — A. 1er arc en vue latérale. — B. 2e arc, *id.* — C. aspect d'ensemble de l'appareil branchial en vue latérale (les arcs sont numérotés comme sur la fig. 8, les chiffres arabes désignant les branchios pines, les chiffres romains les feuillets branchiaux.)

ment l'Ethmalose avale la vase, si elle l'aspire, la broute (1), ou la saisit par bouchées entières. Peut-être que, comme ses congénères planctonophages, elle ne saisit que peu de particules à la fois, c'est à dire une masse alimentaire qui n'est qu'une gorgée d'eau avec quelques rares éléments consommables : l'appareil branchiospinal, avec ses deux moitiés supérieure et inférieure s'encastrant l'une dans l'autre et réduisant alors à presque rien la cavité pharyngienne, a peut-être pour rôle de faciliter une filtration rapide du matériel ingéré (eau et particules alimentaires).

*Noms vulgaires :*

D : *bungu*, *bongo* (très jeunes).
D, B : *élolo*, plur. *bélolo* (jeunes, environ 10 centimètres).
D (Bt) : *ndolo*, *ndololo* (immatures, environ 15 centimètres).
D, M : *épa*, plur. *bépa* (adultes).
B : *épara*.
Sb, Ya : *épaka*.
Bt : *épa*, *épaha*, *épaka*.
Ma : *paga*.
Pidgin-english : *bonga*, *bonga-fish*.

### *Pellona africana* Bl.

1913 *Pellona africana* Ehrenbaum, pp. 403-404, fig. p. 403.
1915 *Pellona africana* Ehrenbaun, pp. 22-23, fig. p. 23.

Cette espèce existe partout et est assez commune. Son régime est principalement carcinophage (28-XI. 1925 : soies et mâchoires de Polychètes, Mysidé, Anthuridé, Mégalope).

*Noms vulgaires :*

D, Sb, M : *moyo*, plur. *miyo*.
B : *ño*.
Bt : *mweyo*, plur. *miyo*.
Ma : *movo*.

(1) J'ai observé à Souelaba les jeunes Ethmaloses brouter l'enduit organique (diatomées, etc.) de billes de bois immergées.

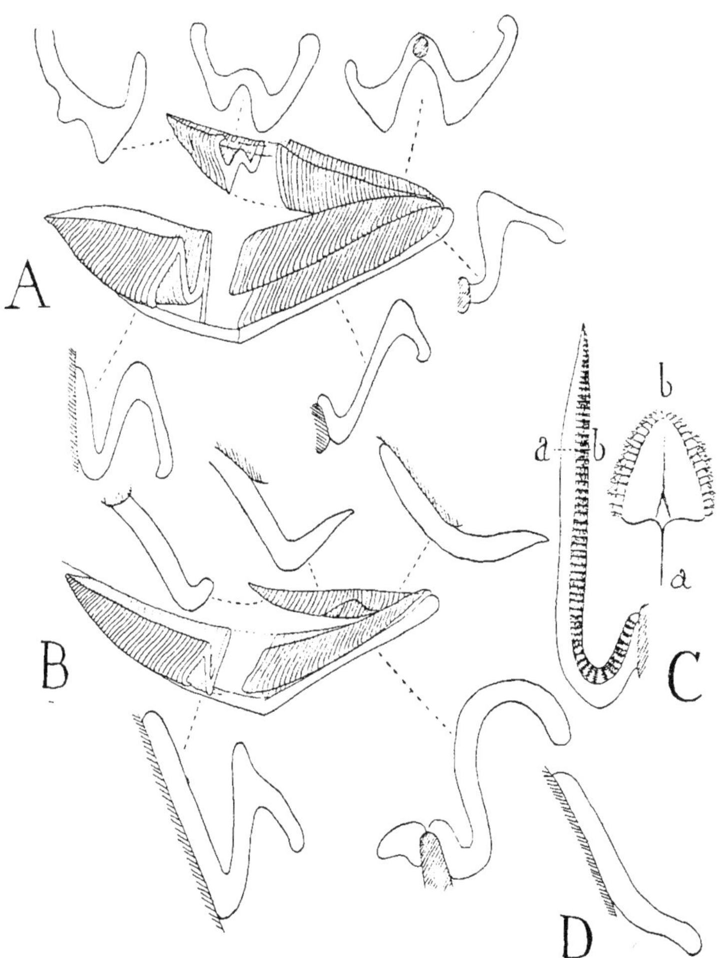


FIG. 11. — *Ethmalosa dorsalis.* — A. 3e arc. — B. 4e arc. — C. Coupe du feuillet branchiospinal inférieur du 2e arc, et section transversale d'une branchiospine montrant les épines rameuses du bord. — D. 5e arc (hypopharyngien).

### *Pellonula vorax* GÜNTHER

1877 *Pellonula vorax* PETERS, p. 251.

1909 *Pellonula vorax* (*pro parte*), BOULENGER, I, pp. 156-157, fig. 124.

1913 *Pellonula vorax* EHRENBAUM, pp. 104-405, fig. p. 404.

1915 *Pellonula vorax* EHRENBAUM, pp. 24-25, fig. p. 24.

Cette petite espèce est très abondante partout : on la capture le long du rivage avec des sennes à mailles fines, des pagnes, etc.; les larves elles-mêmes sont recherchées. Les indigènes étalent les poissons au soleil ou en font une sorte de pâte ensuite façonnée en sphères. Ce clupe fournit une délicieuse friture.

Il peut atteindre 15 centimètres de longueur d'après VON EITZEN.

Les *Pellonulla*, munies de dents aiguës, sont carnassières :

15. XI. 25 (2 specimens) : bouillie blanche

11. II. 26 : Copépodes, larves de Malacostracés, jeunes *Eurydice carangis*.

*Noms vulgaires :*

D, Sb : *mwanja a moto* (1) (« die junge Leute », « la jeunesse »).

D (juv.) : *mulongo ma mbèdi*.

D, B : *samba*. Ce mot qui a un sens inconvenant (« la verge ») n'est plus guère employé, *mwanja a moto* le remplaçant.

M, Bt : *hamba*.

Bt, Ya (juv.) : *békoki*.

Ya : *ñèngélé*.

### ***Cynothissa mento* REGAN

Parmi les individus de la collection du British Museum cités par Boulenger (1909, I, pp. 156-157) se trouvait un exemplaire de 130 millimètres provenant d'Agberi, Southern Nigeria et que Regan a décrit sous le nom de *Cynothrissa mento* (*Ann. Mag. Nat. Hist.*, (8), 19, 1917, p. 204, fig. 1.).

Un exemplaire recueilli par moi-même dans la baie de Douala

(1) D'après M. le missionnaire CH. MAITRE on devrait écrire : *munja moto* « épouse de l'homme, femme de l'homme ».

(100 millimètres) paraît devoir être rapporté à cette forme intéressante, nouvelle bien entendu pour le Cameroun, et ne paraissant connue, jusqu'ici, que par l'unique exemplaire typique.

Sur son abondance je n'ai pas d'observations précises, l'ayant confondu sur place avec *Pellonula*. Il est à peu près certain que l'espèce est bien plus rare que *Pellonula vorax*.

Les noms vernaculaires sont ceux de *Pellonula*.

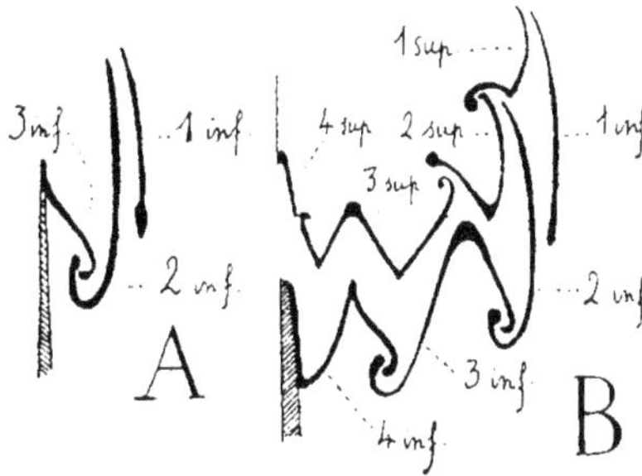


Fig. 12. — *Ethmalosa dorsalis*. — A. coupe transversale schématique de l'appareil branchiospinal (moitié gauche) dans sa région antérieure, en avant de la pointe antérieure des feuillets supérieurs. — B. Coupe transversale schématique de l'appareil branchiospinal (moitié gauche) dans sa région moyenne, intéressant tous les feuillets, inférieurs *et* supérieurs, sauf le 5e, postérieur à la coupe.

## Siluridæ

### *Eutropius niloticus* (Ruppel)

1911 *Eutropius niloticus* Boulenger, II, pp. 283-286, fig. 232.
1914 *Eutropius niloticus* Ehrenbaum, pp. 54-55, fig. p. 55.
1915 *Eutropius niloticus* Ehrenbaum, pp. 32-33, fig. p. 32.

Cette espèce — ou tout au moins le genre *Eutropius* — est assez commune dans les parties de la baie déjà voisines des eaux douces. Je ne crois pas l'avoir jamais observé à Souelaba.

*Noms vulgaires* (appliqués au genre *Eutropius* en général) :

D, Sb, B, M, Bt, Ma, Ya : *ñata*.

*Eutropius* sp.

EHRENBAUM (1914, p. 555 et 1915, pp. 32-33) signale un *Eutropius* de la baie du Cameroun qui paraît différer d'*Eutropius niloticus*, et représenterait peut-être une espèce nouvelle. Il y aurait donc dans la baie au moins deux espèces d'*Eutropius*, confondues d'ailleurs sous une même nom indigène.

*Arius latiscutatus* GÜNTHER

1877 *Arius latiscutatus* PETERS, p. 249.
1914 *Arius latiscutatus* EHRENBAUM, pp. 53-54, fig. p. 54.
1915 *Arius latiscutatus* EHRENBAUM, pp. 30-31, fig. p. 31.
1919 *Galeichthys latiscutatus* FOWLER, pp. 260-261.

VON EITZEN rapporte avoir vu cette espèce atteindre 1 $^{m}$ 50 et 20 kilogs. Comme il y a plusieurs *Arius* dans la baie il n'est pas certain qu'il s'agisse d'*Arius latiscutatus* plutôt que d'*Arius Heudeloti*. Je n'ai jamais vu d'*Arius* atteindre cette taille, le plus gros (11 décembre 1925) étant long de 52 centimètres ; et un autre a été noté à Souelaba pesant 2 $^{k}$ 600.

*Noms vulgaires : vide infra.*

*Arius Heudeloti* CUV.-VAL.

1911 *Arius Heudeloti* BOULENGER, II, pp. 387-388, fig. 299.

L'exemplaire rapporté par moi de Souelaba appartient à cette espèce et non à *Arius latiscutatus*. Les renseignements suivants s'appliquent sans doute aux deux espèces qui n'ont pas été distinguées sur place :

14. XI. 25 (ovaires développés) :
1) Crustacés caridoïdes (Mysidés ?)
2) *id.*
3) *id.*
4) *id.*

16. XI. 25 :
1) écailles de poissons, Callianassidé.

2) petit poisson, *Callianassa turnerana* WHITE.

17. XI. 25 :

1) écailles de poissons, sable, crabe.

2) 2 *Rhopalodina lageniformis* (Holothuries).

19. XI. 25 (2 spécimens) : écailles de poissons, Lamellibranches.

21. XI. 25 :

1) estomac plein de sable, quelques débris de crevettes, écailles de poissons, un débris ligneux.

2) (15 spécimens) : *Rhopalodina lageniformis*, crabe, petits poissons, opercule de Gastéropode, Lamellibranches.

Les *Arius* sont communs dans la baie, même dans sa partie externe : on sait d'ailleurs que certains sont même marins : au Cap Blanc, dans une mer très salée, on rencontre précisément l'une des espèces du Cameroun, *Arius Heudeloti*.

Les œufs sont chez cet *Arius* d'une taille tout à fait exceptionnelle, parmi les plus connus des œufs de Teleostéens (jusqu'à 15 millimètres).

*Noms vulgaires (Arius latiscutatus + A. Heudeloti)* :

D. Sb : *sumé*.

B : *suma*.

M. Bt. Ya : *humé*.

Bt (jeune) : *ingongué i humé*.

## **Chrysichthys nigrodigitatus* (LACÉPÈDE)

1877 *Chrysichthys nigrodigitatus* PETERS, p. 249.

1911 *Chrysichthys nigrodigitatus* BOULENGER, II, pp. 321-324, fig.

1914 *Chrysichthys nigrodigitatus* EHRENBAUM, pp. 18-19.

1915 *Chrysichthys nigrodigitatus* EHRENBAUM, p. 30.

L'espèce a été rapporté par VON EITZEN. Elle paraît rare.

*Noms vulgaires* : l'espèce est confondue avec les *Gephyroglanis*.

## *Chrysichthys Cranchi* (LEACH)

1914 *Chrysichthys Cranchi* EHRENBAUM, pp. 17-18, fig. p. 17.

1915 *Chrysichthys Cranchi* EHRENBAUM, pp. 29, fig. p. 29.

L'exemplaire rapporté par VON EITZEN mesurait 80 centimètres de long ; au Congo, on a en a vu peser jusqu'à 40 kilogs.

Eespèce rare dans la région littorale.

*Noms vulgaires :*

D, Sb : *wandi.*

B, M : *kant.*

### *Gephyroglanis congicus* GÜNTHER

1914 *Gephyroglanis congicus* EHRENBAUM, pp. 16-17, fig. p. 16.
1915 *Gephyroglanis congicus* EHRENBAUM, pp. 28, fig. p. 28.

Cette espèce serait d'après VON EITZEN l'un des poissons comestibles les plus abondants de l'estuaire du Cameroun. En réalité il ne semble pas possible de se montrer aussi affirmatif puisque j'ai observé une deuxième forme de *Gephyroglanis* dans la baie de Douala.

*Noms vulgaires : vide infra.*

### ** *Gephyroglanis Tilhoi* PELLEGRIN

(Fig. 13)

Je rapporte à cette espèce quatre spécimens recueillis par moi à Souelaba et longs respectivement de 110, 120, 195 et 215 millimètres..

On sait que cette espèce a été décrite (*Bull. Mus.*, 1909, p. 243, et : *Doc. Scient. Miss. Tilho*, III, 1914, pp. 229-230, pl. I, fig. 4) sur un échantillon de 118 millimètres provenant du lac Tchad, et même de la rive septentrionale de ce lac (Bol, Kanem). Il est donc extrêmement intéressant de retrouver cette forme en pleine zone forestière, et même dans la région littorale estuarine.

Seul l'exemplaire de 215 millimètres, a le premier rayon de la dorsale prolongé en un fouet filiforme, mais je n'hésite pas à juger conspécifiques les trois plus petits échantillons en raison en particulier de la grande longueur du barbillon maxillaire, presque aussi long que la tête.

Je crois que ce *Gephyroglanis* est l'espèce banale de la baie de Douala mais n'ayant pas distingué sur le terrain *Gephyroglanis Tilhoi* de *G. congicus* il ne m'est pas possible de rien affirmer de précis à ce sujet, sinon que le genre *Gephyroglanis* est très abondamment représenté et un des principaux poissons alimentaires non saisonniers de l'estuaire du Cameroun.

*Noms vulgaires (Chyrsichthys nigrodigitatus* et genre *Gephyroglanis)* :

B : *yènda.*

D (juv.) : *isésé a yènda* (parfois *Arius* juv.).

B, M : *kyènda.*

Sb, Bt : *kènda.*

Ya : *tyènda.*

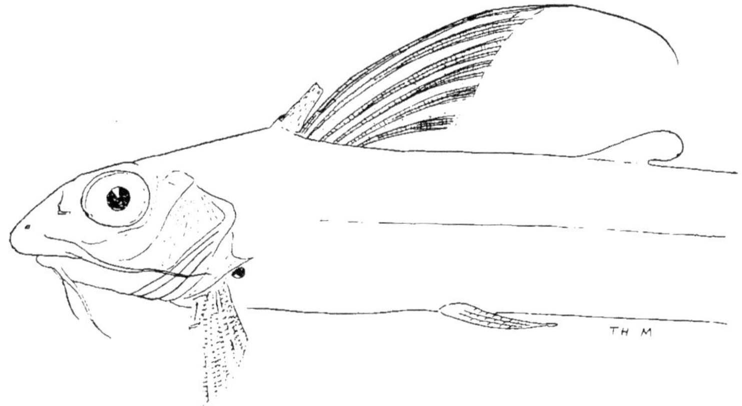


FIG. 13. — *Gephyroglanis Tilhoi* PELLEGRIN. Partie antérieure d'un des spécimens de Souelaba.

## *Synodontis obesus* BOULENGER

1911 *Synodontis obesus* BOULENGER, II, pp. 433-435, fig. 326.

1914 *Synodontis obesus* EHRENBAUM, pp. 56-57, fig. p. 56.

1915 *Synodontis obesus* EHRENBAUM, pp. 33-34, fig. p. 34.

Ce silure est peu commun dans la baie en comparaison des *Arius* et des *Gephyroglanis*. On le rencontre cependant un peu partout ; je l'ai observé à Souelaba et BOULENGER le signale de Kribi.

*Noms vulgaires* :

D, Sb : *lé*

M : *ilé*

B : *dilé*

Bt, Ya : *iléi.*

### Anguillidæ

**Heterenchelys macrurus* REGAN

1915 *Heterenchelys macrurus* EHRENBAUM, pp. 77-78.

VON EITZEN a recueilli deux spécimens de cette espèce au Cameroun ; il se trompe en donnant à l'espèce le nom douala de *ngunun* exclusivement réservé aux divers *Clarias*. Je n'ai jamais vu d'*Heterenchelys* et ne puis par conséquent avoir d'opinion concernant leur nom vernaculaire : le mot douala *mujonjo* paraît s'appliquer à plusieurs poissons anguilliformes et comprendre les *Heretenchelys*.

**Heterenchelys longus* EHRENBAUM

1915 *Heterenchelys longus* EHRENBAUM, pp. 77-78.

Un exemplaire dans la collection VON EITZEN.

**Myrophis punctatus* LÜTKEN

1913 *Myrophis vafer*, PIETSCHMANN, pp. 177-179.

Très rare. Je n'ai pas revu cette espèce.

*Sphagebranchus cephalopeltis* BLEEKER

1877 *Sphagebranchus cephalopeltis* PETERS, p. 251.

Espèce commune dans la baie de Douala (Souelaba, Kwele-Kwele, etc.) Ce poisson paraît limicole ; c'est certainement cette forme que l'on vit sortir de la vase lors de l'enfoncement des piquets d'un parc à poissons près de Bolondo (*fide* J. BRIAUD). A Kwele-Kwele, je l'ai trouvé, à marée basse, dans les trous de la vase durcie en compagnie d'un très curieux Cerdalidé (*Leptocerdale æthiopicum* CHAB.), et de plusieurs Crustacés (*Upogebia furcata* (AURIVILLIUS), *Eupanopaeus africanus* A. MILNE-EDWARDS, *Alpheus Bouvieri* M.-EDWARDS, *Uca tangeri* EYDOUX. Pas plus qu'aucun des autres Anguillidés cette forme n'a d'intérêt économique.

*Noms vulgaires* :

D : *musongulédi, musongilédi, ñam a dibo* (« serpent de vase »).

M : *muhongolédi*

Bt, Ma : *mongolodi.*

## Murænidæ

### **Muræna Peli* Kaup

1877 *Echidna Peli* Peters. p. 251

1913 *Muræna Peli* Pietschmann. pp. 179-180.

Très rare. Je n'ai jamais vu l'espèce.

### *Gymnothorax undulatus* (Lacépède)

1913 *Muræna undulata* Pietschmann. pp. 180-181.

Cette espèce indo-malaise est connue de l'Afrique australe : il n'est donc pas étonnant de la voir pénétrer jusqu'au fond du golfe de Biafra.

Je rapporte à cette espèce un spécimen recueilli par moi à Kribi. Les Murènes ne sont sans doute pas assez euryhalines pour pénétrer dans la baie de Douala, où fait d'ailleurs absolument défaut leur habitat de prédilection, les fonds rocheux.

La [illegible] de cette espèce en fait un poisson intéressant au point de vue [illegible], [illegible] peu commun.

*Noms vulgaires :*

B[illegible] : *[illegible]* (= *Clarias* de mer)

Ya : *[illegible] a mengo*

Ma : *[illegible]*.

Je n'ai pas [illegible] de nom douala, mais on désigne certainement les Murènes dans cette langue sous le nom de *ngunun a ubé*.

## Cyprinodontidæ

### *Haplochilus* sp.

On rencontre dans les marigots d'eau douce de la mangrove et dans la lagune de la pointe de Souelaba un *Haplochilus* qui sera étudié en même temps que ses congénères des ruisseaux et des fleuves de l'intérieur, dans le mémoire consacré aux poissons d'eau douce.

*Noms vulgaires :*

D. M : *Endi*. Ce mot est également un verbe signifiant : marcher à la façon de l'*Haplochilus*, par saccades.

B! : *ñaña*.

### Syngnathidæ

**Syngnathus (Siphostoma) pelagicus* OSBECK (?)

J'ai recueilli à Souelaba deux spécimens de cette espèce nouvelle pour le Cameroun. Malgré la présence d'une petite crête temporale supra-orbitaire je rapporte, au moins pour l'instant, mes échantillons à *S. pelagicus* tant les nombres semblent identiques : anneaux 17+35, subdorsaux : 7 (1 1/2 + 5 1/2) ; D : 29.

*Noms vulgaires : vide infra.*

*Syngnathus (Parasyngnathus) Kaupi* BLEEKER

1895 *Syngnathus Kaupi* LÖNNBERG, pp. 193-194.

1915 *Syngnatus Kaupi* BOULENGER, III, pp. 86-87, fig. 72.

1 exemplaire, à Souelaba, dans l'estomac de *Galeoides decadactylus* BL., le 20 novembre 1925.

*Noms vulgaires : vide infra.*

**Syngnathus (Parasyngnathus) pulchellus* BOULENGER

1915 *Syngnathus pulchellus* BOULENGER, III, p. 88, fig. 74.

Je n'ai pas revu cette espèce, sans doute très rare.

*Noms vulgaires : vide infra.*

***Microphis aculeatus* (KAUP)

3 spécimens à Souelaba ; espèce nouvelle pour le Cameroun.

*Noms vulgaires* (pour tous les Syngnathes) :

D : *muna ngando* (« enfant de crocodile » sans doute à cause du museau).

Bt : *inganga.*

***Hippocampus guttulatus* CUV.

1 spécimen à Souelaba, le 18 février 1926 ; espèce nouvelle pour le Cameroun.

### Scombrescocidæ

*Tylosurus choram* (FORSKAL)

1877 *Belone caribæa* PETERS, p. 250.

1919 *Tylosurus choram* FOWLER, pp. 261-262.

L'orphie commune du Cameroun, abondante partout. On observe

souvent ce poisson se dressant verticalement, ou presque, hors de l'eau, et continuant sur un certain parcours, à progresser dans cette position.

L'aiguillette est ichthyophage (8. XII. 1925).

*Noms vulgaires :*

D : *munjanjé*

Bt : *noni*

Ya : *munoni.*

**Tylosurus senegalensis* (Cuv. Val.)

1877 *Belone senegalensis* Peters, p. 250.

Je n'ai jamais observé cette espèce.

*Noms vulgaires : vide supra.*

**Hemiramphus brasiliensis* L.

1877 *Hemiramphus Pleii* Peters, p. 250.

Je n'ai pas revu cette espèce.

*Hyporamphus Schlegeli* (Bleeker)

1925 *Hemiramphus calabaricus*, Barnard pp. 262-263. « Cameroons ».

*Hemiramphus calabaricus* Günther (1866) est synonyme d'*Hemiramphus Schlegeli* Bleeker (1863) comme Günther l'a d'ailleurs reconnu lui-même (*Ann. Mag. Nat. Hist.*, (3), 18, 1686, p. 127).

J'ai recueilli 11 spécimens de cette espèce à Grand Batanga.

*Nom vulgaire :*

Bt, Ya : *pupulemba.*

Il n'est pas impossible que l'on rencontre quelquefois des poissons volants au large de Kribi : d'après les indigènes batangas ce poisson se nommerait *étand'a tubé* ou « insecte (papillon) de mer ». Il s'agit probablement d'*Exocœtus acutus* C. V. connu de tout l'Atlantique tropical et dont j'ai vu un exemplaire du Gabon.

## Mugilidæ

Cette famille est importante au point de vue économique, toutes les espèces en étant activement recherchées et fournissant un aliment également apprécié des indigènes et des Européens.

*Noms vulgaires* (commun aux muges en général :
D, M : *mbo*
B : *mbori*
Bt : *mboo*
Sb, Ya, Bs : *mboko*

**Mugil auratus* Risso

L'espèce, nouvelle pour le Cameroun, est assez commune à Soue-laba. Un exemplaire (11 février 1926) portait un Isopode parasite (*Nerocila* sp.).

*Mugil cephalus* Linné

1877 *Mugil cephalus* Peters, p. 248.
Commun dans la baie.
*Noms vulgaires :*
D : *ntondo ba mbo*
Bt : *londo mboo.*

*Mugil falcipinnis* Cuv. Val.

1914 *Mugil falcipinnis* Ehrenbaum, pp. 111-112, fig. p. 111.
1914 *Mugil falcipinnis* Ehrenbaum, pp. 37-38, fig. p. 38.
Commun dans la baie. Ce muge, comme ses congénères, se nourrit de vase (21. XI. 25 (12 spécimens) : 1, bouillie noirâtre, de vase ; 2-11, pelote stomacale formée de cordons énigmatiques).
*Noms vulgaires :*
D, M : *ñamb'a mbo* (« le muge géant »)
Bt (juv., peut-être simplement *un* jeune muge) : *pata*
Bt : *ìpéa mboo*

*Mugil grandisquamis* Cuv. Val.

1877 *Mugil grandisquamis* Peters, p. 248.
Commun.
*Noms vulgaires :*
D : *ìbidi mbo, ìbidi mboko*
M : *èbiya mbo, èbadi*
Ma : *mbué.*

## Polynemidæ

*Pentanemus quinquarius* LINNÉ

1877 *Pentanemus quinquarius* PETERS, p. 246.
1913 *Pentanemus quinquarius* EHRENBAUM, p. 313.
1915 *Pentanemus quinquarius* EHRENBAUM, p. 9.

Pas très commun, moins semble-t-il que les deux autres espèces de la famille.

*Noms vulgaires :*

D, B : *dibengu*
Bt : *dibengi ña (dia) memba*
Ma : *bengié*
Ya : *ibengi ja njonjodu.*

*Polynemus quadrifilis* CUV. VAL.

1877 *Polynemus quadrifilis* PETERS, p. 246.
1913 *Polynemus quadrifilis* EHRENBAUM, pp. 309-312, fig. p. 310.
1915 *Polynemus quadrifilis* EHRENBAUM, pp. 6-8, fig. p. 6.

Ce poisson est très important au point de vue économique ; c'est l'un des plus apprécié des Européens qui le nomment souvent « capitaine » (1). Le régime de cette espèce est carnivore :

17. XI. 25 : 1) poisson.
2) *Penæus.*
19. XI. 25 (2 spécimens) : *Ethmalosa* juv., *Pellonula.*
30. XI. 25 : Clupéidés, crabe grapsoïde.
11. XII. 25 : silure.

Ce beau poisson peut atteindre des tailles considérables : 2 mètres de long et 70 à 80 kilogs. Le plus gros que j'aie vu moi-même au Cameroun était un spécimen harponné par les pêcheurs de tortue de Sanje, le 11 décembre 1925 et apporté à Souelaba : 1m 50, 33k 500.

*Noms vulgaires :*

B, D, Sb : *sé*
M : *mbaé*
Bt, Ya : *mpoma*

(1) Le « capitaine » des fleuves n'a aucun rapport avec celui du littoral ; il s'agit alors d'une perche, *Lates niloticus*.

*Galeoides decadactylus* BL.

1977 *Galeoides decadactylus* PETERS, p. 246.
1913 *Galeoides decadactylus* EHRENBAUM, pp. 312-313.
1915 *Galeoides decadactylus* EHRENBAUM, pp. 8-9.

Cette espèce est rare dans l'estuaire, comme le *Pentanemus* : il semble qu'elle soit plus commune au large où VON EITZEN l'a rencontrée en abondance au cours de ses essais de chalutage.

C'est une forme qui ne devient jamais très grande (20-30 centimètres), d'un goût délicat : à Port-Étienne, il est avec le Rouget barbet et les soles, parmi les poissons les plus appréciés des Européens.

Le *Galeoides* est carnassier, se nourrissant de poissons et de crustacés (1) ; *Syngnathus Kaupi*, *Ethmalosa* juv., petits poissons, *Callinectes* juv., sable (20. XI. 25).

*Noms vulgaires :*

D : *ébungusu* EHRENBAUM (1913, p. 312 ; 1915 p. 8, rapporte que d'après MEINHOF l'étymologie du mot serait *su* = poisson, et *ebungu* = qui marche en zig-zag. Je ne pense pas que cette hypothèse puisse être retenue, *ebungu* ne figurant pas dans le dictionnaire DINKELACKER, et poisson se disant *sué* et non *su*.

M, Bt : *dibèngé* (parfois aussi : *Pentanemus*)

B : *ébungu*

Ya : *ibèngi*.

## Sphyrænidæ

*Sphyraena guachancho* CUV. VAL. (2)

1914 *Sphyraena guachancho* EHRENBAUM, pp. 109-110, fig. p. 109.
1915 *Sphyraena guachancho* EHRENBAUM, pp. 35-37, fig. p. 36.

Ce « brochet de mer », sans être commun, n'est pas rare dans la baie ; il peut, d'après EHRENBAUM, atteindre jusqu'à 1 m 20,

(1) En Mauritanie j'avais observé que les *Galeoides* étaient exclusivement carcinophages (CHABANAUD et MONOD, Les poissons de Port-Étienne, *Bull. Com. Et. Hist. Scient. A. O. F.*, 1926, p. 260.)

(2) *Sphyræna Hupferi* FISCHER
1885 *Sphyræna Hupferi* FISCHER, pp. 70-71.
Très probablement synonyme de *Sphryæna guachancho*.

mais en général il ne dépasse guère une cinquantaine de centimètres.

*Noms vulgaires :*

D, B : *mwabo*

D (juv.) : *musodi* (également *Sarcodaces odoe*, autre poisson ésociforme mais dulcaquicole).

B (juv.) : *musolo*

Sb, Ya : *mukako*

M : *mwèbu*

Bt, Ma : *ñabu*

Bt, Ya (juv.) : *ngabwabu*.

### Cyphosidæ

***Kyphosus sectatrix* (Linné)

(= *Pimelepterus Boscii* Cuv. Val. *et auct.)*

1 spécimen (juv.), Souelaba. Cette espèce très rare est nouvelle pour la faune du Cameroun, car Peters (1877, p. 246) ne l'a pas signalée de Victoria, comme le prétend Metzelaar (1919, p. 229) mais bien de Fernando-Po.

### Lobotidæ

*Lobotes surinamensis* Bl.

1877 *Lobotes surinamensis* Peters, p. 247.

Cette espèce est très commune dans la baie, le long de la plage de Souelaba où les jeunes individus abondent dans les eaux tout à fait littorales. Ces petits *Lobotes* se plaçent souvent à l'abri d'un corps flottant, feuille ou *sisiké* (plantule de *Rhizophora*) ; ils ont une allure très spéciale, étant capables d'effectuer dans l'eau de véritables bonds.

La coloration est variable, du jaune paille presque uniforme (8. XII. 25) à une teinte générale brun-foncé : il semble que l'animal vivant puisse présenter successivement des systèmes de coloration différents.

Exemple de coloration *ad vivum :* iris portant 4 taches sombres disposées en croix, bord interne de l'iris orange vif ; teinte générale marron pouvant passer par places au chamois clair ; 3 taches noires constantes sur la base de la dorsale molle ; bord postérieur de la caudale translucide ; une bande noirâtre de chaque côté de l'œil à l'angle préoperculaire, une autre de l'œil à l'origine de la dorsale ; deux bandes plus pâles, chocolat, suivies en arrière de deux taches, sur la face supérieure de la tête.

Le *Lobotes* est carnassier : poissons (28. XI. 25), *Mugil*, Carangidé, *Penæus*, *Palæmon* (30. XI. 25).

Les exemplaires littoraux sont tous juvéniles et n'atteignent que rarement une dizaine de centimètres ; au large on rencontre des *Lobotes* adultes : j'ai observé à Souelaba le 30 novembre 1926, un exemplaire de 60 centimètres, harponné par les pêcheurs de tortue de Sanjé et pesant 4ᵏ 500. (Copépodes branchiaux : *Ergasilus Monodi* Brian.

*Noms vulgaires :*

D : *ékolo*

Bt : *nlikéloba*

Ma : *poli*

## Serranidæ

### ***Epinephelus esonue* Ehrenbaum

1914 *Epinephelus esonue* Ehrenbaum, pp. 293-294, fig. p. 293.
1915 *Epinephalus esonue* Ehrenbaum, pp. 54-55, fig. p. 55.

Cette espèce, décrite par Ehrenbaum sur un exemplaire de la baie de Douala n'est pas le seul *Epinephelus* de la région, ce qui fait qu'il n'est nullement certain que ce soit *E. esonue* qui atteigne un poids de 90 kilogs (Ehrenbaum, 1914, p. 293, 1915, p. 54).

J'ignore également à quelle espèce appartenait l'individu, vraiment géant, observé par J. Briaud le 17 mars 1926 et péché à la ligne par les pêcheurs de Kwele-Kwele : cet exemplaire long de 1ᵐ 68, large de 42 centimètres au niveau des ouïes, pesait 109 kilogs. C'est donc le plus gros poisson observé jusqu'ici au Cameroun et probablement un record pour le genre *Epinephelus*.

*Noms vulgaires : vide infra.*

### *Epinephelus nigri* Günther

1877 *Serranus cruentatus* Peters, pp. 244-245, pl. I, fig. 1.

Cette jolie espèce ne paraît pas pénétrer dans la baie du Cameroun et semble rechercher les régions rocheuses ou à salinité plus élevée : BUCHHOLZ l'a trouvé à Victoria et je l'ai observé en abondance à Kribi. Coloration *ad vivum* : partie dorsale de la tête, vert-olive foncé : flancs vert-olive clair marqués de six bandes transversales vert-olive foncé : les deux antérieures (sous la dorsale épineuse) sont marquées elles-mêmes de points oranges, les deux médianes (sous la dorsale molle) en sont presque dépourvus et les deux postérieures (sur le pédoncule caudal) le sont complètement : joues marquées de taches orange, ainsi que l'opercule qui est vert-jaune clair alors que la joue est olivâtre avec indication d'un trait clair oblique, partant de dessous l'œil ; face inférieure du corps pâle ; dorsale portant le prolongement des bandes claires et foncées des flancs : cette disposition étant surtout apparente sur la dorsale molle où les bandes sont très foncées et les espaces clairs d'un beau vert-jaune ; espaces distaux triangulaires des membranes inter-spinales de la dorsale épineuse roses ; un large liseré rose surmonté lui-même (distalement) d'un très étroit liseré bleu-clair à la dorsale molle ; caudale olivâtre avec liseré violacé distal ; anale à base jaune-vert et olivâtre, avec une plage rosée surmontée d'un liseré gris-clair à la partie antérieure et quelques taches orangées dans sa partie postérieure ; ventrales très pâles, avec un peu de jaune et de rose ; pectorales pâles, à base gris jaunâtre, et à partie distale rosée : région axillaire à taches orangées (30. XII. 25, Kribi).

*Noms vulgaires : vide infra.*

### ***Epinephelus æneus* GEOFFROY

Espèce nouvelle pour la faune camerounienne. Cette forme n'est pas commune : je crois n'avoir eu affaire à elle que dans la baie de Douala, à Souelaba où j'en ai recueilli plusieurs petits exemplaires.

Coloration *ad vivum* (un spécimen pris à la ligne le 7 décembre 1925, appontement de Souelaba) : teinte générale vert-olivâtre semé sur les flancs de taches arrondies plus foncées ; partie supérieure de la tête noirâtre ; ventre blanc-verdâtre ; trois lignes obliques sur les côtés de la tête, gris-clair, bordées de brun, une quatrième, à peine indiquée, sur le épines operculaires ; iris à reflets verts ; dorsale gris-verdâtre clair avec une bande longitudinale faiblement marquée, plus sombre, divisée en taches sur la partie molle ; bord supérieur de la partie épineuse soulignée d'un trait rouge ; caudale gris-verdâtre à bord inférieur gris-violet ; anale identique avec un bord inféro-antérieur gris-violet ; ventrales grises ; pectorales gris-jaunâtre.

*Noms vulgaires (Epinephelus* en général) :

D : *sénué*

Sb : *ésanuké*

B : *énugèn*

M : *éhènué, énué*

Bt, Ya : *étobo.*

Il semble donc exister au Cameroun trois espèces d'*Epinephelus*, *E. nigri* sera facilement distingué des deux autres qui ont 11 épines à la dorsale par la présence de 9 épines seulement. *E. æneus* est une forme bien connue depuis longtemps, aisément identifiée par l'observation des trois lignes claires obliques qui s'étendent sur sa région operculaire.

La position systématique exacte de *E. esonue* par contre n'est pas claire. La diagnose originale, rédigée d'après un exemplaire unique de 50 centimètres, est insuffisante. De plus l'auteur ne signale pas les espèces voisines auxquelles il a certainement du comparer son échantillon avant de pouvoir le considérer comme le type d'une forme nouvelle.

Il faut cependant mentionner ici la ressemblance considérable qui existe entre les descriptions d'*Epinephelus esonue* et d'*E. lanceolatus* (Bloch) qui habite peut-être la côte occidentale d'Afrique : « West Coast of Africa ? » (Boulenger, Catalogue of the Perciform Fishes in the British Museum, I, 1895, p. 252.)

### Grammistinæ

**Rhypticus saponaceus* Bl. Schn.

1877 *Rhypticus saponaceus* Peters, p. 246.

Très rare ; je n'ai pas remarquer cette forme qui ne pénètre certainement pas dans les eaux dessalées du littoral.

## Lutjaninæ

### *Lutjanus eutactus* BLEEKER

1914 *Lutjanus eutactus* EHRENBAUM, pp. 291-923, fig. p. 292.
1915 *Lutjanus eutactus* EHRENBAUM, pp. 52-54, fig. p. 53.

Ce très robuste poisson peut atteindre une taille considérable et une dizaine de kilogs (EHRENBAUM). Il est très abondant partout, par individus isolés, particulièrement dans la baie ; VON EITZEN avait remarqué qu'il était plus rare en mer ; c'est un élément typique de la faune ichthyologique de la mangrove : très souvent dans les marigots, au passage de la pirogue, on entend de gros poissons battre l'eau sous la berge et les indigènes annoncent invariablement la présence d'un *wanga*.

Les *Lutjanus* sont essentiellement carnassiers ; un spécimen à rogues pleines, examiné le 14 novembre 1925 contenait : des débris ligneux, un crabe, et un rat entier, preuve de la voracité de ces poissons.

*Noms vulgaires :*

D : *wanga*.
Sb, M, Bt : *kanga*.
Bt (juv.) : *ékobiya*.

### *Lutjanus guineensis* BLEEKER

1914 *Lutjanus guineensis* EHRENBAUM, pp. 290-291.
1915 *Lutjanus guineensis* EHRENBAUM, pp. 51-52.

Plus petit que son congénère, ce *Lutjanus*, reconnaissable à sa ligne bleue rostro-oculo-operculaire, est aussi apprécié. Semble moins commun que *L. eutactus*, et sans doute plus marin, comme l'indique le nom batanga.

*Noms vulgaires* (les deux espèces ne sont le plus souvent pas distinguées ) :

D : *wanga*.
M : *kanga munanga malanda*.
Bt : *kang'a tubé* (« le *kanga* de mer »).
Bt (juv.) : *ékobiya*.

## Sciænidæ

### *Sciæna epipercus* Bleeker

1914 *Sciæna epipercus* Ehrenbaum, pp. 194-195, fig. p. 194.
1915 *Sciæna epipercus* Ehrenbaum, pp. 39-40, fig. p. 40.

Cette espèce, très voisine de la courbine mauritanienne (*Sciæna aquila* Risso) mais beaucoup plus petite, est rare : on ne la rencontre d'ailleurs qu'en mer, jamais dans l'estuaire.

*Noms vulgaires :*

*D* : *mukusa ma ñèndi* (« la veuve du *ñèndi (corvina)* »).
M : *ñèndi ma guma.*
Bt, Ya : *ñèmbé.*

### **Corvina camaronensis* Ehrenbaum

1914 *Corvina* sp. Ehrenbaum, pp. 196-197.
1915 *Corvina camaronensis* Ehrenbaum, pp. 42-43, fig. p. 42.

L'espèce n'est connue que par les deux échantillons typiques (27 et 36 centimètres) provenant de l'estuaire. Je n'ai pas eu la chance de retrouver cette forme curieuse, paraissant très rare.

### **Corvina nigripinnis* Günther

1874 *Corvina nigripinnis* Günther, p. 453.

L'espèce avait été décrite du Cameroun.

### *Corvina nigrita* Cuv. Val.

1877 *Corvina nigrita* Peters, p. 246.
1914 *Corvina nigrita* Ehrenbaum, pp. 195-196, fig. p. 196.
1915 *Corvina nigrita* Ehrenbaum, pp. 40-42, fig. p. 42.

C'est à très juste titre que von Eitzen, cité par Ehrenbaum (1914, p. 195, 1915, p. 40) considère ce poisson comme l'un des plus communs et des plus importants poissons comestibles de l'estuaire.

Ce beau poisson qui a en moyenne 30-50 centimètres possède une chair très tendre et savoureuse. Il est très abondant dans la baie et constitue probablement, après les aloses, l'espèce la plus banale, en tous cas la plus fréquente dans les pêches à la senne.

Cette forme est carnassière, dévorant des poissons et des crustacés :

14. XI. 25 (rogues pleines) :
   1) poisson
   2) Crustacés caridoïdes.

15. XI. 25 (*circa* 12 spécimens) : presque uniquement *Ethmalosa* (juv.), quelques *Pellonula* et dans un petit exemplaire, un Callianassidé.

17. XI. 25 : poisson.

24. XI. 25 : Malacostracés caridoïdes (prob. Mysidés.), un Isopode.

Il arrive souvent que certains rayons des nageoires soient considérablement dilatés, ce cas tératologique étant l'origine de la distinction d'un *Corvina clavigera* par Cuvier et Valenciennes. Ehrenbaum signale même une hyperostose non plus ptérygienne mais operculaire (1914, p. 196, 1915, p. 42).

*Noms vulgaires :*

D, Sb, Bl, Bs : *ñendi*
B : *ñent*
M, Bt : *ñindé*
Ya : *ñindi.*

### *Pseudotolithus brachygnathus* Bleeker

1914 *Otolithus brachygnathus* Ehrenbaum, pp. 197, 199, fig. p. 199.
1915 *Otolithus brachygnathus* Ehrenbaum, pp. 43-45, fig. p. 45.

Existe partout, moins abondant cependant que l'espèce voisine.

*Noms vulgaires :*

D : *mboki ma ñendi*
M : *ñendi ebula naudumbu* (« le *nendi* à bouche prolongée »), *ñendi mu neta.*
B : parfois *ñendi ma songa* par confusion.
Bl : *ñendé*, *ñendi ma langé*, *ñendi a malangé.*
Bl : *béhadi* (juv.)
Ya : *ñindi a ilangé*

### *Pseudotolithus typus* Bleeker

(Fig. 14)

1914 *Otolithus senegalensis* Ehrenbaum, pp. 197-198, fig. p. 198.
1915 *Otolithus senegalensis* Ehrenbaum, pp. 43-45, fig. p. 43.

1919 *Pseudotolithus typus* Fowler, pp. 263-264.

Cet Otolithe est bien plus commun que l'espèce précédente : il est abondant partout, aussi bien dans la baie qu'en mer. Il peut dépasser un mètre de longueur et possède une chair excellente.

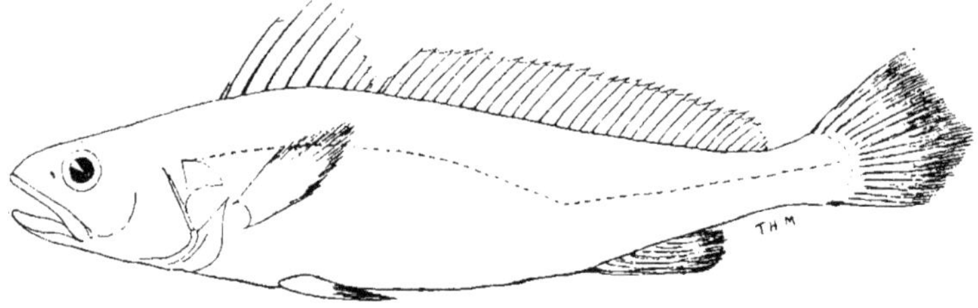


Fig. 14. — *Pseudotolithus typus* Bleeker (= *Otolithus senegalensis* C. V.).

Son régime est carnivore, poissons et crustacés (14. XI. 25 : une crevette). Copépode parasite : *Argulus otolithi* Brian.

*Noms vulgaires :*

D : *ñèndi ma songa* (« le *ñèndi* à dents »)
B : *mboki* (prob. par confusion avec *Ps. brachygnathus*,à moins que *mboki* ne puisse s'employer pour les deux espèces.)
M : *ñèndé ma honga*
M, Bt, Ya : *njomo*
Bt : *mvé njomo* (adulte)
Bt : *épu a mvé* (juv.)
Ya : *épui ja wei* (juv.)

*Larimus Peli* Bleeker

1914 *Larimus Peli* Ehrenbaum, pp. 199-200.
1915 *Larimus Peli* Ehrenbaum, pp. 45-46.

Von Eitzen a rapporté deux exemplaires de cette espèce (baie Ambas) qui paraît exclusivement marine ce qui explique peut-être que je ne l'ai point retrouvée.

## Gerridæ

*Gerres melanopterus* Bleeker

1877 *Gerres melanopterus* Peters, p. 248.

1914 *Gerres melanopterus* EHRENBAUM, p. 255.
1915 *Gerres melanopterus* EHRENBAUM, pp. 46-46..

Cette espèce atteint 20-25 centimètres d'après VON EITZEN qui ne l'a rencontrée qu'en mer. Les adultes ne semblent pas pénétrer dans les eaux saumâtres littorales ; je n'en ai en effet jamais recueilli moi-même (Souelaba et Kribi) que de très jeunes individus.

*Noms vulgaires :*

D : *dibololo*
M : *lèngwè la batanga*
B, Ya : *tubulè* (juv.)
Bt : *èkuba* (juv., larve)

## Pristipomatidæ

### *Pristipoma Perroteti Cuv. Val.

1877 *Pristipoma Perroteti* PETERS, p. 246.

Je n'ai pas revu cette espèce, connue du Sénégal à l'Angola.

### Pristipoma Jubelini Cuv. Val.

1877 *Pristimopa Jubelini*, PETERS, p. 246.
1914 *Pristipoma Jubelini* EHRENBAUM, pp. 255-257, fig. p. 256.
1915 *Pristipoma Jubelini* EHRENBAUM, pp. 47-49. fig. p. 48.
1919 *Pomadasis Jubelini* FOWLER, pp. 262-263.

Cette belle espèce, très commune, qui peut dépasser 40 centimètres de longueur, est un des poissons alimentaires les plus intéressants de la région.

Coloration *ad vivum* (Kribi, 29 décembre 1925) : dos brillant à reflets violet pâle ; une bande grisâtre à travers la tête juste en avant des yeux ; dos et flancs (partie supérieure) avec des taches punctiformes brun-olivâtre ; dorsales avec des taches basilaires brunes interradiaires, la dorsale épineuse ayant en plus, après une bande longitudinale incolore, toute la région distale des membranes brunâtre ; caudale gris-violacé ; anale et ventrales blanc laiteux, légèrement teinté de mauve, pectorale grisâtre pâle ; une forte tache brune operculaire.

*Noms vulgaires :*
D, M, Bt : *ngowé*
B, Sb : *nguwé.*

### *Otoperca aurita* (Cuv. Val.)

1914 *Pristipoma macrophthalmum* Ehrenbaum, pp. 257-258.
1915 *Pristipoma macrophthalmum* Ehrenbaum, p. 49.
1915 *Otoperca aurita* Boulenger, III, pp. 130-131, fig. 95.

Cette forme est marine : on ne la trouve pas dans la baie, ou du moins elle ne s'approche de Souelaba qu'en saison sèche quand la salinité s'élève (1) ; en tout cas, comme *Cybium tritor* elle est toujours très rare dans cette région ; au contraire à Kribi elle est abondante, c'est peut-être même le poisson le plus souvent péché à l'hameçon par les Batangas.

Fait curieux, cette espèce porte le plus souvent dans sa bouche un Isopode parasite, *Cymothoa plebeia* Sch. et M. qui, au moins sur la côte du Cameroun est spécifique de cet hôte particulier, et qu'on ne rencontre pas ailleurs.

*Noms vulgaires :*
D : *mbololo*
Bt : *ihongwé*
Ya : *vikongwé.*

### **Diagramma æneum* Peters

1868 *Diagramma æneum* Peters, Monastsber. Akad. Berlin, p. 454.

Décrite de Victoria, l'espèce ne semble pas avoir été revue depuis.

### *Diagramma macrolepis* Boulenger

1914 *Diagramma macrolepis* Ehrenbaum, pp. 258-259, fig. p. 258.
1915 *Diagramma macrolepis* Ehrenbaum, pp. 49-51, fig. p. 50.

Ce beau poisson noir-violacé qui atteint une cinquantaine de centimètres n'est pas rare dans la baie, au moins dans la partie externe de celle-ci, à Souelaba. Sa chair est excellente.

(1) 1 spécimen le 16 février 1926, parasité par *Cymothoa plebeia* Sch. et M.

*Noms vulgaires :*
D, Sb, M, Bt : *éponjo*
B : *épondo*
Ya : *éponji*

## Pomacentridæ

### ***Abudefduf analogus* (Gill)

Cette espèce connue du golfe du Mexique n'avait pas encore été signalée sur la côte d'Afrique, à moins, ce qui est bien probable, qu'elle n'ait été confondue avec une autre espèce du genre.

Cinq espèces ont déjà été signalées sur la côte occidentale d'Afrique ou les îles voisines : *Abudefduf saxatilis* (Linné), *A. luridus* (Cuv. Val.), *A. chrysurus* (Cuv. Val.), *A. Hœfleri* Steindachner, *A. Hermani* Steindachner, *A. ascensionis* Fowler. Notre échantillon, recueilli à l'embouchure de la rivière de Kribi dans le fretin à *Sicydium brevifile*, *Naucrates ductor*, *Gerres melanopterus*. présente les nombres suivants : longueur totale : 21 millimètres, hauteur du corps : 8 millimètres ; D : 13/13, C : 25, A : 2/11 ; écailles : 26 3/9 ; ligne latérale : 16 écailles percées.

Il se distingue immédiatement par les nombres de la dorsale et de l'anale de *A. luridus* (D : 13/16, A : 2/14), *A. chrysurus* (D : 12/15-16, A : 2/13-14) (1), *A. Hoefleri* (D : 13/13, A : 2/13), *A. Hermani* (D : 13/18, A : 2/14), *A. ascensionis* (D : 13/13, A : 2/13) ; les écailles de notre échantillon sont également plus grandes puisqu'il n'y en a que 3 au-dessus de la ligne latérale (*A. luridus* : 4, *A. Hœfleri* : 5, *A. Hermani*, : 4 1/2, *A. ascensionis* : 5). Par les nombres des rayons de l'anale mon spécimen se rapproche de *A. saxatilis* (A : 2 (10) 11-12), mais s'en distingue par les écailles supra-latérales (4-4 1/2).

Si la diagnose d'aucune des espèces signalées en Afrique ne semble convenir à mon spécimen, celui-ci est conforme à la description d'une espèce de la côte atlantique de Panama, *Abudefduf analogus* (Gill) dont les nombres sont : D : 13/12-13, A : 2/9-10 ; écailles :

(1) A. *chrysurus* est d'ailleurs immédiatement hors de cause, étant un *Microspathodon*, non un véritable *Abudefduf*.

26-28 3/8-9. Je considère donc l'échantillon du Cameroun comme appartenant à cette espèce : le fait n'a rien de surprenant car l'on connaît un nombre maintenant considérable de formes fréquentant à la fois les deux rivages, occidental et oriental, de l'Atlantique tropical.

### Cichlidæ

On rencontre parfois dans la baie des Tilapies ; comme il s'agit là en réalité de poissons vraiment dulcaquicoles ces échantillons seront étudiés avec la faune ichthyologique d'eau douce :

*Noms vulgaires* (pour les espèces du genre *Tilapia*) :

D, Sb : *éyondo,*
B : *éundo*
Ya : *iyondo*

### Sparidæ

**Lethrinus atlanticus* Cuv. Val.

1877 *Lethrinus atlanticus* Peters, p. 246.

Je n'ai pas revu cette espèce, fort rare.

### Scorpididæ

*Psettus sebæ* Cuv. Val.

1877 *Psettus Sebae* Peters, p. 247.
1913 *Psettus Sebae* Pietschmann, p. 181, pl. II, fig. 2.
1914 *Psettus Sebae* Ehrenbaum, pp. 337-338.
1915 *Psettus Sebae* Ehrenbaum, pp. 57-58.
1915 *Psettus Sebae* Boulenger, III, pp. 123-124, fig. 91.

Espèce très commune partout ; consommée par les indigènes, mais peu appréciée, comme tous les poissons trop plats, pour sa faible épaisseur.

*Noms vulgaires :*

D : *ékéké*
B : *yèngé* (confusion avec *Drepane*)
M : *ékék*
Bt : *ékei.*

### Chætodontidæ

****Ephippus goreensis* CUV. VAL.**

J'ai recueilli à Souelaba un exemplaire de cette espèce, nouvelle pour le Cameroun.

*Drepane punctata* LINNÉ var. *africana* OSORIO

(= var. *octofasciata* PELLEGRIN)

1877 *Drepane punctata* PETERS, p. 246.

1914 *Drepane punctata* var. *octofasciata* EHRENBAUM, pp. 294-296, fig. p. 296.

1915 *Drepane punctata* var. *octofasciata* EHRENBAUM, pp. 56-57, fig. p. 56.

Ce vigoureux poisson est commun partout.

*Noms vulgaires :*

D : *ẹyawa*

B : *ẹyabo*

M : *yawa, yèng* ?

Bt, Ya : *yao.*

### Acanthuridæ

*Acanthurus chirurgus* BLOCH

1877 *Acanthurus chirurgus* PETERS, pp. 246-247.

Je n'ai pas observé moi-même cette espèce, d'ailleurs marine et extrêmement rare en eau saumâtre : il a cependant été observé, au moins une fois, à Souelaba, comme a bien voulu me l'apprendre M. J. BRIAUD.

### Carangidæ

*Caranx africanus* STEINDACHNER

(Fig. 15)

1919 *Caranx africanus* FOWLER, p. 262.

Cette espèce est la plus commune du genre sur la côte du Cameroun : il est d'autant plus curieux qu'elle ne figure pas dans les récoltes de VON EITZEN. Je l'ai observée en abondance à Souelaba, et à Kribi : je l'ai notée également à l'embouchure de la rivière Bimbia, dans les bordigues des Subus. J'ai rapporté une série de

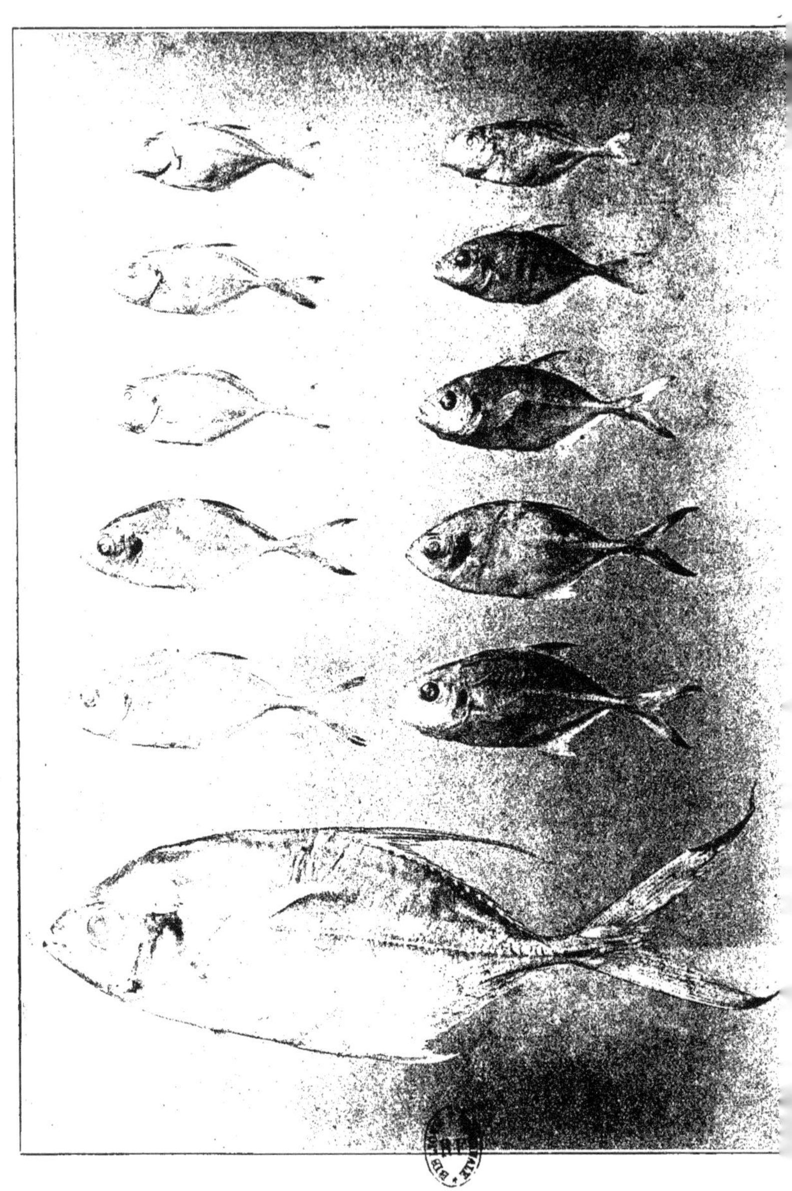

FIG. 15. — *Caranx africanus* STEINDACHNER, série de 56 à 22,5 millimètres ; le grand spécimen présente une ligne latérale tératologique double.

14 échantillons de 5cm 6 à 26cm 4 ; STEINDACHNERr a observé un specimen de 510 millimètres. Sur un spécimen de 22cm 5, la ligne latérale du côté gauche présente des caractères tératologiques : elle est double sur la plus grande partie de son trajet.

Le régime alimentaire de cette carangue semble principalement carcinophage.

14. XI. 25 : Copépodes, mégalopes.

25. XI. 25 : *Alpheus*, —

*Noms vulgaires :*

D : les doualas n'ont pas de nom spécial pour ce poisson, d'ailleurs moins euryhalin et plus maritime que *Caranx carangus :* ou bien ils l'appelleront simplement *mutondo (C. carangus)*, ou bien ils diront par exemple : *mutondo muna*, « le petit *mutondo* », « l'enfant de *mutondo* », *C. africanus* restant toujours de petite taille (ne dépassant pas une cinquantaine de centimètres) en comparaison de *C. carangus* qui devient énorme.

Sb : *kokoè*

M : *kokolè.*

B : *épaka.*

Bt : *épaka*, plur. *bopaka.*

Ya : *épakapaka.*

### *Caranx carangus* BLOCH
(Figs. 16, 17, 21, 22 B)

1877 *Caranx carangus* PETERS, p. 247.

1914 *Caranx carangus* EHRENBAUM, pp. 345-346, fig. 346.

1915 *Caranx carangus* EHRENBAUM, pp. 65-67, fig. p. 66.

Cette belle et robuste espèce, moins commune que la précédente, semble pénétrer plus loin qu'elle dans la baie. VON EITZEN l'a vu atteindre un poids de 4 kilogs : l'espèce peut devenir beaucoup plus grande puisqu'elle peut atteindre un mètre et un poids de 12k 500.

Le jeune, comme celui de *C. africanus*, est marqué de bandes verticales sombres, très visibles sur un jeune de 39 centimètres, évanescentes sur un spécimen de 44 millimètres.

L'espèce est carnassière, se nourrissant de poissons et de crustacés :

14. XI. 25 (2 spécimens) : bouillie gris-verdâtre, contenant presque uniquement de petites Diatomées bacilloïdes.

9. XI. 252 : poissons.

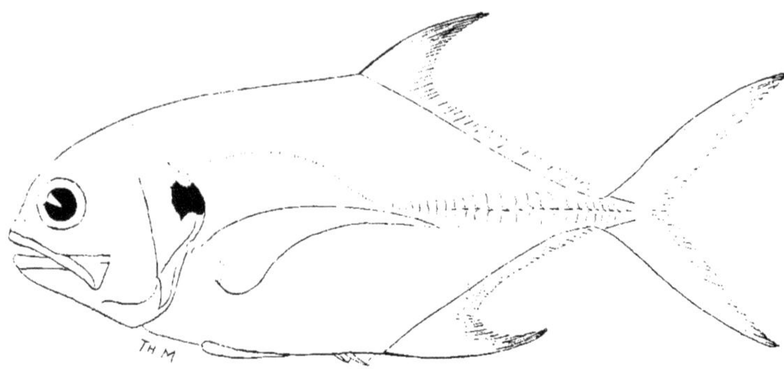


FIG. 16. — *Caranx carangus* BLOCH.

17. II. 26 : deux *Ethmalosa*.

*Noms vulgaires :*

D, Sb : *mutondo*

D, Bt (juv.) : *kokoko*. Cette désignation, onomatopée rappelant le grognement très caractéristique de l'animal, s'applique aussi aux jeunes de *C. africanus*.

M : *mutondi*.

Bt : *éhoï* (juv.).

Ma : *ntundu*.

Ya : *motondo*.

J'ai recueilli à Souclaba un jeune *Caranx* (40 millimètres), identique aux stades jeunes de *C. carangus* mais remarquable par la présence de deux épines par bouclier de la ligne latérale. S'agit-il d'un simple cas tératologique ?

**Caranx senegallus* CUV. VAL.

1877 *Caranx senegallus* PETERS, p. 247.

Je n'ai pas revu cette espèce, peut-être exclusivement marine.

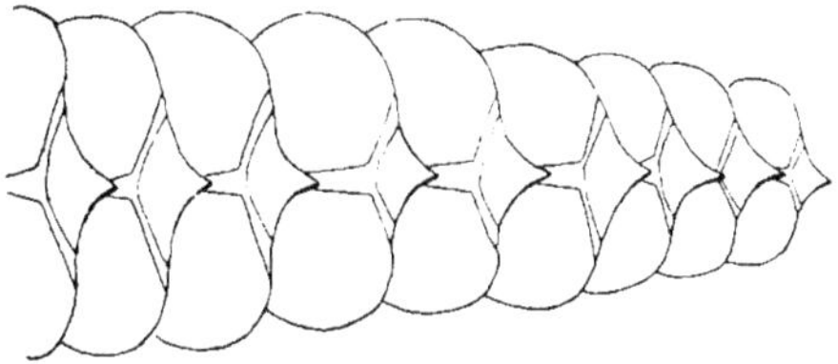

Fig. 17. — *Caranx carangus*, spécimen de 45 millimètres, portion de la partie cuirassée de la ligne latérale.

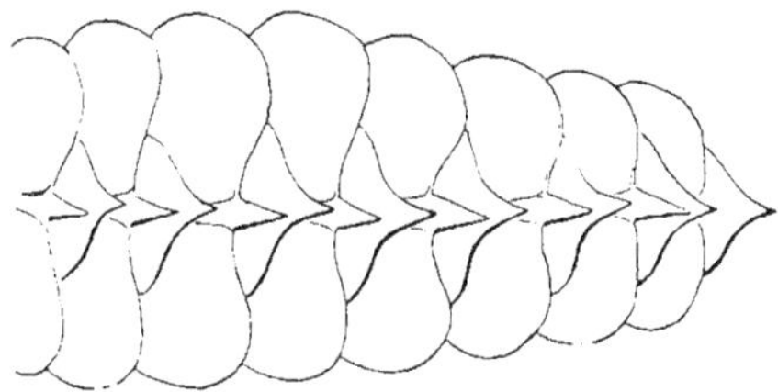

Fig. 18. — *Caranx* sp. (an *C. carangus* ?), spécimen de 40 millimètres, portion de la partie cuirassée de la ligne latérale montrant la présence de *deux* épines par bouclier.

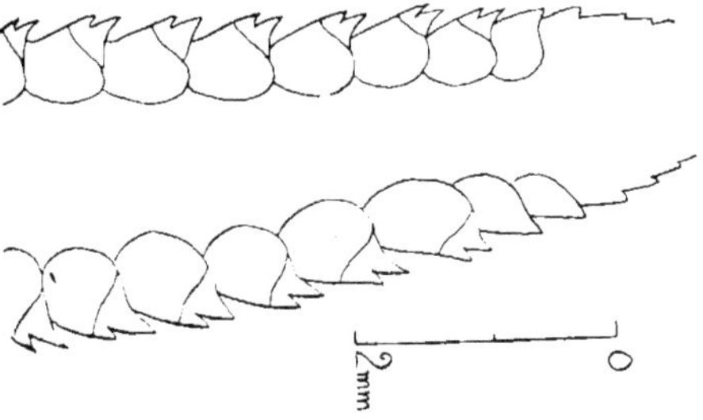


Fig. 19. — *Caranx* sp. (an *C. carangus* ?), même spécimen, pédoncule caudal en vue dorsale, montrant les boucliers à *deux* épines de la ligne latérale.

*Caranx alexandrinus* Cuv. Val.
(Fig. 20)

1877 *Caranx alexandrinus* Peters, p. 247.

J'ai rencontré à plusieurs reprises cette espèce à Souelaba, où elle est rare. Contenu stomacal (25. XI. 25) : bouillie de *Callinectes*.

*Noms vulgaires :* vide infra sub *Selene goreensis*.

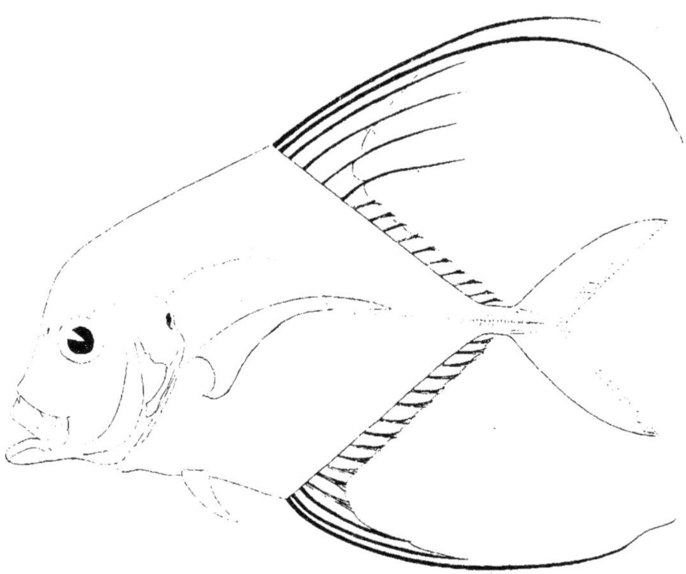

Fig. 20. — *Caranx alexandrinus* Cuv. Val.

**Hemicaranx marginatus* (Schlegel Ms) Bleeker
(Fig. 22 A)

1862 *Hemicaranx marginatus* Bleeker, pp. 138-139 (Achanti, Guinée).

1863 *Hemicaranx marginatus* Bleeker, pp. 81-82, pl. xviii (Achanti, même spécimen).

1914 *Caranx bicolor* Pellegrin, Ms (Coll. Labor. Pêches coloniales).

1914 *Hemicaranx marginatus* Ehrenbaum, pp. 344-345.

1915 *Hemicaranx marginatus* Ehrenbaum, p. 65.

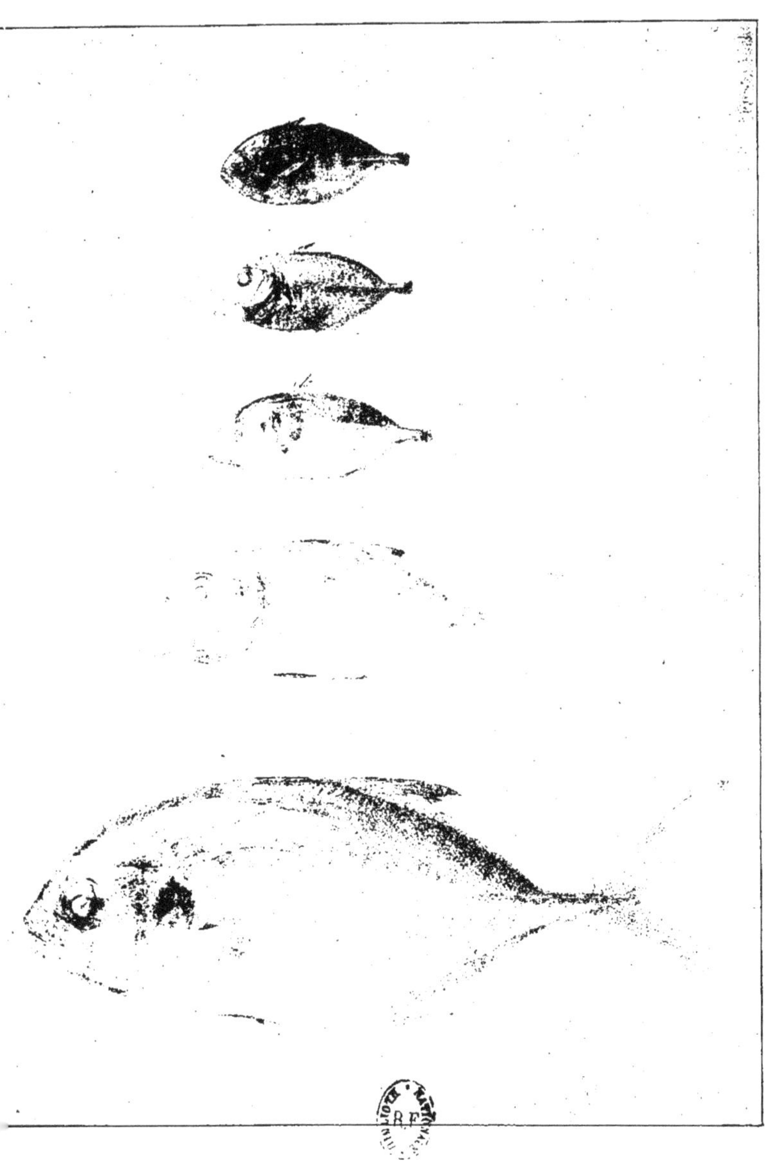

Fig. 21. — *Caranx carangus* Bloch, série de 39 à 125 millimètres.

(L'espèce n'a bien entendu rien à voir avec *Caranx marginatus* GILL 1863) (1).

EHRENBAUM a raporté à cette espèce un exemplaire de la collection VON FITZEN (D : *mutondo*, comme *Caranx carangus*). Je n'ai pas retrouvé cette forme qui paraît très rare puisque BLEEKER et EHRENBAUM les seuls descripteurs de l'espèce, n'ont eu l'un et l'autre entre les mains qu'un unique spécimen.

Un spécimen du Gabon (2), déterminé par PELLEGRIN sous le nom de *Caranx bicolor*, appartient à cette espèce ; par contre un exemplaire de Banana (embouchure du Congo) (3) également signalé comme *Caranx bicolor* par PELLEGRIN (1914, p. 66) est réellement un *Hemicaranx bicolor* (GUNTHER).

L'exemplaire gabonais est conforme à la diagnose très détaillée de BLEEKER et à la description d'EHRENBAUM.

Les nombres sont les suivants : D : 1 + ? 6 (nageoire en mauvais état) + 1/25, A : 2 + 1/22, P : 1/19, V : 1 + 5 ; ligne latérale (écussons) : environs 50.

Longueur totale : 142 millimètres.

Longueur du corps : 107 millimètres.

Hauteur du corps : 46 mm. ; 2, 3 dans la longueur du corps.

Longueur de la tête : 32 mm. ; 3, 3 dans la longueur du corps.

Longueur du museau : 8 mm. ; 4 dans la longueur de la tête.

Longueur du maxillaire : 10 mm. ; 3, 2 dans la longueur de la tête.

Diamètre de l'œil : 11 mm. ; 2, 9 dans la longueur de la tête.

(1) BLEEKER (1863, p. 82) écrit à deux reprises *Pseudocararanx* au lieu d'*Hemicaranx, lapsus calami* qui ne paraît pas avoir été relevé, le « genre » *Pseudocaranx (err. pro : Hemicaranx)* n'étant porté ni à l'*Index generum et specierum* consacré aux formes décrites ou citées par BLEEKER (MAX WEBER et L. F. DE BEAUFORT, The fishes of the indo-australian archipelago, I, 1911, p. 326), ni au genera of Fishes (DAVID STARR JORDAN, 1919, III) où d'ailleurs *Hemicaranx* lui-même est omis, et ne figurant pas non plus dans DAVID STARR JORDAN, A classification of Fishes, 1923 (*Carangidæ*, pp. 184-185).

(2) Collection du laboratoire des pêches coloniales, au Museum. A. GRUVEL *legit*, GABON.

(3) Collection du Museum, 1913. 110, A. GRUVEL *legit*, Banana.

Hauteur (largeur) de la carène d'écussons : 7 mm. ; 6, 5 dans la hauteur du corps.

Longueur des pectorales : 37 mm. ; 3. 5 dans la longueur du corps.

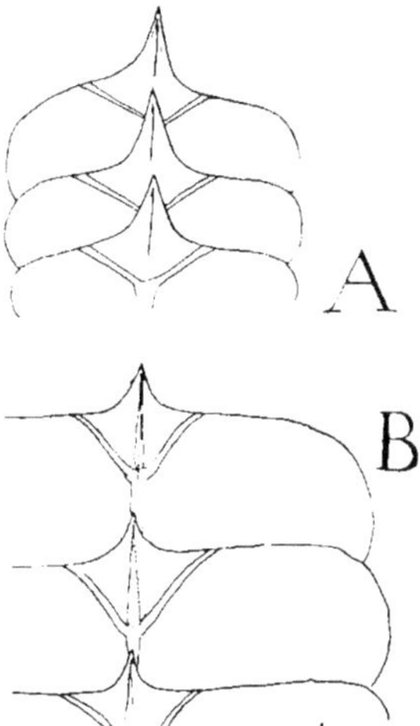


FIG. 22. — A. *Hemicaranx marginatus* BLEEKER, trois boucliers de la ligne latérale. — B. *Caranx carangus* BLOCH (spécimen de 125 millimètres), boucliers de la ligne latérale.

Branchiospines au segment inférieur du 1er arc gauche (le droit est tératologique) : 19.

Restent à définir les caractères susceptibles de distinguer *Hemicaranx marginatus* BLEEKER de *H. amblyrhynchus* (C. V.).

Voici d'abord les mensurations d'un *H. amblyrhynchus* du Mexique (Coll. Mus. 9731) :

D : 1 + 7 + 1/29, A : 2 + 1/25 ; ligne latérale (écussons) : environ 47.

Longueur totale : 220 millimètres.

Longueur du corps : 150 millimètres.

Hauteur du corps : 65 mm. ; 2, 3 dans la longueur du corps.

Longueur de la tête : 37 mm. ; 4 dans la longueur du corps.

Longueur du museau : 10 mm. ; 3, 7 dans la longueur de la tête.

Longueur du maxillaire : 13 mm. ; 2, 8 dans la longueur de la tête.

Diamètre de l'œil : 10 mm. ; 3, 7 dans la longueur de la tête.

Hauteur (largeur) de la carène d'écussons : 8, 5 ; 10 mm. dans hauteur du corps.

Longueur des pectorales : 46 mm. ; 3, 2 dans la longueur du corps.

Branchiospines au segment inférieur du 1er arc droit : 19.

Lobe supérieur de la caudale notablement plus long que l'inférieur, plus long que les pectorales, égal, ou légèrement supérieur à la hauteur du corps.

Dorsale molle pointillée de brun (terre de sienne brûlée), mais dans l'ensemble très faiblement teintée ; anale couverte d'un pointillé analogue mais beaucoup moins serré, la nageoire étant pâle, blanchâtre.

On doit reconnaître que la forme africaine, *Hemicaranx marginatus* est excessivement voisine de la forme américaine, *H. amblyrhynchus :* je crois cependant que l'une et l'autre forme représentent des espèces valides.

L'espèce américaine sera distinguée sans difficultés par sa dorsale molle à peine colorée, (noire chez *H. marginatus*), la hauteur moindre de ses boucliers latéraux, enfin un nombre de rayons légèrement supérieur à la dorsale et à l'anale.

*H. marginatus*, dorsale molle : 1 /25-26 ; anale : 2 + 1 /22-23.

*H. amblyrhynchus*, dorsale molle : 1 /27-29 ; anale : 2 + 1 /23-25.

Quant aux différences signalées par BLEEKER (1863, p. 82) dans les proportions du corps et de la pectorale elles ne me semblent pas capables de contribuer à la distinction des deux espèces.

### ***Hemicaranx bicolor* (GÜNTHER)

(Fig. 23)

1860 *Caranx bicolor* GÜNTHER, 2, pp. 442-443.

1863 *Hemicaranx bicolor* BLEEKER, p. 82.

1914 *Caranx bicolor* EHRENBAUM, p. 344.

1914 *Caranx bicolor* PELLEGRIN, p. 66.

1915 *Caranx bicolor* EHRENBAUM, p. 65.

1919 *Caranx bicolor* METZELAAR, p. 265.

Cet *Hemicaranx* n'avait été revu qu'une fois depuis la description du type : j'ai eu la chance d'en recueillir quatre exemplaires à Souelaba (dont 1 le 22 et 2 le 23 novembre 1925).

Le Dr J. R. NORMAN du British Museum a bien voulu comparer un de mes spécimens au type et s'assurer de leur identité.

Je profite de l'occasion pour donner une description de l'espèce et préciser les caractères susceptibles de distinguer *H. bicolor* de *H. marginatus*.

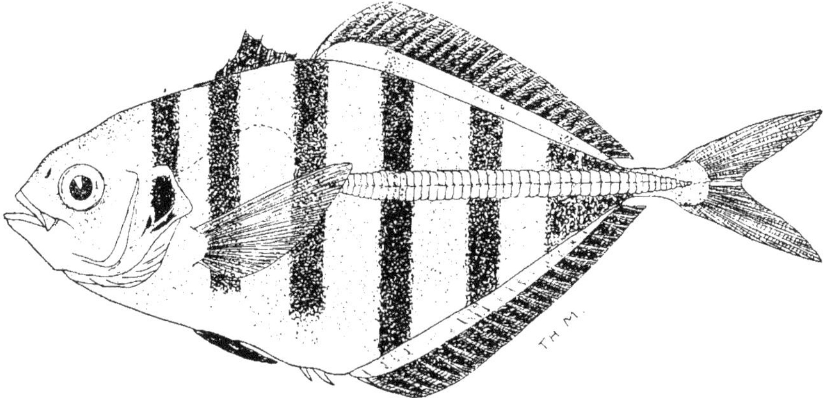


FIG. 23. — *Hemicaranx bicolor* (GÜNTHER).

Longueur de la tête : 3,2-3,6 ; hauteur du corps : 2 ; D : 1 + 7-1/25 A : 2-1/21 ; P : 20 ; écussons : 54.

Corps elliptique, fortement comprimé ; profil antérieur fortement convexe au niveau de l'œil, sensiblement rectiligne de cette convexité à l'origine de la dorsale ; tête courte, 3,2-3,6 fois dans la longueur du corps ; museau arrondi, 3,6 dans la tête ; œil 3,6 dans la tête ; bouche oblique ; mâchoire supérieure très légèrement proéminente, un peu plus longue que la mandibule ; maxillaire atteignant tout juste le bord antérieur de l'œil, 3 dans la tête ; dents des mâchoires petites, serrées, sur un seul rang ; vomer, palatins et langue inermes ; angle du préopercule inerme ; branchiospines faisant un tout petit peu plus de la 1/2 du diamètre oculaire, 19-20 sur la partie inférieure du premier arc ; écailles petites, cycloïdes ; poitrine couverte d'écailles ; tête et une zone triangulaire en avant de l'origine de la dorsale sans écailles ; nageoires sans écailles ; ligne latérale formant un arc égal en hauteur au diamètre oculaire et en longueur à l'œil plus la partie post-oculaire de la tête ; partie rectiligne de la ligne latérale armée d'écussons égaux en hauteur au diamètre oculaire, munis chacun d'une épine carénée ; dorsale épineuse à aiguillons raides, dont le plus long est sensiblement égal au diamètre oculaire, réunis par une membrane ; dorsale molle et anale de forme analogue, sans prolongement antérieur, les plus longs rayons à peu près égaux à la partie post-oculaire de la tête, les rayons postérieurs s'arrêtant à une distance considérable des premiers rayons de la caudale ; dorsale molle et anale avec une gaîne écailleuse très haute à leur base ; caudale assez profondément fourchue, à lobes égaux et pointus à peu près égaux à la pectorale ; ventrales courtes, égales à la portion post-oculaire de la tête ; pectorales courtes, larges, non falciformes, atteignant l'origine de la portion droite de la ligne latérale, 3,6-3,7 dans la longueur du corps.

Coloration : grise, plus ou moins jaunâtre à la face inférieure de la tête et sur la poitrine ; flancs marqués de 6 bandes noires transversales qui peuvent être plus ou moins apparentes suivant les échantillons ; une tache operculaire très noire, sur le trajet de la première bande ; dorsales, anale, ventrales noires ; caudale et pectorales grisâtres, claires.

*Mensurations :*

| | Ex. | N° | Ex. de Banana |
|---|---|---|---|
| Longueur totale ........... | 92mm | 92mm | 71mm |
| Longueur du corps .......... | 72 | 72 | 55 |
| Longueur du céphalon ....... | 22 | 20 | 19 |
| Hauteur du corps ........... | 34 | 34 | 28 |
| Longueur du museau ....... | 6 | 53 | 5 |
| Longueur des pectorales ..... | 19 | 20 | 15 |
| Largeur des ventrales ....... | 10 | 95 | 8 |
| Largeur du maxillaire ....... | 7 | 65 | 6 |
| Diamètre de l'œil .......... | 6 | 6 | 5 |

J'ai recueilli à Souelaba, baie de Douala, 4 exemplaires de cette espèce intéressante. (3 ex. Laboratoire des Pêches coloniales. Museum Paris, 1 ex. British Museum). Enfin, comme je l'ai signalé plus haut, il existe un exemplaire dans la collection générale du Museum, de Banana, 1913, 110.

S'il s'agit maintenant de distinguer les deux *Hemicaranx* du Cameroun on fera appel aux caractères suivants, aisement vérifiables :

*Hemicaranx marginatus* BLEEKER :

1° dorsale molle et anale munies d'une saillie faible mais nette de leur contour antérieur.

2° pectorales falciformes dépassant de beaucoup l'origine de la parite rectiligne de la ligne latérale.

3° diamètre oculaire > longueur du museau.

4° diamètre oculaire à peine 3 fois dans la longueur de la tête.

5° pas de bandes transversales sur le corps.

6° ventrales et anale incolores.

*Hemicaranx bicolor* (GÜNTHER)

1° dorsale molle et anale sans saillie du contour antérieur, régulièrement convexes.

2° pectorales non falciformes, atteignant l'origine de la partie rectiligne de la ligne latérale.

3° diamètre oculaire = longueur du museau.

4° diamètre oculaire plus de 3 fois dans la longueur de la tête.

5° des bandes transversales (5-6) noires sur le corps.

6. ventrales et anale noires.

Il est indéniable que *H. bicolor* présente des caractères (par exemple la forme de la pectorale, les bandes transversales) qui pourraient être juvéniles. Je n'hésite pas cependant à considérer *H. bicolor*, comme l'a fait BLEEKER (1863, p. 83) comme une espèce parfaitement valable, et distincte de *H. marginatus*.

D'ailleurs mes plus grands *H. bicolor* ont déjà 92 millimètres, et mon *H. marginatus* 142 millimètres : ce n'est pas pendant un temps de croissance aussi réduit que celui qui sépare ces deux tailles —

s'il ne s'agissait que d'une seule espèce — que pourrait s'accomplir la transformation de *H. bicolor* en *H. marginatus*. La forme des nageoires impaires, la coloration des ventrales fournissent de bons caractères ; les boucliers de la ligne latérale semblent un peu plus nombreux chez *H. marginatus* ; enfin les proportions respectives de l'œil et du museau démontrent la validité évidente des deux formes, puisque « le museau, dans les Carangues, s'allonge avec l'âge » (BLEEKER, 1863, p. 82) et que ce museau chez *H. bicolor* est égal, voire supérieur (GÜNTHER) en longueur à l'œil, chez *H. bicolor*, alors qu'il est notablement plus court chez *H. marginatus*.

*H. bicolor* est très voisin d'une forme américaine, *H. rhomboides* MEEK et HILDEBRAND (1925). MM. les Drs SAMUEL F. HILDEBRAND et W. C. KENDALL, du Bureau of Fisheries, ont bien voulu comparer un de mes spécimens au type de *H. rhomboides*, provenant de Panama.

Voici les différences que l'on peut relever entre les deux espèces :

« The body in *H. rhomboides* is more symmetrically oval and the profile from the front of the dorsal to the tip of the snout is more evenly curved downward than in *H. bicolor*. Furthermore the mouth is larger and the eye is smaller in *H. rhomboides*. The preopercle is distinctly rough, that is ctenoid, in *H. rhomboides* whereas, it is smooth and having a membranous border in *H. bicolor*. The pectoral fins in *H. rhomboides* are pale (colorless) and the other fins are not nearly as dark as in *H. bicolor*. The description of *H. rhomboides* gives the number of gillrakers on the lover limb of first arch as 15 to 17. I am able to count 20 gillrakers in your specimen. » (S. F. HILDEBRAND, *in litt.*, 1 avril 1927).

### *Selene goreensis* CUV. VAL.

1914 *Selene goreensis* EHRENBAUM, pp. 341-342, fig. p. 341.

1915 *Selene goreensis* EHRENBAUM, pp. 60-61, fig. 60.

La collection VON EITZEN contenait 4 spécimens de cette espèce (18cm5 ; 11cm3 ; 30 et 34 centimètres). Il est curieux que je n'aie vu qu'un exemplaire de cette forme, (1) que VON EITZEN a capturée

(1) A Souelaba.

assez souvent, en particulier sur les fonds de sable au voisinage des têtes de chien, à l'entrée de la baie.

*Noms vulgaires* (également *Caranx alexandrinus)* :

D : *ékongo* (« le casque »), *ékék'a bombé* (EHRENBAUM).

Sb : *éyungulugu.*

Bt : *ékokong'a bungom.*

*Vomer setapinnis* MITCH.

1877 *Argyreiosus setipinnis* PETERS, p. 247.

1914 *Selene setipinnis* EHRENBAUM, pp. 342-343, fig. p. 343.

1915 *Selene setipinnis* EHRENBAUM, pp. 63-64, fig. p. 63.

1919 *Vomer setapinnis* FOWLER, p. 262.

Comme *Selene goreensis* ce curieux Carangidé peut atteindre une cinquantaine de centimètres : tous les exemplaires recueillis au Cameroun sont des jeunes et je n'ai jamais observé de grand échantillon, pas plus d'ailleurs qu'en Mauritanie où je n'ai pas vu l'espèce dépasser 10 centimètres.

*Noms vulgaires :*

D : *njok' (njoké) a dibaso ; èngombéa* (EHRENBAUM).

Sb : *ékéké*, par confusion avec *Psettus Sebae.*

Bt : *ékokongé.*

*Chloroscombrus chrysurus* (LINNÉ)
(Fig. 24)

1877 *Micropteryx chrysurus* PETERS, p. 247.

1914 *Micropteryx chrysurus* EHRENBAUM, pp. 343-344.

1915 *Micropteryx chrysurus* EHRENBAUM, pp. 64-65.

Cette espèce, sans être nulle part abondante, existe partout ; elle ne dépasse pas en général 25 centimètres, mais VON EITZEN en a vu un exemplaire.

*Noms vulgaires :*

D : *pup' a lemba ;* EHRENBAUM assure que les Doualas n'ont pas de nom pour ce poisson; M. J. BRIAUD signale une autre appellation, probablement douala : *kokowidié.*

M : *ndèngépa, ngoñé.*

Bt : *tobo-tobo.*

Ya : *étobotobo.*

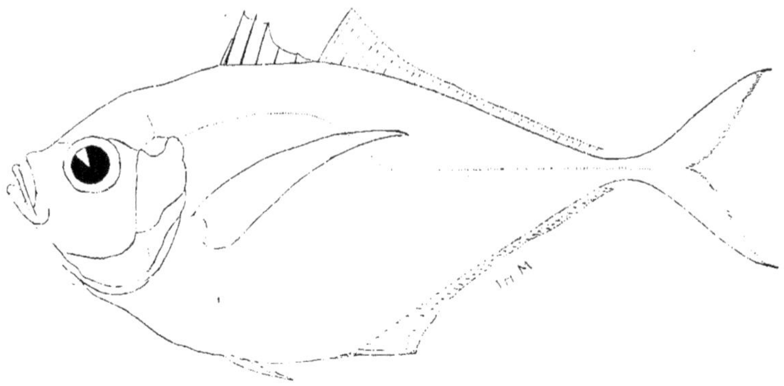

FIG. 24. — *Chloroscombrus chrysurus* (LINNÉ).

## *Lichia amia* LINNÉ
(Fig. 25)

1877 *Lichia amia* PETERS, p. 247.

Cette espèce est peu commune : j'en ai observé plusieurs exemplaires capturés à la senne de Souelaba. Régime ichthyophage (17. XI. 25 : poissons). Les échantillons du Cameroun sont tous petits : j'ai vu en Mauritanie un spécimen de 70 centimètres.

Coloration *ad vivum* (18 novembre 1925 : dos et partie supérieure des flancs bleu-argenté ; ventre et partie inférieure des flancs blanc-argenté, environ 7 courtes taches noirâtres irrégulières, plus ou moins allongées, transversales au-dessus de la ligne latérale ; dorsale à rayons blancs et à membranes intermédiaires noires sur toute leur surface dans la partie moyenne et postérieure de la nageoire, mais seulement sur leur moitié distale dans la partie antérieure, élevée ; caudale translucide à lobes ayant un liseré marginal au moins dans leur partie distale) et une extrémité d'un beau rose-orangé saumon ; anale à rayons saumonés, sauf à leur base, translucide comme les membranes intermédiaires ; un peu de gris à l'angle antérieur prolongé de l'anale ; ventrales saumonées ; pectorales incolores ; une zone vert-olivâtre sur la partie supérieure de l'œil. Chez les grands échantillons le ventre est largement teinté de jaune d'or brillant.

FIG. 25. — *Lichia amia* LINNÉ, tête.

### *Lichia glauca* LINNÉ

1877 *Lichia glauca* PETERS, p. 247.

1914 *Lichia glauca* EHRENBAUM, pp. 340-341.

1915 *Lichia glauca* EHRENBAUM, p. 61.

Contrairement à l'opinion de VON FITZEN, fondée surtout sur le rendement du chalut, je considère cette espèce comme extrêmement commune dans la baie où la senne en capture de jeunes spécimens en abondance : je ne l'ai jamais vu dépasser 10-15 centimètres. Elle fait partie, avec d'autres stades juvéniles *(Caranx, Ethmalosa, Pellonula, Mugil)*, du fretin que fournit la senne à maille fine, et qui constitue une délicieuse friture.

*Noms vulgaires :* je n'en ai pas pu relever un seul, les indigènes confondant les petites liches avec les jeunes carangues.

### *Trachynotus falcatus* LINNÉ
( = *ovatus* LINNÉ)
(Fig. 26)

1877 *Trachynotus ovatus* PETERS, p. 247.

1914 *Trachynotus ovatus* EHRENBAUM, pp. 338-339, fig. p. 339.

1915 *Trachynotus ovatus* EHRENBAUM, pp. 58-60, fig. p. 59.

Ce *Trachynotus* est très commun dans la baie, où je n'ai pas personnellement observé *Tr. goreensis* ; à Souelaba il est abondant et je l'ai retrouvé à Yabassi sur le Wouri, à 70 kilomètres de la mer et naturellement au milieu d'une faune purement dulcaquicole.

Von Eitzen a vu cette espèce atteindre 12 kilogs ; le même observateur signale la belle teinte jaune d'or des flancs de l'animal ; j'ai constaté moi-même à plusieurs reprises que cette coloration si vive se développe quand le poisson est retiré de l'eau et exposé à l'air et au soleil ; il semble qu'il y ait une sorte de « virage » de la peau du poisson qui d'argentée devient jaune d'or : c'est sans doute la lumière qui agit car si on place sur la peau du poisson un objet formant écran, la coloration restera argentée sous cet objet, alors que tout autour elle aura viré au jaune. Il y a là un phénomène curieux qui mériterait d'être vérifié et étudié de près.

Les Trachynotes sont carnassiers ; 25. XI. 25 : crabes et petits poissons ; sur le même spécimen, Copépode parasite : *Argulus trachynoti* Brian.

Le développement post-larvaire de ce Trachynote appelle quelques remarques. En effet Meek et Hildebrand (1925, pl. xxxiii) ont figuré, sous le nom de « Trachinotus falcatus (Linnaeus) from a specimen 48mm. in length », un *Trachynotus* qui appartient certainement à une autre espèce (1) que l'adulte auquel ils le rapportent. Ce stade jeune est très semblable aux individus que j'ai considérés comme des jeunes de *Tr. teraioides*, dont il présente les caractéristiques principales (proportions, etc.).

J'ai pu réunir une série d'exemplaires de *Tr. falcatus* s'échelonnant entre 34 et 125 millimètres. On le voit (fig. 26), les plus petits spécimens ont déjà une forme assez allongée, la hauteur du corps étant contenue 3 fois dans sa longueur. Il est donc absolument impossible que *Tr. falcatus* passe par un stade très haut (haut. : 1,3 dans la longueur du corps), l'exemplaire figuré par Meek et Hildebrand ayant 48 millimètres de long et le plus grand de mes spécimens hauts atteignant 42 millimètres de long, c'est-à-dire une taille très supérieure à celle du plus jeune de mes *Tr. falcatus*.

(1) Sur la conspécificité des *Tr. falcatus* ( = *ovatus*) americains et africains il n'y a aucun doute.

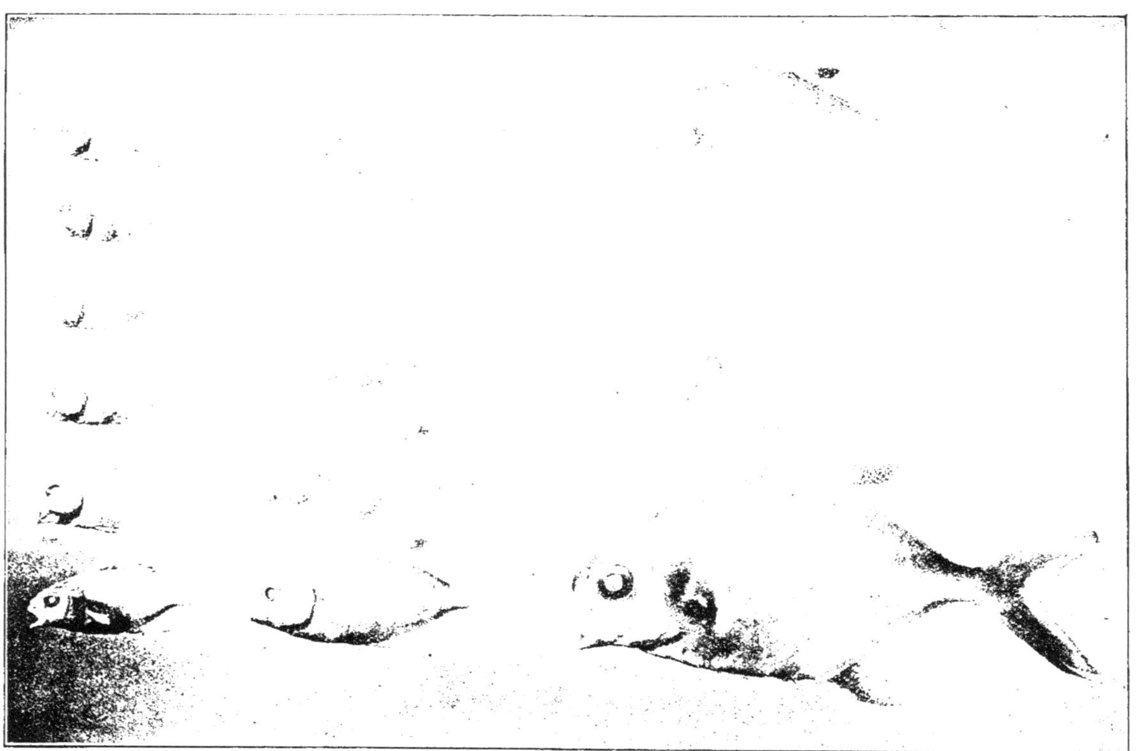

FIG. 26. — *Trachynotus falcatus* LINNÉ, série de 31 à 125 millimètres.

Les *Trachynotus* très hauts appartiennent à des espèces spéciales, bien plus hautes elles-mêmes à l'état adulte que *Tr. falcatus*.

*Noms vulgaires : vide infra.*

### *Trachynotus goreensis* Cuv. Val.

1877 *Trachynotus goreensis* Peters, p. 247.
1914 *Trachynotus goreensis* Ehrenbaum, pp. 339-340.
1915 *Trachynotus goreensis* Ehrenbaum, pp. 60-61.

L'espèce paraît moins commune que la précédente : j'ai recueilli à Grand Batanga deux spécimens de la variété *myrias* Cuv. Val. qu'avec Steindachner et Ehrenbaum je ne puis considérer comme représentant une espèce distincte.

*Noms vulgaires* (pour les deux *Trachynotus*) :

D, M, Sb, Bt : *ngopé*.
B : *ngopi*.
Ya : *ngwèpé*.

### ***Trachynotus teraioides* Guichenot
(Fig. 27)

1860 *Trachynotus teraioides* Guichenot *in* Duméril, pp. 246-247.
1870 *Trachynotus teraioides* Steindachner, pp. 710-711, pl. XII.

Je raporte à cette espèce rarement citée, soit parce qu'elle est réellement peu commune, soit parcequ'elle est confondue avec une des espèces banales, cinq jeunes spécimens extrêmement voisins, comme on l'a vu plus haut, d'un stade attribué par erreur par Meek et Hildebrand (1925, pl. XXXIII) à *Trachynotus falcatus*.

Voici les dimensions de mes spécimens :

1 : long. : 30 mm haut. : 16 mm (1,8).
2 : long. : 30 mm haut. : 17 mm (1,7).
3 : long. : 30 mm haut. : 19 mm (1,5).
4 : long. : 42 mm haut. : 24 mm (1,7).
5 : longueur totale : 45 mm.

hauteur : 29 millimètres (1,5 dans la long. tot., 1,2 dans la long. du corps).
longueur du corps : 36 millimètres.
longueur de la tête : 13 mm (2 dans la long. du corps).

longueur du museau : 4 mm (3,2 dans la tête).
longueur du maxillaire : 4 millimètres.
diamètre oculaire : 4 millimètres.

Nageoires : D : 7 21, A : 3 19, V : 1 5, P : 18, C : *circa* 26-28 ; branchiospines à la partie inférieure du premier arc : 14.

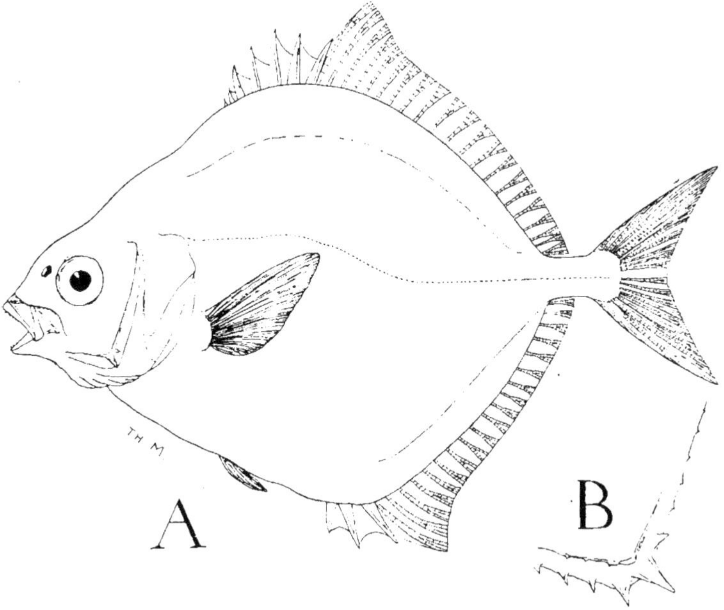


Fig. 27. — *Trachynotus teraioides* Guichenot. — A. Spécimen de 45 millimètres, + B. *id.*, spécimen de 30 millimètres, angle de l'opercule.

Ces spécimens juvéniles ne peuvent bien entendu appartenir ni à *Tr. falcatus* ni à *Tr. goreensis*, les deux espèces communes de la côte d'Afrique ; ils doivent très probablement être rapportés à *Tr. teraioides* Guich. dont le type (1) a été examiné et figuré par Steindachner (1870, pp. 710-711, pl. xii). L'exemplaire (type) décrit par cet auteur avait 188 millimètres de long ; c'est sans doute à la

(1) Je n'ai pas retrouvé le type dans les collections du Museum.

différence très considérable des tailles qu'il faut attribuer les différences de proportions, la hauteur de nos exemplaires étant comprise 1,5-1,8 dans la longueur totale, celle de *Tr. teraioides* adulte 2 fois.

Quant à la couleur voici notée *ad vivum* (20 novembre 1925) celle d'un jeune de quelques centimètres : dos vert-olivâtre foncé, s'éclaircissant sur les flancs où apparaissent quelques plages d'un vert-faune qui existent aussi sur le ventre ; le vert-olivâtre des flancs passe inférieurement au gris ; face inférieure de la tête entièrement grise ; poitrine maculée de brun et d'orangé ; région du corps voisine de l'anale noire, cette plage formant une sorte de triangle dont l'un des côtés est formé par le bord du corps (base de l'anale) le second par une lipre parallèle à la ligne latérale et inférieure à celle-ci, le troisième enfin par une ligne perpendiculaire à la ligne latérale ; œil brun cerclé de vermillion ; dorsale entièrement noire avec une série de points vermillons distaux, marginaux, sur la partie épineuse ; anale entièrement noué, avec 3 points vermillons, antérieurs correspondant aux 3 épines.

### Scombridæ

L'extrême pauvreté de la faune ichthyologique camérounienne en Scombridés est une de ses caractéristiques. La sténohalinité de

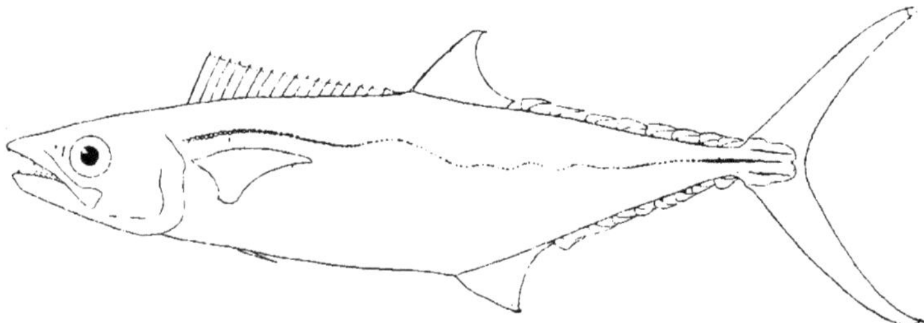

FIG. 28. — *Cybium tritor* CUV. VAL.

ces animaux ne leur permettant pas de s'aventurer dans le courant du Gabon et la baie de Douala ; le *Cybium tritor* constitue une remarquable exception puisqu'on le rencontre à la fois au cap Blanc et à

Souelaba, c'est-à-dire dans des eaux à salinité océanique normale et dans de l'eau saumâtre à peu près douce.

*Cybium tritor* CUV. VAL.
(Fig. 28)

1877 *Cybium tritor* PETERS, p. 247.

Dans la région de Douala cette espèce est extrêmement rare : j'ai recueilli à Souelaba deux spécimens jeunes (28 et 70 millimètres) et M. J. BRIAUD a vu un individu de 33 centimètres sur 5cm 5, le 19 janvier 1926. Le *Cybium* paraît plus commun sur la côte maritime.

*Noms vulgaires :*

D : *jèmbo, mutondo ma bwaba* (« le long *Caranx* »).

Bt, Ya : *jèmbi.*

** *Naucrates ductor* (BLOCH)

Espèce nouvelle pour le Cameroun. Je n'ai jamais observé l'adulte mais ai recueilli à l'embouchure de la rivière de Kribi un grand nom-

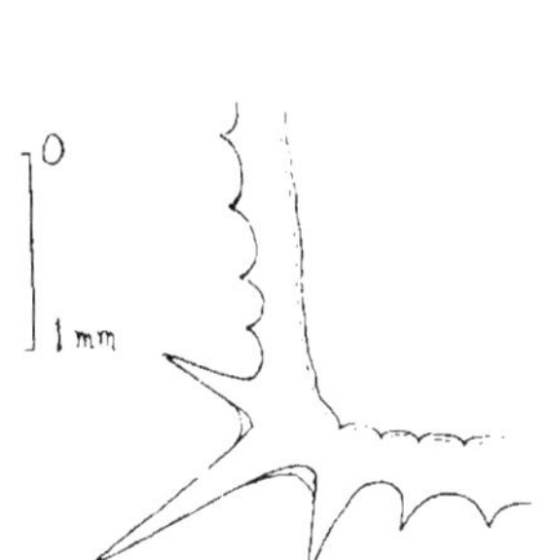


FIG. 29. — *Naucrates ductor* (BLOCH), juv. (*stade Nauclerus,*) angle operculaire d'un spécimen de 24 millimètres.

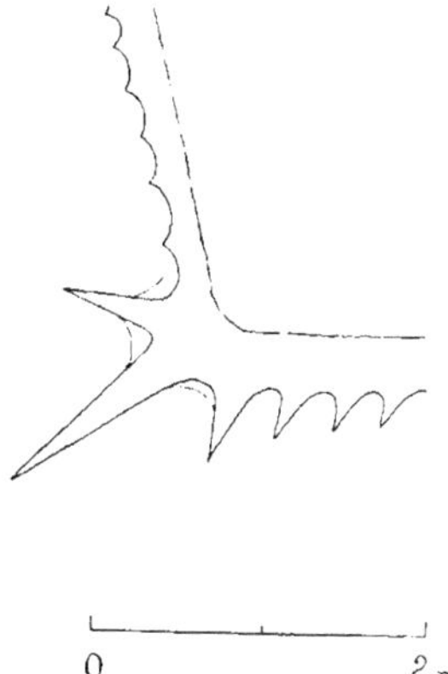


FIG. 30. — *id.* d'un spécimen de 15 millimètres.

bre de stades juvéniles (15-25 millimètres). On sait que cette espèce subit des transformations morphologiques considérables, c'est ainsi qu'il faut compter au nombre des synonymes de *Naucrates ductor* un certain nombre d'espèces ou mêmes de genres établis d'après des individus jeunes à carène latérale du pédoncule caudal non encore développée et à longues épines préoperculaires. Citons parmi ces synonymes le genre *Naucleras* Cuv. Val. et toutes ses espèces et la *Seriola quinqueradiata* de Lütken (Spolia atlantica, 1880, pl. IV, fig. 8-9). On trouvera d'excellentes figures de deux jeunes spécimens australiens de $22^{mm}$ 5 et 24 millimètres dans Allan R. Mc Culloch, Studies in Australian Fishes, n° 8, *Rec. Austral. Mus.*, XV 1926, n° 1, pl. I (*cf. ibid.* pp. 34-35).

### Trichiuridæ

*Trichiurus lepturus* Linné

1877 *Trichiurus lepturus* Peters, p. 246.

1915 *Trichiurus lepturus* Ehrenbaum, pp. 76-77.

Le poisson-sabre n'est pas rare ; c'est un animal vorace, muni d'une dentition redoutable ; l'estomac d'un échantillon recueilli le 23 novembre 1925 contenait des crevettes (*Palæmon hastatus* Auriv.) et un poisson de 90 millimètres (*Lichia glauca*).

*Nom vulgaire :*

D, Sb, M, B : *mbadi*.

### Psettodidæ

*Psettodes Belcheri* Bennett

1877 *Psettodes Bennetti* Peters, p. 249.

1913 *Psettodes erumei* Ehrenbaum, pp. 361-362, fig. p. 361.

1915 *Psettodes erumei* Ehrenbaum, pp. 14-16, fig. p. 15.

Cette sorte de « flétan » est un poisson de mer et ne se rencontre pas dans l'estuaire ; on le trouve par contre dans la région de Kribi.

*Noms vulgaires :*

D (*fide* Ehrenbaum) : *ébarmèn*.

Bota : *lébé*, nom qui désigne sans doute encore d'autres Hétérosomes.

### Bothidæ

***Citharichthys spilopterus* Günther

Il est curieux que cette petite espèce qui est l'Hétérosome le plus commun de la baie de Douala n'ait pas encore été signalé au Cameroun : il y a peu de coups de senne à Souelaba qui ne ramènent au moins un de ces poissons, toujours de très faible taille et qui ne dépassent pas 16 centimètres.

Coloration *(ad vivum*, 18. XI. 25) : face aveugle blanc-bleuâtre, laiteuse ; face oculée : teinte générale brun-chocolat clair avec des maculatures vert-olive et d'autres formées d'ilots contenant du brun-foncé et de l'orangé ; ligne latérale orange.

*Noms vulgaires* (ces appellations ne sont pas spécifiques et valent pour tous les petits Pleuronectes) :

D : *ébarima*.

Bt, Ma : *ékaï*.

Ya : *ikaï, ikaï (j) a weï*.

*Rhomboidichthys podas* DELAROCHE

1913 *Bothus podas* EHRENBAUM, pp. 362-363, fig. pp. 362, 363.

1915 *Bothus podas* EHRENBAUM, pp. 16-17, fig. pp. 16-17.

Je n'ai pas retrouvé cette espèce que VON EITZEN a capturée dans la mer et jusque dans l'embouchure du Wouri.

*Noms vulgaires* (en plus des noms généraux de petits Pleuronectes)

D (*fide* EHRENBAUM) : *ébadibadi, éobambéllé*.

### Soleidæ

*Synaptura lusitanica* CAP.

1877 *Synaptura punctatissima* PETERS, p. 249, fig. 2.

1913 *Synaptura punctatissima* EHRENBAUM, pp. 506-508, fig. p. 506.

1915 *Synaptura punctatissima* EHRENBAUM, pp. 10-12, fig. p. 11.

Cette « sole » n'est pas très rare dans la baie de Douala où on la capture de temps en temps à la senne.

Contenu stomacal (15. XI. 25) : *Sphagebranchus cephalopeltis* ; le même spécimen portait des copépodes branchiaux *(Ergasilus Monodi* BRIAN).

Coloration *ad vivum* (15. XI. 25) : face oculée : fond chocolat avec quelques nuages brun-foncé ; face aveugle entièrement blanche avec quelques traces de rose-violacé, surtout le long de la base des nageoires et dans la région caudale ; pectorale noire à rayons clairs ; membrane interradiaire des nageoires impaires jaunâtre à la base et d'un blanc pur à la partie distale, avec au bord caudal de chaque rayon (*i. e.* au bord rostral de l'espace interradiaire) une ou deux taches brunes allongées, ne parvenant pas jusqu'au bord externe de la nageoire, par conséquent ourlé de blanc.

*Nom vulgaire :*

D : *ñomo ma dalé* (mieux que *ñomo madalé*), la « sole (Cynoglosse) de cailloux ».

### Apionichthyidæ

****Monodichthys proboscideus* CHABANAUD**

1926 *Monodichthys proboscideus* CHABANAUD, pp. 54-58.

Espèce nouvelle pour la faune du Cameroun ; le premier échantillon connu fut rapporté par moi-même du Cap Blanc (Mauritanie) (cf. CHABANAUD, *Bull. Mus.* 1925, p. 356 et CHABANAUD et MONOD, Les poissons de Port-Étienne, *Bull. Com. Et. hist. Scient. A. O. F.*, 1925, pp. 282-284, fig. 31-32). Le spécimen camérounien, le deuxième de l'espèce, fut recueilli par moi au chalut dans la baie Malimba, fosse de Kwele-Kwele, le 8 décembre 1925.

Coloration *ad vivum :* face aveugle : entièrement blanche, l'ovaire apparaissant par transparence sous l'aspect d'un cordon orangé ; face oculée : fond jaune-verdâtre mélangé de gris, la coloration n'étant pas uniforme car chaque écaille est elle-même jaune-vert pâle avec un liseré foncé, gris ; taches de deux catégories : 1° taches irrégulières réparties sur toute la face oculée, blanc-vert très clair avec une bordure grise ; 2° taches arrondies brun-chamois à bordure sépia ne formant pas un liséré continu autour de la tache mais composée elle-même de taches minuscules juxtaposées et empiétant par place sur le centre brun ; ces taches chamois comprennent deux séries l'une supérieure, l'autre inférieure, la supérieure comptant 4 unités distinctes plus une cinquième plus nette au niveau de la fente branchiale, et une sixième plus petite et encore moins marquée au niveau de l'œil antérieur ; la série inférieure comprend 4 taches distinctes pas tout à fait symétriques par rapport aux 4 supérieures principales qui sont légèrement plus avancées, la ligne hypothétique réunissant deux par deux les taches n'étant pas perpendiculaire sur l'axe longitudinal du corps mais un peu oblique d'avant en arrière et de haut en bas ; on distingue en outre, sur la ligne médiane, quelques indications très peu marquées de maculatures brunes : nageoire dorsale caractérisée par une alternance de zones noires séparées par des groupes, d'étendue variable, de zones jaune-pale et mauve (1) : dans la région céphalique alternance de courtes zones jaunes séparées par de plus longues mauve-pâle ; rayons de la caudale annelés de jaune et de mauve pâle ; œil à iris gris orné d'un liséré interne orange vif.

## Cynoglossidæ

### *Cynoglossus senegalensis* Kaup

1877 *Cynoglosus senegalensis* Peters, p. 249.
1913 *Cynoglossus senegalensis* Ehrenbaum, pp. 359-360.
1915 *Cynoglossus senegalensis* Ehrenbaum, pp. 12-14.

Cette espèce atteint une forte taille : von Eitzen a rapporté un exemplaire de 63 centimètres. Cette forme est assez commune, mais il m'est impossible de préciser ce point, n'ayant pas distingué sur le terrain les deux espèces de Cynoglosses.

*Noms vulgaires : vide infra.*

### *Cynoglossus goreensis* Steindachner

1913 *Cynoglossus goreensis* Ehrenbaum, p. 360, fig. p. 360.
1915 *Cynoglossus goreensis* Ehrenbaum, pp. 12-14, fig. p. 13.

Les deux exemplaires de *Cynoglossus* rapportés par moi appartiennent à cette espèce, qui peut également atteindre une taille considérable.

Contenu stomacal (15. XI. 52) : Lamellibranches; cet exemplaire portait des Copépodes parasites branchiaux (*Ergasilus Monodi* Briani).

*Noms vulgaires* (pour les deux *Cynoglossus*) :

D. Sb : *ñomo.*
B : *ñomi*
M, Bt : *ékaï a lomo.*
Bt : *lomo.*
Ya : *ikaï jahabé, lémo.*

(1) Une même zone est d'ailleurs rarement unicolore.

### Gobiidæ

*Eleotris vittata* DUMÉRIL

1895 *Eleotris Büttikoferi* LÖNNBERG, pp. 180-181.
1903 *Eleotris Büttikoferi* LÖNNBERG, p. 39.
1913 *Eleotris gyrinus* PIETSCHMANN, pp. 182-183.
1915 *Eleotris Büttikoferi* EHRENBAUM, p. 81.

Cette espèce est banale tout le long du littoral ; mes échantillons proviennent de la baie de Douala, du ruisseau d'eau douce de Dikullu (rivière Bimbia), de la plage de Grand-Batanga, du ruisseau littoral de Mboundi, entre Grand-Batanga et Campo.

*Noms vulgaires :* (les indigènes confondent volontiers les genres *Gobius*, *Eleotris*, *Batrachus*, et même *Ophiocephalus*).

D : *ndoti*.
B, Bt, Ya : *étoto*.
Bt : *mulima mutoto*.
Ya : *mulima*.
Ma : *toré*.

**Eleotris africana* STEINDACHNER

1895 *Eleotris camerunensis* LÖNNBERG, p. 195.

LÖNNBERG a eu entre les mains quelques exemplaires de cette espèce : sur l'identité d'*Eleotris camerunensis* et d'*E. africana* aucun doute ne peut subsister, la courte description de LÖNNBERG étant suffisamment démonstrative à cet égard.

***Gobius Schlegeli* GÜNTHER

Espèce nouvelle pour le Cameroun. Deux spécimens, baie Malimba.

***Gobius soporator* CUV. VAL.

Espèce nouvelle pour le Cameroun : c'est le *Gobius* banal de la baie de Douala : Souelaba, Nko, Tiko, etc. Taille maxima observée : 105 mm.

*Noms vulgaires :*

D : *ndoti*.

PETERS (1877, p. 247) signale du Cameroun un *Gobius humeralis*

(A. DUMÉRIL, 1860, p. 248, pl. XXI, figs. 2-2*a*). Comme PETERS ne signale pas *G. soporator*, l'espèce banale du littoral camérounien, et que la description de *G. humeralis* s'applique parfaitement à *G. soporator* je suis d'avis qu'il faut considérer ces espèces comme synonymes ; fait curieux, ni BOULENGER (1909-1916), ni METZELAAR (1919) n'ont exprimé d'opinion sur ce point ni même cité l'espèce de DUMÉRIL.

### **Gobius guineensis* PETERS

1877 *Gobius æneofuscus* var. *guineensis* PETERS, p. 248.

Forme rare, que je n'ai pas revue.

### ***Gobius (Oxyurichthys) occidentalis* BOULENGER

Espèce nouvelle pour le Cameroun ; j'en ai recueilli deux spécimens capturés à Kombwo Mianjo, baie de Douala, le 16 décembre 1925, dans une senne à crevettes.

*Nom vulgaire :*

D : *mbongo*.

### *Sicydium brevifile* OGILVIE-GRANT
(Figs. 31-33)

1883 *Gobius Bustamentéi (pro parte)*, R. GREEFF, pp. 37-40 Ges.

1884 *Sicydium Bustamentéi* R. GREEFF, p. 50.

1884 *Sicydium brevifile* OGILVIE-GRANT, p. 158, pl. XII, fig. 1.

1913 *Sicydium brevifile* PIETSCHMANN, pp. 183-184.

1916 *Lentipes Bustamentæi* BOULENGER, p. 46.

J'ai retrouvé en grande abondance cette curieuse forme à l'embouchure de la rivière de Kribi.

Le plus grand de mes exemplaires présente les dimensions suivantes :

Longueur totale : 34 millimètres.

Longueur du corps : 28 millimètres.

Longueur de la tête : 6 millimètres ; $5^{mm}6$ dans le corps.

Hauteur du corps : 5 millimètres ; $6^{mm}8$ dans le corps.

Longueur du museau : 2 millimètres

Diamètre de l'œil : $1^{mm}5$.

Espace interorbitaire : 1mm 5.
Diamètre du disque ventral : 5 millimètres.
Longueur des pectorales : 6 millimètres.
Espace entre les deux dorsales : 2mm 5.
Nageoires : D : 6, 1/10 ; A : 1/10 ; P : 17 ; C : *circa* 26

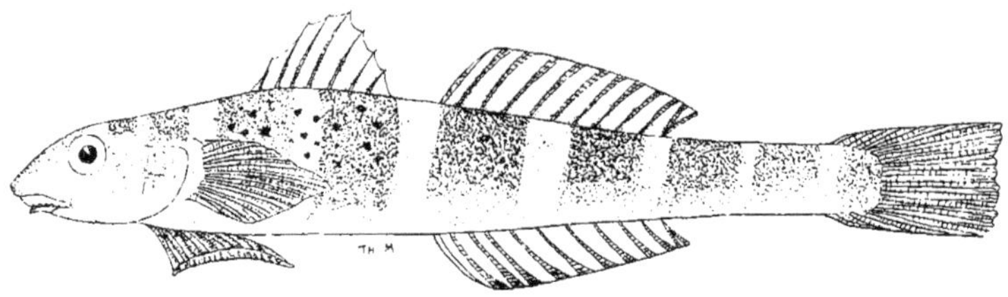

FIG. 31. — *Sicydium brevifile* OG.-GR., spécimen de 24 millimètres, X.

L'animal est nu, sans écailles : tout au plus observe-t-on, sur les flancs de la partie postérieure du corps quelques rudiments d'écailles non isolées de la peau ; ces écailles imparfaites sont cténoïdes

La bouche présente des caractères très curieux. Le museau est fortement proéminent, la fente buccale légèrement oblique et infère. La lèvre supérieure est constituée 1° par un volumineux bourrelet à bord festonné par la juxtaposition le long du bord inférieur libre du bourrelet d'une série de protubérances ; 2° par une lame mince interposée entre le bourrelet externe et la rangée de dents maxillaires ; ces dents forment une rangée homogène les deux séries latérales laissant sur la ligne médiane à leur point de contact un petit hiatus triangulaire : la mâchoire supérieure apparaît donc — une fois soulevée la double lèvre — comme légèrement échancrée. Chaque dent est considérablement recourbée d'avant en arrière et son apex, chitinisé, est tridenté, la denticule médian, très légèrement plus développé que les deux latéraux : il existe une suture très nette à peu près au niveau où se termine le canal intra-dentaire. La rangée des dents maxillaires s'appuie en arrière sur un voile qui la double sur toute son étendue. Je n'ai pas pu trouver la moindre trace de dents au palais. La mâchoire inférieure ne compte que 4 vraies dents disposées en deux paires placées de part et d'autre de la ligne médiane dans la région symphysaire : ces dents sont assez robustes, coniques et un peu recourbées d'avant en arrière. La lèvre inférieure semble composée de deux feuillets entre lesquels s'insère une rangée de

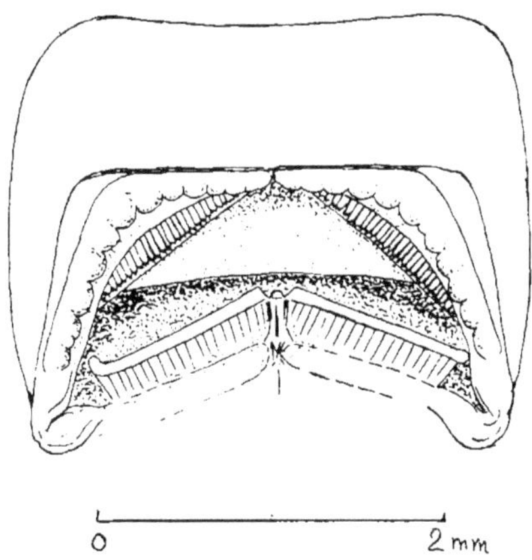


FIG. 32. — *Sicydium brevifile* OG.-GR., juv.
Bouche vue de face

très fines dents labiales ; ces dents ne sont pas visibles sans dilacération de la lèvre dont le bord libre, assez raide, presque tranchant est inerme : les deux parties latérales, rectilignes de cette lèvre laissent sur la ligne médiane une échancrure triangulaire. En disséquant cette lèvre on met à jour une rangée de dents serrées, rectilignes, grêles, d'une extrême finesse, n'atteignant pas 0 mm 3 de long, et terminées par un mucron médian mousse flanqué de deux saillies moins nettes, l'ensemble paraissant grossièrement trilobé.

Il y a 24 vertèbres entières, complètes, et deux incomplètes (1 occipitale, 1 caudale), au total 26 vertèbres.

Les exemplaires jeunes (jusqu'à 25-30 millimètres) sont unicolores, blanchâtres : des bandes verticales sombres apparaissent ensuite.

C'est grâce aux observations faites par mon collègue M. PAUL

CHABANAUD que la conspécificité de *Lentipes Bustamentéi* et de *Sicydium brevifile* a été prouvée : M. CHABANAUD a pu examiner simultanément le type de *Sycidium brevifile* OG. GR., ceux de *Lentipes Bustamentéi* (R. GREFF) BLGR., enfin mes exemplaires camérou-

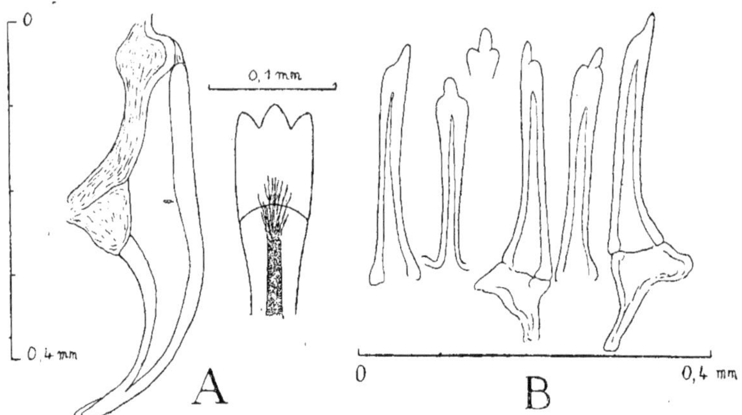


FIG. 33. — *Sicydium brevifile* og = gr., juv. A. dents de la mâchoire supérieure. — B. dents de la mâchoire inférieure.

niens. Il faut noter ici deux faits intéressants établis par M. CHABANAUD : d'abord la progression caudo-rostrale de la pholidose, les écailles apparaissant d'abord dans la région postérieure pour gagner peu à peu tout le corps en progressant d'arrière en avant, et ensuite la migration du 5e rayon de la première dorsale d'abord très éloigné du 4e puis s'en rapprochant peu à peu à mesure que l'animal grandit.

Cette forme n'est pas sans importance économique sur la côte maritime car les jeunes non encore pigmentés sont capturés par très grandes quantités, avec d'autres stades juvéniles, et sont très employés dans l'alimentation indigène.

J'ai rapporté plus de 230 spécimens de cette espèce.

*Noms vulgaires :*

Bt : *diabobé* (juv.).

Bt : *étoto.*

Ya : *ñabobé.*

### **Gobioides Ansorgei* Boulenger

1915 « *Amblyopus*-ähnliche Gobiidengattung nov. gen., nov. spec. », Ehrenbaum, p. 82.

Ni le genre ni l'espèce n'étaient nouveaux et la description d'Ehrenbaum montre qu'il s'agit sans aucun doute de *Gobioides Ansorgei*, forme répandue sur toute la côte occidentale de l'Afrique tropicale et équatoriale.

Von Eitzen rapporte que l'animal se nommerait en douala *mukongo-béta* : je n'ai jamais trouvé d'indigène connaissant cette appellation.

### *Periophthalmus Koelreuteri* (Pallas) var. *papilio* Bl. Schn.

1877 *Periophthalmus papilio* Peters, p. 248.
1895 *Periophthalmus Koelreuteri papilio* Lönnberg, pp. 179-180.
1913 *Periophthalmus Koelreuteri* Pietschmann, pp. 181-182.
1915 *Periophthalmus Koelreuteri* Ehrenbaum, pp. 81-82.
1919 *Periophthalmus barbarus* Fowler, p. 264.

Extraordinairement commun dans la mangrove dont il représente un élément faunistique caractéristique le Périophthalme habite les banquettes de vase à *Rhizophora*, en compagnie des *Uca tangeri* Eydoux et des *Upogebia furcata* (Aurivillius) ; je n'insiste pas sur son comportement hors de l'eau, trop souvent décrit déjà ; dans l'eau ce poisson nage avec ses gros yeux à la surface ; pourchassé il file sur l'eau, qu'il semble à peine toucher, avec la rapidité d'une flèche.

*Noms vulgaires :*

D : *mbuku.*

M : *muhongo.*

B, Sb : *musongo.*

Bt : *mihungi, méhungé.*

Ya : *muhungé.*

### Echeneididæ

*Echeneis naucrates* LINNÉ

1877 *Echeneis naucrates* PETERS, p. 247.

Ce poisson est rare dans la baie, où je n'en ai noté personnellement que deux exemplaires, à Souelaba, le 22 novembre et le 10 décembre 1925 ; c'est sans doute une espèce marine.

*Noms vulgaires :*

D, M, B, Bt : *mbèm* ; on peut dire *mbèm a tubé*, « *mbèm* de mer » quand on veut spécifier qu'il s'agit bien de l'*Echeneis* et non de l'autre *mbèm*, dulcaquicole, *Notopterus afer*.

### Bleniidæ

**Clinus nuchipinnis* QUOY et GAINARD

1877 *Clinus nuchipinnis* PETERS, p. 248.

Espèce rare, que je n'ai pas revue.

***Blennius cristatus* LINNÉ

(= *Bl. nuchifilis* CUV. VAL.)

Espèce nouvelle pour le Cameroun.

1 spécimen à Dikullu (rivière Bimbia).

2 spécimens à Kribi, à marée basse.

***Blennius Langi* FOWLER

Je rapporte à cette espèce récemment décrite (FOWLER, 1923, pp. 5-6) 2 spécimens de Souelaba, 1 de la baie Malimba et 1 du Cap Cameroun (16. XI. 1925). Forme nouvelle pour le Cameroun.

C'est par erreur que METZELAAR (1919, p. 289) a signalé la présence au Cameroun, d'après PIETSCHMANN de *Blennius galerita* L. (*Montagui* FLEM.) et de *B. sanguinolentus* PALL., ces poissons figurant bien dans le travail de PIETSCHMANN (1913, pp. 187-188), mais sous le titre « Fische von den Kanarischen Inseln » (p. 187).

### Cerdalidæ

Cette famille est nouvelle non seulement pour le Cameroun mais pour l'Afrique. L'espèce que j'ai découverte dans la baie Malimba a été décrite par M. PAUL CHABANAUD qui a bien voulu m'autoriser à reproduire ici la description qu'il a donnée de l'espèce, étant bien entendu que ces pages devront être citées : CHABANAUD *in* MONOD. Je prie mon excellent collègue et ami PAUL CHABANAUD de trouver ici l'assurance de ma vive reconnaissance pour sa précieuse collaboration.

### ***Leptocerdale æthiopicum* CHABANAUD

1927 *Leptocerdale æthiopicum* CHABANAUD, pp. 230-234

Type unique. — Cameroun : baie Malimba, île de Kwele-Kwele, dans la baie de Douala. TH. MONOD *legit*. Longueur totale : 51 millimètres.

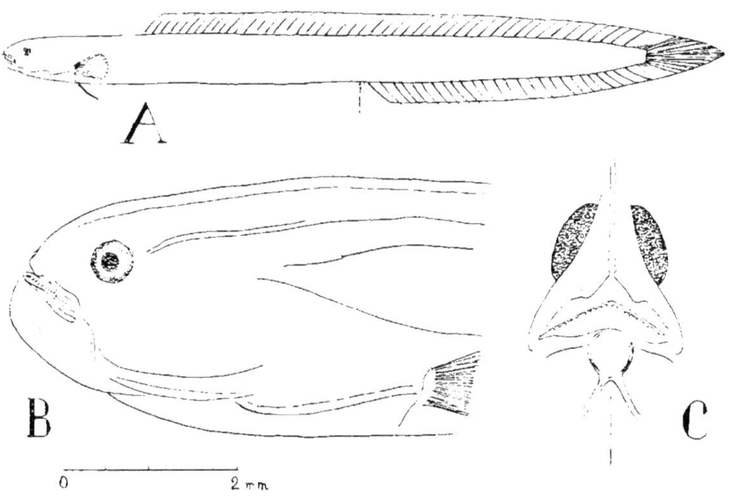


FIG. 34. — *Leptocerdale æthiopicum* CHABANAUD. — A. Type, en vue latérale. — B, tête, coté gauche. — C. bouche vue de face.

D. 47. — A. 26. — C. 5 (6 ?) ; 15 ; 5 (6 ?). — Pectorale 12. — Pelvienne 4. - - Rayons branchiostèges 4 (5 ?).

P. 100 de la longueur sans la caudale : hauteur 6,4 ; longueur de la tête 10 ; distance prédorsale (1) 21 ; distance préanale (2) 54.

P. 100 de la longueur de la tête : espace préoculaire (3) 25 ; œil 12 ; espace interorbitaire 8 ; longueur de la pectorale 50 ; longueur d'une pelvienne 46 ; longueur de la caudale 100. — P. 100 du diamètre de l'œil : distance comprise entre la protubérance symphysiale mandibulaire et l'œil 208. — P. 100 de la hauteur du corps : épaisseur (immédiatement en arrière des pectorales) 83 ; hauteur de la base de la caudale 41.

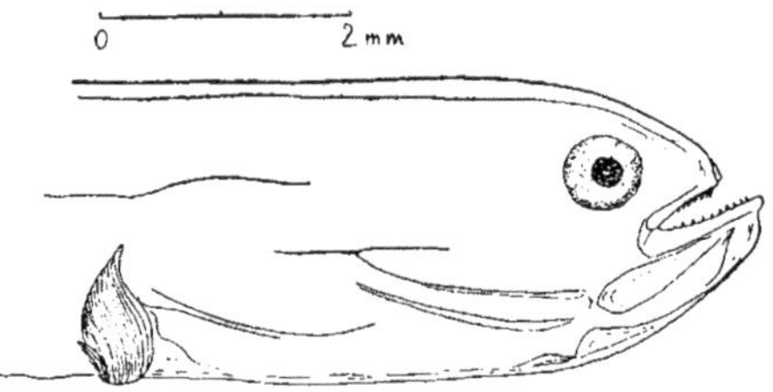


Fig. 35. — *Leptocerdale æthiopicum* Chabanaud. Tête, côté droit.

Anguiforme. Tête plus longue que haute, comprimée sur toute sa région fronto-occipitale, à partir et au-dessus du niveau des yeux ; dilatée au-dessous de ce niveau et d'avantage dans la région operculaire ; les faces latérales très obliques. Profil vertical antérieur brièvement arrondi. Profil horizontal antérieur obtus. Museau (région naso-labiale) à peine plus long que le diamètre de l'œil ; un pli dermal formant, à partir de son extrémité, une carène obtuse, prolongée entre les yeux. Bord antérieur de la mâchoire supérieure émarginé, coupé verticalement au fond de cette émargination, qui est limitée, à droite et à gauche, par un petit lobe saillant. Devant chaque œil, un pli dermal en forme de carène oblique et très obtuse. Narines percées très près de l'œil et presque au niveau de son bord supérieur.

(1) Soit la distance comprise entre l'extrémité antérieure de la tête (dans le cas présent, le sommet de la mandibule) et la base de premier rayon de la dorsale.

(2) Soit la distance comprise entre l'extrémité antérieure de la tête et l'orifice anal.

(3) Soit la distance comprise entre l'extrémité distale de la mandibule et le bord antérieur de l'œil

Œil assez petit, distinct, par transparence, sous la peau, et situé beaucoup plus près du sommet de la tête que de la face ventrale de celle-ci. Région préorbitaire (1), plus étroite que le diamètre de l'œil. Fente buccale oblique, sinueuse. Mandibule très épaisse, fortement proéminente, sinuée de chaque côté de la symphyse, qui forme une saillie obtuse ; chacune de ces deux sinuosités recevant le lobe latéral correspondant de la mâchoire supérieure. Commissure buccale située, un peu en avant de l'aplomb du bord antérieur de l'œil. Lèvre inférieure épaisse. Région infra-mandibulaire portant deux plis dermaux, en forme de carènes obtuses, partant de la symphyse et divergeant postérieurement. Membrane intermandibulaire (entre la symphyse et l'isthme) formant un pli médian, longitudinal, court.

A chaque mâchoire, une rangée de dents modérément longues et fortes, légèrement recourbées vers l'arrière et diminuant graduellement de longueur d'avant en arrière. Les dents antérieures de la mandibule demeurant à l'extérieur de la bouche, quand celle-ci est fermée.

Opercule long et peu élevé ; son extrémité distale entièrement soudée au cleithrum, contre la base des 3 rayons supérieurs de la pectorale. La fente operculaire s'ouvre au-dessous de l'opercule et forme un angle d'environ 45° avec l'axe du corps ; de longueur sensiblement égale à la hauteur de la base de la pectorale, cette fente est limitée dorsalement par la soudure de l'opercule au cleithrum, antérieurement par la membrane branchiostège et, ventralement, par la soudure de cette membrane à l'isthme. Par suite de son obliquité, cette fente, dont la limite dorsale se trouve au niveau de la base du 3e rayon de la pectorale, ne se prolonge pas au-dessous du niveau de l'articulation du rayon inférieur de cette nageoire. Rayons branchiostèges (tous ?) placés au-dessous du volet operculaire et visibles, par transparence, à travers la membrane. Isthme creusé, antérieurement, d'un court sillon longitudinal, obsolète.

Corps subcylindrique au niveau des pectorales, où sa hauteur est la même que celle de la région céphalique, de plus en plus comprimé,

(1) Soit la plus courte distance entre l'œil et la mâchoire supérieure.

à partir de ce point, jusqu'à la base de la caudale ; sa hauteur diminuant graduellement, mais très légèrement, d'avant en arrière, à

Pas de ligne latérale. Tête, à l'exception des opercules, dénudée ; la peau finement chagrinée. Écailles petites, de forme discoïdale et à bord distal paraissant lisse ; ce bord postérieur non ou très peu saillant hors de la peau. Rares sur les opercules, ces écailles sont plus nombreuses sur le corps et plus serrées sur la région caudale, toutefois sans jamais entrer en contact les unes avec les autres.

Dorsale modérément haute ; la longueur de ses rayons antérieurs subégale à la moitié de la hauteur du corps, progressivement plus élevée vers l'arrière et corrélativement à la diminution de la hauteur du corps, de telle sorte que le bord libre de la nageoire demeure parallèle à l'axe du corps. La membrane non émarginée entre les rayons. Tous les rayons flexibles ; les 3 ou 4 premiers simples ; les suivants articulés et bifides. A son extrémité postérieure, la dorsale est largement unie, par sa membrane, à la caudale.

Anale symétrique à la dorsale et reliée, comme elle, à la caudale ; son premier rayon (simple ?) inséré immédiatement en arrière de l'anus et très peu plus court que les suivants, tous articulés et bifides. Caudale terminée en pointe aiguë, composée de 15 rayons principaux, articulés et bifides, accompagnés de 5 (ou 6 ?) rayons secondaires épaxiaux, simples et courts, ainsi que d'un même nombre de rayons secondaires hypaxiaux, identiques aux précédents ; le sommet d'aucun de ces rayons secondaires n'atteint le bord libre de la membrane de connexion dorso-caudale, non plus que la membrane ano-caudale. Pelviennes insérées exactement au-dessous de l'insertion de la pectorale, très étroites ; leur rayon interne le plus long, les autres d'autant plus courts qu'ils sont moins voisins du rayon interne.

Coloration en alcool. – D'un gris jaunâtre clair, parsemé de petites macules punctiformes brunes, qui se groupent de manière à former sur la tête et sur le corps, une série de 50 ou 60 bandes verticales, à contour assez net, mais peu régulier et un peu plus larges que les intervalles de teinte claire qui les séparent les unes des autres. Ces bandes sont disposées de la façon suivante : deux sur la région buccale ; une passant par l'œil ; deux sur l'opercule, dont l'antérieure est très élargie ; les suivantes en forme de chevrons dont l'angle saillant est placé sur l'axe du corps et dirigé vers la tête. Sur la région dorsale, ces bandes verticales sont séparées d'une série de taches, confluentes entre elles et formant, le long de la base de la dorsale, une bande longitudinale festonnée. Toute cette ornementation devient plus claire et s'efface sur l'extrémité postérieure du corps. Le bord libre d'un grand nombre d'écailles finement marqué de noir. Région abdominale blanchâtre.

Habitat. — « Dans la vase dure à *Sphagebranchus cephalopeltis* BLKR, *Upogebia furcata* (AURIV.). *Eupanopeus africanus* A. M.-EDW. ; niveau inférieur à la vase à *Uca tangeri* EYDOUX. 9 décembre 1924. Densité de l'eau : 1002-1004. » C'est en ces termes que le Dr MONOD a noté la capture de cette nouvelle espèce.

La famille des Cerdalidæ ne comprenait, jusqu'ici, que quatre espèces, réparties en trois genres : *Cerdale ionthas* JORD. et GILB., *Microdesmus dipus* GNTHR ; *Microdesmus retropinnis* JORD. et GILB. et *Leptocerdale longipinnis* WEYM.

Les trois espèces premières, dont chacune n'est connue que par un nombre très restreint d'exemplaires, ont été décrites de la côte W. du continent américain. *Leptocerdale longipinnis* WEYM. a été décrit (1) en 1911, sur 11 exemplaires, capturés la nuit, à la lumière dans le delta du Mississipi.

*Leptocerdale æthiopicum* est donc la première espèce de cette famille rencontrée en dehors du Nouveau-Monde ; il diffère de *Leptocerdale longipinnis* WEYM. par sa forme beaucoup moins allongée (la hauteur du corps étant comprise 15,5 fois, au lieu de 24 à 35,5 fois dans la longueur sans la caudale) et par le nombre plus réduit des rayons de sa dorsale (47 au lieu de 68), de son anale (26 au lieu de 42) et de sa pectorale (12 au lieu de 14). Le premier rayon de son anale paraît plus long, tandis que le dernier rayon de la dorsale et le dernier de l'anale sont moins rapprochés de la caudale ; d'où il résulte un plus grand développement de la membrane de connection de l'une et l'autre de ces deux nageoires avec la caudale. La forme

(1) WEYMOUTH (Frank Walter) : Notes on a Collection of Fishes from Cameron, Lousiana (*Proc. U. S. Nat. Mus.*, 38, 1911, p. 142, fig. 1 et 2).

de la caudale, elle-même, est légèrement différente : plus longue et plus aiguë, dans l'espèce du Cameroun que chez *L. longipinnis*.

Ces différences étant les seules qu'il m'ait été possible de relever entre ces deux espèces, aucune ne m'a paru assez importante pour justifier la création, au profit de *L. æthiopicum*, d'une coupe générique spéciale.

Chez tous les Cerdalidés connus à l'heure actuelle, le système de coloration est identique et consiste en un semis de petites macules ou de points bruns ou roussâtres, uniformément répartis sur la presque totalité de la surface du corps *(Leptocerdale longipinnis)* ou groupés de manière à former des taches et des bandes ; la région ventrale étant immaculée, ainsi que toutes les nageoires, dont la membrane est hyaline.

Selon toute vraisemblance, la grande rareté des quelques espèces qui composent cette famille est due principalement à leurs mœurs particulières. *Leptocerdale longipinnis* a été capturé la nuit, à la lumière ; *L. æthiopicum* demeure enfermé, durant le jour, au fond des terriers creusés dans la vase et dont il ne sort très probablement, lui aussi, que la nuit. Il se pourrait encore que les eaux saumâtres du voisinage des estuaires constituent l'habitat exclusif de ces deux espèces, sinon de toutes les autres.

Au sujet de la densité de l'eau *à l'entrée* de la baie Malimba, le Dr Monod me donne les précisions suivantes ; cette densité passe de 1001.5-1002.0, en novembre, à 1013.0 en fin février et mars, mais ne doit guère dépasser ce chiffre entre ce mois et le début des pluies ; l'île de Kwele-Kwele est donc baignée toute l'année par de l'eau à peu près douce ou, tout au moins, très faiblement saumâtre et n'atteignant, au plus, que la moitié de la salinité d'une eau océanique normale.

On ne saurait trop louer la précision des méthodes scientifiques grâce auxquelles le Dr Monod, à qui la Science est déjà redevable de nombre de découvertes précieuses, a su réaliser des observations de nature à projeter quelque clarté sur la biologie de ces curieux animaux. »

## Batrachidæ

*Batrachus liberiensis* Steindachner
(= *B. beninensis* Regan)

1915 *Batrachus pacifici* Ehrenbaum, p. 80.

Ehrenbaum qui a eu entre les mains la même espèce que moi la nomme *B. pacifici* Günther parce que Günther a admis lui-même (*Zool. Record for* 1867, p. 161) l'identité de *B. pacifici* et de *B. liberiensis* et que par conséquent l'espèce doit porter le premier de ces noms qui a la priorité.

Mon collègue le Dr J. R. Norman du British Museum a bien voulu comparer un exemplaire camérounien avec *B. pacifici* et me faire savoir que les spécimens bien que très semblables diffèrent cependant par la taille des écailles et la dentition, il y a donc lieu de réserver le nom de *B. pacifici* à la forme américaine et de reprendre le nom de *liberiensis ;* le Dr J. R. Norman a également eu l'obligeance de comparer mon spécimen au type de *B. beninensis* Regan avec lequel il est conspécifique : *B. beninensis* Regan n'est donc qu'un synonyme de *B. liberiensis* Steindachner.

Les *Batrachus* sont peu communs, j'en ai vu à plusieurs reprises à Souelaba. Contenu stomacal d'un individu pris le 23. XI. 25 : crabes.

*Noms vulgaires :*

D : *ndoti.*

M : *ènuè.*

Ma : *toro.*

Bl : *èloto.*

## Antennariidæ

***Antennarius pardalis* Cuv. Val.

Espèce nouvelle pour le Cameroun ; je n'en ai vu qu'un exemplaire à Souelaba, le 2 mars 1926.

*Nom vulgaire :*

M : *èkoko:*

### Balistidæ

**Balistes capriscus* GMELIN

1877 *Baleites capriscus* PETERS, p. 251.

Je n'ai pas revu cette forme.

*Balistes forcipatus* GMELIN

1877 *Balistes forcipatus* PETERS, p. 251.

1915 *Balistes forcipatus* EHRENBAUM, pp. 79-80.

Poisson marin qui ne pénètre pas dans la baie mais n'est pas rare dans la région batanga, à Kribi, etc.

J'ai décrit déjà la coloration *ad vivum* d'un exemplaire mauritanien (CHABANAUD et MONOD, 1926, p. 287) ; voici celle d'un spécimen de Kribi (27 décembre 1925) :

Dos marbré de taches circulaires noires entourées d'auréoles jaunâtres et séparées par des zones bleutées, sauf dans la région moyenne des flancs où on observe simplement des taches sombres sur fond jaune ; larges plages orangées au bord operculaire, dans la région des ossifications post-operculaires, la plus grande, ovale-allongée, commençant à l'insertion de la pectorale et montant en arrière un peu obliquement ; tête à fond gris-verdâtre marqué de vermiculations bleu-azur formant des lignes ou des points, lignes transversales se perdant dans la face ventrale blanchâtre ; pectorale à base tachetée de noir suivie d'une zone jaune-orange, la partie distale de la nageoire étant translucide ; anale et dorsale entièrement tachetées, les taches de la région postérieure ocellées (à centre noir et anneau gris) ; caudale tachetée dans sa partie distale ; une forte plage très noire au bord supérieur du pédoncule caudal.

*Noms vulgaires :*

Bt : *dihoba.*

Ya : *ikoba.*

**Aluteres fuscus* FISCHER

1885 *Monacanthus (Aluteres) fuscus* FISCHER, pp. 75-76, pl. II, fig. 6.

Espèce qui semble rare et n'a jamais été revue depuis sa description.

## Tetrodontidæ

### *Tetrodon guttifer* BENNETT

1877 *Tetrodon guttifer* PETERS, p. 251.

1913 *Tetrodon guttifer* PIETSCHMANN, pp. 185-187.

1915 *Tetrodon guttifer* EHRENBAUM, pp. 78-79.

Cette espèce n'est pas très rare à Souelaba où elle est parfaitement consommée par les indigènes.

Contenu stomacal (28. XI. 25) : Pagures (*Clibanarius*), Brachyures, Gastéropodes, Lamellibranches.

*Noms vulgaires : vide infra.*

### *Tetrodon lævigatus* LINNÉ

1877 *Tetrodon lævigatus* PETERS, p. 251.

1915 *Tetrodon lævigatus* EHRENBAUM, p. 79.

Espèce assez commune partout.

*Noms vulgaires* (pour le *Tetrodon* en général) :

D. Sb. B. M : *ndondondumé*

M. Bt : *kokolé*.

Ma. Ya : *kokoko*.

## Diodontidæ

### *Chilomycterus reticulatus* (LINNÉ)

1913 *Chilomycterus reticulatus* PIETSCHMANN, pp. 184-185.

Cette espèce est rare dans la baie et je n'en ai vu qu'un seul exemplaire à Souelaba : elle est peut-être plus commune sur la côte maritime.

*Noms vulgaires :*

D. M : *ngomb' a madiba* (« porc-épic d'eau »).

Bt. Ya : *ngomb'a tubé* (« porc-épic de mer »).

# BIBLIOGRAPHIE


1925. BARNARD (K. H.). A Monograph of the Marine Fishes of South Africa. Pt. I (Amphioxeus, Cyclostomata, Elasmobranchii and Teleostei-Isospondyli to Heterosomata). (*Ann. South Afr. Mus.*, XXI, pt. I, pp. 1-418, figs. 1-18, pl. I-XVII.

1862. BLEEKER (P.). Notices ichthyologiques (I-X) (*Versl. en Meded. Kon. Akad. Wet.*, 14, pp. 135-140).

1863. BLEEKER (P.). Mémoire sur les Poissons de la Côte de Guinée. (*Naturkund. Verhandel. Holl. Maatsch. Wetensch. Haarlem. Tweede Verzameling. Achttiende deel.* pp. 1-136, pl. I-XVIII).

1909. BOULENGER (G. A.). Catalogue of the freshwater fishes of Africa in the British Museum (Natural History). I, pp. I-XI, 1-173, figs. 1-270.

1911. BOULENGER (G. A.). *id.*, II, pp. I-XII — 1-529, figs. 1-382.

1915. BOULENGER (G. A.), *id.*, III, pp. I-XII — 1-526, figs. 1-351.

1916. BOULENGER (G. A.). *id.*, IV, pp. I-XXVII — 1-392, figs. 1-195.

1926. CHABANAUD (P.). Sur les Clupéidés du genre *Sardina* Antipa et de divers genres voisins (*Bull. Soc. Zool. Fr.*, LI, pp. 156-163, fig. 1-9)

1926. CHABANAUD (P.). Sur un second exemplaire de *Monodichthys proboscideus* Chab. Rectification de la diagnose générique et de la diagnose spécifique (*Bull. Mus.*, n° 1, pp. 52-58).

1926. CHABANAUD (P.) et TH. MONOD. Les poissons de Port-Étienne, contribution à la faune ichthyologique de la région du Cap Blanc (*Bull. Com. Et. Hist. Scient. Afr. Occ. Franc.*, IX, n° 2, 1926, pp. 225-286, fig. 1-33) (également à part, 1927, pp. 1-63, fig. 1-33)

1927. CHABANAUD (P.). Description d'un poisson nouveau de la baie du Cameroun appartenant à la famille des Cerdalidae (*Bull. Mus.*, n° 3, pp. 230-234).

1860. DUMÉRIL (Aug.). Reptiles et poissons de l'Afrique occidentale (*Arch. Mus. Hist. Nat.*, X, 1858-1861, pp. 137-268, pl. XIII-XXIII).

1913-1914. EHRENBAUM (E.). Über Küstenfische von Westafrika, besonders von Kamerun (*Fischerbote* V, 8, 15 august 1913, pp. 308-313, 1 fig. ; V, 9, 15 septembre 1913, pp. 358-363, 4 figs. ; V, 12, 15 dezember 1913, pp. 506-508, 1 fig. ; VI, 1, 15 januar 1914, pp. 15-19, 2 figs. ; VI, 2, 15 februar 1914, pp. 53-57, 3 figs. ; VI, 3, 15 märz 1914, pp. 106-112, 3 figs. ; VI, 5, 15 mai 1914, pp. 193-200, 4 figs. ; VI, 6, 20 juin 1914, pp. 254-259, 2 figs. ; VI, 7, 20 juil. 1914, pp. 289-296, 3 figs. ; VI, 8-9-10, 20 oktober 1914, pp 337-346, 4 figs. ; VI, 11-12, 20 dezember 1914, pp. 401-409, 4 figs.).

1915. EHRENBAUM (E.). Über Küstenfische von Westafrika, besonders von Kamerun. 1 vol., 1-85, pp., 38 fig. *Hamburg*.

1885. FISCHER (J. G.). Ichthyologische und herpetologische Bemerkungen (*Jahrb. Hamburg. Wissenschaft. Anst.*, II *Jahrgang*, pp. 47-121, pl. I-IV).

1919. FOWLER, (Henry W.). The fishes of the United States Eclipse Expedition to West Africa (*Proc. U. S. Nat. Mus.*, LVI, n° 2294, pp. 195-292, fig. 1-13).

1923. FOWLER (H. W.). New fishes obtained by the American Museum Congo Expedition (1909-1915), Scientific Results of the Congo Expedition, Ichthyology, n° 4 (*Am. Mus. Novitates*, n° 103, Dec. 31, 1923, pp. 1-6).

1883. GREEFF (R.). Ueber einen neuen Süsswasserfisch der Insel S. Thomé (*Sitzungsber. Gesell. Bef. ges. Naturwiss. Marburg*, nr 2, April, pp. 37-40).

1884. GREEFF (R.). Ueber die Fauna der Guinea-Inseln S. Thomé und Rolas-(*ibid.*, nr 2, März, pp. 41-79, fig. 1-8).

1874. GÜNTHER (A.). Descriptions of new species of fishes in the British Museum (*Ann. Mag. Nat. Hist.* (4). 14, pp. 368-371, 453-455).

1922. HUBBS (C. L.). A list of the Lancelets of the world with diagnoses of five new species of *Branchiostoma*. (*Occas. Papers Univ. Michigan*, n° 105, january 2, 1922, pp. 1-16).

1895. LÖNNBERG (A. J. E.). Notes on fishes collected in the Cameroons by Mr. Y. Sjöstedt (*Œfvers. Svensk. Vet. Akad. Förh.*, 52, pp. 179-195).

1903. LÖNNBERG (A. J. E.). On a collection of fishes from the Cameroon, containing new species (*Ann. Mag. Nat. Hist.*, (7), 12, pp. 37-46).

1925. MEEK (SETH E.) and SAMUEL F. HILDEBRAND. The Marine Fishes of Panama. Part II (*Field Mus. Nat. Hist. (Zool. Ser.), Publ.* n°226, vol. XXV, pp. XIII-XX + 331-707, pl. XXV-LXXI).

1919. METZELAAR (J.). II Marine fishes of tropical West Africa, pp. 181-299, fig. 56-64 *in* : Report on the fishes collected by Dr. J. Boeke in the Dutch West Indies 1904-1905 with comparative notes on marine fishes of tropical West Africa, pp. 1-315, fig. 1-64 *in* : Dr. J. Boeke. Rapport betreffende een voorloopig onderzoee naar den toestand van de Visscherij en de Industrie van Zeeproductien in de Kolonie Curaçao, tweede Gedeelte, 1919, pp. I-XXXIV + 350, fig. 1-64 + 1-5.

1926. MONOD (Th.) *cf.* CHABANAUD (P.) et Th. MONOD.

1884. OGILVIE-GRANT (W. R.). A revision of the fishes of the genera *Sicydium* and *Lentipes*, with descriptions of five new species (*Proc. Zool. Soc. London*, pp. 153-172, pl. XI-XII).

1914. PELLEGRIN (J.). Poissons *in* Missions Gruvel sur la Côte occidentale d'Afrique (1905-1912) (*Ann. Inst. Oceanog.*, VI, fasc. 4, pp. 1-100, fig. 1-15, pl. I-II).

1877. PETERS (W. C. H.). Über die von Dr. Reinhold Buchholz in Westafrika gesammelten Fische (*Monasts. Akad. Berlin*, 1877, pp. 244-252).

1913. PIETSCHMANN, (V.). Fische des Wiesbadener Museums (*Jahrb. Nass. Ver. Naturk. Wiesbaden*, 66. Jahrgang, pp. 170-201, pl. I-II).

1917. REGAN (C.) TATE. A Revision of the Clupeid Fishes of the Genera *Sardinella, Harengula*, etc. (*Ann. Mag. Nat. Hist.* (8), 19, XXXIV, pp. 377-395)

# TABLE DES MATIÈRES


Préface . . . . . . . . . . . . . . . . . . . . 465

A. Billard. — Hydrozoa I. — Hydrozoa Benthonica excl. *Hydrocorallidae* . . . . . . . . . . . . . . 467

O. Carlgren. — Actiniaria . . . . . . . . . . . . . 475

Th. Mortensen. — Echinoderma . . . . . . . . . . . 481

Ph. Dautzenberg. — Mollusca I. — *Mollusca marina testacea*. 483

P. Fauvel. — Polychaeta . . . . . . . . . . . . . 523

F. Kiefer. — Crustacea I. — *Copepoda aquae dulcis* . . 535

A. Brian. — Crustacea II. — *Copepoda parasitica* . . . 571

K. Stephensen. — Crustacea III — *Amphipoda* . . . . 589

Th. Monod. — Crustacea IV. — *Decapoda* excl. *Palaemonidae*, *Atyidae* et *Potamonidae* . . . . . . . . . 593

C. Walter. — Acarina I. — *Hydracarina* . . . . . . 625

C. Warburton. — Acarina II. — *Ixodidae* . . . . . . 633

L. Fage. — Araneida . . . . . . . . . . . . . . 635

V. Lallemand. — Homoptera . . . . . . . . . . . 637

J. Waterston. — Mallophaga . . . . . . . . . . . 639

Th. Monod. — Pisces I. — *Pisces marini* . . . . . . . 643

# FAUNE DES COLONIES FRANÇAISES

TOME PREMIER (1927)

## TABLE DES MATIÈRES

Pages

Avant-Propos ..................................... v

**A. Gruvel.** — Le port d'Agadir et la région du Sous, avec 4 planches hors-texte ..................... 1

**Th. Monod.** — *Thermosbæna mirabilis* Monod ...... 29

**E. Fleutiaux.** — Les Élatérides de l'Indochine française, avec 2 planches hors-texte .................. 53

**J. Bathellier.** — Contribution a l'étude systématique et biologique des termites de l'Indochine, avec 13 planches hors-texte ........................ 125

**J. Delacour et P. Jabouille.** — Les gallinacés et pigeons de l'Annam, avec 8 planches hors-texte .. 369

**Th. Monod.** — Contribution a l'étude de la faune du Cameroun ..................................... 465

CE LIVRE
A ÉTÉ IMPRIMÉ
PAR
MAURICE DARANTIERE
A DIJON
EN OCTOBRE
M.CM.XXVII

www.ingramcontent.com/pod-product-compliance
Ingram Content Group UK Ltd.
Pitfield, Milton Keynes, MK11 3LW, UK
UKHW021903190726
13853UKWH00003B/1394